高等教育“十三五”规划教材

建 筑 力 学

主　编　屈钧利　韩江水　李现敏
副主编　尚宇梅　侯俊锋
编　写　宁民霞　李现敏　李朋丽　闫　明
　　　　邹彩凤　尚宇梅　屈钧利　侯俊锋
　　　　韩江水　锁要红

中国矿业大学出版社
·徐州·

内 容 提 要

本教材是根据原国家教委审定的《高等工科院校建筑力学课程教学的基本要求》编写的，由静力学、材料力学、结构力学三篇共十七章组成，适用于建筑学、城市规化、工程管理、给水排水、建筑环境与设备等专业。

本教材可作为普通高等院校、独立学院、继续教育学院工科相关专业建筑力学课程的教材及自学参考用书，也可供有关工程技术人员参考。

图书在版编目(CIP)数据

建筑力学 / 屈钧利，韩江水，李现敏主编. —徐州：中国矿业大学出版社，2018.3(2022.3 重印)

ISBN 978-7-5646-3843-6

Ⅰ. ①建… Ⅱ. ①屈…②韩…③李… Ⅲ. ①建筑力学—高等学校—教材 Ⅳ. ①TU311

中国版本图书馆 CIP 数据核字(2017)第 321737 号

书　　名　建筑力学

主　　编　屈钧利　韩江水　李现敏

责任编辑　吴学兵　姜　华

出版发行　中国矿业大学出版社有限责任公司

（江苏省徐州市解放南路　邮编 221008）

营销热线　(0516)83884103　83885105

出版服务　(0516)83885789　83884920

网　　址　http://www.cumtp.com　**E-mail**:cumtpvip@cumtp.com

印　　刷　徐州中矿大印发科技有限公司

开　　本　787 mm×1092 mm　1/16　**印张** 23　**字数** 570 千字

版次印次　2018 年 3 月第 1 版　2022 年 3 月第 2 次印刷

定　　价　40.00元

（图书出现印装质量问题，本社负责调换）

前　言

本教材是按照原国家教委审定的《高等工科院校建筑力学课程教学的基本要求》，结合作者多年来为工科相关专业讲授建筑力学课程的教学经验和教改实践编写而成。

本教材具有以下几个特点：

一、在教学课时压缩的情况下，按照课程的基本要求，坚持学以致用即必须够用的原则，精选内容。在内容的编写上，力求把本课程的基本概念写得准确、通俗，把基本理论阐述得系统、清楚，把基本方法介绍得全面、明确。结合工程实例列举例题，以帮助读者理解基本概念，掌握基本理论和基本方法。

二、注重加强分析问题方法的训练，如受力分析、结构计算简图的选取和解题思路的分析等，注重加强课程内容与工程实际的结合，培养学生具备工程观念、将实际工程问题抽象化为力学模型的能力，注重加强综合应用方面的训练，培养学生分析和求解实际问题的能力。

三、本教材按照60～90学时的教学要求编写，分为静力学、材料力学、结构力学三篇17章内容，各部分之间有一定的联系又相对独立，根据专业要求的不同，可选择本教材全部或部分内容讲授。每章后配有一定数量的习题和思考题。

四、本书有与之相配套的计算机辅助教学(CAI)课件，该课件覆盖了全书的主要内容，文图并茂，生动形象、使用方便。通过CAI多媒体教学，大大地增加了课堂教学的信息量，改变了传统的授课方式，精简了学时，提高了教学质量，实现了教学手段的现代化。

本教材由屈钧利（西安科技大学）、韩江水（西安科技大学）、李现敏（河北工程大学）任主编，尚宇梅（西安财经学院）、侯俊锋（西安科技大学）任副主编，参加编写的人员还有锁要红（西安科技大学）、邹彩凤（西安科技大学）、宁民霞（西安科技大学）、闫明（西安科技大学）、李朋丽（西安财经学院）。具体编写分工为：第2章、第5章由韩江水编写；绪论、第3章由屈钧利编写；第1章、第7章、附录Ⅰ、附录Ⅱ由李现敏编写；第4章、第13章、第14章由李朋丽编写；第8章由闫明编写；第6章、第10章由锁要红编写；第9章由宁民霞编写；第11章、第12章由邹彩凤编写；第15章由尚宇梅编写；第16章、第17章由侯俊锋编写。

韩江水教授审阅了全部书稿。

在本书编写过程中，编者参阅了国内出版的一些同类教材、教辅资料，得到了中国矿业大学出版社等单位的支持和帮助。编者在此对他们及对本书所引用文献的著作者表示衷心的感谢。

由于水平所限，书中难免有错误和不妥之处，恳请读者批评指正。

编　者

2018年1月

目　录

材料力学

结构力学

0 绪　论

0.1 建筑力学的研究对象和内容

土建工程中的各类建筑物或构筑物是由若干构件，如梁、板、柱、基础、屋架等按照合理方式组成的建筑结构。按其组成构件的几何性质不同，结构可分为杆系结构（如桁架、刚架、梁等）、薄壁结构（如板壳、水池、拱坝等）和实体结构（如挡土墙、重力坝等），建筑力学主要研究的是杆系结构。

建筑力学是相关专业的一门技术基础课，涉及内容广泛。本书由静力学、材料力学、结构力学的相关内容组成，具体研究杆系结构或构件在荷载或其他因素（支座位移、温度变化）作用下：

（1）力系的简化和力系的平衡问题；

（2）强度、刚度和稳定性的计算原理和计算方法。

（3）结构的组成规律和合理形式。

力系的简化和力系的平衡问题是对结构（或构件）进行强度、刚度和稳定性计算的基础。而计算强度、刚度和稳定性的目的，则是在于保证结构满足安全和经济的要求下，不致发生使用上不能容许的位移。强度、刚度和稳定性的计算不仅发生在结构的设计阶段，而且对已有的结构当所受荷载发生改变时也需要进行校核，以保证其安全使用。研究结构的组成规律及合理形式，在于保证所设计的结构是几何不变体系，使之能承受荷载并维持平衡，且能有效地利用材料使其性能得到充分的发挥。

土木工程领域有着大量的建筑力学问题，如结构体系的静力计算、动力分析等问题。本书仅介绍平面杆系结构（或构件）的静力计算问题。

0.2 建筑力学的研究方法

力学的研究方法不例外地遵循实践—理论—实践这条认识论的规律。建筑力学的研究方法，简要来说就是：从观察、实践出发，经过抽象化和归纳，建立概念和公理或定律，用数学演绎法推导出定理和结论，再回到实际中去解决实际问题并验证理论。有些工程问题目前尚无理论结果，须借助实验方法解决。因此，理论研究和实验分析同是建筑力学解决问题的方法。

0.3 建筑力学的学习方法

从对建筑力学研究方法的论述中，可以得到学习建筑力学在方法上应注意的问题。第一，深刻、反复地理解基本概念和公理或定律。读者可以充分利用自己的实践经验或在日常生活中对一些现象的观察，来加深对基本概念和公理或定律的实质的理解。第二，要透彻理解由基本概念和公理或定律导出的定理和结论，以及从这些定理和结论中引出的基本方法，切不可因为这些定理和结论的形式比较简单而掉以轻心。第三，要掌握抽象化的方法，逐步培养把具体问题抽象成为力学模型的能力。抽象的方法，就是在一定的研究范围内，根据问题的性质，抓住主要的、起决定作用的因素，撇开次要的、偶然的因素，深入事物的本质，了解其内部联系的方法。例如，在研究物体的平衡问题时，往往忽略物体（构件）受力时可变形的性质，而将物体（构件）视为刚体；在研究平面桁架结构问题时，将其简化为不计杆重仅在杆端以铰链方式连接而组成的几何形状不变的结构；在研究厂房结构时，根据其几何组成和受力特点，将其简化为排架结构；等等。然而，任何抽象化的模型都是有条件的、相对的，当所研究问题的条件改变时，原来的模型就不一定适用，必须再考虑影响问题的新的因素，建立新的模型。例如同一个物体，在研究其受外力作用下的平衡问题时，应用刚体模型可以得到满意的结果；但要研究物体内部的受力情况和它的变形时，再用刚体模型就会得出非常荒谬的结果，这时需要建立理想弹性体的模型。在形成建筑力学的概念和理论系统的过程中，除了抽象的方法外，数学演绎法也起着重要的作用。数学演绎的方法，就是在经过实践证明为正确的理论基础上，经过严密的数学推演，得到定理和公式构成系统理论的方法。第四，学习过程中要善于观察，发现问题并解决问题；要勤于思考，不但知其然还知其所以然；要乐于实践，通过实践不断提高解决问题的能力；初步的实践就是做习题，通过大量做习题才能加深对理论的理解和熟悉理论的运用。做习题不能简单地套用公式，只有反复吃透基本理论和掌握分析问题的方法，才能解决“理论好懂，做题难”的问题。

根据建筑力学课程的特点，学生学好本门课程的关键，除悉心听教师讲授外，更主要的是反复阅读、刻苦钻研教材和勤于实践。因此要求读者：

第一，阅读教材时要逐字逐句地仔细咀嚼，而后达到深入理解。这是学好本课程的第一步，也是最重要的一步。实在看不懂的段落，可以暂时绕过去，过后再回过头来反复攻读疑难部分。教材中的例题能帮助读者理解基本概念、基本理论，特别是帮助读者掌握基本理论的实际应用方法，因而例题是教材的重要组成部分。阅读例题时要注意解题的理论依据、物理意义以及解题的方法和步骤。

第二，要认真思考、回答每章后所附的思考题，并认真做习题。这是对自己是否理解和掌握教材内容的检验。如果发现有些问题还不清楚，应该再回过头去钻研教材的有关部分。

建筑力学是一门理论性、实践性都较强的技术基础课。它是以高等数学和大学物理等课程为基础，又是学习建筑结构、建筑施工技术、地基与基础等有关后续课程的必备条件。学习建筑力学有助于学习其他基础理论，掌握新的科学技术；有助于培养正确的分析问题和解决问题的能力。

静　力　学

静力学研究力系的简化和力系作用下刚体的平衡条件及其应用。

力是物体之间相互的机械作用，这种作用使物体的运动状态和形状发生了改变，前者为力的运动效应（也称外效应），后者为力的变形效应（也称内效应）。

实践证明，力的效应取决于力的三个要素：力的大小、方向和作用点。

力是矢量，本书中的矢量均用黑体字母表示。力 $\boldsymbol{F}$ 的大小用非黑体字母 F 表示，即 $F=|\boldsymbol{F}|$。力的单位是牛[顿](N)或千牛[顿](kN)且 $1\ \mathrm{kN}=10^3\ \mathrm{N}$。

力的方向包括力所顺沿的直线在空间的方位和力沿其作用线的指向。

力的作用点是力作用位置的抽象。实际上，力的作用位置不是一个几何点，而是一部分面积或体积。譬如，两物体接触时其相互间的压力就分布在整个接触面上、重力分布在整个体积上等，这样的力称为分布力。但当力的作用面积或体积相对于物体的几何尺寸为很小以致可忽略其大小时，则可抽象或简化为点，称为力的作用点。作用于该点上的力称为集中力，过力作用点表示力方位的直线称为力的作用线。

通常一个物体总是受到许多力的作用，我们把作用在物体上的一群力称为力系。如果作用于某一物体的力系用另一个力系来代替，而不改变物体的运动状态，则称此两力系为等效力系。用一个简单力系等效地替换一个复杂力系称为力系的简化。

平衡是物体机械运动的一种特殊形式，即物体相对于惯性参考系（如地面）保持静止或者做匀速直线运动的情形。例如，地面上的各种建筑物、桥梁，在直线公路上匀速行驶的汽车，做匀速直线运动的飞机等，都是处于平衡状态。物体处于平衡状态时，作用于物体上的力系称为平衡力系，该力系所应满足的条件称为平衡条件。研究物体的平衡问题，实际上就是研究作用于物体的力系的平衡条件及其应用。

刚体是指在力的作用下，其内部任意两点间的距离都不会改变的物体，或者说，其大小和形状始终保持不变的物体。刚体是真实物体的一种抽象化的力学模型，在自然界中是不存在的。事实上，任何物体在力的作用下都将产生程度不同的变形，只是许多物体在力的作用下变形很小，以致在所研究的问题中忽略此变形并不影响该问题的实质，而且还可使问题大为简化。静力学中所研究的物体都是刚体，所以静力学亦称为刚体静力学。

静力学研究以个问题：① 物体的受力分析；② 力系的简化；③ 力系的平衡条件及其应用。

在实际工程中有大量的静力学问题。例如，在土木工程中，做各种结构设计时，需要对其进行受力分析，而静力学理论是结构受力分析的基础。在机械工程中，进行机械设计时，往往要应用静力学理论分析机械零、部件的受力情况，作为其强度设计的依据。即便是工程上的动力学问题，也可将其化成静力学问题来求解。因此，静力学在工程技术中有着广泛的应用。

1 静力学基础

本章将介绍静力学公理，以及工程上常见的约束和对物体进行受力分析的方法。

1.1 静力学公理

公理是人类经过长期缜密观察和经验积累而得到的结论，它被反复的实践所验证，是无需证明而为人们所公认的结论。

静力学公理是关于力的基本性质的概括和总结，是静力学理论的基础。

公理一　二力平衡条件

作用在同一刚体上的两个力使刚体保持平衡的必要和充分条件是：这两个力大小相等、方向相反，并作用在同一直线上。 如图 1-1 所示，即

$$\boldsymbol{F}_1 = -\boldsymbol{F}_2 \tag{1-1}$$

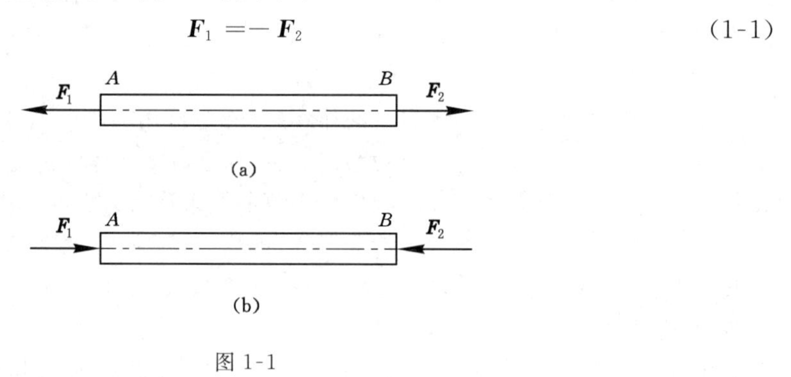

图 1-1

该公理揭示了作用于刚体上的最简单的力系平衡时所必须满足的条件。它是刚体平衡最基本的规律，是推导力系平衡条件的理论基础。

值得指出，该平衡条件对刚体而言是充要的，对于变形体则是非充分的。如图 1-2 所示的变形体，在其两端作用着大小相等、方向相反、共线的两力 $\boldsymbol{F}_1$、$\boldsymbol{F}_2$。图 1-2(a)所示情况变形体可平衡，图 1-2(b)所示情况变形体不平衡。

工程上常遇到只受两个力作用而处于平衡状态的物体，称为二力体或二力构件，如图 1-3 所示。如果物体为杆件也称为二力杆。由公理一知，二力构件所受两力的作用线必沿两力作用点的连线且等值、反向。

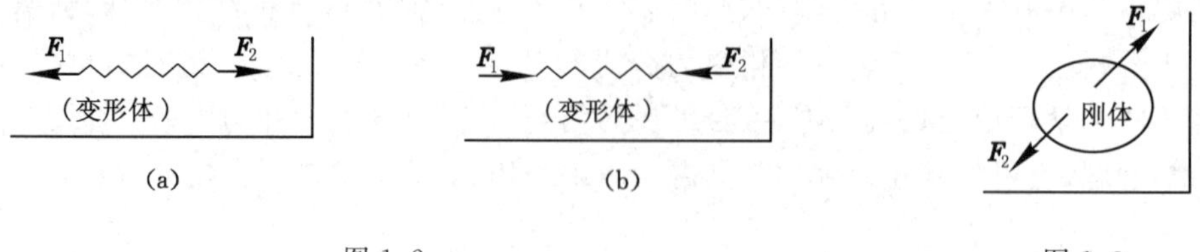

图 1-2　　图 1-3

公理二　加减平衡力系公理

在作用于刚体的力系中，加上或减去任何的平衡力系，并不改变原力系对刚体的效应。

该公理是力系简化的理论依据。利用该公理可得到如下推论：

推论1　力的可传性

作用在刚体上的力可沿其作用线移动到该刚体内的任意一点，而不改变该力对刚体的效应。这种性质称为力的可传性。

例如，在图1-4中，保持力的大小、方向和作用线均不变，则用手推车和拉车的效果完全相同。

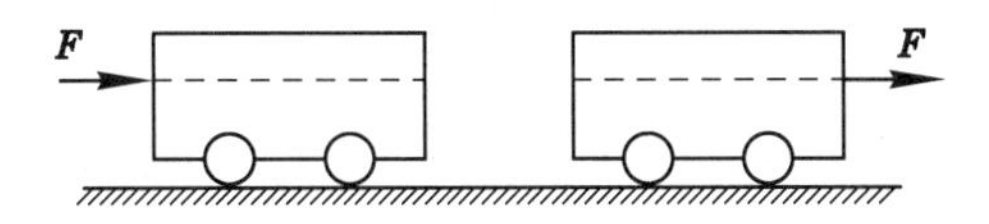

图1-4

证明：在图1-5(a)所示刚体上的A点作用着力$\boldsymbol{F}$，根据公理二，可在力的作用线上任取一点B，并在点B加上一平衡力系$\boldsymbol{F}_1$、$\boldsymbol{F}_2$，使$\boldsymbol{F}=\boldsymbol{F}_2=-\boldsymbol{F}_1$，如图1-5(b)所示。但在力$\boldsymbol{F}$、$\boldsymbol{F}_1$、$\boldsymbol{F}_2$组成的力系中，力$\boldsymbol{F}$和$\boldsymbol{F}_1$也是一平衡力系，由公理二取掉这个平衡力系。这样，只剩下一个作用于点B的力$\boldsymbol{F}_2$，显然它与$\boldsymbol{F}$具有相同的效应，这样就把原来作用于点A的力$\boldsymbol{F}$沿其作用线移动到了任一指定点B，如图1-5(c)所示。

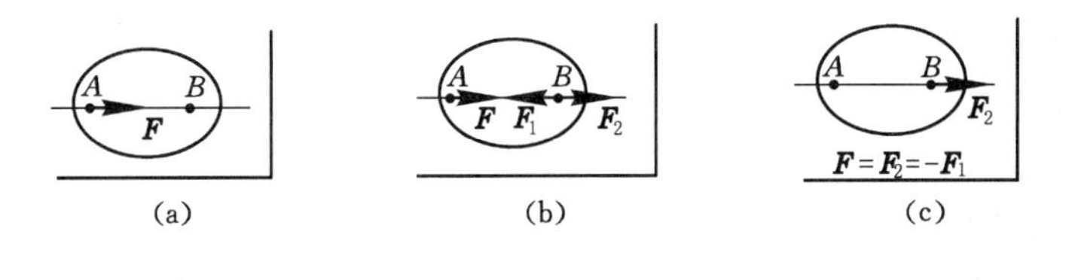

图1-5

由此可见，对刚体而言，力的作用点这一要素可被力的作用线所代替。因此，作用于刚体上的力的三要素是：力的大小、方向和作用线。即作用于刚体上的力是滑动矢量。

值得注意，加减平衡力系公理和力的可传性都只适用于刚体。公理中所说的效应，是指力的外效应。对于变形固体，加减平衡力系和力沿其作用线移动都会改变力对物体的变形和物体内部受力情况。例如，图1-6(a)所示杆件在平衡力系$\boldsymbol{F}_1$和$\boldsymbol{F}_2$的作用下产生拉伸变形。如果取掉这一平衡力系，则拉伸变形消失，即杆件恢复到原有长度。若将力$\boldsymbol{F}_1$沿其作用线移至点A，力$\boldsymbol{F}_2$移到点B，则杆件产生压缩变形，如图1-6(b)所示。

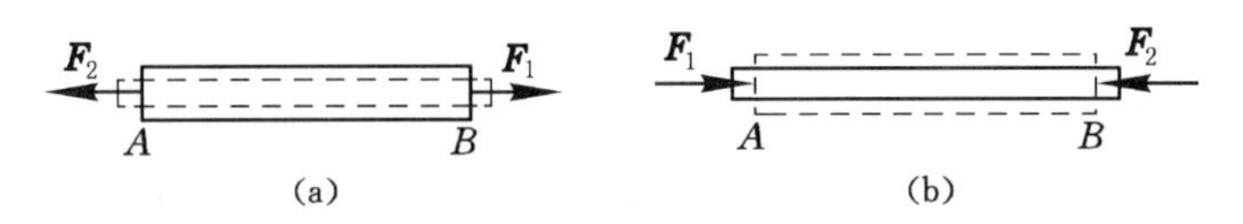

图1-6

公理三　力的平行四边形法则

作用在物体上同一点的两个力，可合成为一个也作用在该点的合力，合力的大小和方向

由这两个力为邻边所构成的平行四边形的对角线来表示，如图 1-7(a)所示。或者说，合力矢等于这两个力矢的矢量和，即

$$\boldsymbol{R} = \boldsymbol{F}_1 + \boldsymbol{F}_2 \tag{1-2}$$

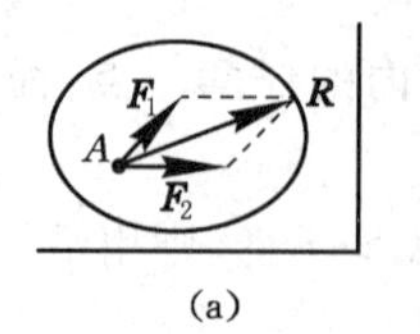

(a)

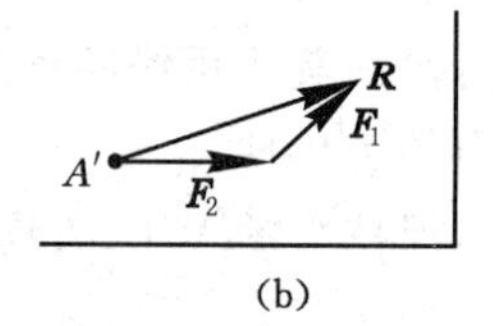

(b)

图 1-7

该公理给出了最简单的力系简化规律，它是复杂力系简化的基础。

公理三适用于刚体和变形体。对变形体，二力要有共同的作用点；对刚体，二力作用线相交即可。

为了方便，也可利用力三角形法则求两个共点力的合力。在图 1-7(b)中，从 A' 点作一个与 $\boldsymbol{F}_2$ 大小相等、方向相同的矢量，过矢量 $\boldsymbol{F}_2$ 矢端点作与力 $\boldsymbol{F}_1$ 大小相等、方向相同的矢量，则矢量 $\boldsymbol{R}$ 即表示力 $\boldsymbol{F}_1$、$\boldsymbol{F}_2$ 的合力。这种求合力的方法，称为力三角形法则。图 1-7(b)中的三角形称为力三角形。但应注意，力三角形只表明力的大小和方向，并不表示各力的作用点或作用线。

由力的平行四边形法则或力三角形法则可求得作用在物体上同一点的两个力的合力，且合力是唯一的。反过来，也可根据力的平行四边形法则或力三角形法则，把一个力分解为若干组共点的两个力。

由力的可传性与力的平行四边形法则，并根据二力平衡条件，得到如下推论：

推论 2　三力平衡汇交定理

刚体受三力作用而平衡时，若其中任意两力的作用线汇交于一点，则第三力的作用线必过该汇交点，且三力作用线共面。

证明：设在刚体的 A、B、C 三点分别作用有平衡力 $\boldsymbol{F}_1$、$\boldsymbol{F}_2$、$\boldsymbol{F}_3$，其中 $\boldsymbol{F}_1$ 和 $\boldsymbol{F}_2$ 的作用线相交于 O 点，如图 1-8 所示。由力的可传递性，可将 $\boldsymbol{F}_1$ 和 $\boldsymbol{F}_2$ 分别从 A 点和 B 点移到 O 点，再用力的平行四边形法则求得二力的合力 $\boldsymbol{R}$，则三力平衡被简化为刚体在 $\boldsymbol{R}$ 和 $\boldsymbol{F}_3$ 作用下平衡。由二力平衡公理知，$\boldsymbol{R}$ 与 $\boldsymbol{F}_3$ 共线，$\boldsymbol{F}_3$ 的作用线过 O 点，且 $\boldsymbol{F}_1$、$\boldsymbol{F}_2$ 和 $\boldsymbol{F}_3$ 共面。定理得证。

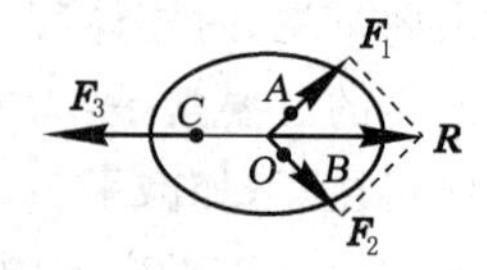

图 1-8

本定理在证明过程中应用了二力平衡公理和力的可传性，因此三力平衡汇交定理只适用于刚体。

三力平衡汇交定理是三个不平行力平衡的必要条件。当刚体受三个不平行力的作用而处于平衡时，如果已知其中两个力的作用线的位置，则由此公理可确定第三个力作用线的位置。

公理四　作用与反作用定律

两物体间相互作用的一对力总是大小相等、指向相反，沿同一直线分别作用在两物体上，这两个力互为作用力和反作用力。

该公理概括了物体间相互机械作用的关系，表明作用力和反作用力总是相互依存、同时出现、同时消失。

值得注意，由于分别作用在两个物体上，作用力与反作用力虽然等值、反向、共线，但并不是一对平衡力。二力平衡公理和作用与反作用定律的区别在于，前者只适用于刚体且二力作用在一个刚体上；后者无论是刚体还是变形体、无论物体是处于平衡状态还是运动状态都适用，且二力分别作用在两个物体上。

公理五 刚化原理

变形体在某一力系作用下处于平衡时，如将此变形体刚化为刚体，则平衡状态保持不变。

将一个变形体换成大小和形状完全相同的刚体，称为刚化。如图 1-9 所示，绳索在两个等值、反向、共线的拉力作用下处于平衡，如将绳索刚化为刚体，则平衡状态保持不变；反之，绳索在两个等值、反向、共线的压力作用下则不能平衡，这时绳索就不能刚化为刚体。因此，刚体平衡的必充条件对变形体来说只是必要条件，而非充分条件。

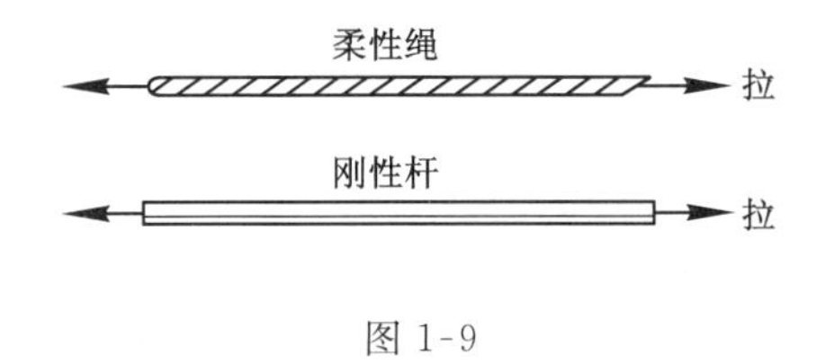

图 1-9

刚化原理可以把任何处于平衡状态的变形体刚化为刚体，进而应用静力学理论加以分析，扩大了静力学理论的应用范围。

1.2 约束和约束反力

物体在空间运动时位移不受限制，如飞行的飞机、导弹和人造卫星等，这样的物体称为自由体；反之，物体在空间运动时位移受到周围其他物体的限制，这样的物体称为非自由体。如放置在桌面上的小球、支撑于墙上的梁、机场跑道上的飞机等。

对非自由体的运动施加限制作用的物体称为该非自由体的约束。在上面的例子中，桌面、墙体、跑道分别是小球、梁、飞机的约束。非自由体也称为被约束的物体。

约束既然限制了物体的某些方向的运动，也就承受了物体对它的作用力，同时约束也给予物体一反作用力。这种约束作用在被约束物体上的力称为约束反力，简称反力。约束反力的方向总是与物体(非自由体)被限制运动的方向相反。约束反力的大小一般是未知的。

约束反力以外的力，即能主动引起物体运动或使物体有运动趋势的力称为主动力，如已知的荷载、重力、风力、水压力等。物体所受的主动力，一般都是已知的。

一般情况下，有主动力作用才会引起约束反力，因此约束反力也称为被动力。

静力学中的问题往往是如何运用平衡条件，由已知的主动力去求未知的约束反力，而约束反力与约束的类型有关。工程中常见的约束类型有以下四种。

1.2.1 柔索约束

绳索、链条、皮带等柔软物体所形成的约束称为柔索约束。这类约束的性质决定了它们只能承受拉力不能抵抗压力和弯矩。也就是说，当物体受到柔索约束时，该约束只能限制物体沿着柔索伸长方向的运动。因此，约束反力沿着柔索，方向背离被约束物体。

图 1-10(a)中用绳索吊起一重物，绳索只能限制重物沿着柔索向下运动。因此，绳索对重物的约束反力，作用在连接点 A，方向沿着绳索竖直向上[图 1-10(b)]。

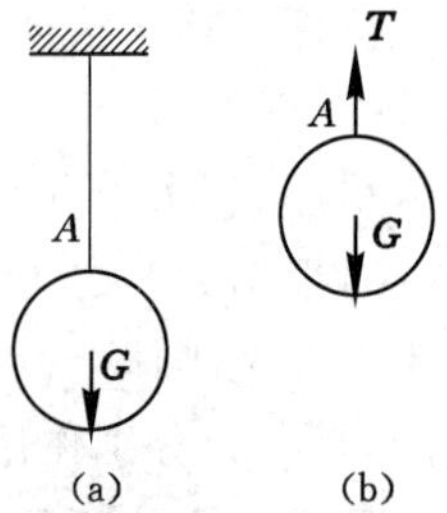

图 1-10

1.2.2 光滑接触面约束

支承物体的固定平面[图 1-11(a)]、曲面[图 1-11(b)]、啮合齿轮的齿面[图 1-11(c)]等，当接触面光滑、摩擦可以忽略不计时，就形成了光滑接触面约束。

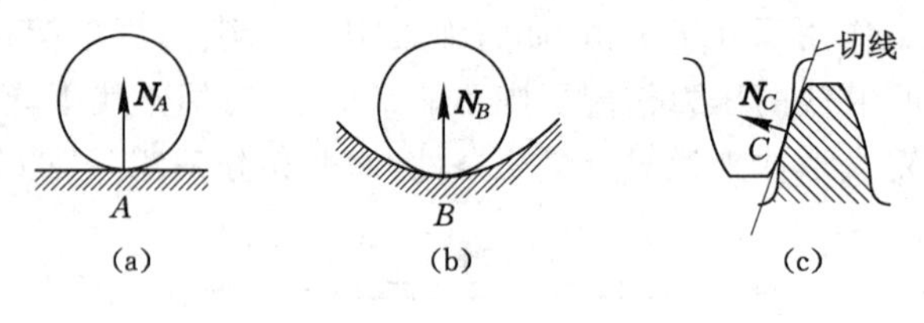

图 1-11

不论接触面形状如何，这类约束不能限制物体沿接触处的公切线方向运动，只能限制物体沿接触处的公法线且指向接触面的运动。因此，光滑接触面约束的约束反力作用在接触点处，沿接触面在该点的公法线指向被约束的物体(为压力)，该约束反力也称法向反力。图 1-11(a)、(b)、(c)中的反力为 $\boldsymbol{N}_A$、$\boldsymbol{N}_B$、$\boldsymbol{N}_C$，图 1-12 中的反力为 $\boldsymbol{N}$、$\boldsymbol{N}_A$、$\boldsymbol{N}_B$、$\boldsymbol{N}_C$。

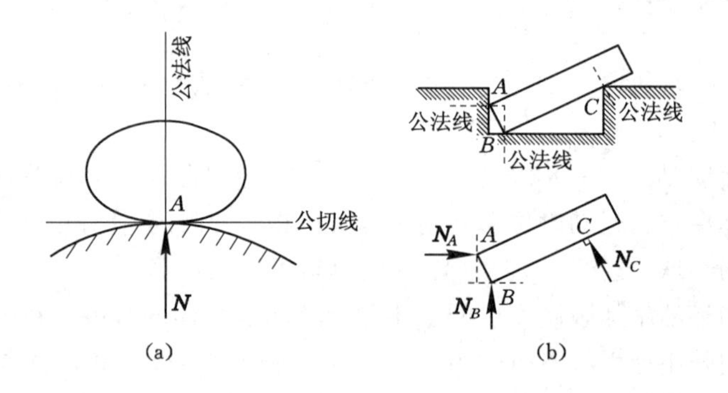

图 1-12

1.2.3 光滑铰链约束

1. 光滑圆柱形铰链

两个构件上分别被钻直径相同的孔，并用圆柱形销钉插入两构件的孔中，略去摩擦，这样所构成的约束称为光滑圆柱形铰链约束，如图 1-13(a)、(b)所示。这种约束只能限制物体 A 或 B 在垂直于销钉轴线的平面内沿任何方向的移动，不能限制物体 A 或 B 绕销钉轴线的转动。事实上，圆柱形销钉与圆孔是光滑接触面约束，由光滑接触面约束的特点可知，约束反力过接触点，沿接触处的公法线指向被约束的物体，如图 1-13(c)所示。由于接触点的位置不能预先确定，因此，约束反力的方向也就不能预先确定，通常用两个正交的分力 $\boldsymbol{X}$、

Y 来代替未知的约束力 **N**，两分力的指向可任意假定，由计算结果来判定 **N** 的方向，如图1-13(d)所示。

用圆柱形销钉连接几个构件时，连接处称为铰接点，所形成的铰链也称为中间铰。顺便指出，在铰链结构中，可以把圆柱形销钉看作固连于两个构体中的某一个构体上，这样对约束反力的特征没有影响，如图 1-14 所示。

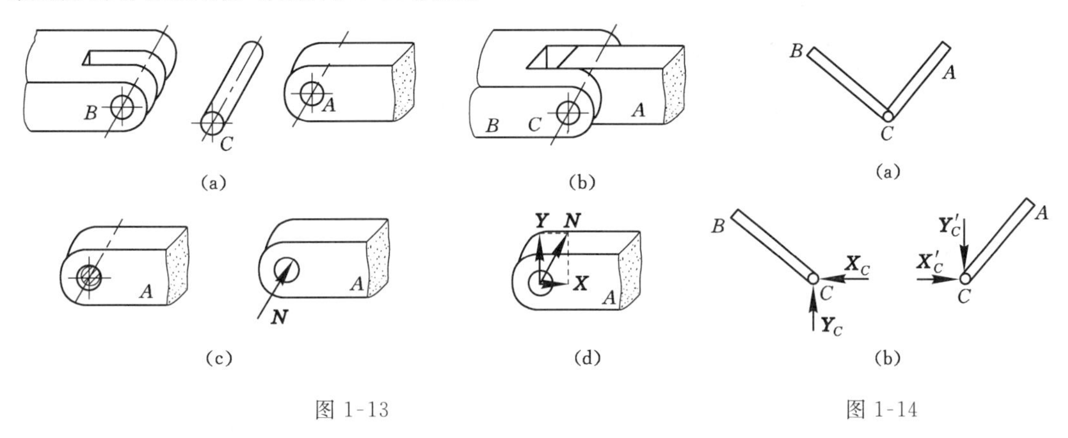

图 1-13　　图 1-14

2. 固定铰支座

用圆柱形销钉把构件和底座连接，并固定于支承物上形成固定铰链支座，简称固定铰支座，其结构如图 1-15(a)所示。这种约束通常用图 1-15(b)所示简图表示，约束反力特征与圆柱形铰链的约束反力完全相同，用两个正交反力 **X**、**Y** 表示，如图 1-15(c)所示。

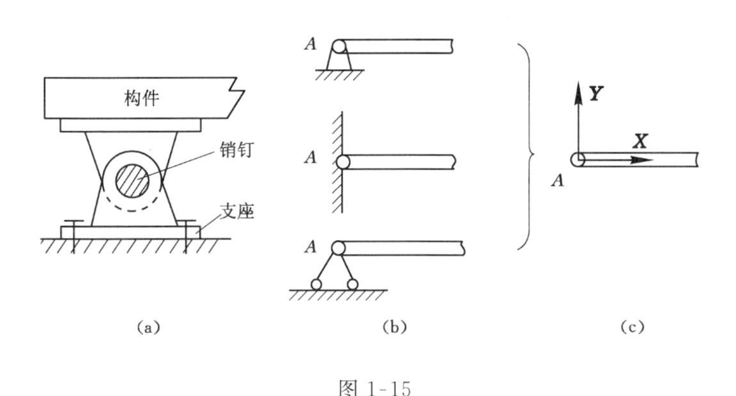

图 1-15

3. 可动铰支座

在铰链支座底部和支承面之间安装一排可沿支承面滚动的滚子就构成了复合约束，即可动铰支座，这种支座也称辊轴支座，其结构如图 1-16(a)所示。这种约束只能阻止物体沿支承面法线方向移动，而不能阻止物体沿支承面的切线方向移动，所以其约束反力垂直于支撑面，且作用线过铰链中心，指向待定。图 1-16(b)是可动铰支座的简图，其约束反力如图1-16(c)所示。

屋架、桥梁等工程结构在温度等影响下要发生变形，故这些结构通常一端采用固定铰支座，另一端采用可动铰支座支承，以适应这种伸缩变形。这样的支承方式称为简支。

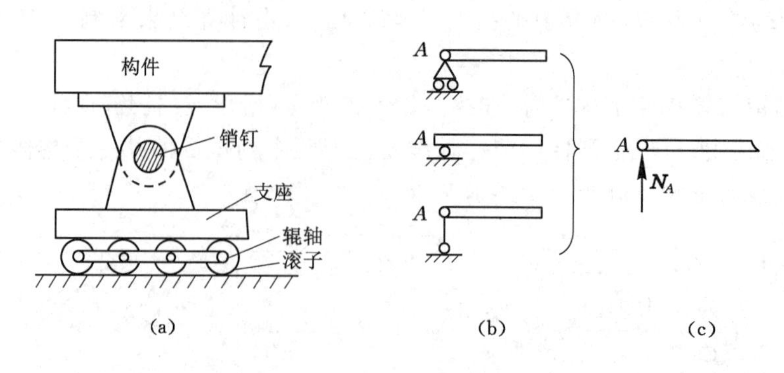

图 1-16

1.2.4 链杆约束

链杆是两端用光滑铰链与其他构件连接,其本身重量不计,中间又不受力作用的杆件,如图 1-17(a)所示的 AB 杆。这种约束只能限制构件沿链杆轴线方向的运动,而不能限制构件其他方向的运动。因此,对构件的约束反力沿链杆的轴线,指向不定,通常设为拉力,如图 1-17(b)、(c)所示。

由于不计重量,且只在两端点受力而处于平衡状态,故 AB 杆件为前述的二力构件,也称二力杆。值得注意,二力构件不一定是直杆,应用二力构件的概念可以确定结构中某些构件的受力方位。如图 1-18 所示三铰拱,当不计自重时,AC 为二力构件,故 A、C 两点处的作用力沿 AC 连线的方位。

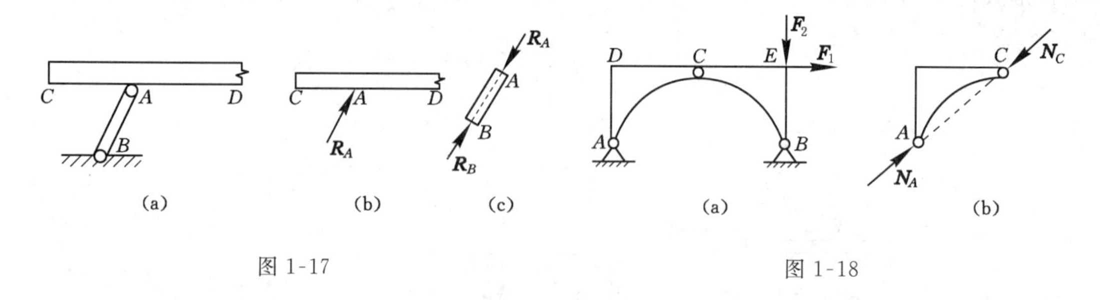

图 1-17　　　　图 1-18

上面介绍的是工程中几种典型的约束,在工程实际中所遇到的约束往往比较复杂,需根据具体情况分析它们对物体运动的限制特点而加以简化,使其近似于某种理想约束,以便判断其约束反力的方向。

1.3 物体的受力分析 受力图

在对某一物体(受力体)进行受力分析时,需要根据已知条件和待求量,从有关的物系中选取该物体作为研究对象,然后从周围物体(施力体)的约束中单独分离出研究对象,该分离出来的物体称为分离体或隔离体。取出分离体后,画出作用在它上面的全部力(包括主动力和约束反力)。这种画有分离体及其所受全部力的图形称为受力图,这个过程称为物体的受力分析。在此应注意,在画物体的受力图时,应先画作用在其上的主动力,再画约束反力,画约束反力时要根据约束的性质来确定,有时也需要根据静力学的公理来确定某反力的作用线方位。

正确地对物体进行受力分析，是求解静力学问题的基础和关键。下面通过例题来说明对物体进行受力分析及画研究对象受力图的方法。

【例 1-1】 将重量为 G 的球体放置在倾角为 α 的光滑斜面上，并用不可伸长的绳索与墙面连接，如图 1-19(a)所示。画出此球体的受力图。

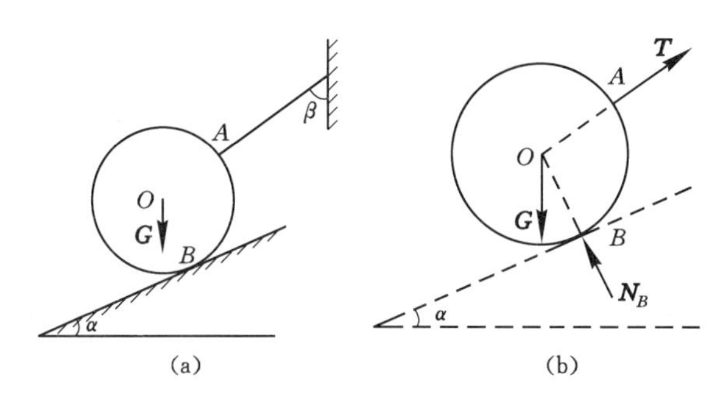

图 1-19

解　取球体为研究对象，解除约束将球体分离出来。作用在球体上的力有重力 $\boldsymbol{G}$、绳的拉力 $\boldsymbol{T}$、光滑斜面的反力 $\boldsymbol{N}_B$，且这三力的作用线汇交于点 O。球体的受力图如图 1-19(b)所示。

【例 1-2】 图 1-20(a)所示简支梁 AB，其跨中作用一集中力 $\boldsymbol{F}$。梁 A 端为固定铰支座，B 端为可动铰支座，重量忽略不计。试画出该梁的受力图。

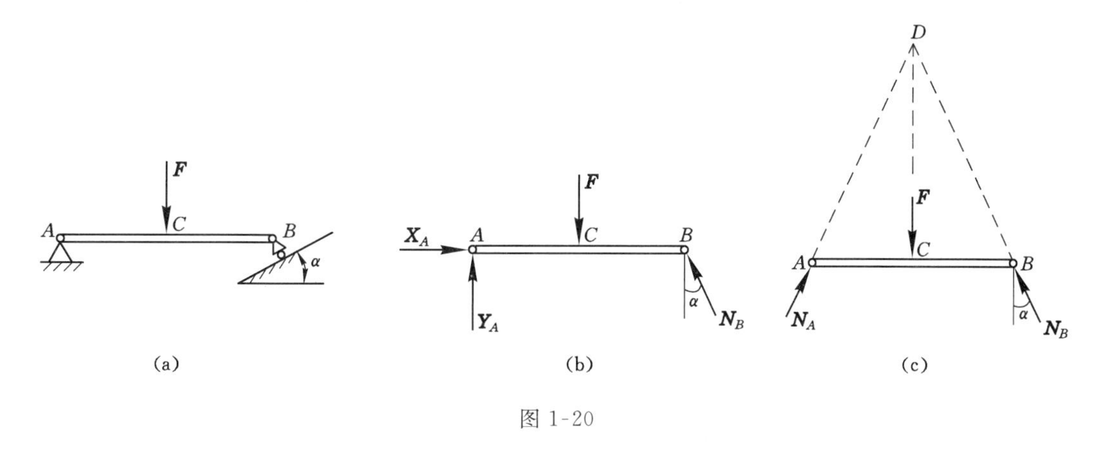

图 1-20

解　取 AB 梁为研究对象，解除约束将其分离出来。作用在梁上的主动力有力 $\boldsymbol{F}$，约束反力有 $\boldsymbol{X}_A$、$\boldsymbol{Y}_A$、$\boldsymbol{F}_B$。由于 A 处为固定铰支座，其反力过铰心以互相垂直的约束反力 $\boldsymbol{X}_A$、$\boldsymbol{Y}_A$ 表示；B 处为可动铰支座，其反力 $\boldsymbol{N}_B$ 过铰心且垂直于支撑面，如图 1-20(b)所示。该题也可这样分析：梁上仅在 A、B、C 三点受到三个互不平行的力作用而处于平衡状态，根据三力平衡汇交定理，力 $\boldsymbol{F}$、$\boldsymbol{N}_B$ 作用线汇交于 D 点，A 处的反力 $\boldsymbol{N}_A$ 作用线应过 A 和 D 点，如图 1-20(c)所示。

【例 1-3】 在图 1-21(a)所示铅垂平面内，重量为 G 的均质细杆 AB 处于平衡状态。试画出 AB 杆的受力图。

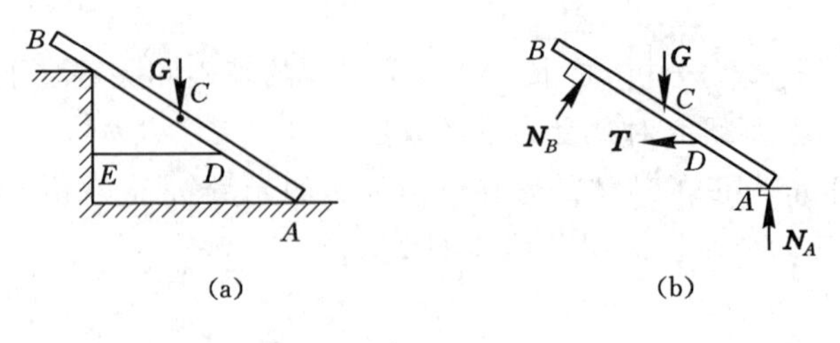

图 1-21

解 取均质细杆 AB 为研究对象，作用在其上的主动力有 $\boldsymbol{G}$，约束反力有绳的张力 $\boldsymbol{T}$，光滑接触面的反力 $\boldsymbol{N}_A$、$\boldsymbol{N}_B$。AB 杆的受力图如图 1-21(b)所示。

【例 1-4】 图 1-22(a)所示为一不计自重的三角拱桥，其左、右两拱于 B 处用不计摩擦的铰链连接，A、C 处均为固定铰支座。左拱 AB 上作用有铅垂力 $\boldsymbol{F}$。试画出拱 AB、BC 及整体的受力图。

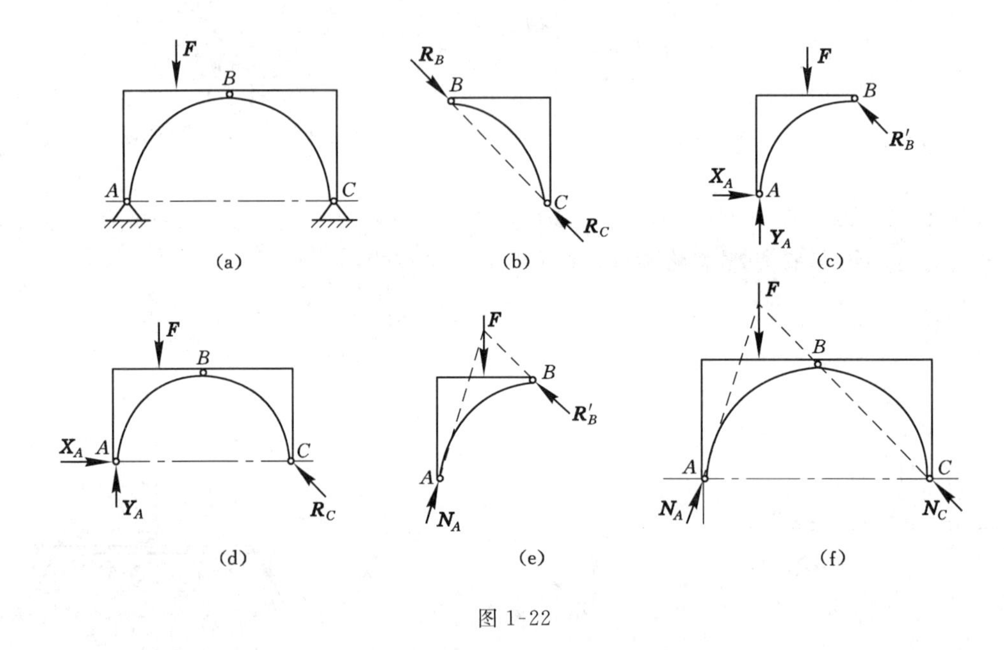

图 1-22

解 (1) 拱 BC 的受力分析：将 BC 隔离，由于不计自重，拱 BC 仅在 B、C 点受力，故 BC 为二力构件。设 B、C 处的反力为拉力，其受力如图 1-22(b)所示。

(2) 拱 AB 的受力分析：由于不计自重，作用在拱 AB 上的主动力仅有 $\boldsymbol{F}$，由作用力与反作用力公理，可确定 B 处的反力为 $\boldsymbol{R}'_B$。A 处为固定铰支座约束，一般情况下，该约束的约束反力不能预先确定，可用两个正交分力 $\boldsymbol{X}_A$、$\boldsymbol{Y}_A$ 表示。拱 AB 的受力如图 1-22(c)所示。

(3) 三角拱桥 ABC 的受力分析：将 ABC 隔离，作用于其上的力有主动力 $\boldsymbol{F}$，过 C 点沿 BC 连线的约束反力 $\boldsymbol{R}_C$，A 处的约束反力分量 $\boldsymbol{X}_A$、$\boldsymbol{Y}_A$，其受力如图 1-22(d)所示。在此应注意，铰链 B 处的受力属于研究对象内部物体之间的相互作用力，即内力，不应画在受力图上。

对于 AB 构件，进一步分析可知，由于其上仅受三个不平行力的作用而平衡，可根据三力平衡汇交定理画出其受力图，如图 1-22(e)所示。对于三角拱桥 ABC，由于 A、B 处的反力 $\boldsymbol{N}_A$、$\boldsymbol{N}_B$ 分别在图 1-22(e)、1-22(b)中已确定，亦可由三力平衡汇交定理画出其受力图如图 1-22(f)所示。

【例 1-5】 双跨静定梁如图 1-23 所示，AC 作用均布荷载 $\boldsymbol{q}$，CD 作用集中力 $\boldsymbol{F}$。试画出梁 AC、CD 和全梁的受力图。

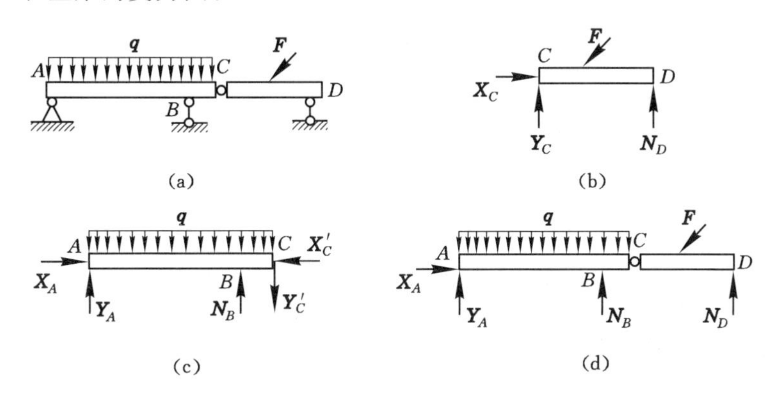

图 1-23

解 (1) CD 梁的受力分析：将 CD 梁隔离，所受主动力为 $\boldsymbol{F}$，D 点为链杆约束，C 点为铰链，所受约束反力有 $\boldsymbol{N}_D$、$\boldsymbol{X}_C$、$\boldsymbol{Y}_C$。图 1-23(b)为 CD 梁的受力图。

(2) AC 梁的受力分析：将 AC 梁隔离，所受主动力有均布荷载 $\boldsymbol{q}$，B 点的约束反力 $\boldsymbol{N}_B$、A 点的约束反力 $\boldsymbol{X}_A$、$\boldsymbol{Y}_A$，根据作用力与反作用力公理，C 点反力为 $\boldsymbol{X}'_C$、$\boldsymbol{Y}'_C$。图 1-23(c)为 AC 梁的受力图。

(3) 全梁的受力分析：将 ACD 隔离，其上所受主动力有集中力 $\boldsymbol{F}$、均布载荷 $\boldsymbol{q}$，约束反力 $\boldsymbol{X}_A$、$\boldsymbol{Y}_A$ 以及 $\boldsymbol{N}_B$、$\boldsymbol{N}_D$。C 点的约束没有解除，约束反力不表现出来。图 1-23(d)为 ACD 梁的受力图。

【例 1-6】 机构如图 1-24 所示，各杆件的自重不计，试画出各杆件及整体的受力图。

解 杆件 AB 为二力杆，设 A、B 端的反力为拉力，其受力如图 1-24(b)所示。

杆件 ECA 受力有主动力 $\boldsymbol{F}$、光滑支撑面的反力 $\boldsymbol{R}_A$、杆件 AB 反作用力 $\boldsymbol{S}'_A$ 以及铰 C 的反力 $\boldsymbol{R}_C$，由三力平衡汇交定理知，作用在 ECA 上的力汇交于点 H 点，如图 1-24(c)所示。

杆件 DCB 上受力有 $\boldsymbol{R}'_C$、$\boldsymbol{S}'_B$ 以及固定铰支座 D 的反力 $\boldsymbol{R}_D$，如图 1-24(d)所示。

整体的受力图如图 1-24(e)所示。

通过以上例题，介绍了进行物体受力分析的方法，现将画物体受力图时应注意的问题归纳如下：

(1) 根据题目的要求选择研究对象，研究对象可以是单个物体，也可以是几个物体的组合，不同的研究对象其受力图是不同的。

(2) 在画分离体的受力图时，先画主动力再画约束反力，既不要多画力也不要漏画力。力是物体之间的相互机械作用，因此对于受力体所受的每一个力，都应能明确它是哪一个施力体施加的。受力体所受的约束反力一定要根据约束的类型及其表示方法来画，有时也需要根据静力学的公理来确定某反力的作用线方位(如三力平衡汇交定理)。在涉及作用力与反作用力时，一定不要画错它们的方向。

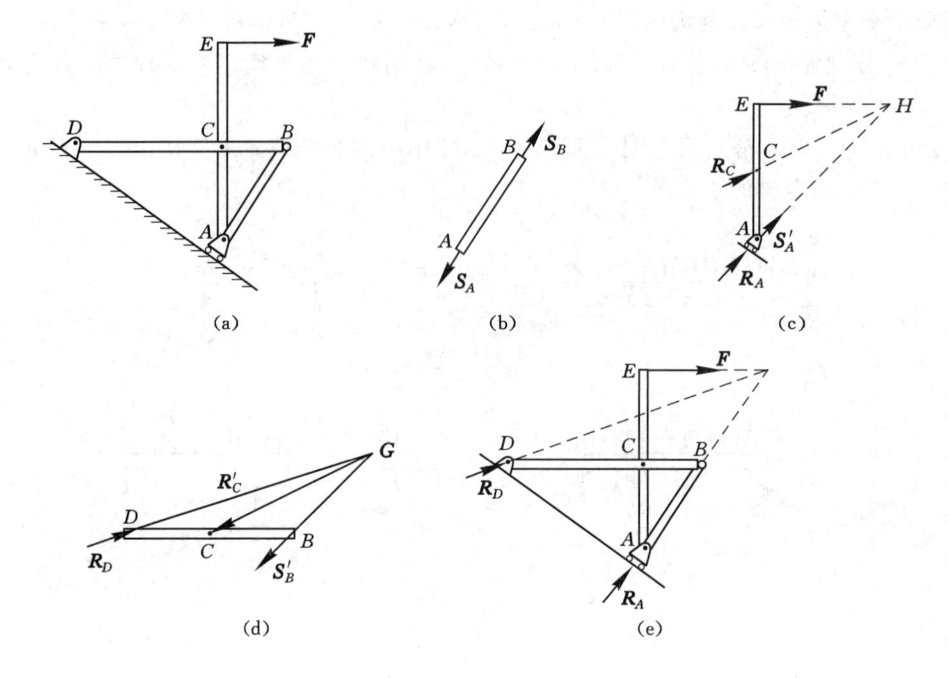

图 1-24

(3) 外力与内力的区分是相对的，物体系统内部各物体间的相互作用力为内力，当取分离体后这种相互作用的内力就表现为外力。由于内力成对出现，不影响物体系统的平衡，所以受力图上只画外力，不画内力。

(4) 同一系统各研究对象的受力图必须整体与局部协调一致，不能相互矛盾。也就是说，当分别画物体系统中某物体的受力图和包括该物体在内的部分物体的受力图、或整体受力图时，同一处的约束反力，在每个受力图上的符号和方向要一致。

(5) 正确判断物体系统中是否存在着二力构件(杆件)，如果有二力构件，可先按二力平衡公理画出其受力图，这样使其他物体的受力分析更加简明。画二力构件受力图时可将二力设为拉力。

思 考 题

1-1　有两力 $\boldsymbol{F}_1$ 和 $\boldsymbol{F}_2$，说明 $\boldsymbol{F}_1=\boldsymbol{F}_2$ 与 $F_1=F_2$ 的含义和区别。

1-2　两力等效的条件是什么？图示两力 $\boldsymbol{F}_1$ 与 $\boldsymbol{F}_2$ 相等，该两力对刚体的作用是否等效？

1-3　将作用于刚体上 A 点的力平行移动到其上另一点 B，力对刚体作用的效应是否会改变？

1-4　分析图示两物块在大小相等、方向相反、共线的两力 $\boldsymbol{F}_1$、$\boldsymbol{F}_2$ 的作用下能否处于平衡。

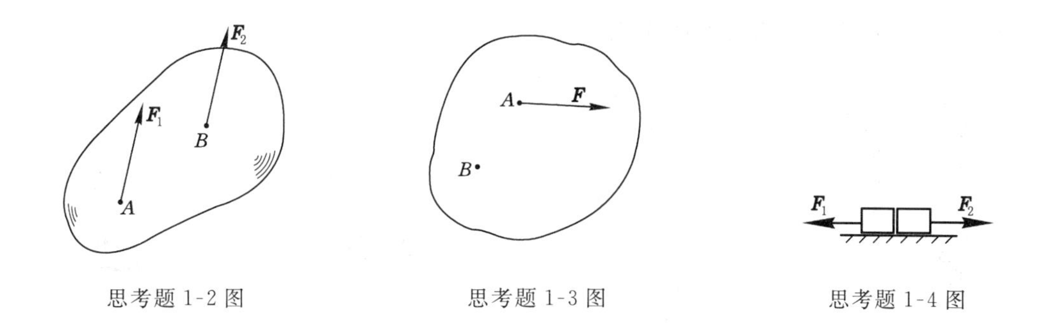

思考题 1-2 图　　思考题 1-3 图　　思考题 1-4 图

1-5 "分力一定小于合力"的说法对吗？为什么？试举例说明。

1-6 什么叫二力构件？分析二力构件的受力与其形状有无关系？试指出图示各结构中的二力构件，图中各构件的自重忽略不计。

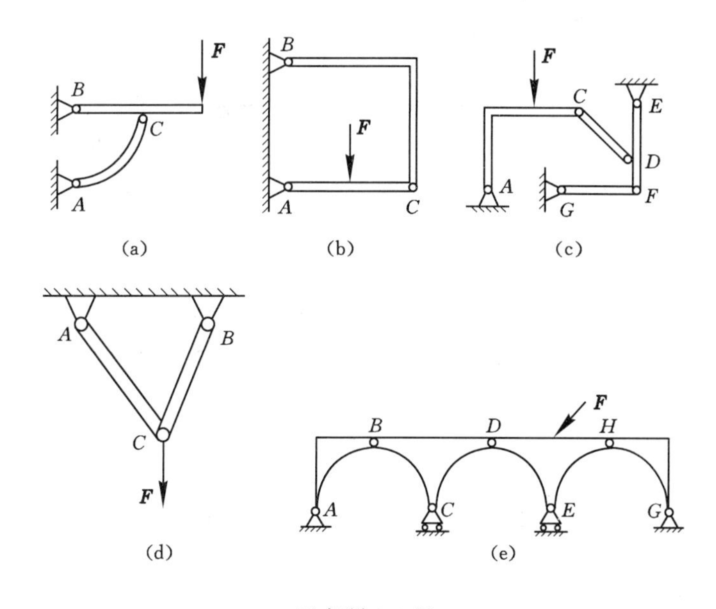

思考题 1-6 图

1-7 求图示结构铰链 A、C 的约束反力时，将力 $\boldsymbol{F}$ 沿其作用线移到 BC 杆的中点，A、C 处的约束反力是否改变？

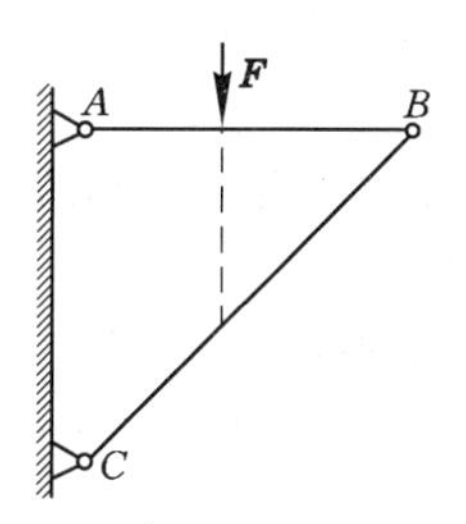

思考题 1-7 图

1-8　作用于刚体上的三个力，若其作用线汇交于一点，刚体是否必然平衡？

1-9　下列物体受力图是否有错误？如何改正？

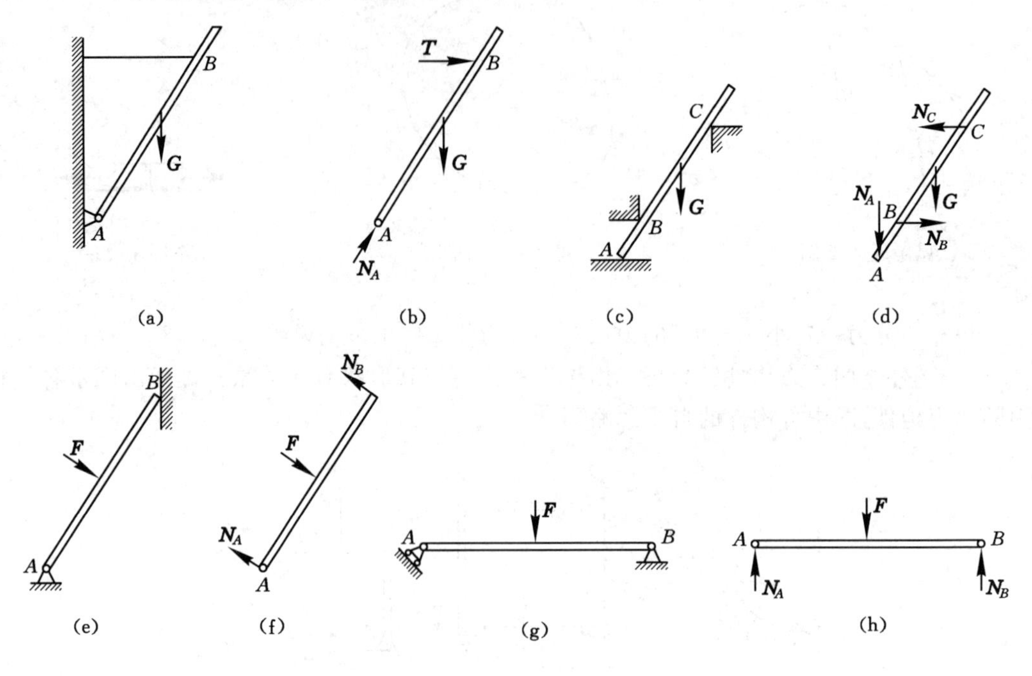

思考题 1-9 图

1-10　在图示结构中力 F 作用于铰链 B 处的销钉上，物体的重量不计。试分别画出两拱及销钉 B 的受力图；若销钉和 BC 联在一起，分别画出两拱的受力图。

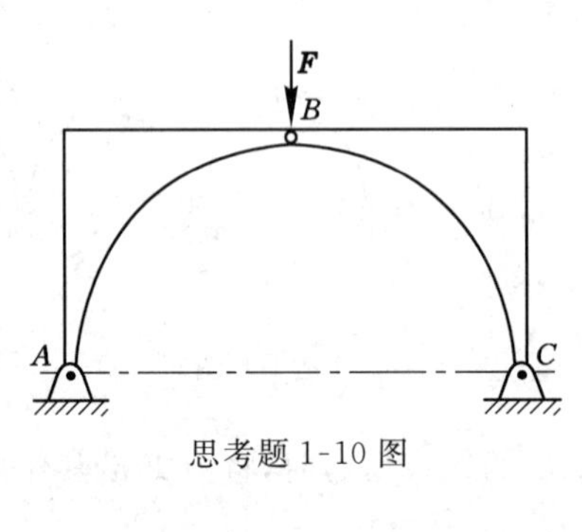

思考题 1-10 图

习　　题

下列各题中，物体的自重不计(除注明者外)，且所有接触面均为光滑的。

1-1　分别画出下列各物体的受力图。

1-2　画出下列连续梁中各部分及整体的受力图。

1-3　画出下列物体系统中各物体和整体的受力图。

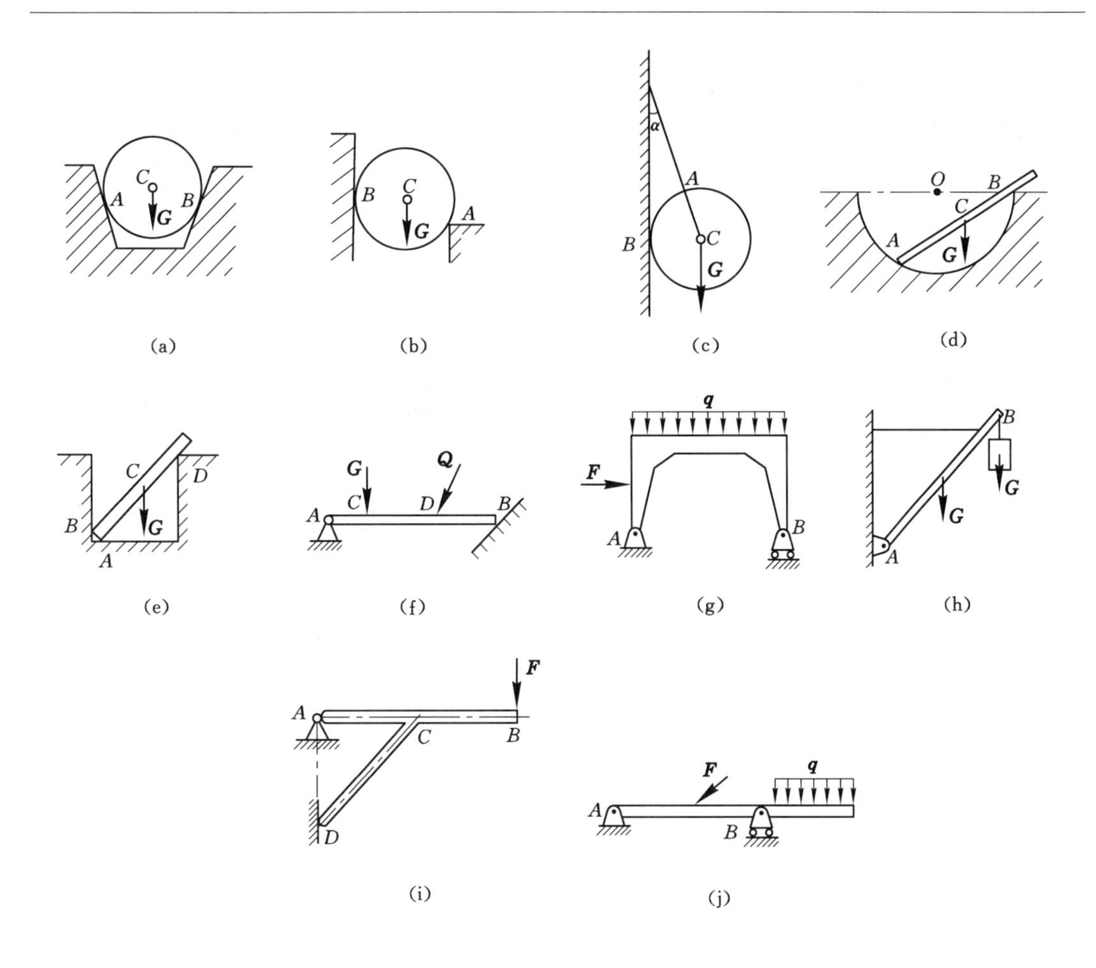
C
A
B
G
(a)
B
C
G
A
(b)
α
A
B
C
G
(c)
O
B
C
A
G
(d)
C
D
B
G
A
(e)
G
Q
A
C
D
B
(f)
q
F
A
B
(g)
B
G
G
A
(h)
F
A
C
B
D
(i)
F
q
A
B
(j)

习题 1-1 图

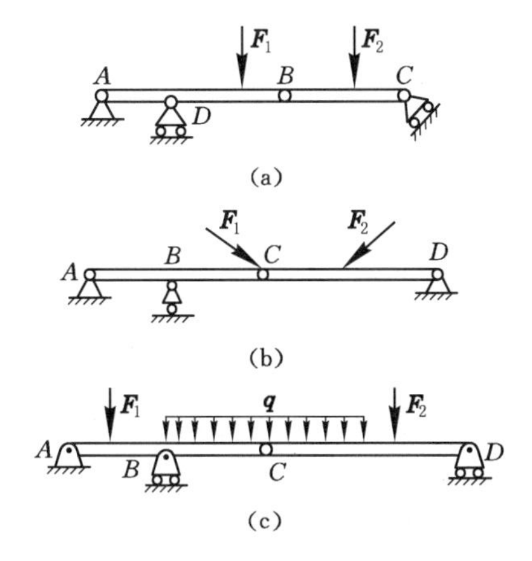
F1
F2
A
B
C
D
(a)
F1
F2
A
B
C
D
(b)
F1
q
F2
A
B
C
D
(c)

习题 1-2 图

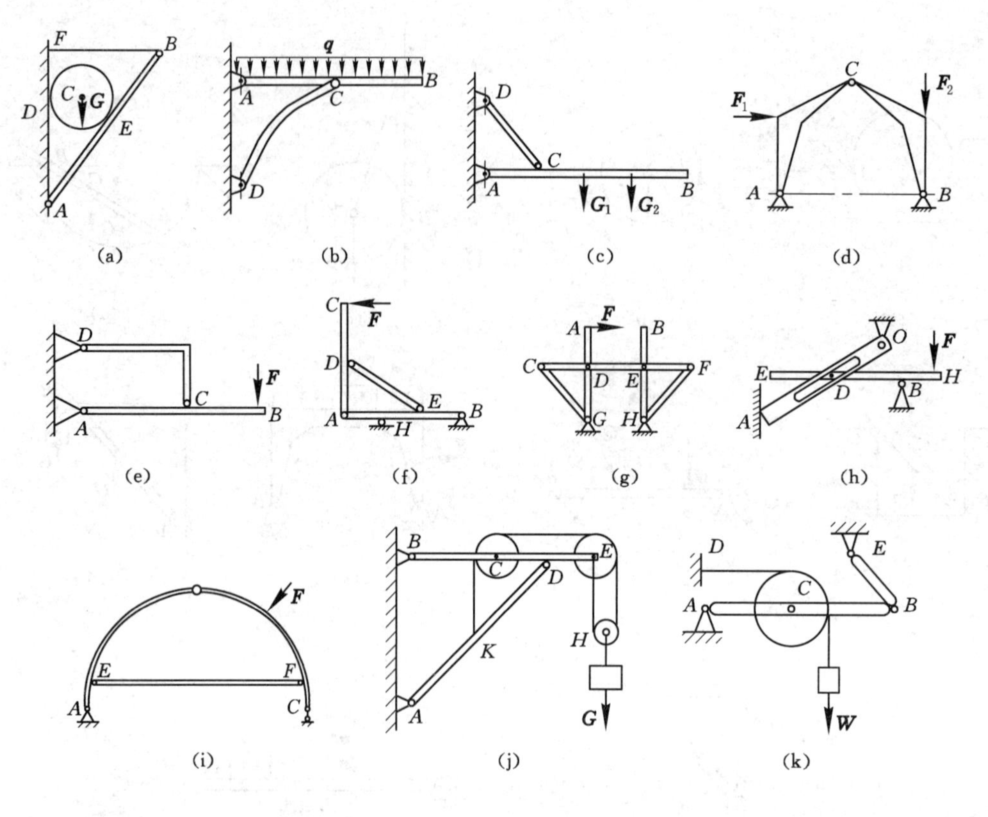

习题 1-3 图

2 平面汇交力系与平面力偶系

前面已经指出，静力学主要是研究力系的简化和平衡问题的。由于在工程实际中所遇到的力系在空间分布的状况不同，因而其合成的方法、结果以及平衡条件也不相同。按照力系中各力作用线是否在同一平面内，力系可分为平面力系和空间力系。所谓的平面力系，是指力系中各力的作用线都位于同一平面内的力系，否则为空间力系。平面力系和空间力系又可分为汇交力系、平行力系和一般力系。所谓汇交力系，是指力系中各力的作用线均汇交于一点的力系。而力系中各力的作用线都相互平行的力系，则称为平行力系。一般力系是指所有各力的作用线既不汇交于一点，又不全部彼此平行的力系。

平面汇交力系与平面力偶系是研究复杂力系的基础。本章研究平面汇交力系、平面力偶系的合成和平衡问题，着重讨论平面力多边形法则、平面力偶的性质、平面汇交力系和平面力偶系的平衡条件和平衡方程及其应用。

2.1 平面汇交力系合成与平衡的几何法

平面汇交力系是指各力的作用线在同一平面内且汇交于一点的力系。

在工程实际中，平面汇交力系的例子很多。例如图 1-20(c)所示的简支梁 AB 受到 $\boldsymbol{F}$、$\boldsymbol{N}_A$ 和 $\boldsymbol{N}_B$ 三个力所组成的平面汇交力系的作用。图 2-1(a)所示钢筋混凝土预制梁起吊时，作用在吊钩上的钢绳拉力 $\boldsymbol{F}$、$\boldsymbol{T}_1$ 和 $\boldsymbol{T}_2$[图 2-1(b)]，在同一平面内并汇交于一点，组成一平面汇交力系；图 2-2(b)所示是屋架[图 2-2(a)]的一部分，图中各杆所受的力$\boldsymbol{S}_1$、$\boldsymbol{S}_2$、$\boldsymbol{S}_3$、$\boldsymbol{S}_4$、$\boldsymbol{S}_5$ 在同一平面且作用线汇交于一点 O，也组成一平面汇交力系。

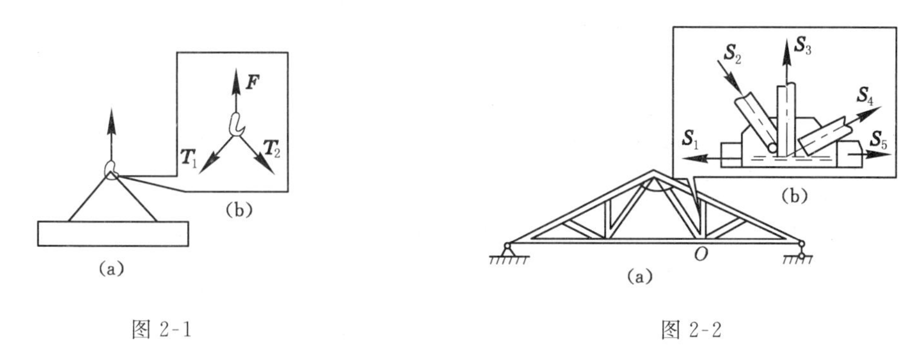

图 2-1　　图 2-2

由力的可传性原理知，作用在刚体上的各力可分别沿其作用线移动到汇交点，而不影响它们对刚体的作用效果。所以平面汇交力系与作用于同一点的平面共点力系对刚体的作用效果是一样的。

2.1.1 平面汇交力系合成的几何法

设在图 2-3(a)所示刚体上作用一平面汇交力系 $\boldsymbol{F}_1$、$\boldsymbol{F}_2$、$\boldsymbol{F}_3$、$\boldsymbol{F}_4$。

为求该力系的合力，可在图 2-3(a)上连续作力的平行四边形，即先由平行四边形法则求出 $\boldsymbol{F}_1$ 与 $\boldsymbol{F}_2$ 的合力$\boldsymbol{R}_{12}$，再同样求出$\boldsymbol{R}_{12}$与 $\boldsymbol{F}_3$ 的合力$\boldsymbol{R}_{123}$，如此类推，最后得到一个作用线也过力系汇交点 A 的合力$\boldsymbol{R}$。

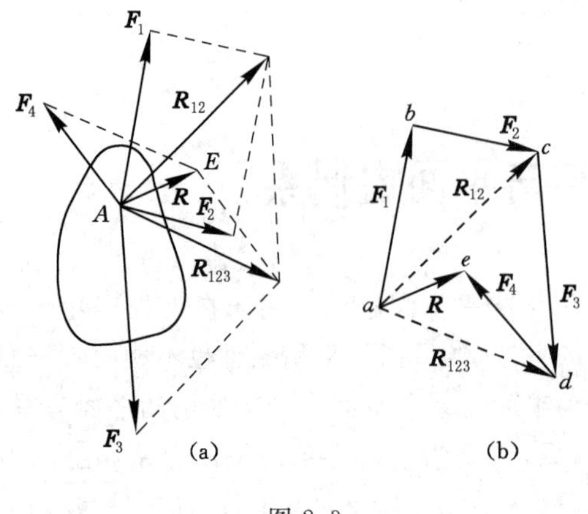

图 2-3

$$\boldsymbol{R}=\boldsymbol{F}_1+\boldsymbol{F}_2+\cdots+\boldsymbol{F}_n$$

显然，这种求平面汇交力系合力的方法比较麻烦，若连续用力三角形法则，那么实际的作图过程可以简化。具体作法如下：

首先按一定的比例尺，将力的大小表示为适当长度的线段，然后从刚体外的任一点 a 开始：

(1) 在点 a 作矢量$\boldsymbol{ab}$ 平行且等于力$\boldsymbol{F}_1$，在从点 b 作矢量$\boldsymbol{bc}$ 平行且等于力$\boldsymbol{F}_2$，由力三角形法则，矢量 $\boldsymbol{ac}$ 即代表力 $\boldsymbol{F}_1$ 与 $\boldsymbol{F}_2$ 的合力 $\boldsymbol{R}_{12}$的大小和方向。

(2) 在力 $\boldsymbol{R}_{12}$的终点(也就是力 $\boldsymbol{F}_2$ 的终点)c 作矢量 $\boldsymbol{cd}$ 平行且等于力 $\boldsymbol{F}_3$，则矢量 $\boldsymbol{ad}$ 代表力$\boldsymbol{R}_{12}$与 $\boldsymbol{F}_3$ 的合力 $\boldsymbol{R}_{123}$(也就是 $\boldsymbol{F}_1$、$\boldsymbol{F}_2$、$\boldsymbol{F}_3$ 的合力)的大小和方向。

(3) 在力 $\boldsymbol{R}_{123}$的终点(也就是力 $\boldsymbol{F}_3$ 的终点)d 作矢量 $\boldsymbol{de}$ 平行且等于力 $\boldsymbol{F}_4$，则矢量 $\boldsymbol{ae}$ 代表力$\boldsymbol{R}_{123}$与 $\boldsymbol{F}_4$ 的合力 $\boldsymbol{R}$ 的大小和方向。力 $\boldsymbol{R}$ 就是已知力系 $\boldsymbol{F}_1$、$\boldsymbol{F}_2$、$\boldsymbol{F}_3$、$\boldsymbol{F}_4$ 的合力。

(4) 过力系的汇交点 A 作一矢量$\boldsymbol{AE}$ 平行且等于矢量$\boldsymbol{ae}$，这样，矢量 $\boldsymbol{AE}$ 代表了该力系的合力$\boldsymbol{R}$。

多边形 $abcde$ 称为力多边形，ae 称为力多边形的封闭边。这种求合力矢的方法称为力多边形法则，亦称为几何法。

应该指出，若按力 $\boldsymbol{F}_1$、$\boldsymbol{F}_2$、$\boldsymbol{F}_3$、$\boldsymbol{F}_4$ 的顺序作力多边形，则可得到图 2-4(a)；若改变力的顺序作力多边形，则得图 2-4(b)。两图中的力多边形形状虽不相同，但所得的合力矢是一样的。这也说明，矢量求和的结果与矢量排列的先后次序无关。

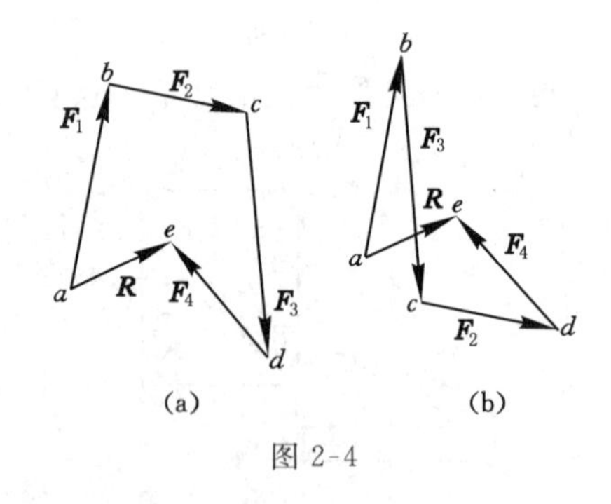

图 2-4

上述方法可推广到有 n 个力的情形，于是可得结论如下：平面汇交力系合成的结果是一个合力，合力的作用线通过力系的汇交点，合力矢等于原力系中所有各力的矢量和，可由力多边形的封闭边来表示，即

$$\boldsymbol{R}=\boldsymbol{F}_1+\boldsymbol{F}_2+\cdots+\boldsymbol{F}_n=\sum_{i=1}^{n}\boldsymbol{F}_i \tag{2-1a}$$

或简写为：

$$\boldsymbol{R}=\sum\boldsymbol{F} \tag{2-1b}$$

顺便指出，平面汇交力系的力多边形是平面多边形，而空间汇交力系的力多边形则为空间形状的多边形。仅在平面汇交力系的情况下，应用几何法求合力才是方便的，对空间汇交

力系合力的求解一般用解析法，空间力系的解析法将在第四章中介绍。

【例 2-1】 图 2-5(a)所示为作用在 A 点的四个力，其中 $F_1=0.5\ \text{kN}$，$F_2=1\ \text{kN}$，$F_3=0.4\ \text{kN}$，$F_4=0.3\ \text{kN}$，各力方向见图，且 $\boldsymbol{F}_4$ 为铅垂向上。试用几何法求此力系的合力。

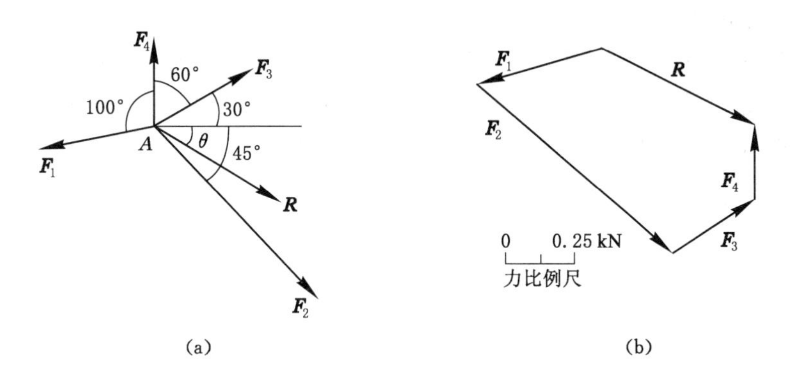

图 2-5

解 选取适当的比例尺，并按 $\boldsymbol{F}_1$、$\boldsymbol{F}_2$、$\boldsymbol{F}_3$、$\boldsymbol{F}_4$ 的顺序首尾相接地依次画出各力矢，所得的力多边形如图 2-5(b)所示。由力多边形的封闭边量得合力矢的大小为 0.62 kN。

合力 $\boldsymbol{R}$ 指向右下方，用量角器量得它与水平方向间的夹角 $\theta=27.5°$，且合力 $\boldsymbol{R}$ 作用在各力的汇交点 A 上[图 2-5(a)]。

2.1.2 平面汇交力系平衡的几何条件

设有汇交力系 $\boldsymbol{F}_1$、$\boldsymbol{F}_2$、…、$\boldsymbol{F}_{n-1}$、$\boldsymbol{F}_n$ 作用于刚体[图 2-6(a)]，按力多边形法则，将其中 $n-1$个力 $\boldsymbol{F}_1$、$\boldsymbol{F}_2$、…、$\boldsymbol{F}_{n-1}$ 合成为一个合力$\boldsymbol{R}_{n-1}$，则原力系 $\boldsymbol{F}_1$、$\boldsymbol{F}_2$、…、$\boldsymbol{F}_{n-1}$、$\boldsymbol{F}_n$ 与力系 $\boldsymbol{R}_{n-1}$、$\boldsymbol{F}_n$ 等效[图 2-6(b)]。由二力平衡条件可知，力系 $\boldsymbol{R}_{n-1}$、$\boldsymbol{F}_n$ 平衡的必要和充分条件是：$\boldsymbol{R}_{n-1}$ 与 $\boldsymbol{F}_n$ 两力等值、反向、共线，即力系 $\boldsymbol{R}_{n-1}$、$\boldsymbol{F}_n$ 的合力等于零：

$$\boldsymbol{R}_{n-1}+\boldsymbol{F}_n=0$$

而

$$\boldsymbol{R}_{n-1}+\boldsymbol{F}_n=\boldsymbol{F}_1+\boldsymbol{F}_2+\cdots+\boldsymbol{F}_{n-1}+\boldsymbol{F}_n=\boldsymbol{R}=\sum_{i=1}^{n}\boldsymbol{F}_i$$

所以，要该刚体平衡，必有：

$$\boldsymbol{R}=0 \tag{2-2}$$

于是得到结论：平面汇交力系平衡的必要和充分条件是合力等于零。

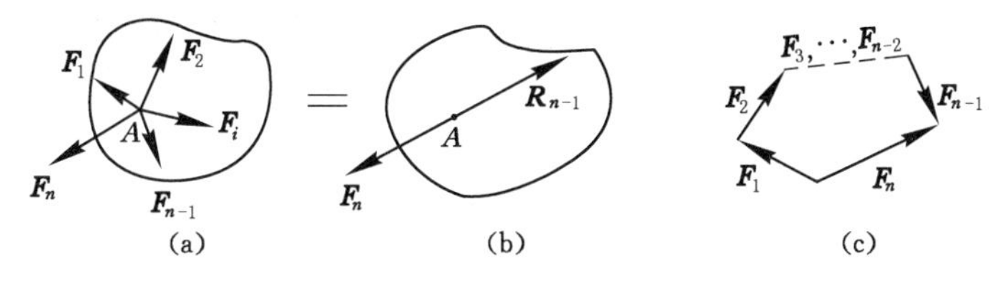

图 2-6

由于平面汇交力系的合力矢是由力多边形的封闭边矢量表示的，因此，合力等于零就是力多边形的分力矢折线的起点与终点相重合，即力多边形自行封闭[图 2-6(c)]。所以，平面汇交力系平衡的必要和充分条件是:力系的力多边形自行封闭。

运用平面汇交力系平衡的几何条件求解问题时,先按一定的比例尺画出封闭的力多边形,然后用尺和量角器在图上量得所要求的未知量,亦可根据图形的几何关系,用三角公式计算出所要求的未知量。

【例 2-2】 简易起重机如图 2-7(a)所示,杆 AB、AC 两端均为光滑铰链,A 处的销钉与定滑轮固连;绕过滑轮的钢索悬吊重量 $G=2\,000$ N 的重物;杆 AB 垂直于杆 AC。杆和滑轮的重量不计,假定接触处都是光滑的,试求杆 AB、AC 所受的力。

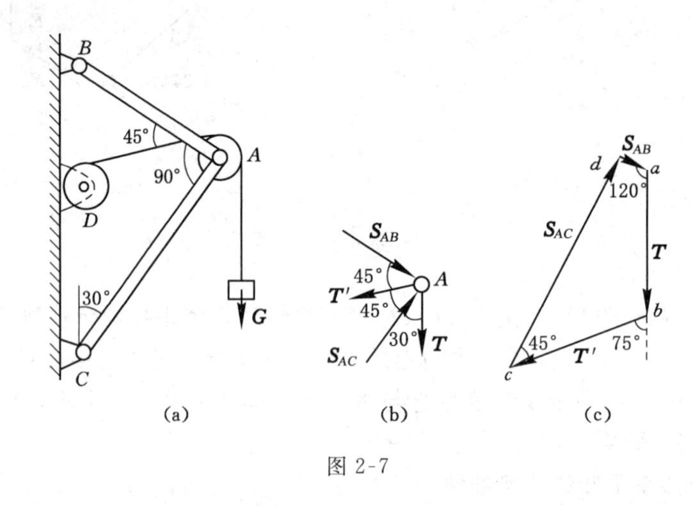

图 2-7

解 (1) 以滑轮 A 为研究对象,对其进行受力分析。作用在滑轮 A(带销钉)上的力有绳子的张力 $\boldsymbol{T}$、$\boldsymbol{T}'$ 和杆件的内力 $\boldsymbol{S}_{AB}$、$\boldsymbol{S}_{AC}$。由于不计摩擦,绳子两端的张力相等,即 $T=T'=G$,滑轮 A 的受力图如图 2-7(b)所示。

(2) 取适当的比例尺,作封闭的力多边形。在图 2-7(c)上,从任意点 a 作矢量 $\boldsymbol{ab}$ 平行且等于铅直方向的钢索拉力 $\boldsymbol{T}$;再从点 b 作矢量 $\boldsymbol{bc}$ 平行且等于钢索另一端的拉力 $\boldsymbol{T}'$;由于力系是平衡力系,力多边形应该封闭,即两个未知的力矢 $\boldsymbol{S}_{AC}$、$\boldsymbol{S}_{AB}$ 应分别通过 a、c 两点,故从 a、c 两点分别作直线平行于力 $\boldsymbol{S}_{AB}$、$\boldsymbol{S}_{AC}$,两直线交于点 d,从而得到力多边形 $abcd$。根据封闭的力多边形的矢序规则,由已知力 $\boldsymbol{T}$、$\boldsymbol{T}'$ 的指向,可以确定力 $\boldsymbol{S}_{AC}$、$\boldsymbol{S}_{AB}$ 的指向,得 $\boldsymbol{S}_{AC}=\boldsymbol{cd}$,$\boldsymbol{S}_{AB}=\boldsymbol{da}$。

(3) 按所选取的力比例尺量得 $S_{AC}=3\,150$ N,$S_{AB}=415$ N。根据作用力与反作用定律,由力 $\boldsymbol{S}_{AC}$ 和 $\boldsymbol{S}_{AB}$ 的方向可知,杆 AC 和 AB 均受压力。

由上例可见,运用平面汇交力系平衡的几何条件求解问题时,需要根据平衡条件作封闭的力多边形,而这个力多边形是根据作用在某个刚体上的平衡力系作出的。因此,解题的步骤应是:

(1) 选取研究对象。根据题意选取适当的刚体为研究对象,分析已知量和待求量。

(2) 画研究对象的受力图。受力图中各力作用线的位置要按比例画出,特别是各力的方向要用量角器准确画出。

(3) 作封闭的力多边形。根据对精度的要求选择适当的力比例尺作力系的力多边形。作力多边形时,先画已知力,然后利用力多边形封闭的条件来确定未知力的大小和方向。

(4) 量取未知力的大小和方向。按力比例尺量出力多边形中未知力的大小,必要时可用量角器量出其方向角。若力多边形是三角形，也可以用三角公式计算未知力的大小和方向。

2.2 平面汇交力系合成与平衡的解析法

上一节讨论了平面汇交力系的合成与平衡问题的几何法。几何法具有直观、简捷的优点，可直接从图上量出要求的结果。其缺点是作图有误差，影响精度。而用解析法则可得到较精确的结果。下面介绍用解析法求解平面汇交力系的合成与平衡问题。

2.2.1 力在轴上的投影 合力投影定理

1. 力在轴上的投影

在图 2-8 中，力 $\boldsymbol{F}$ 与 x、y 轴在同一平面内，从力 $\boldsymbol{F}$ 的起点 A 和终点 B 分别作 x 轴的垂线，垂足分别为 a 和 b，则线段 ab 加上适当的正负号称为力 $\boldsymbol{F}$ 在 x 轴上的投影。若以 X 表示力 $\boldsymbol{F}$ 在 x 轴上的投影，则有：

$$X = \pm ab$$

同理，若以 Y 表示力 $\boldsymbol{F}$ 在 y 轴上的投影，则有：

$$Y = \pm a'b'$$

投影的正负号规定：若投影的方向与 x 轴的正向一致，则投影为正值；反之，则为负值。按照这个规定，图 2-8 所示力 $\boldsymbol{F}$ 的投影 X 为正值，投影 Y 也为正值。

通常以 α、β 分别表示力 $\boldsymbol{F}$ 与 x、y 轴的正向的夹角。当已知力 $\boldsymbol{F}$ 的大小和角 α、β 时，根据上述投影的定义，则有：

$$\left.\begin{aligned} X &= F\cos\alpha \\ Y &= F\cos\beta \end{aligned}\right\}$$

即力在某轴上的投影等于力的大小乘以力与该轴正向间夹角的余弦。式中 F 为 $\boldsymbol{F}$ 的大小，恒为正值，因此，当 $\alpha<90^\circ$ 时 X 值为正；当 $\alpha>90^\circ$ 时 X 值为负。同样，投影 Y 与角 β 也存在这种关系。

如果已知力在正交轴上的投影分别为 X 和 Y，则该力的大小和方向为：

$$F = \sqrt{X^2 + Y^2} \tag{2-3a}$$

$$\left.\begin{aligned} \cos\alpha &= \frac{X}{F} \\ \cos\beta &= \frac{Y}{F} \end{aligned}\right\} \tag{2-3b}$$

式(2-3b)称为力 $\boldsymbol{F}$ 的方向余弦，其中 α 和 β 分别表示力 $\boldsymbol{F}$ 与 x、y 轴正向的夹角。

由图 2-8 可以看出，当力 $\boldsymbol{F}$ 沿两个正交的轴 x、y 分解为 $\boldsymbol{F}_x$、$\boldsymbol{F}_y$ 两力时，这两个分力的大小分别等于力 $\boldsymbol{F}$ 在两轴上的投影 X、Y 的绝对值。但当 x、y 轴不相互垂直时，如图 2-9 所示，则分力 $\boldsymbol{F}_x$、$\boldsymbol{F}_y$ 的大小在数值上不等于力 $\boldsymbol{F}$ 在两轴上的投影 X、Y。此外还需注意，力在轴上的投影是代数量。由力 $\boldsymbol{F}$ 可确定其投影 X 和 Y，但是由投影 X 和 Y 只能确定力 $\boldsymbol{F}$ 的大小和方向，不能确定其作用位置；力沿轴的分量是矢量，是该力沿该方向的分作用，但由分量能完全确定力的大小、方向和作用位置。可见，力的分解和力的投影是两个不同的概念，只是在一定的条件下，两者才有确定的关系，二者不可混淆。

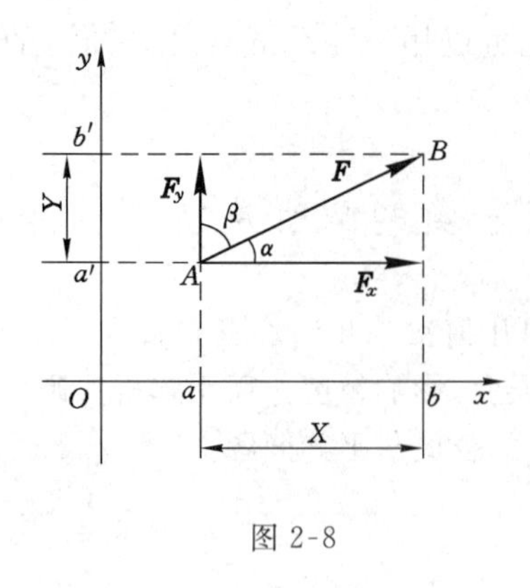

图 2-8

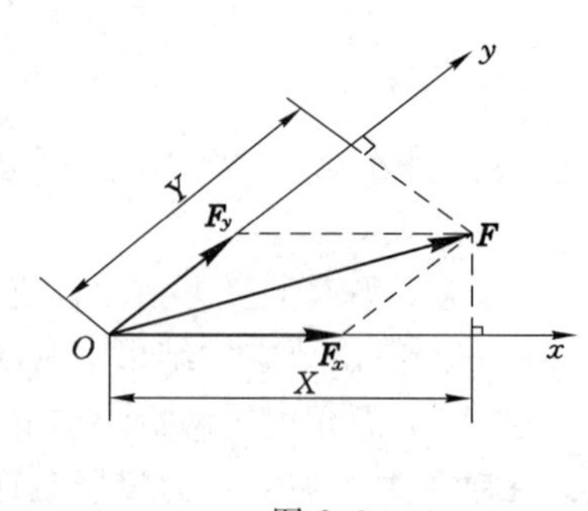

图 2-9

2. 合力投影定理

图 2-10 表示平面汇交力系的各力矢 $\boldsymbol{F}_1$、$\boldsymbol{F}_2$、$\boldsymbol{F}_3$、$\boldsymbol{F}_4$ 组成的力多边形，$\boldsymbol{R}$ 为合力。将力多边形中各力矢投影到 x 轴上，由图可见，力系的合力在 x 轴上的投影与分力在同一轴上的投影关系为：

$$ae = -ab + bc + cd + de$$

上式左端为合力 $\boldsymbol{R}$ 的投影，右端为四个分力的投影的代数和，即

$$R_x = X_1 + X_2 + X_3 + X_4$$

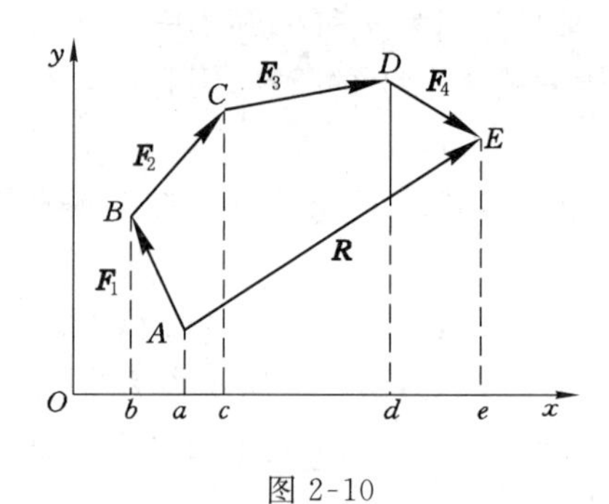

图 2-10

同理，合力与各分力在 y 轴上的投影的关系式是：

$$R_y = Y_1 + Y_2 + Y_3 + Y_4$$

若平面汇交力系有任意多个力 $\boldsymbol{F}_1$、$\boldsymbol{F}_2$、…、$\boldsymbol{F}_n$，则有：

$$\left.\begin{aligned} R_x &= X_1 + X_2 + \cdots + X_n = \sum X \\ R_y &= Y_1 + Y_2 + \cdots + Y_n = \sum Y \end{aligned}\right\} \tag{2-4}$$

可见，合力在任一轴上的投影等于各分力在同一轴上的投影的代数和，即**合力投影定理**。

2.2.2 平面汇交力系合成与平衡的解析法

对于给定的平面汇交力系，可在力系所在平面内任意选取一直角坐标系 Oxy，为了方便，一般都取力系的汇交点为坐标原点。首先求出力系中各力在 x、y 轴上的投影，然后根据式(2-3a)、式(2-3b)和合力投影定理，分别确定出合力的大小和方向：

$$R = \sqrt{R_x^2 + R_y^2} = \sqrt{(\sum X)^2 + (\sum Y)^2} \tag{2-5a}$$

$$\cos\alpha = R_x/R,\ \cos\beta = R_y/R \tag{2-5b}$$

其中，α 和 β 分别是合力 R 与 x、y 轴正向的夹角。

必须指出，式(2-4)只对直角坐标系成立。

应用式(2-4)、式(2-5)计算合力的大小和方向的方法，称为平面汇交力系合成的解析法或投影法。

由式(2-2)知，平面汇交力系平衡的必要和充分条件是该力系的合力等于零，即 $\boldsymbol{R}=0$，推知其大小 $R=0$。由式(2-5a)有：

$$\left.\begin{aligned}\sum X = 0\\ \sum Y = 0\end{aligned}\right\} \tag{2-6}$$

式(2-6)称为平面汇交力系的平衡方程。即平面汇交力系平衡的解析条件是：力系中所有各力在力系平面内两相交轴上投影的代数和分别等于零。

应该指出，虽然式(2-6)是由直角坐标系导出的，但当 x、y 轴是任意两个相交轴时，上述条件同样成立；式(2-6)是两个独立的方程，可以求解两个未知量。

利用平衡方程求解平衡问题时，仍然要画出研究对象的受力图，受力图中未知力的指向可以假设，如计算结果为正，表示假设的指向就是实际的指向；如为负值，表示实际的指向与假设的指向相反。

【例 2-3】 图 2-11 所示一钢结构节点上受四力作用，已知 $F_1=30\ \text{kN}$，$F_2=50\ \text{kN}$，$F_3=60\ \text{kN}$，$F_4=40\ \text{kN}$。求这四力的合力。

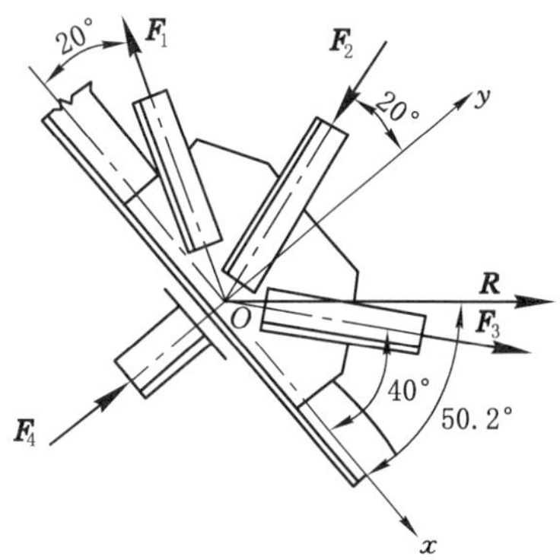

图 2-11

解 力 $\boldsymbol{F}_1$、$\boldsymbol{F}_2$、$\boldsymbol{F}_3$、$\boldsymbol{F}_4$ 组成一平面汇交力系。

(1) 在力系平面内选一直角坐标系 Oxy，原点 O 与汇交点重合。

(2) 计算各力分别在 x 轴、y 轴上投影的代数和：

$$\begin{aligned}\sum X &= X_1 + X_2 + X_3 + X_4 = -30\cos 20^\circ + 50\sin 20^\circ + 60\cos 40^\circ + 40\cos 90^\circ\\ &= -28.19 + 17.10 + 45.96 + 0 = 34.87\ (\text{kN})\end{aligned}$$

$$\begin{aligned}\sum Y &= Y_1 + Y_2 + Y_3 + Y_4 = 30\sin 20^\circ - 50\cos 20^\circ + 60\sin 40^\circ + 40\sin 90^\circ\\ &= 10.26 - 46.98 + 38.57 + 40 = 41.85\ (\text{kN})\end{aligned}$$

(3) 计算合力 $\boldsymbol{R}$ 的大小、方向：

$$R = \sqrt{\left(\sum X\right)^2 + \left(\sum Y\right)^2} = \sqrt{(34.87)^2 + (41.85)^2} = 54.47\ (\text{kN})$$

$$\tan\theta = \left|\frac{R_y}{R_x}\right| = \frac{41.85}{34.87} = 1.200\ 2$$

即力 $\boldsymbol{R}$ 与 x 轴的夹角 $\theta=50.2^\circ$。

【例 2-4】 用解析法求例 2-2。

解 (1) 选滑轮 A(带销钉)为研究对象。

(2) 假设杆 AB 和 AC 均受拉力，其受力图如图 2-12(a)所示。

(3) 建立如图 2-12(a)所示的坐标系，列出平衡方程：

$$\sum X = 0 \quad -S_{AB}\cos 30^\circ - T'\cos 15^\circ - S_{AC}\sin 30^\circ = 0 \tag{a}$$

$$\sum Y = 0 \quad S_{AB}\sin 30^\circ - T'\sin 15^\circ - S_{AC}\cos 30^\circ - T = 0 \tag{b}$$

(4) 解方程求出未知量，注意 $T'=T=G=2\ 000\ \text{N}$，解得：

$$S_{AC} = -3\ 146\ \text{N},\ S_{AB} = -414\ \text{N}$$

S_{AC} 和 S_{AB} 均为负值，说明力 $\boldsymbol{S}_{AC}$ 和 $\boldsymbol{S}_{AB}$ 的方向均与假设的方向相反，即杆 AC 和 AB 均

受到压力作用。

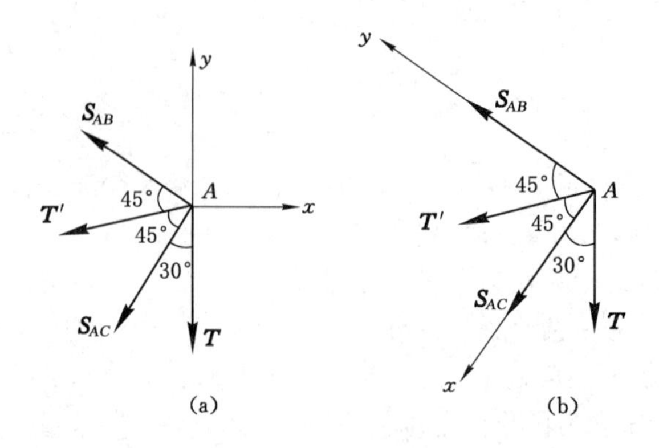

图 2-12

应该指出，在解题的过程中，当某个力求出为负值时，不要因此而改变它在受力图中已经假设的指向，然后再求其他未知力。恰当的做法应是采用“负值代入”法。如上面将 S_{AC} 值代入式(a)求 S_{AB} 时，就以其负值(−3 146 N)代入，而不必在受力图上改变已经假设的力 $\boldsymbol{S}_{AC}$ 的指向。

另外，在上面的计算中需求解联立方程，比较麻烦，这是由于投影轴选取不当造成的。如果在选取投影轴时，尽可能使投影轴与未知力垂直，就有可能使一个方程中只包含一个未知数，不需要解联立方程。例如，对于本例可以选取图 2-12(b)所示的投影轴列出平衡方程求解：

$$\sum X = 0 \quad S_{AC} + T'\cos 45° + T\cos 30° = 0 \tag{a}$$

$$\sum Y = 0 \quad S_{AB} + T'\sin 45° - T\sin 30° = 0 \tag{b}$$

分别由方程(a)、(b)解出：

$$S_{AC} = -3\ 146\ \text{N},\ S_{AB} = -414\ \text{N}$$

可见，这个计算过程就简单多了。

【例 2-5】 在图 2-13(a)所示的杆件系统中，各杆的重量不计，且全部用光滑铰链连接。已知物体 E 重 $W=10$ kN。试求：(1) 系统在图示位置保持平衡时，铅垂力 $\boldsymbol{G}$ 的大小；(2) 使系统在图示位置保持平衡而作用在点 C 上的最小力 $\boldsymbol{Q}$ 的大小和方向。

解 由于不计杆重，杆的两端都是光滑铰链，且都处于平衡状态，所以各杆都是二力杆。

以点 B 为研究对象，其受力如图 2-13(d)所示。由于不求力 $\boldsymbol{S}_{BA}$，所以取与力 $\boldsymbol{S}_{BA}$ 垂直的投影轴 x。列平衡方程：

$$\sum X = 0 \quad W\cos 60° - S_{BC}\cos 50° = 0$$

即 $10\times0.5-0.643S_{BC}=0$，解得：

$$S_{BC} = 7.78\ \text{kN}$$

S_{BC} 为正值，杆 BC 受拉力。

再以点 C 为研究对象，其受力如图 2-13(b)所示。因不需要求出力 $\boldsymbol{S}_{CD}$，故可选取与力 $\boldsymbol{S}_{CD}$ 垂直的 x 轴为投影轴。列平衡方程：

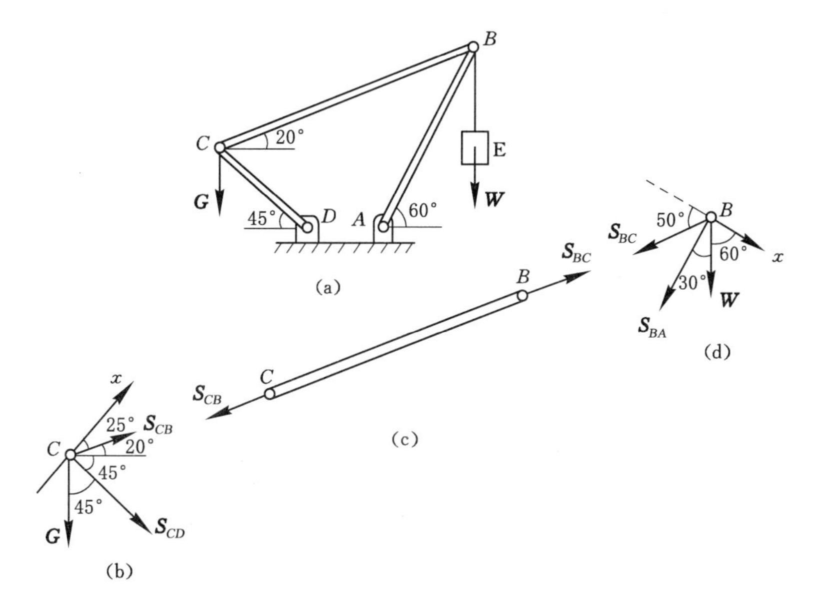

图 2-13

$$\sum X = 0 \quad S_{CB}\cos 25^\circ - G\sin 45^\circ = 0$$

并将 $S_{CB}=S_{BC}=7.78$ kN 代入上式，解得：

$$G = 9.97 \text{ kN}$$

由上述例题可以看出，用解析法求解平面汇交力系平衡问题的一般步骤为：

(1) 选取研究对象。

(2) 画受力图。

(3) 选投影轴，建立平衡方程。平衡方程要能反映已知量(主要是已知力)和未知量(主要是未知力)之间的关系。

(4) 求解未知量。由于平面汇交力系只有两个平衡方程，故选一次研究对象只能求解两个未知量。

2.3　力对点之矩　合力矩定理

力对物体的运动效应有两种基本形式——移动和转动。力使物体移动的效应取决于力的大小和方向。而物体的转动效应是用力对点之矩来度量的。

2.3.1　力对点之矩

如图 2-14 所示，用扳手拧螺母时，螺母的轴线固定不动，轴线在图面上的投影为点 O。若在扳手上作用一力 $\boldsymbol{F}$，该力在垂直于固定轴的平面内，由经验可知，加在扳手上的力 $\boldsymbol{F}$ 离点 O 愈远，拧动螺母就愈省力；反之就愈费力。此外，若施力方向不同，则扳手将按不同的方向转动，使螺母拧紧或松动。

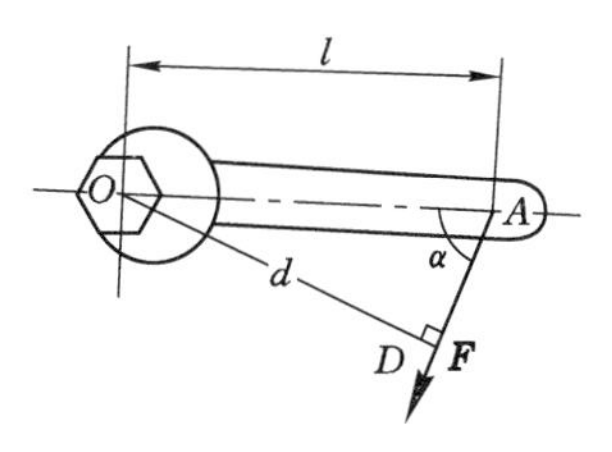

图 2-14

可见，力 $\boldsymbol{F}$ 使物体绕点 O 转动的效应，取决于下列两个因素：

（1）力的大小与力作用线到点 O 的垂直距离的乘积 $F \cdot d$；

（2）力使物体绕点 O 转动的方向。

以上可推广到普遍的情形。如图 2-15 所示，平面上作用一力 $\boldsymbol{F}$，在同平面内任取一点 O，点 O 称为矩心，点 O 到力 $\boldsymbol{F}$ 作用线的垂直距离 d 称为力臂。在平面问题中，力 $\boldsymbol{F}$ 对点 O 之矩定义如下：

$$m_O(\boldsymbol{F}) = \pm Fd \tag{2-7}$$

力 $\boldsymbol{F}$ 使物体绕矩心逆时针转向时为正[图 2-15(a)]，顺时针转向时为负[图 2-18(b)]。

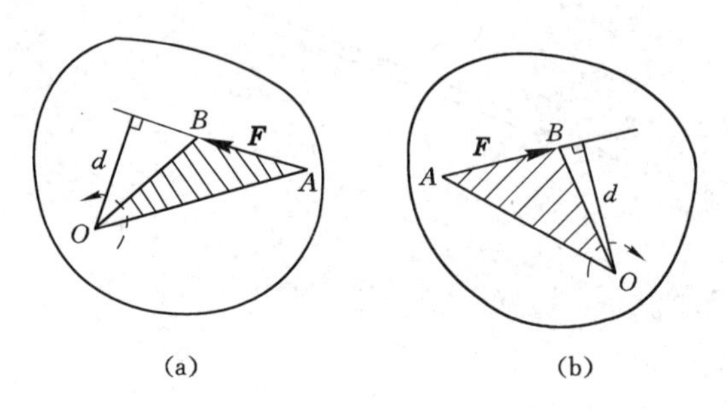

图 2-15

由图 2-15 可以看出，力 $\boldsymbol{F}$ 对点 O 之矩的大小正好等于三角形 ABO 面积的两倍，即

$$m_O(\boldsymbol{F}) = \pm 2\triangle OAB \text{ 面积} \tag{2-8}$$

力矩有如下性质：

（1）力 $\boldsymbol{F}$ 对点 O 之矩，不仅取决于力的大小，同时与矩心的位置有关。同一力对不同点之矩是不同的。

（2）当力的作用线过矩心或力的大小等于零时，力对点之矩等于零。

（3）当力 $\boldsymbol{F}$ 沿其作用线移动时不改变其对点之矩。

（4）等值、反向、共线的两个力对任一点之矩的代数和等于零。

在国际单位制中，力矩的单位是牛·米（N·m）或千牛·米（kN·m）。

【例 2-6】 图 2-14 中扳手所受的力 $F = 200$ kN，$l = 40$ cm，$\alpha = 60°$，试求力 $\boldsymbol{F}$ 对点 O 之矩。

解 由式(2-7)有：

$$m_O(\boldsymbol{F}) = -Fd = -Fl\sin\alpha = -200 \times 0.4 \times \sin 60° = -69.2(\text{N} \cdot \text{m})$$

负号表示扳手绕 O 点作顺时针方向转动。

2.3.2 合力矩定理

平面汇交力系的合力对力系所在平面内任一点之矩，等于力系中各力对同一点之矩的代数和，即**合力矩定理**。

证明：设刚体上的 A 点作用一平面汇交力系 $\boldsymbol{F}_1$、$\boldsymbol{F}_2$、…、$\boldsymbol{F}_n$，该力系的合力 $\boldsymbol{R} = \sum \boldsymbol{F}$，如图 2-16 所示。在力系所在平面内任取一点 O 为矩心，且建立直角坐标系 Oxy，并使 x 轴通过各力的汇交点 A。力 $\boldsymbol{F}_1$、$\boldsymbol{F}_2$、…、$\boldsymbol{F}_n$ 和 $\boldsymbol{R}$ 在 y 轴上的投影分别为 Y_1、Y_2、…、Y_n 和 R_y。

由式(2-8)知，力 $\boldsymbol{F}_1$ 对点 O 之矩：

$$m_O(\boldsymbol{F}_1) = 2\triangle OAB_1 \text{ 面积} = OA \cdot Ob_1$$

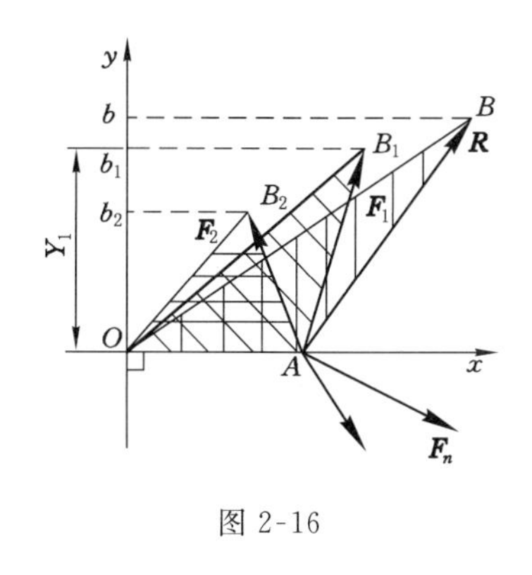

图 2-16

其中线段 Ob_1 是力 $\boldsymbol{F}_1$ 在 y 轴上的投影 Y_1。因此,上式又可写成:

$$m_O(\boldsymbol{F}_1) = OA \cdot Y_1$$

同理可得:

$$m_O(\boldsymbol{F}_2) = OA \cdot Y_2, \cdots, m_O(\boldsymbol{F}_n) = OA \cdot Y_n$$

$$m_O(\boldsymbol{R}) = OA \cdot R_y$$

根据合力投影定理,有:

$$R_y = Y_1 + Y_2 + \cdots + Y_n$$

上式两边同乘以 OA,得:

$$OA \cdot R_y = OA \cdot Y_1 + OA \cdot Y_2 + \cdots + OA \cdot Y_n$$

因此有:

$$m_O(\boldsymbol{R}) = m_O(\boldsymbol{F}_1) + m_O(\boldsymbol{F}_2) + \cdots + m_O(\boldsymbol{F}_n)$$

即

$$m_O(\boldsymbol{R}) = \sum m_O(\boldsymbol{F}) \tag{2-9}$$

于是定理得证。

合力矩定理建立了合力对点之矩与分力对同一点之矩的关系。虽然该定理是从具有合力的平面汇交力系导出的,但它也适用于具有合力的其他力系。

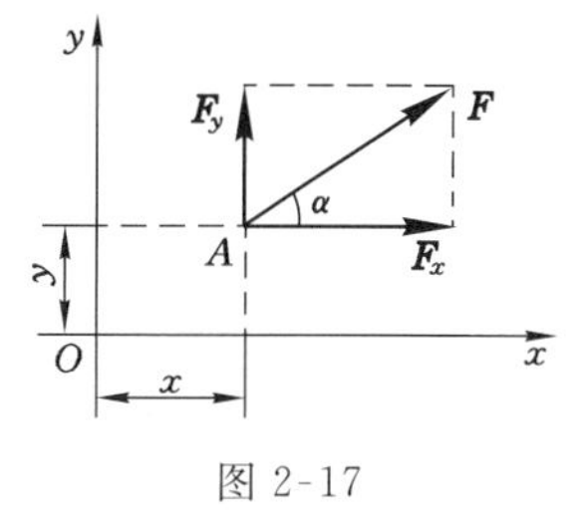

图 2-17

【例 2-7】 已知力 $\boldsymbol{F}$ 作用点 A 的坐标为 x 和 y,如图 2-17所示。试求力 $\boldsymbol{F}$ 对坐标原点 O 之矩。

解 本题中力臂没有给定,可利用合力矩定理来计算。将力 $\boldsymbol{F}$ 沿坐标轴分解为两个分力 $\boldsymbol{F}_x$ 和 $\boldsymbol{F}_y$,则有:

$$m_O(\boldsymbol{F}) = m_O(\boldsymbol{F}_y) + m_O(\boldsymbol{F}_x) = F_y x - F_x y = F(x\sin\alpha - y\cos\alpha)$$

2.4 平面力偶理论

当两个等值、反向、平行的力同时作用于物体时,能使物体只产生转动效应。例如,用两个手指拧动水龙头、钢笔套,用两只手转动汽车方向盘(图 2-18),以及用丝锥攻丝(图 2-19)等都属于这种情形。

由于两个等值、反向、平行的力所组成的力系在运动效应上具有特殊性而不同于一个力,故需专门加以研究。

2.4.1 力偶和力偶矩

大小相等、方向相反、作用线平行且不共线的两个力所组成的特殊力系称为力偶。力偶对刚体只产生转动效应。力偶通常用记号($\boldsymbol{F}, \boldsymbol{F}'$)表示,如图 2-20 所示。两力作用线之间的垂直距离 d 称为力偶臂。力偶($\boldsymbol{F}, \boldsymbol{F}'$)中两个力的作用线所在的平面称为力偶作用面。

力偶具有以下性质:

性质 1 力偶没有合力,不能用一个力来平衡,只能用一个力偶来平衡,力偶是一个基本的力学量。

性质 2 力偶对其所在平面内任一点的矩恒等于力偶矩,而与矩心的位置无关。因此,

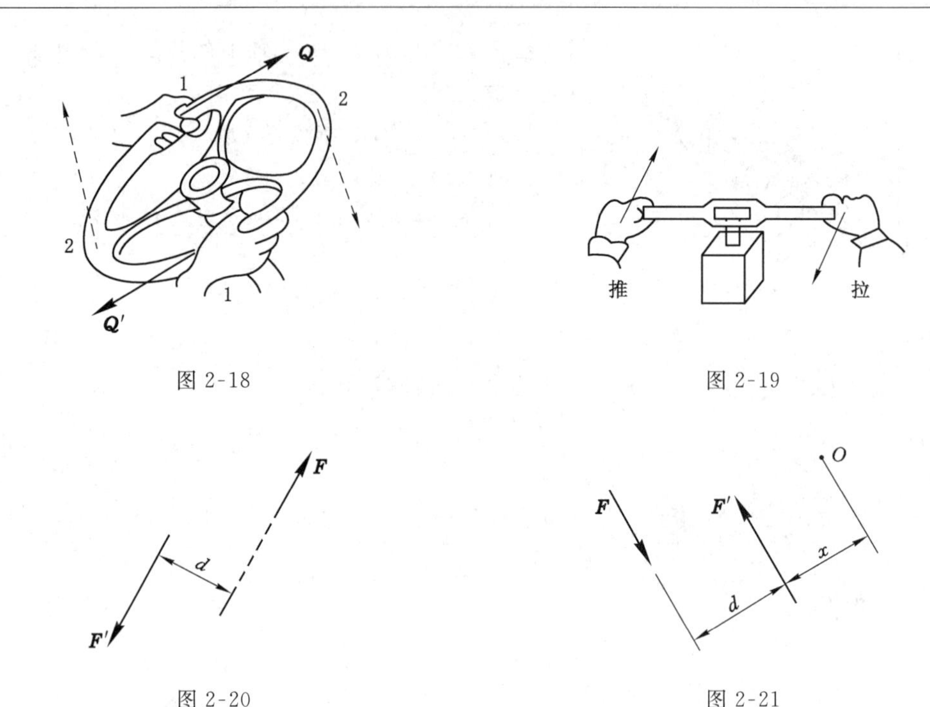

图 2-18

图 2-19

图 2-20

图 2-21

力偶对刚体的效应用力偶矩度量。在平面问题中力偶是代数量。

设有力偶($\boldsymbol{F},\boldsymbol{F}'$),其力偶臂为 d,如图 2-21 所示。在力偶作用面内任取一点 O 为矩心,力偶对点 O 的矩应等于力 $\boldsymbol{F}$ 与 $\boldsymbol{F}'$ 分别对点 O 的矩的代数和。若点 O 到力 $\boldsymbol{F}'$ 的垂直距离为 x,则力 $\boldsymbol{F}$ 与 $\boldsymbol{F}'$ 分别对点 O 的矩的代数和为:

$$F(d+x)-F'x=Fd$$

由于矩心是任意选取的,由此可知,力偶对刚体的作用效果取决于力的大小和力偶臂的长短,与矩心的位置无关。且力偶在平面内的转向不同,作用效果也不同。因此,力偶对刚体的转动效应取决于:

(1) 力偶中力的大小和力偶臂的长度;

(2) 力偶在其作用平面内的转向。

在平面问题中,把力偶中力与力偶臂的乘积 Fd 加上适当的正负号(作为力偶使刚体转动效应的度量)称为力偶矩,记作 $m(\boldsymbol{F},\boldsymbol{F}')$,简记为 m,即

$$m=\pm Fd \tag{2-10}$$

式中正负号表示力偶的转向,并规定逆时针转向为正,反之为负。

力偶矩的单位与力矩相同,在国际单位制中为牛·米(N·m)和千牛·米(kN·m)。

由于力偶对刚体只产生转动效应,且转动效应用力偶矩来度量。因此有:

性质 3　力偶等效定理

在同一平面内的两个力偶,如果力偶矩(包括大小和转向)相等,则此两力偶彼此等效。

由上述力偶等效定理,可得出如下推论:

推论 1　任一力偶可在其作用面内任意移转,而不改变它对刚体的作用。

推论 2　只要力偶矩保持不变,可同时相应地改变力偶中力的大小和力偶臂的长短,而不改变力偶对刚体的效应。

由上述推论可知，力偶臂和力的大小都不是力偶的特征量，只有力偶矩是平面力偶作用的唯一度量。因此，在研究与平面力偶有关的问题时，不必考虑力偶中力的大小和力偶臂的长短，只需考虑力偶矩的大小和转向。今后在力偶作用的平面内常用带箭头的弧线表示力偶，箭头的方向表示力偶的转向，弧线旁的字母 m 或者数值表示力偶矩的大小，如图 2-22 所示。

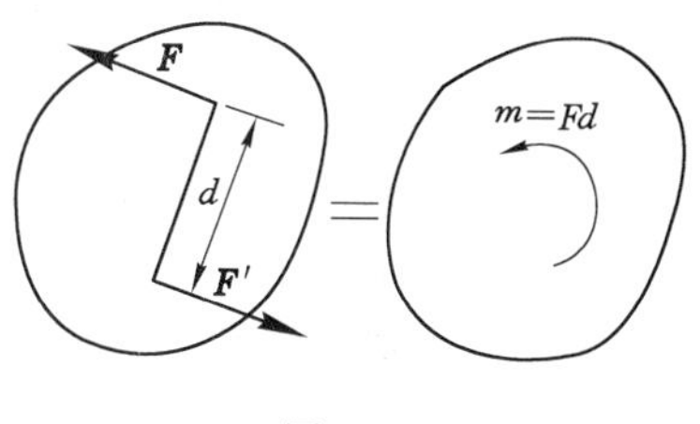

图 2-22

2.4.2　平面力偶系的合成与平衡

作用于同一刚体上的若干个共面力偶称为平面力偶系。

1. 平面力偶系的合成

下面先讨论同一平面内两个力偶的合成情况，然后推广到任意一个平面力偶合成的一般情形。

设在刚体同一平面内作用有两个力偶($\boldsymbol{F}_1$，$\boldsymbol{F}'_1$)和($\boldsymbol{F}_2$，$\boldsymbol{F}'_2$)，它们的力偶臂分别为 d_1 和 d_2，如图 2-23(a)所示。这两个力偶的力偶矩分别为 m_1 和 m_2。

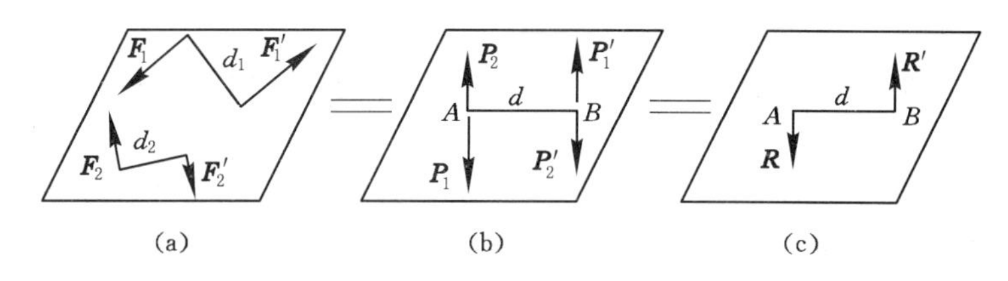

图 2-23

根据力偶性质的推论 1、推论 2，在保持力偶矩不变的情况下，同时改变这两个力偶的力的大小和力偶臂的长短，使它们具有相同的力偶臂 d，并将它们在平面内移转，使力的作用线重合，如图 2-23(b)所示。于是得到与原力偶等效的两个力偶($\boldsymbol{P}_1$，$\boldsymbol{P}'_1$)和($\boldsymbol{P}_2$，$\boldsymbol{P}'_2$)，且

$$m_1 = +F_1d_1 = +P_1d,\ m_2 = -F_2d_2 = -P_2d$$

分别将作用在点 A 和 B 的力合成(设 $P_1 > P_2$)，得：

$$R = P_1 - P_2,\ R' = P_1' - P_2'$$

而 $\boldsymbol{R}$ 与 $\boldsymbol{R}'$ 等值、反向、平行且不共线，构成了与原力偶系等效的合力偶($\boldsymbol{R}$,$\boldsymbol{R}'$)，如图 2-23(c)所示。用 m 表示合力偶的力偶矩，则有：

$$m = Rd = (P_1 - P_2)d = P_1d - P_2d = m_1 + m_2 \tag{a}$$

若作用在刚体上同一平面内有 n 个力偶，仍可用上述方法合成。于是得出结论：平面力偶系合成的结果是一个合力偶，合力偶矩等于原力偶系中各力偶的力偶矩的代数和。即

$$m = m_1 + m_2 + \cdots + m_n = \sum m_i \tag{2-11}$$

2. 平面力偶系的平衡条件

由图 2-23 所示的平面力偶系合成过程中可知，若两共线力分别平衡，即 $\boldsymbol{R} = \boldsymbol{R}' = 0$，则原力偶系平衡，由式(a)可知，此时合力偶矩等于零；反之，若合力偶矩等于零，则原力偶系必定是平衡力系。对于 n 个力偶所组成的平面力偶系，可作同样的推理。由此可知，平面力偶

系平衡的必要和充分条件是：力偶系中所有各力偶的力偶矩的代数和等于零，即

$$\sum m_i = 0 \tag{2-12}$$

式(2-12)称为平面力偶系的平衡方程(可求一个未知量)。

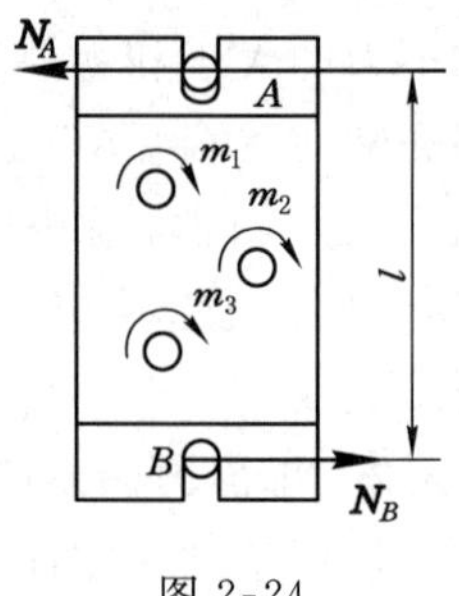

图 2-24

【例 2-8】 如图 2-24 所示，用多轴钻床在水平工件上钻孔时，每个钻头对工件施加一压力和一力偶。已知三力偶的矩分别为 $m_1=m_2=10\ \text{N}\cdot\text{m}$，$m_3=20\ \text{N}\cdot\text{m}$，转向如图；固定螺柱 A 和 B 的距离 $l=200\ \text{mm}$。求两个螺柱所受的水平力。

解 选工件为研究对象。工件在水平面内受三个力偶和两螺柱的水平反力的作用而平衡。由平面力偶系的合成理论，三个力偶合成后仍为一力偶。因为力偶只能与力偶平衡，故两螺柱的水平反力 $\boldsymbol{N}_A$ 和 $\boldsymbol{N}_B$ 必组成一力偶。由平面力偶系的平衡方程有：

$$\sum m_i = 0 \quad N_A l - m_1 - m_2 - m_3 = 0$$

解得：

$$N_A = \frac{m_1 + m_2 + m_3}{l}$$

代入已知数值，得：

$$N_A = N_B = 200\ \text{N}$$

因为 N_A 是正值，与假设的方向相同，即力 $\boldsymbol{N}_A$ 的方向水平向左，而力 $\boldsymbol{N}_B$ 的方向则水平向右。

【例 2-9】 图 2-25(a)所示简支梁 AB 上作用一力偶，其力偶矩大小为 $m=300\ \text{N}\cdot\text{m}$，试求支座 A、B 的支座反力。

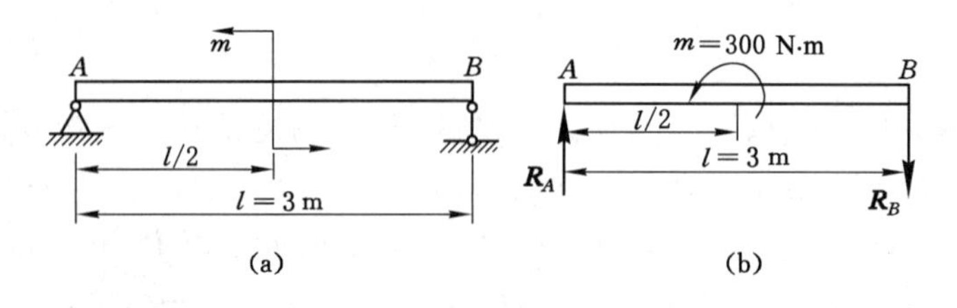

图 2-25

解 研究梁 AB，作用于梁上的力有力偶 m、支座反力 $\boldsymbol{R}_A$、$\boldsymbol{R}_B$。由于力偶只能与力偶平衡，支座反力 $\boldsymbol{R}_A$、$\boldsymbol{R}_B$ 必组成一力偶，如图 2-25(b)所示。

由平面力偶系的平衡方程有：

$$\sum m = 0 \quad R_B l - m = 0$$

解得：

$$R_A = R_B = \frac{m}{l} = \frac{300}{3} = 100\ (\text{N})$$

方向如图 2-25(b)所示。

思 考 题

2-1 试指出在图示各力多边形中，哪个是自行封闭的？如果不是自行封闭，哪个力是

合力？哪些力是分力？

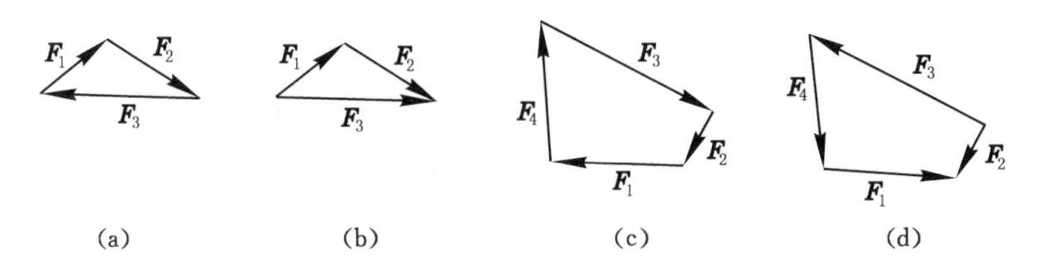

思考题 2-1

2-2　刚体上 A、B、C 三点作用三个力 $\boldsymbol{F}_1$、$\boldsymbol{F}_2$、$\boldsymbol{F}_3$，其指向如图所示。三力构成的力三角形封闭，该刚体是否平衡？

2-3　力 $\boldsymbol{F}$ 沿 x 轴和 y 轴的分力和力在两轴上的投影有何区别？试以图示(a)、(b)两种情况为例进行分析说明。

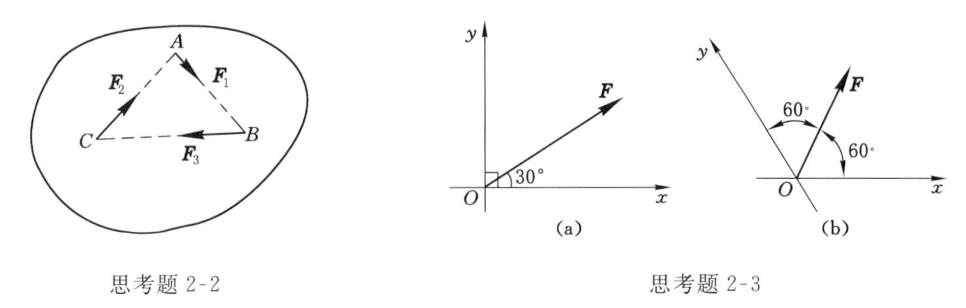

思考题 2-2　　　　思考题 2-3

2-4　用解析法求解平面汇交力系的平衡问题，需选定坐标系，再建立平衡方程 $\sum X = 0$ 和 $\sum Y = 0$。这里选定的 x 轴和 y 轴是否必须垂直？

2-5　下列陈述是否正确？为什么？

(1) 对任意一个平面汇交力系，都可以列出两个平衡方程。

(2) 当平面汇交力系平衡时，选择几个投影轴就能列出几个独立的平衡方程。

(3) 用解析法求解平面汇交力系的平衡问题时，投影轴的方位不同，平衡方程的具体形式也不同，但计算结果不变。

2-6　试比较力对点之矩与力偶矩有何异同。

2-7　主动力偶 m 和主动力 $\boldsymbol{F}$ 作用在可绕中心轴转动的轮上，如图所示。若力偶矩 $m = Fr$，则轮平衡。这与力偶不能与一力平衡的性质是否矛盾？

2-8　刚体受四个力 $\boldsymbol{F}_1$、$\boldsymbol{F}_2$、$\boldsymbol{F}_3$、$\boldsymbol{F}_4$ 的作用，其力多边形自行封闭且为一平行四边形，问刚体是否平衡？为什么？

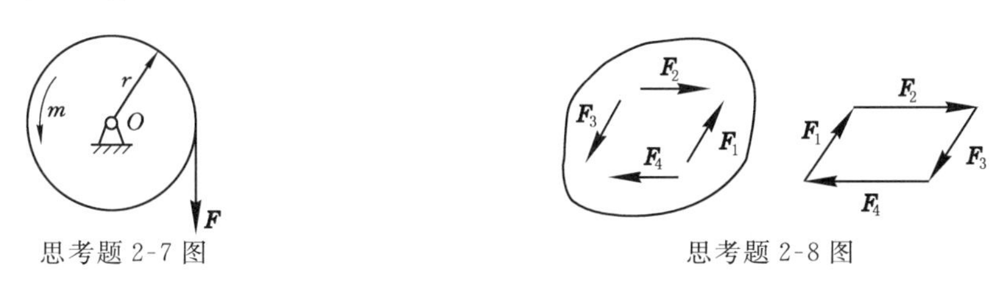

思考题 2-7 图　　　　思考题 2-8 图

习　　题

2-1　试用几何法求作用在图示支架上点 A 的三个力的合力（包括大小、方向、作用线的位置）。（答案：$R=115$ N，指向左下方，与水平线的夹角 $\alpha=22.5°$）

2-2　设力 $\boldsymbol{Q}$ 为 $\boldsymbol{F}_1$、$\boldsymbol{F}_2$、$\boldsymbol{F}_3$ 三个力的合力，已知 $Q=1$ kN，$F_3=1$ kN，力 $\boldsymbol{F}_2$ 的作用线垂直于力 $\boldsymbol{Q}$。试求力 $\boldsymbol{F}_1$ 和 $\boldsymbol{F}_2$ 的大小和指向。（答案：$F_1=0.532$ kN，$F_2=0.684$ kN）

2-3　压路机的碾子重 $W=20$ kN，半径 $r=62$ cm，求碾子刚能越过高 $h=8$ cm 的石块所需水平力 $\boldsymbol{P}$ 的最小值。（答案：$P_{\min}=11.5$ kN）

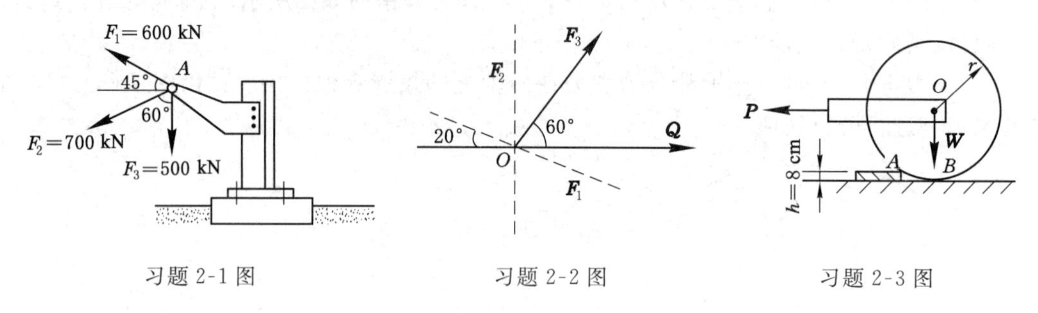

习题 2-1 图　　习题 2-2 图　　习题 2-3 图

2-4　在图示刚架的点 B 作用一水平力 $\boldsymbol{P}$，求支座 A、D 的反力 $\boldsymbol{R}_A$ 和 $\boldsymbol{R}_D$。刚架重量略去不计。（答案：$R_A=\dfrac{\sqrt{5}}{2}P$，$R_D=\dfrac{1}{2}P$）

2-5　图示简易拔桩装置中，AB 和 AC 是绳索，两绳索连接于点 A，B 端固接于支架上，C 端连接于桩头上，当 $P=5$ kN，$\theta=10°$时，试求绳 AB 和 AC 的张力。（答案：$T_{AB}=28.36$ kN，$T_{AC}=28.80$ kN）

2-6　无重直角折杆 ABC 的 A 端为固定铰支座，C 端置于光滑斜面 AC 上，B 处作用一水平力 $\boldsymbol{P}$，折杆尺寸如图所示。求 A、C 两处的约束反力。（答案：$R_A=0.949\ P$，$N_C=0.316\ P$）

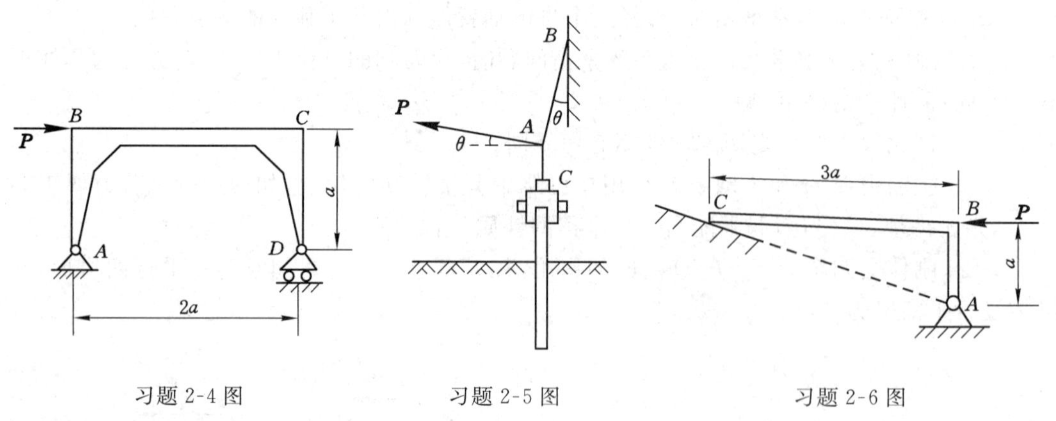

习题 2-4 图　　习题 2-5 图　　习题 2-6 图

2-7　已知 $P=10$ N。要求：

（1）如图(a)，试分别计算力 $\boldsymbol{P}$ 在 x、y 轴上的投影和力 $\boldsymbol{P}$ 沿 x、y 轴分解的分力的大小。（答案：$X=8.66$ N，$Y=5$ N，$P_x=8.66$ N，$P_y=5$ N）

(2) 如图(b),试分别计算力 $\boldsymbol{P}$ 在 x'、y' 轴上的投影和力 $\boldsymbol{P}$ 沿 x'、y' 轴分解的分力的大小。(答案:$X'=8.66$ N,$Y'=7.07$ N,$P_{x'}=7.32$ N,$P_{y'}=5.18$ N)

(3) 试从(1)、(2)的计算结果中,比较分力与投影的关系。(答案:略)

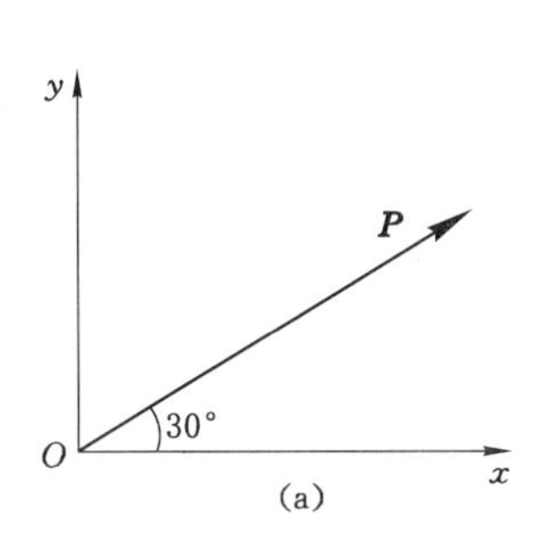

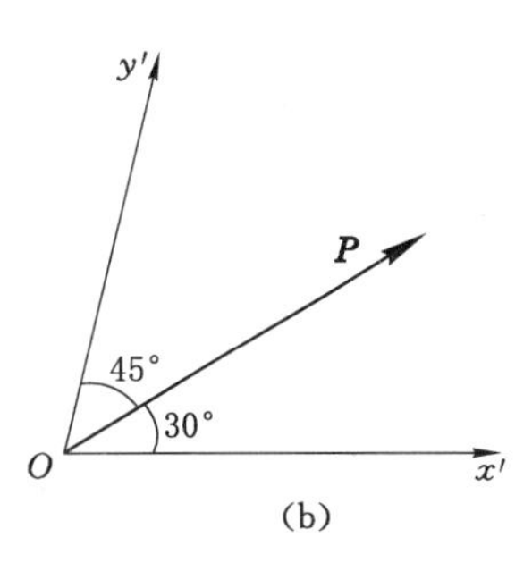

习题 2-7 图

2-8 图示起重机架可借绕过滑轮 A 的绳索将重 $W=20$ kN 的物体吊起,滑轮 A 用不计自重的杆 AB、AC 支承。不计滑轮的大小和重量,试求杆 AB 和 AC 所受的力。(答案:$S_{AB}=7.32$ kN,$S_{AC}=27.32$ kN)

2-9 吊桥 AB,长 L,重 W(重力可看成作用在 AB 中点),一端用铰链 A 固定于地面,另一端用绳子吊住,绳子跨过光滑滑轮 C,在其末端挂一重物 Q,且 $AC=AB$,如图所示。求平衡时吊桥 AB 的位置(用角 α 表示)和 A 处的反力。(答案:$\alpha=2\arcsin\dfrac{Q}{W}$,$R_A=W\cos\dfrac{\alpha}{2}$)

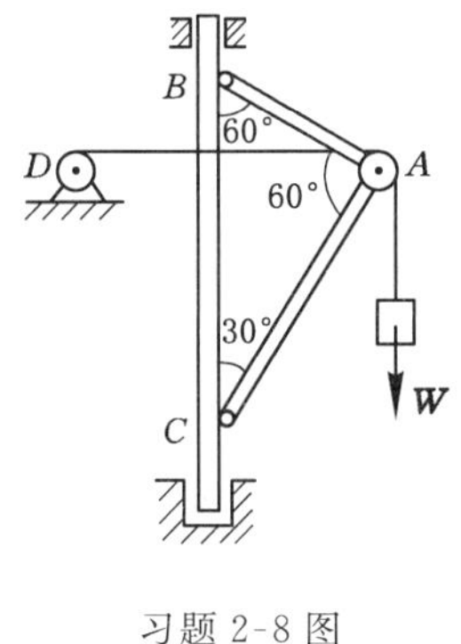

习题 2-8 图

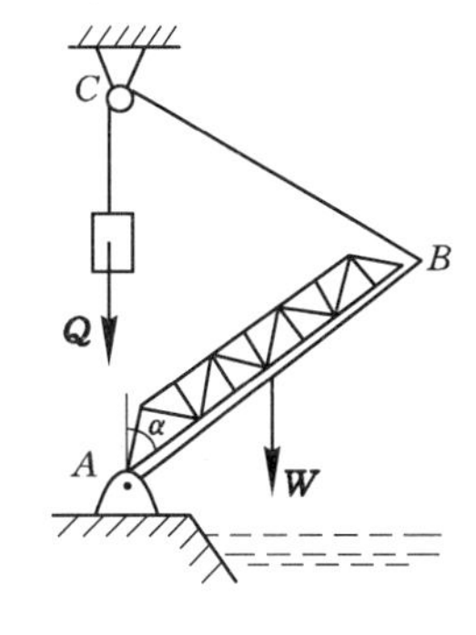

习题 2-9 图

2-10 图示铰接四连杆机构 $ABCD$ 重量不计,在铰链 B 上作用着力 $\boldsymbol{Q}$,在铰链 C 上作用着力 $\boldsymbol{P}$,而机构处于平衡。试求当平衡在图示位置时力 $\boldsymbol{P}$ 和 $\boldsymbol{Q}$ 大小间的关系。(答案:$P=1.63Q$)

2-11 图示简易压榨机中各杆重量不计,设 $F=200$ N,求当 $\alpha=10°$时,物体 M 所受的压力。(答案:$N=567$ N)

2-12 试计算下列各图中力 $\boldsymbol{P}$ 对点 O 之矩。(答案:(a) $m_O(\boldsymbol{P})=0$;(b) $m_O(\boldsymbol{P})=Pl$;(c) $m_O(\boldsymbol{P})=Pb$;(d) $m_O(\boldsymbol{P})=Pl\sin\alpha$;(e) $m_O(\boldsymbol{P})=P\sqrt{l^2+a^2}\sin\beta$;(f) $m_O(\boldsymbol{P})=P(l+r)$)

2-13 图示半圆板上作用有一力 $\boldsymbol{Q}$,此力与水平线的夹角为 20°,其大小为 100 N。已知圆半径 $r=10$ cm。试求该力分别对 B、C 两点的力矩。(答案:$m_B=2.97$ N·m,$m_C=-9.85$ N·m)

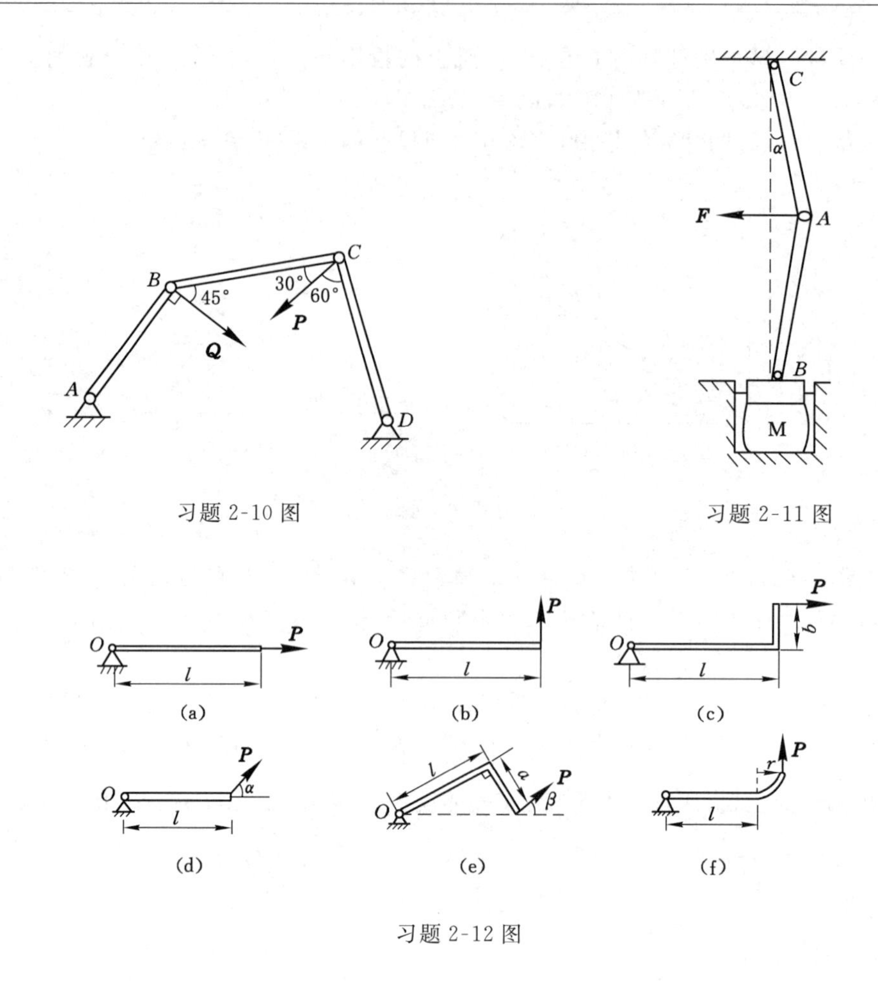

习题 2-10 图

习题 2-11 图

习题 2-12 图

2-14 试求图中力 $\boldsymbol{F}$ 对点 A 和点 B 之矩。已知 $F=50$ N。(答案:$m_A(\boldsymbol{F})=1.77$ N·m,$m_B(\boldsymbol{F})=-1.06$ N·m)

2-15 不计重量的梁 AB,长 $l=5$ m,在 A、B 两端各作用一力偶,力偶矩分别为 $m_1=20$ kN·m,$m_2=30$ kN·m,转向如图所示。试求两支座的反力。(答案:$R_A=R_B=2$ kN)

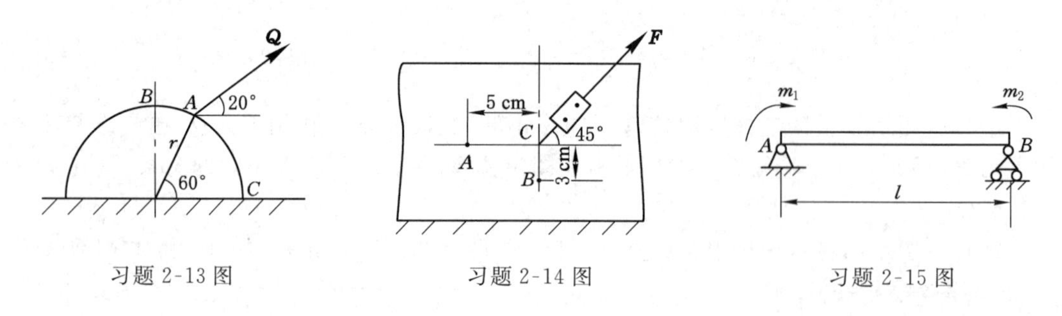

习题 2-13 图　　习题 2-14 图　　习题 2-15 图

2-16 图示多轴钻床在水平工作台上钻孔时,每个钻头的切削刀刃作用于工件的力在面内构成一力偶。已知切削力偶矩分别为 $m_1=m_2=10$ kN·m,$m_3=20$ kN·m,求工件受到的合力偶的力偶矩。若工件在 A、B 两处用螺栓固定,求两螺栓所受的水平力。(答案:$m=-40$ kN·m,$N_A=N_B=200$ kN)

2-17　铰接四连杆机构 O_1ABO_2 在图示位置平衡。已知 $O_1A=40$ cm，$O_2B=60$ cm，作用在杆 O_1A 上的力偶的力偶矩 $m_1=1$ N·m。试求杆 AB 所受的力 $\boldsymbol{S}$ 和力偶矩 m_2 的大小。各杆重量不计。（答案：$S=5$ N，$m_2=3$ N·m）

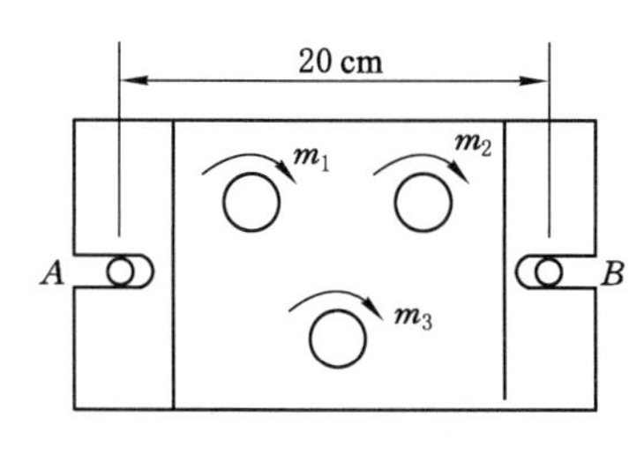

习题 2-16 图

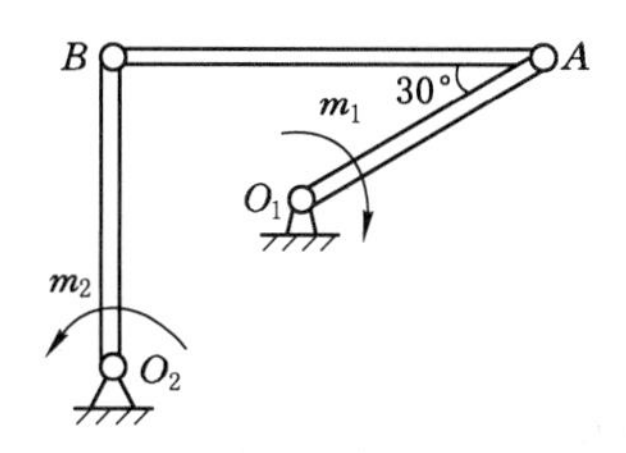

习题 2-17 图

3 平面力系

平面力系是指各力的作用线共面且任意分布的力系。

平面力系是工程上最常见的力系，很多工程实际问题都可简化为平面一般力系问题来处理。例如，图 3-1 所示的工业厂房结构中的立柱，该柱体受到上部屋架结构传来的荷载 $\boldsymbol{F}_1$、吊车梁传来的力 $\boldsymbol{F}_2$、自重 $\boldsymbol{F}_3$、风荷载 $\boldsymbol{q}$ 及固定端约束反力等力的作用。这些力均在同一平面内组成一个平面一般力系。

水利工程上常见的水坝如图 3-2(a)所示。在对其进行受力分析时，通常沿坝体纵向截取单位长度(如取 1 m 长)的结构作为研究对象。将作用于该单位长度坝体上的力系简化为位于该段坝中心对称平面内的一般力系，如图 3-2(b)所示。

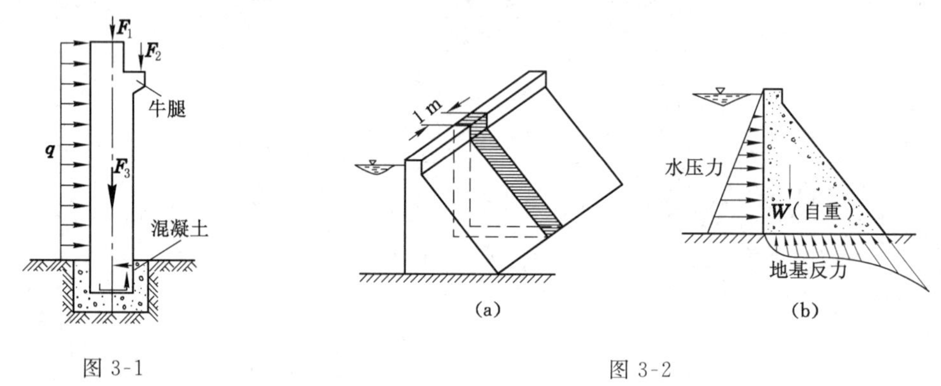

图 3-1 图 3-2

平面力系的合成比平面汇交力系、力偶系的合成要复杂。本章依据力线平移定理将平面力系简化为平面汇交力系和平面力偶系，在此基础上讨论其合成与平衡以及平面力系的应用问题。平面力系问题是静力学问题的重点。

3.1 力线平移定理

由力的可传性原理，作用在刚体上的力沿其作用线移动时，不改变力对刚体的作用效应。若将力平行地移动到刚体内另一点，其对刚体的作用效应如何？下面讨论此问题。

力线平移定理 作用在刚体上的力可以平行移动到刚体内的任一指定点，欲不改变力对刚体的效应，必须同时在该力与指定点所决定的平面内附加一力偶，该附加力偶之矩等于原力对指定点的矩。

证明：O 点为刚体上任一点[图 3-3(a)]，现要将作用在刚体上 A 点的力 $\boldsymbol{F}$ 平行移动到 O 点。根据加减平衡力系原理，在 O 点加上一对平衡力 $\boldsymbol{F}'$ 与 $\boldsymbol{F}''$ 且与力 $\boldsymbol{F}$ 平行，并使 $F=F'=F''$[图 3-3(b)]。显然，等值、反向、不共线的平行力 $\boldsymbol{F}$ 与 $\boldsymbol{F}''$ 组成一力偶($\boldsymbol{F}$,$\boldsymbol{F}''$)，称为附加力偶。这样，作用于点 A 的力 $\boldsymbol{F}$ 就与作用于点 O 的力 $\boldsymbol{F}'$、力偶矩为 m 的力偶($\boldsymbol{F}$,$\boldsymbol{F}''$)所组成

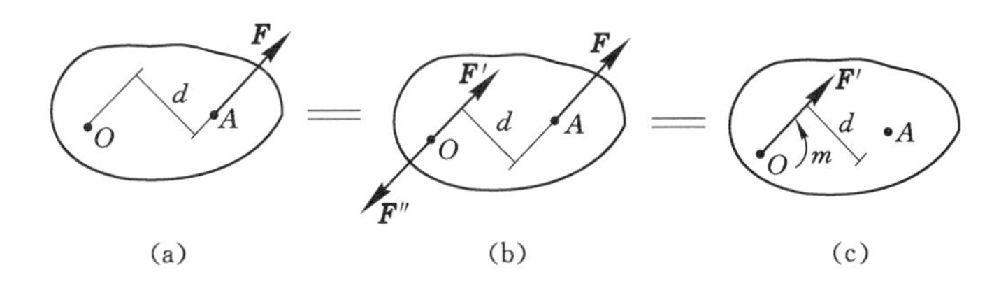

图 3-3

的力系等效[图 3-3(c)]。

附加力偶($\boldsymbol{F},\boldsymbol{F}''$)在力 $\boldsymbol{F}$ 与点 O 所决定的平面内,其力偶矩为:

$$m = Fd = m_O(\boldsymbol{F})$$

上式中 d 为该附加力偶的力偶臂。由此,定理得到证明。

力线平移定理揭示了力与力偶的关系,即一个力可分解为一个力和一个力偶;反之,也可将同平面内的一个力和一个力偶合成为一个力,该力的大小、方向与原力相同。

力线平移定理不仅是力系向一点简化的理论基础,而且也可用来分析力对物体的作用效应。例如,图 3-4(a)所示单层厂房立柱上承受着吊车梁传来的荷载 $\boldsymbol{F}$,力 $\boldsymbol{F}$ 到柱轴线的偏心距为 e,在分析力 $\boldsymbol{F}$ 对柱的作用效应时,根据力线平移定理,将力 $\boldsymbol{F}$ 平移到柱轴线上得到力 $\boldsymbol{F}'$,同时附加一力偶 $m=Fe$,如图 3-4(b)所示。力 $\boldsymbol{F}'$ 使柱子产生压缩变形,力偶 m 使柱子产生弯曲变形,由此可见力 $\boldsymbol{F}$ 使立柱以下部分产生压弯组合变形。

又如,用扳手和丝锥攻丝,如图 3-5(a)所示。若只在扳手的一端加力 $\boldsymbol{F}$,由力线平移定理,将力 $\boldsymbol{F}$ 平移到 O 点,得到力 $\boldsymbol{F}'$ 和力偶 m,如图 3-5(b)所示。力偶 m 使丝锥转动,力 $\boldsymbol{F}'$ 使丝锥产生弯曲变形从而影响加工精度。所以在攻丝时,用双手在扳手上反方向均匀加力,使工件仅受力偶的作用,可保证工件的加工精度。

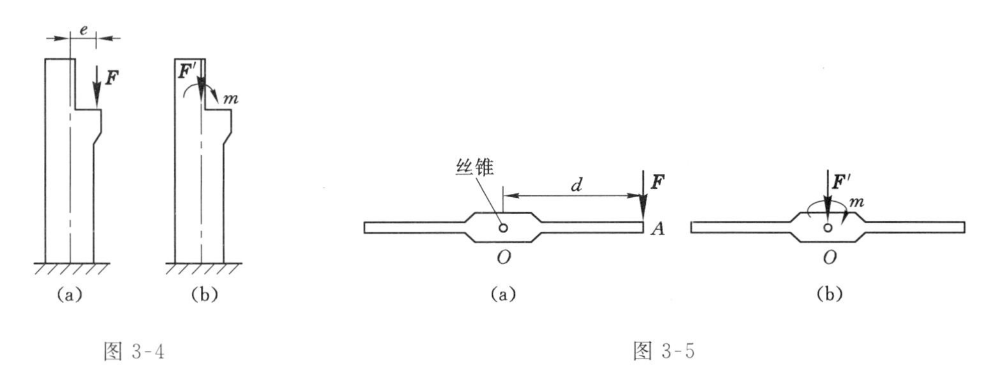

图 3-4　　　　图 3-5

3.2　平面力系的简化　主矢和主矩

3.2.1　平面力系的简化

设在某刚体上作用着一平面力系 $\boldsymbol{F}_1$、$\boldsymbol{F}_2$、…、$\boldsymbol{F}_n$,力系中各力的作用点分别为 A_1、A_2、…、A_n,如图 3-6(a)所示。现将该平面力系向同平面内任一点 O 简化,O 点称为简化中心。依据力线平移定理,将各力平行移动到 O 点,得到一个作用于该点的平面汇交力系 $\boldsymbol{F}'_1$、

$\boldsymbol{F}'_2$、…、$\boldsymbol{F}'_n$ 和一个附加的平面力偶系 m_1、m_2、…、m_n，如图 3-6(b)所示。这样，平面力系就简化为一个平面汇交力系和一个附加平面力偶系。

附加平面力偶系中各力偶矩分别为：

$$m_1 = m_O(\boldsymbol{F}_1), m_2 = m_O(\boldsymbol{F}_2), \cdots, m_n = m_O(\boldsymbol{F}_n)$$

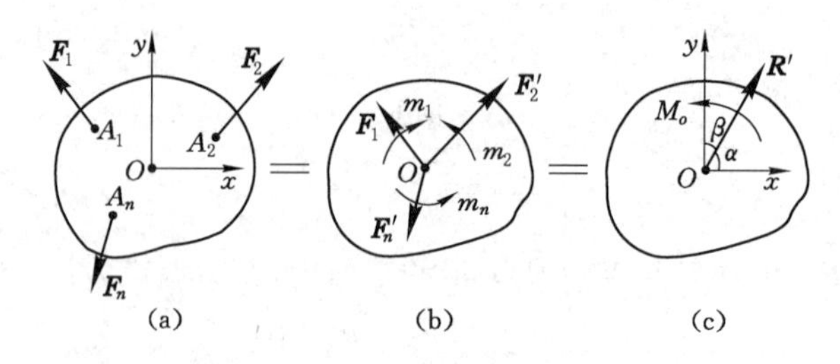

图 3-6

平面汇交力系合成为一个作用在点 O 的力 $\boldsymbol{R}'$，这个力的大小和方向等于作用在点 O 的各力矢量和。由于

$$\boldsymbol{F}_1 = \boldsymbol{F}_1', \boldsymbol{F}_2 = \boldsymbol{F}_2', \cdots, \boldsymbol{F}_n = \boldsymbol{F}_n'$$

则有：

$$\boldsymbol{R}' = \boldsymbol{F}_1' + \boldsymbol{F}_2' + \cdots + \boldsymbol{F}_n' = \boldsymbol{F}_1 + \boldsymbol{F}_2 + \cdots + \boldsymbol{F}_n = \sum \boldsymbol{F} \tag{3-1}$$

平面力系中各力的矢量和 $\boldsymbol{R}'$ 称为该力系的主矢量，简称主矢。从式(3-1)可知，无论力系向那一点简化，主矢都等于各力的矢量和，因此它与简化中心的位置无关。

主矢 $\boldsymbol{R}'$ 的大小和方向可用平面汇交力系合成的方法即几何法或解析法求得。若用解析法，在图 3-6(c)中建立直角坐标系 Oxy，根据合力投影定理，由式(3-1)有：

$$\left.\begin{aligned} R_x' &= X_1 + X_2 + \cdots + X_n = \sum X_i \\ R_y' &= Y_1 + Y_2 + \cdots + Y_n = \sum Y_i \end{aligned}\right\} \tag{3-2}$$

式中，R_x'、R_y'、X_i、Y_i 分别表示主矢 $\boldsymbol{R}'$ 和力系中各力 $\boldsymbol{F}_i$ 在 x、y 轴上的投影。

主矢 $\boldsymbol{R}'$ 的大小和方向余弦分别为：

$$\left.\begin{aligned} R' &= \sqrt{(R_x')^2 + (R_y')^2} = \sqrt{\left(\sum X\right)^2 + \left(\sum Y\right)^2} \\ \cos\alpha &= \frac{R_x'}{R'} \\ \cos\beta &= \frac{R_y'}{R'} \end{aligned}\right\} \tag{3-3}$$

式中，α、β 分别表示力 $\boldsymbol{R}'$ 与 x、y 轴的正向间的夹角，如图 3-6(c)所示。

附加平面力偶系可合成为一个合力偶，该合力偶之矩等于各附加力偶之矩的代数和，用 M_O 表示。注意到：

$$m_1 = m_O(\boldsymbol{F}_1), m_2 = m_O(\boldsymbol{F}_2), \cdots, m_n = m_O(\boldsymbol{F}_n)$$

则有：

$$M_O = m_1 + m_2 + \cdots + m_n = m_O(\boldsymbol{F}_1) + m_O(\boldsymbol{F}_2) + \cdots + m_O(\boldsymbol{F}_n) = \sum m_O(\boldsymbol{F}) \tag{3-4}$$

M_O 称为该力系对简化中心 O 的主矩。由于主矩等于各力对简化中心之矩的代数和，当简化中心不同时，各力对简化中心之矩也就不同，因此主矩一般与简化中心位置有关。主矢和主矩如图 3-6(c)所示。

综上所述，可得结论如下：平面力系向作用面内任一点简化可得到一个力和一个力偶。这个力作用于简化中心，其大小和方向等于该力系的主矢；这个力偶在该力系所在平面之内，其力偶之矩等于该力系对简化中心的主矩。

图 3-7(a)所示雨篷嵌入墙内的一端、图 3-7(b)所示厂房立柱固定在基础内的端部等都构成了固定端约束，图 3-8(a)为固定端约束简图。下面应用平面力系简化的方法来分析工程中常见的固定端(也称插入端)支座的约束反力。

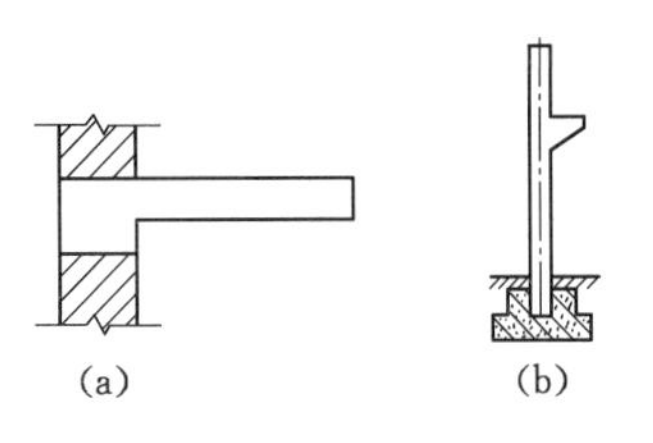

图 3-7

固定端约束对于被约束构件的作用是一种与主动力有关且在接触面处分布复杂的力系。在平面问题中，构件所受约束反力为平面力系[图 3-8(b)]。将这些约束反力向构件端部截面中心点 A 简化，得到一个力 $\boldsymbol{R}_A$ 和一个力偶 m_A[图 3-8(c)]，$\boldsymbol{R}_A$ 和 m_A 分别称为固定端支座在点 A 对物体的约束反力和约束反力偶。通常情况下，未知反力 $\boldsymbol{R}_A$ 可用两个相互垂直的分力 $\boldsymbol{X}_A$ 和 $\boldsymbol{Y}_A$ 来代替[图 3-8(d)]。显然，反力 $\boldsymbol{X}_A$、$\boldsymbol{Y}_A$ 分别限制物体在水平方向和铅垂方向移动，反力偶 m_A 限制物体绕 A 点转动。

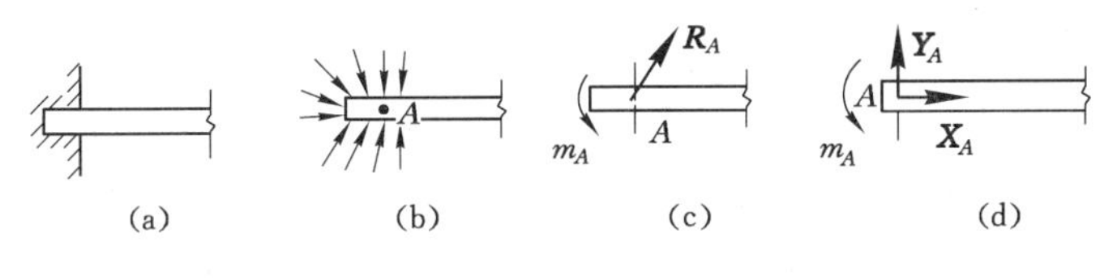

图 3-8

3.2.2 平面力系的简化结果分析

平面力系向作用面内任一点简化，一般可得到一个力 $\boldsymbol{R}'$ 和一个矩为 M_O 的力偶，根据力系的主矢 $\boldsymbol{R}'$ 和主矩 M_O 可能出现的几种情况进一步讨论如下。

1. 力系简化为力偶

若 $\boldsymbol{R}'=0$，$M_O\neq0$，力系简化为一个力偶，该力偶矩等于原力系对简化中心的主矩，即 $M_O=\sum m_O(\boldsymbol{F})$。由于力偶可以在其作用面内任意移转，所以原力系无论向哪一点简化，其结果都等于该力偶矩(主矩)。这种情况与简化中心位置的选择无关。

2. 力系简化为合力

(1) $\boldsymbol{R}'\neq0$，$M_O=0$，力系简化为一个作用线过简化中心 O 的合力，合力矢等于力系的主矢 $\boldsymbol{R}'$，即 $\boldsymbol{R}'=\sum\boldsymbol{F}$。由于 $M_O=\sum m_O(\boldsymbol{F})$，对于不同的简化中心 O 主矩 M_O 不相同。这种情况与简化中心位置的选择有关。

(2) $\boldsymbol{R}'\neq0$，$M_O\neq0$，力系向点 O 简化得到一个作用线过简化中心 O 的力和一个力偶，如图 3-9(a)所示。这个力和力偶可合成为一个作用线不过简化中心的力：将力偶矩为 M_O 的力偶用力偶($\boldsymbol{R}''$,$\boldsymbol{R}$)来代替，且令 $\boldsymbol{R}'=\boldsymbol{R}=-\boldsymbol{R}''$，如图 3-9(b)所示。根据加减平衡力系公理，去掉 $\boldsymbol{R}'$ 与 $\boldsymbol{R}''$ 这对平衡力，这样，就得到一个作用线过 O' 点的与原力系等效的力 $\boldsymbol{R}$，如图 3-9(c)所示。显然力 $\boldsymbol{R}$ 与原力系主矢 $\boldsymbol{R}'$ 相同，从点 O 到 $\boldsymbol{R}$ 作用线的距离为：

$$d=\frac{|M_O|}{R'} \tag{3-5}$$

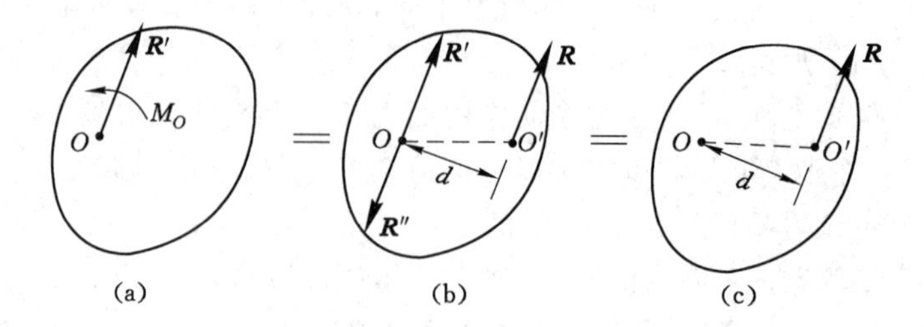

图 3-9

3. 力系平衡

若 $\boldsymbol{R}'=0, M_O=0$，即简化后的平面汇交力系和平面力偶系都处于平衡状态，因而原力系也处于平衡状态，这种情形将在第三节中详细讨论。

3.2.3 合力矩定理

在力系向作用面内任一点简化时，只要所得主矢 $\boldsymbol{R}'$ 不为零，则有合力 $\boldsymbol{R}=\boldsymbol{R}'=\sum\boldsymbol{F}$。由图 3-9(c)可知，合力 $\boldsymbol{R}$ 对点 O 之矩为：

$$m_O(\boldsymbol{R})=Rd=M_O$$

而主矩 $M_O=\sum m_O(\boldsymbol{F})$，因此有：

$$m_O(\boldsymbol{R})=\sum m_O(\boldsymbol{F}) \tag{3-6}$$

由于点 O 是力系作用面内任意选取的一点，所以式(3-6)具有普遍意义：平面力系如果有合力，则合力对力系所在平面内任一点的矩，等于力系中各力对同一点之矩的代数和。此即平面力系的**合力矩定理**。该定理在理论推导和实际应用方面具有重要意义。

【例 3-1】 图 3-10 所示简支梁 AB 受三角形分布荷载的作用，梁长为 l，设分布荷载集度的最大值为 q_0(N/m)，试求该分布荷载的合力大小及作用线位置。

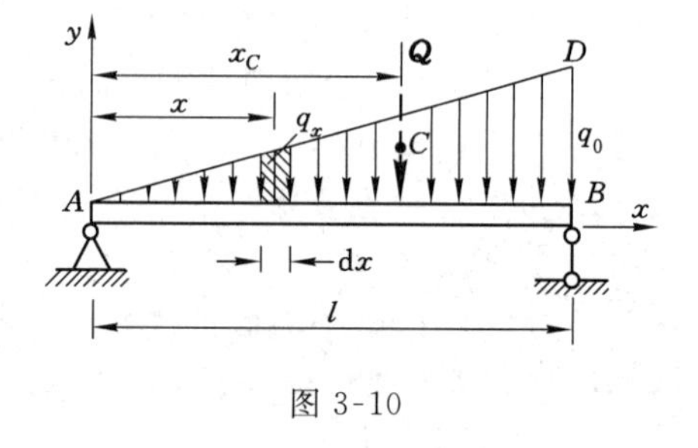

图 3-10

解 图 3-10 所示三角形分布荷载为一平行线分布力系，欲求该荷载的合力大小和作用线位置，可建立坐标系 Axy。在距点 A 为 x 处取一微段 dx，由几何关系可知 x 处荷载集度为：

$$q_x=\frac{x}{l}q_0$$

微段 dx 上的荷载集度 q_x 可视为常量，则作用在 dx 上的荷载大小为 $q_x dx$。作用在整个梁上三角形分布荷载的合力 $\boldsymbol{Q}$ 的大小为：

$$Q=\int_0^l q_x dx=\int_0^l \frac{x}{l}q_0 dx=\frac{1}{2}q_0 l$$

这个结果正好等于荷载集度作用的面积△ABD。合力 $\boldsymbol{Q}$ 的方向与分布力相同。

设合力 $\boldsymbol{Q}$ 的作用线至点 A 的距离为 x_C，由合力矩定理有：

$$Qx_C=\int_0^l (q_x dx)x=\int_0^l (\frac{q}{l}x dx)x=\int_0^l \frac{q}{l}x^2 dx$$

所以
$$x_C = \frac{\int_0^l \frac{q}{l} x^2 \mathrm{d}x}{Q} = \frac{\frac{1}{3}ql^2}{\frac{1}{2}ql} = \frac{2}{3}l$$

$x_C=\frac{2}{3}l$ 是△ABD 的形心 C 至点 A 的距离，即合力 $\boldsymbol{Q}$ 的作用线通过荷载图形的形心。

【例 3-2】 图 3-11 所示正方形的边长为 2 m，其上受有均布荷载 $\boldsymbol{q}$ 为 50 N/m，集中力 $\boldsymbol{P}$ 为 $400\sqrt{2}$ N，集中力偶 M 为 150 N·m。试求该力系简化的结果。

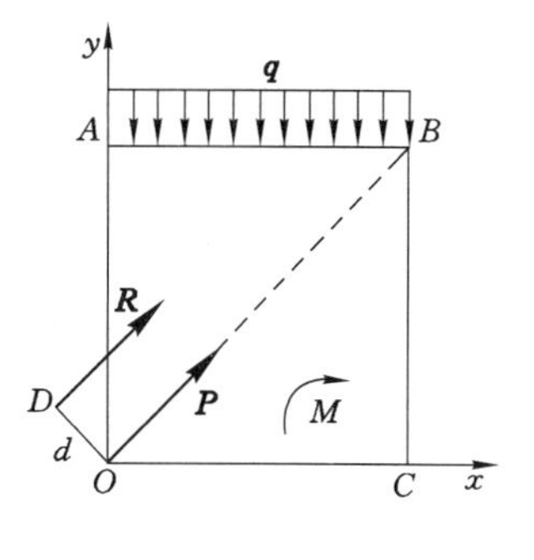

图 3-11

解 首先将力系向点 O 简化，主矢在坐标轴上的分量：
$$R'_x = P\cos 45° = 400 \text{ N}$$
$$R'_y = P\sin 45° - ql = 300 \text{ N}$$

主矢大小：$R'=\sqrt{R'^2_x+R'^2_y}=500$ N

主矢方向：$\theta=\arctan\frac{R'_y}{R'_x}=36°52'$。

主矩：$M_O=-M-ql\cdot\frac{l}{2}=-250$ N·m

主矢与主矩可合成为一个力 $\boldsymbol{R}$，合力大小 $R=500$ N，方向同 $\boldsymbol{R}'$。

合力 $\boldsymbol{R}$ 的作用线到点 O 距离：
$$d = |M_O|/R' = 0.5 \text{ m}$$

3.3 平面力系的平衡条件 平衡方程

将平面力系向作用面内任一点简化得到一个汇交力系和一个力偶系，其中汇交力系的合力就是主矢 $\boldsymbol{R}'$，而主矩 M_O 则为力偶系的合力偶。由前述内容可知，汇交力系平衡的必充条件是 $\boldsymbol{R}'=0$，力偶系平衡的必充条件是 $M_O=0$，所以平面力系平衡的必充条件是：
$$\boldsymbol{R}' = 0,\ M_O = 0 \tag{3-7}$$

由式(3-3)及式(3-4)有：
$$R' = \sqrt{(\sum X)^2 + (\sum Y)^2}$$
$$M_O = \sum m_O(\boldsymbol{F})$$

由此推得：
$$\left.\begin{aligned} \sum X &= 0 \\ \sum Y &= 0 \\ \sum m_O(\boldsymbol{F}) &= 0 \end{aligned}\right\} \tag{3-8}$$

式(3-8)称为平面力系平衡方程的基本形式，它是式(3-7)的解析表示式。当物体处于平衡状态时，作用于物体上的平面力系各力在其作用面内两相交坐标轴(不一定正交)中的每一轴上的投影的代数和均等于零，所有各力对于任一点的矩的代数和也等于零。三个独立的平衡方程可以求解三个未知量。

在用式(3-8)求解平面力系的平衡问题时，为便于解方程组，投影轴的选取应尽可能与力系中多数力的作用线平行或垂直，取矩时矩心尽可能选在未知力的交点上。

【例 3-3】 图 3-12 所示简支梁的跨度 $l=4a$，梁上左半部分受有均布载荷 $\boldsymbol{q}$，截面 D 处有矩为 M_e 的力偶作用。试求支座处的约束反力，梁自重及各处的摩擦均不计。

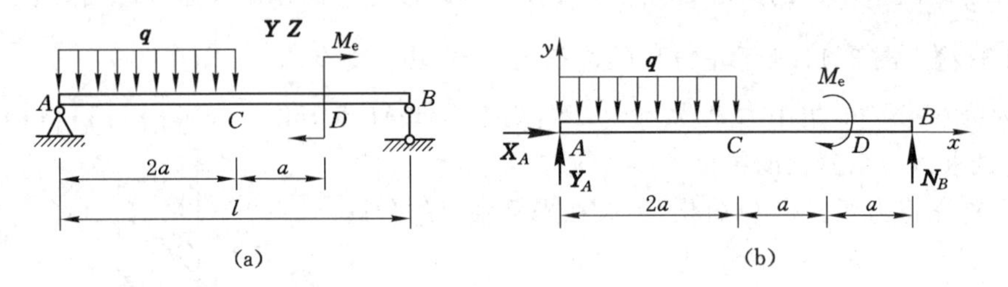

图 3-12

解 以梁 AB 为研究对象，其上受力有：均布载荷 $\boldsymbol{q}$，力偶 M_e，固定铰链支座 A 处的约束反力 $\boldsymbol{X}_A$、$\boldsymbol{Y}_A$，以及可动铰链支座 B 处的约束反力 $\boldsymbol{N}_B$，如图 3-12(b)所示。

建立如图 3-12(b)所示的坐标系 xAy，列平衡方程式：

$$\sum X = 0 \qquad X_A = 0 \quad ①$$

$$\sum Y = 0 \qquad Y_A + N_B - 2aq = 0 \quad ②$$

$$\sum m_A(\boldsymbol{F}) = 0 \quad 2qa^2 + M_e - 4aN_B = 0 \quad ③$$

解得：

$$X_A = 0, Y_A = \frac{3}{2}qa - \frac{M_e}{4a}, N_B = \frac{1}{2}qa + \frac{M_e}{4a}$$

所求结果为正，表明反力的假设方向与实际的方向相同。

【例 3-4】 求图 3-13 所示钢架的支座反力。

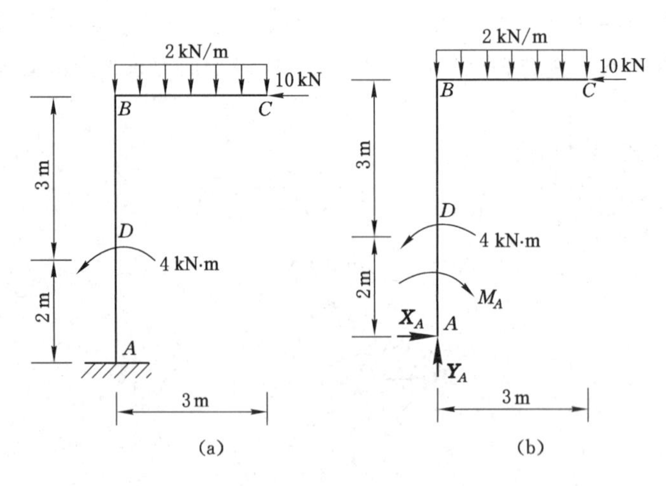

图 3-13

解 以钢架 ABC 为研究对象，钢架 ABC 上受力有：集中力 10 kN，均布荷载 2 kN/m，集中力偶 4 kN · m，固定端约束处的反力 $\boldsymbol{X}_A$、$\boldsymbol{Y}_A$ 和 M_A，如图 3-13(b)所示。

平衡方程为：

$$\sum X = 0 \qquad X_A - 10 = 0$$

$$\sum Y = 0 \qquad Y_A - 2 \times 3 = 0$$

$$\sum m_A(\boldsymbol{F}) = 0 \quad M_A - 4 + 2 \times 3 \times 1.5 - 10 \times 5 = 0$$

解得： $X_A = 10\ \text{kN}, Y_A = 6\ \text{kN}, M_A = 45\ \text{kN} \cdot \text{m}$

由平面力系平衡的必充条件还可推得平衡方程的另外两种形式。

(1) 二矩式。该形式的平衡方程中有一个投影方程式和两个力矩方程式：

$$\left.\begin{aligned} \sum X &= 0 \\ \sum m_A(\boldsymbol{F}) &= 0 \\ \sum m_B(\boldsymbol{F}) &= 0 \end{aligned}\right\} \tag{3-9}$$

该平衡方程要求投影轴 x 不垂直于 A、B 两点的连线。

二矩式是平面力系平衡的必充条件可证明如下：

力系平衡时，主矢 $\boldsymbol{R} = \sum \boldsymbol{F} = 0$，主矩 $\sum m_O(\boldsymbol{F}) = 0$，显然式(3-9)满足此条件，即必要性得到满足。反过来，如果力系满足 $\sum m_A(\boldsymbol{F}) = 0$，若主矢 $\boldsymbol{R} = 0$，则力系平衡，否则力系简化为作用线过 A 点的一个合力 $\boldsymbol{R}$；如果力系又满足 $\sum m_B(\boldsymbol{F}) = 0$，力系或平衡或简化为作用线过 A、B 两点的合力 $\boldsymbol{R}$，如图 3-14 所示。式(3-9)要求投影轴 x 不垂直于 A、B 两点的连线，即 $\theta \neq \frac{\pi}{2}$，由 $\sum X = R\cos\theta = 0$ 就推得 $\boldsymbol{R} = 0$，即力系平衡。这样充分性得到了证明。

图 3-14　　　　图 3-15

(2) 三矩式。该形式平衡方程为：

$$\left.\begin{aligned} \sum m_A(\boldsymbol{F}) &= 0 \\ \sum m_B(\boldsymbol{F}) &= 0 \\ \sum m_C(\boldsymbol{F}) &= 0 \end{aligned}\right\} \tag{3-10}$$

该平衡方程要求 A、B、C 三点不共线。

力系平衡时，显然有式(3-10)。反之，当 $\sum m_A(\boldsymbol{F}) = 0$、$\sum m_B(\boldsymbol{F}) = 0$ 时，力系简化为一个过 A、B 两点的合力 $\boldsymbol{R}$ 或力系平衡，如图 3-15 所示。由于 $\sum m_C(\boldsymbol{F}) = Rd = 0$，$d \neq 0$，故 $\boldsymbol{R} = 0$，即力系为平衡力系，平衡的必然性满足。

必须指出，在上述三种形式的平衡方程中，每种形式只有三个独立的平衡方程，任何第四个平衡方程都是不独立的，而是前三个独立平衡方程的线性组合。因此，研究物体在平面力系作用下的平衡问题时，不论采用哪种形式的平衡方程，都只能求解三个未知量。究竟采用哪种形式较为方便，应视问题的具体条件来决定。

【例 3-5】 用二力矩式求解图 3-12 所示简支梁的支座反力。

解 根据图 3-12(b)所示的受力图，列出平衡方程：

$$\sum X = 0 \qquad X_A = 0$$

$$\sum m_A(\boldsymbol{F}) = 0 \qquad 2qa^2 + M_e - 4aN_B = 0$$

$$\sum m_B(\boldsymbol{F}) = 0 \qquad Y_A \cdot 4a - 2aq \cdot 3a + M_e = 0$$

解得：

$$X_A = 0, Y_A = \frac{2}{3}qa - \frac{M_e}{4a}, M_A = \frac{1}{2}qa + \frac{M_e}{4a}$$

【例 3-6】 图 3-16(a)所示为一管道支架，设每一支架所承受的管重 $Q_1=12$ kN，$Q_2=7$ kN，且架重不计。求支座 A 和 C 处的约束反力，尺寸如图所示。

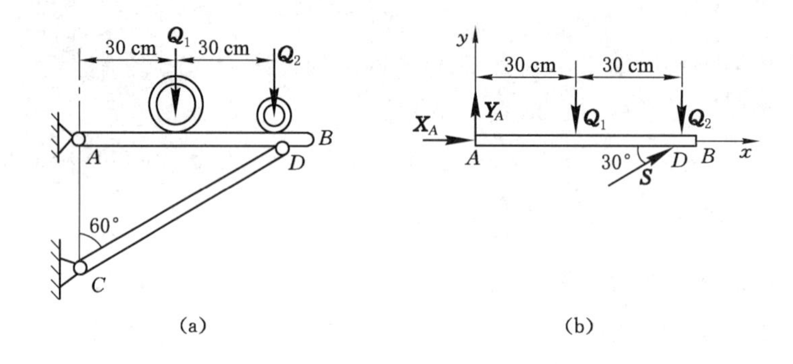

图 3-16

解 以 AB 梁为研究对象，其上作用有主动力 $\boldsymbol{Q}_1$、$\boldsymbol{Q}_2$，支座 A 的约束反力 $\boldsymbol{X}_A$、$\boldsymbol{Y}_A$，及二力杆 CD 的作用力 $\boldsymbol{S}$，如图 3-16(b)所示。在图示坐标系中列平衡方程：

$$\sum X = 0 \qquad X_A + S\cos 30^\circ = 0$$

$$\sum m_A(\boldsymbol{F}) = 0 \qquad 60S\sin 30^\circ - 30Q_1 - 60Q_2 = 0$$

$$\sum m_D(\boldsymbol{F}) = 0 \qquad -60Y_A + 30Q_1 = 0$$

解得：

$$S = Q_1 + 2Q_2 = 26 \text{ kN}$$

$$X_A = -S\cos 30^\circ = -22.5 \text{ kN}$$

$$Y_A = \frac{1}{2}Q_1 = 6 \text{ kN}$$

式中"－"说明图中所设 X_A 的指向与实际相反。

由作用力与反作用力定律，二力杆 CD 在 D 点所受之力 $\boldsymbol{S}'$ 与 $\boldsymbol{S}$ 等值、反向。支座 C 的约束反力 $\boldsymbol{R}_C$ 应沿 CD 杆并与力 $\boldsymbol{S}$ 同向，且

$$R_C = S' = S = 26 \text{ kN}$$

同样，该题也可采用三矩式形式的平衡方程求解，即保留上面的平衡方程 $\sum m_A(\boldsymbol{F}) = 0$ 和 $\sum m_B(\boldsymbol{F}) = 0$，并列出平衡方程 $\sum m_C(\boldsymbol{F}) = 0$，即

$$X_A \cdot AC + 30Q_1 + 60Q_2 = 0$$

同样解得上述结果。

实际上，平面力系平衡时，可列出对任意轴的投影式和对任意点的力矩式，即可列出无限多个平衡方程式，这些平衡方程式都应该成立。但就充分性来说，其独立的平衡方程只有三个。

各力的作用线在同一平面内且相互平行的力系称为平面平行力系，如图 3-17 所示。这种力系是平面力系的一种特殊情形。因此，它的平衡方程可由平面力系的平衡方程导出。

图 3-17

在图 3-17 所示平面平行力系的作用面内，取直角坐标系 Oxy，若 y 轴与该力系中各力的作用线平行，则 $\sum X \equiv 0$ 自动满足。由式(3-8)得平衡方程基本形式：

$$\left.\begin{aligned}\sum Y = 0 \\ \sum m_O(\boldsymbol{F}) = 0\end{aligned}\right\} \tag{3-11}$$

由式(3-9)得平衡方程二矩式：

$$\left.\begin{aligned}\sum m_A(\boldsymbol{F}) = 0 \\ \sum m_B(\boldsymbol{F}) = 0\end{aligned}\right\} \tag{3-12}$$

这里的限制条件是 A、B 两点的连线不能与各力平行。

由式(3-11)、式(3-12)可求解两个未知量。

【例 3-7】 图 3-17 所示塔式起重机，悬臂长 12 m，机身重 G=220 kN，其最大起吊重量 P=50 kN。起重机两轨道 A、B 间距为 4 m，平衡重 Q 到机身中心线的距离为 6 m。试求：(1) 当起重机满载时，要保持机身平衡，平衡重 Q 之值？(2) 当起重机空载时，要保持机身平衡，平衡重 Q 之值？(3) 当 Q=30 kN，且起重机满载时，轨道 A、B 作用于起重机轮子的反力是多少？

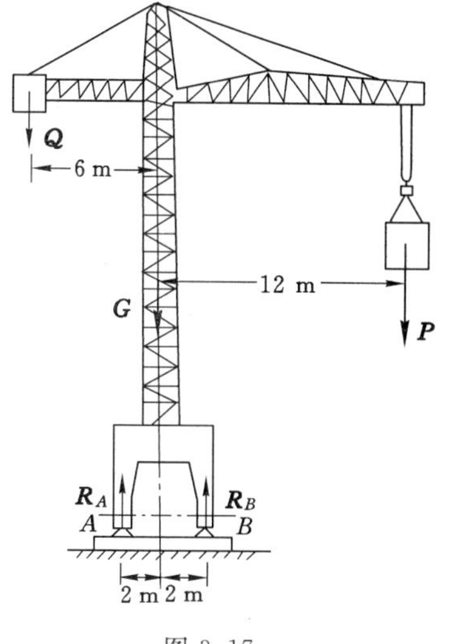

图 3-17

解 以起重机为研究对象，对其进行受力分析，作用在它上面的主动力有 $\boldsymbol{G}$、$\boldsymbol{P}$、$\boldsymbol{Q}$ 以及轨道 A、B 对轮子的反力 $\boldsymbol{R}_A$，$\boldsymbol{R}_B$，这些力组成平行力系，如图 3-17 所示。

(1) 当起重机满载时，要使其能正常工作而不向右倾倒，须满足平衡方程：

$$\sum m_B(\boldsymbol{F}) = 0 \quad Q_{\min}(6+2) + G \cdot 2 - P(12-2) - 4R_A = 0$$

在临界平衡状态下，R_A=0，由此解得：

$$Q_{\min} = \frac{1}{8}(10P - 2G) = 7.5\ \text{kN}$$

(2) 当起重机空载时，即 P=0，要保证其能正常的工作而不向左倾倒，须满足平衡方程：

$$\sum M_A(F) = 0 \quad Q_{\max}(6-2) - G \cdot 2 + 4R_B = 0$$

在临界平衡状态下，R_B=0，由此解得：

$$Q_{\max} = \frac{1}{2}G = 110\ \text{kN}$$

因此起重机要正常工作 Q 的取值范围为：

$$7.5\ \text{kN} \leqslant Q \leqslant 110\ \text{kN}$$

(3) 当 Q=30 kN,且满载时，由平衡方程的二力矩式有：

$$\sum m_A(\boldsymbol{F}) = 0 \quad Q(6-2) - G \cdot 2 - P(12+2) + R_B \cdot 4 = 0$$

$$\sum m_B(\boldsymbol{F}) = 0 \quad Q(6+2) + G \cdot 2 - P(12-2) - R_A \cdot 4 = 0$$

解得：

$$R_A = 45\ \text{kN},\ R_B = 225\ \text{kN}$$

【例 3-8】 图 3-18 所示水平双外伸梁上作用着集中荷载 2 kN 和分布荷载 $\boldsymbol{q}$,$\boldsymbol{q}$ 的最大值为 1 kN/m,求支座 A、B 的反力。

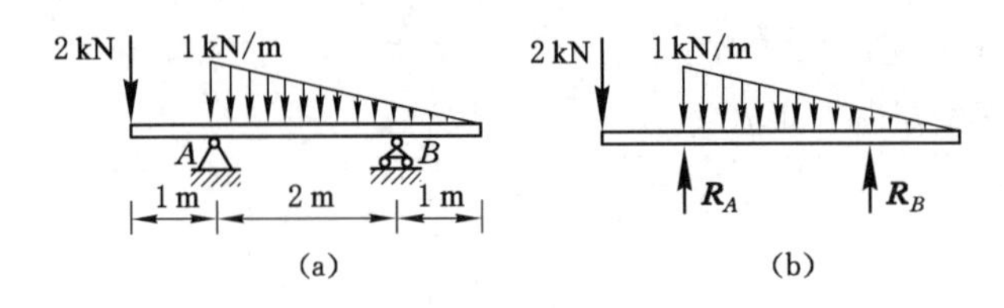

图 3-18

解 研究 AB 梁,其受力如图 3-18(b)所示，主动力、约束反力组成一平行力系。

列平衡方程：

$$\sum Y = 0 \qquad R_A + R_B - 2 - \frac{1}{2} \times 3 \times 1 = 0$$

$$\sum M_A = 0 \qquad 2 \times 1 + R_B \times 3 - \frac{1}{2} \times 3 \times 1 \times 1 = 0$$

解得：

$$R_A = 3.75\ \text{kN},\ R_B = -0.25\ \text{kN}$$

式中“-”说明图中所设 R_B 的指向与实际相反。

3.4 物体系统的平衡问题

若干个物体(零件、构件或部件)用某些约束方式连接而成的系统称为物体系统,简称为物系。

研究物体系统的平衡问题比研究单个物体的平衡问题要复杂得多。当物体系统处于平衡时,组成该系统的每个物体或由系统内若干物体组成的某一部分也都处于平衡。求解物体系统的平衡问题时,既可选系统整体为研究对象,亦可选系统中由若干物体组成的某一部分或单个物体为研究对象,然后列出相应的平衡方程以解出所需的未知量。

研究物体系统的平衡问题时,除了要分析系统以外物体对物系的作用力外,也要分析系统内部各物体之间的相互作用力。系统外物体对所选研究对象的作用力称为外力,而系统内部各物体间的相互作用力称为内力。由于内力总是成对的出现,且每对内力中的两力大小相等、共线、反向,所以物体系统的内力矢量和为零。因此,当取系统为研究对象而考虑其平衡问题时,内力不应出现在受力图和平衡方程中。

内力和外力是相对于所选研究对象而言的。当选整个物体系统为研究对象时,系统内各物体间的相互作用力均为内力。但当只取系统内某部分物体为研究对象时,则其余部分对该部分的作用力就属外力了。由此可见,如需求出系统内某两物体间的相互作用力,则应将系统自两物体的连接处拆开使其成为两部分,并取其中任一部分为研究对象,这两物体间的相互作用力就成为作用于所选研究对象上的外力,并出现在它的受力图和相应的平衡方程中。

在静力学中,由 n 个物体组成的系统在平面力系作用下可列出 $3n$ 个独立的平衡方程,亦可解出 $3n$ 个未知量。当然,如果系统中某些物体受平面汇交力系或平面平行力系的作用,则其独立的平衡方程数以及所能求出的未知量数均相应减少。如果系统中未知量的数目多于独立平衡方程数 $3n$ 时,则未知量数不能全部由 $3n$ 个独立平衡方程求出,这样的问题称为超静定问题或静不定问题,反之称为静定问题。未知量的数目与 $3n$ 个独立平衡方程数之差称为超静定次数或静不定次数。例如图 3-19 所示的 AB 梁和图 3-20 所示的两铰刚架的平衡问题都是静不定问题,且超静定次数均为 1 次。关于超静定问题的进一步讨论将在后面相关章节中介绍,在静力学中所研究的问题均为静定问题。

图 3-19　　　　图 3-20

下面结合实例说明物体系统平衡问题的求解方法。

【例 3-9】 图 3-21(a)所示为多跨静定梁 ABC,其中 A 端为固定端约束,C 处为可动铰支座,B 处是连接 AB、BC 梁的中间铰。已知 $P=20$ kN,$q=5$ kN/m ,$\alpha=45°$,求支座 A、C 的反力和中间铰 B 处的压力。

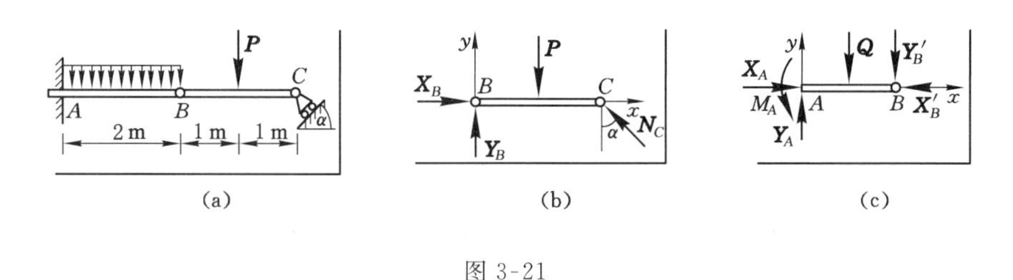

图 3-21

解　该多跨静定梁 ABC 由基本部分 AB 和附属部分 BC 组成。对这种结构通常先研究附属部分,然后计算基本部分。

(1) 以 BC 梁为研究对象,其受力如图 3-21(b)所示,列平衡方程:

$$\sum m_B(\boldsymbol{F})=0 \qquad -P\cdot 1+N_C\cos\alpha\cdot 2=0$$

$$\sum X=0 \qquad X_B-N_C\sin\alpha=0$$

$$\sum Y=0 \qquad Y_B-P+N_C\cos\alpha=0$$

解得： $N_C = 14.14\ \text{kN},\ X_B = 10\ \text{kN},\ Y_B = 10\ \text{kN}$

(2) 再取 AB 梁为研究对象，其受力如图 3-21(c)所示，列平衡方程：

$$\sum X = 0 \qquad X_A - X'_B = 0$$

$$\sum Y = 0 \qquad Y_A - Y'_B - Q = 0$$

$$\sum m_A(\boldsymbol{F}) = 0 \quad M_A - Q \cdot 1 - Y'_B \cdot 2 = 0$$

其中：$Q = q \cdot 2 = 10\ \text{kN}, Y'_B = Y_B = 10\ \text{kN},\ X'_B = X_B = 10\ \text{kN}$，解得：

$$M_A = 30\ \text{kN} \cdot \text{m},\ X_A = 10\ \text{kN},\ Y_A = 20\ \text{kN}$$

本题在以 BC 为研究对象求得 B、C 处的反力后，也可再以整体 ABC 为研究对象求得 A 端的反力。

【例 3-10】 图 3-22(a)所示为三铰钢架，求 A、B 支座处的约束反力及 C 处的压力。刚架自重不计，所受荷载集度为 q(N/m)。

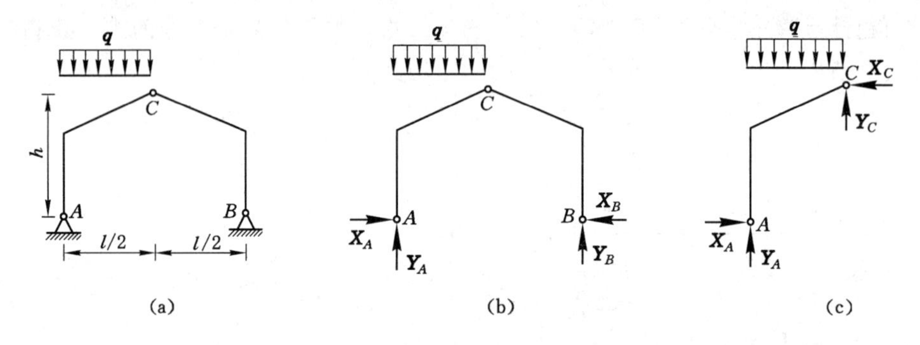

图 3-22

解 以三铰钢架整体为研究对象，其受力如图 3-22(b)所示。列平衡方程：

$$\sum X = 0 \qquad X_A - X_B = 0 \qquad ①$$

$$\sum Y = 0 \qquad Y_A + Y_B - ql/2 = 0 \qquad ②$$

$$\sum m_A(\boldsymbol{F}) = 0 \quad Y_B l - ql/2 \cdot l/4 = 0 \qquad ③$$

由式②、③解得：

$$X_A = \frac{3}{8}ql,\ Y_B = \frac{1}{8}ql$$

再以 AC 为研究对象，其受力如图 3-22(c)所示。列平衡方程：

$$\sum X = 0 \qquad X_A - X_C = 0 \qquad ④$$

$$\sum Y = 0 \qquad Y_A + Y_C - ql/2 = 0 \qquad ⑤$$

$$\sum m_C(\boldsymbol{F}) = 0 \quad X_A h - Y_A l/2 + ql/2 \cdot l/4 = 0 \qquad ⑥$$

由式①、⑥解得：

$$X_A = \frac{1}{16}\frac{l^2}{h}q,\ X_B = \frac{1}{16}\frac{l^2}{h}q$$

由式⑤、⑥解得：

$$X_C = \frac{1}{16}\frac{l^2}{h}q, \ Y_C = \frac{1}{8}ql$$

【例 3-11】 在图 3-23(a)所示结构中，已知 $l=2R$，$BD=2l$，重物重量为 P，各杆及滑轮重量不计，铰链处均为光滑，绳子不可伸长，试求构架的约束反力。

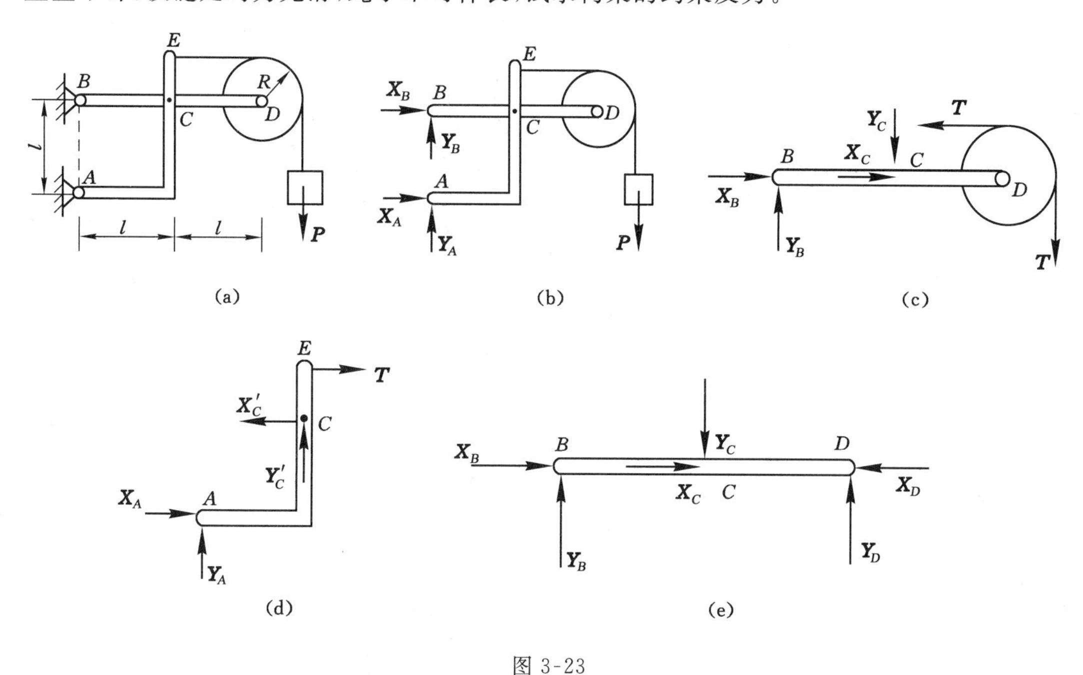

图 3-23

解 取整个构架为研究对象，画出其受力图如图 3-23(b)所示。列平衡方程：

$$\sum m_A(\boldsymbol{F}) = 0 \qquad -X_B l - P(2l+R) = 0 \tag{①}$$

$$\sum m_B(\boldsymbol{F}) = 0 \qquad X_A l - P(2l+R) = 0 \tag{②}$$

$$\sum Y = 0 \qquad Y_A + Y_B - P = 0 \tag{③}$$

解得：

$$X_A = \frac{5}{2}P, \ X_B = -\frac{5}{2}P$$

取 BCD 杆、滑轮和部分绳索组成的局部为研究对象，其受力如图 3-17(c)所示。列平衡方程：

$$\sum m_C(\boldsymbol{F}) = 0 \quad -Y_B l + TR - T(l+R) = 0$$

其中 $T=P$，解得：

$$Y_B = -P$$

将 $Y_B=-P$ 代入式③得：

$$Y_A = 2P$$

另外，在求得 X_A、X_B 后，也可以取 ACE 为研究对象，其受力如图 3-17(d)所示。列平衡方程求出反力 Y_A：

$$\sum m_C(\boldsymbol{F}) = 0 \quad -TR - Y_A l + X_A l = 0$$

解得：

$$Y_A=2P$$

代入式③可求得：

$$Y_B=-P$$

也可以 BCD 为研究对象，求得相应的反力。读者不妨一试。

【例 3-12】 在图 3-24(a)所示结构中，AB 长为 l，CD 长为 a，$AB\perp BC$，$\alpha=60°$，M、$\boldsymbol{F}_1$、$\boldsymbol{F}_2$ 分别为已知的主动力偶矩和主动力。不计各杆自重，求固定端 D 的约束反力。

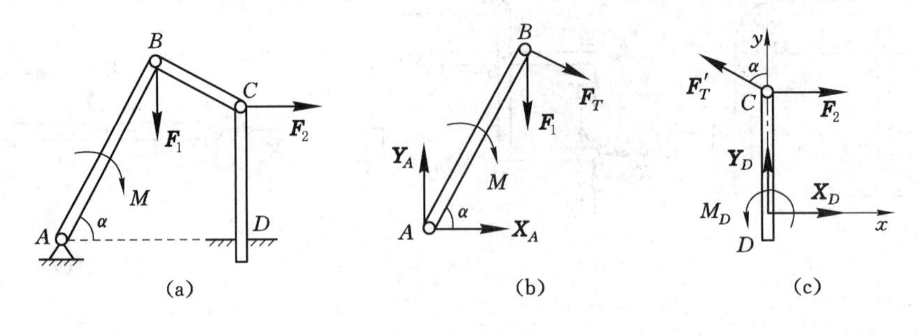

图 3-24

解 在图示结构中，BC 杆为二力杆，欲求 CD 杆 D 端的反力，应先求出 BC 杆的内力。

以 AB 杆为研究对象，受力如图 3-24(b)所示。由静力平衡方程有：

$$\sum M_A=0 \quad F_1 l\cos\alpha+M+F_T l=0$$

解得：

$$F_T=-\left(\frac{M}{l}+\frac{F_1}{2}\right)$$

再取 CD 杆为研究对象，受力如图 3-24(c)所示，在图示坐标系下，有平衡方程($F'_T=F_T$)：

$$\sum X=0 \qquad F_2+Z_D-F_T\sin\alpha=0$$

$$\sum Y=0 \qquad Y_D+F_T\cos\alpha=0$$

$$\sum M_D=0 \qquad M_D-F_2 a+F_T a\sin\alpha=0$$

解方程求得 D 处的约束反力为：

$$X_D=-\left(F_2+\frac{\sqrt{3}M}{2l}+\frac{\sqrt{3}}{2}F_1\right),\ Y_D=\frac{M}{2l}+\frac{F_1}{4}$$

$$M_D=\left(F_2+\frac{\sqrt{3}M}{2l}+\frac{\sqrt{3}}{4}F_1\right)a$$

式中“－”表示与假设方向相反。

3.5 摩　　擦

在前面所讨论的平衡问题中，忽略了物体接触面间的摩擦而把接触面看作是绝对光滑的。事实上，任何两物体间的接触面上都不同程度地存在有摩擦，只不过有的接触面比较光滑，摩擦力很小，从而不考虑其对平衡问题的影响；工程中的某些问题，则必须考虑摩擦力对平衡问题的影响，例如重力式挡土墙就是依靠地基与基础之间的摩擦来阻止其滑动的。

按照接触物体间相对运动的情况，通常把摩擦分为滑动摩擦和滚动摩擦两类。当两物体接触处有相对滑动或相对滑动的趋势时，在接触处的公切面内将受到一定的阻力阻碍其滑动，这种现象称为滑动摩擦。当两物体间有相对滚动或滚动的趋势时，在接触处产生的对滚动的阻碍称为滚动摩阻（或滚动摩擦）。

3.5.1　静滑动摩擦

在图 3-25 中将一重 W 的物块放置在水平粗糙的支承面上。在物块上作用一水平力 $\boldsymbol{P}$，当 $\boldsymbol{P}$ 逐渐增大且不超过一定的限度时，物块仍然保持静止。这说明在竖直方向有支承平面对物块的约束反力 $\boldsymbol{N}$ 与重力 $\boldsymbol{W}$ 平衡外，一定有一个与物块运动趋势方向相反且与 $\boldsymbol{P}$ 大小相等的沿接触面的力 $\boldsymbol{F}$ 来阻止物块的滑动。力 $\boldsymbol{F}$ 就是两接触面间产生的切向阻力即静滑动摩擦力，简称静摩擦力。

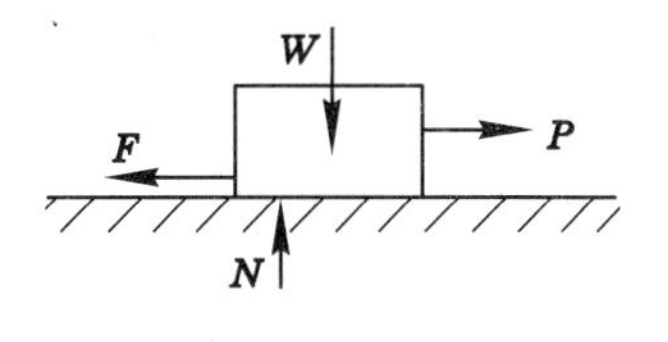

图 3-25

由静力学平衡方程有：

$$\sum X = 0 \quad F - P = 0$$

即

$$F = P$$

由此可见，当物块静止时，静摩擦力 $\boldsymbol{F}$ 的大小随着水平力 $\boldsymbol{P}$ 的变化而变化。这是静摩擦力与一般约束反力的共同点。

但是静摩擦力 $\boldsymbol{F}$ 并不能随水平力 $\boldsymbol{P}$ 的增大而无限增大。当力 $\boldsymbol{P}$ 的大小达到某一特定值时，物块处于即将开始滑动但仍保持静止的平衡状态，即临界平衡状态。当力 $\boldsymbol{P}$ 超过某一特定值时，物块就开始滑动。这说明当物块处于临界平衡状态时，静摩擦力 $\boldsymbol{F}$ 达到了最大值 F_{max}，F_{max} 称为最大静摩擦力或极限摩擦力。此后力 $\boldsymbol{P}$ 再增大，静摩擦力则不再随之增大，这是静摩擦力与一般约束反力不同之处。

综上所述，可得静滑动摩擦力的概念：静滑动摩擦力是一种约束反力，它的方向与物体相对运动趋势的方向相反；它的大小随主动力的变化而变化。由静力平衡方程可确定静摩擦力的变化范围：

$$0 \leqslant F \leqslant F_{max}$$

但 F_{max} 不能由平衡方程来确定，实验结果表明，最大静摩擦力的方向与物体相对滑动趋势的方向相反，其大小与接触面的正压力（即法向反力）的大小成正比，即

$$F_{max} = fN \tag{3-13}$$

式（3-13）称为**库伦定律**或**静摩擦定律**。式中的无量纲的比例系数 f 称为静滑动摩擦系数，简称静摩擦系数。f 的大小主要与接触物体的材料和接触面的表面状况（粗糙度、湿度、温度等）有关。表 3-1 给出了工程上常见的几种材料的静滑动摩擦系数。

表 3-1　　几种常用工程材料的静滑动摩擦系数

材料名称	静摩擦系数	材料名称	静摩擦系数
钢与钢	0.16～0.30	砖与混凝土	0.76
土与混凝土	0.30～0.40	土与木材	0.35～0.65
皮革与金属	0.30～0.60	木材与木材	0.30～0.60

实际上，影响摩擦系数 f 的因素很复杂，现代摩擦理论表明，摩擦系数 f 不仅与物体的材料和接触面状况有关，而且还与正压力的大小、正压力作用时间的长短等因素有关。也就

是说，对于确定的材料而言，摩擦系数 f 并不是常数。但在许多情况下，与常数相近。在这里只讨论 f 是常数的情况。因此，式(3-13)也远不能反映出静滑动摩擦现象的复杂性，它是近似的。

值得注意，式(3-13)中正压力(即法向反力)$\boldsymbol{N}$ 的大小，一般不等于物体的重量，也不一定等于物体的重力在接触面法线方向的分力，其值须由平衡方程确定。例如，图 3-26 中重为 W 的物块放置在倾角为 α 的斜面上，受一水平力 $\boldsymbol{P}$ 作用，则物块与斜面间的正压力 $\boldsymbol{N}$(也就是物块所受的法向反力)由沿斜面法线方向的平衡方程求出：

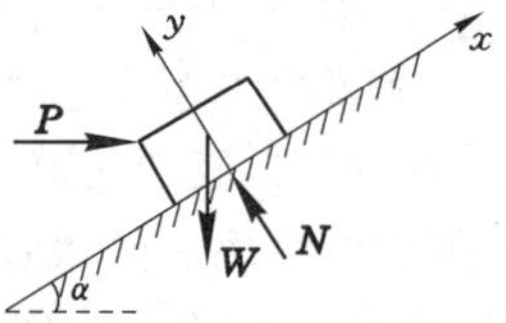

图 3-26

$$\sum Y = 0 \quad N - W\cos\alpha - P\sin\alpha = 0$$

即

$$N = W\cos\alpha + P\sin\alpha$$

下面介绍摩擦角及自锁的概念。

在图 3-27(a)中，把法向反力 $\boldsymbol{N}$ 和静摩檫力 $\boldsymbol{F}$ 的合力 $\boldsymbol{R}$ 称为支承面对物体的全约束反力，$\boldsymbol{R}$ 的作用线与接触面公法线的夹角为 φ。显然，角度 φ 随静摩擦力的变化而变化。当物体处于临界平衡状态时，静摩擦力达到最大值 F_{max}，角度 φ 也达到最大值 φ_m，如图 3-27(b)所示。全约束反力与法线间的夹角的最大值 φ_m 称为摩擦角。显然有：

$$\tan\varphi_m = \frac{F_{max}}{N} = \frac{fN}{N} = f \tag{3-14}$$

即摩擦角的正切等于静摩擦系数。

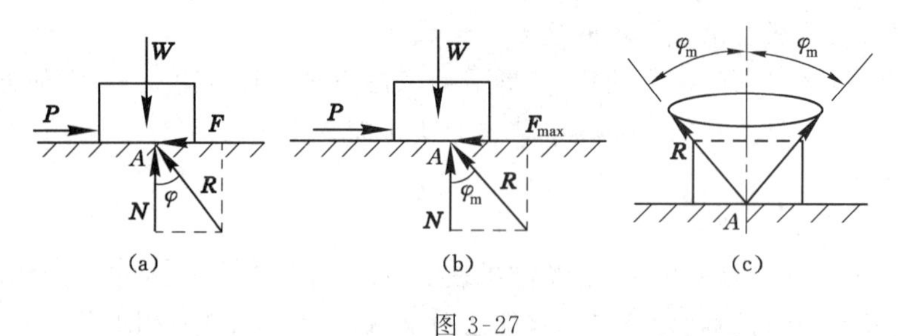

图 3-27

可见，摩擦角与静摩擦系数一样，也是表征材料摩擦性质的重要参数。摩擦角与摩擦系数间的数值关系又为几何法求解考虑摩擦的平衡问题提供了可能性。

当物块滑动趋势的方向改变时，全约束反力 $\boldsymbol{R}$ 的方位也随之改变，从而 $\boldsymbol{R}$ 的作用线在空间将画出一个以接触点 A 为顶点的圆锥面，称为摩擦锥，如图 3-27(c)所示。若各个方向的摩擦系数都相同，即各方向的摩擦角都相等，则摩擦锥将是一个顶角为 $2\varphi_m$ 的正圆锥。

物体平衡时，静摩擦力在 $0 \leqslant F \leqslant F_{max}$ 范围内变化，因而全约束反力 $\boldsymbol{R}$ 与法线间的夹角 φ 也在 $0 \leqslant \varphi \leqslant \varphi_m$ 之间变化。因此，在物体平衡时，全约束反力 $\boldsymbol{R}$ 的作用线只能位于摩擦角(锥)之内。

把重力 $\boldsymbol{W}$ 与主动力 $\boldsymbol{P}$ 的合力称为全主动力 $\boldsymbol{Q}$。如果全主动力 $\boldsymbol{Q}$ 的作用线位于摩擦角(锥)之内，那么无论力 $\boldsymbol{Q}$ 的数值有多大，其水平分力 P 小于等于摩擦力 F_{max}，物体总是处于平衡状态，这种现象称为自锁，如图 3-28(a)所示。如果全主动力 $\boldsymbol{Q}$ 的作用线位于摩擦角(锥)之外，那么无论力 $\boldsymbol{Q}$ 的数值有多小，其水平分力 P 大于摩擦力 F_{max}，物体发生滑动，如

图 3-28(b)所示。工程上自锁原理应用很广泛，例如螺旋千斤顶、螺钉、楔块以及机械中的夹具等都是依据自锁原理设计的。

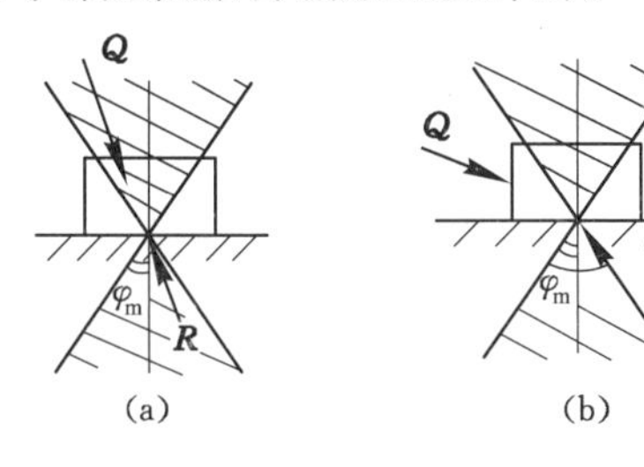

图 3-28

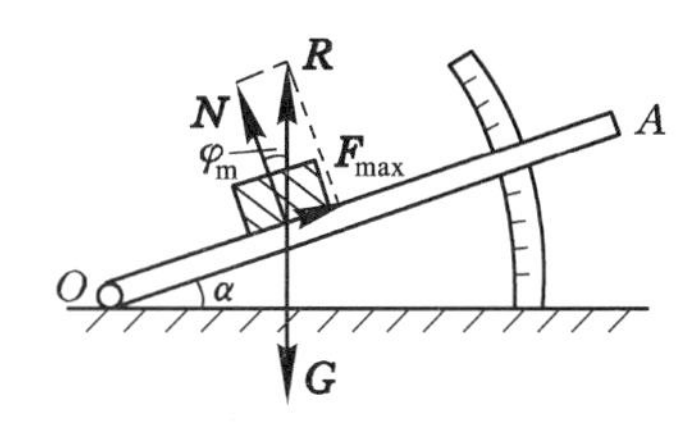

图 3-29

通过测定摩擦角可确定物体接触面间的摩擦系数。在图 3-29 所示机构中，把要测定的两种材料分别做成物块和斜面。斜面 OA 可绕 O 轴转动，物块置于该斜面上，转动斜面 OA，倾角 α 由零开始逐渐增大，当物块开始从支承面上下滑时测得的角度 α 即为所测材料间的摩擦角 φ_m，由 $f=\tan\varphi_m$ 即可获得测定的摩擦系数。其原理是物块处于平衡时仅受到重力 $\boldsymbol{G}$ 和全约束反力 $\boldsymbol{R}$ 的作用，$\boldsymbol{R}$ 与法向反力 $\boldsymbol{N}$ 的夹角为 φ。由二力平衡公理可知：$\boldsymbol{R}$ 与 $\boldsymbol{G}$ 大小相等、方向相反、共线。当这种平衡达到临界状态时，全约束反力达到 R_{max}，R_{max} 与 $\boldsymbol{N}$ 间的夹角 φ_m 就是摩擦角，这时斜面倾角 $\alpha=\varphi_m$。

3.5.2　动滑动摩擦

在图 3-26 中，如果主动力 P 大于静滑动摩擦力 F_{max}，物体相对于支承面发生了滑动，这时接触面之间产生的阻碍滑动的摩擦力称为动滑动摩擦力，简称动摩擦力。

实验证明，动摩擦力的方向与物体运动的方向相反，其大小与两物体间的正压力成正比，即

$$F' = f'N \tag{3-15}$$

式(3-15)称为**动滑动摩擦定律**。式中的 f' 称为动摩擦系数。动摩擦系数除与接触物体的材料性质和表面状况有关外，还与物体运动的速度大小有关。在大多数情况下，f' 随物体相对滑动速度的增大而减小。一般情况下动摩擦系数小于静摩擦系数，即 $f'<f$。

3.5.3　考虑摩擦时物体的平衡问题

带有与不带有摩擦的平衡问题的共性是作用在物体或物体系统上的力系必须满足平衡条件。然而考虑摩擦时的平衡问题还有其自身特点：① 受力图中多了摩擦力，列平衡方程时也必须考虑摩擦力。摩擦力除了满足平衡方程外，还必须满足方程 $0\leqslant F\leqslant F_{max}$；② 由于 $0\leqslant F\leqslant F_{max}$，因而考虑摩擦时平衡问题的解答往往是一个范围，即可能是力、尺寸或角度的一个平衡范围值。

带有摩擦的平衡问题的解题方法和步骤与前面章节所讲述的基本相同。

【例 3-13】　在图 3-30 中重为 G 的物块 A 置于倾角为 α 的斜面上。物块与斜面间的摩擦角为 φ_m，且 $\alpha>\varphi_m$，试求维持物块 A 静止于斜面上的水平力 $\boldsymbol{Q}$ 的大小。

解　由于 $\alpha>\varphi_m$，若不加适当的水平力 $\boldsymbol{Q}$，物块将向下滑动，加上水平推力 $\boldsymbol{Q}$ 可维持物块 A 的平衡。

取物块 A 为研究对象。设物块 A 有向上滑动的趋势且处于临界平衡状态，其受力如图 3-30(b)所示。在图示坐标系下列出平衡方程：

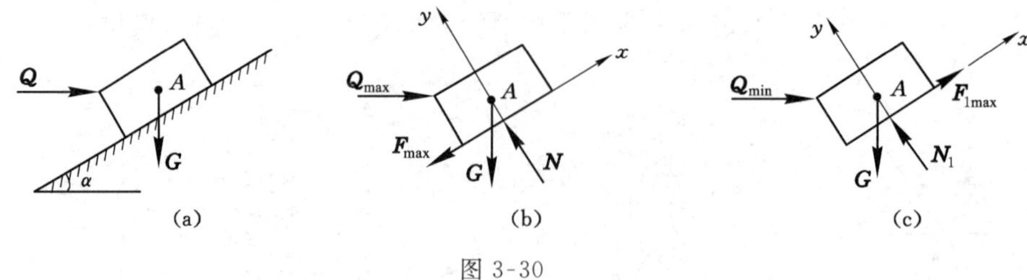

图 3-30

$$\sum X = 0 \quad Q_{max}\cos\alpha - G\sin\alpha - F_{max} = 0 \qquad ①$$

$$\sum Y = 0 \quad N - Q_{max}\sin\alpha - G\cos\alpha = 0 \qquad ②$$

补充方程：

$$F_{max} = fN = \tan\varphi_m \cdot N \qquad ③$$

解方程①、②、③得力 Q 的最大值：

$$Q_{max} = G\frac{\tan\alpha + \tan\varphi_m}{1 - \tan\alpha \cdot \tan\varphi_m} = G\tan(\alpha + \varphi_m)$$

再设物块 A 有向下滑动的趋势且处于临界平衡状态，其受力如图 3-30(c)所示。列出平衡方程：

$$\sum X = 0 \quad Q_{min}\cos\alpha - G\sin\alpha + F_{1max} = 0 \qquad ④$$

$$\sum Y = 0 \quad N_1 - Q_{min}\sin\alpha - G\cos\alpha = 0 \qquad ⑤$$

补充方程：

$$F_{1max} = fN_1 = \tan\varphi_m \cdot N_1 \qquad ⑥$$

解方程④、⑤、⑥得力 Q 的最小值：

$$Q_{min} = G\frac{\tan\alpha - \tan\varphi_m}{1 + \tan\alpha\tan\varphi_m} = G\tan(\alpha - \varphi_m)$$

所以，使物块 A 平衡的水平力 Q 的取值范围：

$$G\tan(\alpha - \varphi_m) \leqslant Q \leqslant G\tan(\alpha + \varphi_m)$$

由本题解答可看出：

(1) 若斜面光滑，即 $f=0$，则 $Q=Q_{min}=Q_{max}=G\tan\alpha$。这说明不考虑摩擦时使物块静止的力 Q 的大小只有一个值；而考虑摩擦时使物块平衡的力 Q 可在一定范围内变化。

(2) 计算 Q_{max} 及 Q_{min} 是根据物体的运动趋势及临界平衡状态进行的，因此受力图中摩擦力的指向不能任意假定，一定要按与物体运动趋势相反的方向画出。

【例 3-14】 在图 3-31 所示结构中，构件 1 和 2 用楔块 3 连接，已知楔块与构件间的摩擦系数 $f=0.1$，求结构平衡时楔块 3 的倾斜角 α。

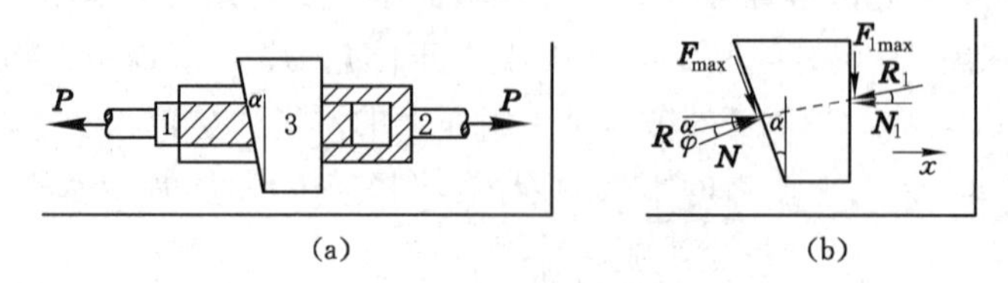

图 3-31

解 研究楔块 3，受力如图 3-31(b)所示。其中 $R=F_{max}+N$，$R_1=F_{1max}+N_1$，在平衡状态下由二力平衡公理有 $R=R_1$。

在水平方向列投影方程：

$$\sum X=0 \quad R\cos(\alpha-\varphi)-R_1\cos\varphi=0$$

显然有：
$$\alpha-\varphi=\varphi$$

由此解得：
$$\alpha=2\varphi=11°26'$$

所以结构平衡时楔块 3 的倾斜角 $\alpha\leqslant 11°26'$，即结构自锁。

【例 3-15】 图 3-32 所示均质矩形物体重 $Q=4$ kN，放在粗糙的水平面上。已知物体与水平面间的摩擦系数 $f=0.4$，高 $h=3$ m，宽 $l=2$ m，在物体顶部作用一水平力 $\boldsymbol{P}$。求能使物体在图示位置平衡时的水平力 $\boldsymbol{P}_{max}$。

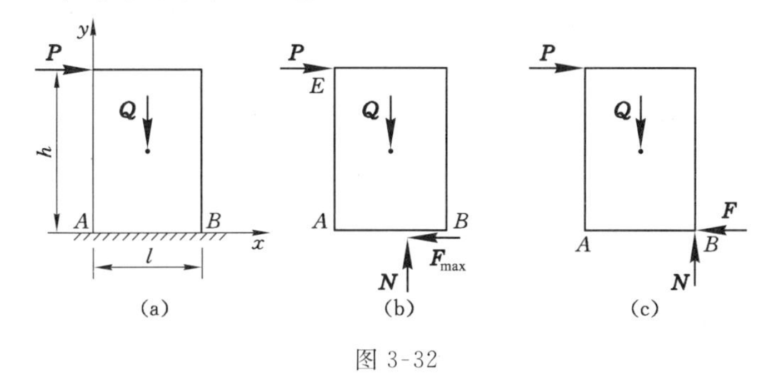

图 3-32

解 以重物为研究对象，物体在水平力 $\boldsymbol{P}$ 的作用下有向右滑动或绕 B 点倾倒的可能。

设物体处于滑动临界平衡状态，其受力如图 3-32(b)所示。由平衡方程有：

$$\sum X=0 \quad P-F_{max}=0$$

$$\sum Y=0 \quad N-Q=0$$

$$F_{max}=fN$$

解得：
$$P=1.6 \text{ kN}$$

设物体处于倾倒的临界平衡状态，其受力如图 3-32(c)所示。由平衡条件有：

$$\sum M_B=0 \quad Q\cdot\frac{l}{2}-P\cdot h=0$$

解得：
$$P=\frac{Ql}{2h}=1.33 \text{ kN}$$

所以维持物体平衡的最大水平力为 1.33 kN。

3.5.4 滚动摩阻

将一半径为 r，重为 P 的轮子放在固定的水平面上，圆轮在重力 $\boldsymbol{P}$ 和支承反力 $\boldsymbol{N}$ 的作用下处于平衡状态，由平衡条件有 $N=-P$。现在圆轮的中心点 O 加一水平力 $\boldsymbol{Q}$，当 Q 值不超过某一特定值时，圆轮仍保持静止状态，既不滑动也不滚动。由静力平衡条件可知，在水平方向一定存在一个力 $\boldsymbol{F}$，使得 $F=-Q$，而力 $\boldsymbol{F}$ 只能是由圆轮与地面之间产生的静滑动摩擦力。显然力 $\boldsymbol{F}$、$\boldsymbol{Q}$ 形成一力偶($\boldsymbol{F}$,$\boldsymbol{Q}$)，其力偶矩的大小为 Qr。由于圆轮处于静止状态，所以一定存在一个阻碍圆轮滚动的反力偶与力偶($\boldsymbol{F}$,$\boldsymbol{Q}$)平衡，该反力偶称为静滚动摩擦力偶，其力偶矩 M 的大小为 Qr，转向与圆轮滚动的趋势相反。如图 3-33 所示。

与静滑动摩擦力相似，静滚动摩擦力偶矩 M 随着力 $\boldsymbol{Q}$ 的增大而增大，当 Q 增加到某个值时，轮子处于将滚未滚的临界平衡状态，此时静滚动摩擦力偶矩 M 达到最大值 $M_{\max}$。若 Q 再增大一点，轮子就会滚动。由此可知，静滚动摩擦力偶矩 M 的大小应介于零与最大值之间，即

$$0 \leqslant M \leqslant M_{\max} \tag{3-16}$$

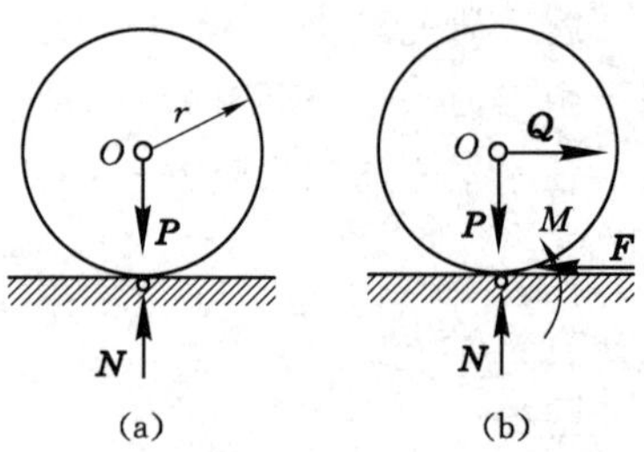

图 3-33

实验证明，最大静滚动摩擦力偶矩 $M_{\max}$ 与支承面的法向反力 $\boldsymbol{N}$ 的大小成正比，即

$$M_{\max} = \delta N \tag{3-17}$$

式(3-17)称为**滚动摩阻定律**。式中的 δ 称为滚动摩阻系数，显然是具有长度的量纲，单位是 mm 或 cm。

滚动摩阻系数的大小与接触物体材料性质有关，可由实验测定。表 3-2 给出了几种常见材料的滚动摩阻系数。

表 3-2　　几种常见材料的滚动摩阻系数

材料名称	滚动摩阻系数/mm	材料名称	滚动摩阻系数/mm
铸铁与铸铁	0.5	软钢与钢	0.5
钢质车轮与钢轨	0.05	有滚珠轴承料车与钢轨	0.09
木与钢	0.3～0.4	无滚珠轴承料车与钢轨	0.21
木与木	0.5～0.8	钢质车轮与木面	1.5～2.5
软木与软木	1.5	轮胎与路面	2～10
淬火钢珠与钢	0.01		

滚动摩擦力偶的发生，主要由于接触物体并非刚体，它们在力的作用下发生了变形，如图 3-34(a)、(b)所示。轮子在接触面上受分布力作用，将这些力向 A 点简化，可得到作用于 A 点的一个力($\boldsymbol{F}$ 和 $\boldsymbol{N}$ 的合力)和一个力偶——滚动摩擦力偶 M，如图 3-34(c)所示。

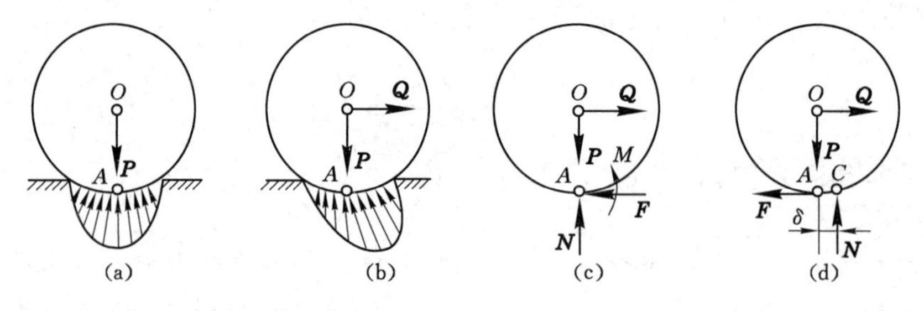

图 3-34

滚动摩阻系数具有力偶臂的物理意义。由图 3-32(d)容易得出：

$$\delta = \frac{M_{\max}}{N}$$

由于滚动摩阻系数较小，因此工程上大多数情况下滚动摩擦力偶忽略不计。

【例 3-16】 半径为 r、重为 P 的车轮，放置在倾斜的铁轨上，如图 3-35 所示。已知铁轨倾角为 α，车轮与铁轨间的滚动摩擦系数为 δ，求车轮的平衡条件。

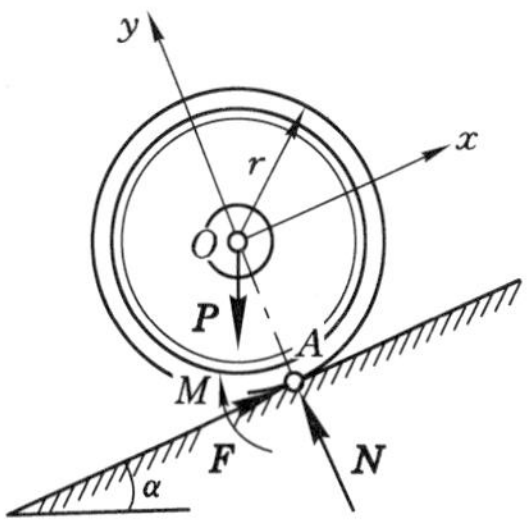

解 研究车轮，受力如图 3-35 所示。在图示坐标系下，列平衡方程：

$$\sum Y = 0 \quad N - P\cos\alpha = 0$$

$$\sum m_A(\boldsymbol{F}) = 0 \quad Pr\sin\alpha - M = 0$$

解得：

$$M = Pr\sin\alpha,\ N = P\cos\alpha$$

图 3-35

由于 $M_{\max} = \delta N = \delta P\cos\alpha$，则平衡条件为：

$$Pr\sin\alpha \leqslant \delta P\cos\alpha$$

即

$$\tan\alpha \leqslant \frac{\delta}{r}$$

思考题

3-1 设一平面力系向某点简化得到一合力。如另选一点为简化中心，问力系能否简化为一合力？为什么？

3-2 当平面力系向某点简化的结果为一力偶时，主矩与简化中心的位置有无关系，为什么？

3-3 主矢与力系合力的联系与区别是什么？

3-4 对于平衡方程的三力矩式，如果三矩心共线，那么这三个平衡方程中有几个平衡方程是独立的？

3-5 如图所示，某平面力系由 n 个力组成，若该力系满足方程式 $\sum m_A(\boldsymbol{F}) = 0$，$\sum m_B(\boldsymbol{F}) = 0$，$\sum Y = 0$，试问该力系一定是平衡力系吗？为什么？

3-6 如图所示，刚体在 A、B、C、D 四点各作用一力，其力多边形组成一个封闭的矩形，试问刚体是否平衡？为什么？

3-7 力系如图所示，且 $F_1 = F_2 = F_3 = F_4$，力系分别向点 A、点 B 简化的结果是什么？二者是否等效？

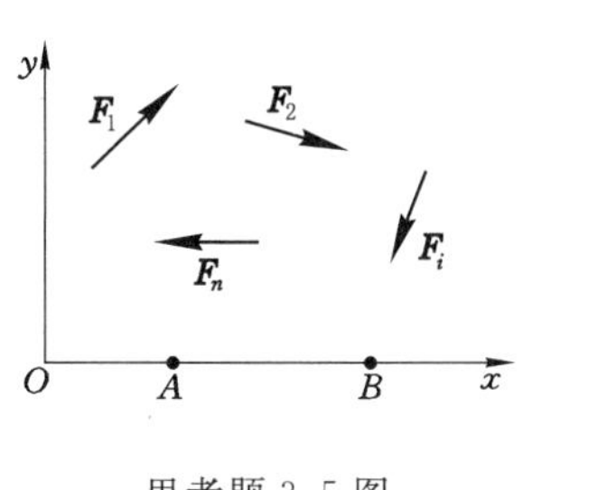

思考题 3-5 图

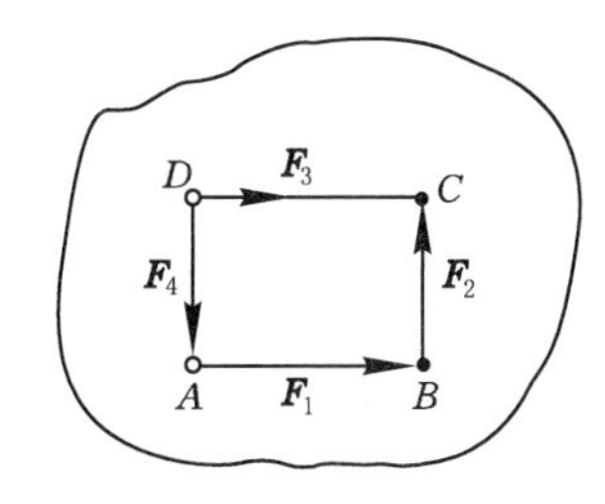

思考题 3-6 图

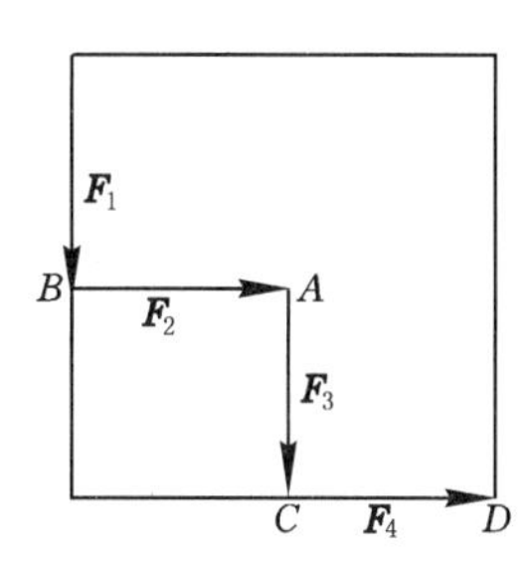

思考题 3-7 图

3-8　图示三铰拱，在 CB 上分别作用一力偶 m 和力 $\boldsymbol{F}$。在求铰链 A、B、C 的约束反力时，能否将力偶或力分别移到构件 AC 上？为什么？

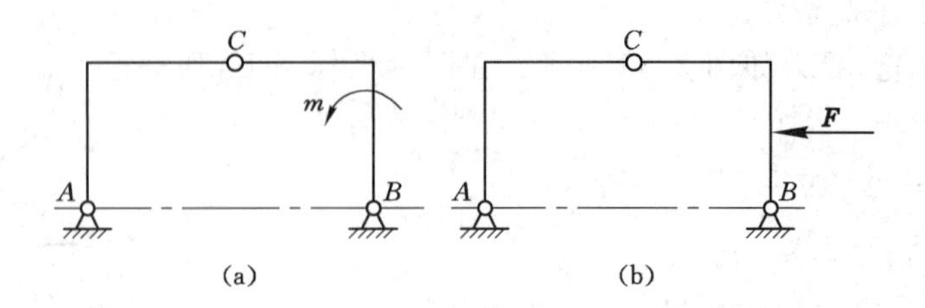

思考题 3-8 图

3-9　试判断图示各结构是静定的还是静不定的？

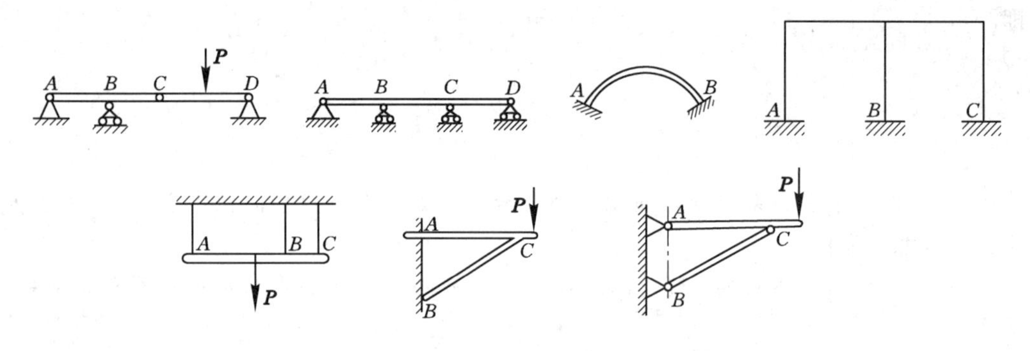

思考题 3-9 图

3-10　在考虑带有摩擦的平衡问题中，什么情况下摩擦力的指向可以任意假设？什么情况下摩擦力的指向不能假设？在摩擦力的指向不能假设的情况下，怎样确定摩擦力的指向？

3-11　如图所示，重量为 P 的物块搁置在粗糙水平面上，已知物块与水平面间的摩擦角 $\varphi=20°$，当受到推力 $Q=P$ 作用时，Q 与法线间的夹角 $\alpha=30°$，此物块处于什么样的状态？

3-12　如图所示，重量分别为 W_A 和 W_B 的两物块 A 和 B 叠放在水平面上，其中 A 和 B 间的摩擦系数为 f_1，B 与水平面间的摩擦系为 f_2，当施加水平力 $\boldsymbol{P}$ 拉动物块 B 时，图中(a)、(b)两种情况哪一种省力？

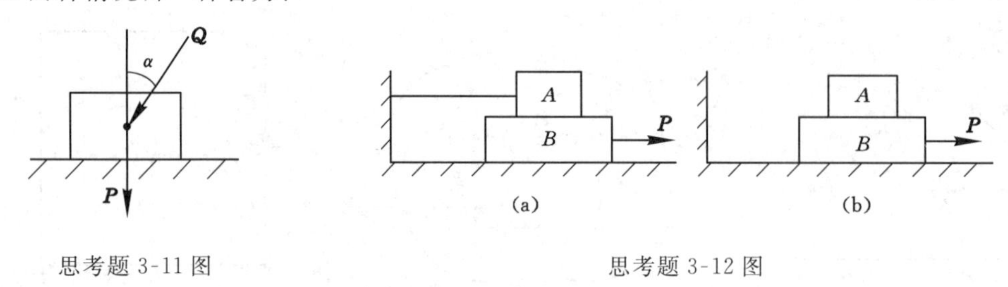

思考题 3-11 图　　　　思考题 3-12 图

3-13　分析骑自行车时，前后两轮摩擦力的方向。

习　　题

3-1　求下列各图中梁 AB 的支座反力，梁重及摩擦均不计。（答案：(a) $X_A=1.414P$，$Y_A=R_B=0.707P$；(b) $X_A=Y_A=0.5P$，$R_B=0.707P$；(c) $F_A=-\dfrac{M_e+Fa}{2a}$，$F_B=\dfrac{M_e+3Fa}{2a}$；(d) $F_A=F+qa-\dfrac{M_e+3Fa-\frac{1}{2}qa^2}{2a}$，$F_B=\dfrac{M_e+3Fa-\frac{1}{2}qa^2}{2a}$）

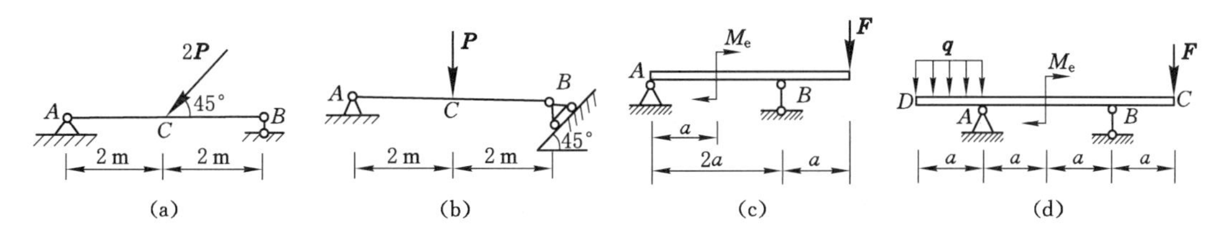

习题 3-1 图

3-2　试求图示悬臂梁固定端 A 的约束反力，梁的自重不计。（答案：$X_A=0$，$Y_A=ql+F$，$M_A=\dfrac{1}{2}ql^2+Fl$）

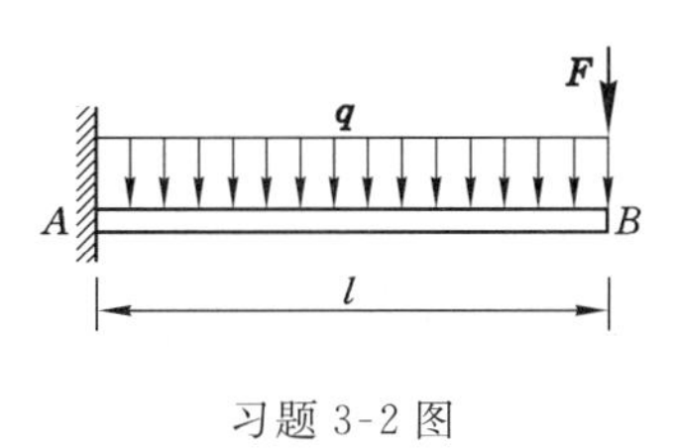

习题 3-2 图

3-3　求图示各刚架的支座反力。（答案：(a) $X_A=0$ kN，$Y_A=17$ kN，$M_A=33$ kN/m；(b) $X_A=3$ kN，$Y_A=5$ kN，$N_B=-1$ kN）

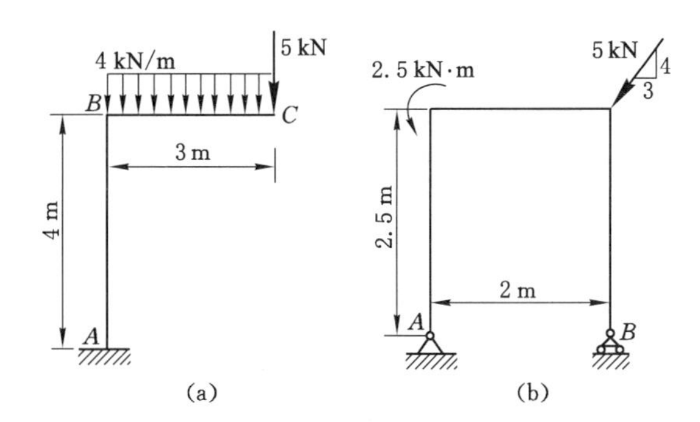

习题 3-3 图

3-4　求图示各刚架的支座反力。已知：(a) $P_1=4$ kN，$P_2=3$ kN，$q=2$ kN/m；(b) $Q=3$ kN，$m=3.5$ kN·m。（答案：(a) $X_A=-1$ kN，$Y_A=6$ kN，$R_B=4$ kN；(b) $X_A=3$ kN，$Y_A=0$，$m_A=-5.5$ kN·m）

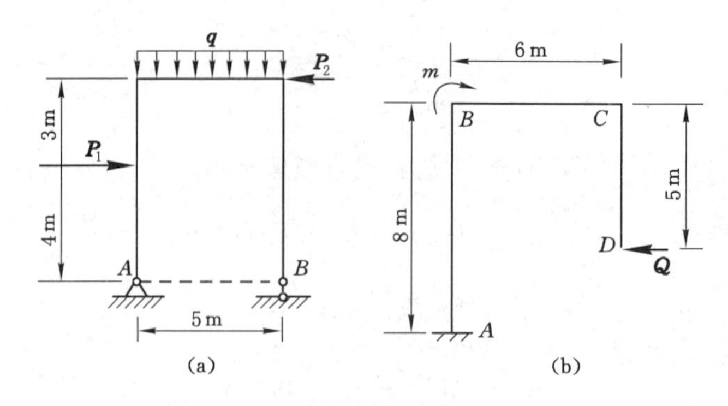

习题 3-4 图

3-5　如图所示，杠杆 AB 受荷载 $\boldsymbol{P}$ 和 $\boldsymbol{Q}$ 作用。不计杆重，求保持杠杆平衡时，a 与 b 的比值。（答案：$a:b=\dfrac{4}{3}\cdot\dfrac{P}{Q}$）

3-6　两端具有辊轮的均质杆，重为 500 N，一端靠在光滑的铅直墙上，另一端搁在光滑的水平地面上，并用一水平绳 CD 维持平衡，如图所示。试求绳的张力及墙和地面的反力。（答案：$T=650$ N，$N_A=500$ N，$N_B=650$ N）

3-7　在图示结构中，A、B、C 处均为光滑铰链。已知 $F=400$ N，杆重不计，尺寸如图所示。试求 C 点处的约束反力。（答案：$X_C=880$ N，$Y_C=480$ N）

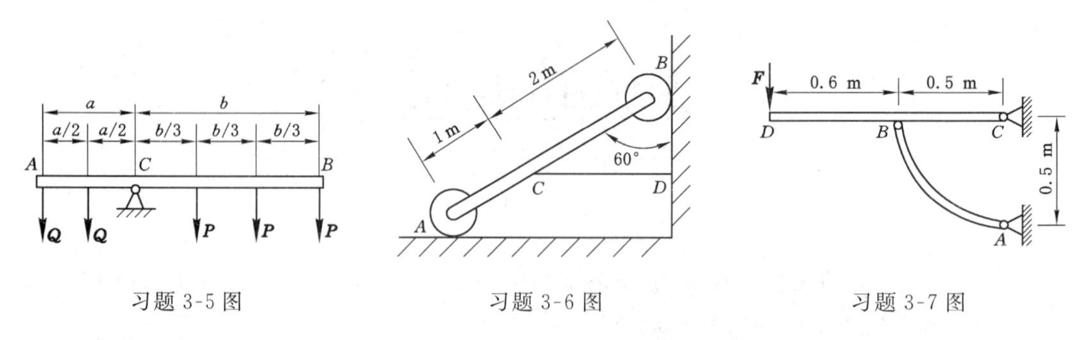

习题 3-5 图　　习题 3-6 图　　习题 3-7 图

3-8　梁 AB 一端砌在墙内，在自由端装有滑轮用以匀速吊起重物 D。设重物的重量是 G，AB 长 b，斜绳与铅直线成 α 角，求固定端的反作用力。（答案：$X_A=-G\sin\alpha$，$Y_A=G(1+\cos\alpha)$，$m_A=Gb(1+\cos\alpha)$）

3-9　起重车和起重动臂共重 $W=490$ kN，尺寸如图所示。问欲使起重车不致翻倒，在 C 处能够起吊重物的最大重量 P 应是多少？（答案：$P=83$ kN）

3-10　求图示静定多跨梁的支座反力和中间铰处的压力。梁重及摩擦均不计。（答案：(a) $X_A=0$ kN，$Y_A=2.5$ kN，$M_A=10$ kN·m，$X_B=0$ kN，$Y_B=2.5$ kN，$N_C=1.5$ kN；(b) $X_A=0$ kN，$Y_A=-15$ kN，$F_B=40$ kN，$X_C=0$ kN，$Y_C=5$ kN，$F_D=15$ kN）

3-11　如图所示，水平梁由 AB 与 BC 两部分组成，A 端为固定端约束，C 处为活动铰支座，B 处是中间铰。不计梁重及摩擦，求 A、C 处的约束反力。（答案：$X_A=28.3$ kN，$Y_A=83.3$ kN，$M_A=459.9$ kN·m，$F_C=24.97$ kN）

3-12　图示结构由折梁 AC 和直梁 CD 构成，已知 $q=1$ kN/m，$P=12$ kN，$M=27$

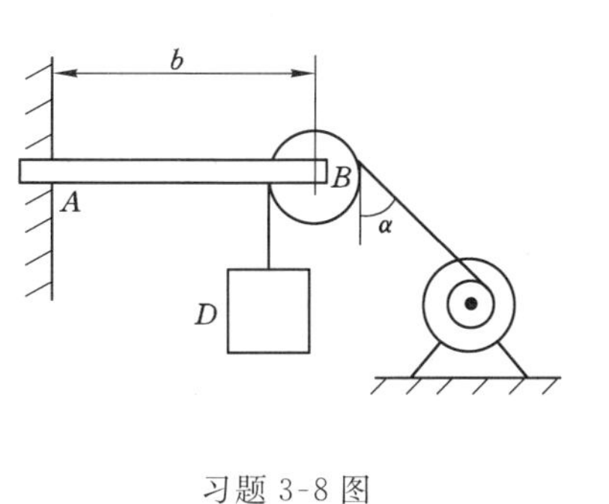

习题 3-8 图

习题 3-9 图

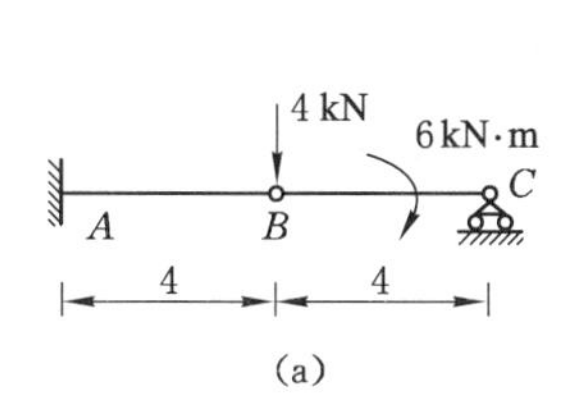

(a)

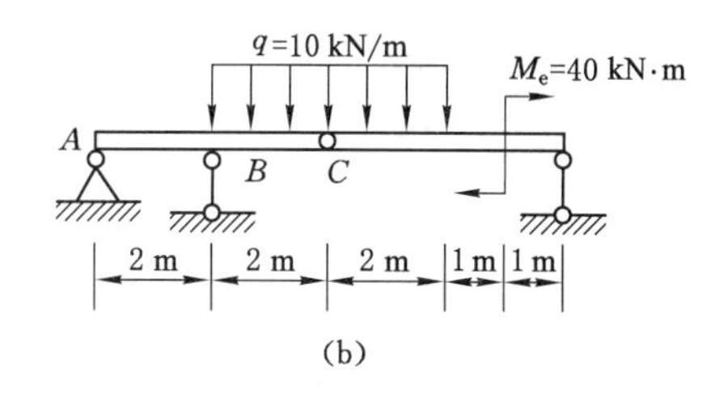

(b)

习题 3-10 图

kN·m，$\beta=30^\circ$，$L=4$ m。梁的自重不计，试求：(1) 支座 A 的反力；(2) 铰链 C 的约束反力。(答案：$X_A=10.4$ kN，$Y_A=-8.6$ kN，$M_A=-1.4$ kN·m，$X_C=10.4$ kN，$Y_C=12.8$ kN)

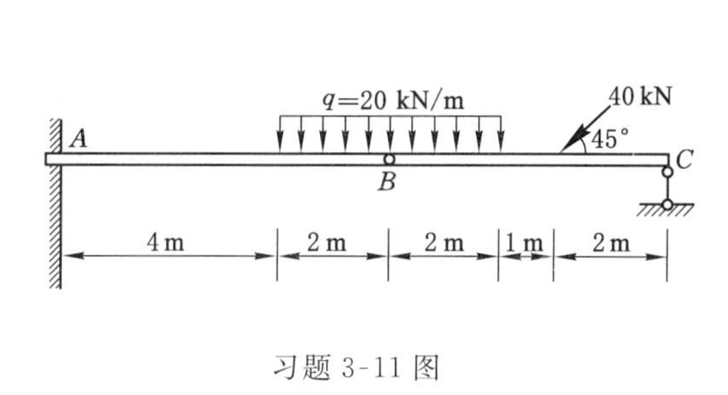

习题 3-11 图

习题 3-12 图

3-13 结构如图所示，其中 ABC 为刚架，CD 为梁。已知 $P=5$ kN，$q=200$ N/m，$q_0=300$ N/m，求支座 A、B 的反力。(答案：$X_A=0.3$ kN，$Y_A=0.533$ kN，$R_B=3.54$ kN)

3-14 在图示结构计算简图中，已知 $q=15$ kN/m，求 A、B、C 处的约束反力。(答案：$X_A=20$ kN，$Y_A=70$ kN，$X_B=-20$ kN，$Y_B=50$ kN，$X_C=20$ kN，$Y_C=10$ kN)

3-15 如图所示，折梯的 AC 和 BC 两部分各重 P，在 C 处铰接，并在 D、E 两点用水平绳连接。梯子放在光滑的水平地板上，在梯子的点 K 站一重为 Q 的人。已知 $AC=BC=2l$，$DC=EC=a$，$BK=b$，$\angle CAB=\angle CBA=\alpha$。求当梯子处于平衡时绳 DE 的张力 $\boldsymbol{T}$。(答案：$T=\dfrac{Pl+0.5Qb}{a}\cot\alpha$)

3-16 连接在绳子两端的小车各重 P_1、P_2，分别放在倾角为 α，β 的两斜面上，绳子绕过定滑轮与一动滑轮相连，动滑轮的轴上挂一重物，如图所示。如不计摩擦，试求平衡时 $\boldsymbol{P}_1$ 与 $\boldsymbol{P}_2$ 之间的关系。(答案：$\dfrac{P_1}{P_2}=\dfrac{\sin\beta}{\sin\alpha}$)

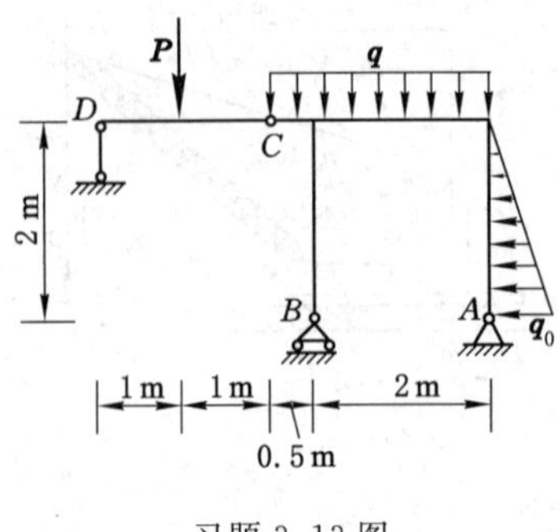

习题 3-13 图

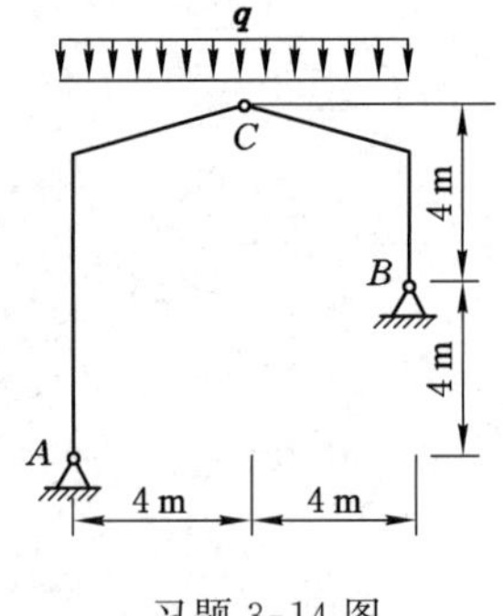

习题 3-14 图

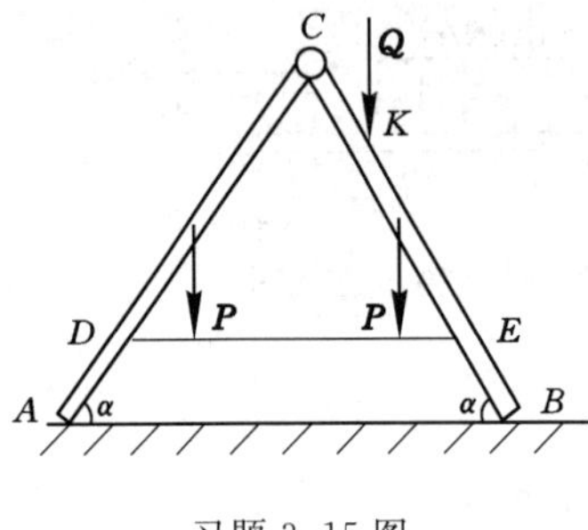

习题 3-15 图

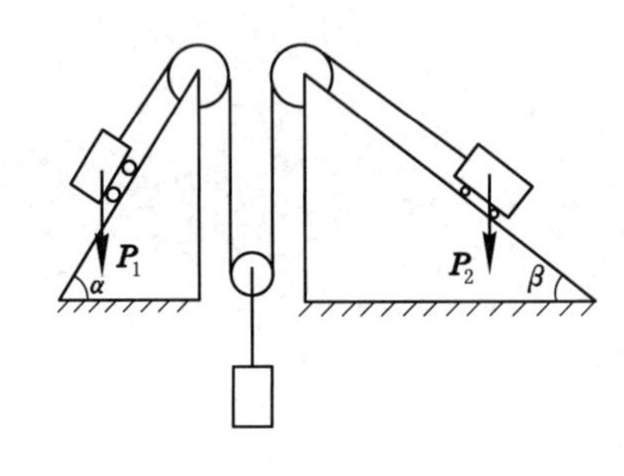

习题 3-16 图

3-17　图示结构中各杆 A、E、F、G 处均为铰接，B 处为光滑接触。在 C、D 处分别作用力 $\boldsymbol{P}_1$ 和 $\boldsymbol{P}_2$，且 $P_1=P_2=500$ N，各杆自重不计。求 F 处的约束反力。(答案：$X_F=-1\ 500$ N，$Y_F=500$ N)

3-18　两物块 A 和 B 重叠地放在水平面上，如图所示。已知物块 A 重 $W=500$ N，物块 B 重 $Q=200$ N，物块 A 与 B 之间的静摩擦系数 $f_1=0.25$，物块 B 与水平面间的静摩擦系数 $f_2=0.20$，求拉动物块 B 的最小水平力 P 的大小。(答案：$P=140$ N)

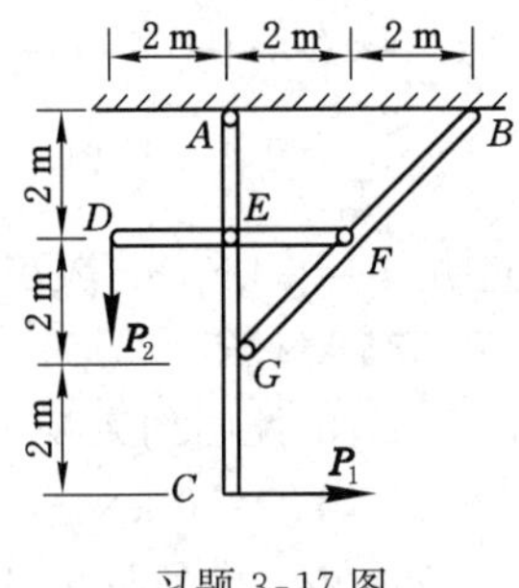

习题 3-17 图

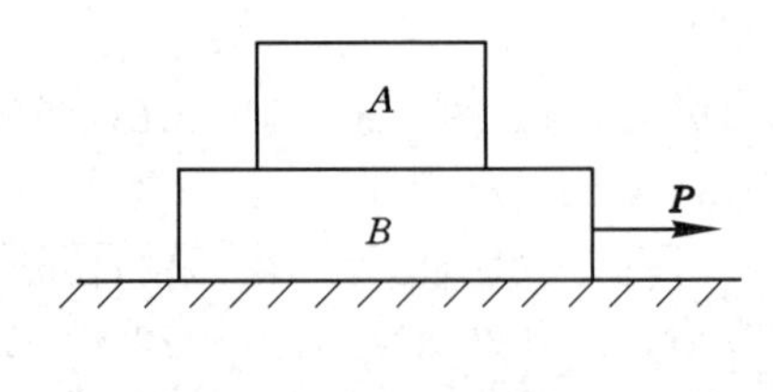

习题 3-18 图

3-19　如图所示，球重 $W=400$ N，折杆自重不计，所有接触面间的摩擦系数均为 $f=0.2$，铅直力 $P=500$ N，$a=20$ cm。问力 $\boldsymbol{P}$ 应作用在何处(即 x 为多大)时，球才不致下落？(答案：$x\geqslant 12$ cm)

3-20　均质的梯子 AB 重为 W，靠在铅直墙壁和水平地面上，如图所示。梯子与墙壁间的摩擦系数为零，梯子与地面间的摩擦系数为 f。欲使重为 Q 的人爬到顶端 A 而梯子不滑动，问角 α 应为多大？(答案：$\tan\alpha\geqslant\dfrac{W+2Q}{2f(W+Q)}$)

3-21 两根重均为 100 N、长均为 $l=0.5$ 的均质杆如图所示,C 处的静摩擦系数 $f=0.5$。问系统平衡时角 θ 最大只能等于多少?(答案:$\theta_{\max}=28.07°$)

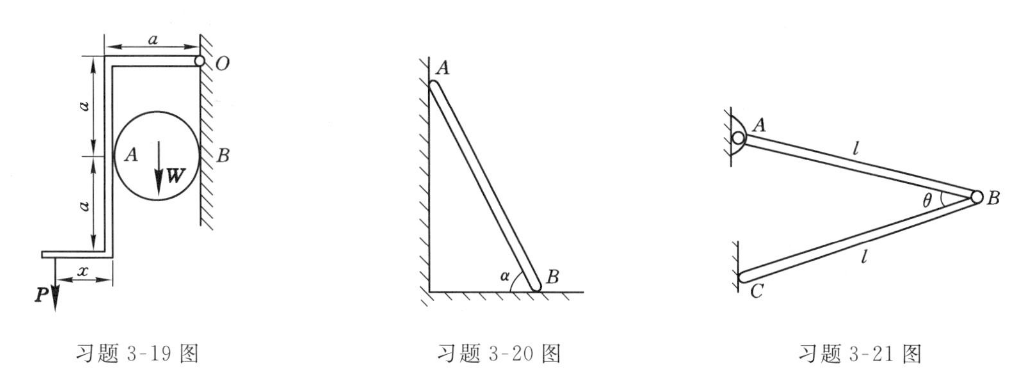

习题 3-19 图　　习题 3-20 图　　习题 3-21 图

3-22 压延机由两轮构成,两轮直径均为 $d=50$ cm,两轮间的间隙为 $a=0.5$ cm,两轮反向转动,如图所示。已知烧红的铁板与轮间的摩擦系数为 $f=0.1$。问能压延的铁板厚度 b 是多少?(答案:$b\leqslant 0.75$ cm)

3-23 圆柱直径为 6 cm,重量为 300 kN,在力 $\boldsymbol{P}$ 作用下处于平衡状态。已知滚动摩擦系数 $\delta=0.5$ cm,力 $\boldsymbol{P}$ 与水平线的夹角为 30°,求力 $\boldsymbol{P}$ 的大小。(答案:$P=5.7$ kN)

3-24 一轮半径为 r,在其铅垂直径的上端 B 点作用水平力 $\boldsymbol{Q}$。轴与水平面的滚动摩擦系数为 δ。问水平力 $\boldsymbol{Q}$ 使轮只滚动而不滑动时,轮与水平面的滑动摩擦系数 f 需要满足什么条件?(答案:$f\geqslant\dfrac{\delta}{2r}$)

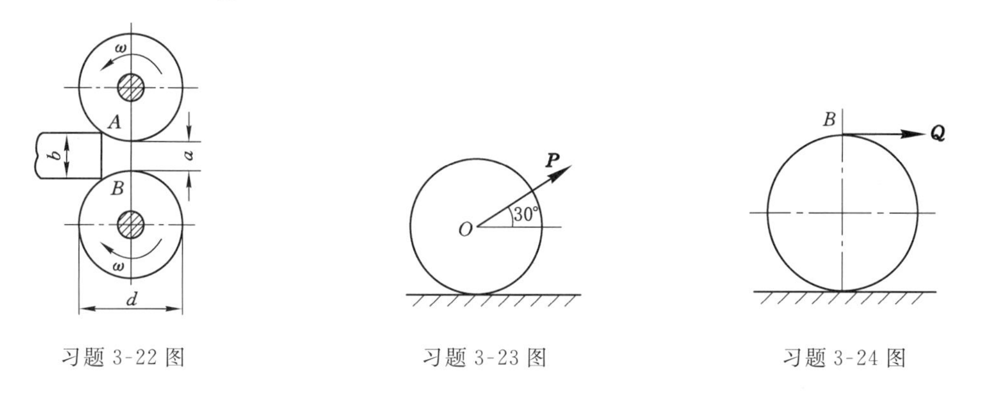

习题 3-22 图　　习题 3-23 图　　习题 3-24 图

3-25 物块 A 和 B 用铰链与无重水平杆 CD 连接。物块 B 重 200 kN,斜面的摩擦角 $\varphi_{\mathrm{m}}=15°$,斜面与铅垂面之间的夹角为 30°。物块 A 水平面上,与水平面的摩擦系数为 $f=0.4$。不计杆重,求欲使物块 B 不下滑,物块 A 的最小重量。(答案:500 kN)

3-26 尖劈顶重装置如图所示,尖劈 A 的顶角为 α,在 B 块上受重物 Q 的作用,A、B 块之间的摩擦系数为 f(其他有辊轴处表示光滑)。如不计 A、B 块的重量,求使系统保持平衡的力 $\boldsymbol{P}$ 之值。(答案:$\dfrac{\sin\alpha-f\cos\alpha}{\cos\alpha+f\sin\alpha}Q\leqslant P\leqslant\dfrac{\sin\alpha+f\cos\alpha}{\cos\alpha-f\sin\alpha}Q$)

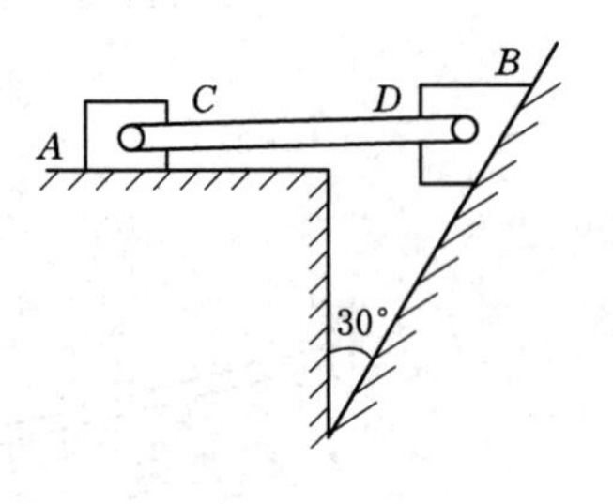

习题 3-25 图

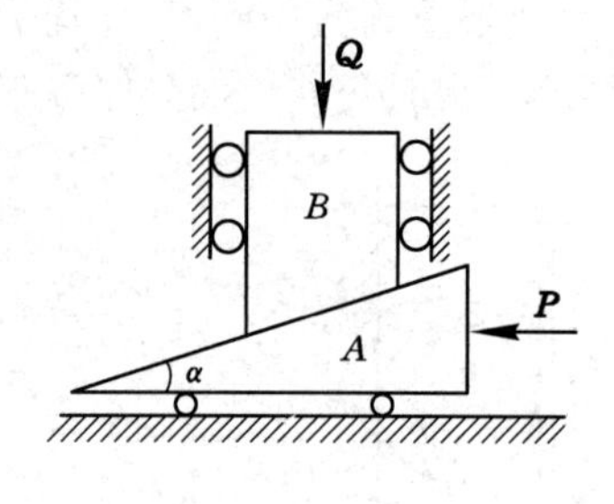

习题 3-26 图

4 空间力系

前面介绍了平面力系的简化和平衡问题，然而在实际工程中所遇到的大多数力系力的作用线不完全在同一平面，而且也不能简化到某一平面内，这种力系称为空间力系。空间力系的工程实例很多，像起重设备、铰车、高压输线塔和飞机的起落架、房屋结构等都承受空间力系的作用。

本章将研究空间力系的简化和平衡问题，并介绍重心的概念及确定重心位置的方法。

4.1 力在坐标轴上的投影和分解

4.1.1 力在坐标轴上的投影

在图 4-1 中，设力 $\boldsymbol{F}$ 分别与坐标轴 x,y,z 正向间的夹角为 α、β、γ(方向角)，则力 $\boldsymbol{F}$ 在各坐标轴上的投影分别为：

$$\left.\begin{aligned} X &= F\cos\alpha \\ Y &= F\cos\beta \\ Z &= F\cos\gamma \end{aligned}\right\} \tag{4-1}$$

这种投影方法称为直接投影法或一次投影法。

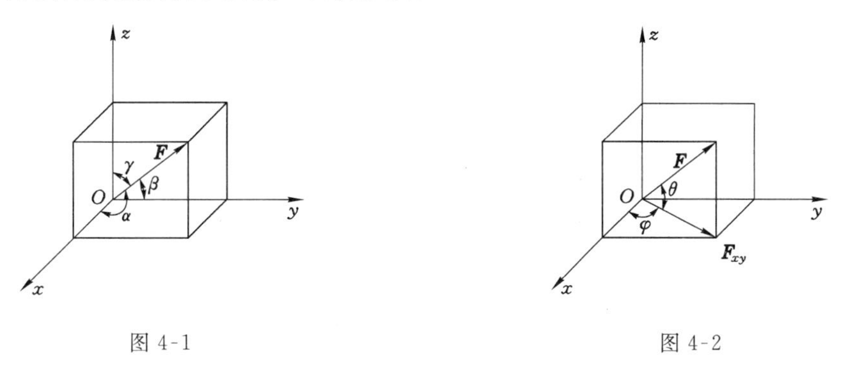

图 4-1　　图 4-2

如果已知力 $\boldsymbol{F}$ 对坐标平面 Oxy 的仰角为 θ(图 4-2)，可将力 $\boldsymbol{F}$ 先投影到坐标平面 Oxy 上，得 $F_{xy}=F\cos\theta$，然后再将 $\boldsymbol{F}_{xy}$ 分别投影到 x、y 轴上。力 $\boldsymbol{F}$ 在三个坐标轴上的投影分别为：

$$\left.\begin{aligned} X &= F_{xy}\cos\varphi = F\cos\theta\cos\varphi \\ Y &= F_{xy}\sin\varphi = F\cos\theta\sin\varphi \\ Z &= F\sin\theta \end{aligned}\right\} \tag{4-2}$$

这种方法称为间接投影法或二次投影法。

应注意的是，$\boldsymbol{F}$ 在轴上的投影是代数量，而在平面 Oxy 上的投影 $\boldsymbol{F}_{xy}$ 是矢量。这是由于 $\boldsymbol{F}_{xy}$ 的方向不能像力在轴上投影那样可简单地用正负号来表示，因而须用矢量来表明。

4.1.2 力沿坐标轴的分解

设力 $\boldsymbol{F}$ 在直角坐标系中的位置如图 4-3 所示，以力 $\boldsymbol{F}$ 为对顶线，以轴 x,y,z 为棱边作六面体。若力 $\boldsymbol{F}$ 沿坐标轴的三个正交分量分别为 $\boldsymbol{F}_x$、$\boldsymbol{F}_y$、$\boldsymbol{F}_z$，则有：

$$\boldsymbol{F} = \boldsymbol{F}_x + \boldsymbol{F}_y + \boldsymbol{F}_z \tag{4-3}$$

若以 $\boldsymbol{i},\boldsymbol{j},\boldsymbol{k}$ 分别表示沿轴 x,y,z 方向的单位矢量，则力 $\boldsymbol{F}$ 沿坐标轴的分量与力在坐标轴上的投影有如下关系：

$$\boldsymbol{F}_x = X\boldsymbol{i} \quad \boldsymbol{F}_y = Y\boldsymbol{j} \quad \boldsymbol{F}_z = Z\boldsymbol{k} \tag{4-4}$$

将式(4-4)代入式(4-3)中，有：

$$\boldsymbol{F} = X\boldsymbol{i} + Y\boldsymbol{j} + Z\boldsymbol{k} \tag{4-5}$$

如已知力在三个直角坐标轴上的投影，则可求得该力的大小和方向：

$$\left.\begin{aligned} &F = \sqrt{X^2 + Y^2 + Z^2} \\ &\cos\alpha = \frac{X}{F};\ \cos\beta = \frac{Y}{F};\ \cos\gamma = \frac{Z}{F} \end{aligned}\right\} \tag{4-6}$$

式中，α,β,γ 为力 $\boldsymbol{F}$ 与轴 x,y,z 正方向间的夹角。

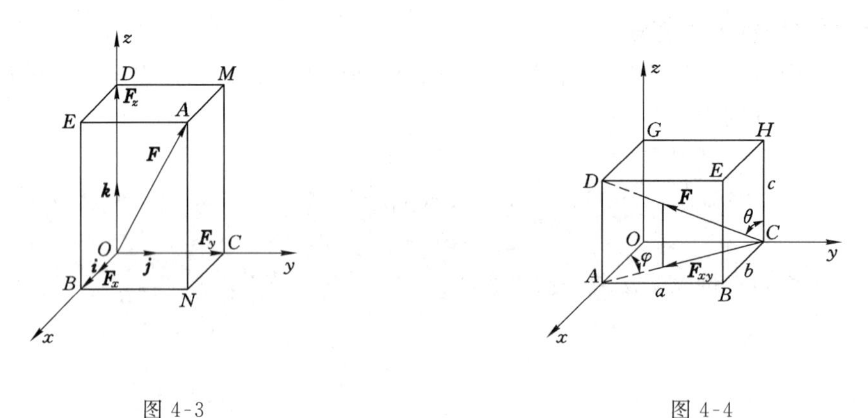

图 4-3　　　　图 4-4

【例 4-1】 在图 4-4 中，力 $\boldsymbol{F}$ 作用于长方体上的 C 点处，其作用线与对顶线 CD 重合。已知长方体的三个棱边长分别为 a,b,c，求力 $\boldsymbol{F}$ 在图示三个直角坐标轴 x、y 和 z 上的投影。

解 由题意可知

$$\cos\theta = \frac{c}{\sqrt{a^2 + b^2 + c^2}}$$

故可求得力 $\boldsymbol{F}$ 在轴 z 上的投影为：

$$Z = F\cos\theta = F\frac{c}{\sqrt{a^2 + b^2 + c^2}}$$

同理，也可以求得力 $\boldsymbol{F}$ 与轴 x,y 夹角的余弦，计算出力 $\boldsymbol{F}$ 在 x,y 轴上的投影。也可以用二次投影法求得力 $\boldsymbol{F}$ 在 x,y 轴上的投影。力 $\boldsymbol{F}$ 在 Oxy 平面上的投影（分力的大小）为：

$$F_{xy} = F\sin\theta = F\cdot\frac{\sqrt{a^2 + b^2}}{\sqrt{a^2 + b^2 + c^2}}$$

$$X = F_{xy}\cos\varphi = F\sin\theta\cos\varphi = F\cdot\frac{b}{\sqrt{a^2 + b^2 + c^2}}$$

$$Y = -F_{xy}\sin\varphi = -F\sin\theta\sin\varphi = -F\cdot\frac{a}{\sqrt{a^2+b^2+c^2}}$$

式中，“－”表示力的投影与轴 y 的方向相反。

4.2 空间汇交力系、力偶系的合成与平衡

4.2.1 空间汇交力系的合成与平衡

在图 4-5 中，作用在物体上的力系为 $\boldsymbol{F}_1,\boldsymbol{F}_2,\cdots,\boldsymbol{F}_i,\cdots,\boldsymbol{F}_n$，其各力的作用线汇交于一点 O，这样的力系称为空间汇交力系。

与平面汇交力系相似，空间汇交力系也可以分别用几何法和解析法进行合成。几何法即为力的多边形法则，合成的结果为一合力：

$$\boldsymbol{R} = \boldsymbol{F}_1 + \boldsymbol{F}_2 + \cdots + \boldsymbol{F}_i + \cdots + \boldsymbol{F}_n = \sum F \qquad (4\text{-}7)$$

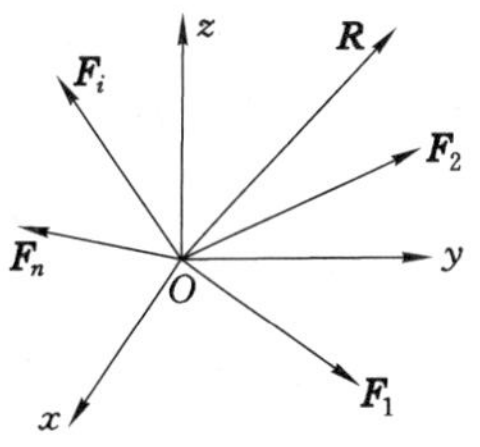

图 4-5

$\boldsymbol{R}$ 由力多边形的封闭边来表示，合力 $\boldsymbol{R}$ 的作用线过力系的汇交点。由式(4-7)，合力 $\boldsymbol{R}$ 大小和方向等于力系中各力 $\boldsymbol{F}_i$ 的矢量和。

然而，对于空间力系用力多边形法则求其合力 $\boldsymbol{R}$ 多有不便，因而常采用解析法求解。取各力作用线的汇交点 O 为坐标原点，建立直角坐标系 $Oxyz$，如图 4-5 所示。力 $\boldsymbol{F}_i$ 可表示为：

$$\boldsymbol{F}_i = X_i\boldsymbol{i} + Y_i\boldsymbol{j} + Z_i\boldsymbol{k} \quad (i = 1,2,\cdots,n) \qquad (4\text{-}8a)$$

合力 $\boldsymbol{R}$ 为：

$$\boldsymbol{R} = R_x\boldsymbol{i} + R_y\boldsymbol{j} + R_z\boldsymbol{k} \qquad (4\text{-}8b)$$

其中，X_i,Y_i,Z_i,R_x,R_y,R_z 分别为力 $\boldsymbol{F}_i$，$\boldsymbol{R}$ 在三个坐标轴 x,y,z 上的投影。

将等式(4-7)两边分别向坐标系三个坐标轴上投影，并比较等式两边单位向量的系数，有：

$$R_x = \sum X_i \quad R_y = \sum Y_i \quad R_z = \sum Z_i \qquad (4\text{-}9a)$$

通常将上式写为：

$$R_x = \sum X \quad R_y = \sum Y \quad R_z = \sum Z \qquad (4\text{-}9b)$$

合力 $\boldsymbol{R}$ 的大小和方向分别为：

$$\left.\begin{aligned} R &= \sqrt{R_x^2+R_y^2+R_z^2} = \sqrt{(\sum X)^2+(\sum Y)^2+(\sum Z)^2} \\ \cos(R,x) &= \frac{\sum X}{R} \\ \cos(R,y) &= \frac{\sum Y}{R} \\ \cos(R,z) &= \frac{\sum Z}{R} \end{aligned}\right\} \qquad (4\text{-}10)$$

式中，(R,x) 表示合力 $\boldsymbol{R}$ 与坐标轴 x 正向间的夹角，其余类推。

当空间汇交力系平衡时，由于力多边形自行封闭，即合力 $R=0$，则有：

$$R = \sqrt{(\sum X)^2+(\sum Y)^2+(\sum Z)^2} = 0$$

由此推得：

$$\left.\begin{aligned}\sum X=0\\ \sum Y=0\\ \sum Z=0\end{aligned}\right\}\tag{4-11}$$

式(4-11)称为空间汇交力系的平衡方程，即汇交力系中各力在三个坐标轴上投影的代数和分别等于零。利用这三个彼此独立的平衡方程可以求出三个未知量。

需要指出的是，由于空间汇交力系平衡时力多边形是封闭的，因此它在任一平面上的投影也是封闭的。这表示平衡的空间汇交力系在任何平面上的投影力系也是平衡的。利用这一性质，可以把空间力系的平衡问题转化成比较容易处理的平面问题。

【例 4-2】 简易起重机如图 4-6 所示，吊起重物 $Q=20$ kN；已知：$AB=3$ m，$AE=AF=4$ m，不计杆重。求绳子 BF、BE 的拉力及 AB 杆的支撑力。

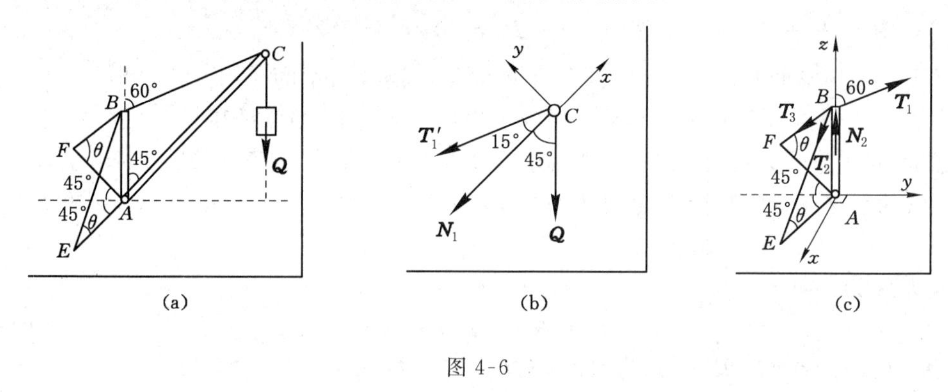

图 4-6

解 以 C 点为研究对象，受力如图 4-6(b)所示，其中 $\boldsymbol{N}_1$ 为 AC 杆的作用力，$\boldsymbol{T}'_1$ 为绳子 BC 的拉力。

列平衡方程：

$$\sum Y=0,\ T'_1\sin 15°-Q\sin 45°=0$$

解得：
$$T'_1=546\ \text{N}$$

以 B 点为研究对象，受力有绳子 BC、BE、BF 的拉力 $\boldsymbol{T}_1$、$\boldsymbol{T}_2$、$\boldsymbol{T}_3$ 及杆 AB 的支撑力 $\boldsymbol{N}_2$，如图 4-6(c)所示。

列平衡方程：

$$\sum X=0,\ T_2\cos\theta\cos 45°-T_3\cos\theta\cos 45°=0$$

$$\sum Y=0,\ T_1\sin 60°-T_2\cos\theta\cos 45°-T_3\cos\theta\cos 45°=0$$

$$\sum Z=0,\ N_2+T_1\cos 60°-T_2\sin\theta-T_3\sin\theta=0$$

$$\cos\theta=\frac{4}{\sqrt{3^2+4^2}}=\frac{4}{5}\quad \sin\theta=\frac{3}{\sqrt{3^2+4^2}}=\frac{3}{5}$$

解得：
$$T_2=T_3=419\ \text{kN}\quad N_2=230\ \text{N}$$

4.2.2 空间力偶系的合成与平衡

在空间中力偶用矢量来表示。矢量的长度表示力偶矩的大小，矢量的方位与力偶作用

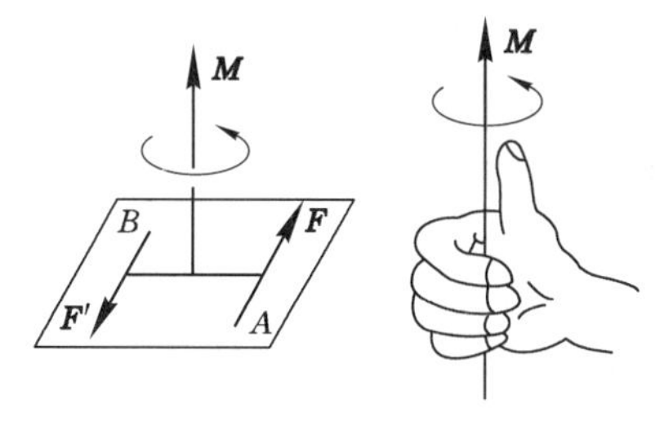

图 4-7

面的法线方位相同，矢量的指向与力偶转向的关系服从右手螺旋规则。即该矢量包括了力偶的三个要素——力偶矩的大小、力偶作用面的方位、力偶的转向，称其为力偶矩矢，记作 $\boldsymbol{M}$，如图 4-7 所示。由此可知，空间力偶对刚体的作用完全由力偶矩矢 M 所决定。

作用面不共面的力偶 $\boldsymbol{m}_1,\boldsymbol{m}_2,\cdots,\boldsymbol{m}_n$ 组成空间力偶系。由于力偶矩矢是自由矢量，故空间力偶系合成的方法同空间汇交力系。即空间力偶系合成的结果是一个合力偶，合力偶矩等于各分力矩的矢量和，即：

$$\boldsymbol{M}=\boldsymbol{m}_1+\boldsymbol{m}_2+\cdots+\boldsymbol{m}_n=\sum_i^n\boldsymbol{m}_i=\sum\boldsymbol{m} \qquad (4\text{-}12)$$

上式两边分别向 x,y,z 轴上投影，有：

$$M_x=\sum m_x \quad M_y=\sum m_y \quad M_z=\sum m_z \qquad (4\text{-}13)$$

合力偶矩矢的大小和方向为：

$$M=\sqrt{M_x^2+M_y^2+M_z^2},\ \cos\alpha=\frac{M_x}{M},\ \cos\beta=\frac{M_y}{M},\ \cos\gamma=\frac{M_z}{M} \qquad (4\text{-}14)$$

式中，α,β,γ 为 $\boldsymbol{M}$ 在 $Oxyz$ 坐标系的方向角。

空间力偶系平衡的必要和充分条件是：该力偶系的合力偶矩等于零，即：

$$\sum m=0 \qquad (4\text{-}15)$$

由式(4-14)知，要使式(4-15)成立，必须满足：

$$\begin{cases}\sum m_x=0\\ \sum m_y=0\\ \sum m_z=0\end{cases} \qquad (4\text{-}16)$$

式(4-16)称为空间力偶系的平衡方程，即空间力偶系平衡的必要和充分条件是：各力偶矩矢在三个坐标轴上投影的代数和分别等于零。三个平衡方程可求解三个未知量。

4.3 力对点之矩与力对轴之矩的关系

4.3.1 力对点之矩的矢量表示

力对刚体的作用效应包含使刚体移动和使刚体转动两个方面。其中力对刚体的移动效应可用力矢量来度量；而力对刚体的转动效应可用力对点的矩（简称力矩）来度量，即力矩是度量力对刚体转动效应的物理量。

如图 4-8 所示，矩心 O 到力 $\boldsymbol{F}$ 的作用点 A 构成矢量 $\boldsymbol{r}$，$\boldsymbol{r}$ 与力矢量 $\boldsymbol{F}$ 构成力矩的作用平面 OAB。根据力矩在作用平面内使刚体产生的转动效应，通过右手螺旋法则可确定一矢量 $\boldsymbol{m}_O(\boldsymbol{F})$，该矢量大小为：

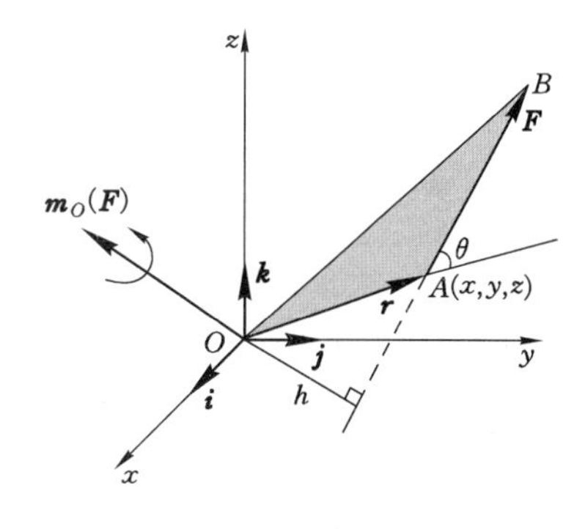

图 4-8

$$|\boldsymbol{m}_O(\boldsymbol{F})|=|\boldsymbol{r}\times\boldsymbol{F}|=r\cdot F\sin\theta=F\cdot h=2\triangle AOB \text{ 面积}$$

式中，θ 为矢量 $\boldsymbol{r}$ 与力 $\boldsymbol{F}$ 的夹角；h 为点 O 到力 $\boldsymbol{F}$ 的作用线的垂直距离。

力矩在作用平面内的转动方向（逆时针或顺时针）通过右手螺旋法则与矢量 $\boldsymbol{m}_O(\boldsymbol{F})$ 的方向一一对应。这样力 $\boldsymbol{F}$ 对 O 点之矩可以表示为矢量运算：

$$\boldsymbol{m}_O(\boldsymbol{F})=\boldsymbol{r}\times\boldsymbol{F} \tag{4-17}$$

即力对点之矩等于矩心到该力作用点的矢量与该力矢量的矢量积。

4.3.2 力对轴之矩

在图 4-9 中，作用在刚体上 A 点的力为 $\boldsymbol{F}$，z 为过点 O 的转轴。力 $\boldsymbol{F}$ 对 z 轴之矩定义为：

$$m_z(\boldsymbol{F})=\pm F_{xy}\cdot h=m_O(F_{xy}) \tag{4-18}$$

式中，F_{xy} 为力 $\boldsymbol{F}$ 在 xy 平面上的分量；h 为 z 轴到力 $\boldsymbol{F}_{xy}$ 作用线的距离；O 点为 z 轴与平面 xy 的交点。从 z 轴的正方向向下看去，$m_O(F_{xy})$ 逆时针转动取“+”，顺时针转动取“−”。

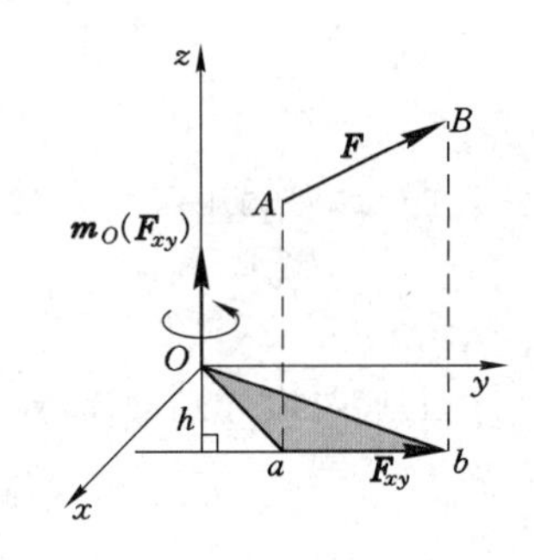

图 4-9

由式(4-18)可以看出：① 力 $\boldsymbol{F}$ 与 z 轴平行或力 $\boldsymbol{F}$ 的作用线过 z 轴，$m_z(\boldsymbol{F})$ 等于零；② 当力 $\boldsymbol{F}$ 沿其作用线移动时，$m_z(\boldsymbol{F})$ 值不变；③ $m_z(\boldsymbol{F})$ 是代数量。

力对轴之矩也可以用解析式来表示：

(1) 力 $\boldsymbol{F}$ 在垂直于 z 轴的 xOy 平面上的投影力为：

$$\boldsymbol{F}_{xy}=F_x\boldsymbol{i}+F_y\boldsymbol{j}$$

(2) 投影力 $\boldsymbol{F}_{xy}$ 对 xOy 平面与 z 轴的交点 O 之矩：

$$\boldsymbol{m}_O(\boldsymbol{F}_{xy})=\overrightarrow{oa}\times\boldsymbol{F}_{xy}=(x\boldsymbol{i}+y\boldsymbol{j})\times(F_x\boldsymbol{i}+F_y\boldsymbol{j})=(xF_y-yF_x)\boldsymbol{k}$$

可见，$\boldsymbol{m}_O(\boldsymbol{F}_{xy})$ 的大小为 (xF_y-yF_x)，方向为 $\boldsymbol{k}$ 方向即 z 轴方向。其中 F_x、F_y 为力 $\boldsymbol{F}_{xy}$ 在 x、y 轴上的投影，x、y 为 a 点的坐标。

考虑到力对轴之矩的转向，取

$$m_z(\boldsymbol{F})=\pm m_O(F_{xy})=\pm(xF_y-yF_x) \tag{4-19}$$

式中，$m_O(F_{xy})$ 与 z 轴同向，则 $m_z(\boldsymbol{F})$ 取正号，反之取负号。

4.3.3 力对点之矩与力对轴之矩的关系

在图 4-8 中，若沿坐标轴的单位向量分别为 $\boldsymbol{i}$、$\boldsymbol{j}$、$\boldsymbol{k}$，则有：

$$\boldsymbol{r}=x\boldsymbol{i}+y\boldsymbol{j}+z\boldsymbol{k}$$

$$\boldsymbol{F}=F_x\boldsymbol{i}+F_y\boldsymbol{j}+F_z\boldsymbol{k}$$

其中 (x,y,z) 为力 $\boldsymbol{F}$ 作用点的坐标，F_x、F_y、F_z 为力 $\boldsymbol{F}$ 在三个坐标轴上的投影。

$$\begin{aligned}\boldsymbol{m}_O(\boldsymbol{F})&=\boldsymbol{r}\times\boldsymbol{F}=(x\boldsymbol{i}+y\boldsymbol{j}+z\boldsymbol{k})\times(F_x\boldsymbol{i}+F_y\boldsymbol{j}+F_z\boldsymbol{k})\\&=(yF_z-zF_y)\boldsymbol{i}+(zF_x-xF_z)\boldsymbol{j}+(xF_y-yF_x)\boldsymbol{k}\end{aligned} \tag{4-20}$$

$$\boldsymbol{m}_O(\boldsymbol{F})=[\boldsymbol{m}_O(\boldsymbol{F})]_x\boldsymbol{i}+[\boldsymbol{m}_O(\boldsymbol{F})]_y\boldsymbol{j}+[\boldsymbol{m}_O(\boldsymbol{F})]_z\boldsymbol{k} \tag{4-21}$$

比较式(4-20)与式(4-21)有：

$$[\boldsymbol{m}_O(\boldsymbol{F})]_z=xF_y-yF_x=m_z(\boldsymbol{F})$$

同理有：

$$\begin{aligned}[\boldsymbol{m}_O(\boldsymbol{F})]_x&=yF_z-zF_y=m_x(\boldsymbol{F})\\ [\boldsymbol{m}_O(\boldsymbol{F})]_y&=zF_x-xF_z=m_y(\boldsymbol{F})\end{aligned} \tag{4-22}$$

式(4-22)表明:力对点之矩在过该点的任意轴上的投影等于力对该轴之矩。

【例 4-3】 机构如图 4-10 所示,已知 $P=2\,000$ N,力作用点 C 在 Oxy 平面内。求:(1) 力 $\boldsymbol{P}$ 对三个坐标轴之矩;(2) 力 $\boldsymbol{P}$ 对 O 点之矩。

解 将力 $\boldsymbol{P}$ 向三个坐标轴上投影有:

$$P_x = P\cos 45^\circ \cdot \sin 60^\circ,\ P_y = P\cos 45^\circ \cdot \cos 60^\circ,\ P_z = P\sin 45^\circ$$

由合力矩定理有力 $\boldsymbol{P}$ 对三个坐标轴之矩:

$$\begin{aligned} m_x(\boldsymbol{P}) &= m_x(P_x)+m_x(P_y)+m_x(P_z) \\ &= 0+0+6P_z \\ &= 6P\sin 45^\circ = 84.8(\text{N}\cdot\text{m}) \end{aligned}$$

$$\begin{aligned} m_y(\boldsymbol{P}) &= m_y(P_x)+m_y(P_y)+m_y(P_z) \\ &= 0+0+5P_z \\ &= 5P\sin 45^\circ = 70.7(\text{N}\cdot\text{m}) \end{aligned}$$

$$\begin{aligned} m_z(\boldsymbol{P}) &= m_z(P_x)+m_z(P_y)+m_z(P_z) \\ &= 6P_x+(-5P_y)+0 \\ &= 6P\cos 45^\circ\sin 60^\circ - 5P\cos 45^\circ\cos 60^\circ \\ &= 38.2(\text{N}\cdot\text{m}) \end{aligned}$$

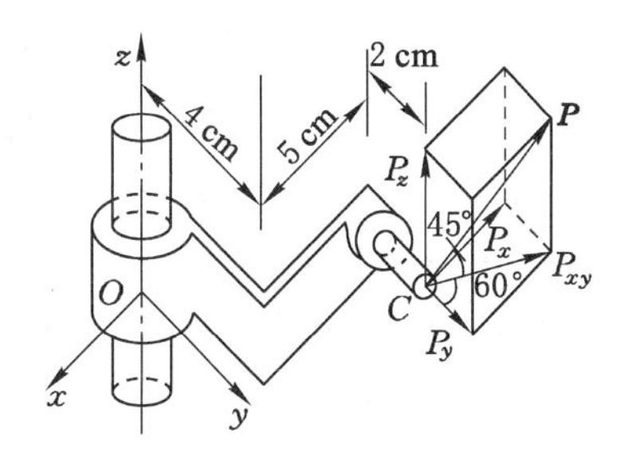

图 4-10

力 $\boldsymbol{P}$ 对 O 点之矩为:

$$\boldsymbol{m}_O(\boldsymbol{P}) = m_x(P)\boldsymbol{i}+m_y(P)\boldsymbol{j}+m_z(P)\boldsymbol{k} = 84.8\boldsymbol{i}+70.7\boldsymbol{j}+38.2\boldsymbol{k}$$

$$|\boldsymbol{m}_O(\boldsymbol{P})| = \sqrt{84.8^2+70.7^2+38.2^2} = 116.83$$

$$\cos\alpha = \frac{m_x(\boldsymbol{P})}{|\boldsymbol{m}_O(\boldsymbol{P})|} = \frac{84.8}{116.83} = 0.725\,8$$

$$\cos\beta = \frac{m_y(\boldsymbol{P})}{|\boldsymbol{m}_O(\boldsymbol{P})|} = \frac{70.7}{116.83} = 0.605\,2$$

$$\cos\gamma = \frac{m_z(\boldsymbol{P})}{|\boldsymbol{m}_O(\boldsymbol{P})|} = \frac{38.2}{116.83} = 0.327\,0$$

4.4 空间力系向一点简化 主矢与主矩

在图 4-11(a)所示刚体上作用一空间任意力系,欲将该力系向 O 点简化,O 点称为简化中心。与平面力系的简化方法相同,应用力线平移定理,将力系中每一力向简化中心 O 点平移,同时附加上一个相应的力偶,附加力偶的力偶矩用矢量表示。这样,空间任意力系($\boldsymbol{F}_1,\boldsymbol{F}_2,\cdots,\boldsymbol{F}_n$)就简化为一个空间汇交力系($\boldsymbol{F}'_1,\boldsymbol{F}'_2,\cdots,\boldsymbol{F}'_n$)和一个附加的空间力偶系

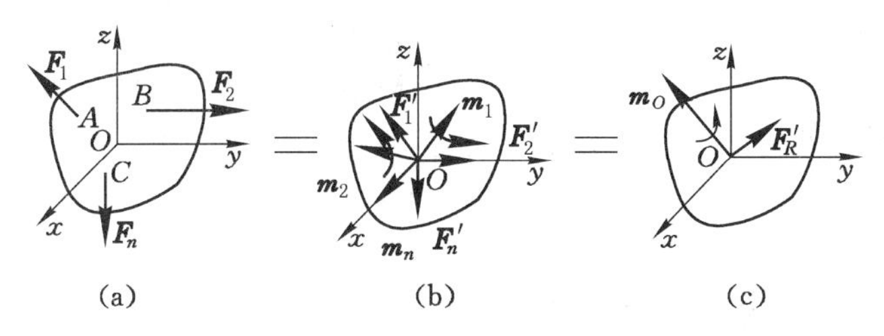

图 4-11

$(\boldsymbol{m}_1,\boldsymbol{m}_2,\cdots,\boldsymbol{m}_n)$[见图 4-11(b)]。其中：

$$\boldsymbol{F}'_1=\boldsymbol{F}_1,\boldsymbol{F}'_2=\boldsymbol{F}_2,\cdots,\boldsymbol{F}'_n=\boldsymbol{F}_n$$

$$\boldsymbol{m}_1=\boldsymbol{m}_O(\boldsymbol{F}_1),\boldsymbol{m}_2=\boldsymbol{m}_O(\boldsymbol{F}_2),\cdots,\boldsymbol{m}_n=\boldsymbol{m}_O(\boldsymbol{F}_n)$$

简化得到的空间汇交力系$(\boldsymbol{F}'_1,\boldsymbol{F}'_2,\cdots,\boldsymbol{F}'_n)$可合成为一个作用于简化中心的力 $\boldsymbol{F}'_R$，且

$$\boldsymbol{F}'_R=\sum\boldsymbol{F}_i \tag{4-23}$$

合力矢 $\boldsymbol{F}'_R$ 称为原力系的主矢，它与简化中心的位置无关。

简化得到的附加空间力偶系$(\boldsymbol{m}_1,\boldsymbol{m}_2,\cdots,\boldsymbol{m}_n)$可合成为一个力偶，其力偶矩为：

$$\boldsymbol{M}_O=\sum\boldsymbol{m}_i=\sum\boldsymbol{m}_O(\boldsymbol{F}_i) \tag{4-24}$$

$\boldsymbol{M}_O$ 称为原力系对简化中心的主矩，它一般与简化中心的位置有关[图 4-11(c)]。

综上所述有如下结论：空间力系向任一点(简化中心)简化，可得到一个力(作用于简化中心)和一个力偶，该力矢等于原力系的主矢，该力偶的力偶矩等于原力系对简化中心的主矩。

在图 4-11 所示的坐标系里，用 F'_{Rx}、F'_{Ry}、F'_{Rz} 表示主矢 $\boldsymbol{F}'_R$ 在三个坐标轴上的投影，用 X_i、Y_i、Z_i 表示原力系各力在三个坐标轴上的投影，由合力投影定理有：

$$F'_{Rx}=\sum X,\ F'_{Ry}=\sum Y,\ F'_{Rz}=\sum Z$$

$$F'_R=\sqrt{(\sum X)^2+(\sum Y)^2+(\sum Z)^2} \tag{4-25}$$

$$\cos\alpha=\frac{\sum X}{F'_R},\ \cos\beta=\frac{\sum Y}{F'_R},\ \cos\gamma=\frac{\sum Z}{F'_R}$$

同理，用 M_{Ox}、M_{Oy}、M_{Oz} 表示主矩 $\boldsymbol{M}_O$ 在三个坐标轴上的投影，其中，$M_{Ox}=\sum m_x(\boldsymbol{F})$，$M_{Oy}=\sum m_y(\boldsymbol{F})$，$M_{Oz}=\sum m_z(\boldsymbol{F})$。于是有：

$$M_O=\sqrt{[\sum m_x(\boldsymbol{F})]^2+[\sum m_y(\boldsymbol{F})]^2+[\sum m_z(\boldsymbol{F})]^2} \tag{4-26}$$

$$\cos\alpha'=\frac{\sum m_x(\boldsymbol{F})}{M_O},\ \cos\beta'=\frac{\sum m_y(\boldsymbol{F})}{M_O},\ \cos\gamma'=\frac{\sum m_z(\boldsymbol{F})}{M_O}$$

4.5 空间力系的平衡方程及应用

4.5.1 空间力系的平衡方程

空间力系向任一点简化可得到一个作用于简化中心的力 $\boldsymbol{F}'_R$(主矢)和一个力偶矩 M_O(主矩)。其中，主矢是空间汇交力系的合力，使刚体产生移动效应；主矩为空间力偶系的合成结果，使刚体产生转动效应。当主矢、主矩都等于零时，原力系是平衡的，即刚体处于平衡状态。反之，若刚体处于平衡状态，即作用于刚体上的力系是平衡的，那么主矢、主矩都等于零。所以空间力系平衡的必要和充分条件是：力系的主矢和对任一点的主矩都等于零，即

$$\boldsymbol{F}'_R=0,\ \boldsymbol{M}_O=0 \tag{4-27}$$

由式(4-25)、式(4-26)满足式(4-27)必有：

$$\left.\begin{aligned}&\sum X=0,\sum Y=0,\sum Z=0\\&\sum m_x(\boldsymbol{F})=0,\sum m_y(\boldsymbol{F})=0,\sum m_z(\boldsymbol{F})=0\end{aligned}\right\} \tag{4-28}$$

式(4-28)称为空间力系的平衡方程。其中,前三式是投影方程,后三式是力矩方程。利用这六个彼此独立的平衡方程可以解出六个未知量。

显然,式(4-27)与式(4-28)等价。因此,空间力系平衡的解析条件是:力系中所有各力在同一坐标轴上投影的代数和为零,且各力对同一轴之矩的代数和也为零。

空间力系是最普遍的力系,其他如平面力系、空间汇交力系、力偶系等均属空间力系的特殊情形。因此,其他力系的平衡方程均可自式(4-28)中导出。

空间力系平衡问题的解题方法和步骤与平面力系完全相同。

4.5.2　空间约束

一般情况下,当刚体受空间任一力系作用而处于平衡时,在每个约束处,未知的约束力可能有 1 个到 6 个。决定每种约束的约束力个数的基本方法是:观察被约束物体在空间可能的 6 种独立的位移中(沿 x、y、z 轴的移动和绕此三轴的转动),有哪几种位移被约束所阻碍。阻碍移动的是约束力,阻碍转动的是约束力偶。现将几种常见的空间约束及其相应的约束力综合列表,见表 4-1。

表 4-1　　**空间约束的类型及其约束力**

序号	约束力未知量	约束类型
1	$\boldsymbol{F}_{Az}$	光滑表面　滚动支座　绳索　二力杆
2	$\boldsymbol{F}_{Az}$，$\boldsymbol{F}_{Ay}$	径向轴承　圆柱铰链　铁轨　蝶铰链
3	$\boldsymbol{F}_{Az}$，$\boldsymbol{F}_{Ay}$，$\boldsymbol{F}_{Ax}$	球形铰链　止推轴承
4	(a) M_{Az}，$\boldsymbol{F}_{Az}$，M_{Ay}，$\boldsymbol{F}_{Ay}$ (b) $\boldsymbol{F}_{Az}$，M_{Ay}，$\boldsymbol{F}_{Ay}$，$\boldsymbol{F}_{Ax}$	导向轴承 (a)　万向接头 (b)

续表 4-1

序号	约束力未知量	约束类型
5	(a) F_{Az} M_{Az} M_{Ax} F_{Ay} A F_{Ax} (b) F_{Az} M_{Az} F_{Ay} A M_{Ax} M_{Ay}	带有销子的夹板 (a) 导轨 (b)
6	F_{Az} M_{Az} F_{Ay} A M_{Ay} F_{Ax} M_{Ax}	空间的固定端支座

4.5.3 平衡问题举例

【例 4-4】 如图 4-12 所示，均质长方形薄板重 $P=200$ N，用球铰链 A 和蝶铰链 B 固定在墙上，并用绳子 CE 维持在水平位置。求绳子的拉力和支座约束力。

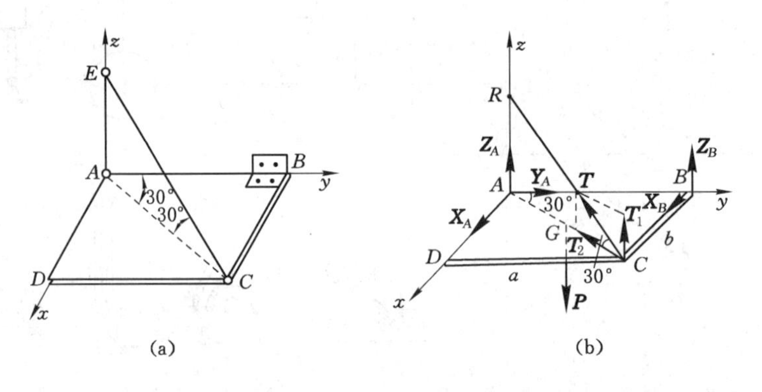

图 4-12

解 取薄板 $ABCD$ 为研究对象。板所受的主动力有作用于板的重心点 G 的重力 $\boldsymbol{P}$；绳索 CE 的拉力 $\boldsymbol{T}$；球铰 A 的约束反力 $\boldsymbol{X}_A$、$\boldsymbol{Y}_A$、$\boldsymbol{Z}_A$；蝶铰 B 的约束反力 $\boldsymbol{X}_B$、$\boldsymbol{Z}_B$。矩形板的受力图如图 4-12(b)所示。

设 $CD=a$，$BC=b$，列平衡方程：

$$\sum X = 0 \qquad X_A + X_B - T\cos 30^\circ \cdot \sin 30^\circ = 0$$

$$\sum Y = 0 \qquad Y_A - T\cos 30^\circ \cdot \cos 30^\circ = 0$$

$$\sum Z = 0 \qquad Z_A + Z_B - P + T\sin 30^\circ = 0$$

$$\sum m_x(\boldsymbol{F}) = 0 \quad Z_B \cdot a + T\sin 30^\circ \cdot a - P \cdot \frac{a}{2} = 0$$

$$\sum m_y(\boldsymbol{F}) = 0 \quad P \cdot \frac{b}{2} - T\sin 30^\circ \cdot b = 0$$

$$\sum m_z(\boldsymbol{F}) = 0 \quad -X_B \cdot a = 0$$

解得：　$T=200\ \text{N}$，$Z_B=0$，$X_B=0$，$X_A=86.6\ \text{N}$，$Y_A=150\ \text{N}$，$Z_A=100\ \text{N}$

4.6 物体的重心

4.6.1 平行力系的中心

平行力系中心就是平行力系合力通过的点。在图 4-13 中，作用在刚体上 A、B 两点的两平行力 $\boldsymbol{F}_1$ 和 $\boldsymbol{F}_2$ 可以简化为一合力 $\boldsymbol{R}$：

$$\boldsymbol{R} = \boldsymbol{F}_1 + \boldsymbol{F}_2$$

合力作用点 C 把线段 AB 分成为两分力大小成反比的两段：

$$\frac{AC}{BC} = \frac{F_2}{F_1}$$

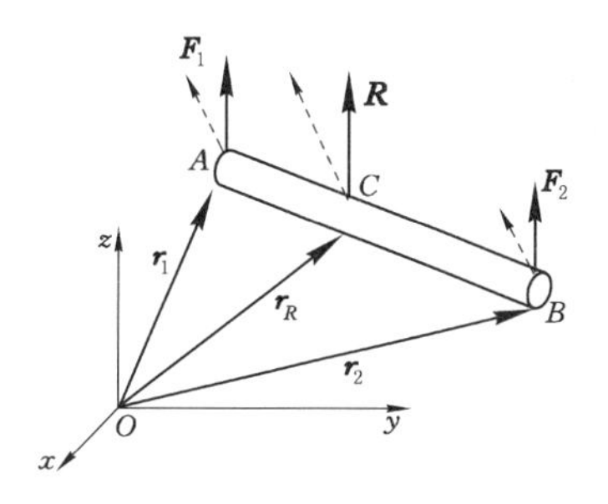

图 4-13

上式与平行力的方位无关。这就是说，若力 $\boldsymbol{F}_1$、$\boldsymbol{F}_2$ 的作用点的位置保持不变，把这两力的作用线分别绕 A、B 两点按相同方向转过相同角度 α，则合力 $\boldsymbol{R}$ 的作用线也将转过同一角度 α，但合力作用线仍通过 C 点。这样确定的点 C 就是该两平行力的中心。

上述讨论不难推广到由任意多个力组成的空间平行力系。具体的做法是可以将力系中各力逐个地顺次合成，最终求得力系的合力 $\boldsymbol{R}$，它的作用线必通过一确定的点 C。

对于 n 个力组成的空间平行力系，合力 $\boldsymbol{R} = \sum \boldsymbol{F}_i$，由合力矩定理有：

$$\boldsymbol{r}_C \times \boldsymbol{R} = \sum \boldsymbol{r}_i \times \boldsymbol{F}_i$$

由此推得：

$$\boldsymbol{r}_C = \frac{\sum \boldsymbol{F}_i \boldsymbol{r}_i}{\boldsymbol{R}} = \frac{\sum \boldsymbol{F}_i \boldsymbol{r}_i}{\sum \boldsymbol{F}_i} \tag{4-29}$$

上式表明，平行力系中心的位置与各力的方向无关，这样就可以通过平行力系中各力的大小和作用点来确定平行力系中心的位置。

4.6.2 重心及重心位置的确定

在重力场中组成物体的质点所受重力可近似看作平行力系，此时平行力系的中心即为物体的重心。

假设组成物体的质点所受重力为 $\boldsymbol{P}_i$，位置为 $\boldsymbol{r}_i$，由式(4-29)可求得物体的重心位置：

$$\boldsymbol{r}_C = \frac{\sum \boldsymbol{P}_i \boldsymbol{r}_i}{\sum \boldsymbol{P}_i} \tag{4-30}$$

在直角坐标系下，式(4-30)的投影式为：

$$\left.\begin{aligned} x_C &= \frac{\sum P_i x_i}{\sum P_i} \\ y_C &= \frac{\sum P_i y_i}{\sum P_i} \\ z_C &= \frac{\sum P_i z_i}{\sum P_i} \end{aligned}\right\} \tag{4-31}$$

若物体是均质的，则其单位体积的重量 γ 为一常量。设物体每一微小部分的体积为 $\Delta V_i(i=1,2,\cdots)$，整个物体的体积为 $V=\sum \Delta V_i$，于是有：

$$\Delta P_i = \gamma \Delta V_i$$

$$P = \sum \Delta P_i = \gamma \sum \Delta V_i = \gamma V$$

代入式(4-31)，消去 γ 后得到：

$$\left.\begin{aligned} x_C &= \frac{\sum V_i x_i}{V} \\ y_C &= \frac{\sum V_i y_i}{V} \\ z_C &= \frac{\sum V_i z_i}{V} \end{aligned}\right\} \tag{4-32}$$

由式(4-32)可知，均质物体的重心与物体的重量无关，只决定于物体的几何形状和尺寸。这个由物体的几何形状和尺寸所决定的点是物体的几何中心，叫作物体的几何形体的形心。物体的重心和形心是两个不同的概念，重心是物理概念，形心是几何概念。非均质物体的重心和它的形心并不在同一点上，只有均质物体的重心和形心才重合于同一点。

在工程实际中往往需要计算平面图形的形心。在图形所在的平面内建立坐标系 Oxy，则平面图形形心的坐标为：

$$\left.\begin{aligned} x_C &= \frac{\sum x_i \Delta A_i}{A} \\ y_C &= \frac{\sum y_i \Delta A_i}{A} \end{aligned}\right\} \tag{4-33}$$

式中，ΔA_i 是图形微小部分的面积，$A=\sum \Delta A_i$ 是图形的总面积。

对于不能由简单图形组合而成的几何体的形心，可采用积分法来求。将几何体体积微分上的力看作集中力，体积微分的位置即为集中力的位置，则该几何体的形心为：

$$\boldsymbol{r}_C = \frac{\int_V \boldsymbol{r}\,\mathrm{d}V}{V} \tag{4-34}$$

投影式为：

$$
\left.
\begin{aligned}
x_C &= \frac{\int_V x\,\mathrm{d}V}{V} \\
y_C &= \frac{\int_V y\,\mathrm{d}V}{V} \\
z_C &= \frac{\int_V z\,\mathrm{d}V}{V}
\end{aligned}
\right\} \tag{4-35}
$$

从而式(4-33)成为：

$$
\left.
\begin{aligned}
x_C &= \frac{\int_A x\,\mathrm{d}A}{A} \\
y_C &= \frac{\int_A y\,\mathrm{d}A}{A}
\end{aligned}
\right\} \tag{4-36}
$$

凡具有对称面、对称轴或对称中心的简单形状的均质物体，其重心(形心)一定在它的对称面、对称轴或对称中心上。表 4-2 列出了几种常用的简单图形的重心。

表 4-2　　几种常用的简单图形的重心

图形	重心位置	图形	重心位置
三角形 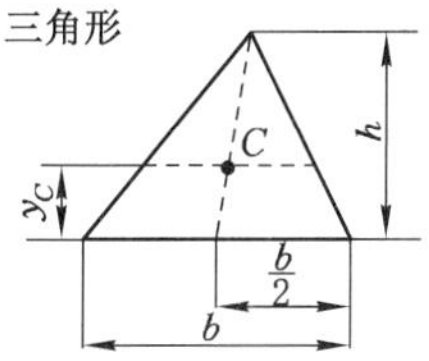 (图中标注：C，h，y_C，$\frac{b}{2}$，b)	在中线的交点 $y_C = \frac{1}{3}h$	梯形 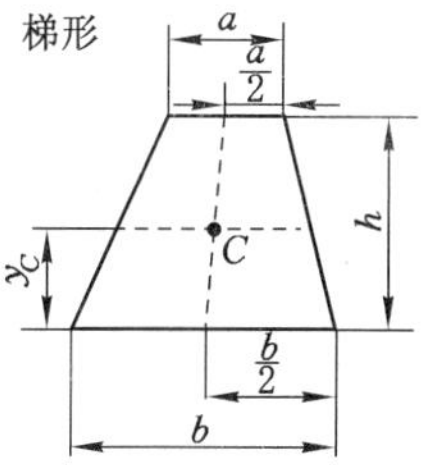 (图中标注：a，$\frac{a}{2}$，C，h，y_C，$\frac{b}{2}$，b)	$y_C = \frac{h(2a+b)}{3(a+b)}$
圆形 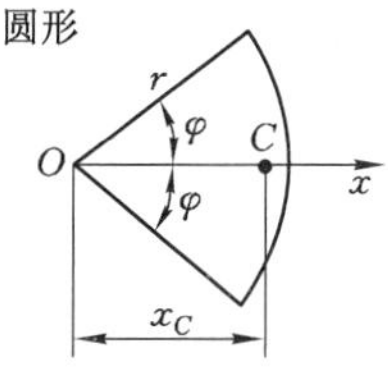 (图中标注：O，r，φ，C，x，x_C)	$x_C = \frac{r\sin\varphi}{\varphi}$ 对于半圆弧 $x_C = \frac{2r}{\pi}$	弓形 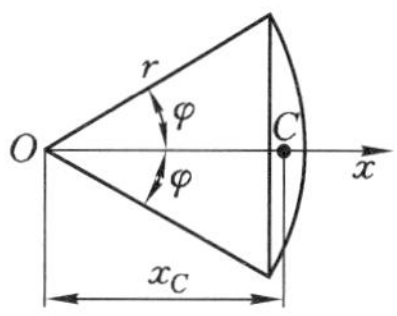 (图中标注：O，r，φ，C，x，x_C)	$x_C = \frac{2}{3}\frac{r^3\sin^3\varphi}{A}$ 面积 $A = \frac{r^2(2\varphi - \sin 2\varphi)}{2}$
扇形 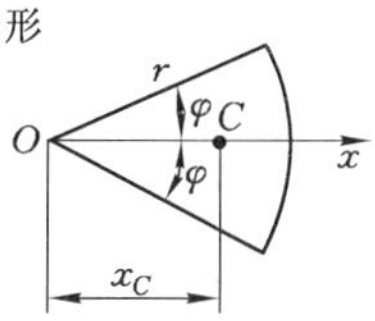 (图中标注：O，r，φ，C，x，x_C)	$x_C = \frac{2}{3}\frac{r\sin\varphi}{\varphi}$ 对于半圆 $x_C = \frac{4r}{3\pi}$	部分圆形 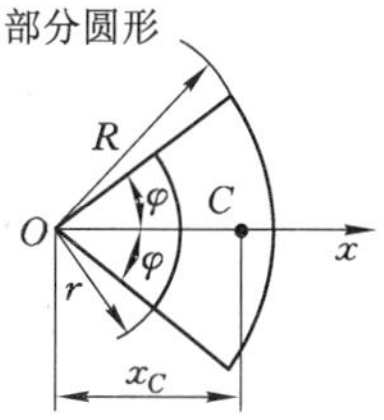 (图中标注：O，R，r，φ，C，x，x_C)	$x_C = \frac{2}{3}\frac{(R^3 - r^3)\sin\varphi}{(R^2 - r^2)\varphi}$

续表 4-2

图形	重心位置	图形	重心位置
正圆锥形	$z_C=\frac{1}{4}h$	半圆形	$z_C=\frac{3}{8}r$

【例 4-5】 试求图 4-14 所示半径为 R、圆心角为 2φ 的扇形面积的重心。

解 取圆心角的平分线为 y 轴。由于对称关系，重心必在 y 轴上，即 $x_C=0$。

接下来求 y_C。取角度绕 y 轴顺时针转动为正，在 θ 位置处利用 $\mathrm{d}\theta$ 取出一微分扇形，微分扇形的面积 $\mathrm{d}A=\frac{1}{2}R^2\mathrm{d}\theta$，微分扇形的重心距 O 点 $\frac{2}{3}R$，重心坐标为 $\frac{2}{3}R\cos\theta$。

由式(4-36)可得：

$$y_C=\frac{\int_A y\mathrm{d}A}{A}=\frac{\int_{-\varphi}^{\varphi}\frac{2}{3}R\cos\theta\cdot\frac{1}{2}R^2\mathrm{d}\theta}{R^2\varphi}=\frac{2}{3}R\,\frac{\sin\varphi}{\varphi}$$

【例 4-6】 试求 L 形截面形心的位置，其尺寸如图 4-15 所示。

解 取坐标 Oxy 如图 4-15 所示，将该截面分割为两个矩形，它们的面积和形心坐标分别为：

$$A_1=1.2\times12=14.4\ (\mathrm{cm^2}),x_1=0.6\ \mathrm{cm},y_1=6\ (\mathrm{cm})$$

$$A_2=6.8\times1.2=8.16\ (\mathrm{cm^2}),x_2=4.6\ \mathrm{cm},y_2=0.6\ (\mathrm{cm})$$

按公式求得该截面形心的位置坐标：

$$x_C=\frac{A_1x_1+A_2x_2}{A_1+A_2}=\frac{14.4\times0.6+8.16\times4.6}{14.4+8.16}=2.05\ (\mathrm{cm})$$

$$y_C=\frac{A_1y_1+A_2y_2}{A_1+A_2}=\frac{14.4\times6+8.16\times0.6}{14.4+8.16}=4.05\ (\mathrm{cm})$$

该例求解图形形心的方法也称为组合法，即将图形看成是由几个简单形体组合而成，而每个简单形体的形心是已知的，则整个物体的形心可用有限形式的形心坐标公式求出。

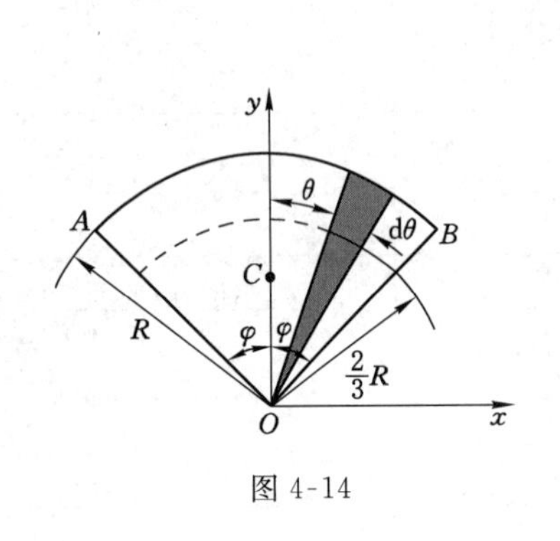

图 4-14

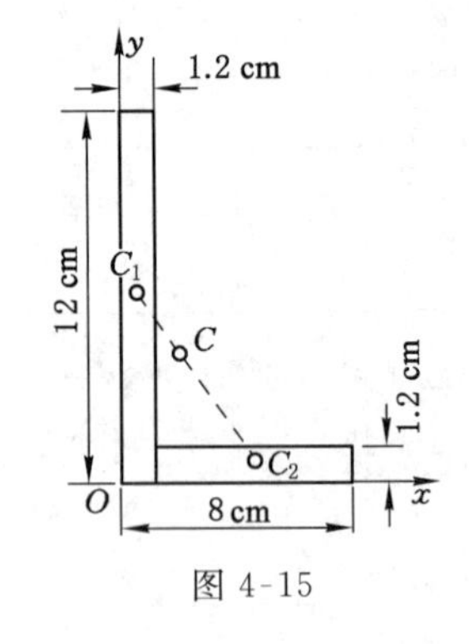

图 4-15

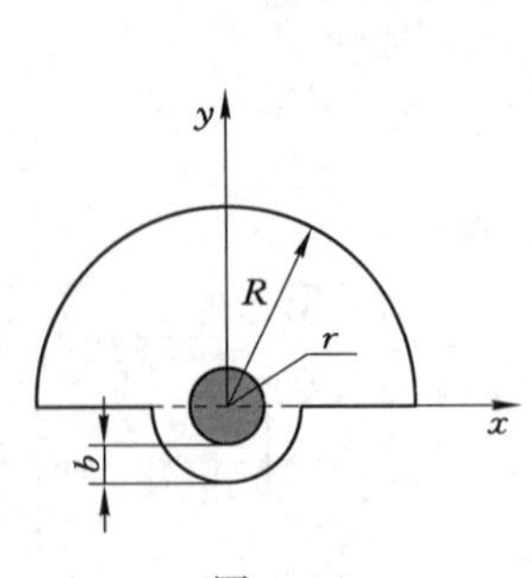

图 4-16

【例 4-7】 试求图 4-16 所示振动沉桩器中的偏心块的重心。已知 $R=100$ mm，$r=17$ mm，$b=13$ mm，其中半径为 r 的圆被切去。

解 将偏心块看成由三部分组成，即半径为 R 的半圆 A_1、半径为 $r+b$ 的半圆 A_2 和半径为 r 的小圆 A_3。取坐标系如图 4-16 所示，由于对称，有 $x_C=0$。

由式(4-33)，并注意到 A_3 是切去的部分，所以面积应取负值，可得：

$$y_C=\frac{A_1y_1+A_2y_2-A_3y_3}{A_1+A_2-A_3}=\frac{\frac{\pi}{2}\times 100^2\times\frac{400}{3\pi}+\frac{\pi}{2}(17+13)^2\times(-\frac{40}{\pi})-17^2\pi\times 0}{\frac{\pi}{2}\times 100^2+\frac{\pi}{2}\times(17+13)^2-17^2\pi}$$

$$=40.03(\text{mm})$$

在该例中，将切去部分看成负面积，然后应用组合法确定形心位置的方法称为负面积法。

工程上对于形状比较复杂或质量分布不均匀的物体常用实验的方法来测定其重心的位置。常用的实验方法有以下两种：

(1) 悬挂法。对于具有对称面的物体，其重心必在对称面内，因此只须确定对称面的重心即可。通常的做法是，将要测定重心的物体在其上的任意两点 A、B 依次悬挂起来，通过 A、B 两点的铅垂线的交点 C 就是该物体的重心，如图 4-17 所示。

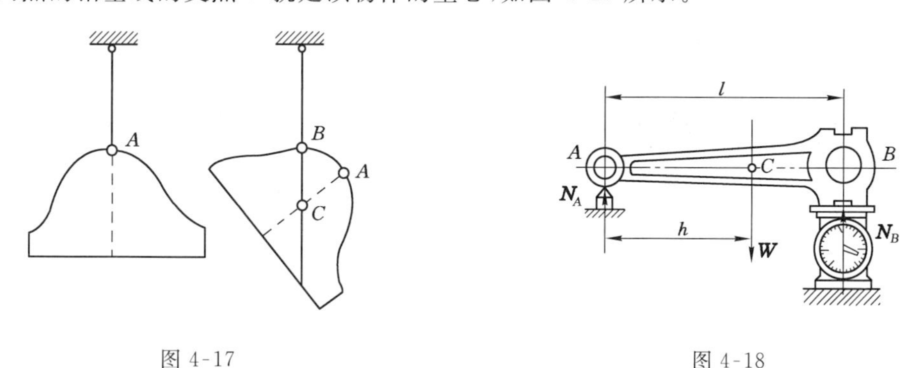

图 4-17　　图 4-18

(2) 称重法。对于形状复杂、体积较大的物体，常用称重法确定其重心的位置。图 4-18 所示的具有对称轴的连杆，只需确定重心在此轴上的位置 h。杆重为 W，杆长为 l。将杆的 B 端放在台称上，A 端搁在水平面或刀口上，使中心线 AB 处于水平位置，测得 B 端反力 $\boldsymbol{N}_B$ 的大小，然后由平衡方程：

$$\sum m_A(\boldsymbol{F})=0 \quad N_Bl-Wh=0$$

求得：

$$h=\frac{N_B}{W}l$$

思 考 题

4-1 在正方体的顶角 A 和 B 处，分别作用力 $\boldsymbol{F}_1$ 和 $\boldsymbol{F}_2$，如图所示。求此两力在 x、y、z 轴上的投影和对 x、y、z 轴的矩。试将图中的力 $\boldsymbol{F}_1$ 和 $\boldsymbol{F}_2$ 向点 O 简化，并用解析式计算其大小和方向。

4-2　如图所示，正方体上 A 点作用一个力 $\boldsymbol{F}$，沿棱方向。问：

(1) 能否在 A 点加一个不为零的力，使力系向 A 点简化的主矩为零？

(2) 能否在 B 点加一个不为零的力，使力系向 A 点简化的主矩为零？

(3) 能否在 B、C 两处各加一个不为零的力，使力系平衡？

思考题 4-1 图

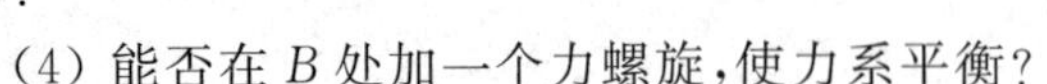

(4) 能否在 B 处加一个力螺旋，使力系平衡？

(5) 能否在 B、C 两处各加一个力偶，使力系平衡？

(6) 能否在 B 处加一个力，在 C 处加一个力偶，使力系平衡？

4-3　如图所示为一边长为 a 的正方体，已知某力系向 B 点简化得到一合力，向 C' 点简化也得一合力。问：

(1) 力系向 A 点和 A' 点简化所得主矩是否相等？

(2) 力系向 A 点和 O' 点简化所得主矩是否相等？

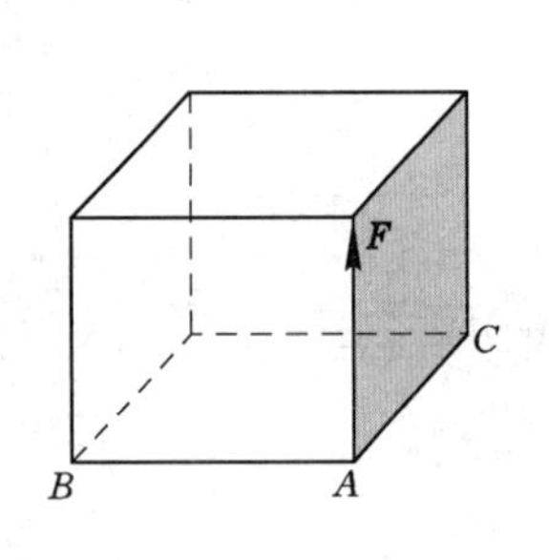

思考题 4-2 图

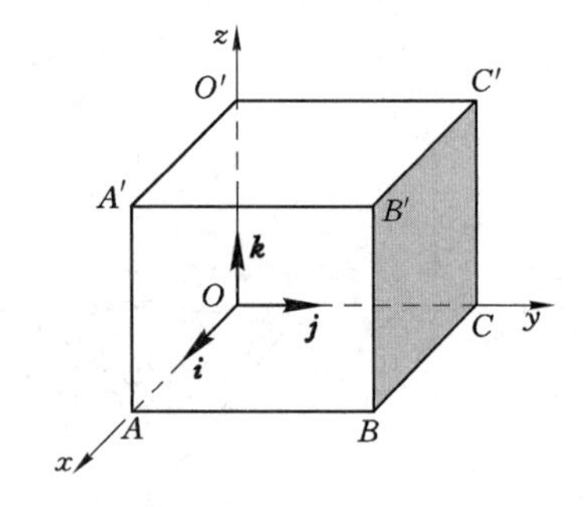

思考题 4-3 图

4-4　在思考题 4-3 图中已知空间力系向 O' 点简化得一主矢（其大小为 F）及一主矩（大小、方向均未知）。又已知该力系向 A 点简化为一合力，合力方向指向 O 点。要求：

(1) 用矢量的解析表达式给出力系向 B' 点简化的主矩。

(2) 用矢量的解析表达式给出力系向 C 点简化的主矢和主矩。

4-5　试分析下面两种力系最多各有几个独立的平衡方程：

(1) 空间力系中各力的作用线平行于某一固定平面；

(2) 空间力系中各力的作用线分别汇交于两个固定点。

4-6　空间任意力系总可以用两个力来平衡，为什么？

4-7　某一空间力系对不共线的三个点的主矩都等于零，问此力系是否一定平衡？

4-8　空间任意力系向两个不同的点简化，试问下述情况是否可能：

(1) 主矢相等，主矩也相等；

(2) 主矢不相等，主矩相等；

(3) 主矢相等，主矩不相等；

(4) 主矢、主矩都不相等。

4-9 一均质等截面直杆的重心在哪里？若把它弯成半圆形，重心的位置是否改变？

习 题

4-1 正方体边长 $a=0.2$ m，在顶点 A 和 B 处沿各棱边分别作用有六个大小都等于 100 N 的力，其方向如图所示。向点 O 简化此力系。（答案：$\boldsymbol{M}=40(-\boldsymbol{i}-\boldsymbol{j})$ N·m）

4-2 在三棱柱体的三顶点 A、B 和 C 上作用有六个力，其方向如图所示。若 $AB=300$ mm，$BC=400$ mm，$AC=500$ mm，向点 A 简化此力系。（答案：$\boldsymbol{M}=(-32\boldsymbol{i}-30\boldsymbol{j}+24\boldsymbol{k})$ N·m）

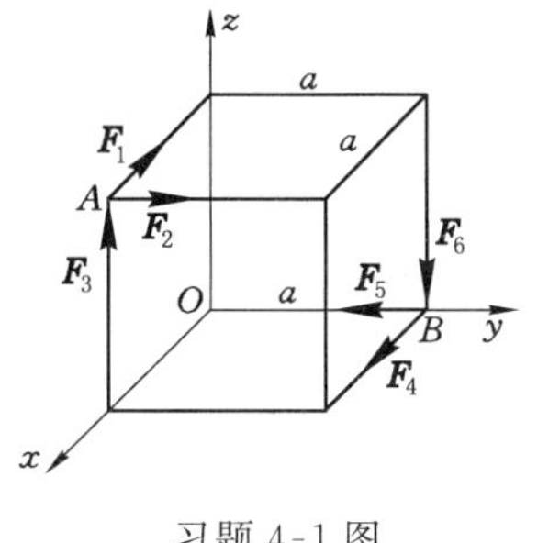

习题 4-1 图

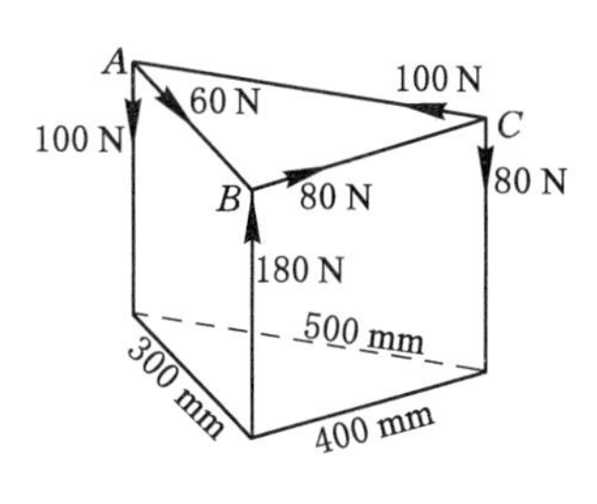

习题 4-2 图

4-3 图示正立方体的边长 $a=0.2$ m，在顶点 A 沿对角线 AB 作用一力 $\boldsymbol{F}$，其大小以对角线 AB 的长度表示，每 1 mm 代表 10 N。向点 O 简化此力系。（答案：$\boldsymbol{F}_R'=2\,000(-\boldsymbol{i}+\boldsymbol{j}+\boldsymbol{k})$N，$\boldsymbol{M}_O=40(-\boldsymbol{j}+\boldsymbol{k})$N·m）

4-4 一力系中，$F_1=100$ N，$F_2=300$ N，$F_3=200$ N，各力作用线的位置如图所示。将力系向原点 O 简化。（答案：$F_{Rx}=-345.4$ N，$F_{Ry}=249.6$ N，$F_{Rz}=10.56$ N，$M_x=-51.78$ N·m，$M_y=-36.65$ N·m，$M_z=103.6$ N·m）

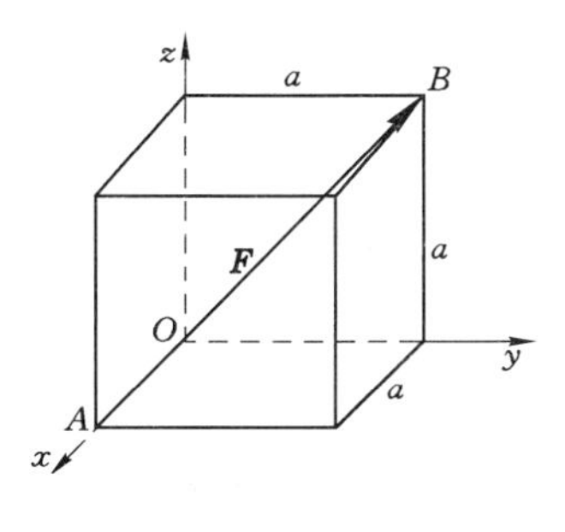

习题 4-3 图

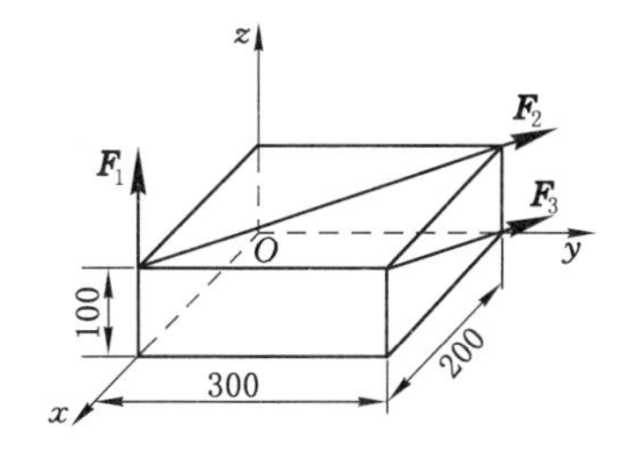

习题 4-4 图

4-5 一平行力系由五个力组成，力的大小和作用线的位置如图所示。图中小正方格的边长为 10 mm。求平行力系的合力。（答案：$F_R=20$ N，沿 z 轴正向，作用线的位置由 $x_C=60$ mm 和 $y_C=32.5$ mm 确定）

4-6 轴 AB 与铅直线成 β 角，悬臂 CD 与轴垂直地固定在轴上，其长为 a，并与铅直面 zAB 成 θ 角，如图所示。如在点 D 作用铅直向下的力 $\boldsymbol{F}$，求此力对轴 AB 的矩。（答案：$M=Fa\sin\beta\cdot\sin\theta$）

4-7 水平圆盘的半径为 r，外缘 C 处作用有已知力 $\boldsymbol{F}$。力 $\boldsymbol{F}$ 位于圆盘 C 处的切平面内，且与 C 处圆盘切线夹角为60°，其他尺寸如图所示。求力 $\boldsymbol{F}$ 对 x、y、z 轴之矩。（答案：M_x

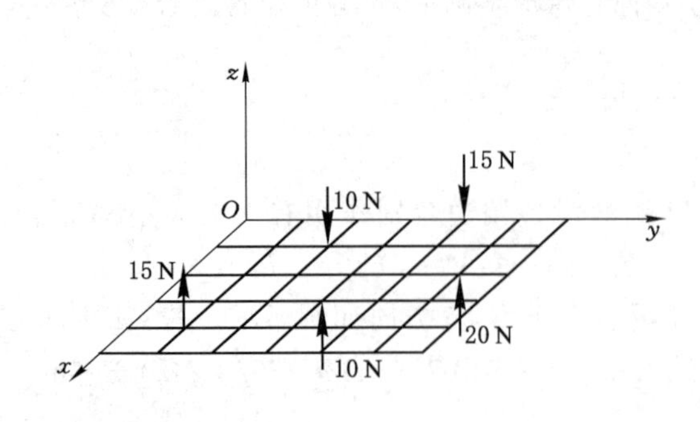

习题 4-5 图

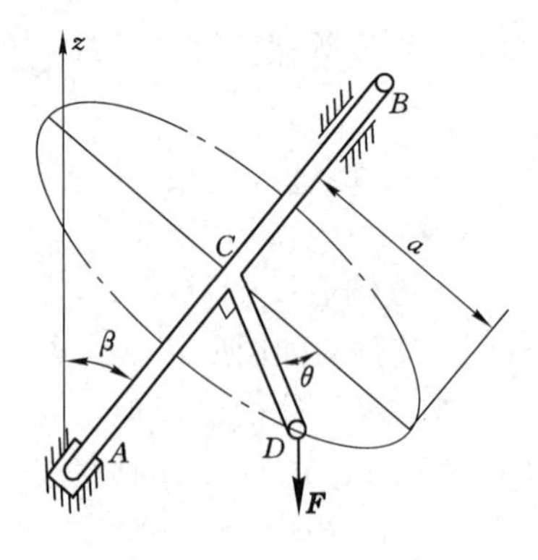

习题 4-6 图

$=\frac{F}{4}(h-3r),M_y=\frac{\sqrt{3}}{4}F(h+r),M_z=-\frac{Fr}{2}$)

4-8　如图所示，三脚圆桌的半径 $r=500$ mm，重 $P=600$ N。圆桌的三脚 A、B 和 C 形成一等边三角形。若在中线 CD 上距圆心为 a 的点 M 处作用铅直力 $F=1\ 500$ N，求使圆桌不致翻倒的最大距离 a。（答案：$a=350$ mm）

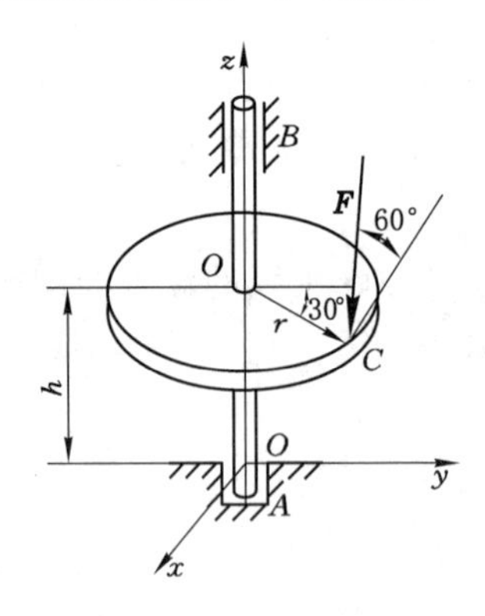

习题 4-7 图

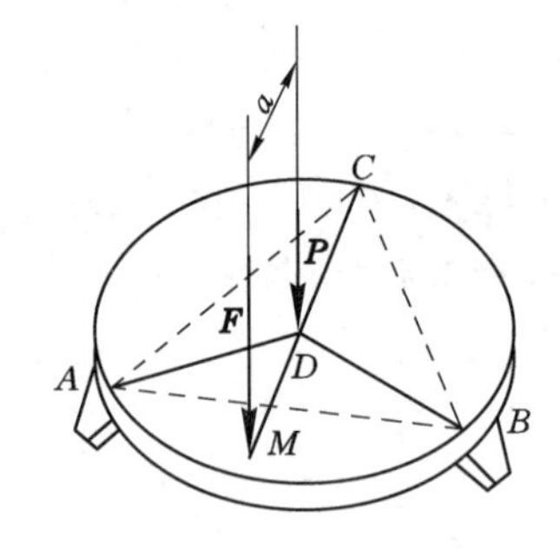

习题 4-8 图

4-9　图示六杆支撑一水平板，在板角处受铅直力 $\boldsymbol{F}$ 作用。设板和杆自重不计，求各杆的内力。（答案：$F_1=F_2=-F$(压)，$F_3=F$(拉)，$F_2=F_4=F_6=0$）

4-10　两个均质杆 AB 和 BC 分别重 P_1 和 P_2，其端点 A 和 C 用球铰链固定在水平面，另一端 B 由球铰链相连接，靠在光滑的铅直墙上，墙面与 AC 平行，如图所示。如 AB 与水平线交角为45°，$\angle BAC=90°$，求 A 和 C 的支座约束力以及墙上点 B 所受的压力。（答案：$F_B=\frac{P_1-P_2}{2},F_{Ax}=0,F_{Ay}=-\frac{P_1+P_2}{2},F_{Az}=P_1+\frac{P_2}{2},F_{Cx}=F_{Cy}=0,F_{Cz}=\frac{P_2}{2}$）

4-11　杆系由球铰连接，位于正方体的边和对角线上，如图所示。在节点 D 沿对角线 LD 方向作用力 $\boldsymbol{F}_D$。在节点 C 沿 CH 边铅直向下作用力 $\boldsymbol{F}$。如球铰 B、L 和 H 是固定的，杆重不计，求各杆的内力。（答案：$F_1=F_D,F_2=-\sqrt{2}F_D,F_3=-\sqrt{2}F_D,F_4=\sqrt{6}F_D,F_5=-F-\sqrt{2}F_D,F_6=F_D$）

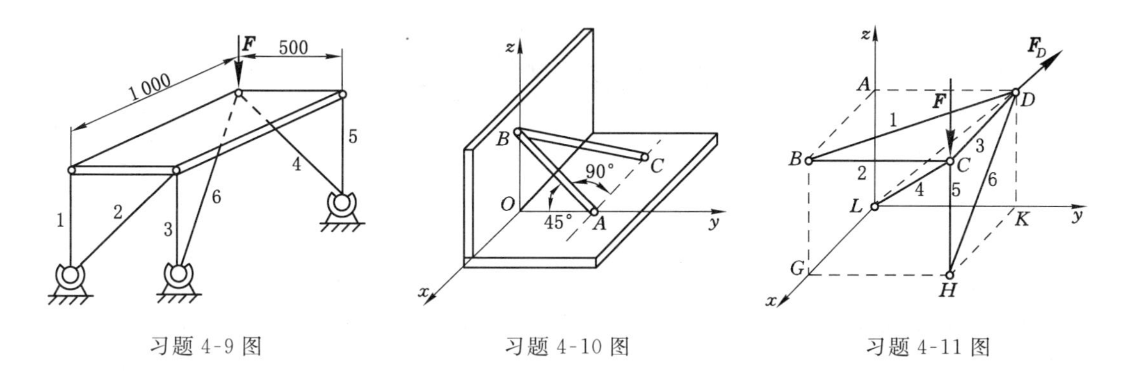

习题 4-9 图　　习题 4-10 图　　习题 4-11 图

4-12　试求图示各平面图形的形心 C 的位置(单位:cm)。(答案:(a) $x_C=0$,$y_C=15.1$ cm;(b) $x_C=0$,$y_C=50$ cm;(c) $x_C=10$ cm,$y_C=5.1$ cm;(d) $x_C=3$ cm,$y_C=29$ cm)

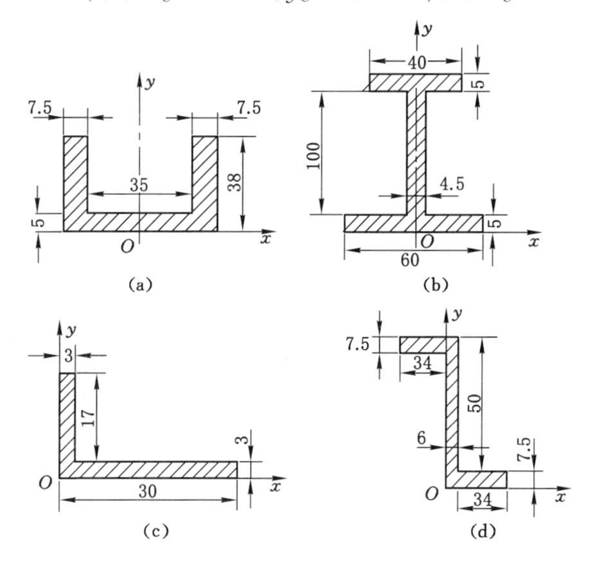

习题 4-12 图

4-13　用负面积法确定图示均质物体的重心:

(a) $R=OA=300$ mm,$\angle AOB=60°$;

(b) $R=100$ mm,$a=40$ mm,$r=30$ mm;

(c) $R=300$ mm,$r_1=250$ mm,$r_2=100$ mm。

(答案:(a) $x_C=27.6$ cm;(b) $x_C=-0.4$ cm;(c) $x_C=-1.91$ cm)

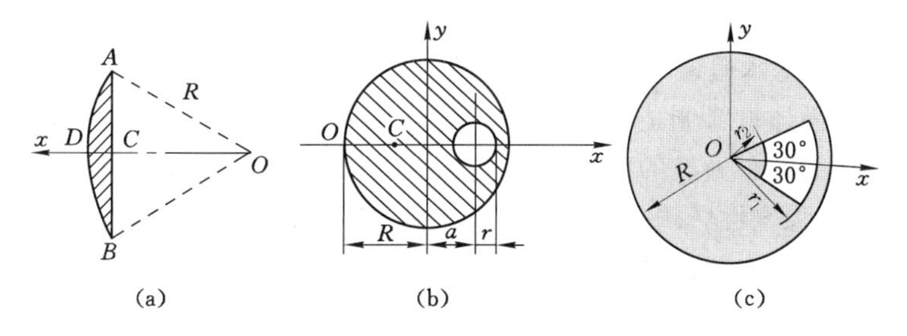

习题 4-13 图

材料力学

一、材料力学的任务

工程结构或机械的每一组成部分，如建筑物的梁和柱、机器的传动轴等都称为构件。当工程结构或机械工作时，任一构件都受到载荷作用。例如，建筑物的梁要受到自重和上部构件传来的荷载作用；机器的传动轴要受到扭矩的作用等。为保证工程结构或机械的正常工作，就要求每一个构件必须有足够的承载能力。构件的承载能力主要从以下几方面来衡量：

(1) 构件应有足够的强度。强度是指构件在载荷作用下抵抗破坏的能力。如起吊重物时，在一定的承载范围内，钢丝绳没有被拉断，就说钢丝绳有足够的强度。

(2) 构件应有足够的刚度。在载荷的作用下，构件的形状和尺寸发生的变化称为变形，但这种变形不能超过正常工作允许的限制。如机床的主轴，即使它有足够强度而没被破坏，若变形过大仍会影响工件的加工精度。又如桥梁，在荷载作用下若发生的变形超过了许用的挠度值，则车辆不能正常通行。因而所谓的刚度，是指构件在载荷作用下抵抗变形的能力。

(3) 构件应有足够的稳定性。有些细长杆件，如千斤顶中的螺杆、建筑结构中的立柱等，在压力作用下有被突然压弯的可能。为保证这些杆件的正常工作，要求这类受压的杆件始终保持直线形式，即要求原有的直线平衡形态保持不变。所谓稳定性，是指构件保持其原有平衡形态的能力。

设计构件时，不但要求其有足够的承载能力，即满足强度、刚度和稳定性的要求；同时，还必须尽可能地合理选用材料和降低材料的消耗量，以节约资金并减轻构件的自身重量。为了保证构件有足够的承受能力，可多用材料，用好的材料，但这会造成浪费，也增加构件的重量，两者之间是矛盾的。材料力学的任务就是在满足强度、刚度和稳定性要求的条件下，为构件选择适当的材料、确定合理的截面形状和尺寸，也就是为了既经济又安全地设计构件提供必要的理论基础和计算方法。

构件的强度、刚度和稳定性与材料的机械性质(又称力学性质)有关，而这些性质是由试验来测定的。此外，许多理论分析的结果，是在某些假设条件下得到的，是否可靠，有待试验的验证。还有一些问题靠现有的理论无法求解，仍需借助试验的方法来完成。因此，试验研究和理论分析都是完成材料力学任务所必需的手段。

二、变形固体的基本假设

各种构件均由固体材料制成，而且在外力作用下会发生变形，这些材料统称为变形固体。为了对用这样的材料做成的构件进行强度、刚度和稳定性的研究并简化计算，需要省略一些对强度、刚度和稳定性影响的次要因素。为此，对变形固体作出某些假设，将其抽象为一种理论模型。这些基本假设是：

1. 连续性假设

即认为组成固体的物质毫无空隙地充满了固体的几何空间。实际上，从物质结构来说，组成固体的粒子之间并不连续，但它们之间存在的空隙与构件尺寸相比极其微小，可以忽略不计，从而认为固体的结构是密实的。

2. 均匀性假设

即认为从固体内取出的任一部分，不论体积大小如何，其力学性质都是完全一样的。实际上，其基本组织部分（如金属的晶粒）的性质是有不同程度的差异的。但由于基本组成部分的大小和整个构件的尺寸相比极其微小，且在构件中的排列是不规则的，所以，构件的力学性质是无数个基本组成部分的统计平均值。故认为构件内部的性质是均匀的。

基于以上两条基本假设，可以把变形固体抽象为均匀连续的模型，从而得出满足工程要求的实用理论。

3. 各向同性假设

即认为固体在各个方向上的力学性质完全相同。具备这种属性的材料称为各向同性材料，如金属、玻璃等。其实，就金属的单个晶粒而言，在不同的方向上的力学性质并不一样，但金属物体包含着数量极多的晶粒，且各晶粒又是杂乱无章地聚合在一起的，这样就可按统计学观点把金属假设为各向同性材料。

在各个方向上具有不同力学性质的材料称为各向异性材料。如木材、胶合板等。

除上面三个基本假设外，材料力学中还有小变形假设，即所研究的构件在承受外力作用时，其变形与构件的原始尺寸相比甚小，可以忽略不计。所以在研究构件的平衡、运动以及其内部受力和变形等问题时，均可按构件的原始尺寸和形状计算。这种小变形及按原始尺寸和形状进行计算的概念，在材料力学中经常用到。但也有例外，如在研究压杆的稳定性问题时，是按其变形后的形状来计算的。关于构件受外力后发生大变形问题的研究已超出了本书所涉及的范围。

工程上所用的材料，在外力的作用下均发生变形。试验结果表明，当外力在一定限度内时，绝大多数的材料在卸载后均可恢复原状。但若外力超过一定的限度，在撤去外力后只有部分变形复原，而遗留一部分变形不能消失。这种随外力撤除而消失的变形称为弹性变形；外力撤除后不能消失的变形称为塑性变形，也叫残余变形或永久变形。在正常工作条件下，工程上的构件只要求其材料发生弹性变形，所以在材料力学中所研究的问题，大多限于弹性变形范围。

综上所述，在材料力学中是把实际材料看作是均匀、连续、各向同性的变形固体，且在大多数情况下只研究变形微小和弹性变形的情况。

三、外力及其分类

作用于构件上的外力（包括载荷和支反力），按其作用方式可分为表面力和体积力。表面力是作用于物体表面上的力，又可分为分布力和集中力，如作用于坝体上的水压力等。若外力分布面积远小于物体的表面尺寸，就可看作是作用于一点的集中力，如火车轮对钢轨的压力、人对屋面板的压力等。体积力是连续分布于物体内部各点的力。如物体的重量和惯性力等。

载荷是主动施加于物体上的外力，若按随时间变化的情况分类，载荷可分为静载荷和动载荷。若载荷缓慢地由零增加到某一定值，以后即保持不变或变动不显著，则为静载荷，如挡土墙所承受的土压力、房顶上的雪等。若载荷随时间变化则为动载荷。按随时间变化的方式，载荷主要分为交变载荷和冲击载荷。前者是随时间作周期性变化的载荷，如作用在内燃机连杆上的载荷，其大小及方向均随时间作周期性改变；后者是两物体在碰撞的瞬间所引起的载荷，如气锤的锤杆在锻造锻件时所受的载荷。

材料在静载荷下和在动载荷下的性能颇不相同，分析问题的方法也有很大差异。由于静载问题比较简单，且在静载荷下建立的理论和分析方法可作为解决动载荷问题的基础，所以我们主要是研究静载荷问题。

四、内力、截面法

物体因受外力作用而变形，其内部各部分间因相对位置的改变而引起的相互作用就是内力。即使不受外力，物体的各部分之间依然存在着相互作用的力。但材料力学中的内力是指在外力作用下，这个相互作用力的变化量，即由外力引起的附加相互作用力，或称“附加内力”。若物体不受外力作用，则无内力，有外力时内力就随外力的增加而加大，达到某一限度时就会引起构件的破坏。

为显示物体内任一截面上的内力，可假想用一截面将此物体截成 A、B 两部分，如图 02-1(a)所示。选其中的一部分如 A 为研究对象，并将 B 对 A 的作用以截面上的内力来代替，如图 02-1(b)所示。根据变形固体的连续性假设，可知内力在截面上是连续分布的。将这个分布的内力系向截面上某一点简化就得到了其主矢和主矩，这个主矢和主矩称为截面上的内力。截面上的内力可由对保留部分建立平衡方程来确定。

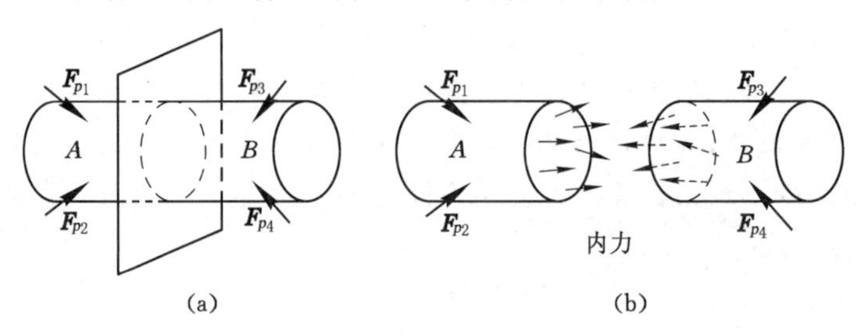

图 02-1

这种假想用一截面将物体一分为二，保留其任一部分并对之建立平衡方程而确定内力的方法称为截面法。

值得注意的是，材料力学是把物体作为变形固体来研究的，因而不能用力的可传性原理。图 02-2(a)所示一杆在自由端受集中力 $\boldsymbol{P}$ 作用，截面 $m—m$ 上的内力 $N=P$[图 02-2(b)]。若将力 $\boldsymbol{P}$ 沿其作用线移至固定端[图 02-2(c)]，则截面 $m—m$ 上的内力 $N=0$[图02-2(d)]。显然，将力移动后，杆截面上的内力发生了变化，这与实际情况不符。

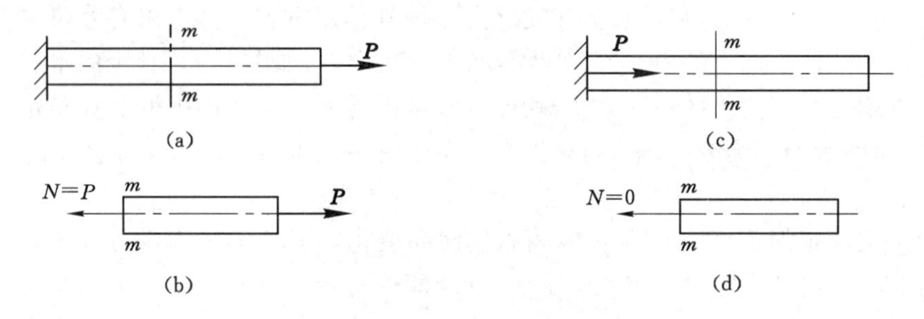

图 02-2

五、应力

为了描述内力在截面上的分布状况，从而说明截面上某点处内力的强弱程度，在此引入分布内力集度的概念。

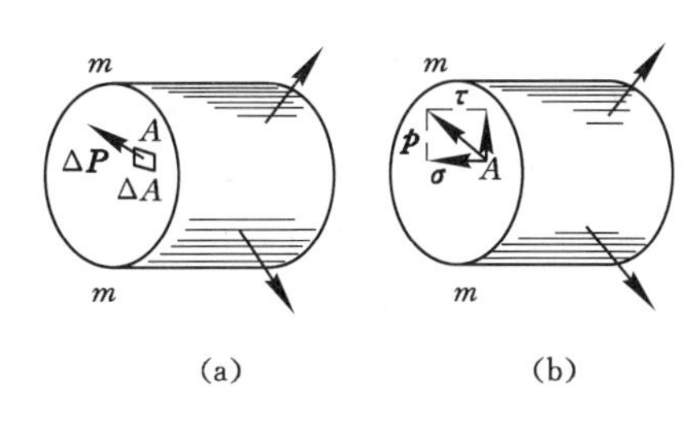

图 02-3

在某截面 $m—m$ 上任一点 A 处的周围取一微小面积 ΔA，设 ΔA 面积上分布内力的合力为 $\Delta \boldsymbol{P}$［图 02-3(a)］，则 $\Delta \boldsymbol{P}$ 与 ΔA 的比值

$$\boldsymbol{p}_A = \frac{\Delta \boldsymbol{P}}{\Delta A}$$

称为面积 ΔA 上的平均应力。

一般情况下分布内力并非均匀，所以 A 点处分布内力的集度为：

$$\boldsymbol{p} = \lim_{\Delta A \to 0} \frac{\Delta \boldsymbol{P}}{\Delta A}$$

式中 $\boldsymbol{p}$ 称为 A 点处的总应力。由于 $\Delta \boldsymbol{P}$ 是矢量，因而 $\boldsymbol{p}$ 也是矢量。$\boldsymbol{p}$ 常用两个分量来表示，一个是沿截面法线方向的分量，称为正应力或法向应力，以 $\boldsymbol{\sigma}$ 表示；另一个是沿截面切线方向的分量，称为剪应力或切向应力，以 $\boldsymbol{\tau}$ 表示。

应力的基本单位是帕斯卡(Pa)，简称为帕，1 Pa＝1 N/m^2。应力的单位还有兆帕(MPa)、吉帕(GPa)，1 MPa＝10^6 Pa，1 GPa＝10^9 Pa。

六、应变

物体在受到外力作用时，其任意两点间的距离和任意两直线或两平面间的夹角一般都会发生变化，它反映了物体尺寸和几何形状的改变，统称为变形。欲研究内力在截面上某点处的分布规律，必须首先研究该点处的变形，为此把物体分成无数个微小的正六面体(单元体)。在图 02-4(a)所示的受力物体的某点 C 处取出一正六面体，该正六面体边长为 Δx，变形后为 $\Delta x + \Delta u$，Δu 称为绝对变形，如图 02-4(b)所示。由于 Δu 的大小与 Δx 长短有关，不能完全反映边长变形的程度，为此引入相对变形(应变)这个概念。即

$$\varepsilon^* = \frac{\Delta u}{\Delta x}$$

称为平均应变形，简称平均应变。

$$\varepsilon = \lim_{\Delta x \to 0} \frac{\Delta u}{\Delta x} = \frac{\mathrm{d}u}{\mathrm{d}x}$$

称为边长上任一点处的线应变。ε^*、ε 是无量纲量。

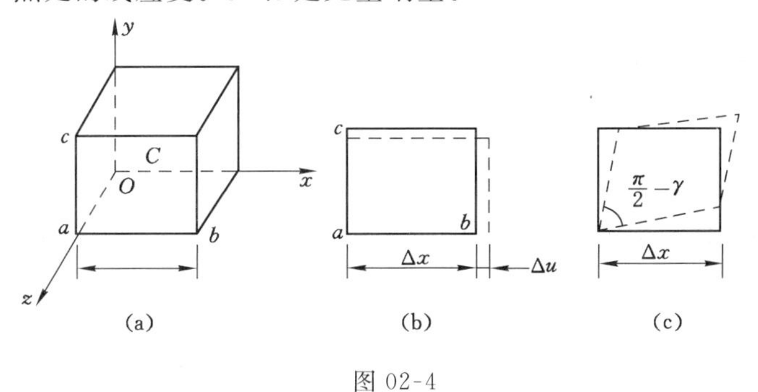

图 02-4

物体变形后，其上任一单元体不但其棱边的长度发生了改变，而且原来相互垂直的两棱边夹角也发生了变化，在图 02-4(c)中两棱边夹角的改变量 γ 称为角应变或剪应变，以弧度来度量。

线应变 ε 和剪应变 γ 是度量一点处变形程度的两个基本量，分别与正应力 $\boldsymbol{\sigma}$ 和剪应力 $\boldsymbol{\tau}$ 相联系，所以在确定物体内的应力分布规律时，需要研究线应变和剪应变的变化规律。

七、杆件变形的基本形式

实际构件有各种不同的形状，材料力学中把一个方向的尺度远远大于另外两个方向的构件称为杆件或简称杆。各横截面形心的连线称为轴线，轴线是直线的称为直杆，是曲线的称为曲杆。

杆件的变形因作用于杆件上的外力不同而形式各异，各种不同形式的变形可归纳为如下四种基本变形中的一种或是某两种以上基本变形的组合。这四种基本变形形式如下：

1. 轴向拉伸或压缩

这种变形的特点是，在一对作用线与杆轴线重合的外力 $\boldsymbol{P}$ 作用下，杆件沿轴线方向伸长或缩短了，如图 02-5(a)，(b)所示。如活塞杆等构件发生拉伸、压缩变形。

2. 剪切

这种变形的特点是，在一对大小相等、方向相反、作用线相距很近的横向(即与杆的轴线垂直)外力 $\boldsymbol{P}$ 作用下，杆件两部分沿外力作用方向发生了相对的错动，如图 02-5(c)所示。如连结法兰盘与轴的键、铆接钢板的铆钉等均发生剪切变形。

3. 扭转

这种变形的特点是，在一对转向相反、作用面垂直于杆轴线的力偶作用下，杆件的任意两个横截面发生绕轴线的相对转动，如图 02-5(d)所示。常见的受扭构件有传动轴等。

4. 弯曲

这种变形的特点是，在一对方向相反、作用于杆纵向平面内的力偶作用下杆件轴线由直线变成了曲线，如图 02-5(e)所示。如火车的轮轴等发生弯曲变形。

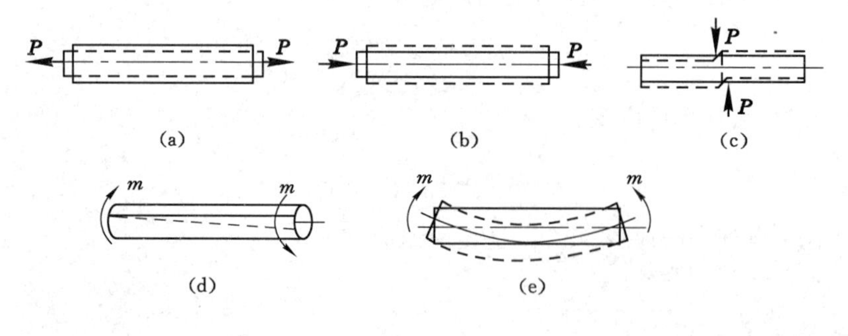

图 02-5

工程中的构件在荷载作用下产生的变形大多是上述几种基本变形的组合，如钻床的立柱产生的变形就是拉伸和弯曲的组合，而车床的主轴产生的变形是扭转与弯曲的组合等，这类较复杂的变形统称为组合变形。

5 拉伸与压缩

5.1 概　　述

生产实践中经常遇到承受拉伸或压缩的杆件，如图 5-1 所示的液压传动机构的活塞杆、钢木组合桁架结构中的钢拉杆等在工作时都承受着拉伸或压缩的作用。

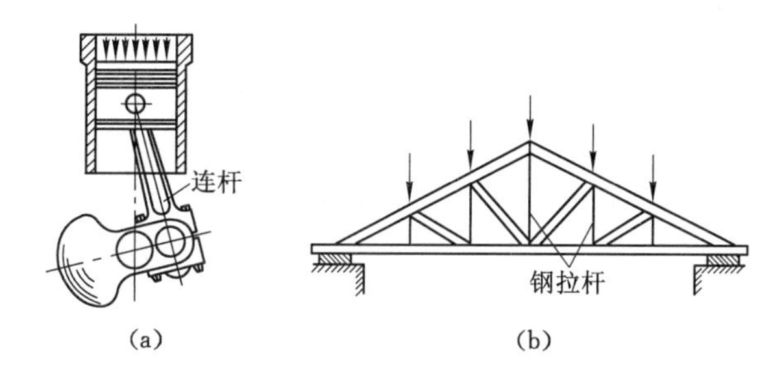

图 5-1

这些受拉或受压的构件虽然外形各不相同，加载方式各有差异，但它们的共同点是：作用于杆件上外力的合力的作用线与杆件的轴线重合，杆件沿轴线方向伸长或缩短了，即发生了轴向拉伸或压缩变形。因加载方式的差异仅对杆端局部范围内的应力和变形有影响，故在工程上可用图 5-2(a)、(b)所示的杆件作为实际拉(压)杆件的计算简图。

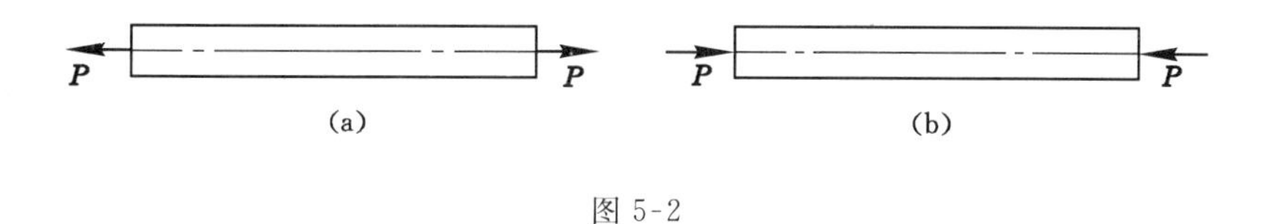

图 5-2

5.2 轴向拉(压)杆件横截面上的内力和应力

为了确定拉(压)杆横截面 m—m 上的内力，假想用一截面在 m—m 处把杆截成两段[图 5-3(a)]，左右两段在横截面 m—m 上相互作用的内力是一个分布力系[图 5-3(b)、(c)]，设其合力为 $\boldsymbol{N}$。研究左段，由平衡方程 $\sum X = 0, N - P = 0$，得：

$$N=P$$

N 即截面上的内力，因其作用线与杆件轴线重合，故也称为轴力。规定杆件发生轴向拉伸变形时轴力为正，压缩变形时轴力为负。

用截面法可依次确定杆各横截面上的轴力。为表明轴力沿横截面位置的变化情况，通

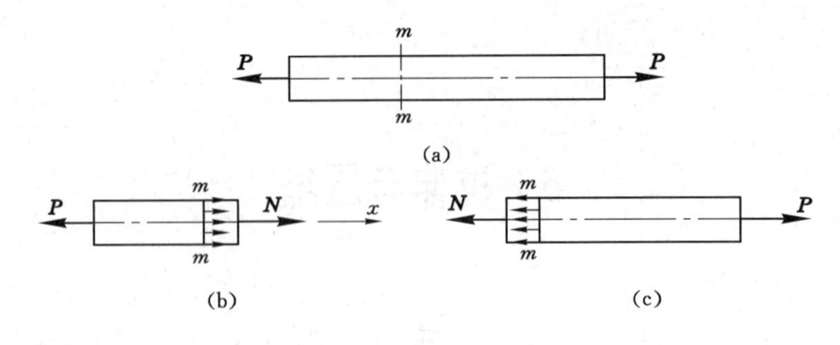

图 5-3

常采用作轴力图的方法。

作轴力图时，横坐标表示截面的位置，纵坐标表示相应截面上轴力的大小，习惯上将正的轴力画在横坐标轴的上侧，负的画在其下侧。

轴力图可直观地反映出横截面上的轴力沿杆件轴线变化的情况以及最大轴力所在截面位置。

【例 5-1】 双压手铆机示意图如图 5-4(a)所示。作用于活塞杆上的力分别简化为 $P_1=2.62\ \text{kN}$，$P_2=1.3\ \text{kN}$，$P_3=1.32\ \text{kN}$，图 5-4(b)为其计算简图。试求活塞杆横截面 1—1、2—2 上的轴力并作活塞杆的轴力图。

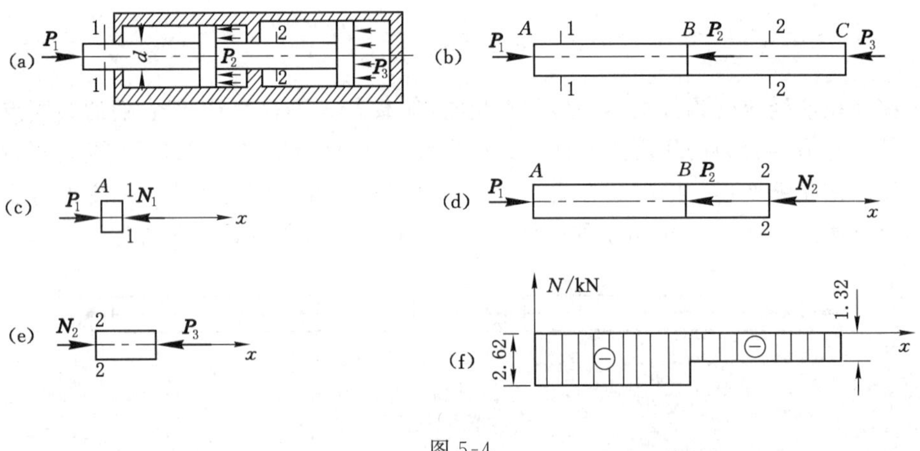

图 5-4

解 假想用横截面 1—1 将杆截成两段，取左段为研究对象并画出其受力图[图 5-4(c)]，右段对左段的作用力用 $\boldsymbol{N}_1$ 表示，由平衡方程 $\sum X=0, P_1-N_1=0$，得：

$$N_1=P_1=2.62\ \text{kN}(压)$$

同样，可求得横截面 2—2 上的轴力 $\boldsymbol{N}_2$。研究 2—2 横截面左段[图 5-4(d)]，由平衡方程 $\sum X=0, P_1-P_2-N_2=0$，得：

$$N_2=P_1-P_2=1.32\ \text{kN}(压)$$

若研究 2—2 横截面右段[图 5-4(e)]，由平衡方程 $\sum X=0$，$N_2-P_3=0$，同样可得：

$$N_2=P_3=1.32\ \text{kN}(压)$$

选取适当的比例尺，作出杆的轴力图，如图 5-4(f)所示。

依据轴力图可知杆各横截面上内力的大小，但并不能判断其强度是否足够。例如，用相同的材料制成的粗细不同的两根杆，当拉力相同并同时逐渐增大时细杆先被拉断，即杆件的强度不仅与轴力大小有关，也与轴力在横截面上的分布情况有关。为此，下面介绍应力这个概念。

依据连续性假设，横截面上的内力是连续分布的。若以 $\boldsymbol{\sigma}$ 表示单位面积上的内力，则微分面积 $\mathrm{d}A$ 上的内力大小为 $\sigma\mathrm{d}A$。整个横截面上内力的合力(轴力)为：

$$N=\int_A \sigma\mathrm{d}A \tag{a}$$

只有知道了内力 $\boldsymbol{\sigma}$ 在横截面上的分布规律，方能求出合力(轴力)$\boldsymbol{N}$。

图 5-5 中加力 $\boldsymbol{P}$ 之前在等直杆的侧面上画出两条垂直于杆轴线的直线 ab 和 cd。拉伸变形后，ab、cd 分别平行移至 $a'b'$、$c'd'$ 且仍垂直于轴线。依此现象，从变形的可能性出发提出平面假设：杆件的横截面在变形前为平面，变形后仍保持为平面。由此可推断出 ab、cd 横截面间的所有纵向线段的伸长是相同的。又因为材料是均匀的、各向同性的，所以横截面上各点的受力相同，即内力是均匀分布的，于是由式(a)得：

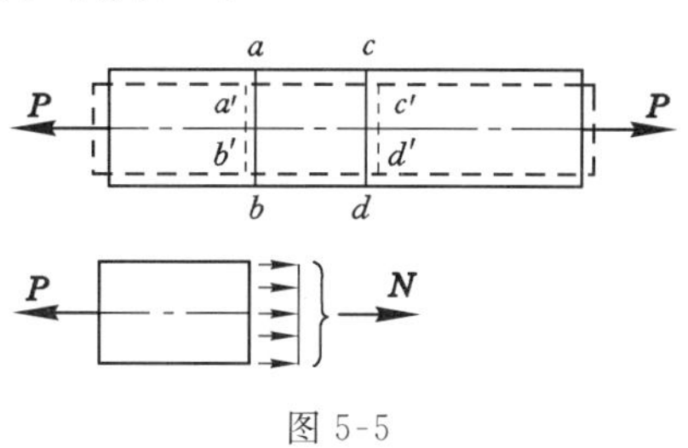

图 5-5

$$N=\sigma\int_A \mathrm{d}A=\sigma A$$

$$\sigma=\frac{N}{A} \tag{5-1}$$

由于内力 $\boldsymbol{\sigma}$ 的方向垂直于横截面，故称为正应力。式(5-1)为受拉杆件横截面上正应力计算公式，对于受压杆件同样适用。

由式(5-1)可知，$\boldsymbol{\sigma}$ 和 $\boldsymbol{N}$ 具有相同的符号。杆件受拉时，轴力 $\boldsymbol{N}$ 为正，应力 $\boldsymbol{\sigma}$ 为正；相反杆件受压时，轴力 $\boldsymbol{N}$ 为负，应力 $\boldsymbol{\sigma}$ 也为负。

【例 5-2】 悬臂调车示意图如图 5-6(a)所示。斜杆 AB 为直径 $d=20$ mm 的钢杆。载荷 $F=15$ kN，各构件自重不计。求当 $\boldsymbol{F}$ 移到 A 点时，斜杆 AB 横截面上的应力。

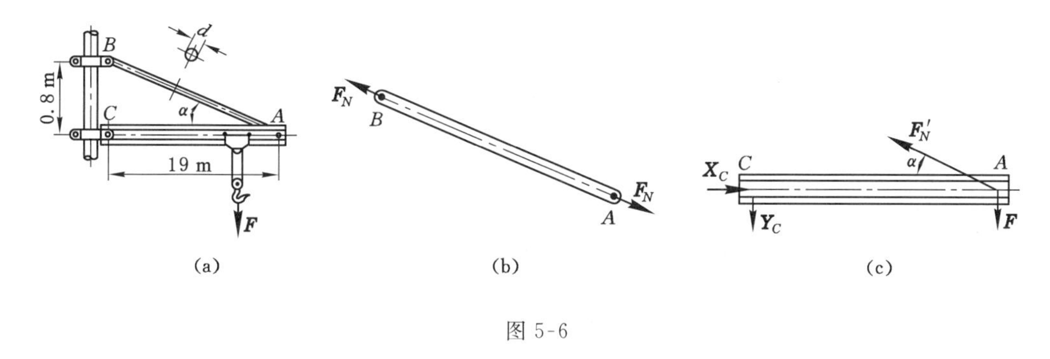

图 5-6

解　由于不计自重，AB 杆为二力构件。以横梁 AC 为研究对象，受力如图 5-6(c)所示。

$$\sum M_C = 0 \quad 19F'_N \sin\alpha - 19F = 0$$

解得：

$$F'_N = 38.7\ \text{kN}$$

AB 杆横截面上的正应力为：

$$\sigma = \frac{F'_N}{A} = \frac{4 \times 38.7 \times 10^3}{\pi \times (20 \times 10^{-3})^2} = 123\ (\text{MPa})$$

5.3 轴向拉(压)杆件斜截面上的应力

5.3.1 斜截面上的应力

轴向拉(压)杆横截面上的正应力是强度计算的主要依据，但试验表明不同的材料在拉(压)时其破坏不一定沿横截面发生，因此有必要进一步研究斜截面上的应力。

图 5-7 所示为一受拉杆，假设用一与横截面 mk 成 α 角的斜截面 mn(简称 α 截面)将杆截分成Ⅰ、Ⅱ两部分，取Ⅰ为研究对象[图 5-7(c)]，由静力学平衡方程 $\sum X = 0$，$N_\alpha - P = 0$ 有：

$$N_\alpha = P$$

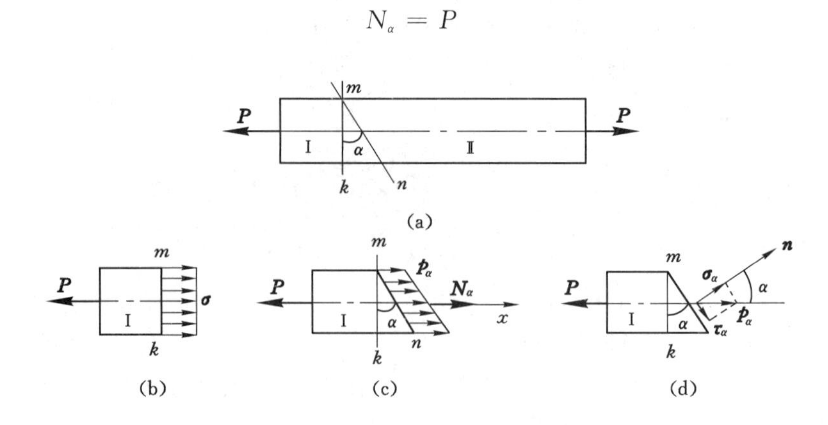

图 5-7

若 α 截面上的应力用 $\boldsymbol{p}_\alpha$ 表示，因杆的所有纵向"纤维具有相同的伸长"，故 $\boldsymbol{p}_\alpha$ 在 α 截面上是均匀分布的[图 5-7(c)]。如以 A_α 和 A 分别表示 α 截面和横截面 mk 的面积，则有

$$N_\alpha = p_\alpha \cdot A_\alpha$$

$$p_\alpha = \frac{N_\alpha}{A_\alpha} = \frac{P}{A/\cos\alpha} = \frac{P}{A}\cos\alpha = \sigma \cdot \cos\alpha \tag{5-2}$$

式中，σ 为横截面 mk 上的正应力。

斜截面上的正应力 σ_α、剪应力 τ_α[图 5-7(d)]分别为：

$$\sigma_\alpha = p_\alpha \cdot \cos\alpha = \sigma \cdot \cos^2\alpha \tag{5-3}$$

$$\tau_\alpha = p_\alpha \cdot \sin\alpha = \sigma \cdot \sin\alpha \cdot \cos\alpha = \frac{\sigma}{2} \cdot \sin 2\alpha \tag{5-4}$$

式(5-3)、式(5-4) 反映了受拉(压)杆内任一点的不同截面上的正应力和剪应力随 α 角的变化规律。角度 α 和应力 σ_α、τ_α 的正负号规定如下：

α 角以自横截面外法线起量到所求斜截面的外法线止，逆时针为正，顺时针为负；正应

力 σ_α 仍以拉为正，压为负；若剪应力 τ_α 对所研究对象内任一点的力矩的转向是顺时针，则为正，反之为负。

由式(5-3)、式(5-4)知：

(1) 当 $\alpha=0$ 时，$\sigma_\alpha=\sigma$。即最大的正应力发生在横截面上。

(2) 当 $\alpha=45°$时，$\tau_\alpha=\sigma/2$。即最大剪应力发生在与横截面成 45°角的斜截面上。

【例 5-3】 图 5-8(a)所示为一轴向受拉的杆，其横截面面积 $A=1\ 000\ \text{mm}^2$，力 $P=100$ kN。试分别计算 $\alpha=0°$、$\alpha=90°$及 $\alpha=45°$时各截面上的 σ_α 和 τ_α 的值。

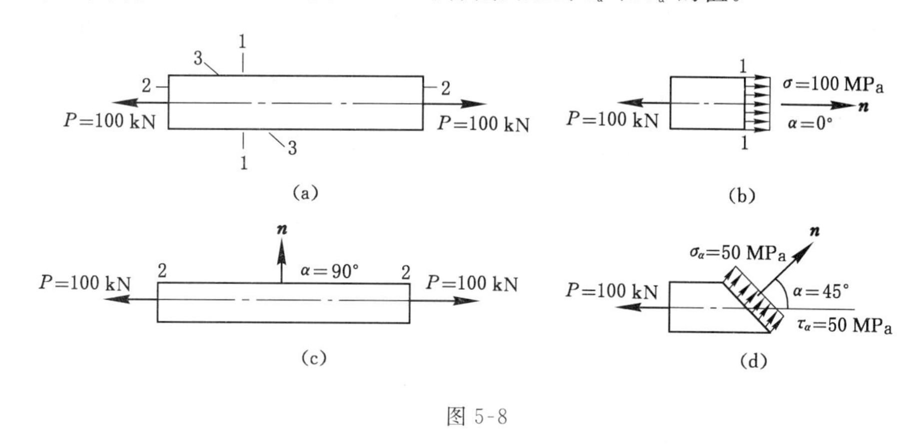

图 5-8

解　(1) $\alpha=0°$，即杆的横截面。

$$\sigma_\alpha=\sigma\cdot\cos^2 0°=\sigma=\frac{P}{A}=\frac{100\times10^3}{1\ 000\times10^{-6}}=100\ (\text{MPa})$$

$$\tau_\alpha=\frac{\sigma}{2}\cdot\sin 0°=0$$

(2) $\alpha=90°$的横截面为与杆轴线平行的纵向截面(图 5-8 的 2—2 截面)。

$$\sigma_\alpha=\sigma\cdot\cos^2 90°=0$$

$$\tau_\alpha=\frac{\sigma}{2}\cdot\sin(2\times90°)=0$$

(3) $\alpha=45°$

$$\sigma_\alpha=\sigma\cdot\cos^2 45°=100\times\left(\frac{\sqrt{2}}{2}\right)^2=50\ (\text{MPa})$$

$$\tau_\alpha=\frac{\sigma}{2}\cdot\sin(2\times45°)=\frac{1}{2}\times100=50\ (\text{MPa})$$

将上面算得的正应力 σ_α 和剪应力 τ_α 分别表示在各自作用的截面上，如图 5-8(b)、(c)、(d)所示。

分析该例可知：在轴向受拉(压)杆的横截面上只有正应力且为 σ_α 中的最大值；在纵向截面上，既无正应力也无剪应力；当 $\alpha=45°$时，$\tau_\alpha=\frac{\sigma}{2}$是 τ_α 中的最大值，即与横截面成 45°角的斜截面上的剪应力是所有各截面上剪应力中的最大者。

5.3.2　应力集中概念

等截面直杆受轴向拉伸或压缩时，在离开外力作用点一定距离以外的横截面上，应力是均匀分布的,但实际构件常因结构需要而制成阶梯形杆,或在杆上开有圆孔、切槽等,使得杆件在这些部位上截面尺寸发生突然变化。试验表明,在截面突变处,应力有骤然增大的现象,而不是均匀分布的,这种现象称为应力集中,如图 5-9 所示。在发生应力集中的截面上,最大应力 σ_{max} 与杆横截面上的平均应力 σ 之比,称为理论应力集中系数,以 α 表示。即

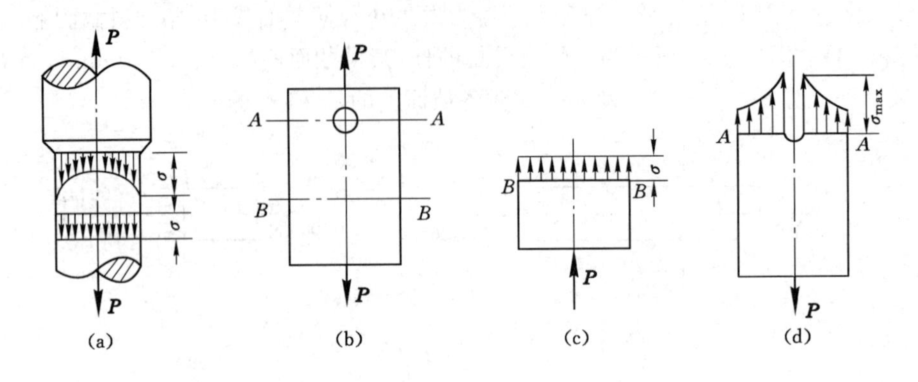

图 5-9

$$\alpha = \frac{\sigma_{max}}{\sigma}$$

应力集中系数 α 是一个大于 1 的数,与材料无关,它反映了杆在静载下应力集中的程度。

脆性、塑性材料对应力集中的敏感程度颇不相同。应力集中的存在,对塑性材料的承载能力影响不明显。这是因为当某点最大应力 σ_{max} 达到屈服极限 σ_s 时,将发生塑性变形,而应力却保持不变;如外力继续增加,处在弹性变形的截面上其他部分的应力将相应的增加,直到屈服,如图 5-10 所示。这样就使得截面上的应力趋于平均,降低了应力的不均匀程度,即塑性材料具有缓和应力集中的作用。脆性材料由于没有屈服阶段,当应力集中处的最大应力 σ_{max} 达到 σ_b 时,材料就会在该处开裂。所以对脆性材料应考虑应力集中的影响。

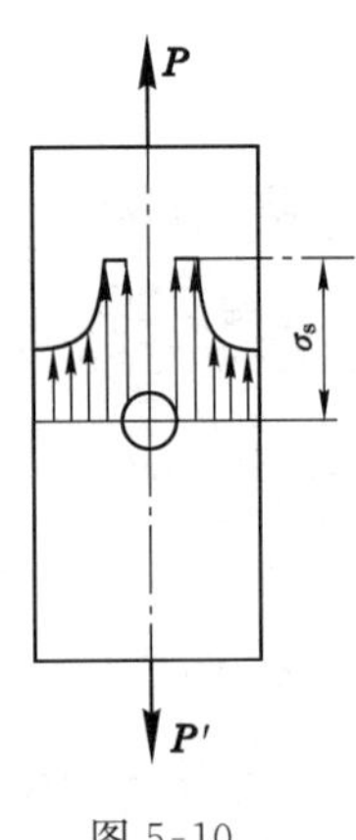

图 5-10

5.4 轴向拉(压)杆件的变形　虎克定律

在轴向力的作用下,拉(压)杆纵向尺寸伸长(或缩短),横向尺寸缩小(或增大)。图 5-11所示等直杆原长为 L,横截面积为 A。在轴向力 $\boldsymbol{P}$ 作用下,长度变为 L_1,杆在轴线方向的变形为:

$$\Delta L = L_1 - L \tag{a}$$

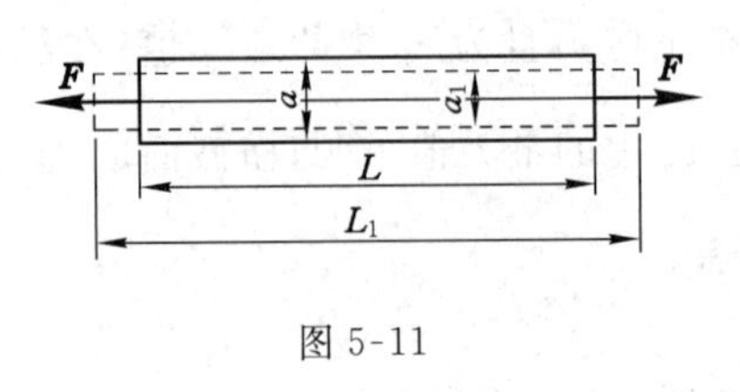

图 5-11

式中,ΔL 称为杆件的绝对变形,该变形与杆件几何形状、所受外力及杆件材料的固有性质有关。试验表明:当杆件上的外力不超过某一限度时,杆的伸长(或缩短)量 ΔL 与杆所受轴向力 P、杆的原长 L 成正比,与杆的横截面积 A 成反比,即

$$\Delta L \propto \frac{P \cdot L}{A}$$

引进比例常数 E，则有：

$$\Delta L = \frac{P \cdot L}{E \cdot A} \tag{b}$$

由于 $P=N$，故式(b)可改写为：

$$\Delta L = \frac{N \cdot L}{E \cdot A} \tag{5-5}$$

式(5-5)称为**虎克定律**。式中比例常数 E 称为材料的拉(压)弹性模量，其值因材料不同而异，可由试验测定。弹性模量 E 的单位为 MPa、GPa。

由式(5-5)可见，对长度相同、受力相等的杆件，$E \cdot A$ 愈大，则变形 ΔL 愈小；$E \cdot A$ 愈小，则变形 ΔL 愈大。所以 $E \cdot A$ 称为抗拉(压)刚度，它反映了杆件抵抗拉伸(或压缩)变形的能力。

计算 ΔL 时，N 为拉力，杆件伸长，ΔL 为正；N 为压力，杆件缩短，ΔL 为负。

按式(5-5)计算的变形 ΔL 与杆件的几何形状有关，同一种材料的杆件因其几何尺寸的不同，其变形 ΔL 各异。ΔL 只反映出杆件的总变形量，那么杆件内各横截面沿轴向的变形程度可用纵向线应变 ε 来表示：

$$\varepsilon = \frac{\Delta L}{L} \tag{5-6}$$

显然，杆件伸长，ΔL 为正，ε 也为正；杆件缩短，ΔL 为负，ε 也为负。

式(5-5)可改写为如下形式：

$$\frac{\Delta L}{L} = \frac{1}{E} \cdot \frac{N}{A} \tag{c}$$

由式(5-1)、式(5-6)及式(c)，可得到虎克定律的另一种表示形式：

$$\varepsilon = \frac{\sigma}{E} \text{ 或 } \sigma = E\varepsilon \tag{5-7}$$

虎克定律可简述为：当杆内应力不超过材料的比例极限 σ_p(即 σ 与 ε 成比例的最高限应力值)时，应力与应变成正比。

当杆纵向尺寸改变时，横向尺寸也改变了。若杆变形前的横向尺寸为 a，变形后则为 a_1，杆件的横向变形就为 $\Delta a=a_1-a$，则横向线应变为：

$$\varepsilon' = \frac{\Delta a}{a}$$

试验表明，应力不超过比例极限时，横向线应变 ε' 与纵向线应变 ε 之比的绝对值为一常数，即

$$\mu = \left|\frac{\varepsilon'}{\varepsilon}\right| \tag{d}$$

μ 称为横向变形系数或泊松比，它是一个无量纲的量，其值因材料不同而异，由试验测定。考虑到 ε 与 ε' 正负恒相反，故有：

$$\varepsilon' = -\mu\varepsilon \tag{5-8}$$

将式(5-7)代入式(5-8)得：

$$\varepsilon' = -\mu\frac{\sigma}{E}$$

弹性模量 E 和泊松比 μ 都是表示材料弹性性质的常数。表 5-1 给出了一些常用材料的 E 和 μ 值。

表 5-1　　弹性模量 E 和泊松比 μ 的近似值

<table>
<tr><th>材料名称</th><th>型号</th><th>$E/10^5$ MPa</th><th>μ</th></tr>
<tr><td>低碳钢</td><td>3 号钢</td><td>2.0～2.2</td><td>0.24～0.28</td></tr>
<tr><td>中碳钢</td><td>34、45 号钢</td><td>2.09</td><td>0.26～0.30</td></tr>
<tr><td>低合金钢</td><td>16 Mn</td><td>2.0</td><td>0.25～0.30</td></tr>
<tr><td rowspan="3">合金热碳钢</td><td>30CrMoA</td><td>2.0</td><td>0.28～0.30</td></tr>
<tr><td>40CrNiMoA</td><td rowspan="2">2.1</td><td rowspan="2">0.22～0.33</td></tr>
<tr><td>40MnSiV</td></tr>
<tr><td>合金钢</td><td>预应力钢盘</td><td>2.2</td><td>0.22～0.25</td></tr>
<tr><td>灰口铸铁</td><td rowspan="5">LY12</td><td>0.6～1.62</td><td>0.23～0.27</td></tr>
<tr><td>球墨铸铁</td><td>1.5～1.8</td><td>0.24～0.27</td></tr>
<tr><td>铝及铝合金</td><td>0.72</td><td>0.33</td></tr>
<tr><td>铜及铜合金</td><td>1.0～1.1</td><td>0.31～0.36</td></tr>
<tr><td>硬质合金</td><td>3.8</td><td>0.23～0.28</td></tr>
<tr><td>混凝土</td><td>100～400 号</td><td>0.15～0.36</td><td>0.16～0.20</td></tr>
<tr><td rowspan="2">木材</td><td>顺纹</td><td>0.09～0.12</td><td></td></tr>
<tr><td>横纹</td><td>0.005～0.01</td><td></td></tr>
<tr><td>石料</td><td>石炭岩类</td><td>0.06～0.09</td><td>0.16～0.28</td></tr>
<tr><td>石料</td><td>红砖、青砖</td><td>0.027～0.035</td><td>0.12～0.20</td></tr>
<tr><td>橡胶</td><td>工业橡胶板</td><td>0.000 08</td><td>0.47～0.50</td></tr>
</table>

【例 5-4】 用低碳钢试件作拉伸试验时，当拉力达到 20 kN，试件上 A、B 两点间距由 50 mm 变为 50.01 mm。试求该试件中的最大正应力和最大剪应力。已知 $E=2.1\times10^5$ MPa。

解　当 $P=20$ kN 时，试件的绝对伸长为：

$$\Delta L = 50.01 - 50 = 0.01\ (\text{mm})$$

相对伸长(线应变)为：

$$\varepsilon = \frac{\Delta L}{L} = \frac{0.01}{50} = 0.000\ 2$$

最大正应力发生在横截面上，即

$$\sigma_{\max} = \sigma = E \cdot \varepsilon = 2.1 \times 10^5 \times 0.000\ 2 = 42\ (\text{MPa})$$

最大剪应力发生在 $\alpha=45^\circ$ 的斜截面上，其值为最大正应力的一半，即

$$\tau_{\max} = \frac{\sigma}{2} = \frac{42}{2} = 21\ (\text{MPa})$$

【例 5-5】 有一横截面为正方形的阶梯砖柱，由上下Ⅰ、Ⅱ两段组成，其各段长度、横截面尺寸和受力情况如图 5-12 所示。已知 $E=0.03\times10^{5}$ MPa，外力 $F=50$ kN。试求砖柱顶面的位移。

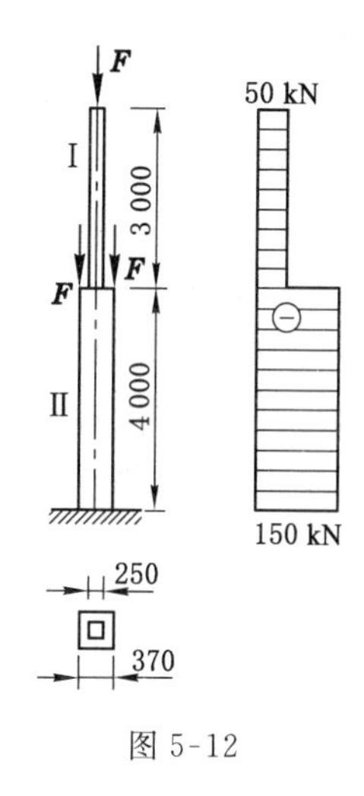

图 5-12

解 由于砖柱受压，其顶面 A 的位移等于全柱的缩短量 ΔL：

$$\Delta L=\Delta L_1+\Delta L_2=\frac{N_1\cdot L_1}{E\cdot A_1}+\frac{N_2\cdot L_2}{E\cdot A_2}$$

$$=\frac{-50\times10^{3}\times3}{0.03\times10^{5}\times10^{6}\times(0.25)^{2}}+\frac{-150\times10^{3}\times4}{0.03\times10^{5}\times10^{6}\times(0.37)^{2}}$$

$$=-0.002\,26\ (\mathrm{m})$$

$$=-2.26\ (\mathrm{mm})\text{（方向向下）}$$

5.5 材料在拉伸-压缩时的力学性质

材料在外载荷作用下所呈现的有关强度和变形方面的特性，称为材料的力学性质或机械性质。材料的力学性质与材料的成分、结构组织有关，也与它们组成的构件在工作时所处的环境、承受的载荷种类、加载方式有关。低碳钢和铸铁是工程中广泛使用的两种材料，其力学性能也比较典型。本节着重介绍这两种材料在室温、静载条件下拉伸和压缩时的力学性质。

为便于比较不同材料的试验结果，对试样的形状、加工精度、加载速度、试验环境等，国家标准都有统一规定。拉伸试验的标准试件的横截面有两种形状，即圆形和矩形，如图 5-13所示。在试件中间等直部分作标矩 l，规格如下：

圆形截面试件 $l=10d$ 和 $l=5d$ （d 为直径）

矩形截面试件 $l=11.3\sqrt{A}$ 和 $l=5.65\sqrt{A}$（A 为横截面积）

金属材料的压缩试件一般为短圆柱形，高度为直径的 1.5～3.0 倍；混凝土、石材等压缩试件则做成立方体试块，如图 5-14 所示。

图 5-13

图 5-14

拉压试验的主要设备有万能试验机和应变仪。试验条件为常温、静载。常温就是室温，静载指加载速度缓慢，可忽略加速度产生的惯性力对试验的影响。

5.5.1 材料在拉伸时的力学性质

1. 低碳钢拉伸时的力学性质

利用万能试验机上的自动绘图设备，绘出试件在试验过程中工作段的伸长和拉力间的定量关系曲线，其横坐标表示试件工作段的伸长量 ΔL，纵坐标为拉力 P，P-ΔL 曲线称为试件的拉伸图，如图 5-15 所示。

P-ΔL 曲线与试件的几何尺寸有关，为消除几何尺寸的影响，通常将试件拉伸图中的拉力除以试件原有横截面面积 A，将伸长量 ΔL 除以标距 L，这样就得到了低碳钢在拉伸过程中的 σ-ε 曲线，如图 5-16 所示。

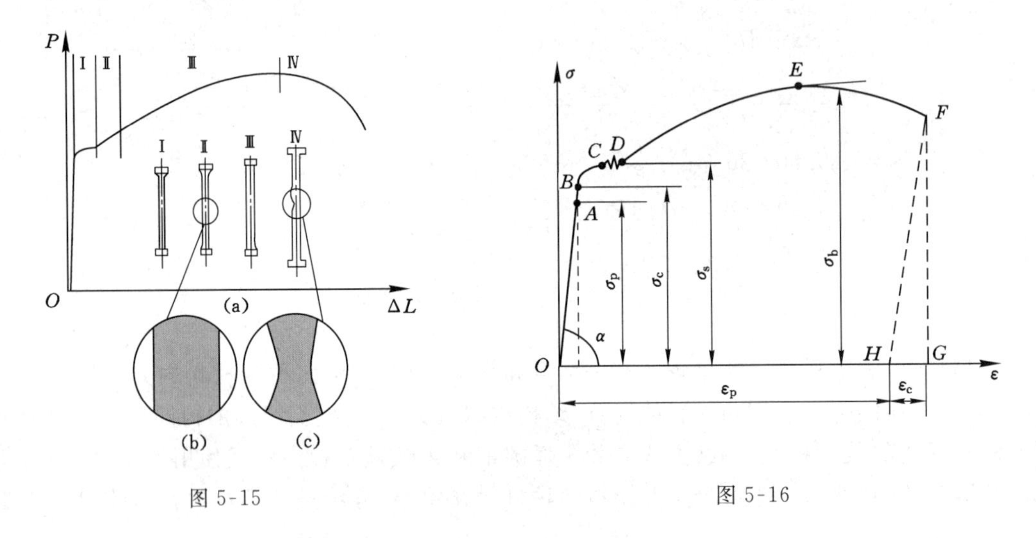

图 5-15　　图 5-16

由图 5-16 可以看出，试件的整个拉伸过程中 σ-ε 曲线大致可分为四个阶段：

(1) 弹性阶段。即由点 O 到点 B，在应力未超过点 B 所示的数值之前，若将所加载荷去掉，试件的变形即可完全消失而恢复到原有的形状，材料的这种性质叫弹性，随外力去掉而消失的变形叫弹性变形，这个阶段称为弹性阶段。在图中 OA 段为直线，表示 σ 和 ε 成线性关系，超过点 A 以后线性关系即不存在，故称相应于点 A 的应力为材料的比例极限，并以 σ_p 表示。而相应于弹性阶段最高点 B 的应力叫材料的弹性极限，以 σ_e 表示。

在 OA 段内对于 σ-ε 曲线上的任一点都有 $\tan\alpha=\dfrac{\sigma}{\varepsilon}$，即

$$\sigma=\tan\alpha\cdot\varepsilon=E\cdot\varepsilon$$

由于材料的弹性变形很小，故比例极限与弹性极限非常接近，经常混同起来统称为弹性极限。

(2) 屈服阶段。继续增加载荷，当应力超过 C 点所示的应力值时，应力仅在小范围内有微小波动，而应变却急剧增加，材料暂时失去了抵抗变形的能力，这种现象称为材料的屈服(或流动)。此时在试件表面上出现大约与试件轴线成45°方向的长纹，通常叫滑移线(或剪切线)，如图 5-17 所示。在屈服阶段的最高点应力和最低点应力分别称为上屈服极限和下屈服极限。试验时，由于一些因素对上屈服极限的影响较大，而下屈服极限则较为稳定，故通常将下屈服极限称为屈服极

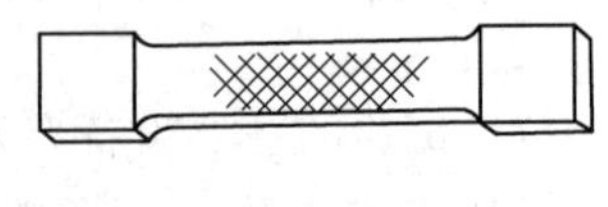

图 5-17

限(或流动极限),并用 σ_s 表示。在屈服阶段所产生的变形,当外力去掉后并不能消失,这种变形称为叫塑性变形,材料能产生塑性变形的特性称为塑性。

因发生较大的塑性变形时构件已不能正常工作,故在进行构件设计时,应将最大工作应力限制在屈服极限 σ_s 之内。σ_s 是确定钢材强度的重要指标。

(3) 强化阶段。经过屈服后,材料因塑性变形使其内部的晶体结构得到重新调整,抵抗变形的能力有所增强,DE 段曲线又逐渐升高,材料又恢复了抵抗变形的能力,要增加变形就必须增加应力,这种现象称为强化。强化阶段最高点 E 相对应的应力是材料在被拉断前所能承受的最大应力,称为强度极限,以 σ_b 表示。

(4) 颈缩阶段(或局部变形阶段):当应力超过 σ_b 以后,试件变形开始集中在某一局部范围内,横向尺寸急剧缩小出现所谓“颈缩”现象。因颈缩部分的横截面积迅速缩小,使试件继续伸长所需要的拉力也逐渐减少,直到被拉断,如图 5-18 所示。

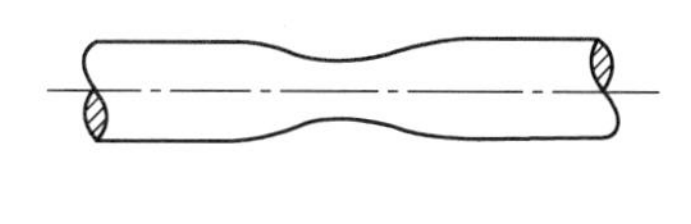

图 5-18

试件断裂后,其弹性变形消失,只保留塑性变形与两者相应的弹性应变 ε_e 和塑性应变 ε_p,如图 5-16 所示,直线 HF 与 OA 近于平行。

综上所述,可由低碳钢的 σ-ε 曲线归纳出如下几个主要力学性质:① 屈服极限 σ_s 和强度极限 σ_b 是表征材料强度的两个重要指标。② 直线段 OA 的斜率表示材料的弹性模量 E。③ 塑性应变 ε_p 是衡量材料塑性的重要指标之一,其值常用百分数表示,称为伸长率(或延伸率),并以符号 δ 示之,即

$$\delta = \varepsilon_p \times 100\% = \frac{L_1 - L}{L} \times 100\% = \frac{\Delta L}{L} \times 100\%$$

式中,L_1 为试件断裂后工作段的总长度;ΔL 是断裂后工作段的总伸长。

在工程上通常把 $\delta \geqslant 5\%$的材料统称为塑性材料,如低碳钢的 δ 约为 20%～30%,是典型的塑性材料。而将 $\delta < 5\%$的材料称为脆性材料,如铸铁仅 0.4%左右。

衡量材料塑性的另一个重要指标是断面收缩率 ψ,即

$$\psi = \frac{A - A_1}{A} \times 100\%$$

式中,A 为试件原始横截面面积;A_1 为拉断后颈缩处的最小横截面面积。

在低碳钢拉伸试验中,当超过屈服阶段后中止试验,逐渐卸去载荷,σ-ε 曲线关系将沿斜直线 fO_1 回到 O_1 点,斜直线 fO_1 近似地平行于 Oa。也就是说,在卸载过程中,应力和应变按直线规律变化,这个规律称为卸载定律,如图 5-19(a)所示。如果在卸载后重新加载,则 σ-ε 曲线将基本上沿着卸载时的同一直线 O_1f 上升到 f,然后则遵循原来的 σ-ε 曲线关系,如图 5-19(b)所示。

将原拉伸曲线 $Oabcfd$ 和曲线 O_1fd 相比,可以看到(曲线 O_1fd)比例极限上升了,而塑性变形减少了 O_1O 一段,这种现象称为冷作硬化。工程上常利用冷作硬化来提高某些构件在弹性阶段内的承载能力,如建筑物上使用的钢筋的冷拉和冷拔,机加工生产上对某些零件进行喷丸处理等。

2. 其他材料在拉伸时的力学性质

图 5-20 绘出了几种塑性材料在拉伸时的 σ-ε 曲线,可以看出,除 16 锰钢与低碳钢的 σ-ε

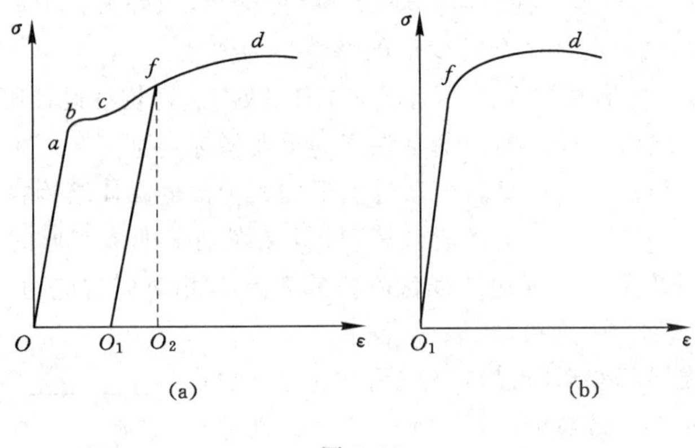

图 5-19

曲线完全相似外，其他材料都与低碳钢有较大差别，尤其是找不到作为重要强度指标的屈服极限。对这些材料，工程上规定以产生 0.2% 的塑性变形时所对应的应力值作为名义屈服极限，简称屈服极限，用符号 $\sigma_{0.2}$ 表示，如图 5-21 所示。

图 5-22 绘出了铸铁拉伸时的 σ-ε 曲线，它作为脆性材料的典型代表，在拉断前变形很小，伸长率仅为 0.4% 左右，没有屈服和颈缩现象，故以断裂时强度极限 σ_b 作为强度指标。该材料的 σ-ε 曲线无明显的直线阶段，通常取 σ-ε 曲线的割线 OA 代替原曲线的开始部分，以割线斜率作为材料的弹性模量，称为割线弹性模量。

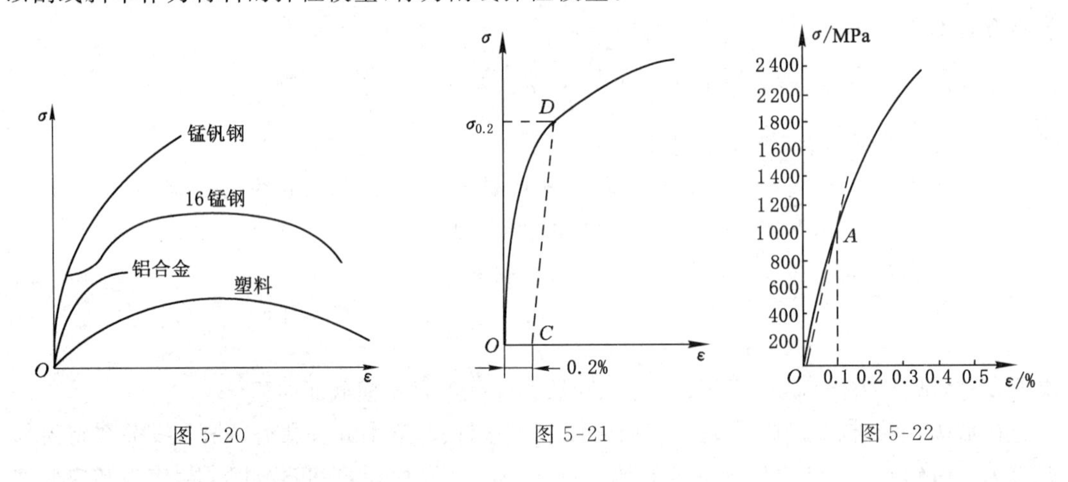

图 5-20　　图 5-21　　图 5-22

5.5.2 材料在压缩时的力学性质

在图 5-23 中，低碳钢压缩时的 σ-ε 曲线为实线，而拉伸时的 σ-ε 曲线为虚线。试验表明，低碳钢压缩时的弹性模量 E、屈服极限 σ_s 与拉伸时大致相同。屈服阶段以后，试件的抗压能力不断提高，与之相应的是试件的横截面面积不断增大、高度不断减小，但不破裂。因而测不到压缩时的强度极限。

铸铁压缩时的 σ-ε 曲线如图 5-24(a)所示。试验表明，试件在变形很小时就突然破裂，故只能测得强度极限 σ_b，其受压时的强度极限是受拉时的 4～5 倍。破坏截面的法线与试件轴线大约成 45°～55°的倾角，如图 5-24(b)。由于铸铁的抗拉能力比其抗压能力差，故多用于受压构件。

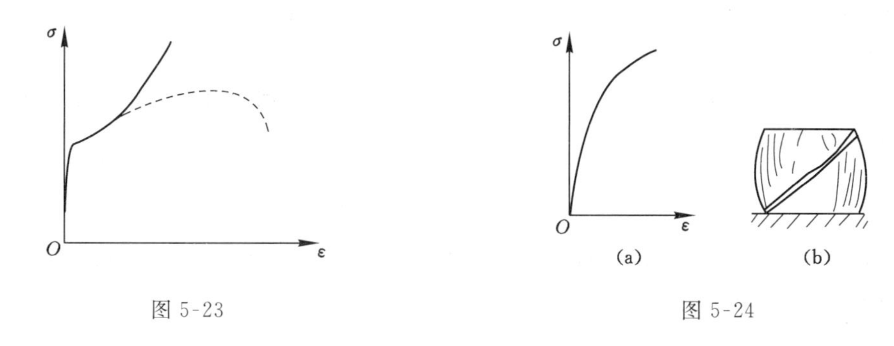

图 5-23　　　　图 5-24

另外，一些工程上常用的脆性材料，如混凝土、石料等的力学性质，在压缩时与拉伸时差别显著，其抗压能力比抗拉能力大得多，故一般只适用于作受压构件的材料。

5.6　安全系数、许用应力和强度计算

等直杆件在轴向力的作用下发生拉压变形时，最大轴力 N_{max}所在的横截面称为危险截面，其上的正应力称之为杆的最大工作应力，用 σ_{max}表示，即

$$\sigma_{max}=\frac{N_{max}}{A}$$

仅知最大工作应力并不能判断杆件是否会因强度不足而发生破坏。只有将杆件的最大工作应力与组成杆件材料的强度极限比较，才能对此作出判断。试验表明，当应力达到某一极限值时，材料便发生了破坏，这种引起材料破坏时的应力就是极限应力，且以 σ_{jx}表示。为保证杆件在外载作用下能安全可靠地工作，应使 $\sigma_{max}<\sigma_{jx}$。为给杆件的强度留有适当的储备，把材料的极限应力 σ_{jx}除以大于 1 的数 K，作为杆件设计时应力的最高限值，即

$$[\sigma]=\frac{\sigma_{jx}}{K}\quad(K>1)$$

式中，$[\sigma]$称为许用应力；K 称为安全系数。

工程上关于 σ_{jx}的取值对塑性材料和脆性材料是不同的。对塑性材料构件，若工作应力达到了材料的屈服极限 σ_s，就会产生较大的塑性变形，使构件不能保持原有的形状和尺寸，丧失了正常工作的条件，故塑性材料通常是以屈服极限 σ_s 作为 σ_{jx}；对脆性材料，通常以强度极限 σ_b 作为 σ_{jx}。

安全系数的确定是一个十分重要且又复杂的问题，与许多技术因素有关。显然，安全系数选的过大，将造成材料的浪费；反之，若过小，则可能使构件不能正常工作甚至破坏，造成更大的损失。

通常在静载条件下，塑性材料的安全系数 $K_s=1.4\sim1.7$。对脆性材料，因无 σ_s，材料的均匀性比较差，其安全系数 $K_b=2.5\sim3$。

各类材料的许用应力和安全系数可从国家的有关规范中查得。

在确定了$[\sigma]$后，杆件拉压时的强度条件为：

$$\sigma_{max}=\frac{N_{max}}{A}\leqslant[\sigma]\tag{5-9}$$

根据强度条件可对杆件进行三方面计算：

(1) 强度校核。已知杆件材料的[σ]、横截面积 A 及最大的轴力 $N_{\max}$,校核杆件的强度是否满足强度要求。

(2) 截面设计。已知杆件所受载荷 $N_{\max}$ 及所用材料[σ],依据强度条件确定横截面面积 A 或横截面尺寸,即

$$A \geqslant \frac{N_{\max}}{[\sigma]}$$

(3) 确定许用载荷。已知杆件材料的[σ]及横截面面积 A,可由强度条件确定该杆所承受的最大轴力,从而计算出杆件允许承受的载荷,即

$$N_{\max} \leqslant A \cdot [\sigma]$$

【例 5-6】 一根由 A3 钢制成的拉杆,杆横截面为直径 $d=14$ mm 的圆,受轴向拉力 $P=25$ kN 作用。若已知[σ]$=170$ MPa,试校核杆的强度。

解 由截面法可求得杆件的最大轴力 $N_{\max}=25$ kN

杆件的横截面面积 $A=\dfrac{\pi d^2}{4}=\dfrac{3.14\times(14\times10^{-3})^2}{4}=154\times10^{-6}(\text{m}^2)$

代入式(5-9)得 $\sigma_{\max}=\dfrac{N_{\max}}{A}=\dfrac{25\times10^3}{154\times10^{-6}}=162\times10^6(\text{Pa})=162$ MPa

即 $\sigma_{\max}<[\sigma]=170$ (MPa)

故满足强度要求。

【例 5-7】 如图 5-25 所示的三角形托架,杆 AB 是由两根等边角钢组成。已知荷载 $P=75$ kN,[σ]$=160$ MPa,试选择等边角钢型号。

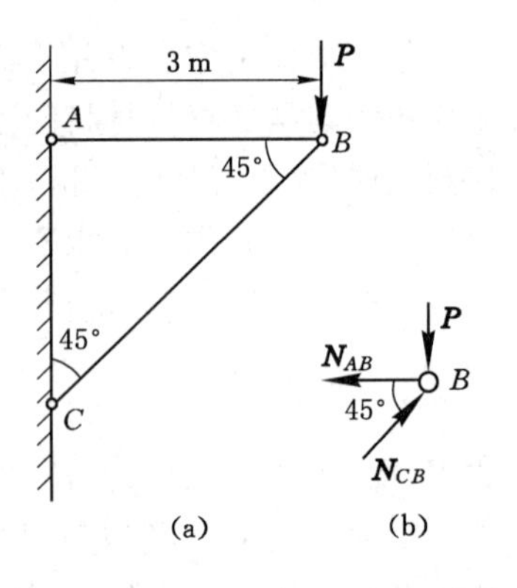

图 5-25

解 (1) 计算杆 AB 的轴力

取节点 B 为研究对象,如图 5-24(b)所示,由静力平衡条件得:

$$\sum X = 0 \quad N_{AB} - N_{BC} \cdot \cos 45° = 0 \qquad ①$$

$$\sum Y = 0 \quad N_{CB} \cdot \sin 45° - P = 0 \qquad ②$$

由式①、②得:

$$N_{CB} = \sqrt{2}P = \sqrt{2}\times 75 = 106.1\ (\text{kN})$$

$$N_{AB} = P = 75\ \text{kN}$$

(2) 由强度条件确定杆 AB 的横截面面积

由强度条件有:

$$A \geqslant \frac{N_{\max}}{[\sigma]} = \frac{75\times10^3}{160\times10^6} = 0.4688\times10^{-3}(\text{m}^2) = 468.8\ (\text{mm}^2)$$

(3) 选择等边角钢型号

由附录Ⅱ型钢表查得 4 号等边角钢的横截面面积为 235.9 mm²,故采用 2 个 4 号等边

角钢,其面积为 $2\times235.9\ \text{mm}^2=471.8\ \text{mm}^2>468.7\ \text{mm}^2$,便可满足设计要求。

【例 5-8】 起重机如图 5-26 所示,杆 BC 由钢丝绳 AB 拉住。已知钢丝绳直径 $d=24$ mm,许用应力[σ]$=40$ MPa,试求该起重机吊起的最大许可载荷 P。

解 (1) 计算钢丝绳 AB 能承受的最大轴力,由强度条件有:

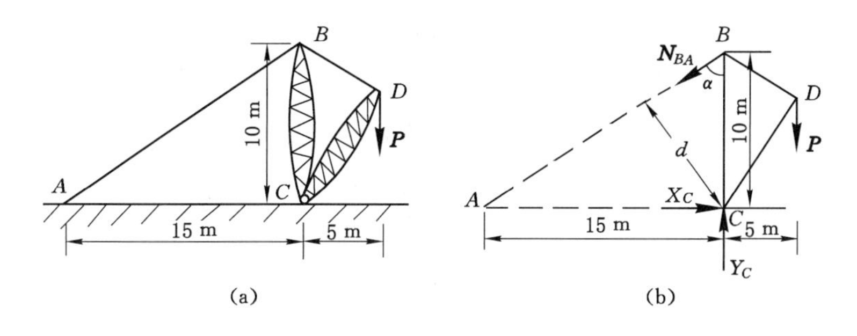

图 5-26

$$N_{AB} \leqslant A \cdot [\sigma] = \frac{\pi \times (0.024)^2}{4} \times 40 \times 10^6 = 18.086 \times 10^3 (\text{N}) = 18.086 \text{ (kN)}$$

(2) 取 BCD 部分为研究对象，受力如图 5-25(b)所示，由平衡条件 $\sum m_C(\boldsymbol{F}) = 0$，有

$$P \times 5 = N_{AB} \times d$$

其中：

$$d = \overline{BC} \cdot \sin\alpha = \overline{BC} \times \frac{\overline{AC}}{\overline{AB}} = \overline{BC} \times \frac{\overline{AC}}{\sqrt{\overline{BC}^2 + \overline{AC}^2}} = 10 \times \frac{15}{\sqrt{10^2 + 15^2}}$$

$$= 10 \times \frac{15}{18.1} = 8.3 \text{ (m)}$$

故 $$P = \frac{N_{AB} \cdot d}{5} = \frac{18.086 \times 10^3 \times 8.3}{5} = 30.024 \times 10^3 (\text{N}) = 30.02 \text{ (kN)}$$

5.7 拉(压)超静定问题

5.7.1 超静定问题的解法

前面介绍的轴向拉伸(或压缩)问题，只需由静力平衡方程就可求出杆件的轴力，这类问题就是静定问题。

对图 5-27(a)所示上、下两端固定端的杆件，若在杆截面 C 的中心作用一集中载荷 $\boldsymbol{P}$ [图 5-27(b)]，杆件上、下端的约束反力分别为 $\boldsymbol{R}_A$ 和 $\boldsymbol{R}_B$，由静力平衡条件可列出一个独立的平衡方程，即

$$R_A + R_B - P = 0 \tag{a}$$

显然由式(a)不能解出约束反力 $\boldsymbol{R}_A$ 和 $\boldsymbol{R}_B$。这类仅由静力学平衡方程不能完全确定出未知量的问题就是静不定问题或超静定问题。

由于式(a)中有两个未知量，要求解此问题必须再建立一个补充方程。因杆件的上、下端固定，当杆件受力变形时，上、下端截面 A 和 B 不会沿轴线方向发生相对位移，若以 Δl_1 和 Δl_2 分别表示上段的伸长和下段的缩短，则：

$$\Delta l_1 - \Delta l_2 = 0 \tag{b}$$

式(b)称为由变形协调条件建立的变形几何方程。

由虎克定律有：

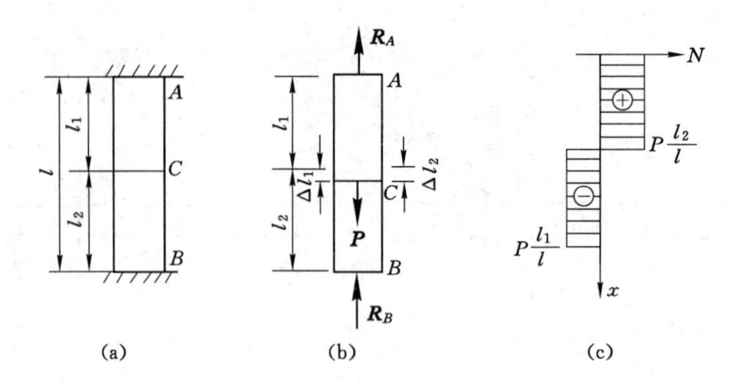

图 5-27

$$\left.\begin{aligned}\Delta l_1 &= \frac{R_A \cdot l_1}{E \cdot A} \\ \Delta l_2 &= \frac{R_B \cdot l_2}{E \cdot A}\end{aligned}\right\} \tag{c}$$

将式(c)代入式(b)得补充方程：

$$\frac{R_A \cdot l_1}{E \cdot A} - \frac{R_B \cdot l_2}{E \cdot A} = 0 \quad 或 \quad \frac{R_A}{R_B} = \frac{l_2}{l_1} \tag{d}$$

解方程(a)、(d)得：

$$R_A = P \cdot \frac{l_2}{l},\ R_B = P \cdot \frac{l_1}{l}$$

已知 P、R_A、R_B 可求出 AC、CB 段的轴力，进而求解强度和刚度问题。

在本例中要维持杆 AB 的平衡只需一个固定端约束，而另一固定端约束称为杆的多余约束。在超静定问题中，与多余约束相应的反力称为多余未知力，如 $\boldsymbol{R}_B$，而把多余未知力的数目称为超静定次数。本例为一次超静定问题。

从以上分析可知解超静定问题的步骤是：① 根据静力平衡条件列出独立平衡方程；② 由变形协调条件建立补充方程，一般来说，n 次超静定问题需要列出 n 个补充方程方可求解。

【例 5-9】 图 5-28(a)所示杆系结构，三杆在点 A 铰接，已知杆 2、3 的长度、横截面积及材料的弹性模量 E 均相同，即 $L_2 = L_3$，$A_2 = A_3$，$E_2 = E_3 = E$；杆 1 的长度为 L_1，横截面积为 A_1，弹性模量为 E_1。试求在点 A 悬挂一重物 P 时各杆的轴力。

解 (1) 由静力平衡条件列平衡方程式

取节点 A 为研究对象，1、2、3 杆的轴力分别为 N_1、N_2、N_3(假设为拉力)。

由 $$\sum X = 0 \quad N_3 \sin\alpha - N_2 \sin\alpha = 0$$

可得： $$N_2 = N_3 \tag{①}$$

由 $$\sum Y = 0 \quad N_1 + N_2 \cos\alpha + N_3 \cos\alpha - P = 0$$

可得： $$N_1 + 2N_2 \cos\alpha = P \tag{②}$$

三个未知数只有两个独立的平衡方程，故需建立一个补充方程方可求解。

(2) 由变形协调条件建立补充方程

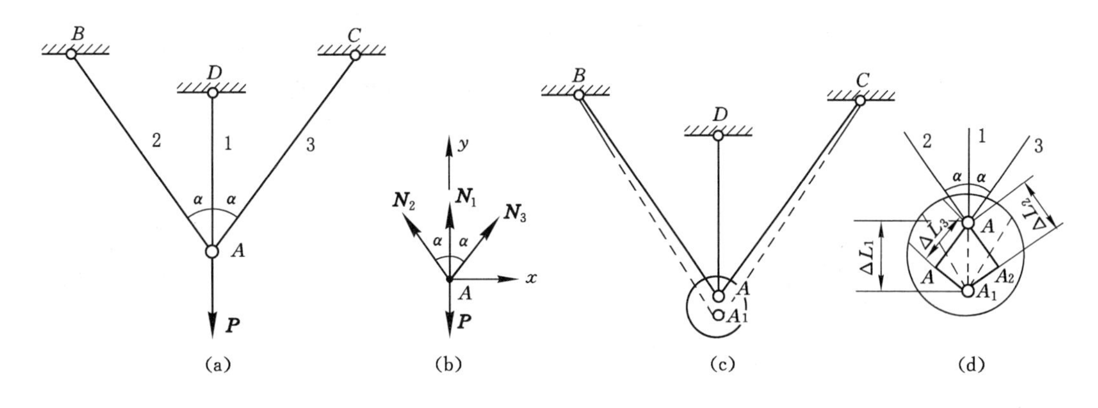

图 5-28

由图 5-28(c)和(d)知，三杆变形前后都必须铰接于 A 点(否则就表示杆系已经破坏)。变形后，A 点沿铅直方向下移到 A_1 点，令$\overline{AA_1}=\Delta L_1$ 表示 1 杆的伸长，设 2、3 杆的伸长量为 ΔL_2、ΔL_3，由题设条件知$\overline{AA_2}=\overline{AA_3}=\Delta L_3=\Delta L_2$。因变形后的倾角变化可忽略不计，则由变形协调条件建立的几何关系式为：

$$\Delta L_2 = \Delta L_3 = \Delta L_1 \cos\alpha \tag{③}$$

由物理关系式(虎克定律)有：

$$\Delta L_1 = \frac{N_1 \cdot L_1}{E_1 \cdot A_1} = \frac{N_1}{C_1},\ \Delta L_2 = \frac{N_2 \cdot L_2}{E_2 \cdot A_2} = \frac{N_2}{C_2},\ \Delta L_3 = \frac{N_3 \cdot L_3}{E_3 \cdot A_3} = \frac{N_3}{C_3} \tag{④}$$

式中，$C_1=\dfrac{E_1A_1}{L_1}$，$C_2=\dfrac{E_2A_2}{L_2}$，$C_3=\dfrac{E_3A_3}{L_3}$。

将④代入③得补充方程：

$$\frac{N_2}{C_2} = \frac{N_1}{C_1} \cdot \cos\alpha \tag{⑤}$$

(3) 将方程式①、②、⑤联立求解得：

$$N_1 = \frac{PE_1A_1L_2}{E_1A_1L_2 + 2E_2A_2L_1\cos^2\alpha}$$

$$N_2 = N_3 = \frac{PE_2A_2L_1\cos\alpha}{E_1A_1L_2 + 2E_2A_2L_1\cos^2\alpha}$$

计算结果均为正值，表明三杆均受拉力。

5.7.2　装配应力

工程上常用过盈配合的办法装配组合环，即把外环的内径做得比内环的外径稍小，装配时，先将外环加热，趁其胀大套在内环上，冷却后就会紧密结合在一起，致使外环受拉内环受压。又如杆件的尺寸在制造中难免不出现小的误差，在静定问题中这个误差仅会使结构的几何形状有小的改变而不会在杆内引起内力。但对超静定杆系而言，由于有“多余”约束，任何一个杆件的尺寸误差都会在结构的各杆中引起附加的内力。

上述两种情况的共同点是在构件还没有受到载荷作用时，因装配误差而在构件内引起了内力，与之相应的应力称为装配应力。

【例 5-10】　图 5-29 所示杆系结构，杆 1 比设计尺寸 L 短了 δ_0。经用力使三杆铰接于

A_1 点。要求:(1) 若杆 2、3 的材料和横截面面积相同,长度 $L_2=L_3=\dfrac{L}{\cos\alpha}$,试求三杆的装配应力。(2) 若三杆是钢杆,且各杆横截面面积相同,弹性模量 $E=0.2\times10^6$ MPa, $\delta_0=\dfrac{L}{1\ 000}$,$\alpha=30°$,试求各杆的应力。

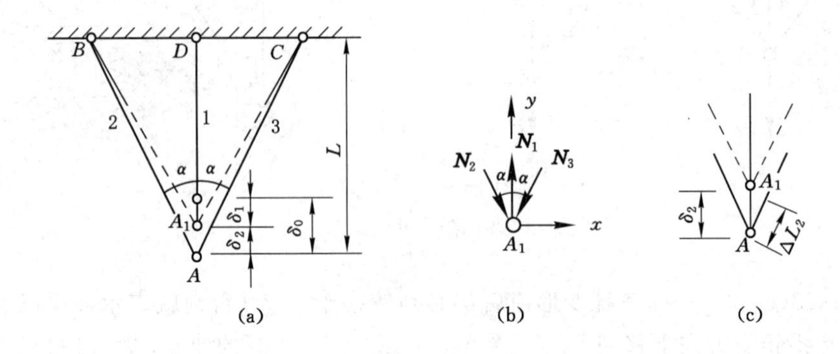

图 5-29

解 (1) 取节点 A_1 为研究对象,列平衡方程:

由 $$\sum X=0 \quad -N_2\sin\alpha+N_3\sin\alpha=0$$

可得: $$N_2=N_3 \qquad ①$$

由 $$\sum Y=0 \quad -N_2\cos\alpha-N_3\cos\alpha+N_1=0$$

可得: $$N_1=2N_2\cos\alpha \qquad ②$$

(2) 建立变形几何方程

由图 5-29(a)有变形几何关系式:

$$\delta_1+\delta_2=\delta_0 \qquad ③$$

由虎克定律有:

$$\delta_1=\Delta L_1=\frac{N_1\cdot L_1}{E_1\cdot A_1} \qquad ④$$

$$\delta_2=\frac{\Delta L_2}{\cos\alpha}=\frac{N_2\cdot L_2}{E_2\cdot A_2\cdot\cos\alpha}=\frac{N_2\cdot L}{E_2\cdot A_2\cdot\cos^2\alpha} \qquad ⑤$$

将式④、⑤代入式③,得补充方程:

$$\frac{N_1\cdot L_1}{E_1\cdot A_1}+\frac{N_2\cdot L}{E_2\cdot A_2\cdot\cos^2\alpha}=\delta_0 \qquad ⑥$$

(3) 解方程组①、②、⑥,经整理后得:

$$N_1=\frac{\delta_0}{L}\cdot\frac{2E_2A_2\cos^3\alpha}{1+2\dfrac{E_2A_2}{E_1A_1}\cos^3\alpha} \qquad (拉伸)$$

$$N_2=N_3=\frac{\delta_0}{L}\cdot\frac{E_2A_2\cos^2\alpha}{1+2\dfrac{E_2A_2}{E_1A_1}\cos^3\alpha} \qquad (压缩)$$

则 $$\sigma_1=\frac{N_1}{A_1},\ \sigma_2=\sigma_3=-\frac{N_2}{A_2}$$

将已知数值代入上述应力计算式：

$$\sigma_1 = \frac{N_1}{A_1} = \frac{1}{1\ 000} \times \frac{A_2}{A_1} \times \frac{2 \times 0.2 \times 10^6 \cos^3 30°}{1 + 2 \times \frac{0.2 \times 10^6 A_2}{0.2 \times 10^6 A_1} \times \cos^3 30°}$$

$$= \frac{0.4 \times 0.65 \times 10^3}{1 + 2 \times 0.65} = 11.3\ (\mathrm{MPa})$$

$$\sigma_2 = \sigma_3 = -\frac{N_2}{A_2} = -\frac{1}{1\ 000} \times \frac{A_2}{A_2} \times \frac{0.2 \times 10^6 \cos^2 30°}{1 + 2 \times \frac{0.2 \times 10^6 A_2}{0.2 \times 10^6 A_1} \times \cos^3 30°}$$

$$= -\frac{0.2 \times 0.75 \times 10^3}{1 + 2 \times 0.65} = -6.52\ (\mathrm{MPa})$$

5.7.3　温度应力

在工程实际中，由于工作环境温度的改变，构件要产生热胀冷缩的现象。在超静定问题中，由于有多余约束阻碍了构件变形的发生，从而会在构件内引起变温应力，也称温度应力。

【例 5-11】　图 5-30(a)所示两端固定杆，求当温度升高 Δt 时在杆内引起的应力。

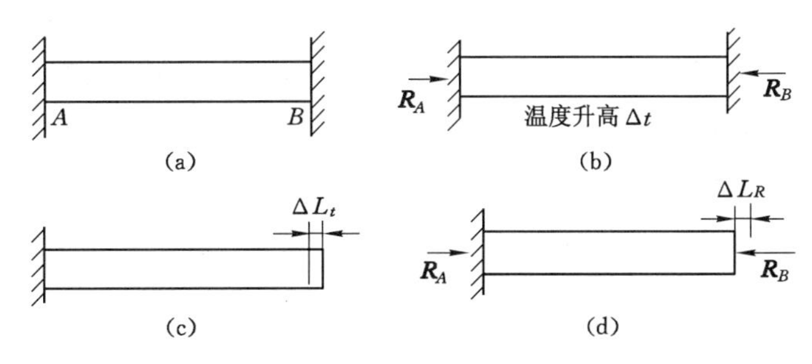

图 5-30

解　当温度升高 Δt 时杆要产生伸长变形，但因杆的两端固定，杆长不能改变，这就相当于在两端加了压力 $R_A = R_B$，把由温度引起的伸长量压缩回去。

(1) 由静力平衡方程有：

$$R_A = R_B = N \qquad ①$$

显然解不出 N 的大小，属一次超静定。

(2) 建立变形补充方程

由变形协调条件有：

$$\Delta L_t = \Delta L_R \qquad ②$$

其中：

$$\Delta L_t = \alpha \cdot \Delta t \cdot L \qquad ③$$

$$\Delta L_R = \frac{N \cdot L}{E \cdot A} \qquad ④$$

式中 α 为材料的线膨胀系数。

将式③、④代入式②，经整理后有：

$$N = \alpha \Delta t E A \qquad ⑤$$

将式⑤代入式①得：

$$R_A = R_B = N = \alpha \Delta t E A$$

所以温度应力：

$$\sigma_t = \frac{N}{A} = \alpha E \Delta t$$

若杆为钢质，其 $\alpha = 1.25 \times 10^{-6} \frac{1}{10\ ℃}$，$E = 0.2 \times 10^6$ MPa，$\Delta t = 10$ ℃，则

$$\sigma_t = 12.5 \times 10^{-6} \times 0.2 \times 10^6 \times 10 = 25\ (\text{MPa})$$

5.8 连接件的实用计算

焊接、铆接以及螺栓连接是工程上常见的连接方式。由于连接件的受力和变形比较复杂，在工程设计中为简化计算，通常按照连接的破坏可能性，采用实用计算的方法。下面介绍连接件的实用计算。

5.8.1 剪切的实用计算

图 5-31 所示剪切机剪切钢板，剪切机作用在钢板上的两个力大小相等、方向相反、作用线相距很近[图 5-31(b)]。在这两个力的作用下钢板在 mn 截面左右两部分沿此截面发生相对错动直到剪断。图 5-32 所示轮与轴的键连接，作用于键左右两个侧面上的大小相等、方向相反、作用线相距很近的力，使键的上、下两部分沿 mn 截面发生相对错动的变形。在以上两例中，mn 截面称为剪切面。

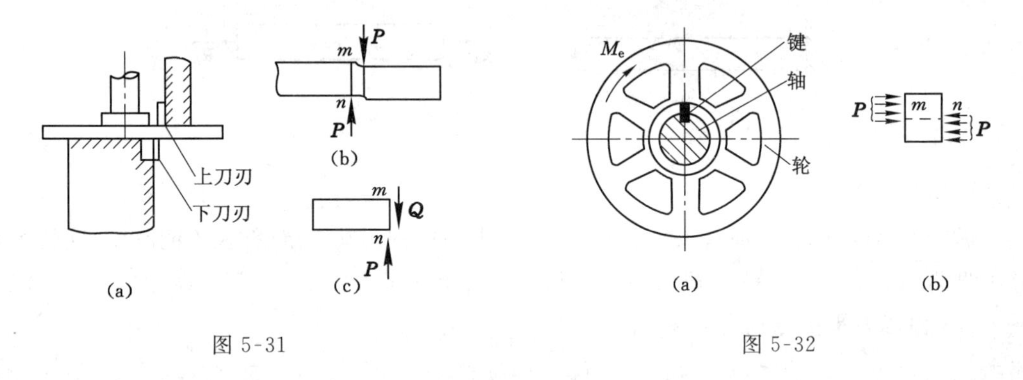

图 5-31　　　　图 5-32

由此可见，剪切变形的特点是：作用于构件两个侧面上的外力可简化成大小相等、方向相反、作用线相距很近的一对力，使构件两部分沿剪切面有发生相对错动趋势、变形或剪断。连接件如螺栓、销钉、铆钉、键等都是受剪切的零件。

在图 5-31 中，如沿截面 mn 假想将钢板分为两部分，并取左部分为研究对象，由该部分的平衡可知，截面 mn 上内力的合力必然是一个平行于力 $\boldsymbol{P}$ 的力 $\boldsymbol{Q}$，且

$$Q = P$$

力 $\boldsymbol{Q}$ 与截面 mn 相切，称为 mn 截面上的剪力。

因受剪零件的变形及受力比较复杂，理论计算方法确定受剪面上的应力往往非常困难且不切实际，故工程上采用实用计算方法，即假设应力在受剪面上是均匀分布的。若 A 为剪切面面积，则应力为：

$$\tau = \frac{Q}{A} \tag{5-10}$$

由此所得应力也称名义剪应力。若以$[\tau]$表示许用剪应力，则剪切实用计算的强度条件为：

$$\tau = \frac{Q}{A} \leqslant [\tau] \tag{5-11}$$

同拉(压)问题一样，依此强度条件也可解决强度校核、设计截面、确定许用载荷三类问题。

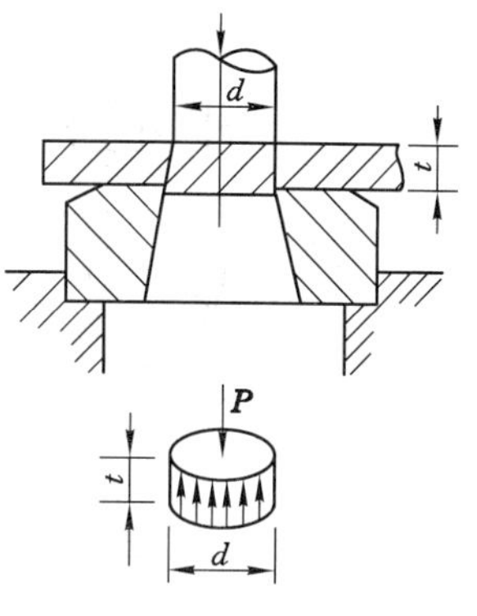

【例 5-12】 在图 5-33 中，已知钢板厚度 $t=10$ mm，其剪切极限应力 $\tau_{jx}=300$ MPa。若用冲床将钢板冲出直径 $d=25$ mm 的孔，问需要多大的力 P？

解 剪切面就是钢板内被冲出的圆柱形侧面，如图 5-32 所示，其面积为：

图 5-33

$$A=\pi dt=\pi\times25\times10=785\ (\text{mm}^2)$$

则 $P \geqslant A\tau_{jx}=785\times10^{-6}\times300\times10^{6}=236\times10^{3}\,(\text{N})=236\ (\text{kN})$

5.8.2 挤压的实用计算

螺栓、销钉、铆钉、键等连接件传力时，除受剪力外，在连接件和被连接件的接触面上还将产生相互挤压，在接触面的局部区域可能发生显著的塑性变形，即产生挤压破坏。

挤压面上的应力称为挤压应力，用 σ_{jy} 表示。与直杆压缩时的应力不同，挤压应力只限于接触部分附近的区域且分布复杂。工程上也采用实用计算方法，即假定挤压面上的应力均匀分布，如以 P_{jy} 表示挤压面上的作用力即挤压力，A_{jy} 表示挤压面面积，则

$$\sigma_{jy} = \frac{P_{jy}}{A_{jy}} \tag{5-12}$$

挤压实用计算的强度条件为：

$$\sigma_{jy} = \frac{P_{jy}}{A_{jy}} \leqslant [\sigma]_{jy} \tag{5-13}$$

式中，$[\sigma]_{jy}$ 为材料的挤压许用应力。因挤压是接触面的局部作用，一般取$[\sigma]_{jy}>[\sigma]$，如钢材的$[\sigma]_{jy}=(1.7\sim2)[\sigma]$，$[\sigma]$为拉伸时的许用应力。

挤压面面积 A_{jy} 的计算，要根据接触面的情况而定。如图 5-32 所示的键连接，其接触面就是挤压面，即 $A_{jy}=\frac{h}{2}\cdot l$。螺栓、销钉、铆钉等连接的零件的接触面则是圆柱面的一部分。理论分析结果表明，板与钉之间挤压应力的分布情况如图 5-34(b)所示，最大应力发生在半圆柱形接触面的中点，其数值大致相当于圆孔或圆钉的直径平面面积[图 5-32(c)的阴影线面积]$A_{jy}=d\cdot t$ 去除挤压力 P_{jy}。

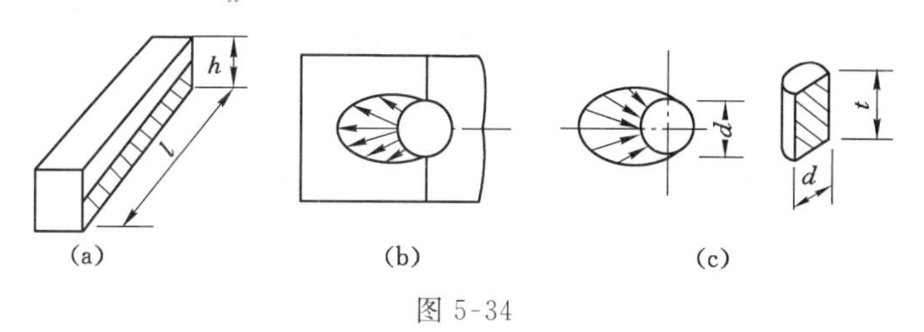

图 5-34

【例 5-13】 图 5-35(a)表示齿轮用平键与轴连接(图中未画齿轮)。已知轴的直径 $d=70$ mm,键的尺寸为 $b\times h\times l=20$ mm$\times 12$ mm$\times 100$ mm,传递的扭矩 $m=2$ kN·m,键的许用应力$[\tau]=60$ MPa,$[\sigma]_{jy}=100$ MPa。试校核键的强度。

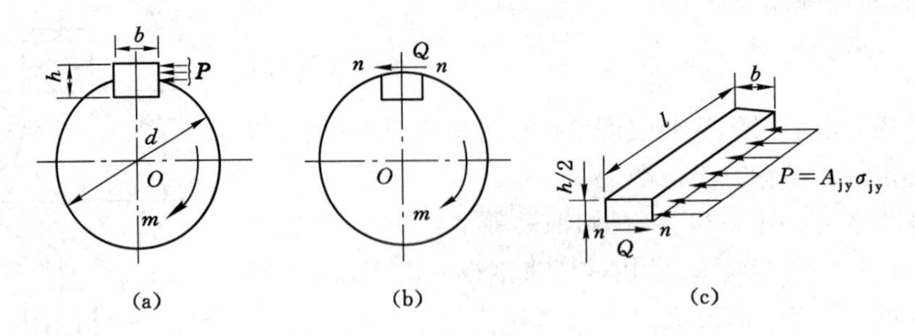

图 5-35

解 (1) 先校核键的剪切强度。假想沿 n—n 截面将键分成两部分,把下部分和轴作为一个整体考虑[图 5-33(b)]。因假设 n—n 截面上的剪应力均匀分布,故剪力为:

$$Q=A\tau=bl\tau$$

对轴心取矩,由 $\sum M_O=0$,得:

$$Q\frac{d}{2}-m=0$$

$$Q\frac{d}{2}=bl\tau\frac{d}{2}=m$$

故 $\tau=\frac{2m}{bld}=\frac{2\times 2\ 000}{20\times 100\times 70\times 10^{-9}}=28.6\times 10^{6}\ (\text{N/m}^2)=28.6\ (\text{MPa})<[\tau]$ (安全)

(2) 校核挤压强度。键右侧面上的挤压力 $P_{jy}=A_{jy}\sigma_{jy}=\frac{hl}{2}\sigma_{jy}$,如图 5-35(c)所示。

由平衡方程得:

$$Q=P \quad 或 \quad bl\tau=\frac{hl}{2}\sigma_{jy}$$

所以 $$\sigma_{jy}=\frac{2b\tau}{h}=\frac{2\times 20\times 28.6}{12}=95.3\ (\text{MPa})<[\sigma]_{jy}$$

故键也符合挤压强度要求。

【例 5-14】 钢制插销连接件如图 5-36 所示。已知 $t=8$ mm,销子材料的$[\tau]=30$ MPa,$[\sigma]_{jy}=1\ 000$ MPa,牵引力 $P=15$ kN,试确定销子的直径 d。

解 销子的受力情况如图 5-36(b)所示,可得:

$$Q=\frac{P}{2}=\frac{15}{2}=7.5\ (\text{kN})$$

按剪切强度条件设计:

$$A\geqslant\frac{Q}{[\tau]}=\frac{7\ 500}{30\times 10^{6}}=2.5\times 10^{-4}\ (\text{m}^2)$$

即 $$\frac{\pi d^2}{4}\geqslant 2.5\times 10^{-4}\ \text{m}^2$$

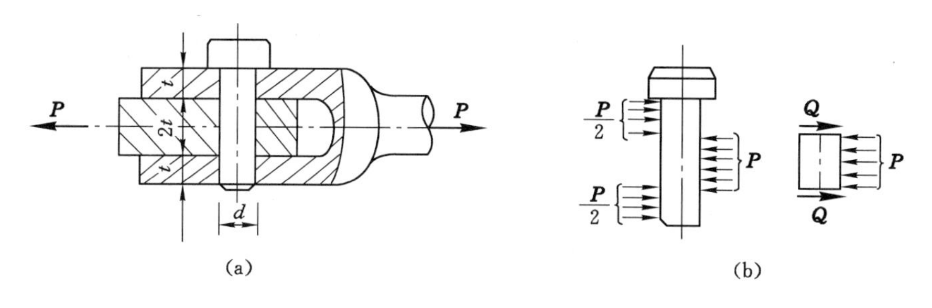

图 5-36

$$d \geqslant 0.0178\ \mathrm{m} = 17.8\ \mathrm{mm}$$

按挤压强度条件校核：

$$\sigma_{jy} = \frac{P}{A_{jy}} = \frac{P}{2td} = \frac{15\,000}{2 \times 8 \times 17.8 \times 10^{-6}} = 52.7 \times 10^{6}(\mathrm{N/m^2}) = 52.7\ (\mathrm{MPa}) < [\sigma]_{jy}$$

所以挤压强度足够。选用 $d=20$ mm 标准圆柱销。

思 考 题

5-1 什么是平面假设？作此假设的根据是什么？为什么在推导轴向受拉(压)杆的应力公式时必先作这个假设？

5-2 在轴向拉(压)杆中，最大正应力发生在哪个截面上，其上有无剪应力？最大剪应力发生在哪个截面上，其上正应力是否为零？

5-3 为什么要研究材料的力学性质？

5-4 拉伸图和 σ—ε 曲线有什么关系和区别？

5-5 衡量材料力学性能的主要指标有哪几个？如何区分塑性材料与脆性材料。

5-6 怎样确定材料的许用应力？为什么脆性材料的安全系数一般都大于塑性材料的安全系数？

5-7 什么是应力集中现象？应力集中对哪种类型材料的影响大？

5-8 静定结构有温度应力、装配应力吗？

习 题

5-1 试作图示各杆的轴力图。(答案：(a) $N_1=20$ kN，$N_2=-20$ kN；(b) $N_1=40$ kN，$N_2=0$，$N_3=20$ kN；(c) $N_1=20$ kN，$N_2=-20$ kN；(d) $N_1=-20$ kN，$N_2=-10$ kN，$N_3=10$ kN)

5-2 图示一承受轴向拉力 $P=10$ kN 的等直杆，已知杆的横截面面积 $A=100\ \mathrm{mm}^2$，试求在 $\alpha=0°$、30°、45°、60°、90°的各截面上的正应力和剪应力。(答案：$\alpha=0°$时：$\sigma_\alpha=100$ MPa，$\tau_\alpha=0$；$\alpha=30°$时：$\sigma_\alpha=75$ MPa，$\tau_\alpha=43.3$ MPa；$\alpha=45°$时：$\sigma_\alpha=50$ MPa，$\tau_\alpha=50$ MPa；$\alpha=60°$时：$\sigma_\alpha=25$ MPa，$\tau_\alpha=43.3$ MPa；$\alpha=90°$时：$\sigma_\alpha=0$，$\tau_\alpha=0$)

5-3 一等直杆，其横截面面积为 A、材料的弹性模量为 E，受力情况如图所示。试作轴

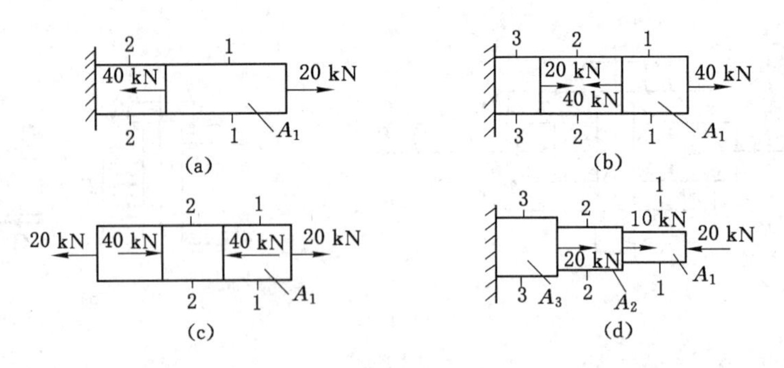

习题 5-1 图

力图，并求杆下端 D 点的位移。（答案：$\Delta_D=\dfrac{Pl}{3EA}$）

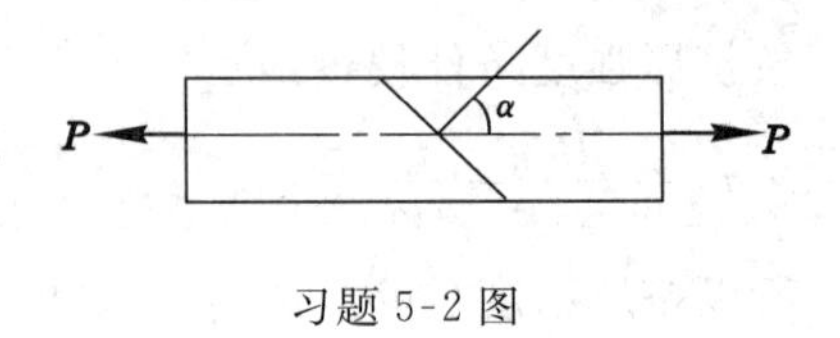

习题 5-2 图

5-4 一木柱的受力情况如图所示，已知柱的横截面为边长 $a=200$ mm 的正方形，材料的弹性模量 $E=10^3$ MPa。试求：

（1）作柱的轴力图；（答案：最大压力 $N_{BC}=260$ kN）

（2）计算上、下段横截面上的正应力；（答案：$\sigma_{AB}=-2.5$ MPa，$\sigma_{BC}=-6.5$ MPa）

（3）计算上、下柱的纵向线应变；（答案：$\varepsilon_{AB}=-0.25\times10^{-3}$，$\varepsilon_{BC}=-0.65\times10^{-3}$）

（4）计算柱的总变形。（答案：$\Delta L=-1.35$ mm）

5-5 图示结构由实心圆截面钢杆 AB 和 AC 在点 A 以铰连接而成。已知杆 AB 和 AC 的横截面直径分别是 $d_1=12$ mm 和 $d_2=15$ mm，钢材弹性模量 $E=0.21\times10^6$ MPa，$P=35$ kN。试求点 A 在铅直方向的位移。（答案：$\Delta_A=1.365$ mm）

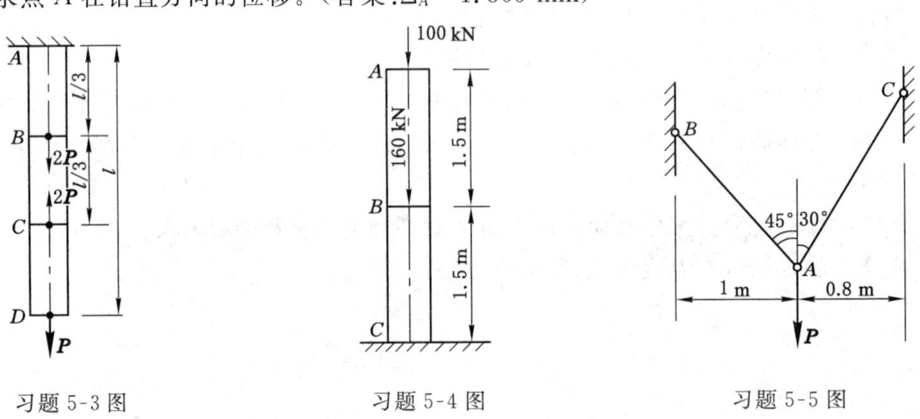

习题 5-3 图　　习题 5-4 图　　习题 5-5 图

5-6 一等直杆的受力情况如图所示，若已知杆的横截面面积为 A、材料的弹性模量为 E。试求杆端 B 的水平位移。（答案：$\Delta_B=-\dfrac{Pl}{EA}$）

5-7 在图示结构中，AB 为钢杆，CD 为由 3 号钢制造的斜拉杆。已知 $P_1=5$ kN，$P_2=10$ kN，$L=1$ m，杆 CD 的横截面面积 $A=100$ mm²，3 号钢的弹性模量 $E=0.2\times10^6$ MPa。试求杆 CD 的轴向变形和 AB 在端点 B 的铅直位移。（答案：$\Delta_{CD}=2$ mm，$\Delta_B=5.6$ mm）

5-8 图示为三角托架，已知 AC 是园截面钢杆，许用应力$[\sigma]=170$ MPa；BC 是正方形

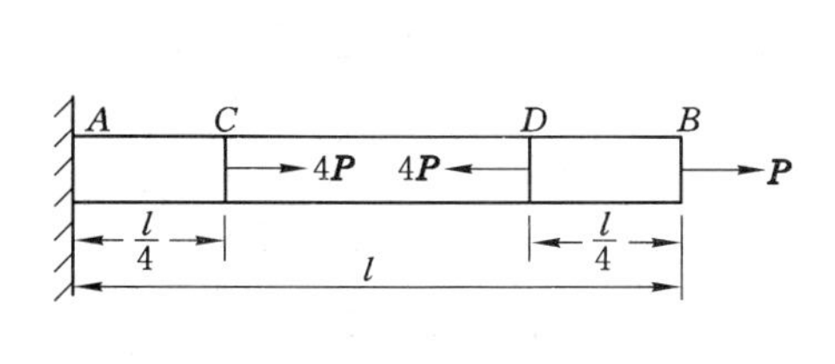

习题 5-6 图

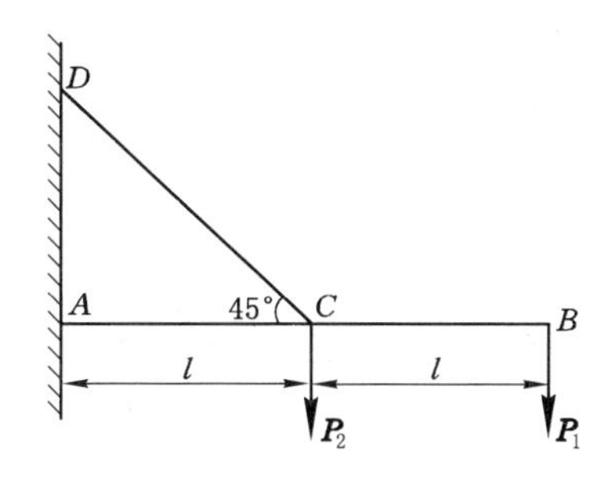

习题 5-7 图

横截面木杆，许用压应力$[\sigma]_y$＝12 MPa；载荷 P＝60 kN。试选择钢杆的直径 d 和木杆的横截面边长 a。（答案：d＝26 mm，a＝95 mm）

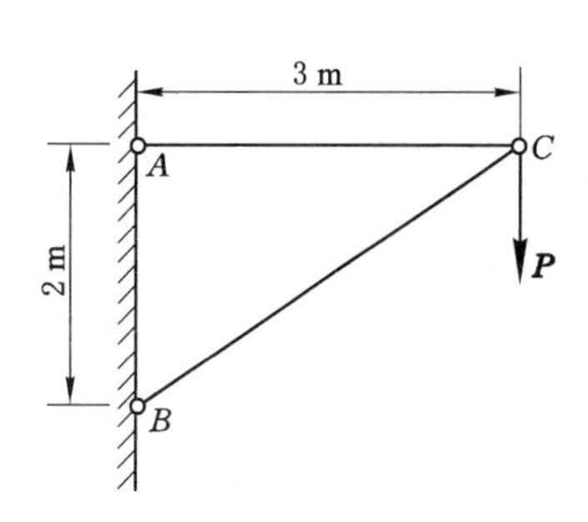

习题 5-8 图

5-9　图示为一横担结构，小车可在梁 AC 上移动。已知小车上作用有集中载荷 P＝15 kN；斜杆 AB 是圆钢杆，许用应力$[\sigma]$＝170 MPa。若载荷 P 通过小车对梁 AC 的作用可简化为一集中力，试设计杆 AB 的横截面直径 d。（答案：d＝17 mm）

5-10　图示一吊桥结构，试求钢拉杆 AB 所需的横截面面积。已知钢的许用应力$[\sigma]$＝170 MPa。（答案：A＝397 mm^2）

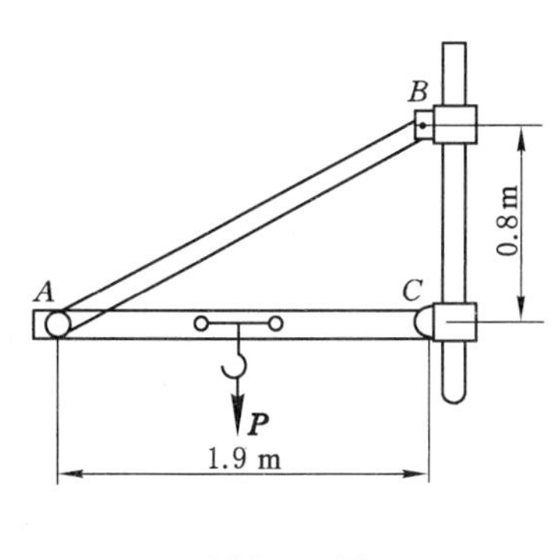

习题 5-9 图

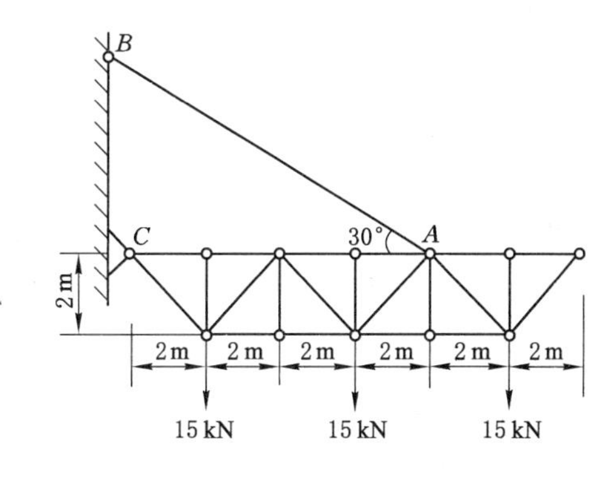

习题 5-10 图

5-11　如图所示的简易起重设备，其杆 AB 是由两根不等边角钢 L(63 mm×40 mm×4 mm)所组成。已知角钢材料的$[\sigma]$＝170 MPa，每个角钢的横截面面积为 4.058 cm^2，问当用此设备起重 W＝15 kN 的载荷时是否安全？（答案：σ_{AB}＝73.8 MPa，安全）

5-12　起吊钢管的情况如图，若钢管重 W＝10 kN，绳索的直径 d＝40 mm，许用应力$[\sigma]$＝10 MPa，试校核绳的强度。（答案：σ＝5.63 MPa，安全）

5-13　在图示等边三角形杆系结构中，杆 AB 和 AC 都是直径 d＝20 mm 的钢管杆，其中$[\sigma]$＝170 MPa，试确定此结构的许可载荷 P。（答案：P＝92.5 kN）

5-14　图示为一高 10 m 的石砌桥墩，其横截面的两端为半圆形。已知轴心压力 P＝1 000 kN，石料的容重 γ＝23 kN/m^3，试求桥墩底面上的压应力。（答案：σ＝－0.339 MPa）

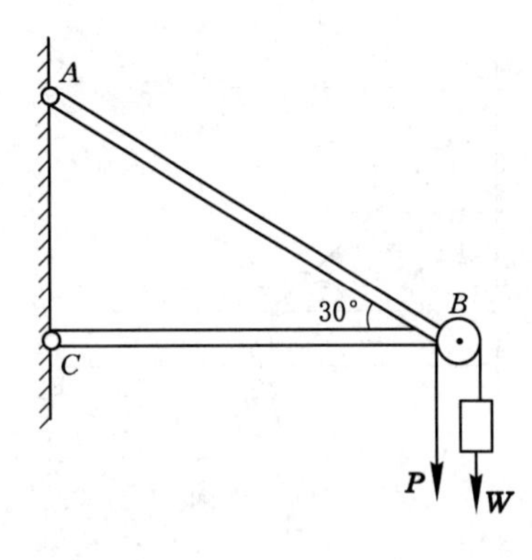

习题 5-11 图

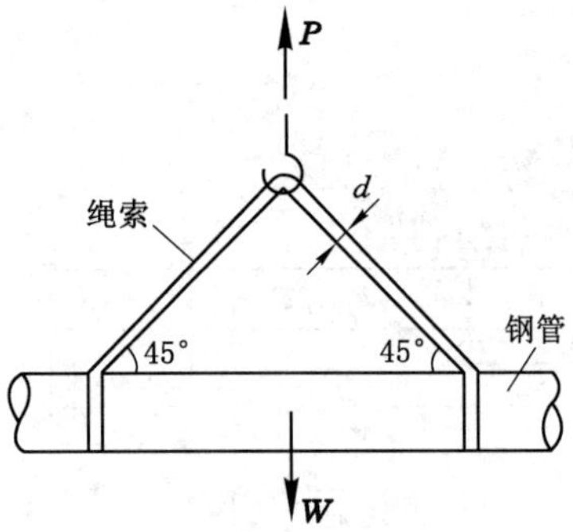

习题 5-12 图

5-15　图示为一顶部作用有轴心压力 $P=1\ 000$ kN 的混凝土阶梯柱，已知其容重 $\gamma=22$ kN/m³，许用应力 $[\sigma]=2$ MPa，弹性模量 $E=2.0\times10^4$ MPa。试计算该柱上、下段应有的横截面面积 A_1、A_2 和顶端 M 的位移。（答案 $A_1=0.576$ m²，$A_2=0.665$ m²，$\Delta_M=2.24$ mm：）

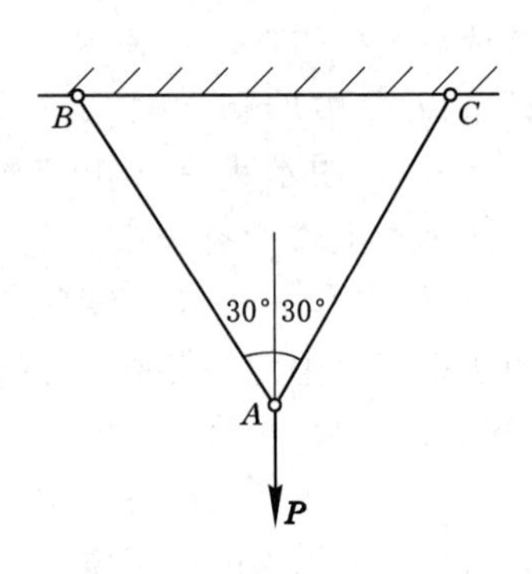

5-16　图示两端固定的等直杆，试求在轴向载荷 $2\boldsymbol{P}$ 和 $\boldsymbol{P}$ 的作用下各段的轴力。（答案：最大拉力 $N=\dfrac{7}{4}P$，最大压力

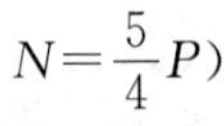
$N=\dfrac{5}{4}P$）

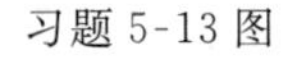
习题 5-13 图

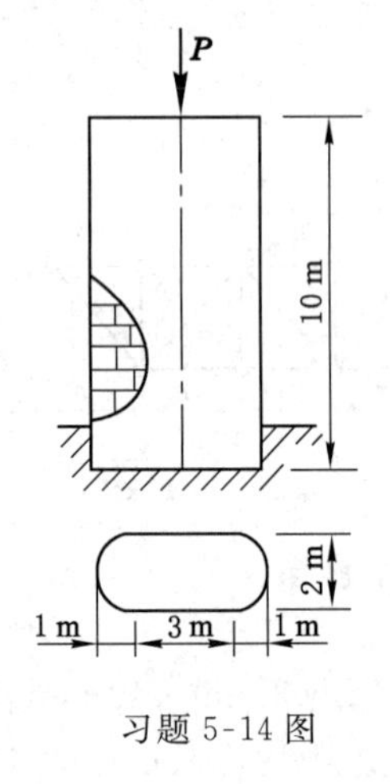

习题 5-14 图

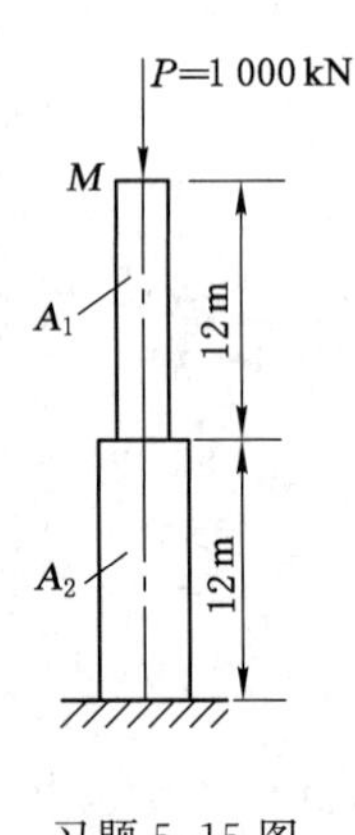

习题 5-15 图

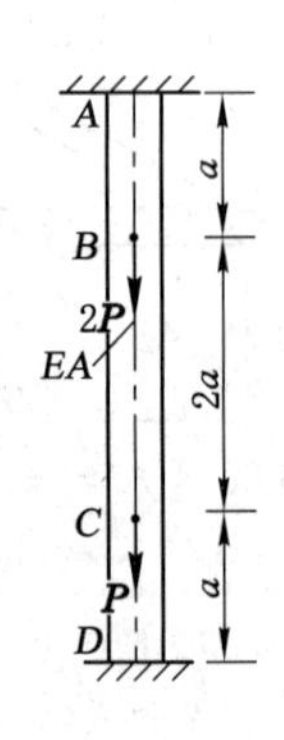

习题 5-16 图

5-17　在图示结构中，AB 为钢杆，CD 和 EF 长度相同，横截面面积均为 $A=1\ 000$ mm²，若在钢杆的 B 端作用 $P=50$ kN，试求杆 CD 和 EF 中的应力。（答案：$N_{CD}=30$ kN，$\sigma_{CD}=30$ MPa；$N_{EF}=60$ kN，$\sigma_{EF}=60$ MPa）

5-18　图示一直径 $d=25$ mm 钢杆，在加热升温 30 ℃后，将其两端固定起来，然后再冷却到原有温度。试求这时钢杆横截面上的应力及两固定端的支反力。已知钢的线膨胀系数 $\alpha=12\times10^{-6}\dfrac{1}{℃}$，弹性模量 $E=210$ GPa。（答案：$\sigma=75.6$ MPa，$R=37.1$ kN ）

5-19　试校核图示连接销钉的剪切强度。已知 $P=100$ kN，销钉直径 $d=30$ mm，材料的许用剪应力$[\tau]=60$ MPa。若强度不够，应选用多大直径的销钉？（答案：$\tau=70.7$ MPa$>[\tau]$，强度不够，应改用 $d\geqslant32.6$ mm 的销钉）

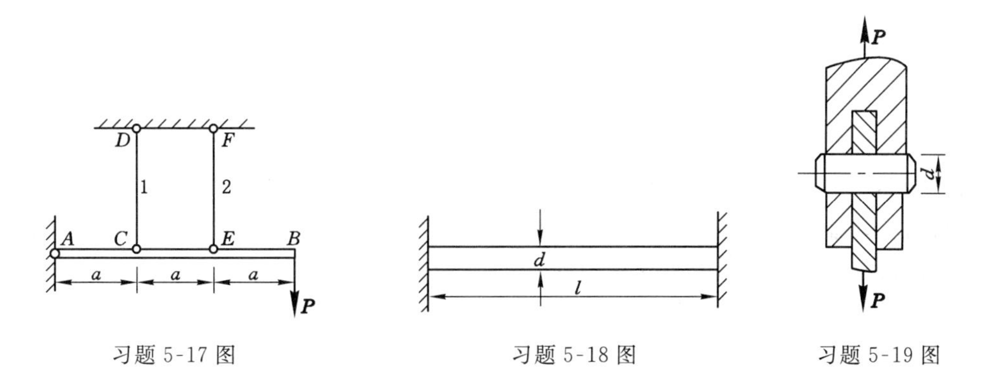

习题 5-17 图　　习题 5-18 图　　习题 5-19 图

5-20　图示联轴节传递力矩为 $M=200$ N·m，凸缘之间用四个螺栓连接，螺栓内径 $d=10$ mm，对称分布在 $D_0=80$ mm 的圆周上。如螺栓的许用剪应力$[\tau]=60$ MPa，试校核螺栓的剪切强度。（答案：$\tau=15.9$ MPa$<[\tau]$，安全）

5-21　一螺栓将拉杆与厚为 8 mm 的两块盖板相连接。各零件材料相同，其许用应力$[\sigma]=80$ MPa，$[\tau]=60$ MPa，$[\sigma]_{jy}=160$ MPa。若拉杆的厚度 $t=15$ mm，拉力 $P=120$ kN，试设计螺栓直径 d 及拉杆宽度 b。（答案：$d\geqslant150$ mm，$b\geqslant100$ mm）

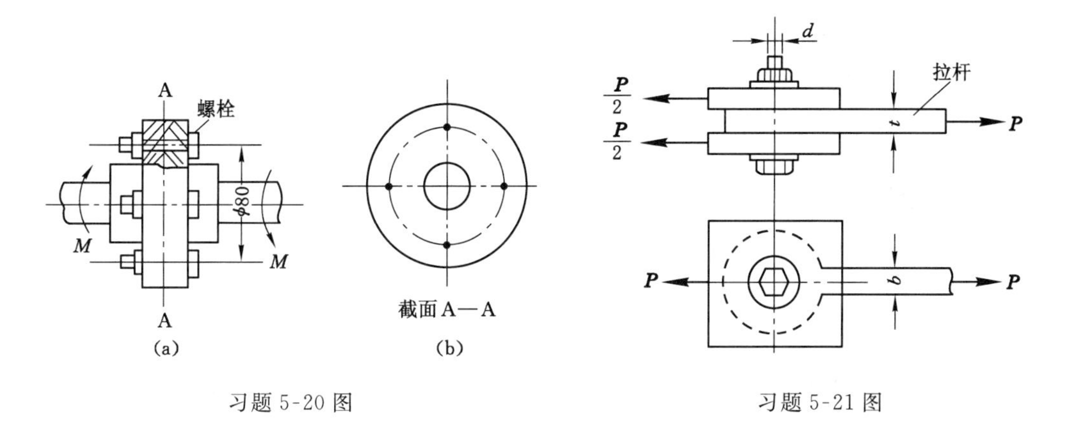

习题 5-20 图　　习题 5-21 图

6 扭　　转

扭转是杆件变形的基本形式之一。在杆件两端作用垂直于杆轴线的力偶时，杆件将发生扭转变形。工程上关于扭转变形的实例很多，例如电动机的传动轴、螺丝刀拧螺丝、汽车方向盘的转动轴以及建筑结构中的某些构件如雨篷梁等，它们工作时均以扭转为主要变形。通常将以扭转为主要变形的杆件称为轴。

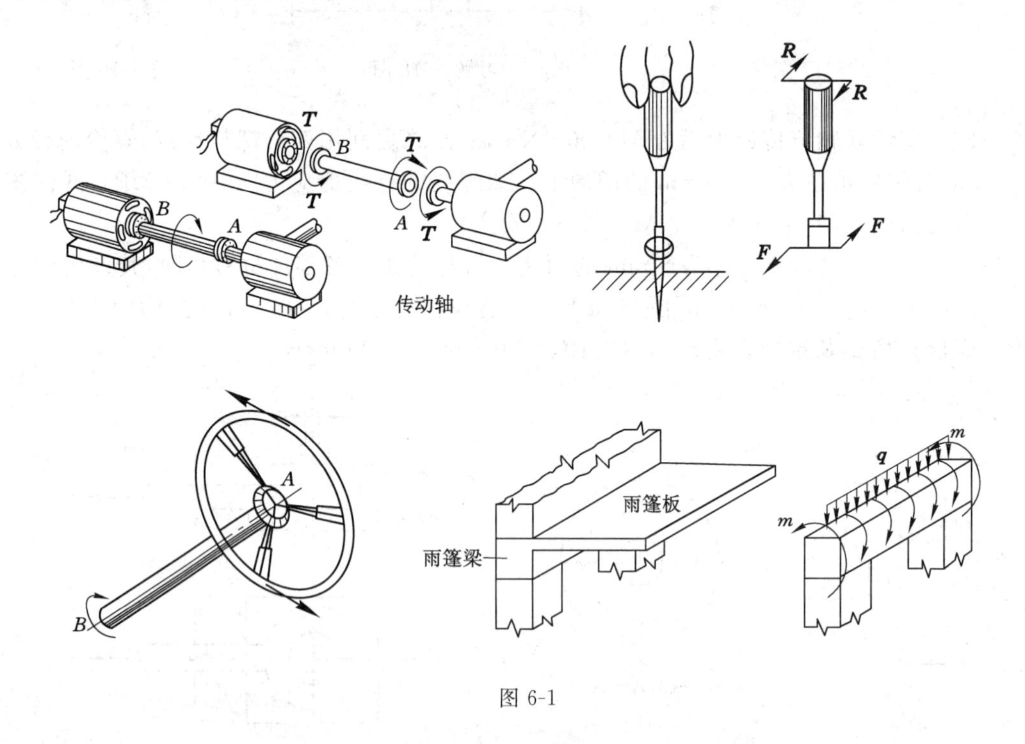

图 6-1

杆件发生扭转变形时，在杆件两端作用着垂直于杆件轴线的大小相等、转向相反的外力偶。在外力偶的作用下，杆件的相邻横截面绕杆轴线发生了相对转动，杆件表面的纵向线变成螺旋线，如图 6-2 所示。

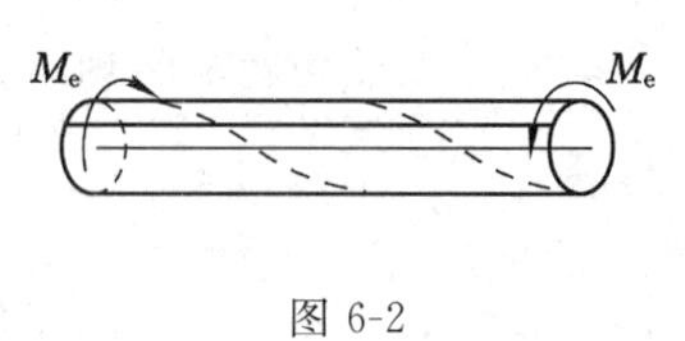

图 6-2

工程上一些杆件在受扭转而变形的同时也还伴随有其他形式的变形(如拉压或弯曲)，属于组合变形。这类问题将在以后的相关章节中讨论，本章主要研究等直圆杆的扭转问题。

6.1　薄壁圆筒扭转

如果圆筒的壁厚小于或等于其平均半径的十分之一，称之为薄壁圆筒。对于图 6-3(a)

所示的等厚薄壁圆筒，受扭前在圆筒上标注圆周线和纵向线，它们构成长方形。在圆筒两端作用大小相等、转向相反、垂直于轴线的外力偶使其产生扭转变形。实验结果表明，圆周线的形状、大小、间距都没发生变化。纵向线倾斜了同一个角度，小矩形变成了平行四边形。这表明在圆筒的横截面上只有剪应力而无正应力。由于圆筒壁厚远小于其直径，可认为剪应力沿壁厚均匀分布，且方向垂直于圆筒半径方向。又由于沿圆周方向各点的情况相同，故沿圆周各点的剪应力大小也是相同的。因此，横截面上内力系对轴线 x 的力矩为：

$$2\pi r\delta \cdot \tau \cdot r = 2\pi r^2 \delta\tau \tag{a}$$

式中，δ 为薄壁圆筒的厚度；r 为圆筒的平均半径。若左端的外加力偶距为 M_e，由 qq 截面以左部分的平衡条件 $\sum M_x = 0$ 得：

$$M_e = 2\pi r^2 \delta \cdot \tau$$

从而

$$\tau = \frac{M_e}{2\pi r^2 \delta} \tag{b}$$

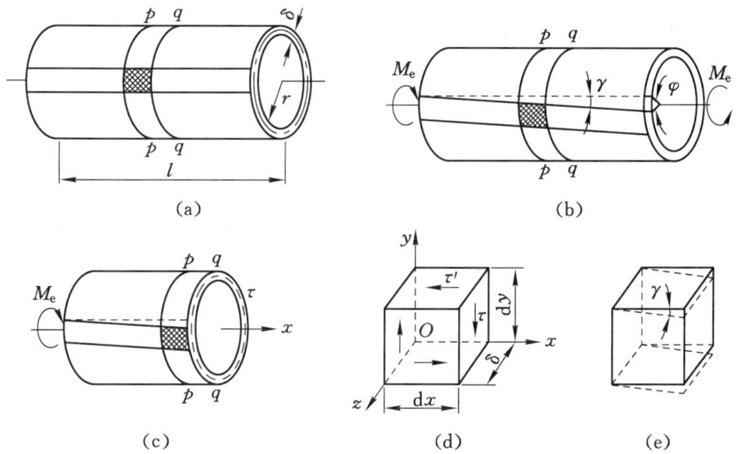

图 6-3

用相邻的两个横截面和相邻的两个纵向平面从薄壁圆筒中取出一单元体，它在三个方向上的尺寸分别为 dx、dy 和 δ，如图 6-3(d)所示。单元体的左、右两侧面是圆筒横截面的一部分，故这两个侧面只有剪应力而无正应力，剪应力大小由式(b)计算，数值相等但方向相反。于是它们组成一个力偶，其力偶距为 $(\tau\delta dy)dx$。由于单元体是平衡的，故在单元体上、下两个面上必存在大小相等、方向相反的剪应力 τ'，它们形成一个力偶距为 $(\tau'\delta dx)dy$ 的力偶来平衡上述力偶。由单元体的平衡条件 $\sum M_z = 0$ 得：

$$(\tau\delta dy)dx = (\tau'\delta dx)dy$$

即

$$\tau = \tau' \tag{6-1}$$

式(6-1)表明：在相互垂直的两个平面上，剪应力必然同时存在，且大小相等，它们均垂直于两个平面的交线，要么共同指向、要么共同背离这一交线，此即**剪应力互等定理**。

当截面上只有剪应力而无正应力时，称为纯剪切。例如，图 6-3(d)所示的单元体中的上、下、左、右四个面均为纯剪切。纯剪切时单元体相对两个侧面将发生微小错动，原来相互垂直的两个邻边的夹角改变了一个微量 γ，称为剪应变。由图 6-3(b)可以看出，若 φ 为薄壁圆筒两端的相对转角，l 为圆筒长度，则剪应变 γ 为：

$$\gamma = \frac{r\varphi}{l} \tag{c}$$

实验结果表明：当剪应力不超过材料的剪切比例极限 τ_p 时，扭转角 φ 与扭转力偶距 M_e 成正比，因此 τ 与 γ 成正比，即

$$\tau = G\gamma \tag{6-2}$$

式中，G 为材料的剪切弹性模量，其量纲与弹性模量 E 的量纲相同，常用单位为 Pa、MPa、GPa。式(6-2)称为**剪切虎克定律**。

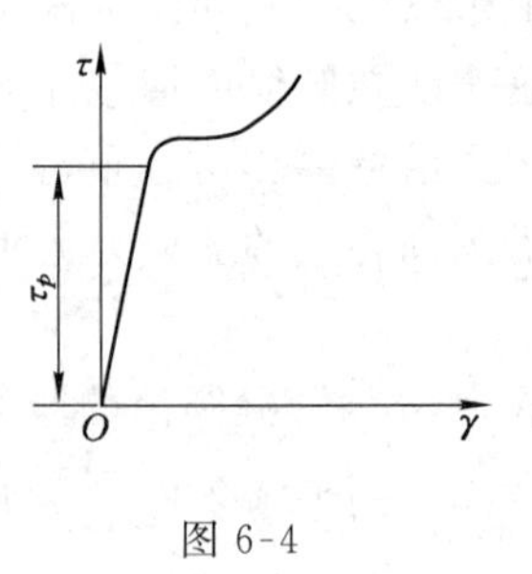

图 6-4

至此，已引用了材料的三个弹性常数：弹性模量 E、泊松比 μ 和剪切弹性模量 G。对各向同性材料来说，这三者之间存在如下关系：

$$G = \frac{E}{2(1+\mu)} \tag{6-3}$$

在式(6-3)中，三个弹性常数只有两个是独立的。

6.2 受扭杆件的内力——扭矩 扭矩图

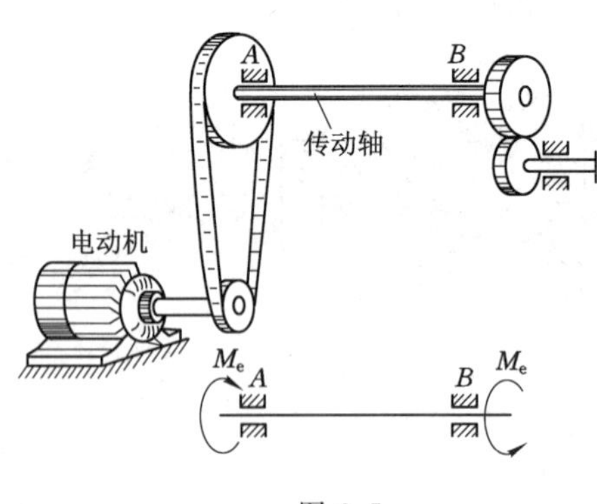

图 6-5

工程中的传动轴往往是只知道它所传递的功率和转速，如图 6-5 所示。为此，需要根据所传递的功率 P 和转速 n 求出使轴发生扭转的外力偶矩 M_e，进而计算受扭杆件的内力——扭矩。

设作用于轴上的外力偶矩为 M_e，相应的角位移为 φ，则外力偶矩所做的功为：

$$W = M_e \cdot \varphi \tag{a}$$

由于外力偶矩在单位时间内作的功为物理量功率 P，因此有：

$$P = \frac{W}{t} \tag{b}$$

由式(a)、(b)有：

$$M_e = \frac{Pt}{\varphi} = \frac{P}{\omega} = \frac{P \times 1\,000}{n \times 2\pi/60} \approx 9\,549\,\frac{P}{n}(\mathrm{N \cdot m}) \tag{6-4}$$

式中，功率 P 的单位为 kW，转速 n 的单位为 r/min。

下面研究受扭杆件横截面上的内力。

以圆轴为例，如图 6-6(a)所示，用假想的截面 nn 将圆轴一分为二，取其一部分为研究对象。若取Ⅰ部分为研究对象，其受力分析如图 6-6(b) 所示。

因为轴是平衡的，所以Ⅰ部分也平衡。列出平衡方程：

$$\sum M_x = 0 \quad T - M_e = 0$$

即

$$T = M_e$$

同理，若以Ⅱ部分为研究对象，仍可求得 $T=M_e$ 的结果。内力 $\boldsymbol{T}$ 称为圆轴扭转时横截面上的扭矩。

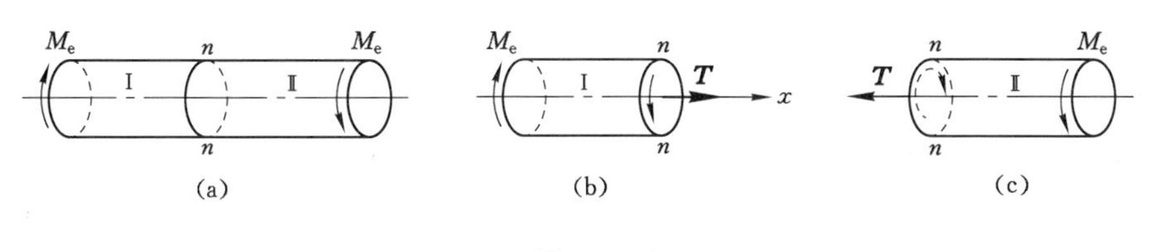

图 6-6

观察Ⅰ部分相同横截面上的扭矩 $\boldsymbol{T}$,不难发现:它们大小相等,转向相反。为了使Ⅰ和Ⅱ部分求出的同一横截面上的扭矩不但大小相等,而且方向相同,对扭矩 $\boldsymbol{T}$ 的符号规定如下:按右手法则,四指沿扭矩 T 的方向旋转,拇指的指向若与横截面的外法线方向一致,则 T 为正;反之为负。图 6-6 中 nn 截面上的扭矩 $\boldsymbol{T}$,无论对Ⅰ还是Ⅱ部分,均为正。

用截面法求得轴各横截面扭矩后,可将其表示为随截面位置变化的扭矩图。作扭矩图时横坐标表示截面的所在位置,纵坐标表示相应横截面上的扭矩。扭矩图可直观地反映出扭矩随截面位置的变化规律及最大扭矩值及其所在截面位置。

【例 6-1】 传动轴如图 6-7 所示,主动轮 A 输入功率 $P_A=50$ kW,从动轮 B、C、D 输出功率分别为 $P_B=P_C=15$ kW,$P_D=20$ kW,轴的转速为 $n=300$ r/min。试作出轴的扭矩图,并判断哪些截面上扭矩最大并给出最大扭矩值。

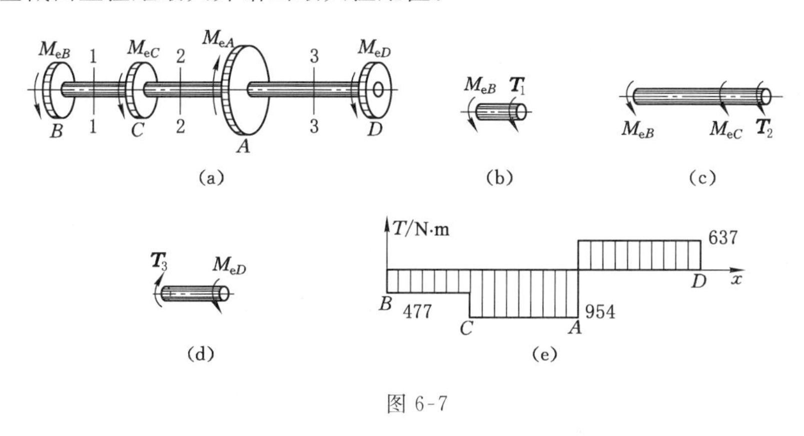

图 6-7

解 (1) 计算各轮上的外力偶

$$M_A=9\ 549\,\frac{P_A}{n}=9\ 549\times\frac{50}{300}=1\ 592\ (\text{N}\cdot\text{m})$$

$$M_B=M_C=9\ 549\,\frac{P_B}{n}=9\ 549\times\frac{15}{300}=477\ (\text{N}\cdot\text{m})$$

$$M_D=9\ 549\,\frac{P_D}{n}=9\ 549\times\frac{20}{300}=637\ (\text{N}\cdot\text{m})$$

(2) 用截面法计算各段截面上的扭矩

在 BC 段,以左部分为研究对象,受力分析如图 6-7(b)所示,列平衡方程:

$$\sum M_x=0\quad T_1+M_{eB}=0$$

从而

$$T_1=-M_{eB}=-477\ \text{N}\cdot\text{m}$$

注意:负号表明与假定的方向相反。

在 CA 段,受力分析如图 6-7(c)所示,列平衡方程:

$$\sum M_x = 0 \quad T_2 + M_{eB} + M_{eC} = 0$$

从而
$$T_2 = -M_{eB} - M_{eC} = -954 \text{ N} \cdot \text{m}$$

在 AD 段，受力分析如图 6-7(d)所示，列平衡方程：

$$\sum M_x = 0 \quad T_3 - M_{eD} = 0$$

从而
$$T_3 = M_{eD} = 637 \text{ N} \cdot \text{m}$$

综上结果，将各截面扭矩沿轴线变化绘成图 6-7(e)，即扭矩图。从图 6-7(e)中观察到，最大扭矩发生在 CA 段，且最大扭矩值为 954 N·m。

思考：若把主动轮放在轴的一端，这时轴上所承受的最大扭矩是多少？试比较主动轮放置于从轴的动轮之间较好还是放置于轴的一端较好，为什么？

6.3 圆轴扭转时的应力和强度条件

为求解圆轴扭转时的强度问题，需进一步研究圆轴扭转时横截面上的应力。为此，需要综合研究几何、物理方程和静力学平衡关系。

6.3.1 几何方程

与薄壁圆筒受扭转一样，为观察圆轴的扭转变形，在圆轴表面作圆周线和纵向线，如图 6-8 所示。在外力偶矩 M_e 作用下，得到与薄壁圆筒受扭转相似的现象：各圆周线绕轴线相对转过一个角度，但大小、形状和相邻圆周线间的距离不变。在小变形的情况下，纵向线仍近似为一条直线，只是倾斜了一个微小的角度。变形前表面上的长方形，变形后错动成平行四边形。

根据观察到的现象，假设：① 圆轴扭转变形前原为平面的横截面，变形后仍为平面，且形状和大小不变，半径仍保持为直线。② 相邻两截面间的距离不变。满足①、②两条的假设为平面假设。按照此假设，可认为圆轴的横截面在扭转变形过程中为刚性平面，只是它们绕轴线旋转了一个角度。以平面假设为基础导出的应力和变形公式，符合试验结果，且与弹性力学分析结论相一致。

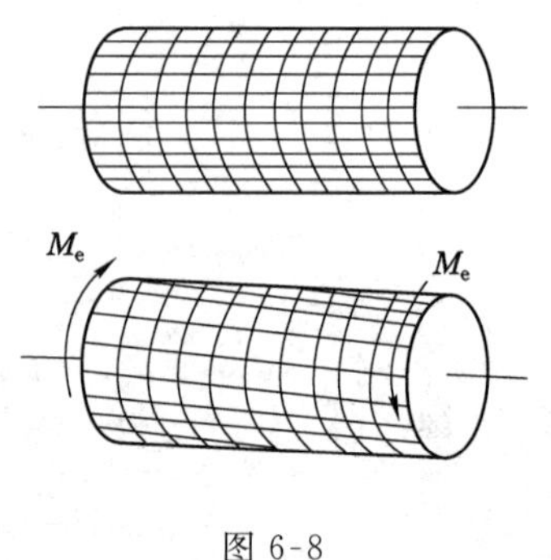

图 6-8

在图 6-9(a)中，用 φ 表示圆轴两端截面的相对转角(称为扭转角)，其单位为弧度。假设截面 mm 与 nn 之间的距离为 dx，则截面 mm 和 nn 之间的相对转角为 $d\varphi$。根据平面假设，截面 nn 像刚性平面一样，相对于截面 mm 绕轴线转过了一个角度，从而半径 Oa 转到了 Oa'，如图 6-9(b)所示。于是，表面方格 $abcd$ 的 ab 边相对于 cd 边发生了微小的错动，错动的距离是：

$$aa' = R\mathrm{d}\varphi$$

因而引起原为直角的 $\angle adc$ 角度发生改变，改变量为：

$$\gamma = \frac{aa'}{ad} = R\frac{\mathrm{d}\varphi}{\mathrm{d}x} \tag{a}$$

这就是圆截面边缘上 a 点的切应变。显然，γ 发生在垂直于半径 Oa 的平面内。

而距圆心为 ρ 处的切应变[图 6-9(c)]为：

$$\gamma_\rho = \rho \frac{\mathrm{d}\varphi}{\mathrm{d}x} \tag{b}$$

与式(a)中的 γ 一样，γ_ρ 也发生在垂直于半径 Oa 的平面内。

在式(a)、(b)中，$\frac{\mathrm{d}\varphi}{\mathrm{d}x}$表示扭转角 φ 沿 x 轴的变化率。但对给定截面上的各点来说，它是常量。故式(b)表明：横截面上各点的切应变与该点到圆心的距离 ρ 成正比。

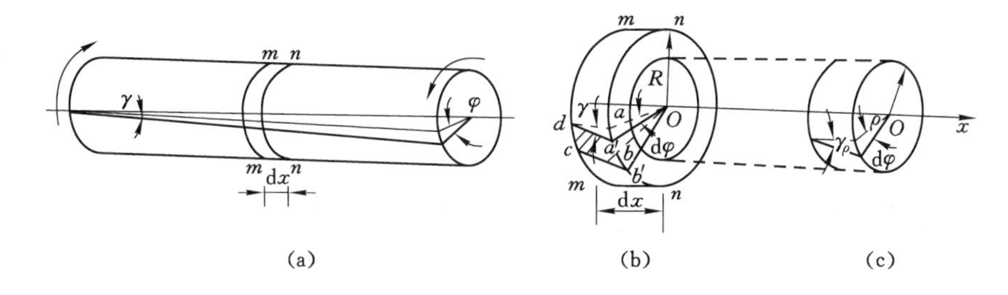

图 6-9

6.3.2 物理方程

用 τ_ρ 表示横截面上距圆心为 ρ 处的剪应力，由剪切虎克定律有：

$$\tau_\rho = G\gamma_\rho$$

将式(b)代入上式，可得：

$$\tau_\rho = G\rho \frac{\mathrm{d}\varphi}{\mathrm{d}x} \tag{6-5}$$

式(6-5)表明：τ_ρ 正比于 ρ。因为 γ_ρ 发生在垂直于半径的平面内，所以 τ_ρ 也垂直于半径。横截面上剪应力的分布如图 6-10 所示。

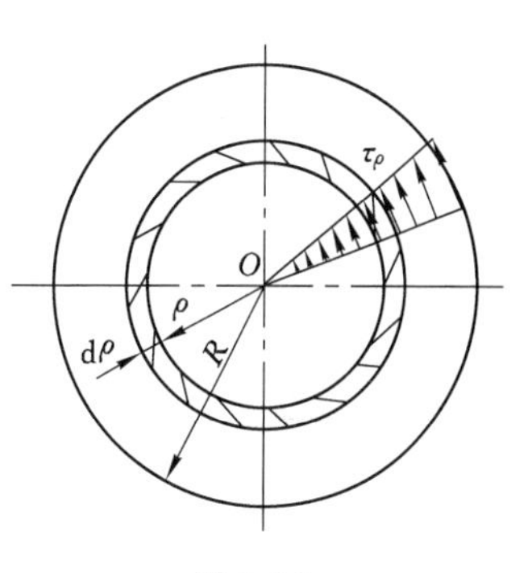

图 6-10

6.3.3 静力学方程

在横截面内距圆心为 ρ 处取微面积 $\mathrm{d}A=\rho\mathrm{d}\theta\mathrm{d}\rho$（见图6-11），$\mathrm{d}A$ 上的内力 $\tau_\rho\mathrm{d}A$ 对圆心的矩为 $\rho\tau_\rho\mathrm{d}A$，从而横截面上的内力系对圆心的力矩就是截面上的扭矩，即

$$T = \int_A \rho\tau_\rho \mathrm{d}A \tag{c}$$

将式(6-5)代入式(c)，且在给定截面上$\frac{\mathrm{d}\varphi}{\mathrm{d}x}$为常量，于是有

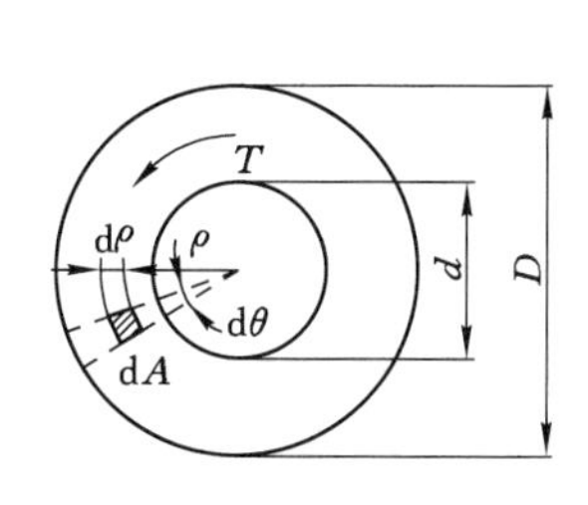

图 6-11

$$T = \int_A \rho\tau_\rho \mathrm{d}A = G\frac{\mathrm{d}\varphi}{\mathrm{d}x}\int_A \rho^2 \mathrm{d}A \tag{d}$$

令
$$I_\rho = \int_A \rho^2 \mathrm{d}A \tag{e}$$

有
$$T = GI_\rho \frac{\mathrm{d}\varphi}{\mathrm{d}x} \tag{6-6}$$

式中，I_ρ 称为横截面对圆心 O 点的极惯性矩，其单位为 m^4、mm^4。

由式(6-5)、式(6-6)得：

$$\tau_\rho = \frac{T\rho}{I_\rho} \tag{6-7}$$

观察式(6-7)知，τ_ρ 与 ρ 成正比，即横截面上最大剪应力发生在圆截面边缘上，且为

$$\tau_{\max} = \frac{TR}{I_\rho} \tag{6-8}$$

令

$$W_t = \frac{I_\rho}{R} \tag{f}$$

式(6-8)可写成：

$$\tau_{\max} = \frac{T}{W_t} \tag{6-9}$$

式中，W_t 为抗扭截面模量，其单位为 m^3、mm^3。

以上结论的导出是以平面假设为前提的。实验结果表明，只有对等直圆杆平面假设才是正确的，所以该公式仅适用于等直圆杆横截面上剪应力计算。另外，导出以上公式时使用了剪切虎克定律，因而它们仅适用于 $\tau_{\max}$ 低于剪切比例极限的情况。

在推导式(6-8)和式(6-9)的过程中，引入了截面极惯性矩 I_ρ 和抗扭截面模量 W_t。对于实心圆轴，由于 $dA=\rho d\theta d\rho$，将之代入式(e)，得：

$$I_\rho = \int_A \rho^2 \mathrm{d}A = \int_0^{2\pi}\int_0^R \rho^3 \mathrm{d}\rho \mathrm{d}\theta = \frac{\pi R^4}{2} = \frac{\pi D^4}{32} \tag{6-10}$$

式中，D 为圆截面的直径。由式(f)有：

$$W_t = \frac{I_\rho}{R} = \frac{\pi R^3}{2} = \frac{\pi D^3}{16} \tag{6-11}$$

对于空心圆轴：

$$I_\rho = \int_A \rho^2 \mathrm{d}A = \int_0^{2\pi}\int_{d/2}^{D/2} \rho^3 \mathrm{d}\rho \mathrm{d}\theta = \frac{\pi D^4}{32}(1-\alpha^4)$$

$$W_t = \frac{I_\rho}{R} = \frac{\pi R^3}{2} = \frac{\pi D^3}{16}(1-\alpha^4) \tag{6-12}$$

式中，D 和 d 分别为空心圆截面的外径和内径，R 为外半径，$\alpha=\frac{d}{D}$。

下面建立圆轴扭转时的强度条件。

根据轴的受力情况求出最大扭矩 $T_{\max}$，对于等截面直杆，由式(6-9)求出最大剪应力 $\tau_{\max}$。要使圆轴安全工作，必须满足：

$$\tau_{\max} = \frac{T}{W_t} \leqslant [\tau] \tag{6-13}$$

式(6-13)为圆轴扭转的强度条件。

但是对变截面杆(如阶梯轴、圆锥形杆等)，在建立强度条件时，由于 $\tau_{\max}$ 不一定发生于扭矩为 $T_{\max}$ 的截面上，故要综合考虑 T 和 W_t，寻找 $\tau=\frac{T}{W_t}$ 的极大值，使其满足式(6-13)。

利用该强度条件，可解决三类问题：① 受扭圆轴的强度校核；② 圆轴截面的设计；③ 确定圆轴的最大承载能力。

【例 6-2】 在图 6-12 中，由无缝钢管制成的汽车传动轴 AB 的外径 $D=90$ mm，壁厚 $\delta=2.5$ mm，材料为 45 钢，使用时的最大扭矩 $T=1.5$ kN·m。如材料的$[\tau]=60$ MPa，试校

核 AB 轴的扭转强度。

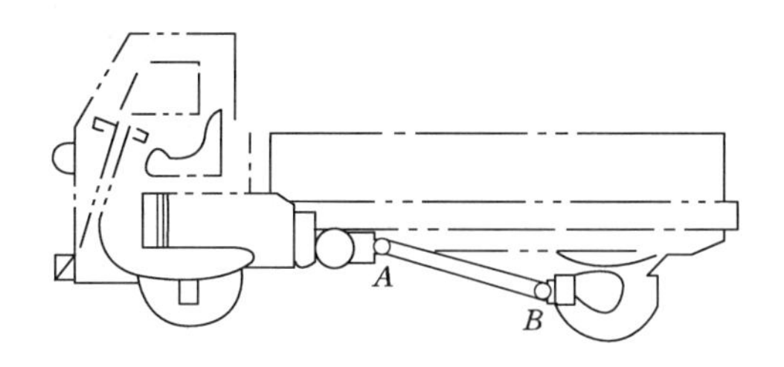

图 6-12

解　AB 轴的抗扭截面模量为：

$$W_t=\frac{\pi D^3}{16}(1-\alpha^4)=\frac{\pi(90\times10^{-3})^3}{16}(1-0.944^4)=29\ 240\times10^{-9}(\text{m}^3)$$

其中：

$$\alpha=\frac{d}{D}=\frac{90\times10^{-3}-2\times2.5\times10^{-3}}{90\times10^{-3}}=0.944$$

轴的最大剪应力为：

$$\tau_{\max}=\frac{T}{W_t}=\frac{1\ 500}{29\ 453\times10^{-9}}=51\times10^6(\text{Pa})=51\ (\text{MPa})<[\tau]$$

故 AB 轴满足强度条件。

【例 6-3】　如把例 6-2 中的传动轴改为实心轴，要求它与原来的空心轴强度相同，试确定其直径，并比较实心轴和空心轴的重量。

解　因要求强度相同，故实心轴的最大剪应力和例 6-2 中的空心轴的相同，也为 51 MPa。即

$$\tau_{\max}=\frac{T}{W_t}=\frac{1\ 500}{\frac{\pi}{16}D_1^3}=51\times10^6(\text{MPa})$$

故

$$D_1=\sqrt[3]{\frac{1\ 500\times16}{\pi\times51\times10^6}}=0.053\ 1\ (\text{m})$$

实心轴圆截面面积为：

$$A_1=\frac{\pi D_1{}^2}{4}=\frac{\pi\times0.053\ 1^2}{4}=22.2\times10^{-4}(\text{m}^2)$$

例 6-2 中的空心轴横截面面积为：

$$A=\frac{\pi}{4}(D^2-d^2)=\frac{\pi}{4}(90^2-85^2)\times10^{-6}=6.87\times10^{-4}(\text{m}^2)$$

两种情况下传动轴的重量之比为：

$$\frac{A}{A_1}=\frac{6.87}{22.2}=0.31$$

因此，在载荷相同的情况下，空心轴的重量只为实心轴重量的 31%，说明空心轴明显节约了材料。这是由于横截面上的剪应力沿半径按线性规律分布，圆心附近的应力很小，材料没有充分发挥作用。若把轴心附近的材料向边缘移置，使其成为空心轴，就会增大 I_p 和 W_t，从而提高轴的强度。

6.4 圆轴扭转时的变形和刚度条件

6.4.1 圆轴扭转时的变形

扭转变形是用两个横截面绕杆轴线转动的相对转角即扭转角来度量的。由式(6-5)有：

$$d\varphi = \frac{T}{GI_\rho}dx \tag{a}$$

式中，$d\varphi$ 表示相距 dx 的两横截面间的相对转角。沿轴线 x 积分，可得长度为 l 的杆件两横截面间的相对转角：

$$\varphi = \int_l d\varphi = \int_0^l \frac{T}{GI_\rho}dx \tag{b}$$

若两截面间 T 值不变，且轴为等直杆，则式(b)中的$\frac{T}{GI_\rho}$为常量，于是由上式可得：

$$\varphi = \frac{Tl}{GI_\rho} \tag{6-14}$$

式(6-14)表明：GI_ρ 越大，则扭转角 φ 越小，称 GI_ρ 为圆轴的抗扭刚度。

若轴在各段内的扭矩不同，或者各段内的 I_ρ 不同，如阶梯轴。此时应分段计算各段的扭转角，然后代数相加，最终得两端截面的相对扭转角

$$\varphi = \sum_{i=1}^{n} \frac{T_i l_i}{GI_{\rho_i}} \tag{6-15}$$

6.4.2 刚度条件

为了使轴能正常工作，除需满足强度条件外，还要求其不应有过大的扭转变形，需要对它的扭转变形加以限制，即满足刚度条件。如机床主轴的刚度不足，会降低机床的加工精度或引起扭转振动，影响机床的正常工作。扭转角 φ 的大小和轴的长度 l 有关，为了消除长度的影响，通常用单位长度上的扭转角$\frac{d\varphi}{dx}$来表示扭转变形的程度。

$$\varphi' = \frac{d\varphi}{dx} = \frac{T}{GI_\rho} \tag{6-16}$$

工程中限制单位长度上的扭转角 $\varphi'=\frac{d\varphi}{dx}$的最大值 φ'_{max}不能超过单位长度许可扭转角$[\varphi']$，即

$$\varphi'_{max} \leqslant [\varphi'] \tag{6-17}$$

式(6-17)称为扭转刚度条件，$[\varphi']$的单位是 rad/m，但工程中习惯上用 °/m 来表示$[\varphi']$的单位。由式(6-17)有刚度条件：

$$\varphi'_{max} = \frac{T_{max}}{GI_\rho} \times \frac{180}{\pi} \leqslant [\varphi'] \tag{6-18}$$

式中，$[\varphi']$的单位为 °/m，T_{max}、G、I_ρ 的单位分别为 N·m、Pa、m^4。

由式(6-18)可对等值杆进行：① 刚度校核；② 选择截面；③ 确定许可荷载。

对于不同的机械和轴，根据其工作条件，可从有关手册中查到相关的$[\varphi']$值。如：

精密机械传动轴　　　$[\varphi'] = (0.25 \sim 0.50)°/m$

一般传动轴　　　　　$[\varphi'] = (0.5 \sim 1.0)°/m$

精度要求不高的轴 $[\varphi']=(1\sim2.50)°/\text{m}$

【例 6-4】 某机床传动轴所承受的扭矩为 200 N·m,传动轴的直径 $d=40$ mm,轴由 45 号钢制成,$G=80$ GPa,$[\tau]=40$ MPa,$[\varphi']=1$ °/m。试校核该轴的强度和刚度。

解 (1) 轴的强度校核

$$\tau_{\max}=\frac{T}{W_t}=\frac{T}{\frac{\pi}{16}\times40^3\times10^{-9}}=1.592\times10^7(\text{Pa}\cdot\text{m})=15.92\ (\text{MPa})$$

因为 $\tau_{\max}=15.92$ MPa$<[\tau]=40$ MPa,故满足强度要求。

(2) 轴的刚度校核

$$\varphi'_{\max}=\frac{T}{GI_\rho}\times\frac{180}{\pi}=\frac{32T}{G\pi d^4}\times\frac{180}{\pi}=\frac{32\times200}{80\times10^9\times\pi\times40^4\times10^{-12}}\times\frac{180}{\pi}$$
$$=0.57\ (°/\text{m})$$

因 $\varphi'_{\max}=0.57°/\text{m}<[\varphi']=1$ °/m,故满足刚度要求。

【例 6-5】 已知一空心轴传递的功率为 $P=150$ kW,轴的转速为 300 r/min,$G=80$ GPa,$[\tau]=40$ MPa,$[\varphi']=0.5$ °/m,轴的内外径之比 $\alpha=0.5$。试计算轴的许可外径 D。

解 (1) 计算轴所受的外力偶

$$M_e=9\ 549\,\frac{P}{n}=9\ 549\times\frac{150}{300}=4\ 775\ (\text{N}\cdot\text{m})$$

(2) 由强度设计直径

该轴所受扭矩 T 的大小等于外力偶矩 M_e 的大小,由式(6-12)、式(6-13)得:

$$D_1\geqslant\sqrt[3]{\frac{16T}{\pi[\tau](1-\alpha^4)}}=\sqrt[3]{\frac{16\times4\ 775}{\pi\times40\times10^6\times(1-0.5^4)}}=86.5\ (\text{mm})$$

(3) 由刚度设计直径

由式(6-18)得:

$$D_2\geqslant\sqrt[4]{\frac{32\times180T}{\pi^2G[\varphi'](1-\alpha^4)}}=\sqrt[4]{\frac{32\times180\times4\ 775}{\pi^2\times80\times10^9\times0.5\times(1-0.5^4)}}=92.8\ (\text{mm})$$

为了保证轴既有足够的强度,又满足刚度要求,外径应大于 92.8 mm,取 $D=95$ mm。

6.5 等直非圆截面杆的自由扭转

受扭杆件的横截面并非全部圆形,往往还有矩形、工字形、槽形等形状。例如,农业机械中有时采用方轴作为传动轴;曲轴的曲柄横截面为矩形。试验表明:这些非圆形截面杆扭转后,横截面不再保持为平面,而要发生翘曲[如图 6-13(b)所示]。截面发生翘曲是由于杆扭转后,横截面上各点沿杆轴方向产生了不同位移引起的。由于截面发生翘曲,因此以平面假设为前提推导的圆杆扭转公式,在非圆截面杆中不再适用。

非圆截面杆件的扭转分为自由扭转和约束扭转。等直杆两端受外力偶作用,且翘曲不受任何限制的情况,属于自由扭转。这种情况下杆件各横截面的翘曲程度相同,纵向纤维的长度无变化,故横截面上没有正应力只有剪应力。若由于约束条件或受力条件的限制,造成杆件各横截面的翘曲程度不同,势必引起相邻两横截面间纵向纤维的长度改变,于是横截面上除剪应力外还有正应力,这种情况称为约束扭转。像工字钢、槽钢等薄壁杆件,约束扭转

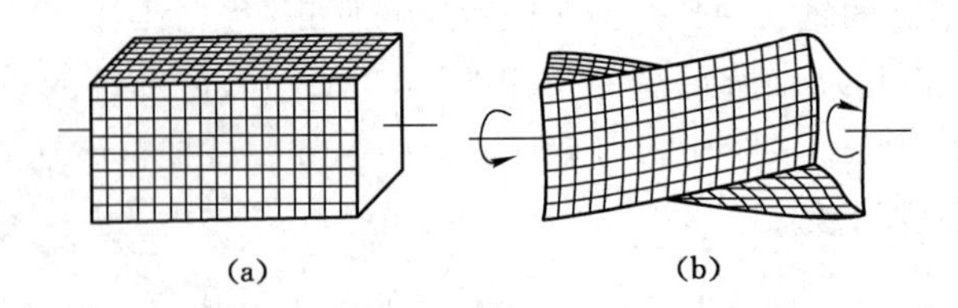

图 6-13

时横截面上的正应力往往是相当大的。但一些实体杆件，如截面为矩形或椭圆形的杆件，因约束扭转而引起的正应力很小，与自由扭转并无太大差别。

可以证明，杆件扭转时，横截面上边缘各点的剪应力都与截面边界相切，且截面凸角处的剪应力等于零。

非圆截面杆的自由扭转，一般在弹性力学中讨论。这里直接引用弹性力学的结果，并只限于矩形截面杆扭转的情况。矩形横截面上的剪应力分布如图 6-14 所示，边缘各点的剪应力形成与边界相切的顺流，四个角点上剪应力等于零。最大剪应力发生在矩形长边的中点，且按下列公式计算：

$$\tau_{\max} = \frac{T}{\alpha h b^2} \tag{6-19}$$

短边中点的剪应力 τ_1 是短边上的最大剪应力，并按以下公式计算：

$$\tau_1 = \nu \tau_{\max} \tag{6-20}$$

杆件两端相对扭转角 φ 的计算公式是：

$$\varphi = \frac{Tl}{G\beta h b^3} = \frac{Tl}{GI_t} \tag{6-21}$$

其中 $GI_t = G\beta h b^3$，也称为杆件的抗扭刚度。α、ν、β 是与比值 h/b 有关的系数，其值可查表 6-1。

表 6-1　矩形截面杆扭转时的系数 α、β 和 ν

h/b	1.0	1.2	1.5	2.0	2.5	3.0	4.0	6.0	8.0	10.0	∞
α	0.208	0.219	0.231	0.246	0.258	0.267	0.282	0.299	0.307	0.313	0.313
β	0.141	0.166	0.196	0.229	0.249	0.263	0.281	0.299	0.307	0.313	0.303
ν	1.000	0.930	0.858	0.796	0.767	0.753	0.745	0.743	0.743	0.743	0.743

当 $h/b > 10$ 时，截面为狭长矩形，这时 $\alpha = \beta \approx \frac{1}{3}$。如以 δ 表示狭长矩形的短边长度(见图 6-15)，则式(6-19)和式(6-21)化为：

$$\left.\begin{aligned} \tau_{\max} &= \frac{T}{\frac{1}{3}h\delta^2} \\ \varphi &= \frac{Tl}{\frac{1}{3}Gh\delta^3} \end{aligned}\right\} \tag{6-22}$$

在狭长矩形截面上，扭转剪应力的变化规律如图 6-15 所示。虽然最大剪应力在长边的中点，但沿长边各点的剪应力实际上变化不大，接近相等，在靠近短边处才迅速减小为零。

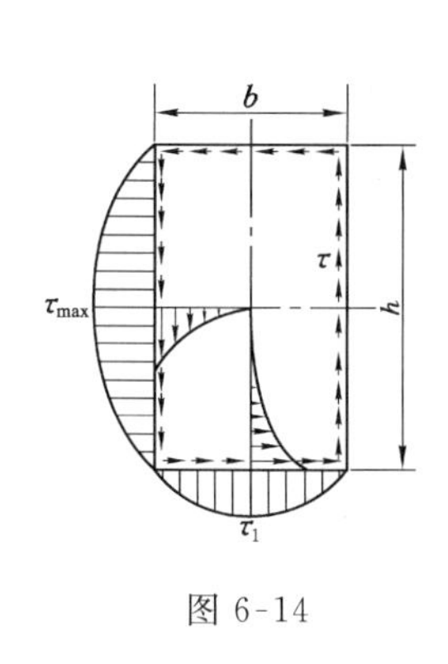

图 6-14

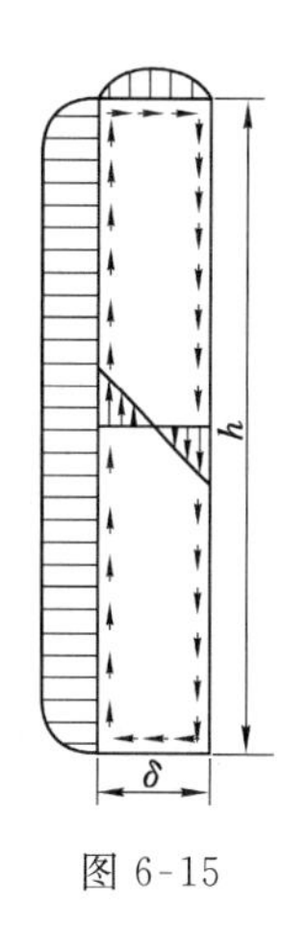

图 6-15

思　考　题

6-1　横截面面积相同的空心圆轴与实心圆轴，哪个强度、刚度较好？

6-2　若在圆轴表面上画一小圆，分析圆轴扭转后小圆将怎样变形？使小圆产生如此变形的是什么应力？

6-3　轴线与木纹平行的木质圆杆件进行扭转实验时，最先出现什么样的破坏？为什么？

6-4　非圆截面与圆截面杆受扭时，应力分布规律有什么异同？是什么原因导致了这样的应力分布？

6-5　在车削工件时，工人师傅在粗加工时通常采用较低的转速，而在精加工时采用较高的转速，为什么？

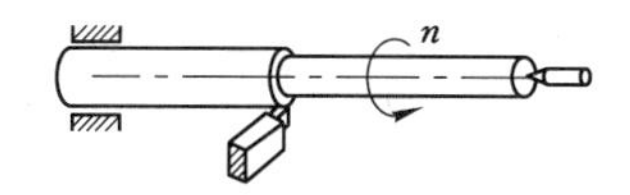

思考题 6-5 图

6-6　长为 l、直径为 d 的两根由不同材料制成的圆轴，在其两端作用相同的扭转力偶矩 M_e，问：

（1）最大剪应力是否相同？

（2）相对扭转角是否相同？为什么？

习　　题

6-1　用截面法求图示各杆件横截面上的扭矩，并作出各杆件的扭矩图。（答案：略）

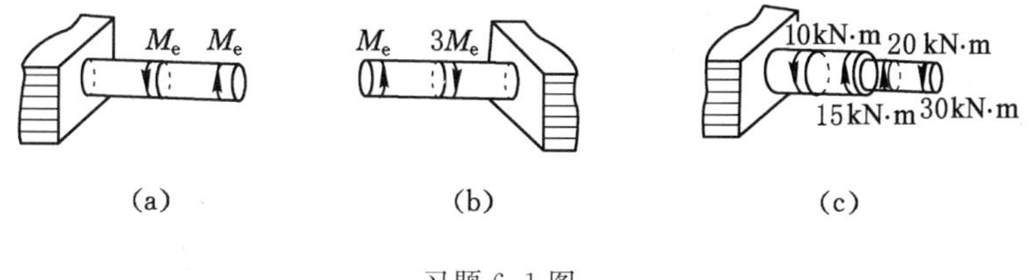

习题 6-1 图

6-2　如图示，T 为圆杆横截面上的扭矩，试画出截面上与 T 对应的剪应力分布图。（答案：略）

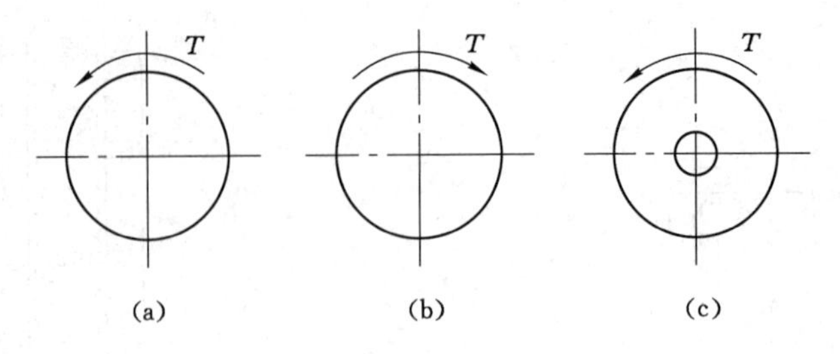

习题 6-2 图

6-3　实心圆轴的尺寸和受力情况如图所示，试求轴的最大剪应力。（答案：$\tau_{max}=37.74$ MPa）

6-4　空心圆截面的尺寸和受力情况如图所示，试求轴的最小和最大剪应力。（答案：$\tau_{max}=15.52$ MPa，$\tau_{min}=11.64$ MPa）

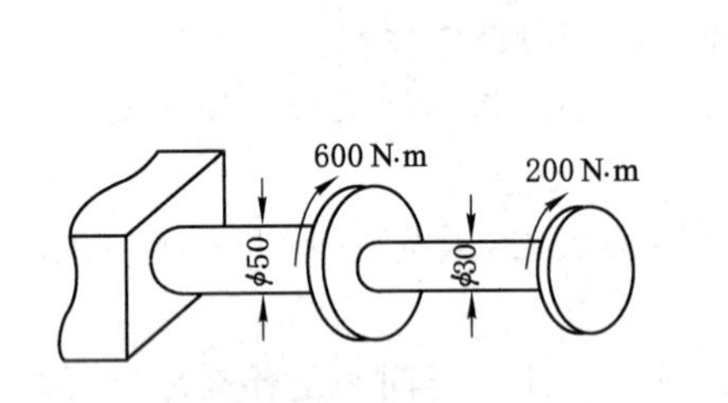

习题 6-3 图

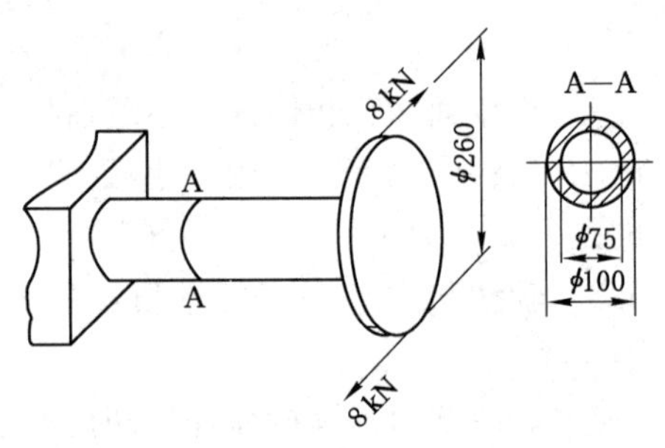

习题 6-4 图

6-5　如图所示，传动轴的转速为 $n=500$ r/min，主动轮输入功率 $P_1=367.5$ kW，从动轮 2、3 分别输出功率 $P_2=147$ kW，$P_3=220.5$ kW。已知$[\tau]=70$ MPa，$G=8\times10^4$ MPa，单位长度许可扭转角$[\varphi']=1$ °/m。要求：

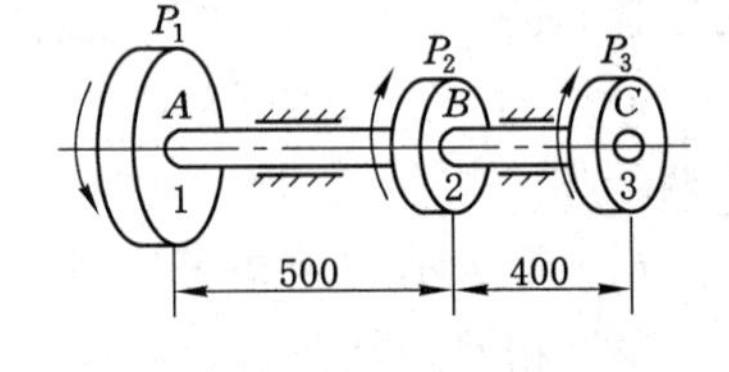

习题 6-5 图

(1) 确定 AB 段的直径 D_1 和 BC 段的直径 D_2。（答案：$D_1=84.6$ mm，$D_2=74.4$ mm）

(2) 若 AB 段和 BC 段选用同一直径，确定直径 D。（答案：$D=\max(D_1,D_2)=84.6$ mm）

(3) 主动轮和从动轮应如何安排才比较合理。（答案：若将轮 1 和轮 2 位置互换，可大大减小最大扭矩，从而减小轴的直径）

6-6　已知阶梯轴的传递功率，若两段轴的最大剪应力相等，求两段轴的直径之比及两段轴的扭转角之比。（答案：$\frac{d_1}{d_2}=1.186$，$\frac{\varphi_1}{\varphi_2}=0.843\frac{l_1}{l_2}$）

6-7　阶梯形圆轴直径 $d_1=40$ mm，直径 $d_2=100$ mm，如图所示。已知由轮 3 的输入功率 $P_3=30$ kW，轮 1 的输出功率 $P_1=13$ kW，转速为 200 r/min，材料的$[\tau]=60$ MPa，$[\varphi']=2$ °/m，$G=80$ GPa。试校核该轴的强度和刚度。（答案：AC 段：$\tau_{AC\max}=49.4$ MPa$<[\tau]=60$ MPa，满足强度要求；$\varphi'_{AC\max}=1.77$ °/m$<[\varphi']=2$ °/m，满足刚度要求。DB 段：$\tau_{DB}=21.3$ MPa$<[\tau]=60$ MPa，满足强度要求；$\varphi'_{DB}=0.435$ °/m$<[\varphi']=2$ °/m，满足刚度要求）

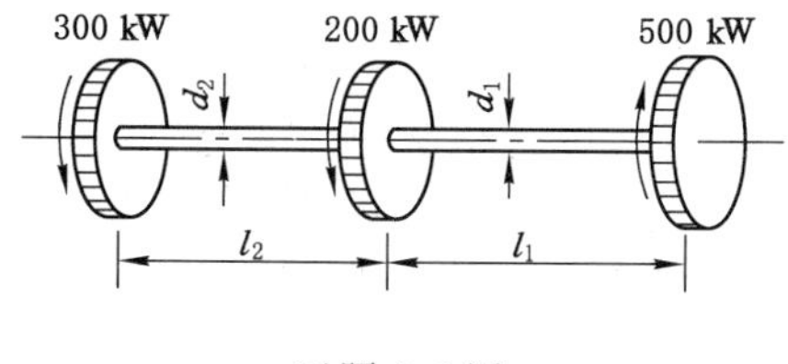

习题 6-6 图

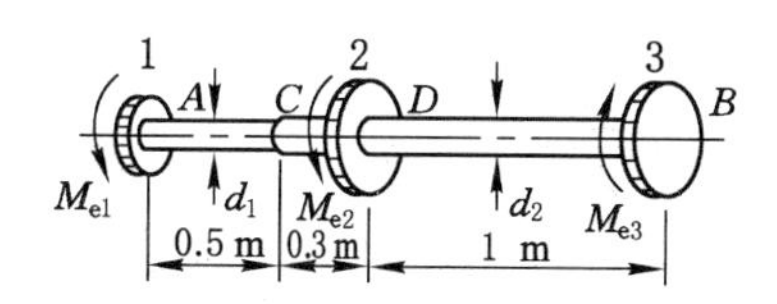

习题 6-7 图

6-8　切蔗机主轴电动机由三角皮带轮带动，已知电动机的功率为 55 kW，转速为 580 r/min，主轴直径为 60 mm，材料为 45 号钢，许用剪应力$[\tau]=60$ MPa，不考虑传动轴的功率损耗，试校核主轴的扭转强度。（答案：$\tau_{max}=54.9$ MPa$<[\tau]$，满足强度要求）

6-9　如图所示，传动轴的转速为 80 r/min，主动轮为 A，从动轮 B、C 输出功率 $P_B=20$ kW，$P_C=40$ kW，材料的许用剪应力$[\tau]=60$ MPa。试根据强度条件设计实心圆轴的直径。（答案：$D\geqslant 74$ mm）

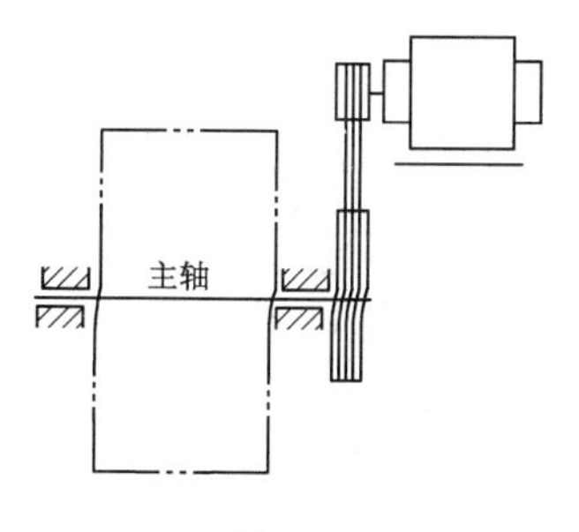

习题 6-8 图

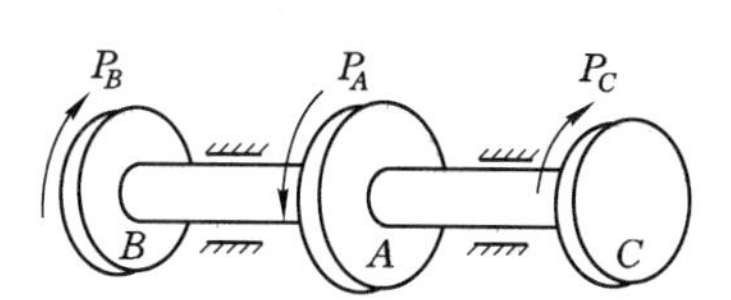

习题 6-9 图

6-10　已知钻探机钻杆的外径为 6 cm，内径为 5 cm，功率为 7.35 kW，转速为 180 r/min，钻杆入土深度为 40 m，许用剪应力$[\tau]=40$ MPa。假设土壤对钻杆的阻力沿钻杆长度均匀分布，试求：

(1) 单位长度上土壤对钻杆的阻力距 t；（答案：9.75 N · m）

(2) 作钻杆的扭转图，并进行强度校核。（答案：$\tau_{max}=17.7$ MPa $<[\tau]$，满足强度要求）

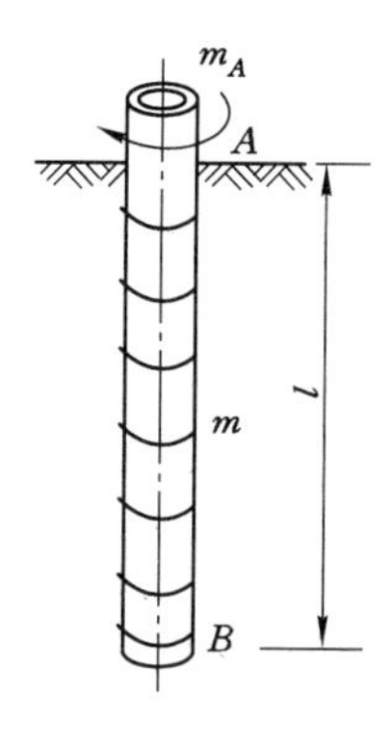

习题 6-10 图

6-11　在直径为 $d=70$ mm 的等截面圆轴上作用着外力偶矩 $M_A=1$ kN · m，$M_B=0.2$ kN · m，$M_C=0.2$ kN · m，$M_D=0.6$ kN · m，已知$[\tau]=40$ MPa，$[\varphi']=1$ °/m，$G=80$ GPa，试校核轴的强度和刚度。（答案：$\tau_{max}=8.9$ MPa$<[\tau]$，$\varphi'_{max}=0.18$ °/m$<[\varphi']$，满足强度和刚度要求）

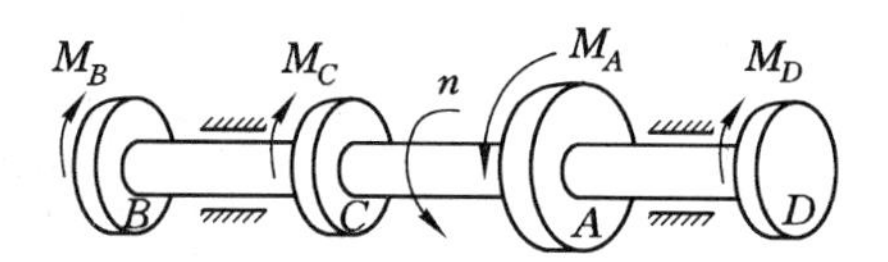

习题 6-11 图

7 弯曲内力

7.1 概　　述

当杆件在包含其轴线的纵向平面内受到垂直于其轴线的横向外力或外力偶作用时，杆件轴线由直线变成了曲线，这种变形形式称为弯曲。工程实际中杆件受载荷作用而产生弯曲变形的实例很多，如桥式起重机的大梁[图 7-1(a)]、火车轮轴[图 7-1(b)]及房屋建筑中的楼板、大梁等。通常把以弯曲变形为主的杆件称为梁。

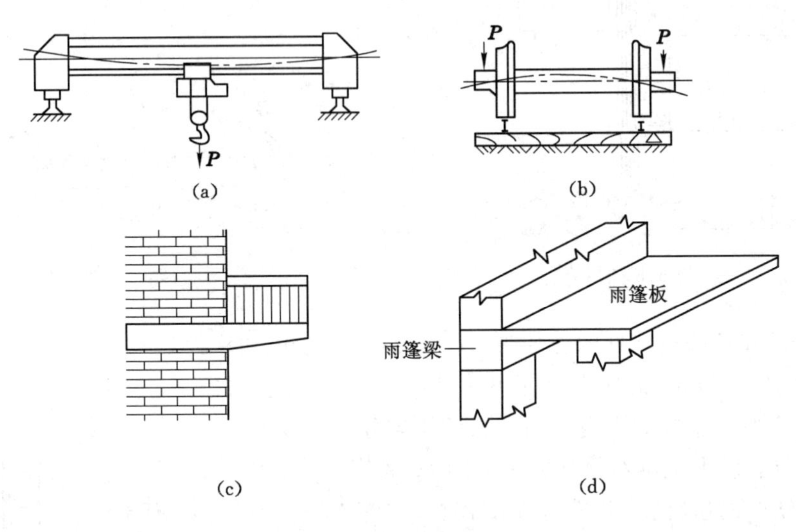

图 7-1

工程中常见的梁，其横截面至少都有一根对称轴，而整个梁有一个包含轴线的纵向对称面。当作用于梁上的所有外力都在纵向对称面内时，梁变形后的轴线也将是位于该对称面内的一条曲线(图 7-2)，这种弯曲称为平面弯曲。它是弯曲问题中最常见也是最基本的。

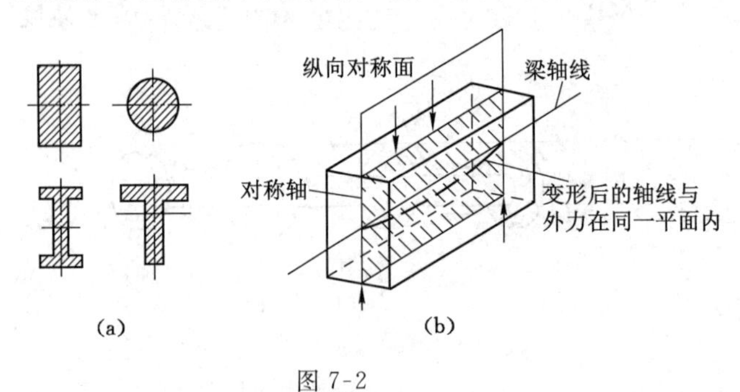

图 7-2

对于等截面直梁，用其轴线来表示梁的计算简图。

在工程实际中，梁的支座按其对梁在荷载作用平面的约束情况，可简化为以下三种基本形式：

(1) 活动铰支座。其构造、约束性质以及计算简图如图 1-16 所示。

(2) 固定铰支座。其构造、约束性质以及计算简图如图 1-15 所示。

(3) 固定端支座。其构造、约束性质以及计算简图如图 3-8 所示。

根据支座形式和支撑位置的不同，工程上常见的简单形式的梁有：

(1) 悬臂梁。一端固定，另一端自由[图 7-3(a)]。

(2) 简支梁。一端固定铰支座，另一端活动铰支座[图 7-3(b)]。

(3) 外伸梁。简支梁的一端或两端伸出支座以外[图 7-3(c)、(d)]。

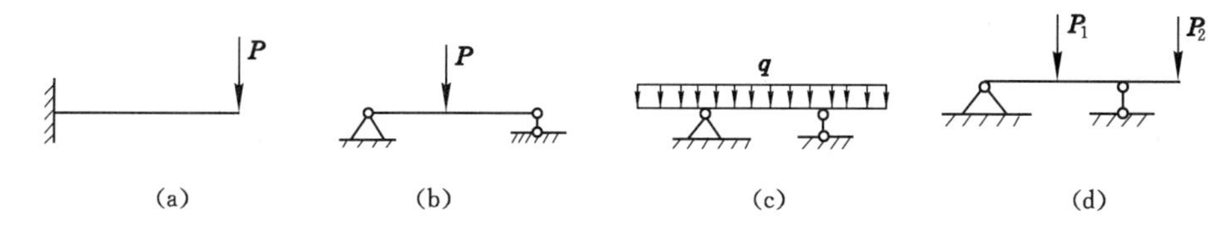

图 7-3

这些梁的支座反力均可由静力平衡方程确定，称为静定梁。如果支座反力不能完全由静力平衡方程确定，则称为超静定梁。关于超静定梁的解法将在第九章中介绍。

7.2 剪力和弯矩 剪力图和弯矩图

7.2.1 剪力和弯矩

梁在外力作用下，其任一横截面上的内力可用截面法求出。图 7-4 所示为一简支梁，假想在横截面 mn 处将其截开分为左右两段，取其中的任一段，如取左段梁为研究对象，右段梁对左段梁的作用以截面上的内力来代替。由于梁在外力作用下处于平衡状态，因此在截面 mn 上一定存在两个内力分量：剪力 Q 与弯矩 M。剪力 Q 与横截面相切；弯矩 M 的矢量垂直于梁轴，如图 7-4(b)所示。

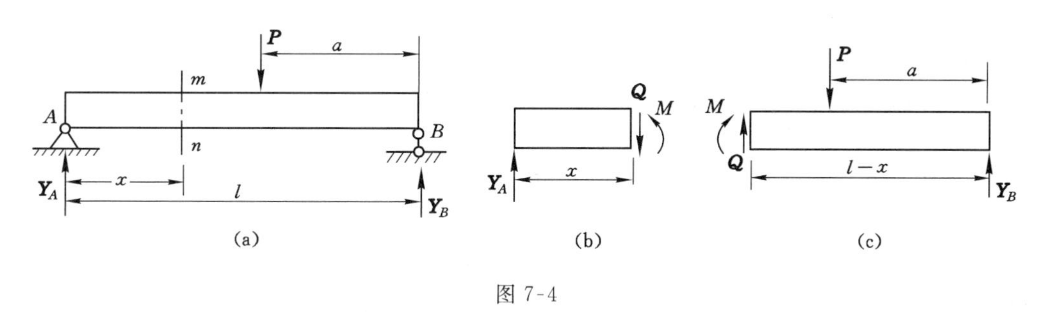

图 7-4

对于左段梁，由平衡方程有：

$$\sum Y = 0 \quad Y_A - Q = 0$$

$$\sum M_O = 0 \quad M - Y_A X = 0$$

可得：
$$Q = Y_A = \frac{a}{l}P,\ M = Y_A X = \frac{a}{l}PX$$

同样，若取右段梁为研究对象[图 7-4(c)]，对其建立平衡方程：

$$\sum Y = 0 \quad Y_B - P + Q = 0$$

$$\sum M = 0 \quad M + Q(l - x) - Pa = 0$$

解得：
$$Q = P - Y_B = P - P(1 - \frac{a}{l}) = \frac{a}{l}P$$

$$M = Pa - Q(l - x) = \frac{a}{l}Px$$

由此可见，分别以左段梁、右段梁为研究对象所求得的内力 Q、弯矩 M 的大小是相等的，但方向相反。

在荷载作用下，分别以左段梁和右段梁为研究对象时，所求得梁的任一横截面 mn 上的内力不仅大小相等而且方向也应相同。为此，必须把剪力和弯矩的符号规则与梁的变形联系起来作如下规定：

(1) 剪力符号。在图 7-5(a)所示变形情况下，截面 mn 处的左段对右段向上相对错动时，截面 mn 上的剪力规定为正(左上右下错动为正)；反之为负[图 7-5(b)]。

(2) 弯矩符号。在图 7-5(c)所示变形情况下，截面 mn 处弯曲变形凸向下时，该截面的弯矩规定为正；反之为负[图 7-5(d)]。

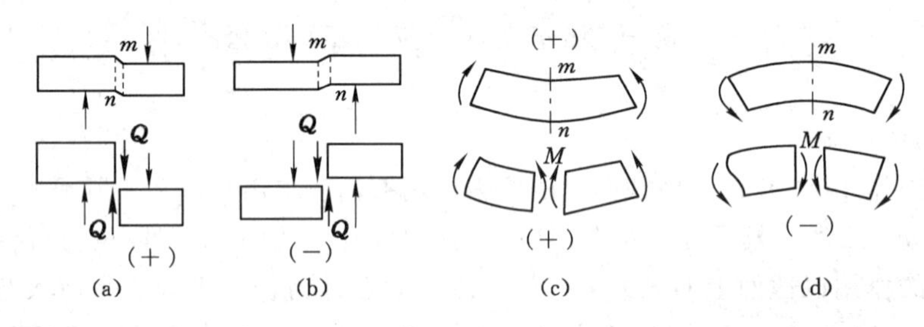

图 7-5

按上述符号规定，任一截面上的剪力和弯矩无论是用这个截面的左段或右段来研究，所得结果的数值和符号都将完全一样。

实际计算时，可直接从横截面的任意一边梁上的外力来算得该截面上的剪力和弯矩：

(1) 横截面上的剪力在数值上等于此截面左边或右边梁上外力的代数和，其中左边梁上向上的外力或右边梁上向下的外力产生正剪力(即左上右下产生正剪力)，反之产生负剪力。

(2) 横截面上的弯矩在数值上等于此截面左边或右边梁上外力对该截面形心的力矩的代数和，其中使梁底侧受拉的外力产生正弯矩，反之产生负弯矩。

【例 7-1】 求图 7-4(a)所示梁 mn 截面处的内力。

解 支座反力为：

$$Y_A = \frac{a}{l}P,\ Y_B = \frac{l-a}{l}P$$

若以 mn 截面左边梁为研究对象，则 mn 截面处：

$$Q_{mn} = Y_A = \frac{a}{l}P$$

$$M_{mn} = Y_A x = \frac{a}{l}Px$$

若以 mn 截面右边梁为研究对象，则 mn 截面处：

$$Q_{mn} = P - Y_B = P - \frac{l-a}{l}P = \frac{a}{l}P$$

$$M_{mn} = Y_B(l-x) - P(l-x-a) = \frac{a}{l}Px$$

由此可见，以截面 mn 左边或右边梁为研究对象求得的结果是相同的。

【例 7-2】 求图 7-6 所示梁 1—1、2—2 截面处的内力。

解 AB 梁的受力如图所示，由静力平衡方程有：

$$\sum Y = 0 \quad R_A + R_B - 800 - 1\,200 \times 3 = 0$$

$$\sum M_B = 0 \quad 1\,200 \times 1.5 \times 3 + 800 \times 4.5 - R_A \times 6 = 0$$

解得：
$$Y_A = 1\,500 \text{ N},\ Y_B = 2\,900 \text{ N}$$

取 1—1 截面左侧梁段为研究对象，则：

$$Q_{1-1} = 1\,500 - 800 = 700 \text{ (N)}$$

$$M_{1-1} = 1\,500 \times 2 - 800 \times 0.5 = 2\,600 \text{ (N·m)}$$

取 2—2 截面右侧梁段为研究对象，则：

$$Q_{2-2} = -2\,900 + 1\,200 \times 1.5 = -1\,100 \text{ (N)}$$

$$M_{2-2} = 2\,900 \times 1.5 - 1\,200 \times 1.5 \times 0.75 = 3\,000 \text{ (N·m)}$$

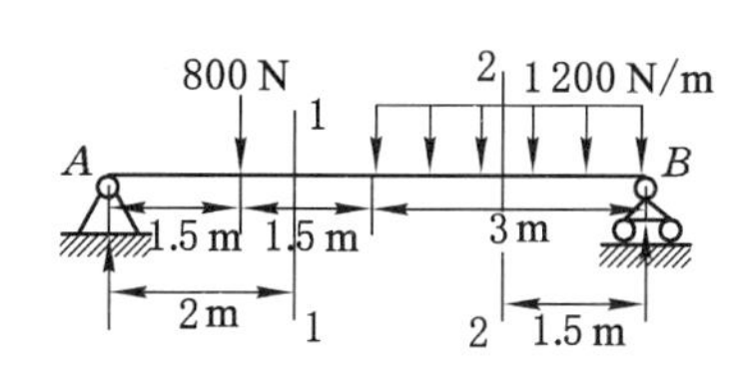

图 7-6

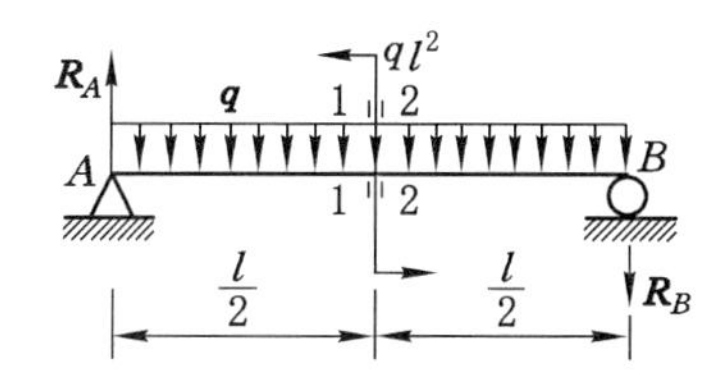

图 7-7

【例 7-3】 求图 7-7 所示梁 1—1、2—2 截面处的内力。

解 AB 梁的受力如图所示，由静力平衡方程有：

$$\sum M_A = 0 \quad ql^2 - ql^2/2 - R_B l = 0$$

$$\sum M_B = 0 \quad ql^2/2 + ql^2 - R_A l = 0$$

解得：
$$R_A = \frac{3}{2}ql,\ R_B = \frac{1}{2}ql$$

1—1 截面上的内力：

$$Q_{1-1} = \frac{3}{2}ql - \frac{1}{2}ql = ql,\ M_{1-1} = \frac{3}{2}ql \cdot \frac{1}{2}l - \frac{1}{2}l \cdot q\frac{1}{4}l = \frac{5}{8}ql^2$$

2—2 截面上的内力：

$$Q_{2-2}=\frac{3}{2}ql-\frac{1}{2}ql=ql,\ M_{2-2}=\frac{3}{2}ql\cdot\frac{1}{2}l-\frac{1}{2}l\cdot q\frac{1}{4}l-ql^2=-\frac{3}{8}ql^2$$

7.2.2 剪力图和弯矩图

在一般情况下，梁横截面上的剪力和弯矩随截面位置的变化而变化，若以 x 表示横截面在梁轴线上的位置，则各横截面上的剪力 $\boldsymbol{Q}$ 和弯矩 M 可表示为 x 的函数，即

$$Q=Q(x),\ M=M(x)$$

以上两函数式分别称为梁的剪力方程和弯矩方程。

以剪力方程和弯矩方程所绘出的图分别称为剪力图和弯矩图。其中内力图的横坐标表示梁相应截面的位置，纵坐标表示梁相应截面上的剪力和弯矩。

【例 7-4】 对图 7-8(a)所示简支梁，试列出它的剪力方程和弯矩方程，并作剪力图和弯矩图。

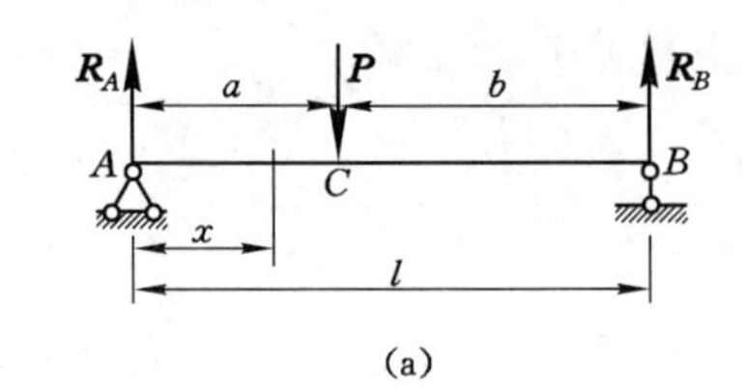

(a)

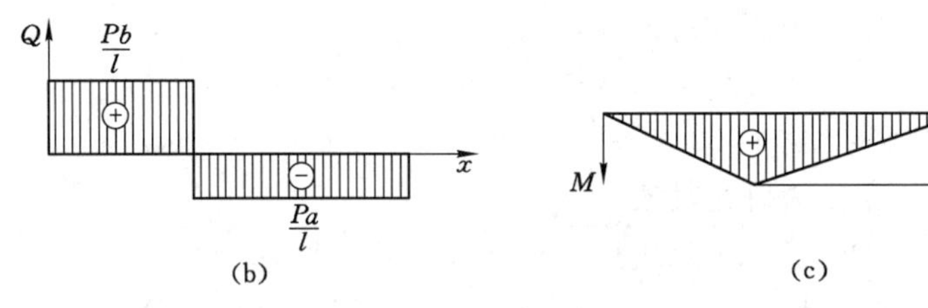

(b) (c)

图 7-8

解 求支座反力，列静力平衡方程：

$$\sum M_A=0\quad R_Bl-Pa=0$$

$$\sum Y=0\quad R_B+R_A-P=0$$

解得：

$$R_A=\frac{Pb}{l},\ R_B=\frac{Pa}{l}$$

建立图示坐标系，集中力 $\boldsymbol{P}$ 作用在 C 点，梁在 AC、CB 段内的剪力和弯矩均不相同，不能用同一方程式来表示，应分段考虑。在 AC 段，其剪力、弯矩方程分别为：

$$Q(x)=\frac{Pb}{l}\qquad(0<x<a)\tag{a}$$

$$M(x)=\frac{Pb}{l}x\qquad(0\leqslant x\leqslant a)\tag{b}$$

在 CB 段，其剪力、弯矩方程分别为：

$$Q(x)=\frac{Pb}{l}-P=-\frac{Pa}{l}\qquad(a<x<l)\tag{c}$$

$$M(x)=\frac{Pb}{l}x-P(x-a)=\frac{Pa}{l}(l-x)\qquad(0\leqslant x\leqslant l)\tag{d}$$

由式(a)知，在 AC 段内任一横截面上的剪力都是常数且符号为正，所以在 AC 段($0<x<a$)内，剪力图是在 x 轴上方且平行于 x 轴的直线[图 7-10(b)]。同理，由式(c)作 CB 段剪力图。从剪力图看出，当 $a<b$ 时，最大剪力为 $|Q|_{max}=\frac{Pb}{l}$。

由式(b)、(d)可知，在 AC、CB 段弯矩均是 x 的一次函数，所以弯矩图各为一条斜直线。在 $x=a$ 处，$M_{max}=\frac{Pab}{l}$。

从 Q、M 图还可以看出，在集中力作用之处剪力图有突变，突变的差值等于集中力 P。弯矩图中在集中力作用处有尖点。

【例 7-5】 作图 7-9(a)所示简支梁在均布载荷 $\boldsymbol{q}$ 作用下的剪力图和弯矩图。

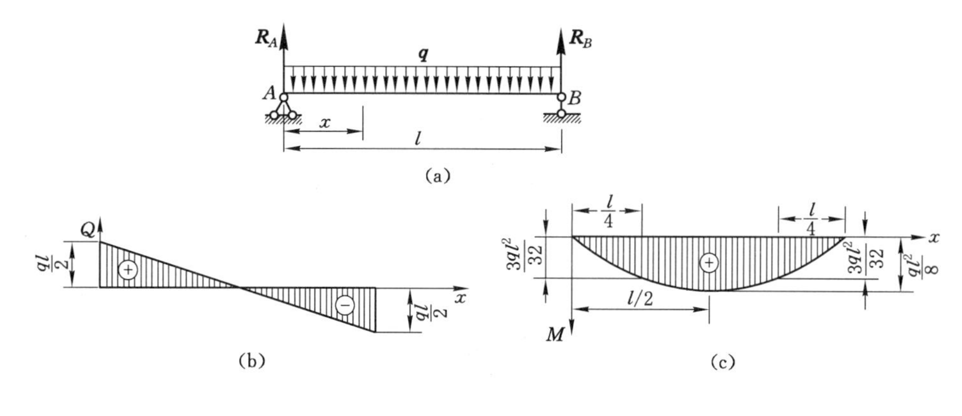

图 7-9

解　由对称性求得支座反力：

$$R_A = R_B = \frac{ql}{2}$$

梁的任一截面上内力：

$$Q(x) = R_A - qx = \frac{ql}{2} - qx \qquad (0 < x < l) \tag{e}$$

$$M(x) = R_A x - qx\,\frac{x}{2} = \frac{ql}{2}x - \frac{q}{2}x^2 \quad (0 \leqslant x \leqslant l) \tag{f}$$

剪力图和弯矩图分别如图 7-9(b)、(c)所示。

由 Q、M 图可看出，在均布载荷 $\boldsymbol{q}$ 作用下，剪力图是斜直线，弯矩图是二次抛物线。荷载向下，抛物线凸向下。在剪力等于零的横截面上，弯矩有最大值 $M_{max}=\frac{ql^2}{8}$，在支座的内侧横截面上剪力最大为 $|Q|_{max}=\frac{ql}{2}$。

【例 7-6】 试作图 7-10(a)所示简支梁在集中偶作用下的剪力图和弯矩图。

解　先求支反力，设 R_A 向下，R_B 向上，依平衡条件有：

$$\sum M_B = 0 \quad R_A l - M_e = 0$$

$$\sum M_A = 0 \quad R_B l - M_e = 0$$

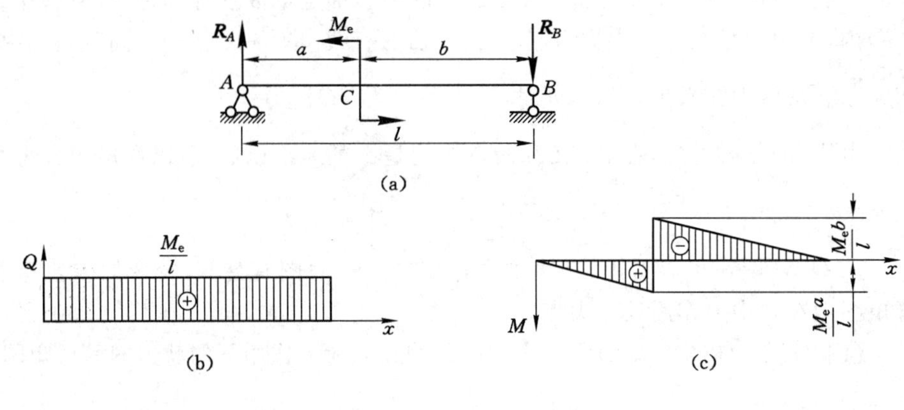

图 7-10

求得：
$$R_A = \frac{M_e}{l},\ R_B = \frac{M_e}{l}$$

由于力偶在任何方向的投影皆为零，所以梁的各横截面上的剪力总是等于 R_A（或 R_B），即

$$Q(x) = R_A = \frac{M_e}{l} \qquad (0 < x < l)$$

弯矩在 AC 和 CB 段内的变化规律分别为：

$$M(x) = \frac{M_e}{l}x \qquad (0 \leqslant x < a)$$

$$M(x) = \frac{M_e}{l}x - M_e = -\frac{M_e}{l}(l - x) \qquad (a < x < l)$$

剪力图和弯矩图分别如图 7-10(b)、(c)所示。若 $a<b$，则 $M_{\max}=\dfrac{M_e b}{l}$。

从 Q、M 图可看出，集中力偶对剪力图的形状无影响，在集中力偶作用处弯矩图有突变，突变的差值等于集中力偶值。

【例 7-7】 图 7-11(a)所示简支梁 CD 段上受均布载荷 $\boldsymbol{q}$ 的作用，试作其剪力图和弯矩图。已知 $q=12.5\times10^3$ kN/m。

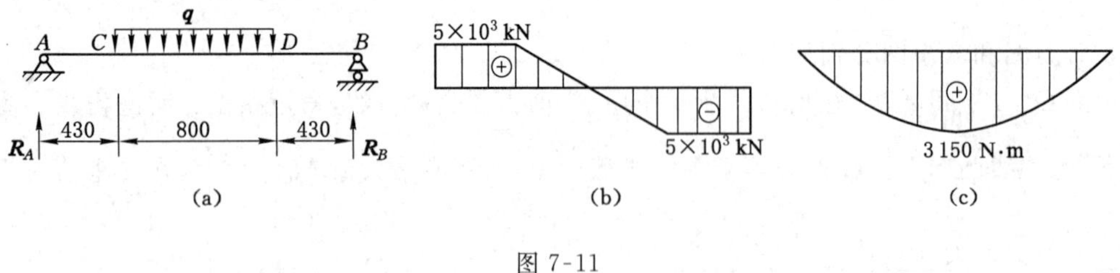

图 7-11

解 求支反力：

$$R_A = R_B = \frac{1}{2} \times 12.5 \times 10^3 \times 0.8 = 5 \times 10^3 (\text{kN})$$

AC、CD、DB 段的剪力方程、弯矩方程如下：

AC 段：$Q(x)=R_A=5\times10^3$ kN

$$M(x) = R_A x = 5 \times 10^3 x \text{ kN} \cdot \text{m}$$

CD 段：$Q(x)=R_A-q(x-0.43)=5\times10^3-12.5\times10^3(x-0.43)$ kN

$$M(x) = R_A x - \frac{q}{2}(x-0.43)^2 = 5\times10^3 x - \frac{12.5\times10^3}{2}(x-0.43)^2 \text{ kN}\cdot\text{m}$$

DB 段：$Q(x)=-R_B=-5\times10^3$ kN

$$M(x)=R_B(1.66-x)=5\times10^3(1.66-x) \text{ kN}\cdot\text{m}$$

剪力图和弯矩图如图 7-11(b)、(c)所示。

经计算，$M_{max}=3\ 150$ kN · m，发生在跨中截面上。

从剪力图、弯矩图可以看出，由于作用在梁上的荷载关于梁中截面对称(梁也关于其中截面对称)，所以剪力图是反对称的，弯矩图是对称的。如果作用在梁上的荷载关于梁中截面反对称，则剪力图是对称的，弯矩图是反对称的。

7.2.3 叠加法作弯矩图

在小变形的情况下，当梁上受几种荷载共同作用时，梁的某一横截面上的内力值就等于各种荷载单独作用时同一横截面上内力值的代数和，这种作内力图的方法称为叠加法。下面通过例题来说明如何用叠加法作梁的内力图。

【例 7-8】 作图 7-12 所示简支梁的内力图。

解 梁上的荷载可看成是集中力 $\boldsymbol{P}$ 和均布载荷 $\boldsymbol{q}$ 的叠加。分别作出集中力 $\boldsymbol{P}$ 和均布载荷 $\boldsymbol{q}$ 单独作用下的剪力图和弯矩图，然后分别将剪力图和弯矩图叠加即可得到两种荷载共同作用下的内力图。

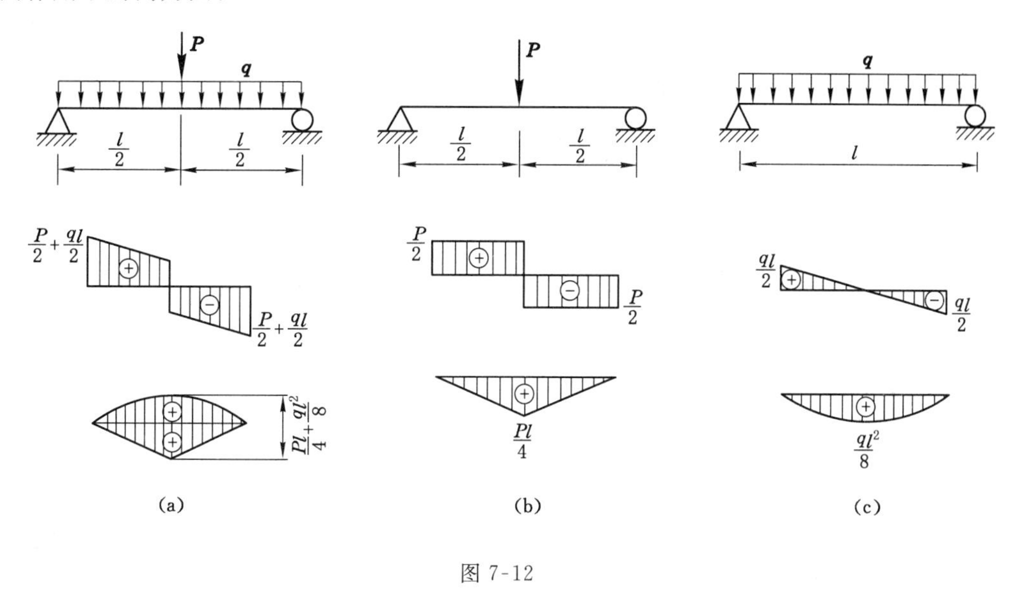

图 7-12

从图中可以看出：

$$M_{max} = \frac{Pl}{4} + \frac{ql^2}{8},\ Q_{max} = \frac{P}{2} + \frac{ql}{2}$$

在此应注意，所谓叠加，是指剪力图、弯矩图中代表内力大小的纵坐标的代数相加。由于各种简单荷载单独作用时的剪力图、弯矩图可直接从设计手册中查到，所以复杂荷载作用下梁的内力图用叠加法绘制比较简捷。

7.3 载荷集度 q、剪力 Q 和弯矩 M 间的关系

在图 7-13(a)中，梁上分布载荷集度 $q(x)$是 x 的连续函数，并规定向上为正(与 y 轴方向一致)。在距坐标原点为 x 处取一微段 dx，如图 7-13(b)所示。在坐标为 x 的横截面上剪力和弯矩分别为$Q(x)$和 $M(x)$，在 x＋dx 的横截面上则分别为$Q(x)+\mathrm{d}Q(x)$、$M(x)+\mathrm{d}M(x)$。以上各内力皆为正，且在 dx 段内没有集中力和集中力偶。由于微段 dx 很小，可略去 $q(x)$沿 dx 长度的变化，即认为 $q(x)$在 dx 上是均匀分布的。对微段 dx 列平衡方程有：

$$\sum Y=0 \quad Q(x)-[Q(x)+\mathrm{d}Q(x)]+q(x)\mathrm{d}x=0$$

$$\sum M_C=0 \quad M(x)+\mathrm{d}M(x)-M(x)-Q(x)-q(x)\mathrm{d}x\frac{\mathrm{d}x}{2}=0$$

略去二阶微量 $q(x)\mathrm{d}x\,\frac{\mathrm{d}x}{2}$，整理后得到：

$$\frac{\mathrm{d}Q(x)}{\mathrm{d}x}=q(x) \tag{7-1}$$

$$\frac{\mathrm{d}M(x)}{\mathrm{d}x}=Q(x) \tag{7-2}$$

将式(7-2)对 x 取导数并利用式(7-1)可得：

$$\frac{\mathrm{d}^2M(x)}{\mathrm{d}x^2}=\frac{\mathrm{d}Q(x)}{\mathrm{d}x}=q(x) \tag{7-3}$$

以上三式就是载荷集度、剪力和弯矩间的微分关系。

式(7-1)表明剪力图上某点处的切线斜率等于该点处荷载集度的大小。式(7-2)表明弯矩图上某点处的切线斜率等于该点处剪力的大小。

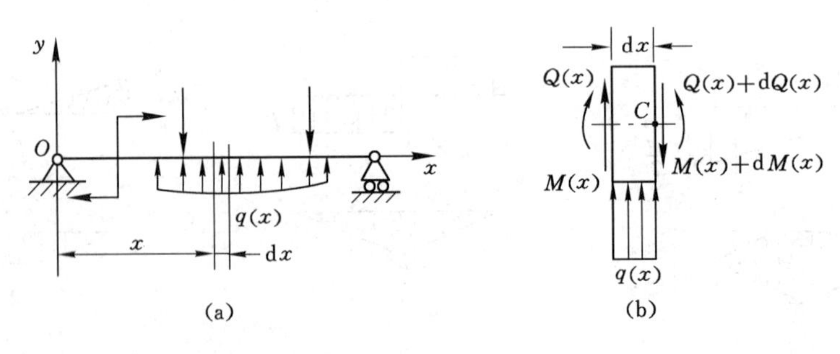

图 7-13

根据这些微分关系可得到内力图的一些特征：

(1) 若在一段梁上无分布载荷作用，即 $q(x)=0$，于是由$\frac{\mathrm{d}Q(x)}{\mathrm{d}x}=q(x)=0$ 可知，$Q(x)$＝常数，剪力图是平行于 x 轴的直线，如图 7-8(b)所示。由于$\frac{\mathrm{d}^2M(x)}{\mathrm{d}x^2}=q(x)=0$，故 $M(x)$是 x 的一次函数，弯矩图是斜直线，如图 7-8(c)所示。

(2) 若在一段梁上作用有均布载荷，即$\frac{\mathrm{d}^2M(x)}{\mathrm{d}x^2}=\frac{\mathrm{d}Q(x)}{\mathrm{d}x}=q(x)$＝常数，故该段内的

$Q(x)$是 x 的一次函数，剪力图是斜直线；而 $M(x)$是 x 的二次函数，弯矩图是抛物线，如图7-9(b)、(c)所示。

若分布载荷向上，即$\frac{d^2M(x)}{dx^2}=q(x)>0$，则该段内的弯矩图凸向上；反之，当 $q(x)<0$ 时，弯矩图凸向下，如图 7-9 所示。

(3) 若在梁的某截面上 $Q(x)=0$，即$\frac{dM(x)}{dx}=0$，表明该截面上弯矩为一极值，如图 7-9 所示。

在作剪力图、弯矩图时，首先确定各"控制面"上的剪力、弯矩值，然后根据微分关系及基本规律作出各控制面间的剪力图和弯矩图。所谓的"控制面"，是指外力(包括集中力、分布力、集中力偶以及约束反力等)发生突然变化的截面。

【例 7-9】 外伸梁及其所受载荷如图 7-14(a)所示，试作梁的剪力图和弯矩图。

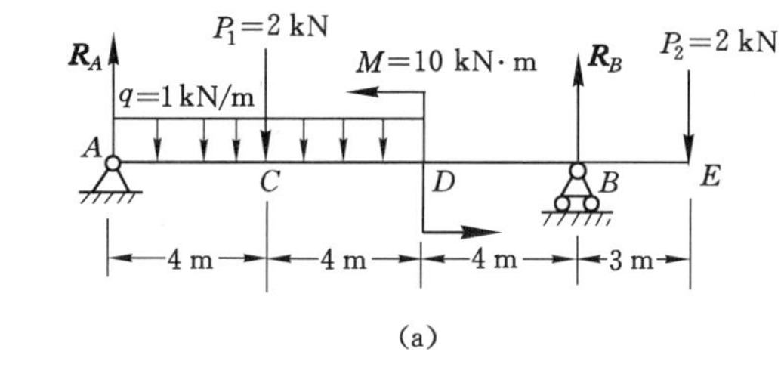

(a)

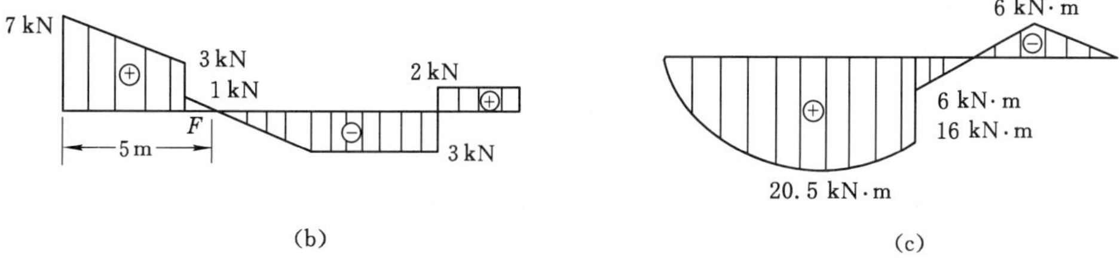

(b) (c)

图 7-14

解 以梁 AB 为研究对象，其受力如图 7-14(a)所示。由静力平衡方程有：

$$\sum M_A(\boldsymbol{F})=0 \quad 1\times 8\times 4+2\times 4-10-R_B\times 12+15\times 2=0$$

$$\sum Y=0 \quad R_A-8\times 1-2+R_B-2=0$$

解得：
$$R_A=7\ \text{kN},\ R_B=5\ \text{kN}$$

在本题中，"控制面"为 A、C、D、B、E 截面。

先作剪力图。截面 A 上的剪力为 7 kN，C 截面左侧截面上的剪力为 3 kN，AC 段有均布载荷作用，故 $Q(x)$图是斜直线，7 kN、3 kN 为斜直线上的两点，连接这两个特性点即得该斜直线。C 处有集中力$\boldsymbol{P}_1$作用，该截面上剪力突然由 3 kN 变为 1 kN，其差值为 2 kN，C 截面右侧截面上的剪力为 1 kN，D 截面上剪力为 3 kN。CD 段仍有均布载荷作用，故 $Q(x)$仍是斜直线，连接特性点 1 kN、3 kN 得该斜直线。因 AC 和CD 两段上的均布载荷集度相同，故这两段上的 $Q(x)$图有相同的斜率，即 AC、CD 两段上的斜直线平行。DB 段无均布载荷作用，$Q(x)$为水平线，B 截面右侧上的剪力为 3 kN，连接 3 kN、3 kN 这两个特性点即得该直线。B 截面上剪力有突变，突变的差值为 2 kN。同理也可画出 BE 段的剪力图为水平直线。梁的剪力图如图 7-14(b)所示。

再作弯矩图。截面 A 上弯矩为零，截面 C 上弯矩为 $7\times4-\frac{1}{2}\times4\times4=20$ (kN·m)，AC 段上有均布载荷且 $q<0$，故 $M(x)$ 是凸向下的抛物线，已知 A、C 截面上的弯矩，可作出 AC 段抛物线。CD 段也是凸向下的抛物线，在 C 点处由于有集中力作用，所以弯矩图在 C 点有尖点。截面 F 上剪力为零，弯矩为极值，F 到左端的距离为 5 m，故 $M_{max}=7\times5-2\times1-\frac{1}{2}\times1\times5\times5=20.5$ (kN·m)。集中力偶 M 作用处其左侧截面上弯矩为 16 kN·m，已知 C、F 及 D 三个截面上的弯矩，即可作出 CD 段抛物线。截面 D 上有集中力偶作用，弯矩图有突变，突变的差值为 $M=-10$ kN·m，D 截面左侧截面上的弯矩值为 6 kN·m。计算得截面 B 上的弯矩为 -6 kN·m，由于 DB 段上 $q(x)=0$，M 图为斜直线，已知 D、B 截面上的弯矩值，可作出 DB 段的 M 图。同理 BE 段的 M 图也是斜直线，B 截面上的弯矩值已知，且 E 截面上 $M_E=0$，斜直线很容易画出。梁的弯矩图如图 7-14(c)所示。

从图 7-14(b)、(c)中很容易确定出最大的剪力和最大的弯矩值。

【例 7-10】 试作图 7-15(a)所示梁的剪力图和弯矩图。

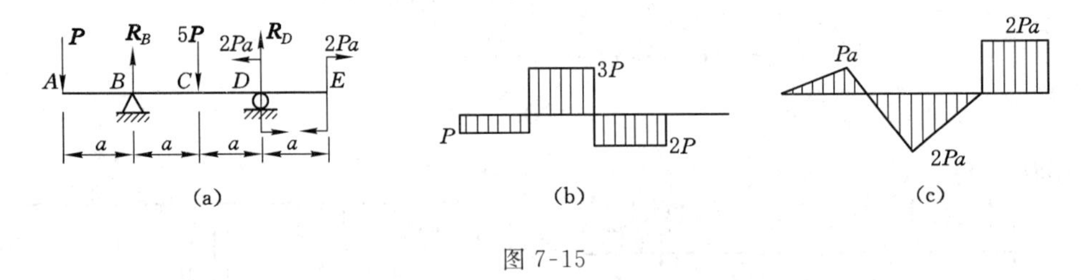

图 7-15

解 以 AE 梁为研究对象，其受力如图所示，由平衡方程有：

$$\sum Y=0 \quad R_B+R_D-P-5P=0$$

$$\sum M_B=0 \quad Pa-5Pa+2aR_D+2Pa-2Pa=0$$

解得：

$$R_B=4P,\ R_D=2P$$

梁 AE 的 A、B、C、D、E 截面均为"控制面"。梁 AB 段间无荷载作用，该段上剪力图为水平线，弯矩图为斜直线；同理，BC、CD、DE 段间也无荷载作用，剪力图、弯矩图分别为水平线、斜直线。剪力图、弯矩图分别如图 7-15(b)、(c)所示。

【例 7-11】 试作图 7-16(a)所示梁的剪力图和弯矩图。

解 以 BC 梁为研究对象，其受力图如图 7-16(a)所示。由平衡方程有：

$$\sum M_C=0 \quad R_B\cdot l-ql\cdot\frac{l}{2}=0$$

解得：

$$R_B=\frac{ql}{2}$$

以整体 ACB 为研究对象，受力如图所示。由平衡方程有：

$$\sum M_A=0 \quad R_B(l+\frac{l}{2})-ql\cdot l+m_A=0$$

$$\sum Y=0 \quad R_A-ql+R_B=0$$

解得：
$$R_A=\frac{ql}{2},\ m_A=\frac{ql^2}{4}$$

本题中，A、B、C 截面为“控制面”。

先作剪力图。A、C 截面上的剪力分别为 $ql/2$，AC 梁段上无荷载作用，故剪力 Q 图为水平线。B 截面上的剪力为 $-ql/2$，BC 梁段上受均布载荷 $\boldsymbol{q}$ 作用，剪力 Q 图为斜直线。梁的剪力图 Q 如图 7-16(b)所示。

再作弯矩图。A 截面上的弯矩为 $-ql^2/4$，C 截面上的弯矩为零，AC 段弯矩图为斜直线。B 截面上的弯矩为零，剪力为零的 D 截面上弯矩有极值，其值为 $ql^2/8$，BC 段弯矩图为二次抛物线。梁的弯力图 M 如图 7-16(c)所示。

从内力图上可以看出，中间铰 C 不传递弯矩，仅传递剪力。

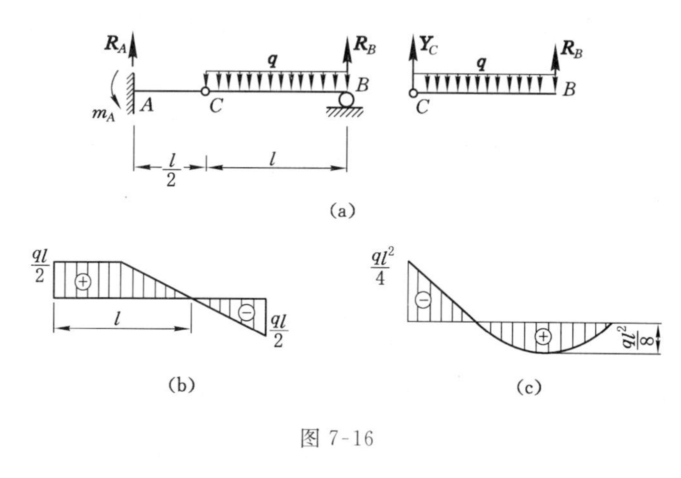

图 7-16

思　考　题

7-1　用截面法求梁的内力时，怎样才能使由左段和右段求得同一截面上的内力不仅大小相等而且正负号也一样？

7-2　作剪力图、弯矩图时，如何用简易的方法确定各“控制面”上的剪力和弯矩值？所谓的“控制面”指的是什么截面？

7-3　根据微分关系，若某截面上的剪力等于零，则该截面上的弯矩取最大值是多少？

7-4　试判断下列各组中二梁的内力图是否相同。

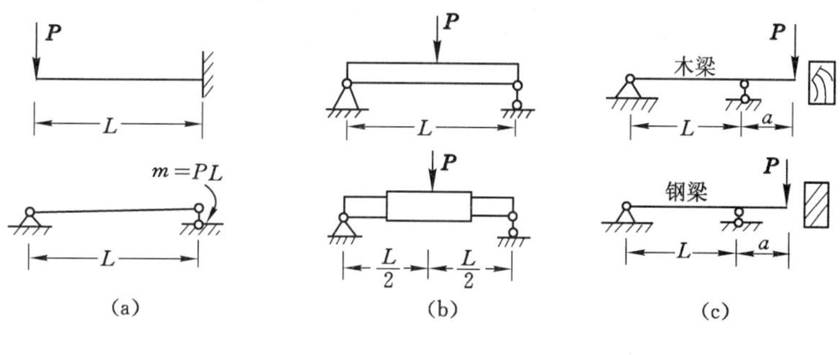

思考题 7-4 图

7-5　如图示，梁的集中荷载 $\boldsymbol{P}$ 作用于固定在截面 C 的刚臂上，可否将 $\boldsymbol{P}$ 沿其作用线直接作用在梁上求梁的剪力和弯矩，为什么？作出梁的剪力图和弯矩图。

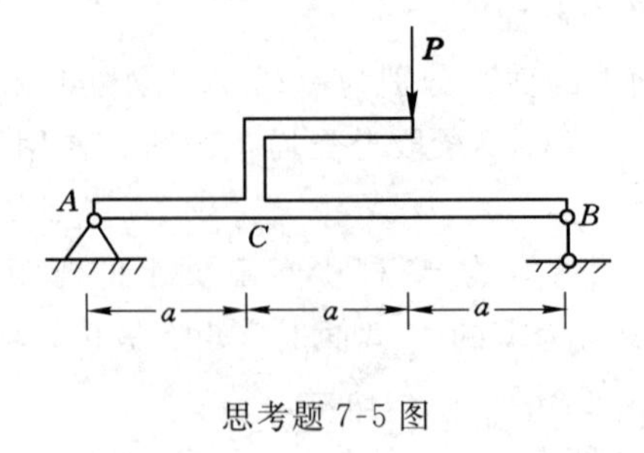

思考题 7-5 图

7-6　如图示，二梁所受载荷大小相同，它们的剪力图和弯矩图是否相同？

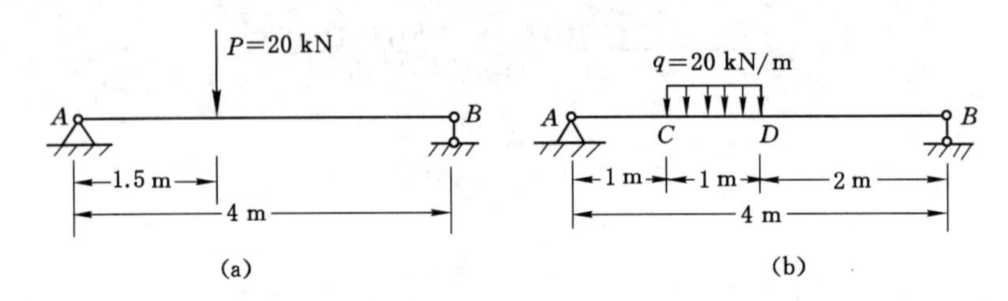

思考题 7-6 图

7-7　试判断图示各梁的弯矩图是否正确？若有错误请改正。

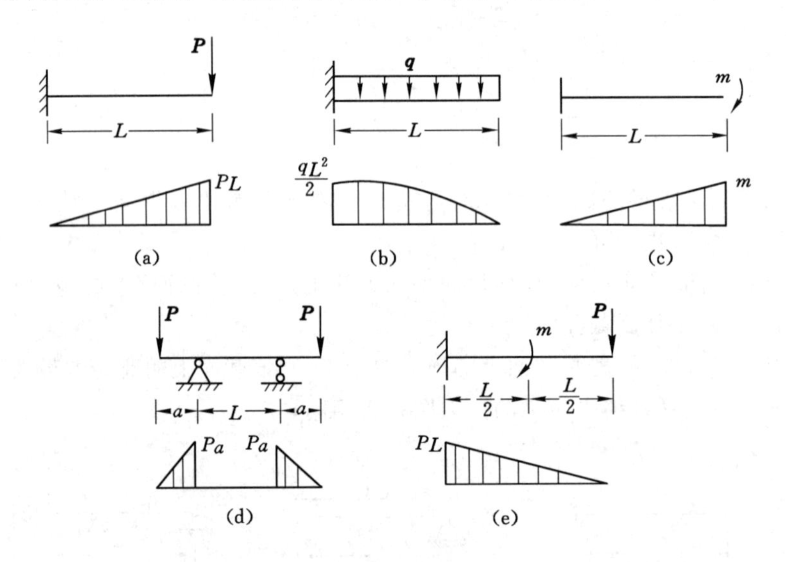

思考题 7-7 图

习　　题

7-1　试求图示各梁中截面 1—1、2—2、3—3 上的剪力和弯矩，这些截面都无限靠近截面 C 和截面 D。（答案：(a) $Q_1=0, M_1=Pa; Q_2=-P, M_2=Pa; Q_3=0, M_3=0$。(b) $Q_1=$

$-qa, M_1=-\frac{1}{2}qa^2; Q_2=-qa, M_2=-\frac{1}{2}qa^2; Q_3=0, M_3=0$。(c) $Q_1=2qa, M_1=-\frac{3}{2}qa^2$; $Q_2=2qa, M_2=-\frac{1}{2}qa^2$。(d) $Q_1=-100$ N, $M_1=-20$ N·m; $Q_2=-100$ N, $M_2=-40$ N·m; $Q_3=200$ N, $M_3=-40$ N·m。(e) $Q_1=1.33$ kN, $M_1=2.67$ kN·m; $Q_2=-0.667$ kN, $M_2=3.33$ kN·m。(f) $Q_1=-qa, M_1=-\frac{1}{2}qa^2; Q_2=-\frac{3}{2}qa^2, M_2=-2qa^2$)

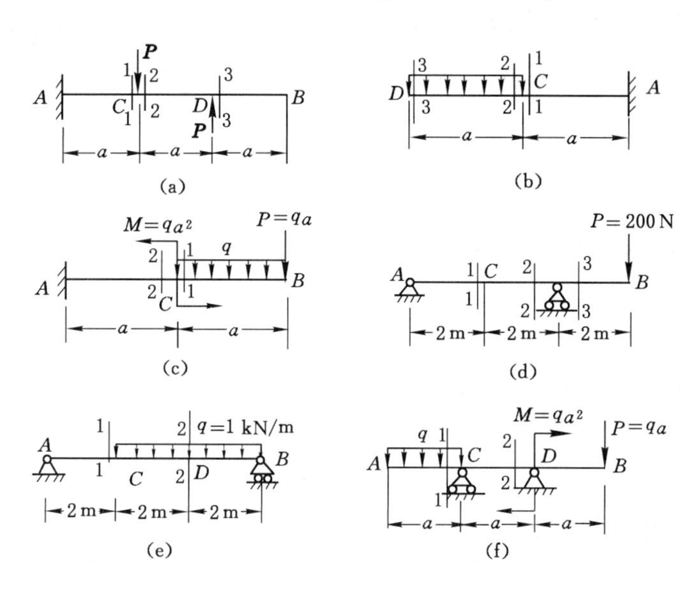

习题 7-1 图

7-2 作图示各梁的剪力图和弯矩图，并求出 $|Q|_{max}$ 和 $|M|_{max}$。(答案：(a) $|Q|_{max}=2P$, $|M|_{max}=Pa$；(b) $|Q|_{max}=qa$, $|M|_{max}=\frac{3}{2}qa^2$；(c) $|Q|_{max}=2qa$, $|M|_{max}=qa^2$；(d) $|Q|_{max}=P$, $|M|_{max}=Pa$；(e) $|Q|_{max}=\frac{5}{3}P$, $|M|_{max}=\frac{5}{3}Pa$；(f) $|Q|_{max}=\frac{3M}{2a}$, $|M|_{max}=\frac{3}{2}M$；(g) $|Q|_{max}=\frac{3}{8}qa$, $|M|_{max}=\frac{9}{128}qa^2$；(h) $|Q|_{max}=\frac{7}{2}P$, $|M|_{max}=\frac{5}{2}Pa$；(i) $|Q|_{max}=\frac{5}{8}qa$, $|M|_{max}=\frac{1}{8}qa^2$；(j) $|Q|_{max}=30$ kN, $|M|_{max}=15$ kN·m)

7-3 试根据弯矩、剪力和载荷集度间的微分关系，改正 Q 图和 M 图中的错误。(答案：略)

7-4 设梁的剪力图如图所示，试作弯矩图及载荷图。已知梁上没有集中力偶作用。(答案：略)

7-5 已知梁的弯矩图如图所示，试作梁的载荷图和剪力图。(答案：略)

7-6 已知梁的剪力图如图所示，试作梁的载荷图和弯矩图。梁上没有集中力偶作用。(答案：略)

7-7 用叠加法作梁的弯矩图。(答案：略)

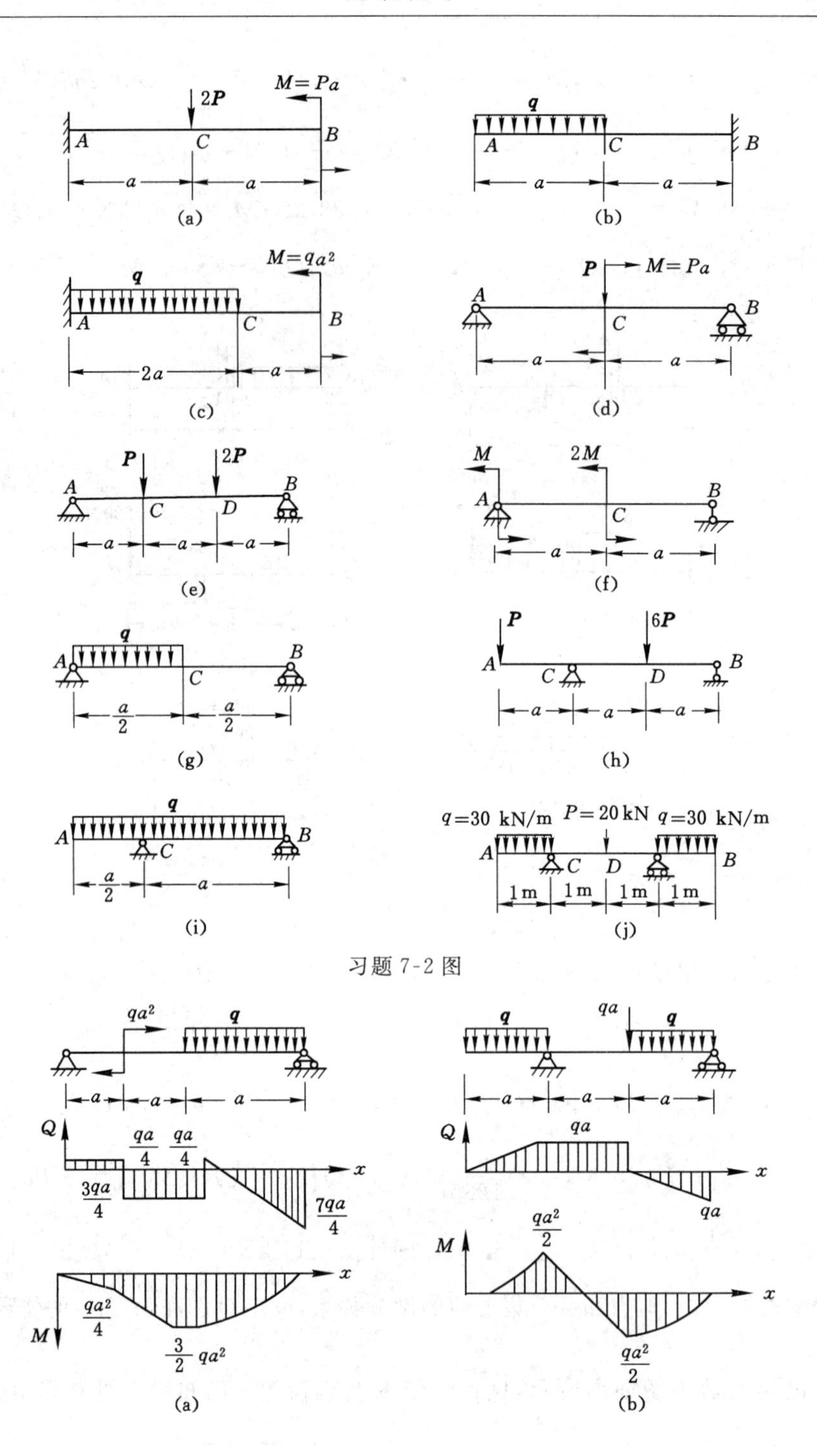
2P
M=Pa
A
C
B
a
(a)
q
A
C
B
a
(b)
M=qa²
q
A
C
B
2a
a
(c)
P
M=Pa
A
C
B
a
(d)
P
2P
A
C
D
B
a
(e)
M
2M
A
C
B
a
(f)
q
A
C
B
a/2
(g)
P
6P
A
C
D
B
a
(h)
q
A
C
B
a/2
a
(i)
q=30 kN/m
P=20 kN
q=30 kN/m
A
C
D
B
1 m
(j)
qa²
q
a
Q
qa/4
3qa/4
7qa/4
x
M
qa²/4
3/2 qa²
(a)
q
qa
q
a
Q
qa
x
qa
M
qa²/2
x
qa²/2
(b)

习题 7-2 图

习题 7-3 图

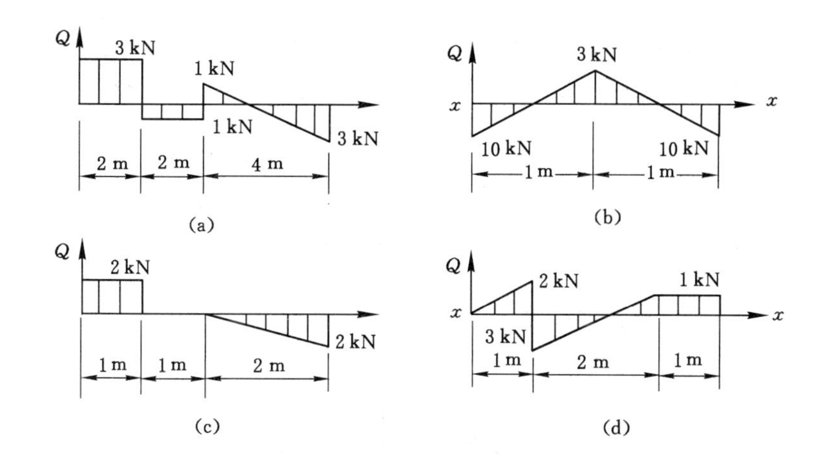

习题 7-4 图

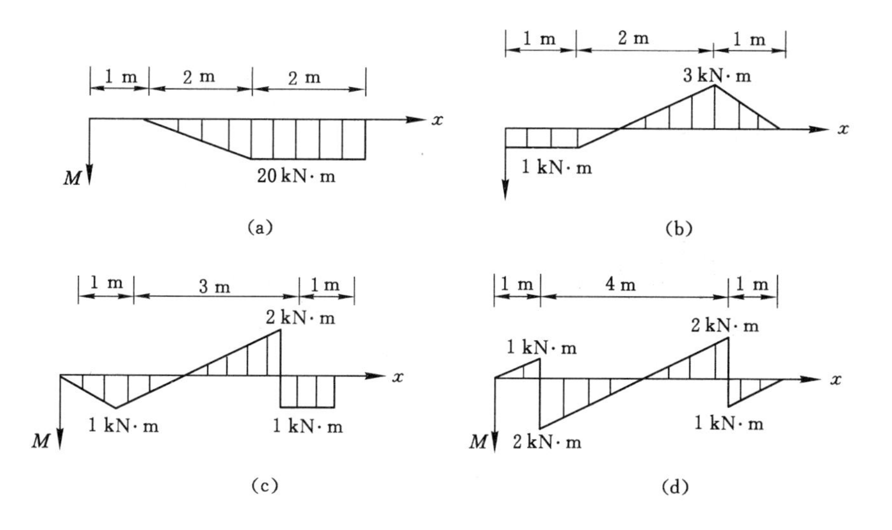

习题 7-5 图

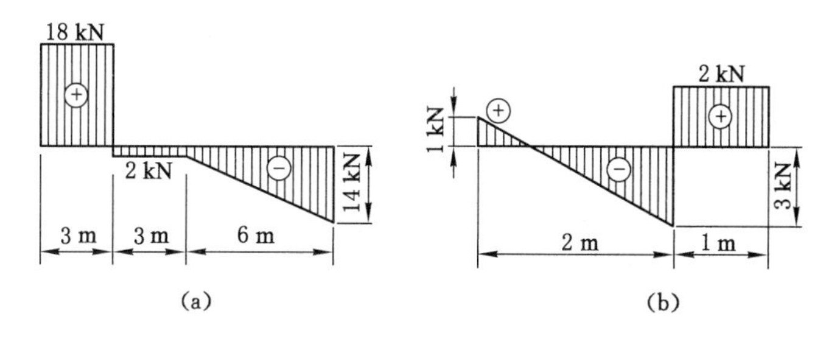

习题 7-6 图

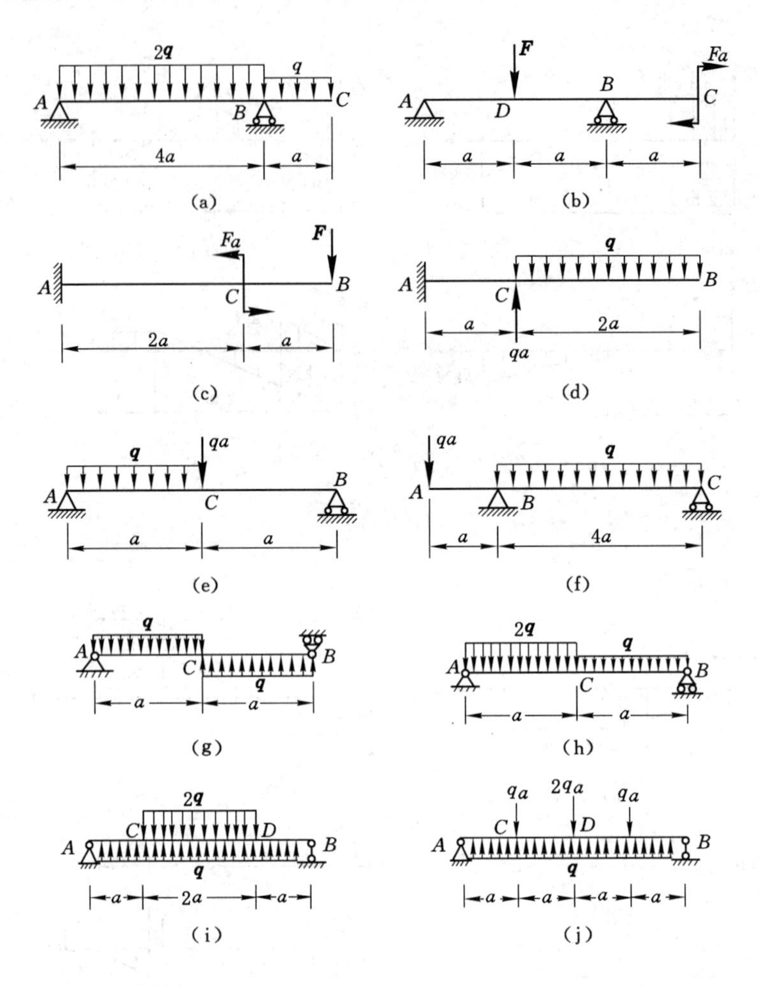
2q
q
A
B
C
4a
a
(a)
F
Fa
A
D
B
C
a
a
a
(b)
Fa
F
A
C
B
2a
a
(c)
q
A
C
B
a
2a
qa
(d)
q
qa
A
C
B
a
a
(e)
qa
q
A
B
C
a
4a
(f)
q
A
C
B
q
a
a
(g)
2q
q
A
C
B
a
a
(h)
2q
C
D
A
B
q
a
2a
a
(i)
qa
2qa
qa
C
D
A
B
q
a
a
a
a
(j)

习题 7-7 图

8 弯曲应力

前面学习了梁在弯曲时确定其横截面上内力的方法，为进一步求解梁的强度问题，还须研究梁横截面上各点的应力分布规律。本章主要研究梁在横力弯曲时横截面上的应力及其强度计算。

8.1 纯弯曲时梁横截面上的正应力

在图 8-1(a)所示简支梁上，两外力 $\boldsymbol{F}$ 对称地作用于梁的纵向对称面内，其剪力图、弯矩图如图 8-1(b)、(c)所示。从图中可看出，CD 段内梁横截面上只有弯矩，这种弯曲称为纯弯曲。而在 AC 和 DB 段内，梁横截面上既有弯矩又有剪力，这种弯曲称为横力弯曲或剪切弯曲。

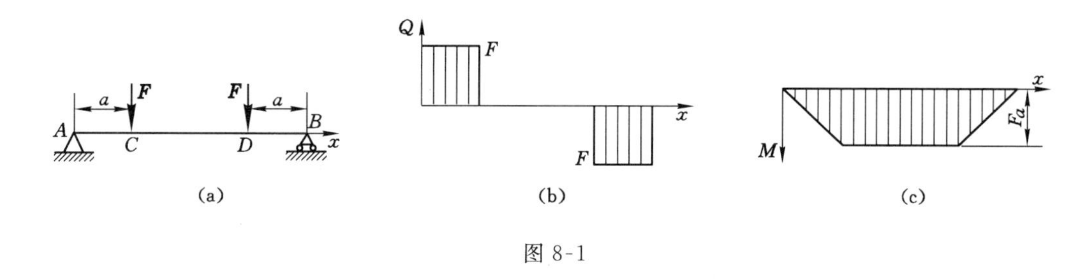

图 8-1

研究梁在纯弯曲时的应力分布规律，需从变形几何、物理和静力学三方面的关系考虑。

8.1.1 几何关系

在梁纯弯曲变形之前，先在梁侧面上分别作纵向线 aa 和 bb、横向线 mm 和 nn，两者正交[图 8-2(a)]。使梁发生纯弯曲变形，变形后横向线 mm、nn 只是相对地转了一个角度，仍为直线且与已经变为弧线的 aa 和 bb 垂直[图 8-2(b)]。据此可推断，梁变形前的横截面在变形后仍保持为平面，并绕该截面内的某一横向轴线旋转了一个角度，且仍垂直于变形后的梁轴线，这就是弯曲变形问题的平面假设。

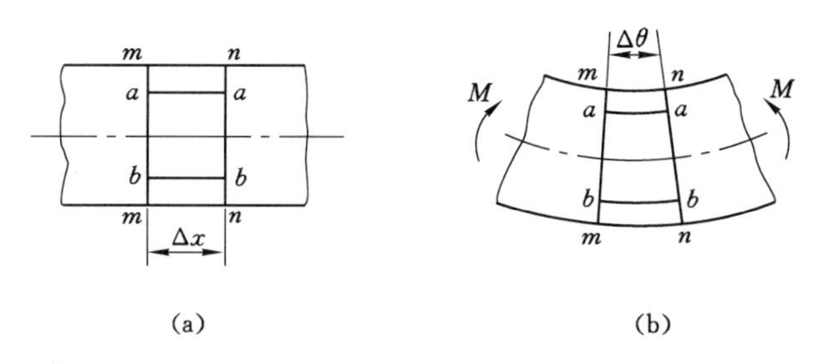

图 8-2

假设梁是由无数纵向纤维层组成的，弯曲变形后，靠近凹入一侧的纤维层缩短了；而靠近凸出一侧的纤维层伸长了。由缩短到伸长，那么纵向纤维层中一定有一层纤维的长度不变，这一层叫中性层。中性层与横截面的交线就是该横截面的中性轴，如图 8-3 所示。弯曲变形时，梁的横截面绕中性轴旋转。

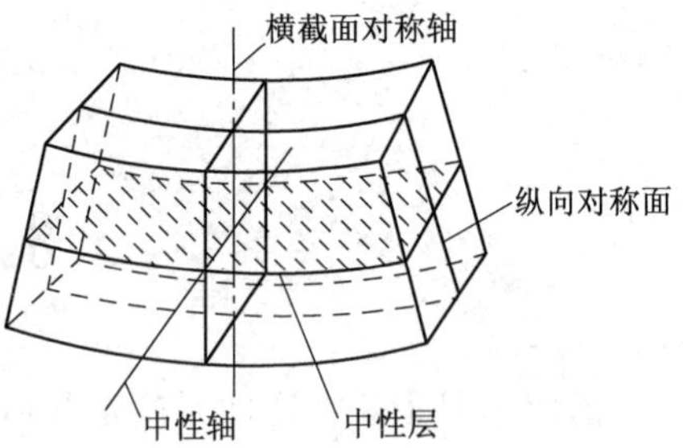

图 8-3

纯弯曲变形时，还认为各纵向纤维之间不存在相互拉伸或压缩作用，即纵向纤维间无正应力。

图 8-4(a)中相距 dx 的两横截面间的一段梁，纯弯曲变形后如图 8-4(b)所示。设横截面的对称轴为 y 轴，中性轴为 z 轴，横截面外法线方向为 x 轴[图 8-4(c)]，两截面变形后的相对转角为 $d\theta$。距中性层 y 处的纤维变形前的长度为 bb，变形后的长度为：

$$\overline{b'b'}=(\rho+y)\mathrm{d}\theta$$

这里，ρ 为中性层的曲率半径。纤维 bb 的原长为 $bb=OO=O'O'=\rho\mathrm{d}\theta$，其应变为：

$$\varepsilon=\frac{b'b'-bb}{bb}=\frac{(\rho+y)\mathrm{d}\theta-\rho\mathrm{d}\theta}{\rho\mathrm{d}\theta}=\frac{y}{\rho} \tag{a}$$

上式表明，纵向纤维的应变与它到中性层的距离成正比。

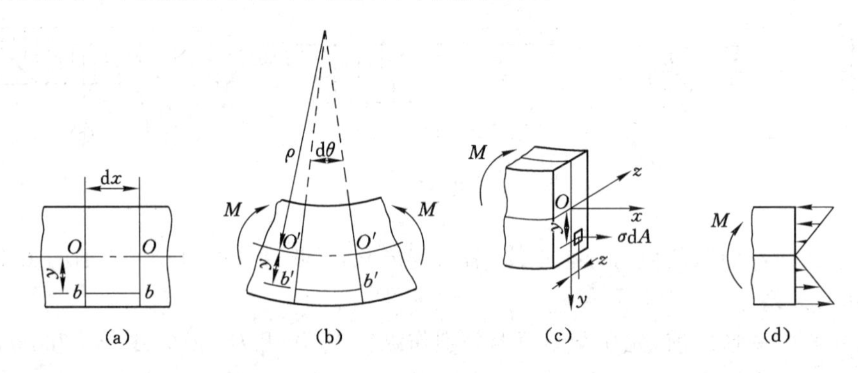

图 8-4

8.1.2 物理方程

假设纵向纤维之间无挤压，都是单向拉伸或压缩，当应力小于比例极限时，由虎克定律 $\sigma=E\varepsilon$，将式(a)代入有：

$$\sigma=E\frac{y}{\rho} \tag{b}$$

上式表明，横截面上的弯曲正应力 σ 在与中性轴垂直的 y 方向按直线规律变化，中性轴处的正应力等于零，如图 8-4(d)所示。

8.1.3 静力学关系

运用公式 $\sigma=E\dfrac{y}{\rho}$ 计算正应力，尚需进一步确定曲率半径 ρ 和中性层的位置。

在图 8-4(c)中，横截面上的内力应与截面左侧的外力平衡。在纯弯曲的情况下，截面左侧的外力只有一个对 z 轴的力偶矩 M。

在横截面上取微面积 $\mathrm{d}A$，作用于其上的力为 $\sigma\mathrm{d}A$。

由 $\sum X = 0$ 有：

$$F_N = \int_A \sigma \mathrm{d}A = \int_A E\,\frac{y}{\rho}\mathrm{d}A = \frac{E}{\rho}\int_A y\mathrm{d}A = \frac{E}{\rho}S_z = 0 \tag{c}$$

式中 $\frac{E}{\rho}$ 为不等于零的常数，于是有 $S_z=0$，即横截面对 z 轴的静力矩等于零，表明 z 轴（中性轴）应过形心。

由 $\sum M_y = 0$ 有：

$$M_y = \int_A \sigma z \mathrm{d}A = \frac{E}{\rho}\int_A yz\mathrm{d}A = \frac{E}{\rho}I_{yz} = 0 \tag{d}$$

同理可得 $I_{yz}=0$，即横截面对 yz 轴的惯性积等于零。由于 y 轴是横截面的对称轴，上式自然满足。

由 $\sum M_z = 0$ 有：

$$M - \int_A \sigma y \mathrm{d}A = 0$$

即

$$M = \int_A \sigma y \mathrm{d}A = \int_A E\,\frac{y}{\rho}y\mathrm{d}A = \frac{E}{\rho}\int_A y^2\mathrm{d}A = \frac{E}{\rho}I_z \tag{e}$$

由式(e)可得：

$$\frac{1}{\rho} = \frac{M}{EI_z} \tag{8-1}$$

式中，$\frac{1}{\rho}$ 是梁轴线变形后的曲率。该式表明，EI_z 越大，$\frac{1}{\rho}$ 越小，故称 EI_z 为梁的抗弯刚度。

将式(b)代入式(8-1)便得到纯弯曲变形时弯曲正应力的计算公式：

$$\sigma = \frac{My}{I_z} \tag{8-2}$$

式中，M 为横截面上的弯矩；y 为中性轴到所求应力点的距离；I_z 为横截面对中性轴的惯性距。

在用式(8-2)计算时，将 M、y 按规定的正负号代入，若 σ 为正值，即为拉应力，反之为压应力。也可由弯曲变形来判定，$M>0$，梁的底侧受拉，σ 为正，反之为负。

梁横截面上最大正应力发生在离中性轴 z 最远之处，由式(8-2)有：

$$\sigma_{\max} = \frac{My_{\max}}{I_z}$$

令

$$W_z = \frac{I_z}{y_{\max}} \tag{8-3}$$

则有

$$\sigma_{\max} = \frac{M}{W_z} \tag{8-4}$$

式中，W_z 称为抗弯截面模量。它只与截面的几何形状和尺寸有关，常用单位是 cm^3

或 mm^3。

矩形截面(高 h×宽 b)的抗弯截面模量为:

$$W_z = \frac{I_z}{\frac{h}{2}} = \frac{\frac{bh^3}{12}}{\frac{h}{2}} = \frac{bh^2}{6}$$

圆形截面(直径为 d)的抗弯截面模量为:

$$W_z = \frac{I_z}{\frac{d}{2}} = \frac{\frac{\pi d^4}{64}}{\frac{d}{2}} = \frac{\pi d^3}{32}$$

其他断面型钢的抗弯截面模量,可由附录Ⅱ型钢表中查到。

8.2 横力弯曲时梁横截面上的正应力　正应力强度条件

横力弯曲是指梁在横向力的作用下发生的弯曲,其特点是梁的横截面上既有弯矩又有剪力。弯矩引起正应力,剪力引起剪应力,所以横截面上既有正应力又有剪应力。由于剪应力的存在,横截面不能再保持为平面,纵向纤维间也不能保证没有正应力。虽然横力弯曲与纯弯曲存在这些差异,但进一步的分析表明当梁的跨度 l 与截面高度 h 之比大于 5 时,用式(8-2)计算横力弯曲引起的正应力误差很小,精度能够完全满足工程上的要求。

横力弯曲时,弯矩随截面位置的变化而变化,故最大正应力为:

$$\sigma = \frac{M_{\max} y_{\max}}{I_z} \tag{8-5}$$

由式(8-4)有:

$$\sigma = \frac{M_{\max}}{W_z} \tag{8-6}$$

正应力强度条件为:

$$\sigma_{\max} = \frac{M_{\max}}{W_z} \leqslant [\sigma] \tag{8-7}$$

根据正应力强度条件可进行三方面的计算:

(1) 强度校核:$\sigma_{\max} = \frac{M_{\max}}{W_z} \leqslant [\sigma]$;

(2) 设计截面:$W_z \geqslant \frac{M_{\max}}{[\sigma]}$;

(3) 确定许用载荷:$M_{\max} \leqslant W_z[\sigma]$。

【例 8-1】 图 8-5(a)所示简支梁受均布载荷 $q=60$ kN/m 的作用,试求:(1) 1—1 截面上 1、2 两点的正应力;(2) 该截面上的最大正应力;(3) 全梁的最大正应力;(4) 已知 $E=200$ GPa,求 1—1 截面的曲率半径。

解 作出弯矩图,如图 8-5(b)所示。

$$M_1 = \left(\frac{qlx}{2} - \frac{qx^2}{2}\right)_{x=1} = 60\ \text{kN} \cdot \text{m},\ M_{\max} = \frac{1}{8}ql^2 = 67.5\ \text{kN} \cdot \text{m}$$

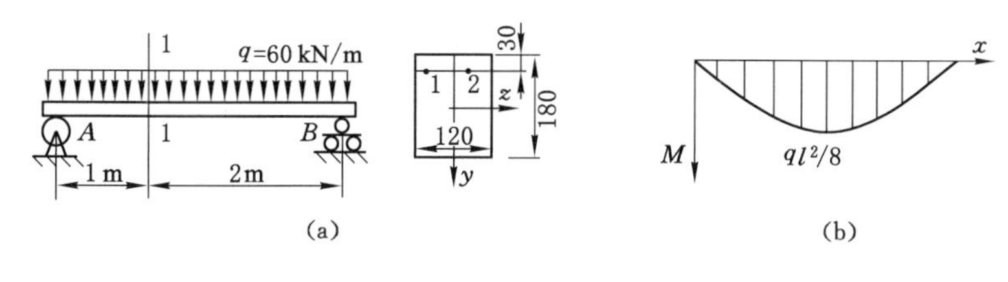

图 8-5

(1) $I_z=\frac{bh^3}{12}=\frac{120\times180^3}{12}\times10^{-12}=5.832\times10^{-5}(\text{m}^4)$

$$\sigma_1=\sigma_2=\frac{M_1y}{I_z}=\frac{60\times60}{5.832}\times10^5=61.7\ (\text{MPa})$$

$$W_z=\frac{bh^2}{6}=\frac{120\times180^2}{6}\times10^{-9}=6.48\times10^{-4}(\text{m}^3)$$

(2) $\sigma_{1\max}=\frac{M_1}{W_z}=\frac{60}{6.48}\times10^4=92.6\ (\text{MPa})$

(3) $\sigma_{\max}=\frac{M_{\max}}{W_z}=\frac{67.5}{6.48}\times10^4=104.2\ (\text{MPa})$

(4) $\rho=\frac{EI_z}{M_1}=\frac{200\times5.832}{60}\times10=194.4\ (\text{m})$

【例 8-2】 图 8-6 所示为一矩形截面的松木梁,其横截面尺寸 $h=180$ mm,$b=120$ mm。梁上的均布载荷 $q=5.1$ kN/m,$[\sigma]=7$ MPa,试校核此梁的正应力强度。若原梁不能满足强度要求,试按 $h:b=1.5:1$ 重新设计截面尺寸。

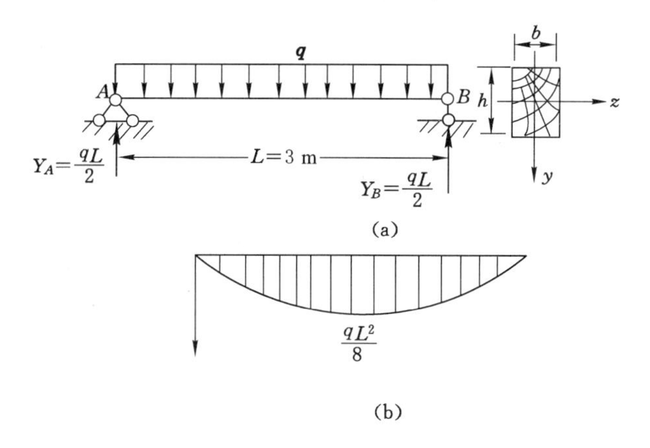

图 8-6

解 由弯矩图[图 8-6(b)]可知:

$$M_{\max}=\frac{1}{8}qL^2=\frac{5.1\times3^2}{8}=5.738\ (\text{kN}\cdot\text{m})$$

抗弯截面模量为:

$$W_z=\frac{bh^2}{6}=\frac{(120\times10^{-3})\times(180\times10^{-3})^2}{6}=648\times10^{-6}(\text{m}^3)$$

将 $M_{\max}$ 和 W_z 代入式(8-7)得:

$$\sigma_{\max}=\frac{M_{\max}}{W_z}=\frac{5.738\times10^3}{648\times10^{-6}}=8.85\ \text{MPa}>[\sigma]$$

故不满足强度要求，需进行重新设计。

由式(8-7)知：

$$W_z\geqslant\frac{M_{\max}}{[\sigma]}=\frac{5.738\times10^3}{7\times10^6}=820\times10^{-6}(\text{m}^2)$$

将 $h=1.5b$ 代入上式可得 $b\geqslant130$ mm，$h\geqslant195$ mm。

8.3 梁横截面上的剪应力　剪应力强度条件

8.3.1 梁横截面上的剪应力

横力弯曲时，梁横截面上既有正应力又有剪应力。在弯曲问题中，一般来说正应力是强度计算的主要因素，按正应力强度条件选择的梁，剪切强度一般都能满足要求而不需要校核。但在某些特殊情况下，例如，跨度短而截面高的梁，腹板较薄的工字梁，焊接、铆接或胶合而成的梁的焊缝、铆钉或胶合面等，一般要进行剪切强度校核。下面介绍等直截面梁上的剪应力。

1. 矩形截面梁

图 8-7(a)所示一矩形截面梁，在距左端支座为 x 处取长为 $\mathrm{d}x$ 的一微段为研究对象，x 和 $x+\mathrm{d}x$ 截面上的内力如图 8-7(b)所示。对剪力引起的剪应力的分布规律作如下两点假设：① 横截面上各点剪应力方向都平行于剪力 Q；② 剪应力沿截面宽度均匀分布，即 y 坐标相等的各点剪应力相等。基于上述两个假设，在距中性层为 y 的位置处各点的剪应力 τ 相等且都平行于 y 轴。

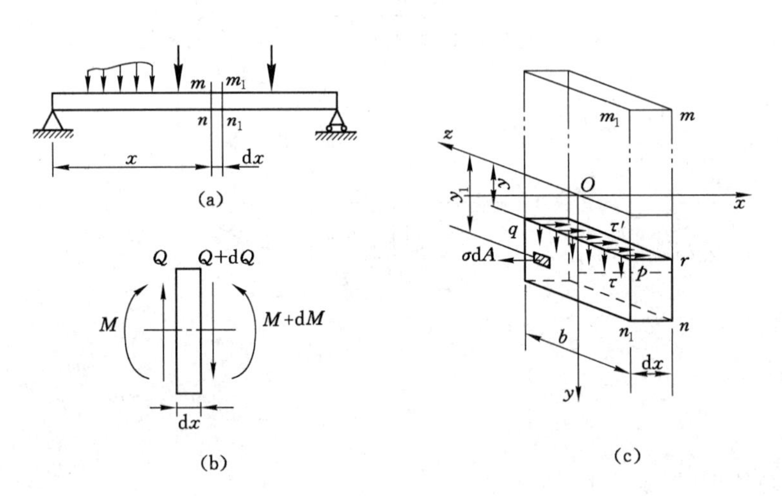

图 8-7

取图 8-7(c)中 $prnn_1$ 部分为研究对象。由静力学平衡方程 $\sum X=0$ 可得：

$$\int_{A_1}-\sigma\mathrm{d}A+\int_{A_1}(\sigma+\mathrm{d}\sigma)\mathrm{d}A-\tau' b\mathrm{d}x=0$$

式中，$\mathrm{d}\sigma$ 是 σ 在 yz 坐标不变时沿 x 坐标的微分增量；A_1 为直线 y 以下的面积。将式(8-2)

代入上式：

$$\int_{A_1} -\frac{My_1}{I_z}\mathrm{d}A + \int_{A_1} \frac{(M+\mathrm{d}M)y_1}{I_z}\mathrm{d}A - \tau' b\,\mathrm{d}x = 0$$

整理后得：

$$\tau' = \frac{\mathrm{d}M}{\mathrm{d}x} \cdot \frac{S_z^*}{I_z b}$$

其中，$S_z^* = \int_{A_1} y_1 \mathrm{d}A$。

由剪应力互等定理 $\tau=\tau'$ 和弯矩、剪力之间的关系 $\frac{\mathrm{d}M}{\mathrm{d}x}=F_s$，可得：

$$\tau = \frac{QS_z^*}{I_z b} \tag{8-8}$$

式(8-8)为矩形截面梁弯曲剪应力的计算公式。式中，Q 为横截面上的剪力；b 为截面宽度；I_z 为整个截面对中性轴的惯性矩；S_z^* 为直线 y 以下部分面积对中性轴的静力矩。

由图 8-8 可得：

$$S_z^* = \int_{A_1} y_1 \mathrm{d}A = \int_y^{\frac{h}{2}} y_1 b \mathrm{d}y_1 = \frac{b}{2}\left(\frac{h^2}{4} - y^2\right)$$

将上式代入式(8-8)可得：

$$\tau = \frac{Q}{2I_z}\left(\frac{h^2}{4} - y^2\right) \tag{8-9}$$

上式表明矩形截面上的剪应力沿高度按抛物线规律变化。图 8-8 中，在 $y=\pm\frac{h}{2}$ 处剪应力为零，中性轴处剪应力有最大值：

$$\tau_{\max} = \frac{3}{2} \cdot \frac{Q}{bh} \tag{8-10}$$

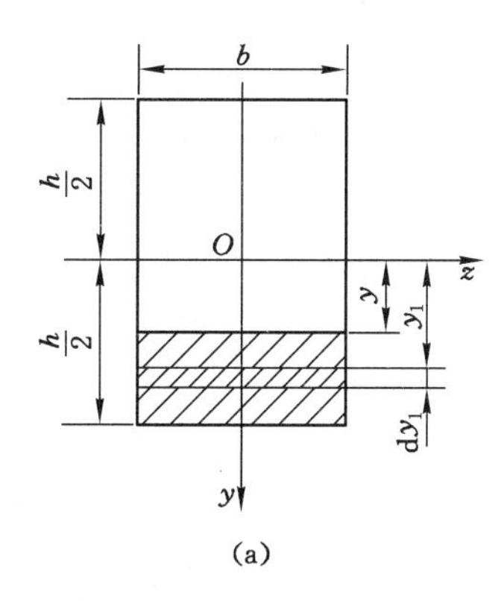

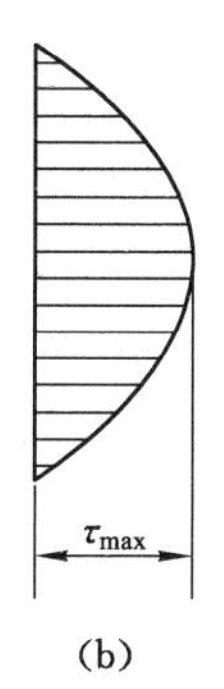

图 8-8

矩形截面的面积 $A=bh$，$\frac{F_s}{bh}$ 可看作横截面上的平均剪应力，所以上式也表明最大剪应力为平均剪应力的 1.5 倍。

2. 工字形截面梁

工字形截面梁由上、下翼缘和腹板组成，如图 8-9(a)所示。由于腹板截面为狭长矩形，

仍可采用矩形截面梁上的剪应力分布的两个假设。经过类似推到,可得腹板上的剪应力计算公式:

$$\tau=\frac{QS_z^*}{I_z b_0} \tag{8-11}$$

剪应力沿腹板高度也是按抛物线规律分布的,最大剪应力 τ_{max} 仍发生在截面的中性轴上,和最小剪应力 τ_{min} 相差不大,如图 8-9(b)所示。腹板上剪应力可认为大致是均匀分布的。翼缘上的剪应力远小于腹板上的剪应力,约占整个截面剪应力的 5%~3%,计算时可不考虑。

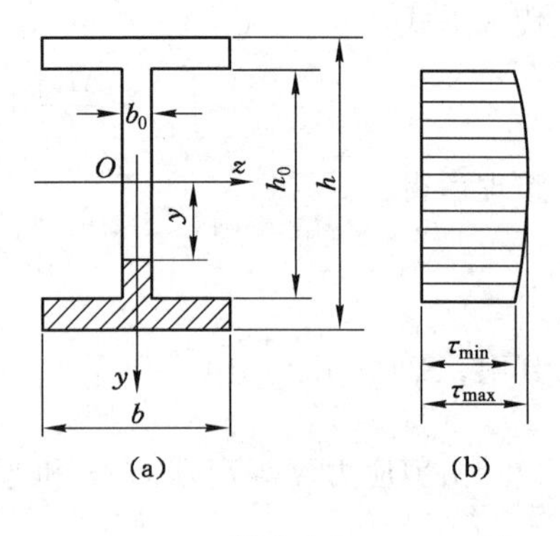

图 8-9

3. 圆形截面梁

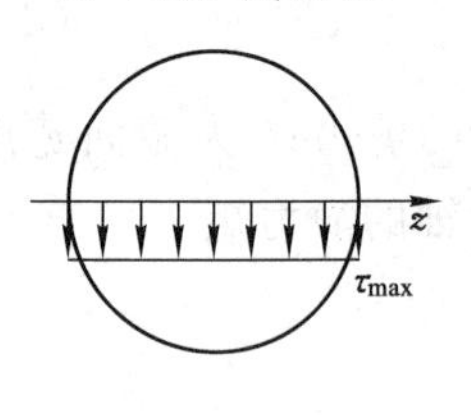

图 8-10

对于圆形截面梁,截面上各点的剪应力几乎全部都不平行于剪力 Q,最大的剪应力发生在中性轴上,并沿中性轴均匀分布(如图 8-10 所示),其值为:

$$\tau_{max}=\frac{4}{3}\frac{Q}{\pi R^2} \tag{8-12}$$

可见圆形截面梁上最大剪应力 τ_{max} 是平均剪应力 $\frac{Q}{\pi R^2}$ 的 $\frac{4}{3}$ 倍。

8.3.2 剪应力强度条件

上面介绍了几种常见横截面梁上剪应力的计算,对于等直梁,其最大剪应力 τ_{max} 一般是发生在最大剪力 Q_{max} 作用横截面的中性轴处。若材料的许用剪应力为[τ],则剪应力强度条件为:

$$\tau_{max}=\frac{Q_{max}S_{zmax}}{I_z b}\leqslant[\tau]$$

式中,S_{zmax} 表示中性轴以上(或以下)部分截面对中性轴的静矩;b 表示横截面沿中性轴的宽度;I_z 表示横截面对中性轴 z 的惯性矩。

在梁的强度计算中,正应力、剪应力强度条件都须满足,但在一般情况下,正应力强度条件往往起主导作用。在选择梁的截面时,通常是先按正应力强度条件选择截面尺寸,然后再进行剪应力强度校核。对于细长梁,按正应力强度条件设计的截面一般都能满足剪应力强度的要求,而不必作剪应力强度校核。但对某些特殊情况,剪应力强度条件也可起到控制作用,需要进行剪应力强度校核,如前述的几种情况。

【例 8-3】 简支梁如图 8-11(a)所示,$l=2$ m,$a=0.2$ m。梁上的载荷为 $q=10$ kN/m,$F=200$ N。材料的许用应力为[σ]=160 MPa,[τ]=100 MPa。试选择适用的工字钢型号。

解 求出梁的支座反力 $\boldsymbol{R}_A$ 和 $\boldsymbol{R}_B$ 并作剪力图和弯矩图如图 8-11(b)、(c)所示。首先由正应力强度条件来选择工字钢的型号:

$$W\geqslant\frac{M_{max}}{[\sigma]}=\frac{45\times10^3}{160\times10^{-6}}=281\times10^{-6}\,(\text{m}^3)=281\ (\text{cm}^3)$$

查型钢表,选 22a 号工字钢,其 $W_x=309\ \text{cm}^3$。

22a 号工字钢的几何尺寸 $\frac{I_x}{S_x}=18.9$ cm,腹板厚度 $d=0.75$ cm,由剪力图可知 $Q_{max}=210$ kN,代入式(8-8)中得:

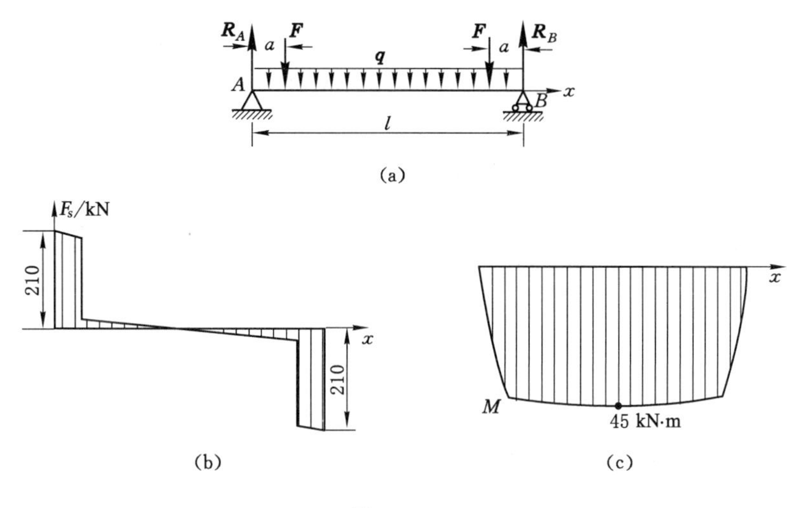

图 8-11

$$\tau_{\max} = \frac{Q_{\max} S_x}{I_x d} = \frac{210 \times 10^3}{18.9 \times 10^{-2} \times 0.75 \times 10^{-2}} = 148\ (\mathrm{MPa}) > [\tau]$$

故 22a 号工字钢不满足剪应力强度条件，需重新选择工字钢型号。

选 25b 号工字钢，由型钢表查得$\frac{I_x}{S_x}=21.27$ cm，$d=1$ cm，代入式(8-8)中得：

$$\tau_{\max} = \frac{210 \times 10^3}{21.27 \times 10^{-2} \times 1 \times 10^{-2}} = 98.6\ (\mathrm{MPa}) < [\tau]$$

满足强度要求，故选用型号为 25b 的工字钢。

8.4 提高弯曲强度的措施

在梁的强度计算中，正应力强度条件往往起主导作用，因此提高梁的弯曲强度主要是提高梁的正应力强度。由式(8-7)梁的正应力强度条件可看出，最大正应力 $\sigma_{\max}$与弯矩 $M_{\max}$成正比，与抗弯截面模量 W_z 成反比。因此，提高梁的强度应从降低 $M_{\max}$、提高 W_z 的数值来考虑。

8.4.1 合理安排梁的受力情况

改善梁的受力情况，尽量降低梁内最大弯矩，可提高梁的弯曲强度。

1. 合理布置梁的支座

以图 8-12(a)所示均布载荷作用下的简支梁为例：

$$M_{\max} = \frac{ql^2}{8} = 0.125ql^2$$

若将两端支座各向里移动 0.2l[图 8-12(b)]，则最大弯矩为：

$$M_{\max} = \frac{ql^2}{40} = 0.025ql^2$$

这时的弯矩是前者弯矩的 20%。也就是说，按图 8-12(b)布置支座梁的承载能力是前者的 5 倍。

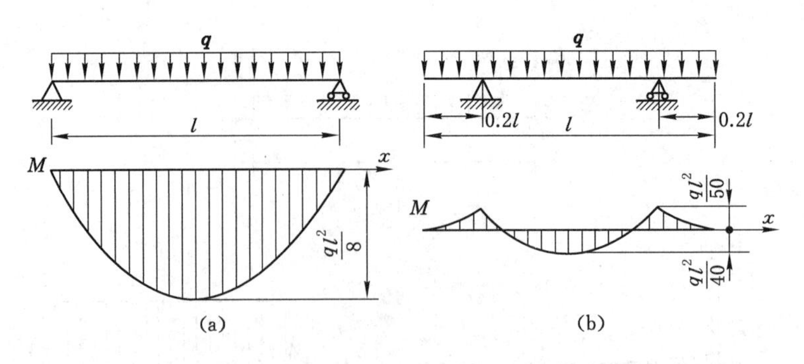

图 8-12

2. 合理配置载荷形式

合理配置梁的载荷形式可降低 M_{max}。在图 8-13(a)所示的简支梁上作用一集中力 $\boldsymbol{F}$，其最大弯矩为 $M_{max}=\frac{Fl}{4}$。若将集中力 $\boldsymbol{F}$ 通过辅梁作用到梁上，则弯矩降低为 $M_{max}=\frac{Fl}{8}$，可提高承载力 2 倍。

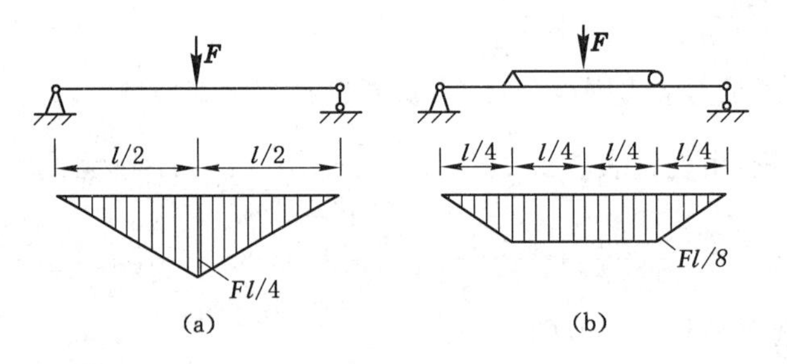

图 8-13

8.4.2 选择合理的截面形状

由式(8-7)可以看出，增大 W_z 可提高梁的弯曲强度。而 W_z 的大小与截面面积、截面形状及截面积的分布有关。因此，增大 W_z 可从以下几方面考虑：增大梁的截面面积自然可提高 W_z，但增加截面面积会造成用料过多而不经济，同时也会造成梁自重的增加。合理的截面形状是指在截面面积 A 相同的条件下，有较大的抗弯截面模量 W_z，也就是说 W_z/A 大的截面合理。所以在 A 一定的条件下，尽可能地使横截面面积分布在远离中性轴的地方来增加 W_z。比如，在面积 A 相同时，圆形截面的 W_z＜正方形截面的 W_z＜矩形截面的 W_z，见例 8-4。也就是说，矩形截面的承载能力＞正方形截面的承载能力＞圆形截面的承载能力。再如，相同的矩形截面立放时的 W_z＞平放时的 $W_{z'}$，即立放时的承载力＞平放时的承载力，如图 8-14 所示。

【例 8-4】 图 8-15 所示截面积相同的三梁的截面，其中圆截面的 $W_{z1}=\frac{\pi D^3}{32}$，正方形截面 $W_z=1.18W_{z1}$，矩形截面 $W_z=1.67W_{z1}$。

截面的合理性也可从强度方面来分析。在进行截面设计时，以 M_{max} 横截面上的正应力达到$[\sigma]$为依据，显然愈靠近截面的中性轴，正应力分布就愈小，此处材料的性能就愈没能充分发挥。为充分发挥材料的性能，应尽量减少中性轴附近的截面面积，使更多的截面面积

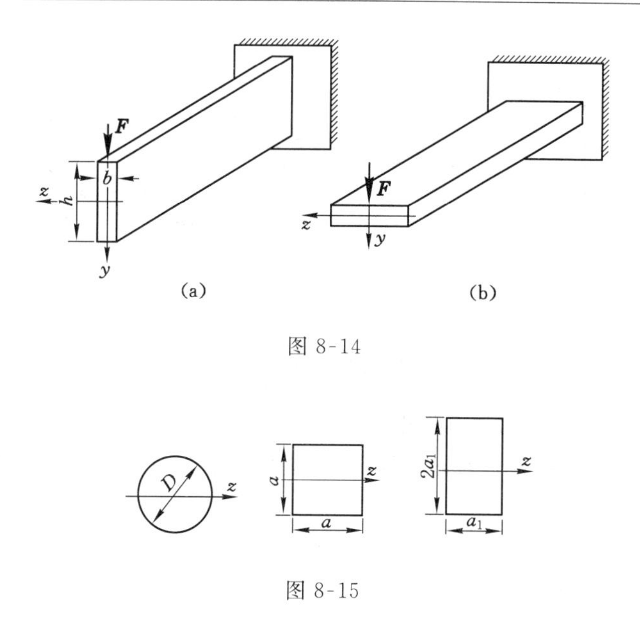

图 8-14

图 8-15

（材料）分布在远离中性轴的位置，以提高梁的承载力。如此，若使用工字形、槽形截面的梁比使用矩形截面的梁合理，如图 8-16 所示。

对抗拉与抗压强度相等的材料，可采用对中性轴对称的截面，如矩形、圆形、工字形等截面，这样可使截面上的最大拉应力和压应力同时达到$[\sigma]$；对抗拉与抗压强度不相等的脆性材料，如铸铁，可采用中性轴偏于受拉一侧的截面比较合理，这样可使最大拉应力与最大压应力同时分别接近许用拉应力$[\sigma_t]$和压应力$[\sigma_c]$，如图 8-17 所示。

图 8-16

图 8-17

上面讨论截面的合理性仅从弯曲强度方面来考虑，实际上许多情况下还须考虑使用、加工等方面因素。

8.4.3 等强度梁（变截面梁）

由于梁横截面上的弯矩随截面的位置而变化，按强度条件设计等截面梁时，仅考虑弯矩最大的截面，而其余截面上的弯矩较小（应力也较小），材料性能均未充分利用。为充分发挥梁各截面上材料的性能，工程上常采用变截面梁，弯矩大的地方采用大截面，弯矩小的地方采用小截面，如建筑结构中使应用的变截面悬臂梁、鱼腹梁等，如图 8-18 所示。

理想的变截面梁是使梁的各截面上的最大正应力都达到材料的许用应力，即

$$\frac{M(x)}{W(x)} = [\sigma]$$

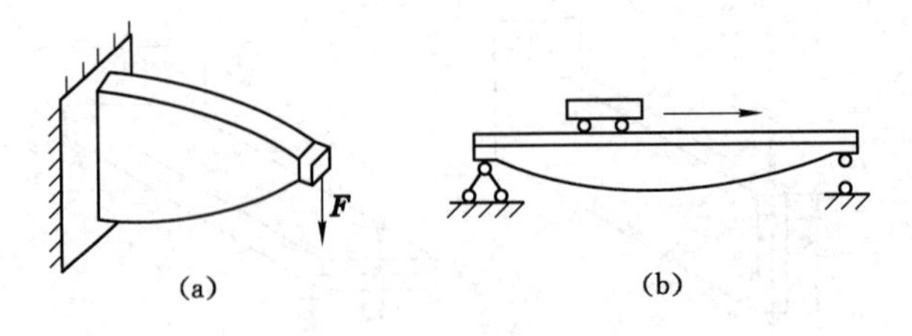

图 8-18

可得：

$$W(x)=\frac{M(x)}{[\sigma]}$$

按此条件设计出来的梁称为等强度梁。

在实际工程中，考虑到施工等方面的困难，构件只能设计成近似等强度的变截面梁。

思　考　题

8-1　在进行纯弯曲梁的正应力公式推导时，作了哪几点假设？在什么条件下，横力弯曲可用纯弯曲时的计算公式？

8-2　在推导横力弯曲矩形截面梁横截面上的剪应力计算公式时，作了哪几点假设？

8-3　对于细长梁，按正应力强度条件设计的截面一般都能满足剪应力强度条件的要求，而不必作剪应力强度校核。但在哪些特殊情况下，需要进行剪应力强度校核？

8-4　在图中所示两梁的相应横截面上，它们的内力是否相同？应力是否相同？

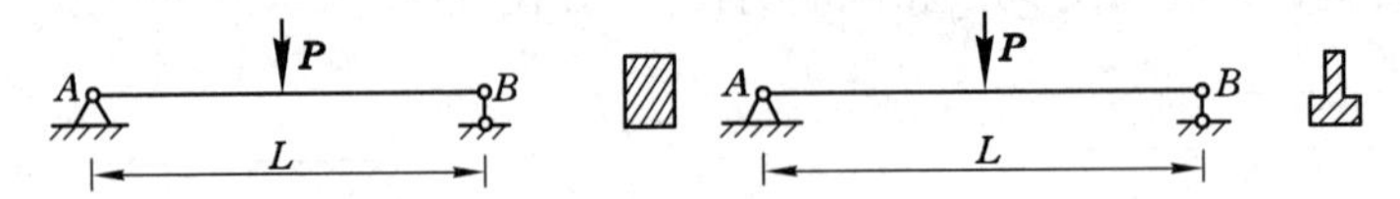

思考题 8-4 图

8-5　在横力弯曲中控制梁强度的主要因素是正应力，请按正应力强度条件思考下列问题：

(1) 思考题 8-4 图中所示梁的材料、所受载荷及截面形状尺寸完全不变，只是将梁翻转 90°放置。试问梁的强度有何差异并作定量比较。

(2) 梁横截面面积相等，但有三种几何形状：矩形、圆形和工字形，试问哪种截面较为合理？请排顺序。

8-6　什么是等强度梁，举出工程实际中的一些实例。

习　　题

8-1　求图示简支梁中 D 截面上 a、b、c 三点处的正应力和剪应力。（答案：$-\sigma_a=-\sigma_b=\sigma_c=4.69$ MPa，$\tau_a=\tau_b=0.22$ MPa）

8-2　简支钢梁如图所示，若钢梁由两槽钢组成，材料的$[\sigma]=170$ MPa，$[\tau]=100$ MPa，问不计梁自重，试选择槽钢的型号？（答案：$W=4.8\times10^4$ mm^3，选 8 号槽钢）

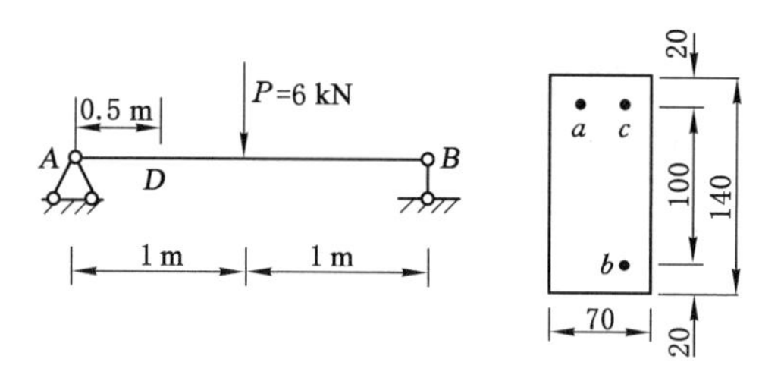

习题 8-1 图

8-3 图示简支梁，已知钢材的[σ]＝170 MPa。要求：

(1) 选择$\frac{h}{b}$＝1.5 的矩形截面；(答案：$b\times h$＝160 mm×240 mm)

(2) 选择工字钢的型号；(答案：W＝1.57×10^4 mm^3，选 14 号工字钢)

(3) 比较两种截面的材料消耗。(答案：3.2∶1)

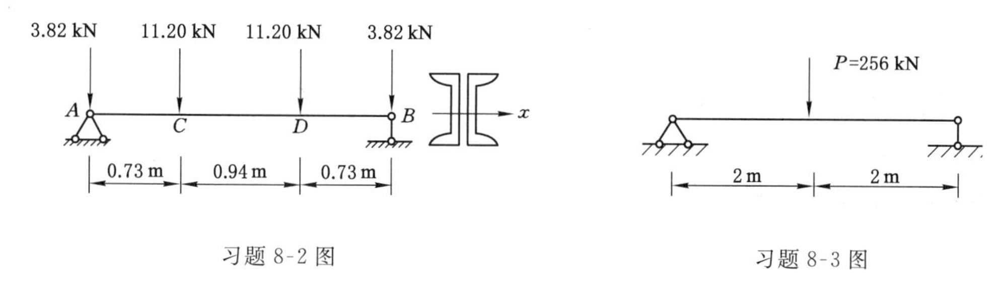

习题 8-2 图　　　　习题 8-3 图

8-4 试计算在均布载荷作用下，圆截面简支梁内的最大正应力和最大剪应力，并指出该梁是否安全？已知材料的许用应力为[σ]＝160 MPa，[τ]＝100 MPa。(答案：$\sigma_{\max}$＝102 MPa＜[σ]，$\tau_{\max}$＝13.9 MPa＜[τ]，安全)

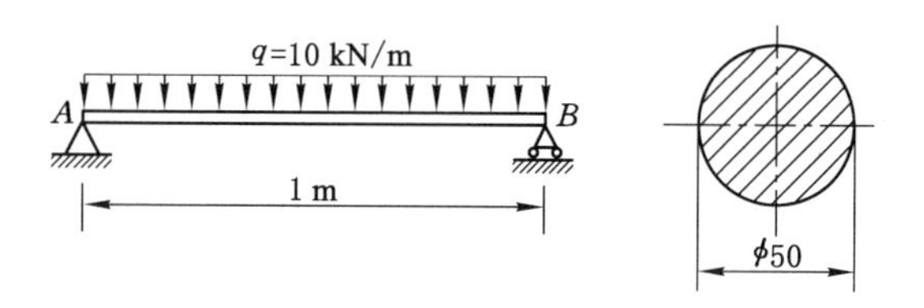

习题 8-4 图

8-5 由三根木条胶合而成的悬臂梁尺寸如图所示，跨度 l＝1 m。若胶合面上的需用剪应力为 0.34 MPa，木材的许用弯曲正应力为[σ]＝10 MPa，许用剪应力为[τ]＝1 MPa，试求许可载荷 F。(答案：F＝3.75 kN)

8-6 由一根 40a 工字钢制成的悬臂梁如图所示，在自由端作用一集中载荷 $\boldsymbol{P}$。已知钢的[σ]＝150 MPa，若考虑梁自重的影响，则 P 的许可值是多少？(答案：[P]＝25.27 kN)

8-7 图示简支梁，已知其 T 形横截面各部分的尺寸如图所示。若许用拉应力[σ_t]＝160 MPa，许用压应力[σ_c]＝80 MPa。试求该梁容许承受的均布载荷集度 $\boldsymbol{q}$ 的大小？(答案：q＝1 003 kN/m)

8-8 为改善载荷分布，在主梁 AB 上安置辅助梁 CD。设主梁和辅助梁的抗弯截面系

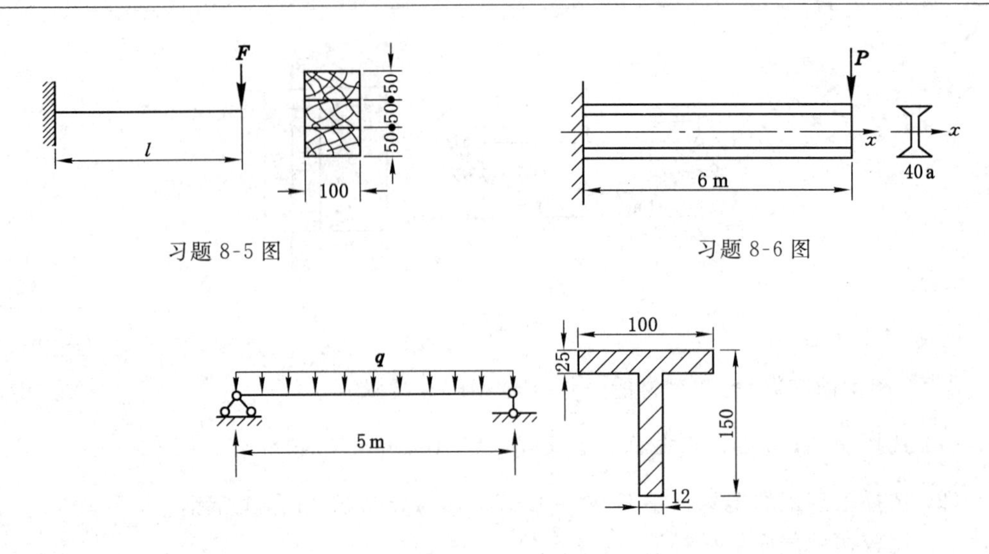

习题 8-5 图

习题 8-6 图

习题 8-7 图

数分别为 W_1 和 W_2，材料相同，试求辅助梁的合理长度 a。（答案：$a=\dfrac{lW_2}{W_1+W_2}$）

8-9　截面为 18 号工字钢的梁上作用着可移动的载荷 $\boldsymbol{F}$。为提高梁的承载能力，试确定 a 和 b 的合理数值及相应的许可载荷。设$[\sigma]=160$ MPa。（答案：$a=b=2$ m，$F\leqslant14.8$ kN）

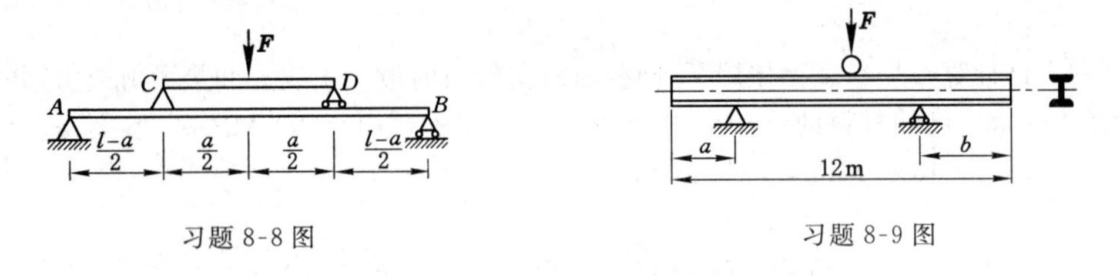

习题 8-8 图

习题 8-9 图

8-10　我国营造法式中，对矩形截面梁给出的尺寸比例是$h:b=3:2$。试用弯曲正应力强度条件证明：用圆木锯出的矩形截面梁，上述尺寸比例接近最佳比值。（答案：略）

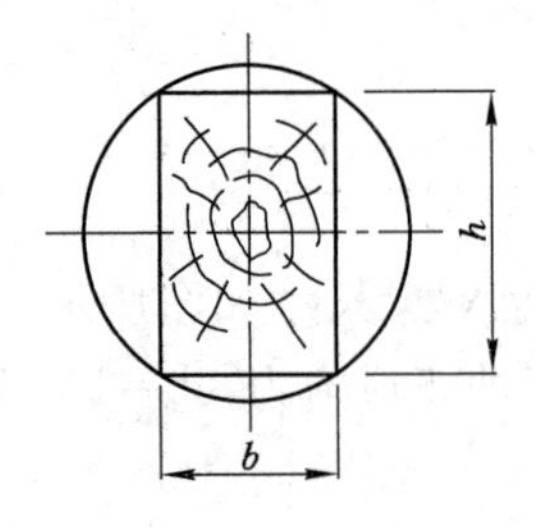

习题 8-10 图

9 弯曲变形

9.1 梁挠曲线的微分方程

前面介绍了梁横截面上内力的分布及梁的强度问题，现研究梁的变形。此处主要研究细长梁在对称弯曲下由弯矩引起的变形。可以证明，剪力对细长梁变形的影响可忽略不计。

梁变形的主要特征是梁轴线由直线变成了曲线，该曲线称为挠曲线。在发生对称弯曲时，挠曲线与外力的作用平面重合或平行，是一条光滑平坦的平面曲线。

图 9-1 所示简支梁受横向力作用，取变形前的梁轴线为 x 轴，垂直向下的轴为 y 轴。变形后梁横截面的形心沿 y 轴方向的线位移，称为梁在该横截面的挠度，用 w 表示，w 的正负号与图示坐标的正负号相同。

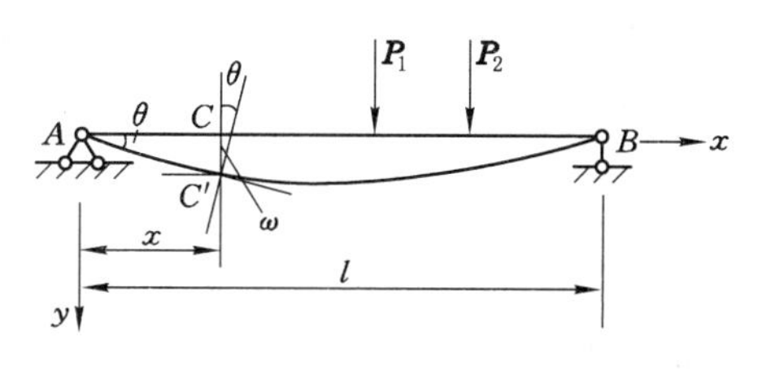

图 9-1

另一种位移是变形后梁横截面对其原有位置的角位移，称为梁在该截面的转角，用 θ 表示。在图示坐标系中规定顺时针转动形成的 θ 为正，反之为负。

挠度 w 和转角 θ 是梁变形的两个基本量。

显然，梁任一截面的挠度 w 是截面位置 x 的函数，即

$$w = f(x) \tag{9-1}$$

式(9-1)称为梁的挠曲线方程。

根据平面假设，横截面变形后仍然保持平面，且仍垂直于变形后的轴线。因此，任一横截面的转角就是该处挠曲线的切线与 x 轴的夹角。在小变形情况下有：

$$\theta \approx \tan\theta = \frac{\mathrm{d}w}{\mathrm{d}x} = w'(x) \tag{9-2}$$

式(9-2)就是转角方程。

应当指出，梁轴线弯成曲线后，在 x 方向也会产生轴向变形。但细长梁在小变形情况下，其轴向变形与挠度相比属于高阶微量，一般可略去不计。

在研究梁横截面上的正应力分布时，已得到纯弯曲状态下弯矩与曲率间的关系为公式：

$$\frac{1}{\rho} = \frac{M}{EI_z} \tag{a}$$

横力弯曲时，梁横截面上有弯矩也有剪力，上式只代表弯矩对弯曲变形的影响。对跨度远大于截面高度的梁，剪力对弯曲变形的影响可以省略，上式便可作为横力弯曲变形的基本方程。这时，M 和$\dfrac{1}{\rho}$皆为 x 的函数。

由高等数学知，挠曲线 $w=f(x)$的曲率为：

$$\frac{1}{\rho}=\pm\frac{w''(x)}{\{1+[w'(x)]^2\}^{\frac{3}{2}}}$$

在小变形情况下，梁的转角 $\theta=w'(x)$很小，则 $w'(x)$与 1 相比可忽略不计，故上式可近似地写为：

$$\frac{1}{\rho}\approx\pm w''(x) \tag{b}$$

由式(a)和式(b)即可得到：

$$w''(x)=\pm\frac{M}{EI_z} \tag{c}$$

式(c)中的正负号将取决于 M 和 $w''(x)$的符号规定。在图 9-2 所示坐标系中，当 M 为正时，曲线凸向下，变量 x 的增加对应着一阶导数 $w'(x)=\tan\theta$ 的递减，如 $\tan\theta_1>\tan\theta_2$。而在一阶导数递减的情况下，其二阶导数 $w''(x)$应是负的。由此可见，负的 $w''(x)$对应着正的 M。同样可以说明，正的 $w''(x)$对应着负的 M。弯矩 M 的正负号与挠曲线的正负号相反，故式(c)为：

$$w''(x)=-\frac{M}{EI_z} \tag{9-3}$$

式(9-3)略去了剪力的影响及$[w'(x)]^2$ 项，故称为梁的挠曲线近似微分方程，适用于在线弹性范围内和小变形情况下的对称弯曲梁。

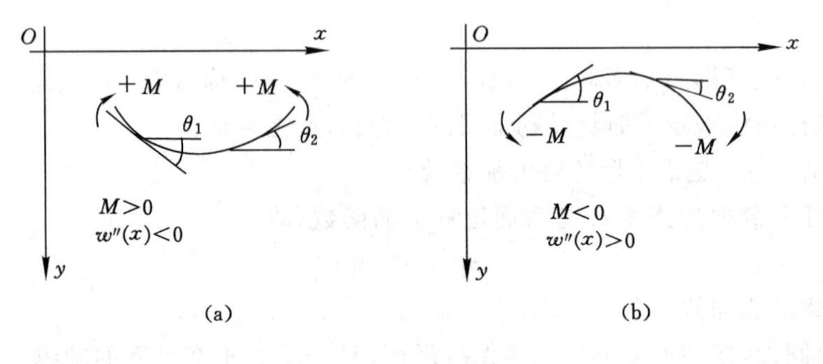

图 9-2

9.2 用积分法求梁的变形

计算梁的变形时可直接对挠曲线近似微分方程(9-3)积分两次，即可分别得到转角方程和挠度方程：

$$\theta(x)=-\int\frac{M}{EI}\mathrm{d}x+C \tag{9-4}$$

$$w(x) = -\int\left(\int \frac{M}{EI}\mathrm{d}x\right)\mathrm{d}x + Cx + D \tag{9-5}$$

式(9-4)、(9-5)中 C、D 为积分常数，可利用梁的位移边界条件来确定。例如，在固定端处，横截面的挠度和转角均为零；在铰链支座处，横截面处的挠度为零。若梁的弯矩方程为分段函数，则应对式(9-3)分段积分，此时将出现多对积分常数。为确定这些常数，除利用位移边界条件外，还应利用梁分段铰接处的挠度和转角这样的连续性条件。这种求梁变形的方法称为积分法。

下面举例说明梁的挠度和转角的计算。

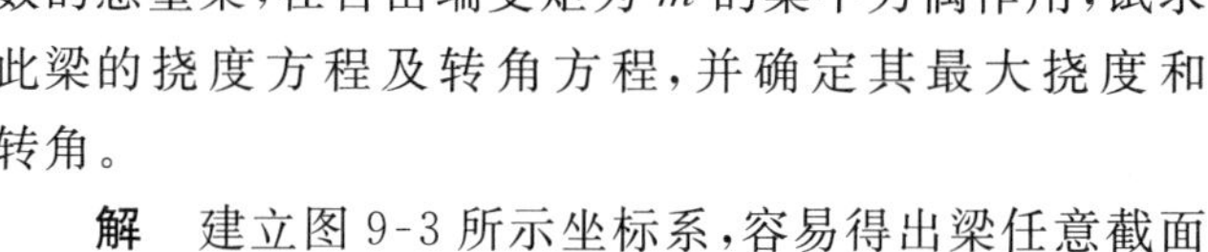

【例 9-1】 图 9-3 所示一长为 l、抗弯刚度 EI 为常数的悬臂梁，在自由端受矩为 m 的集中力偶作用，试求此梁的挠度方程及转角方程，并确定其最大挠度和转角。

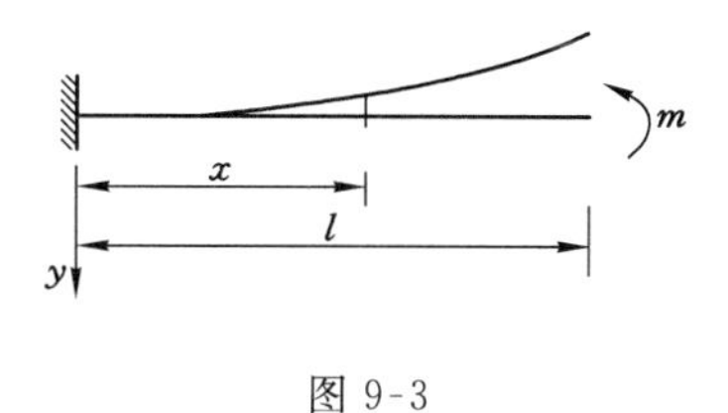

图 9-3

解 建立图 9-3 所示坐标系，容易得出梁任意截面上的弯矩为：

$$M(x) = m$$

代入式(9-3)，得挠曲线近似微分方程：

$$w''(x) = -\frac{m}{EI_z}$$

将上述方程积分两次，得：

$$\theta(x) = w'(x) = -\frac{m}{EI_z}x - C \tag{①}$$

$$w(x) = -\left(\frac{m}{2EI_z}x^2 + Cx + D\right) \tag{②}$$

如前所述，悬臂梁的位移边界条件是固定端处的挠度和转角都等于零，即 $w(0) = w'(0) = 0$。将此边界条件应用于式①和②，得：

$$C = 0,\ D = 0$$

由此得到自由端受集中力偶作用的悬臂梁的转角方程：

$$\theta(x) = -\frac{m}{EI}x \tag{③}$$

以及挠曲线方程：

$$w(x) = -\frac{m}{2EI}x^2 \tag{④}$$

此梁的最大挠度和转角均发生在自由端截面 B 即 $x = l$ 处，分别为：

$$\theta_{\max} = -\frac{ml}{EI}(\curvearrowleft),\ w_{\max} = -\frac{ml^2}{2EI}(\uparrow)$$

【例 9-2】 图 9-4 所示为一受均布载荷作用的简支梁，EI 为常数。试求此梁的最大挠度 $w_{\max}$ 以及两端截面的转角 θ_A 和 θ_B。

解 由对称性可得梁支座反力：

$$Y_A = Y_B = \frac{ql}{2}$$

任意截面的弯矩方程：

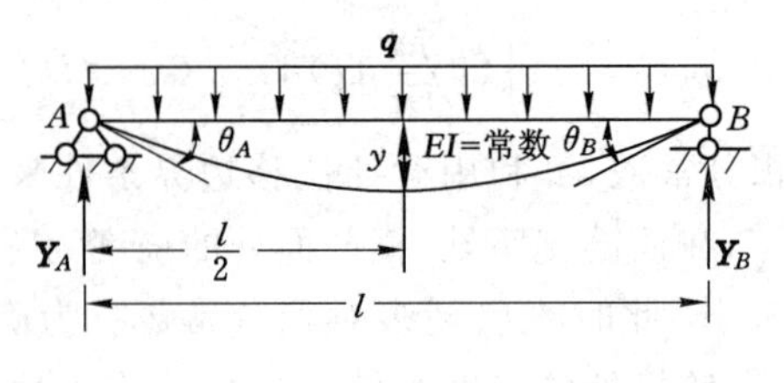

图 9-4

$$M(x)=\frac{qlx}{2}-\frac{qx^2}{2}$$

由式(9-3)有：

$$w''(x)=-\frac{1}{2EI_z}(qlx-qx^2)$$

经积分后有：

$$\theta=-\frac{1}{EI_z}(\frac{qlx^2}{4}-\frac{qx^3}{6})+C$$

$$w=-\frac{1}{EI}(\frac{qlx^3}{12}-\frac{qx^4}{24})+Cx+D$$

由边界条件：$x=0$ 时，$w=0$；$x=l$ 时，$w=0$ 可得：

$$C=-\frac{ql^3}{24},\ D=0$$

则转角方程和挠度方程分别为：

$$\theta=-\frac{1}{EI}(\frac{ql}{4}x^2-\frac{q}{6}x^3-\frac{ql^3}{24})$$

$$w=-\frac{1}{EI}(\frac{ql}{12}x^3-\frac{q}{24}x^4+\frac{ql^3}{24}x)$$

由对称性可知 $w_{\max}$ 发生在跨中：

$$w=\frac{5ql^4}{384EI}(\downarrow)$$

$$\theta_A=\theta_{x=0}=\frac{ql^3}{24EI}(\curvearrowright),\ \theta_B=\theta_{x=l}=-\frac{ql^3}{24EI}(\curvearrowleft)$$

从上面的例题可以看出，用积分法求梁的变形时：① 写出梁任意截面上的弯矩 $M(x)$；② 写出梁的挠曲线近似微分方程 $EI_zw''=-M(x)$；③ 积分；④ 由边界条件、连续条件确定出梁的转角方程和挠度方程。

在此应注意，若梁各截面上的弯矩不能用一个统一的函数式表达时，首先应分段写出弯矩 $M(x)$ 及 $EI_zw''=-M(x)$；其次分别积分后由边界条件及连续条件确出积分常数，一般情况下 n 个 $M(x)$，积分常数有 $2n$ 个，边界及连续条件也有 $2n$ 个；最后确定出转角方程及挠曲线方程。

【例 9-3】 图 9-5 所示一长为 l 的简支梁，抗弯刚度 EI 为常数，受集中力 $\boldsymbol{F}$ 作用，试确定此梁的转角及挠曲线方程。

解 由梁的平衡方程求得支座反力：

$$R_A=\frac{Fb}{l}$$

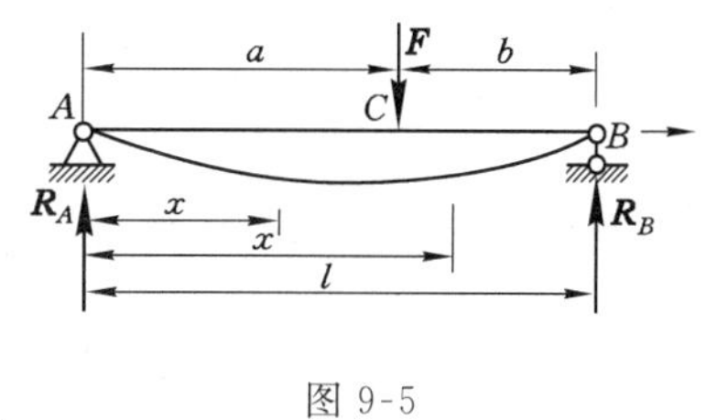

图 9-5

AC 段弯矩方程 $M_1(x)$ 为：

$$M_1(x) = \frac{Fb}{l}x \quad (0 \leqslant x \leqslant a)$$

CB 段弯矩方程 $M_2(x)$ 为：

$$M_2(x) = \frac{Fb}{l}x - F(x-a) \quad (a \leqslant x \leqslant l)$$

上两式分别积分后得到 AC 段和 CB 段的转角方程 $\theta_1(x)$、$\theta_2(x)$ 和挠曲线方程 $w_1(x)$、$w_2(x)$：

$$\begin{cases} \theta_1(x) = -\int \dfrac{M_1(x)}{EI}\mathrm{d}x = -(\dfrac{Fb}{2EIl}x^2 + C_1) \\ w_1(x) = -\int \theta_1(x)\mathrm{d}x = -(\dfrac{Fb}{6EIl}x^3 + C_1x + D_1) \end{cases} \quad (0 \leqslant x \leqslant a)$$

$$\begin{cases} \theta_2(x) = -\int \dfrac{M_2(x)}{EI}\mathrm{d}x = -\dfrac{Fb}{2EIl}x^2 + \dfrac{F}{2EI}(x-a)^2 - C_2 \\ w_2(x) = -\int \theta_2(x)\mathrm{d}x = -\dfrac{Fb}{6EIl}x^3 + \dfrac{F}{6EI}(x-a)^3 - C_2x - D_2 \end{cases} \quad (a \leqslant x \leqslant l)$$

梁在 C 处的转角及挠度连续，即 $x=a$ 时，$\theta_1(a)=\theta_2(a)$，$w_1(a)=w_2(a)$。代入 AC 段和 CB 段的转角及挠曲线方程，有：

$$C_1 = C_2,\ D_1 = D_2$$

在梁的 A、B 支座处有 $w_1(0)=w_2(l)=0$，由此可得到：

$$D_1 = D_2 = 0, C_1 = C_2 = -\frac{Fb}{6EIl}(l^2 - b^2)$$

由此不难写出 AC 段和 CB 段的转角及挠曲线方程：

$$\begin{cases} \theta_1(x) = -\dfrac{Fb}{6EIl}(3x^2 - l^2 + b^2) \\ w_1(x) = -\dfrac{Fbx}{6EIl}(x^2 - l^2 + b^2) \end{cases} \quad (0 \leqslant x \leqslant a)$$

$$\begin{cases} \theta_2(x) = -\dfrac{Fb}{2EIl}x^2 + \dfrac{F}{2EI}(x-a)^2 + \dfrac{Fb}{6EIl}(l^2 - b^2) \\ w_2(x) = -\dfrac{Fa(l-x)}{6EIl}(x^2 + a^2 - 2lx) \end{cases} \quad (a \leqslant x \leqslant l)$$

可以证明，最大挠度发生在 $x_0=\sqrt{\dfrac{a(a+2b)}{3}}$ 截面处，其值为 $w_{\max}=\dfrac{Fb\sqrt{(l^2-b^2)^3}}{9\sqrt{3}EIl}$。当集中力 $\boldsymbol{F}$ 作用在梁中点时，即 $a=b=0.5l$，显然最大挠度发生在中点处，其值为：

$$w_{\max} = \frac{Fl^3}{48EI}(\downarrow)$$

此时最大转角在 A、B 截面处：

$$\theta_{\max} = \theta_A = -\theta_B = \frac{Fl^2}{16EI}(\curvearrowright)$$

9.3 按叠加原理计算梁的变形

如前所述，在小变形情况下，当梁内应力不超过材料的比例极限时，挠曲线近似微分方程为一线性微分方程，因此可应用叠加法来求解梁的变形。

叠加法求梁的变形有两种类型：一种是荷载的叠加，即将梁上几个载荷作用下的变形看作是由每个载荷单独作用下产生的变形的叠加；另一种是结构形式的叠加，即当梁的挠曲线分成几段时，可以把后一段梁的变形看作是在前一段梁的变位基础上的叠加。由于每一段梁的挠曲线总是由两个部分组成，一是它自身的弯曲形状，这部分取决于弯矩方程；二是它的端部的变形条件，而这可根据挠曲线的连续、光滑条件由相邻段梁提供。

表 9-1 中列出了几种简单载荷作用下梁的转角和挠度，利用该表进行梁变形的叠加计算很方便。

表 9-1　　　　简单载荷作用下的梁的变形

序号	梁的简图	挠曲线方程	挠度和转角
1	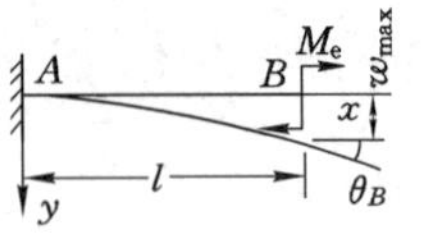 A B M_e w_{max} x y l θ_B	$w(x)=\dfrac{M_e x^2}{2EI}$	$w_B=\dfrac{M_e l^2}{2EI}$ $\theta_B=\dfrac{M_e l}{EI}$
2	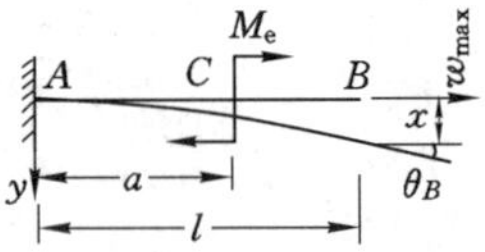 A C B M_e w_{max} x y a l θ_B	$w(x)=\dfrac{M_e x^2}{2EI}(0\leqslant x\leqslant a)$ $w(x)=\dfrac{M_e a}{EI}\left[(x-a)+\dfrac{a}{2}\right](a\leqslant x\leqslant l)$	$w_B=\dfrac{M_e a}{EI}(l-\dfrac{a}{2})$ $\theta_B=\dfrac{M_e a}{EI}$
3	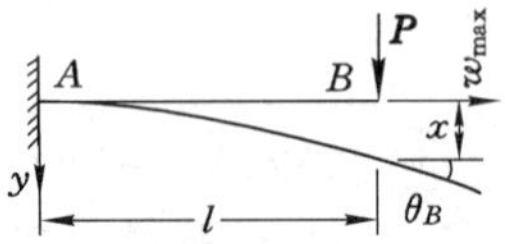 A B P w_{max} x y l θ_B	$w(x)=\dfrac{Px^2}{6EI}(3l-x)$	$w_B=\dfrac{Pl^3}{3EI}$ $\theta_B=\dfrac{Pl^2}{2EI}$
4	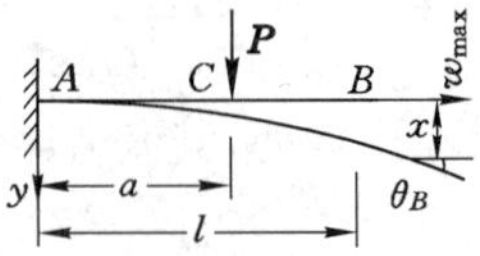 A C B P w_{max} x y a l θ_B	$w(x)=\dfrac{Px^2}{6EI}(3a-x)\ (0\leqslant x\leqslant a)$ $w(x)=\dfrac{Pa^2}{6EI}(3x-a)\ (0\leqslant x\leqslant l)$	$w_B=\dfrac{Pa^2}{6EI}(3l-a)$ $\theta_B=\dfrac{Pa^2}{2EI}$
5	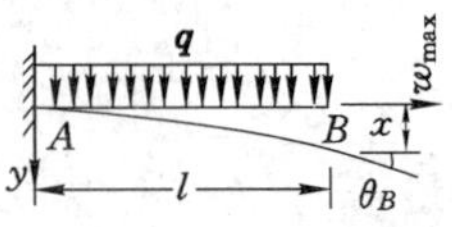 q A B w_{max} x y l θ_B	$w(x)=\dfrac{qx^2}{24EI}(x^2-4lx+6l^2)$	$w_B=\dfrac{ql^4}{8EI}$ $\theta_B=\dfrac{ql^3}{6EI}$

续表 9-1

序号	梁的简图	挠曲线方程	挠度和转角
6		$w(x)=\frac{M_e x}{6EIl}(l-x)(2l-x)$	在 $x=(1-\frac{1}{\sqrt{3}})l$ 处，$w_{max}=\frac{M_e l^2}{9\sqrt{3}EI}$ 在 $x=\frac{l}{2}$ 处，$w_{l/2}=\frac{M_e l^2}{16EI}$ $\theta_A=\frac{M_e l}{3EI}, \theta_B=-\frac{M_e l}{6EI}$
7		$w(x)=\frac{M_e x}{6EIl}(l^2-x^2)$	在 $x=\frac{l}{\sqrt{3}}$ 处，$w_{max}=\frac{M_e l^2}{9\sqrt{3}EI}$ 在 $x=\frac{l}{2}$ 处，$w_{l/2}=\frac{M_e l^2}{16EI}$ $\theta_A=\frac{M_e l}{6EI}, \theta_B=-\frac{M_e l}{3EI}$
8		$w(x)=\frac{Px}{48EI}(3l^2-4x^2)$ $(0\leqslant x\leqslant\frac{l}{2})$	在 $x=\frac{l}{2}$ 处，$w_{max}=\frac{Pl^3}{48EI}$ $\theta_A=-\theta_B=\frac{Pl^2}{16EI}$
9		$w(x)=\frac{qx}{24EI}(l^3-2lx^2+x^3)$	在 $x=\frac{l}{2}$ 处，$w_{max}=\frac{5ql^4}{384EI}$ $\theta_A=-\theta_B=\frac{ql^3}{24EI}$
10		$w(x)=\frac{Pbx}{6EIl}(l^2-x^2-b^2)$ $(0\leqslant x\leqslant a)$ $w(x)=\frac{Pb}{6EIl}[\frac{l}{b}(x-a)^3+$ $(l^2-b^2)x-x^3](a\leqslant x\leqslant l)$	设 $a>b$，在 $x=\sqrt{\frac{l^2-b^2}{3}}$ 处， $w_{max}=\frac{Pb(l^2-b^2)^{3/8}}{9\sqrt{3}EIl}$ 在 $x=\frac{l}{2}$ 处，$w_{l/2}=\frac{Pb(3l^2-4b^2)}{48EI}$ $\theta_A=\frac{Pab(l+b)}{6EIl}, \theta_B=-\frac{Pab(l+a)}{6EIl}$

【例 9-4】 简支梁抗弯刚度 EI 为常数，受力如图 9-6(a)所示，试用叠加法求梁截面 A 的转角。

解 图 9-6(a)所示简支梁上的荷载＝图 9-6(b)所示简支梁上的均布荷载＋图 9-6(c)所示简支梁上的集中力偶。

由表 9-1 查得在均布载荷 q 作用下简支梁截面 A 的转角：

$$(\theta_A)_q=\frac{ql^3}{24EI}$$

在集中力偶 M_0 作用下简支梁截面 A 的转角：

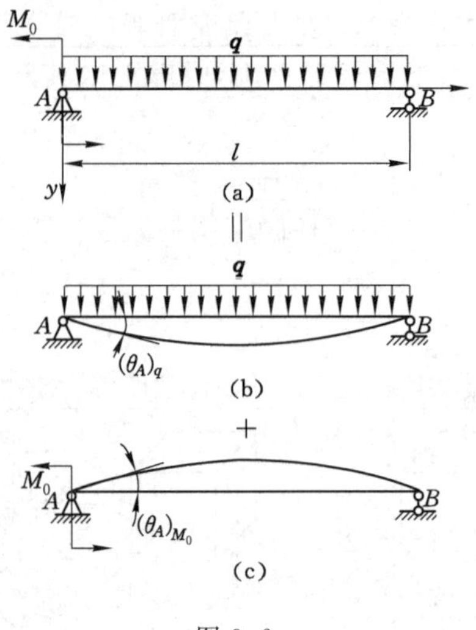

图 9-6

$$(\theta_A)_{M_0} = -\frac{M_0 l}{3EI}$$

叠加以上结果，即得到在 $\boldsymbol{q}$ 和 M_0 共同作用下简支梁截面 A 的转角：

$$\theta_A = (\theta_A)_q + (\theta_A)_{M_0} = \frac{ql^3}{24EI} - \frac{M_0 l}{3EI}$$

【例 9-5】 图 9-7(a)所示外伸梁的自由端 C 受集中载荷 F 的作用，试求自由端 C 的挠度。已知梁的抗弯刚度 EI 为常数。

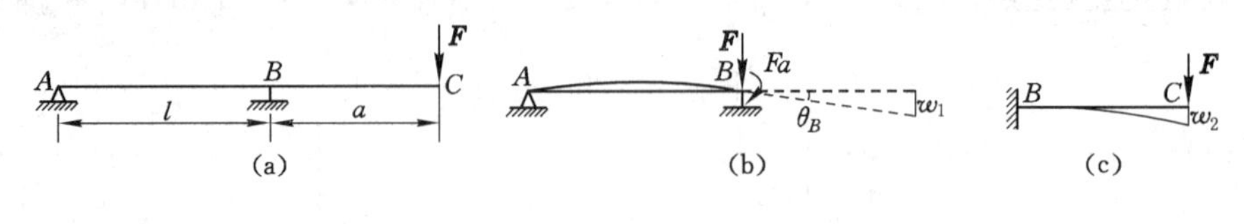

图 9-7

解 将图 9-7(a) 所示外伸梁看作是由图 9-7(b)所示简支梁 AB 与图 9-7(c) 所示悬臂梁 BC 的叠加。当简支梁 AB 与悬臂梁 BC 变形时，均在截面 C 引起挠度，而此二挠度的代数和即为该截面的总挠度 w_C。

将载荷 $\boldsymbol{F}$ 平移到截面 B，得到作用在该截面的集中力 $\boldsymbol{F}$ 与力矩 Fa，如图 9-7(b) 所示，于是得到截面 B 的转角：

$$\theta_B = \frac{Fla}{3EI}$$

则截面 C 的挠度：

$$w_1 = \theta_B a = \frac{Fla^2}{3EI}$$

图 9-6(c)中，在载荷 $\boldsymbol{F}$ 作用下悬臂梁 BC 端点的挠度：

$$w_2 = \frac{Fa^3}{3EI}$$

则有截面 C 的总挠度：

$$w_C = w_1 + w_2 = \frac{Fa}{3EI}(l + a)$$

9.4 用变形比较法解简单超静定梁

前面讨论的都是静定梁,其支座反力可由静力平衡方程确定。在工程中,为了提高梁的强度与刚度,常在静定梁上增加一些约束,如图 9-8(a)、(b)中的支座 B。正如第三章中所介绍的,这些梁称为超静定梁,增加的支座称为多余约束,多余约束反力的数目即为超静定次数。

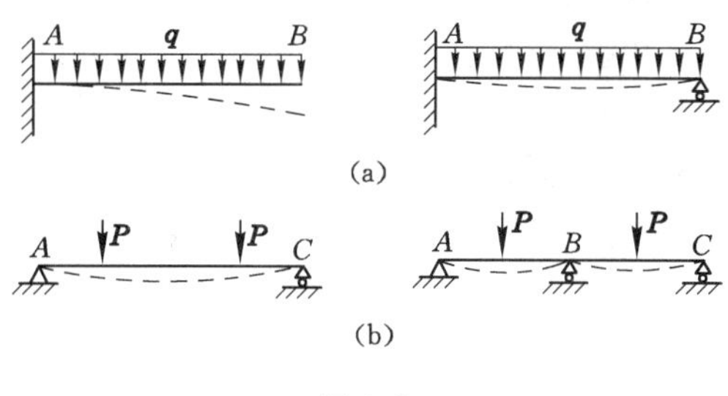

图 9-8

和解拉(压)超静定问题一样,解超静定梁需要根据变形协调条件来建立补充方程式,求出多余的约束反力,然后同静定梁一样进行求解。

【例 9-6】 求图 9-9(a)所示梁的支反力。

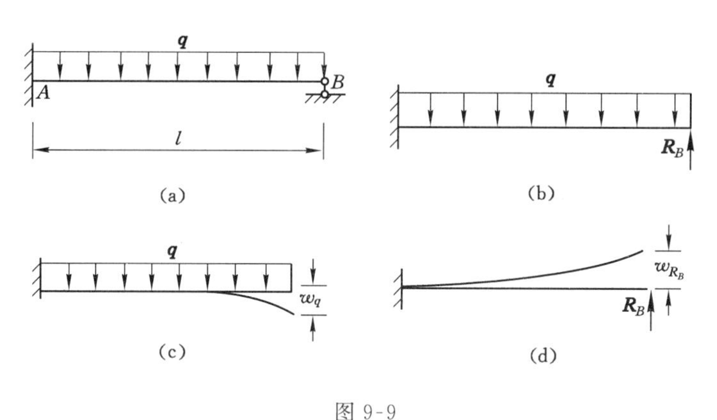

图 9-9

解 图 9-9(a)中的梁为一次超静定梁,将梁端的可动支座 B 去掉,代之以相应的约束反力 $\boldsymbol{R}_B$[如图 9-9(b)],则超静定梁变成了在载荷 $\boldsymbol{q}$ 和多余约束反力 $\boldsymbol{R}_B$ 共同作用下的静定悬臂梁。这个静定悬臂梁称为原超静定梁的静定基。静定基在载荷和多余支座反力共同作用下的变形应和原超静定梁的变形完全相同,即在支座 B 处:

$$w_B = (w_B)_q + (w_B)_{R_B} = 0 \tag{①}$$

载荷 $\boldsymbol{q}$ 作用下梁的挠度为:

$$(w_B)_q = \frac{ql^4}{8EI_z} \tag{②}$$

反力 $\boldsymbol{R}_B$ 作用下梁的挠度为：

$$(w_B)_{R_B}=-\frac{R_B l^3}{3EI_z} \tag{③}$$

将式②、③代入式①，解得：

$$R_B=\frac{3}{8}ql$$

由静力平衡方程求得固定端 A 的支反力：

$$R_A=\frac{5}{8}ql,\ M_A=\frac{1}{8}ql^2$$

求得超静定梁的支反力后，梁的内力、应力和强度计算就和静定梁完全一样了。

这种用变形叠加法求解超静定梁的方法也称为变形比较法。

必须指出，静定基的选取并非是唯一的，本例中也可以图 9-10(b)所示简支梁作为静定基。将固定端 A 处的转动约束作为多余约束，解除此多余约束，代之以相应的反力偶 M_A，图 9-10(c)与图 9-10(a)是等效的。

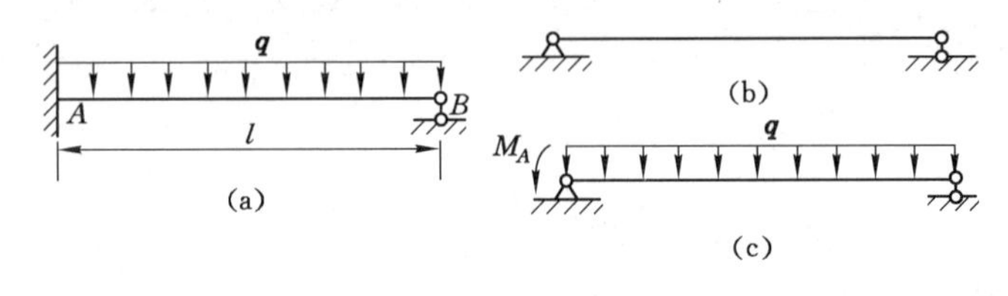

图 9-10

9.5 梁的刚度校核　提高梁刚度的措施

9.5.1 刚度条件

为了保证梁能正常地工作，除了要求梁满足强度条件外，还需对梁的变形作一些限制，使其变形不超过许用值，这个限制条件称为刚度条件：

$$\left.\begin{aligned}\frac{w_{\max}}{l}&\leqslant\left[\frac{w}{l}\right]\\ \theta_{\max}&\leqslant[\theta]\end{aligned}\right. \tag{9-6}$$

式中，$\left[\frac{w}{l}\right]$为许用的挠跨比，即单位长度允许的最大挠度。

在建筑工程中，一般情况下强度条件起控制作用，由强度条件选择的梁，大多能满足刚度要求，只有对变形限制很严时才对梁的刚度进行校核，但一般仅校核梁的挠度。

$\left[\frac{w}{l}\right]$的取值可从有关规范中查得，如一般钢筋混凝土梁$\left[\frac{w}{l}\right]=\frac{1}{300}\sim\frac{1}{200}$；钢筋混凝土起重机梁$\left[\frac{w}{l}\right]=\frac{1}{600}\sim\frac{1}{500}$。

【例 9-7】 图 9-11 所示为一长度 $l=4$ m 的悬臂梁，在自由端作用集中力 $P=10$ kN，试按强度条件及刚度条件从型钢表中选工字形截面。已知$[\sigma]=170$ MPa，许用挠度$[w]=\frac{400}{l}$，$E=210$ GPa。

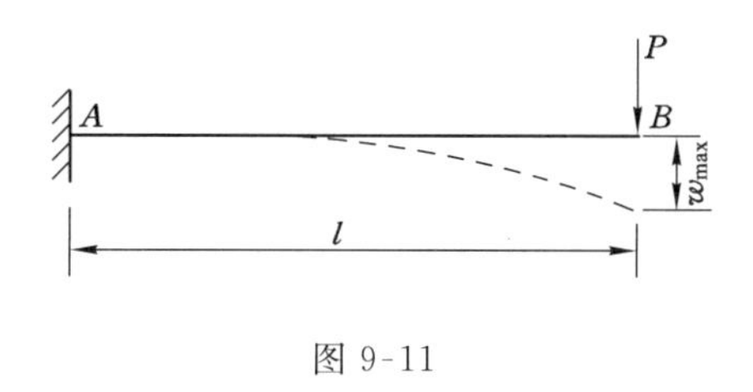

图 9-11

解 (1) 按强度条件选择截面

$$M_{max} = Pl = 40\ \text{kN}\cdot\text{m}$$

$$W \geqslant \frac{M_{max}}{[\sigma]} = \frac{40\times10^3}{170\times10^6} = 0.235\times10^{-3}(\text{m}^3) = 235\ (\text{cm}^3)$$

选 20a 工字钢,$W=237\ \text{cm}^3$, $I=2\ 370\ \text{cm}^4$。

(2) 刚度校核

$$w_{max} = \frac{Pl^3}{3EI} = \frac{10\times10^3\times4^3}{3\times210\times10^9\times2\ 370\times10^{-8}} = 4.29\times10^{-2}(\text{m}) = 42.9\ (\text{mm})$$

因 $w_{max}>[w]$,故不满足要求,须重新选择截面。

由刚度条件有:

$$I \geqslant \frac{Pl^3}{3E[w]} = \frac{10\times10^3\times4^3}{3\times210\times10^9\times0.01} = 1.016\times10^{-4}(\text{m}^4)$$

选 32a 工字钢,$I=11\ 075.5\ \text{cm}^4$。

9.5.2 提高梁刚度的措施

梁的变形与梁上的荷载、梁的跨度 l 及抗弯刚度 EI 等情况有关,因此,提高梁刚度的措施(与提高梁强度的措施相同)也需要从以下几方面考虑:

(1) 梁的变形与抗弯刚度 EI 成反比,改善梁的截面形状及尺寸,增大横截面的惯性矩 I,从而提高梁的抗弯刚度 EI,减小梁的变形。

(2) 梁的变形与梁的跨度 l 的 n 次方成正比,减小梁的跨度或有关长度,可有效地减小梁的变形。

(3) 梁的变形与梁上荷载分布有关,改善梁的受力情况可减小梁的变形。

思 考 题

9-1 简述对挠曲线近似微分方程进行积分时所得积分常数的物理意义。

9-2 何谓叠加原理?在什么条件下才可以应用此原理?当用叠加法计算梁的位移时,什么情况下采用荷载叠加?什么情况下采用结构形式叠加?试举例说明。

9-3 用挠曲线的近似微分方程求解梁的挠度方程时,它的近似性表现在哪里?在哪些情况下用它来求解是不正确的?

9-4 提高梁刚度的主要措施有哪些?

习 题

9-1 用积分法求图示各梁的挠曲线方程、最大挠度和转角值(EI=常量)。(答案:

(a) $\theta_A=\frac{ml}{6EI}$，$\theta_B=-\frac{ml}{3EI}$，$w_{\frac{l}{2}}=\frac{ml^2}{16EI}$，$w_{\max}=\frac{ml^2}{9\sqrt{3}EI}$；(b) $\theta_A=-\theta_B=\frac{11qa^3}{6EI}$，$w_{x=2a}=w_{\max}=\frac{19qa^4}{8EI}$；(c) $w_A=\frac{7Fa^2}{2EI}$，$\theta_A=-\frac{5Fa^2}{2EI}$；(d) $w_B=\frac{71ql^4}{384EI}$，$\theta_B=\frac{13ql^3}{48EI}$)

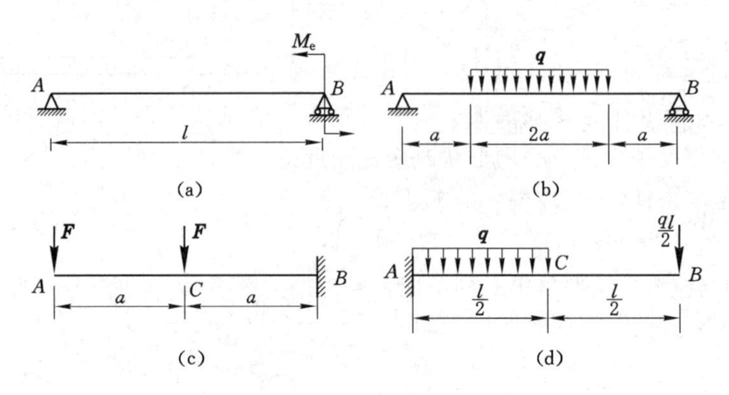

习题 9-1 图

9-2　试用叠加法求图示梁 C 截面的挠度。设 EI 为常数。(答案：(a) $w_C=3.23$ mm；(b) $w_C=\frac{5qa^4}{8EI}$)

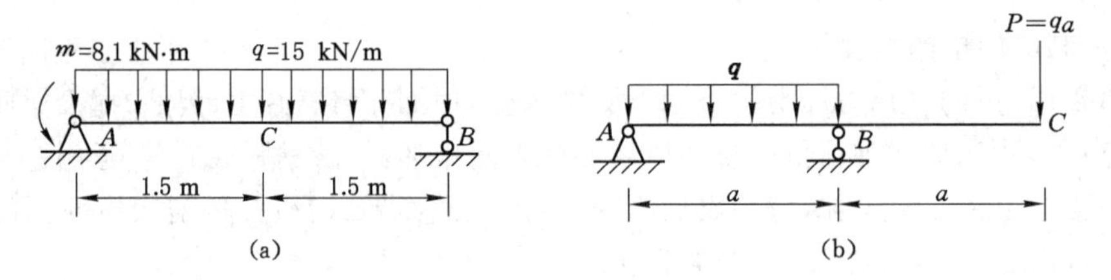

习题 9-2 图

9-3　求图示简支梁 C 截面的挠度。已知 EI 为常数。(答案：$w=\frac{5ql^4}{768EI}$)

9-4　滚轮沿简支梁移动时，要求滚轮恰好走一水平路径，试问须将梁的轴线预先弯成怎样的曲线？设 EI 为常数。(答案：$w=-\frac{Px^2(l-x)^2}{3EIl}$)

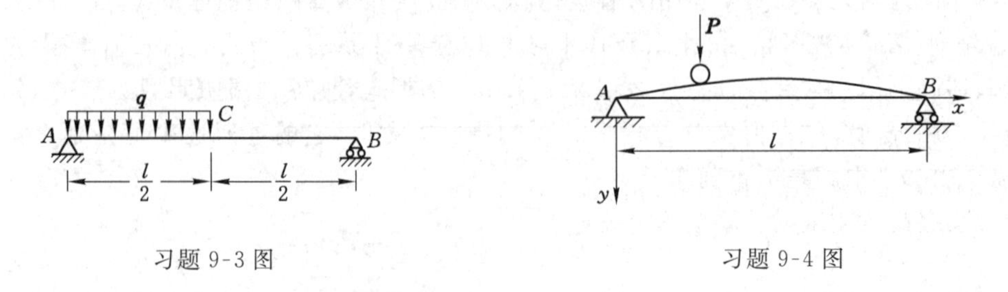

习题 9-3 图　　习题 9-4 图

9-5　工字形截面梁受力如图所示，已知 $l=4$ m，$P=14$ kN，许用正应力 $[\sigma]=160$

MPa,弹性模量 $E=2\times10^5$ MPa,许用挠跨比$\left[\frac{w}{l}\right]=\frac{1}{250}$,试按强度条件和刚度条件选择工字钢型号。(答案:14 号工字钢)

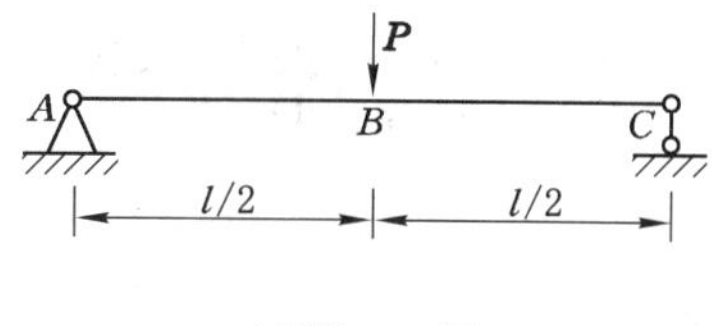

习题 9-5 图

9-6 求图示超静定梁的支座反力,并作出其内力图。设 EI 为常数。(答案:(a) $R_B=\frac{5}{16}P$,$R_A=\frac{11}{16}P$,$M_A=\frac{3}{16}Pl$;(b) $R_A=R_B=\frac{3}{8}ql$,$R_C=\frac{5}{4}ql$)

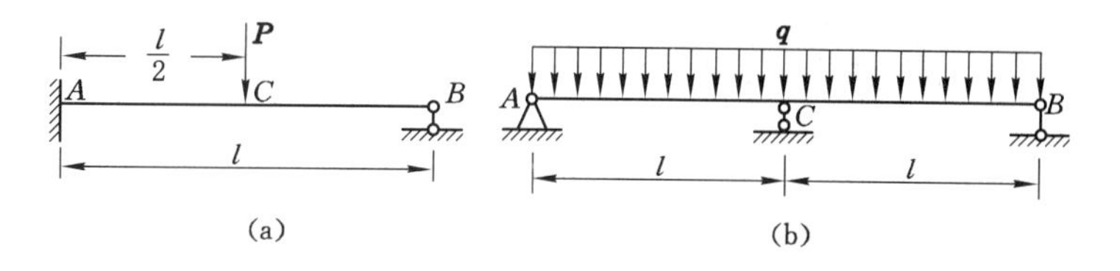

习题 9-6 图

10 应力状态和强度理论

本章主要介绍平面应力状态及几种常见的强度理论,为构件的强度计算提供依据。

10.1 概　　述

由直杆在拉伸时斜截面上的应力分析知,应力的大小、方向与所取截面的方位角有关。以图 10-1 所示的拉杆上 K 点为例,过该点某截面上的两个应力分量为:

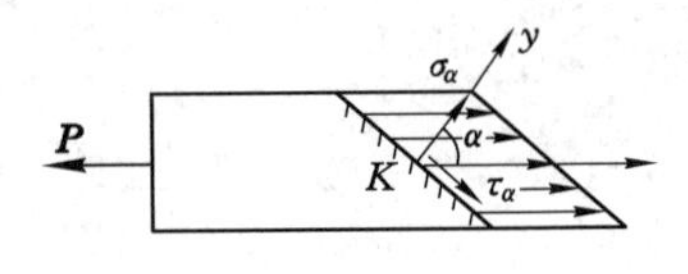

图 10-1

$$\sigma_\alpha = \sigma \cos^2\alpha$$

$$\tau_\alpha = \frac{\sigma}{2}\sin 2\alpha$$

一般来说,受力杆件中任一点处各个方向面上的应力情况是不相同的,其值随截面方位角 α 改变而变化。把通过构件中某一点各方向面上的应力的集合,称为该点的应力状态。分析一点处的应力状态,常围绕该点取出一个无限小的立方体即单元体,算出它各个面上的应力。因单元体很小,其每个面上的应力可认为是均匀分布且相互平行的两个面上的应力大小相等、符号相同。由后面的分析知,只要已知某点处所取任一单元体各表面上的应力,就可以求得该单元体其他截面上的应力,该点的应力状态就完全确定了。

通常用应力已知的截面来截取单元体。如图 10-2(a)所示简支梁,在 A 点取出单元体如图 10-2(b)所示,其左右两侧有已知正应力 σ 和剪切力 τ。由于 B 在梁底部,在横截面上该点只有正应力,B 点的应力状态如图 10-2(c)所示。

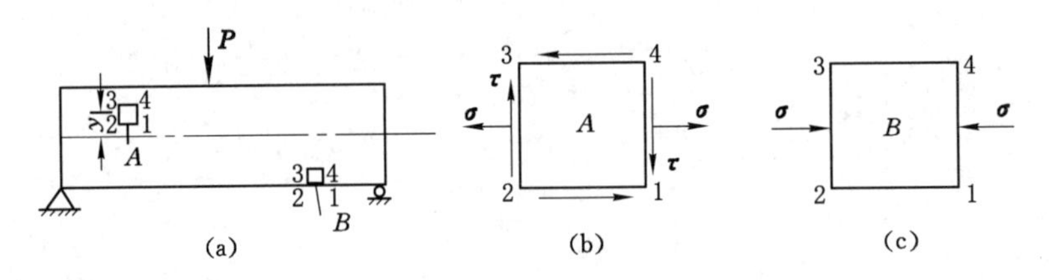

图 10-2

在图 10-3(a)所示的车轮与钢轨接触处截取一单元体,其三对相互垂直的截面上均受压应力作用,如图 10-3(b)所示。

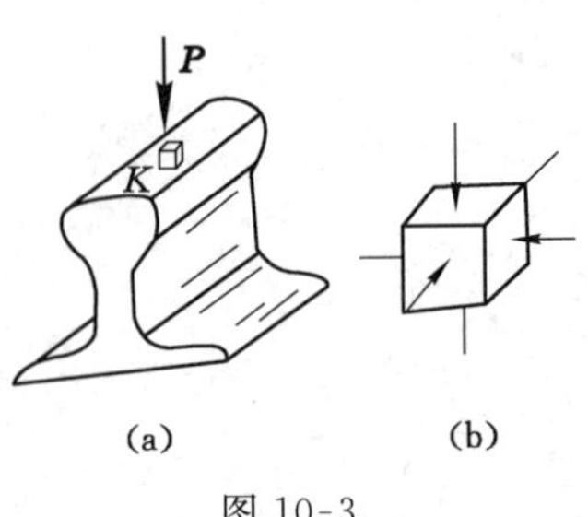

图 10-3

图 10-2(c)所示单元体,其中两对平行截面上的应力为零,称为单向应力状态。图 10-2(b)所示单元体,其中一对平行截面上的应力为零,称为平面应力状态(或二向应力状态);图 10-3(b)所示单元体,其三对相互垂直的截面上都有应力作用,称为空间应力状态(或三向应力状态)。单向应力状态也称为

简单应力状态,二向、三向应力状态也称为复杂应力状态。二向应力状态是常见的应力状态,下面首先介绍该应力状态分析的基本方法。

10.2 平面应力状态分析的解析法

10.2.1 单元体任意斜截面上的应力

如图 10-4(a)所示为平面应力状态的一般情况,设单元体各面上的应力分布 σ_x、τ_x、σ_y、τ_y 均已知。上述平面应力状态可以用平面图形来表示,如图 10-4(b)所示。

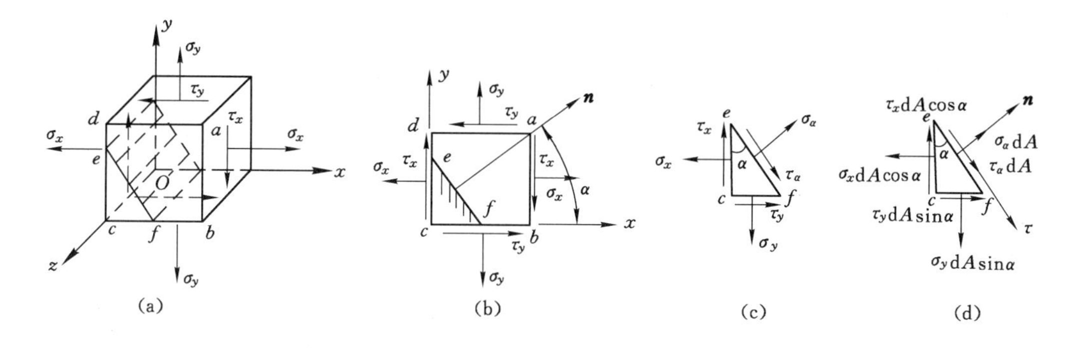

图 10-4

现求单元体上任一斜截面 ef 上的应力。设 x 轴与其外法线 $\boldsymbol{n}$ 的夹角为 α,称此截面为 α 截面,α 截面上的正应力和剪应力分别用 σ_α 和 τ_α 表示,如图 10-4(c)所示。规定 α 角以逆时针转向为正,反之为负。正应力以拉应力为正,以压应力为负;剪应力以使单元体产生顺时针转动者为正,反之为负。依此规定,在图 10-4(c)中,σ_α、τ_α 和 α 均为正。用一截面假想沿 ef 把单元体分成两部分,取 cef 部分为研究对象,如图 10-4(d)所示。

假设斜截面 ef 的面积为 $\mathrm{d}A$,则 cf、ce 面的面积分别为 $\mathrm{d}A\sin\alpha$ 和 $\mathrm{d}A\cos\alpha$。把作用于 cef 上的力投影于 ef 面的外法线 n 和切线 τ 的方向,得平衡方程为:

$$\sigma_\alpha \mathrm{d}A + (\tau_x \mathrm{d}A\cos\alpha)\sin\alpha - (\sigma_x \mathrm{d}A\cos\alpha)\cos\alpha + (\tau_y \mathrm{d}A\sin\alpha)\cos\alpha - (\sigma_y \mathrm{d}A\sin\alpha)\sin\alpha = 0$$

$$\tau_\alpha \mathrm{d}A - (\tau_x \mathrm{d}A\cos\alpha)\cos\alpha - (\sigma_x \mathrm{d}A\cos\alpha)\sin\alpha + (\tau_y \mathrm{d}A\sin\alpha)\sin\alpha + (\sigma_y \mathrm{d}A\sin\alpha)\cos\alpha = 0$$

由剪应力互等定理知,τ_x 和 τ_y 大小相等,上面两式可化简为:

$$\sigma_\alpha = \frac{\sigma_x + \sigma_y}{2} + \frac{\sigma_x - \sigma_y}{2}\cos 2\alpha - \tau_x \sin 2\alpha \tag{10-1}$$

$$\tau_\alpha = \frac{\sigma_x - \sigma_y}{2}\sin 2\alpha + \tau_x \cos 2\alpha \tag{10-2}$$

由式(10-1)有:

$$\sigma_\alpha + \sigma_{\alpha\pm 90^\circ} = \sigma_x + \sigma_y$$

任意斜截面 α 上的正应力 σ_α、剪应力 τ_α 可由式(10-1)、(10-2)求得。

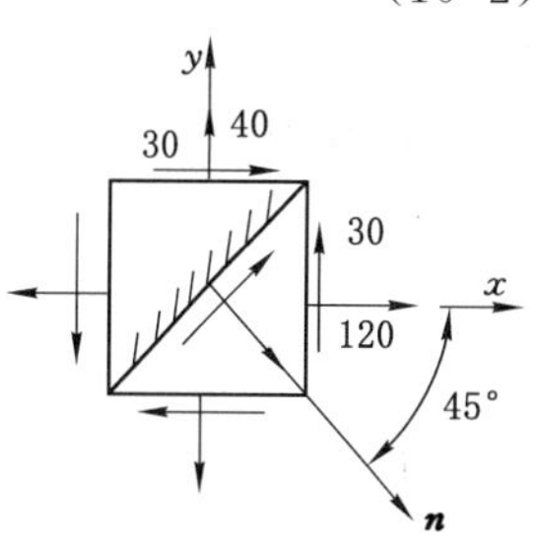

图 10-5

【例 10-1】 图 10-5 所示单元体的应力分布为 $\sigma_x = 120$ MPa,$\tau_x = -30$ MPa,$\sigma_y = 40$ MPa,$\tau_y = 30$ MPa。试求 $\alpha = -45°$ 斜截面上的正应力和剪应力。

解 由式(10-1)、(10-2)可得：

$$\sigma_{-45^\circ}=\frac{120+40}{2}+\frac{120-40}{2}\cos(-2\times45^\circ)-(-30)\sin(-2\times45^\circ)=50\ (\text{MPa})$$

$$\tau_{-45^\circ}=\frac{120-40}{2}\sin(-2\times45^\circ)+(-30)\cos(-2\times45^\circ)=-40\ (\text{MPa})$$

10.2.2 主应力、主平面与最大剪应力

式(10-1)、(10-2)表明：斜截面上的正应力 σ_α 和切应力 τ_α 与 α 角有关，即 σ_α、τ_α 都是 α 的函数。将式(10-1)对 α 求导数，得：

$$\frac{d\sigma_\alpha}{d\alpha}=-2\left[\frac{\sigma_x-\sigma_y}{2}\sin 2\alpha+\tau_x\cos 2\alpha\right] \tag{a}$$

当 $\alpha=\alpha_0$ 时，能使导数 $\frac{d\sigma_\alpha}{d\alpha}=0$，则在 α_0 所确定的截面上，正应力即为极值。以 α_0 代入式(a)，并令其等于零，得到：

$$\frac{\sigma_x-\sigma_y}{2}\sin 2\alpha_0+\tau_x\cos 2\alpha_0=0$$

由式(10-2)知：

$$\tau_\alpha=\frac{\sigma_x-\sigma_y}{2}\sin 2\alpha+\tau_x\cos 2\alpha=0 \tag{b}$$

式(b)表明：在剪应力 τ_α 为零的平面上，正应力 σ_α 取极值。通常把剪应力等于零的平面叫作主平面，而把作用在主平面上的正应力叫作主应力。

由式(b)得：

$$\tan 2\alpha_0=-\frac{2\tau_x}{\sigma_x-\sigma_y} \tag{10-3}$$

由式(10-3)可确定出相差90°的两个主平面，分别是最大、最小正应力所在的平面。从式(10-3)求出 $\sin 2\alpha_0$、$\cos 2\alpha_0$，代入式(10-1)，求得最大及最小的正应力(主应力)为：

$$\left.\begin{matrix}\sigma_{\max}\\ \sigma_{\min}\end{matrix}\right\}=\frac{\sigma_x+\sigma_y}{2}\pm\sqrt{\left(\frac{\sigma_x-\sigma_y}{2}\right)^2+\tau_x^2} \tag{10-4}$$

在平面问题中，最大主应力用 σ_1、最小主应力用 σ_2 来表示。

将式(10-2)两边对 α 求导且令其导数等于零，即 $\frac{d\tau_\alpha}{d\alpha}=0$，有：

$$\frac{d\tau_\alpha}{d\alpha}=(\sigma_x-\sigma_y)\cos 2\alpha-2\tau_x\sin 2\alpha=0$$

化简得：

$$\tan 2\alpha_1=\frac{\sigma_x-\sigma_y}{2\tau_x} \tag{10-5}$$

由式(10-5)知，α_1、$\alpha_1\pm45^\circ$ 截面上剪应力取极值。将 $\sin 2\alpha_1$、$\cos 2\alpha_1$ 代入式(10-2)可得：

$$\left.\begin{matrix}\tau_{\max}\\ \tau_{\min}\end{matrix}\right\}=\pm\sqrt{\left(\frac{\sigma_x-\sigma_y}{2}\right)^2+\tau_x^2} \tag{10-6}$$

由式(10-3)、(10-5)有：

$$\tan 2\alpha_0\cdot\tan 2\alpha_1=-\frac{2\tau_x}{\sigma_x-\sigma_y}\cdot\frac{\sigma_x-\sigma_y}{2\tau_x}=-1$$

即
$$\alpha_1 = \alpha_0 \pm 45°$$
也就是说，最大正应力与最大剪应力所在截面夹角成45°。

【例10-2】 单元体如图10-6所示，求$\alpha=-30°$截面上的应力及主应力和主平面。

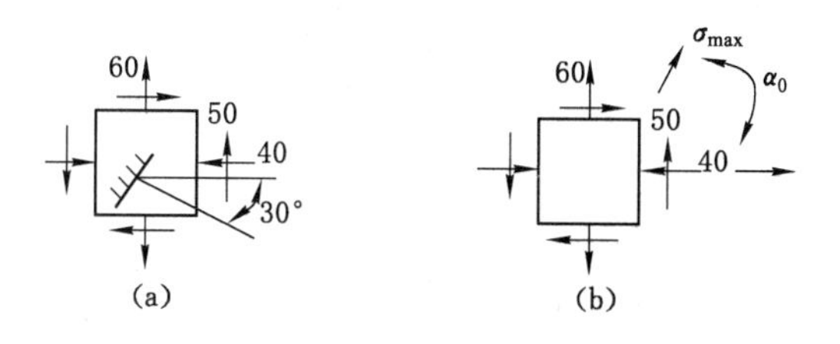

图10-6

解 由式(10-1)、(10-2)有：

$$\sigma_{-30°} = \frac{-40+60}{2} + \frac{-40-60}{2}\cos(-60°) - (-50)\sin(-60°) = -58.3\ (\text{MPa})$$

$$\tau_{-30°} = \frac{-40-60}{2}\sin(-60°) + (-50)\cos(-60°) = 18.3\ (\text{MPa})$$

主应力、主平面：

$$\left.\begin{matrix}\sigma_{max}\\ \sigma_{min}\end{matrix}\right\} = \frac{-40+60}{2} \pm \sqrt{\left(\frac{-40-60}{2}\right)^2 + (-50)^2} = \begin{cases}+80.7(\text{MPa})\\ -60.7(MPa)\end{cases}$$

$$\tan 2\alpha_0 = \frac{-2\times(-50)}{-40-60} = -1$$

所以$\alpha_0=67.5°$。

10.3　平面应力状态分析的图解法

式(10-1)和式(10-2)可看作是以α为参变量的方程。为消去参数α，将式(10-1)改写为：

$$\sigma_\alpha - \frac{\sigma_x+\sigma_y}{2} = \frac{\sigma_x-\sigma_y}{2}\cos 2\alpha - \tau_x \sin 2\alpha \tag{a}$$

分别将式(a)和式(10-2)等号两边平方，然后相加，利用三角函数的关系消去参数α可得：

$$\left(\sigma_\alpha - \frac{\sigma_x+\sigma_y}{2}\right)^2 + \tau_\alpha^2 = \left(\frac{\sigma_x-\sigma_y}{2}\right)^2 + \tau_x^2 \tag{b}$$

式中，σ_x、σ_y和τ_x已知，若以σ_α表示横坐标，τ_α表示纵坐标，则上面方程可看作是以σ_α和τ_α为变量的圆的方程，圆心坐标为$\left(\frac{\sigma_x+\sigma_y}{2},0\right)$，半径为$\sqrt{\left(\frac{\sigma_x-\sigma_y}{2}\right)^2+\tau_x^2}$，这样的圆称为应力圆。它是德国工程师莫尔(Mohr)于1895年提出的，故又称为莫尔圆。

对于图10-7(a)所示的应力状态，应力圆的作法如下：

(1) 按一定比例尺量取横坐标$\overline{OB_1}=\sigma_x$，再以B_1点量取纵坐标$\overline{B_1D_1}=\tau_x$，得D_1点。

(2) 再量取$\overline{OB_2}=\sigma_y$，$\overline{B_2D_2}=\tau_y$，得D_2点。

(3) 过D_1和D_2作直线，该直线与横坐标交于C点，以C点为圆心，$\overline{CD_1}$为半径作圆。

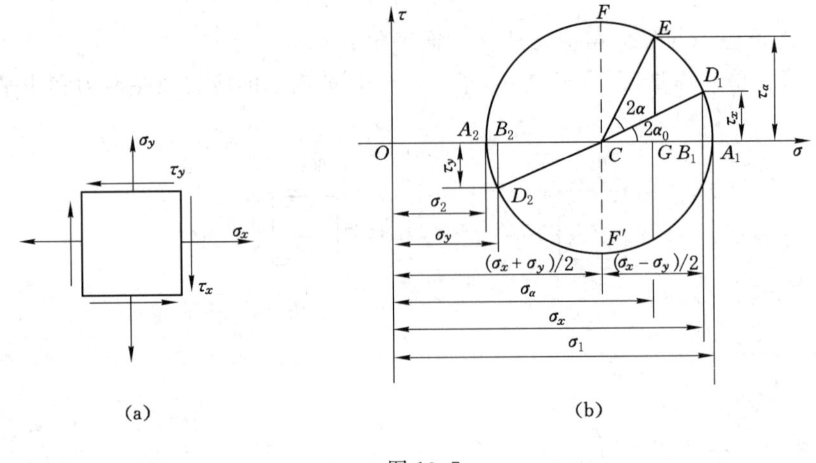

图 10-7

由图 10-7(b)知，圆心 C 的横坐标为$\overline{OC}$，半径为$\overline{CD_1}$。它们分别为：

$$\overline{OC} = OB_2 + \frac{1}{2}(OB_1 - OB_2) = \frac{\sigma_x + \sigma_y}{2} \tag{c}$$

$$\overline{CD_1} = \sqrt{\overline{CB_1}^2 + \overline{B_1D_1}^2} = \sqrt{(\frac{\sigma_x - \sigma_y}{2})^2 + \tau_x^2} \tag{d}$$

这就证明了该圆就是式(10-1)、(10-2)所表示的应力圆。

运用应力圆，可求任一斜截面 α 上的应力。在应力圆上，从 D_1 点（它代表以 x 轴为法线的面上的应力）按逆时针方向沿圆周转到 E 点，且使弧$\overset{\frown}{D_1E}$所对的圆心角为 α 的两倍，则 E 点的坐标就代表斜截面 α 上的应力，其中横坐标值表示正应力，纵坐标值表示剪应力。这因为 E 点的坐标是：

$$\left.\begin{aligned}\overline{OG} &= \overline{OC} + \overline{CE}\cos(2\alpha_0 + 2\alpha) = \overline{OC} + \overline{CE}\cos 2\alpha_0 \cos 2\alpha - \overline{CE}\sin 2\alpha_0 \sin 2\alpha \\ \overline{GE} &= \overline{CE}\sin(2\alpha_0 + 2\alpha) = \overline{CE}\sin 2\alpha_0 \cos 2\alpha + \overline{CE}\cos 2\alpha_0 \sin 2\alpha\end{aligned}\right\} \tag{e}$$

由于$\overline{CE}$和$\overline{CD_1}$同为圆周的半径，故有

$$\overline{CE}\cos 2\alpha_0 = \overline{CD_1}\cos 2\alpha_0 = \overline{CB_1} = \frac{\sigma_x - \sigma_y}{2}$$

$$\overline{CE}\sin 2\alpha_0 = \overline{CD_1}\sin 2\alpha_0 = \overline{B_1D_1} = \tau_x$$

把以上结果代入式(e)，得：

$$\overline{OG} = \sigma_\alpha,\ \overline{GE} = \tau_\alpha$$

这就证明了，E 点的坐标代表法线倾角为 α 的斜面上的应力。

由应力圆还可得到一些关于二向应力状态的结论：如确定主应力的大小和主平面的方位，则在应力圆上 A_1 点的横坐标（正应力）最大，而纵坐标（剪应力）等于零，所以 A_1 点横坐标为最大的主应力。同理，A_2 点横坐标为最小的主应力，它们的大小分别为：

$$\sigma_1 = \overline{OA_1} = \overline{OC} + \overline{CA_1}$$

$$\sigma_2 = \overline{OA_2} = \overline{OC} - \overline{CD_1}$$

注意到$\overline{OC}$为式(c)，而$\overline{CA_1}$和$\overline{CD_1}$都是应力圆的半径，因此有：

$$\left.\begin{matrix}\sigma_1\\\sigma_2\end{matrix}\right\}=\frac{\sigma_x+\sigma_y}{2}\pm\sqrt{\left(\frac{\sigma_x-\sigma_y}{2}\right)^2+\tau_x^2} \tag{10-7}$$

在应力圆上由 D_1 点(代表法线为 x 轴的平面)到 A_1 点的弧$\overset{\frown}{D_1A_1}$所对圆心角为 $2\alpha_0$，在单元体中由 x 轴也按顺时针量取 α_0，这就确定了 σ_1 所在主平面的法线的位置。按 α 角的正负号规定，顺时针的 α_0 是负的，由图 10-7(b)有：

$$\tan 2\alpha_0=-\frac{\overline{B_1D_1}}{\overline{CB_1}}=-\frac{2\tau_x}{\sigma_x-\sigma_y} \tag{10-8}$$

应力圆上 F、F' 两点的纵坐标分别代表最大和最小剪应力。因为$\overline{CF}$和$\overline{CF'}$都是应力圆的半径，故有：

$$\left.\begin{matrix}\tau_{\max}\\\tau_{\min}\end{matrix}\right\}=\pm\sqrt{\left(\frac{\sigma_x-\sigma_y}{2}\right)^2+\tau_x^2} \tag{10-9a}$$

又因为应力圆的半径也等于$\frac{\sigma_1-\sigma_2}{2}$，上式又可写为：

$$\left.\begin{matrix}\tau_{\max}\\\tau_{\min}\end{matrix}\right\}=\pm\frac{\sigma_1-\sigma_2}{2} \tag{10-9b}$$

在应力圆上，由 F 到 A_1 的弧$\overset{\frown}{FA_1}$所对圆心角为逆时针的$\frac{\pi}{2}$；在单元体内，σ_1 所在平面与 $\tau_{\max}$所在平面的夹角为$\frac{\pi}{4}$，且逆时针转向。

在作应力圆及利用应力圆作应力状态分析时，需要注意：

(1) 应力圆上的一点，对应单元体上的某一截面

(2) 应力圆上一点的坐标值，就是按选定比例度量的单元体某一对应截面上的应力值。

(3) 应力圆上任意两点组成的圆弧所对应的圆心角，等于单元体上相对应两截面之间夹角的两倍，且转向相同。

【例 10-3】 试用应力圆法求例 10-1 中 $\alpha=-45°$斜截面上的正应力和剪应力。

解 在 $\sigma O\tau$ 平面内，按选定的比例尺作应力图：

(1) 由单元体 x 截面(以 x 轴为法线的平面)上的应力 $\sigma_x=120$ MPa，$\tau_x=-30$ MPa，得 D_1 点的坐标为(120，−30)。

(2) 由单元体 y 截面(以 y 轴为法线的平面)上的应力 $\sigma_y=40$ MPa，$\tau_y=30$ MPa 得 D_2 点的坐标为(40，30)。

(3) 连接 D_1 和 D_2 两点，交 σ 轴于 C 点，以 C 为圆心，以$\overline{CD_1}$为半径画出应力圆，如图 10-8 所示。

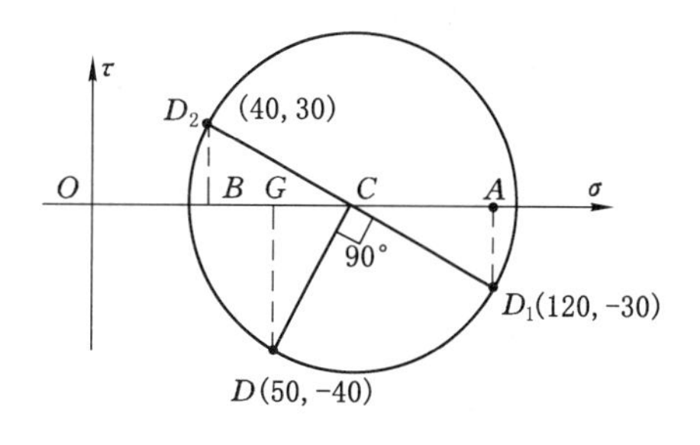

图 10-8

(4) 欲求单元体上 $\alpha=-45°$截面上的应力，只需自 D_1 点沿应力圆圆周顺时针转90°，所得 D 点的坐标即为该截面上的应力。如图 10- 8 所示，按选定的比例尺量得：

$$\sigma_{-45°}=\overline{OG}=50\ \text{MPa},\ \tau_{-45°}=\overline{DG}=-40\ \text{MPa}$$

将所得的结果表示在单元体 $\alpha=-45°$的斜截面上。

【例 10-4】 用薄壁圆筒做拉伸—扭转试验，如图 10- 9(a)所示。从管壁表面 K 点处截出一个单元体如图 10-9(b)所示，已知拉力 P 引起的正应力 $\sigma=80$ MPa，力偶矩 m 引起的剪应力 $\tau=40$ MPa，试求主应力、主平面及最大剪应力。

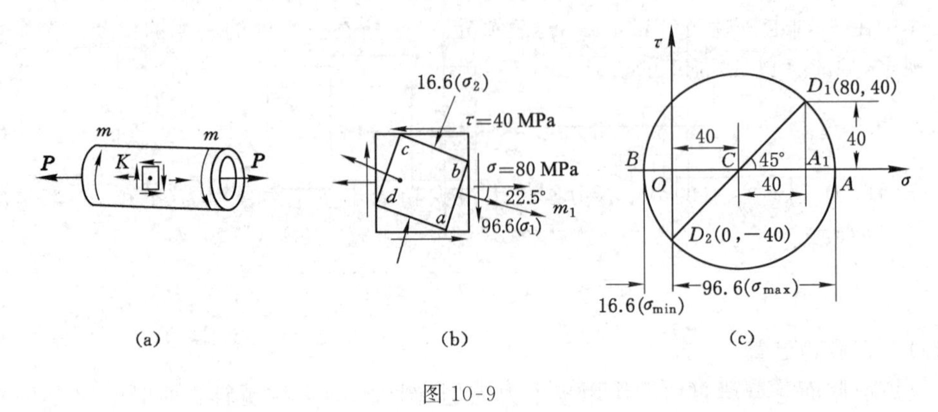

图 10-9

解 在 $\sigma O\tau$ 坐标系中，按选取的比例尺，由 x 截面的应力 $\sigma=80$ MPa，$\tau=40$ MPa 得 D_1(80，40)点；由 y 截面的应力 $\sigma_y=0$，$\tau_y=-40$ MPa 得 D_2(0，−40)点；连接 D_1 和 D_2 两点交 σ 轴于 C 点，以 $\overline{CD_1}$ 为半径作应力圆，如图 10-9(c)所示。由应力圆可得：

$$\sigma_{\max}=\overline{OA}=96.6\ \text{MPa},\ \sigma_{\min}=-\overline{OB}=-16.6\ \text{MPa}$$

$\sigma_{\max}$所在面的方位角用量角器量得：

$$\alpha_0=-22.5°$$

最大剪应力 $\tau_{\max}$ 为应力圆的半径，即

$$\tau_{\max}=\overline{CD_1}=56.6\ \text{MPa}$$

10.4 三向应力状态分析

10.4.1 最大剪应力

受力杆件中一点处的三个主应力都不为零时，该点处于三向应力状态。在三个主应力[图 10-10(a)]已知情况下，单元体任意斜截面上的应力可用应力圆求得。

对于分别平行于 xOy、yOz、xOz 平面的各个截面，分别以 $\sigma_1-\sigma_2$、$\sigma_2-\sigma_3$、$\sigma_1-\sigma_3$ 为直径在 $\sigma O\tau$ 坐标系画应力圆，便得到该点三向应力状态的应力圆。

弹性力学的分析结果表明，应力圆阴影面积内任一点 D 的坐标对应于单元体内某一斜截面上的应力，如图 10-11 所示。由此图可看出该点处的最大正应力就是最大应力圆上 A_1 点的横坐标 σ_1，即

$$\sigma_{\max}=\sigma_1$$

而最大剪应力则等于最大应力圆上 G 点的纵坐标，即该圆的半径：

$$\tau_{\max}=\frac{\sigma_1-\sigma_3}{2}$$

由 G 点的位置还可以知道，最大剪应力作用在平行于主应力 σ_2，且自 σ_1 作用面逆时针转 45°的面上。

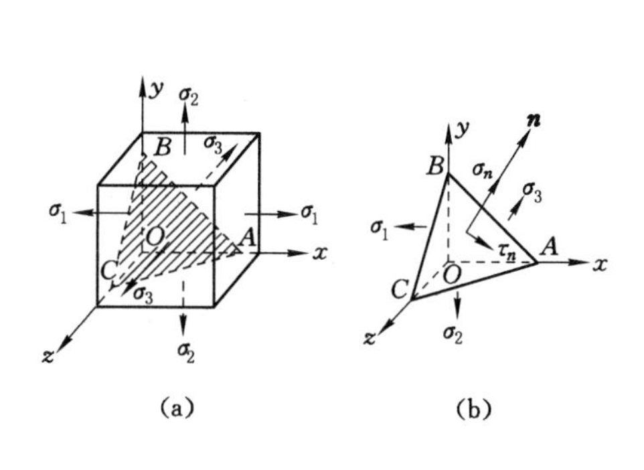

图 10-10

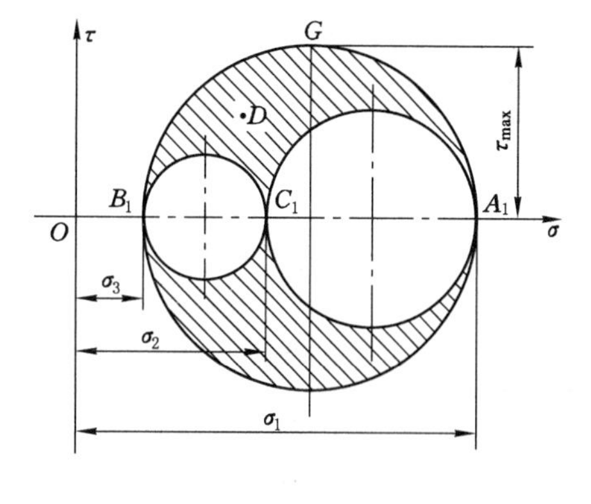

图 10-11

10.4.2 广义虎克定律

图 10-11(a)所示单元体上作用三个主应力 σ_1、σ_2 和 σ_3。在主应力的作用下都要产生沿着每个主应力方向的线应变(主应变),分别用 ε_1、ε_2 和 ε_3 表示。下面分别求主应变 ε_1、ε_2 和 ε_3。

若单元体仅受到 σ_1 作用,沿 σ_1 方向产生横向拉伸应变为 ε'_1,如图 10-11(b)所示。由单向应力状态下的虎克定律有:

$$\varepsilon'_1 = \sigma_1/E$$

如图 10-12(c)、(d)所示,在 σ_2、σ_3 分别作用下,由泊松公式知沿 σ_1 方向产生的应变分别为:

$$\varepsilon''_1 = -\mu\frac{\sigma_2}{E},\ \varepsilon'''_1 = -\mu\frac{\sigma_3}{E}$$

式中,E 为材料弹性模量;μ 为泊松系数。

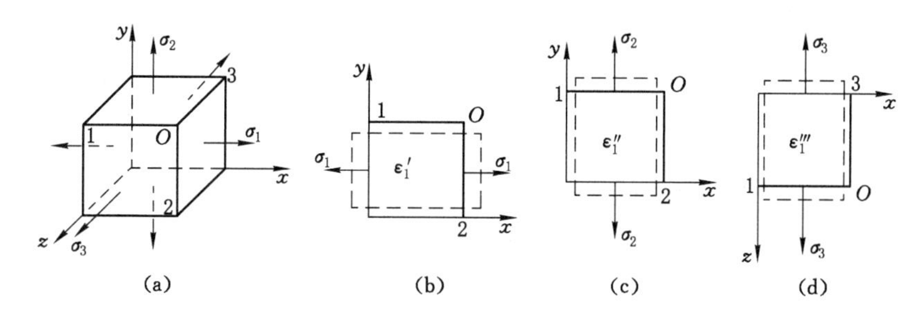

图 10-12

单元体同时受 σ_1、σ_2 和 σ_3 作用时,沿 σ_1 方向的线应变为:

$$\varepsilon_1 = \varepsilon'_1 + \varepsilon''_1 + \varepsilon'''_1 = \frac{1}{E}[\sigma_1 - \mu(\sigma_2 + \sigma_3)]$$

同理可得沿 σ_2 和 σ_3 方向的主应变 ε_2 和 ε_3,合并写为

$$\left.\begin{aligned}\varepsilon_1 &= \frac{1}{E}[\sigma_1 - \mu(\sigma_2 + \sigma_3)] \\ \varepsilon_2 &= \frac{1}{E}[\sigma_2 - \mu(\sigma_3 + \sigma_1)] \\ \varepsilon_3 &= \frac{1}{E}[\sigma_3 - \mu(\sigma_1 + \sigma_2)]\end{aligned}\right\} \tag{10-10}$$

上式表示在三向应力状态下主应力和主应变之间的关系，即广义虎克定律。此定律只适用于弹性范围。如果 σ 中有压应力，应以负号代入。求得的应变若为正值，表示伸长；若为负值，表示缩短。由广义虎克定律求得的主应变，按照代数值的大小顺序排列成 $\varepsilon_1 \geqslant \varepsilon_2 \geqslant \varepsilon_3$。

对于单向、二向应力状态，广义虎克定律可简化。

【例 10-5】 矩形截面梁如图 10-13 所示，在梁的中点作用力 $\boldsymbol{P}$ 后，测得 K 点的应变为 $\varepsilon_x = 5.0\times10^{-4}$ 和 $\varepsilon_y = -1.65\times10^{-4}$。材料的弹性模量 $E = 200$ GPa，泊松比 $\mu = 0.33$，试求 K 点的正应力 σ_x 和 σ_y，并求此时的 P 值。

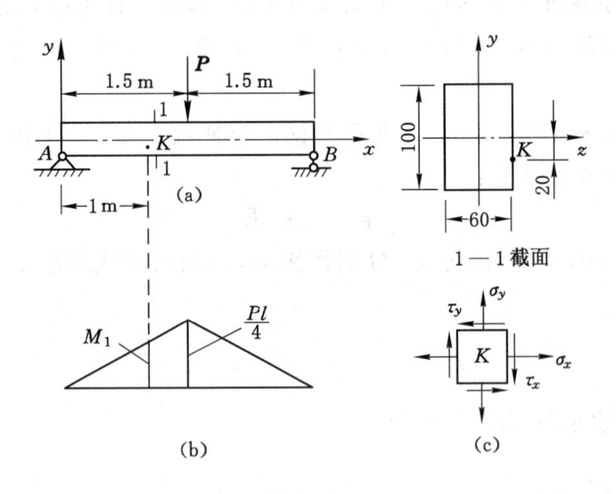

图 10-13

解 从 K 点取单元体，设其应力状态如图 10-13(c)所示。

由于 $\sigma_z = 0$，该点是平面应力状态。由广义虎克定律有：

$$\sigma_x = \frac{E}{1-\mu^2}(\varepsilon_x + \mu\varepsilon_y)$$

$$\sigma_y = \frac{E}{1-\mu^2}(\varepsilon_y + \mu\varepsilon_x)$$

代入数值后得：

$$\sigma_x = \frac{200\times10^9}{1-0.33^2}(5.0\times10^{-4} - 0.33\times1.65\times10^{-4}) = 100\ (\text{MPa})$$

$$\sigma_y = \frac{200\times10^9}{1-0.33^2}(-1.65\times10^{-4} - 0.33\times5.0\times10^{-4}) = 0$$

由图 10-13(b)可知该截面弯矩为 M_1，而 $\sigma_x = \dfrac{M_1 y}{I_z}$，故

$$M_1 = \frac{\sigma_x I_z}{y} = \frac{100 \times 10^6 \times \frac{60 \times 100^3}{12} \times 10^{-12}}{20 \times 10^{-3}} = 25 \times 10^3 (\text{N} \cdot \text{mm}) = 25\ (\text{kN} \cdot \text{m})$$

由弯矩方程有：

$$M_1 = R_A \cdot 1 = \frac{P}{2} \cdot 1$$

解得：

$$P = 2M_1 = 25 \times 2 = 50\ (\text{kN})$$

10.4.3 体积应变

当单元体受到三向应力时，各边的长度都有变化，单元体的体积要发生变化。设单元体变形前的边长分别为 $\mathrm{d}x$、$\mathrm{d}y$ 和 $\mathrm{d}z$，则其体积为：

$$V_0 = \mathrm{d}x\mathrm{d}y\mathrm{d}z$$

在三个主应力 σ_1、σ_2 和 σ_3 作用下，各边的长度分别变为：

$$\mathrm{d}x_1 = \mathrm{d}x + \varepsilon_1 \mathrm{d}x,\ \mathrm{d}y_1 = \mathrm{d}y + \varepsilon_2 \mathrm{d}y,\ \mathrm{d}z_1 = \mathrm{d}z + \varepsilon_3 \mathrm{d}z$$

其体积为：

$$V_1 = (\mathrm{d}x + \varepsilon_1 \mathrm{d}x)(\mathrm{d}y + \varepsilon_2 \mathrm{d}y)(\mathrm{d}z + \varepsilon_3 \mathrm{d}z) = \mathrm{d}x\mathrm{d}y\mathrm{d}z(1 + \varepsilon_1)(1 + \varepsilon_2)(1 + \varepsilon_3)$$

展开上式，略去主应变的高阶微量后，得：

$$V_1 = V_0(1 + \varepsilon_1 + \varepsilon_2 + \varepsilon_3)$$

单位体积的体积变化称为体积应变，用 θ 表示：

$$\theta = \frac{V_1 - V_0}{V_0} = \varepsilon_1 + \varepsilon_2 + \varepsilon_3 \tag{10-11}$$

将式(10-10)代入式(10-11)，得

$$\theta = \frac{1 - 2\mu}{E}(\sigma_1 + \sigma_2 + \sigma_3) \tag{10-12}$$

由式(10-12)知：体积应变和三个主应力之和成正比。如果三个主应力之和等于零，则 θ 等于零，即体积没有改变。例如纯剪切状态，体积不改变，这说明剪应力不引起体积改变。

10.4.4 变形比能

构件受外力作用而产生弹性变形，其内部存储的能量称为弹性变形能或弹性应变能。而构件单位体积内存储的变形能，称为弹性变形比能或应变能密度。

单向轴向拉伸或压缩的应变比能为：

$$u = \frac{1}{2}\sigma\varepsilon$$

式中，u 为弹性变形比能，单位是 N/m^2；σ 为单向受力时所产生的正应力；ε 为相应的线应变。

在三向应力状态下，对于主单元体，每个主应力与其他两个主应力方向的应变互相垂直，力不会在与之垂直的位移上做功，所以三向应力状态下的弹性变形比能为：

$$u = \frac{1}{2}\sigma_1\varepsilon_1 + \frac{1}{2}\sigma_2\varepsilon_2 + \frac{1}{2}\sigma_3\varepsilon_3$$

把式(10-10)代入上式并化简得：

$$u = \frac{1}{2E}[\sigma_1^2 + \sigma_2^2 + \sigma_3^2 - 2\mu(\sigma_1\sigma_2 + \sigma_3\sigma_2 + \sigma_1\sigma_3)] \tag{10-13}$$

一般情况下，三向应力状态下的单元体将同时发生体积改变和形状改变。因此，弹性变

形比能 u 可分为由体积改变而存储的弹性变形比能 u_v（称为体积改变比能）和由形状改变而存储的变形比能 u_d（称为形状改变比能）。这两部分比能之和就等于单元体全部变形比能 u，即

$$u = u_v + u_d$$

图 10-14(a)所示的应力状态可看成是图 10-14(b) 与图 10-14(c)叠加。图 10-14(b)中平均应力 $\sigma_m = \dfrac{\sigma_1 + \sigma_2 + \sigma_3}{3}$。

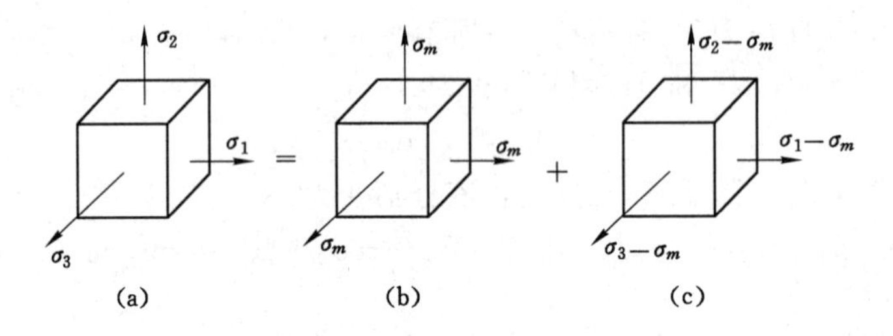

图 10-14

在图 10-14(b)中，由于三个主应力 σ_m 数值相等，所以三个主应变也相等，单元体变形后的形状与原来形状相同，即单元体只发生体积改变而无形状变化。由式(10-13)有体积改变比能：

$$u_v = \frac{1}{2E}(3\sigma_m^2 - 2\mu \times 3\sigma_m^2) = \frac{1-2\mu}{2E} \times 3\sigma_m^2 = \frac{1-2\mu}{2E} \times 3\left(\frac{\sigma_1 + \sigma_2 + \sigma_3}{3}\right)^2 \tag{10-14}$$

在图 10-14(c)中，单元体仅有形状改变而没有体积改变，其形状改变比能为：

$$u_d = u - u_v$$

将式(10-13)、(10-14)代入上式，整理后得：

$$u_d = \frac{1+\mu}{6E}[(\sigma_1 - \sigma_2)^2 + (\sigma_2 - \sigma_3)^2 + (\sigma_3 - \sigma_1)^2] \tag{10-15}$$

10.5 强度理论及应用

材料因强度不足引起的破坏形式有两种，即塑性屈服和脆性断裂。对于塑性材料，如普通碳钢，以发生屈服现象、出现塑性变形为失效的标志。对于脆性材料，如铸铁，失效现象是突然断裂。

在单向应力状态下，各种材料强度条件的建立是以实验为基础的，即可以通过实验直接测定极限应力 σ_{jx}，得到材料的破坏条件。然后将极限应力 σ_{jx} 除以安全系数，从而建立强度条件。

在复杂应力状态下，就不能采用直接通过试验的办法来寻求破坏条件。因为实现复杂应力状态下的试验要比单向拉压困难得多，且复杂应力状态中应力组合的方式多种多样，用试验的方式建立强度条件是不现实的。为建立复杂应力状态下的强度条件，合理地解释各种应力状态下材料破坏现象，说明产生两种破坏的条件，人们在大量的试验观察和分析破坏现象的基础上，先后提出了许多关于导致材料破坏的主要原因的观点和假说。无论危险点

处于何种应力状态，其中必然存在着相应的拉应力、拉应变、最大剪应力、变形能等诸因素。关于破坏的各种假说认为，这些因素中的某一因素是引起材料破坏的主要因素；并认为无论是简单应力状态或是复杂应力状态，材料的破坏都是由同一主要因素控制着，只要这个主要因素达到某一极限值，就会导致材料的破坏。于是可利用简单应力状态下的试验结果，建立复杂应力状态下的强度条件。关于引起材料破坏的主要因素的各种假说，称之为强度理论。

强度理论既然是在总结试验资料和实践经验的基础上提出的一些假说，它正确与否以及适应的范围如何，都必须经实践和试验的校验和验证，以判定其正确性。

10.5.1 四种常用的强度理论

1. 最大拉应力理论(第一强度理论)

该理论认为最大拉应力是引起断裂破坏的主要原因。无论构件中危险点处于何种应力状态，只要其最大拉应力 σ_{max} 达到与材料性质有关的某一极限值 σ_{jx}，材料就发生脆性断裂破坏。脆性材料拉伸试验时测得的材料强度极限 σ_b 就是最大拉应力的极限 σ_{jx}，即 $\sigma_{jx}=\sigma_b$。在复杂应力状态下，危险点的最大拉应力为：

$$\sigma_{max} = \sigma_1$$

因此破坏准则为：

$$\sigma_1 = \sigma_b$$

将极限应力 σ_b 除以安全系数得许用应力$[\sigma]$，故强度条件为：

$$\sigma_1 \leqslant [\sigma] \tag{10-16}$$

该理论是在 1859 年由英国学者兰金(W. J. Rankine)提出的，也是最早提出的强度理论。铸铁、砖、混凝土和陶瓷等脆性材料在单向拉伸下，断裂发生于拉应力最大的横截面。脆性材料的扭转也是沿拉应力最大的截面发生断裂。这些都与最大拉应力理论相符。但当三个主应力中的压应力比拉应力大时，该理论的误差较大。另外，该理论没有考虑 σ_2、σ_3 对破坏的影响。

2. 最大伸长线应变理论(第二强度理论)

该理论认为最大伸长线应变是引起断裂破坏的主要因素。当构件中危险点处的最大伸长线应变 ε_1 达到与材料性质有关的某一极限值 ε_{jx}，材料就发生脆性断裂破坏。于是破坏准则为：

$$\varepsilon_{jx} = \varepsilon_1$$

在脆性材料的拉伸试验中，当应力达到强度极限 σ_b 时，材料所产生的最大拉应变就是拉应变的极限值 ε_{jx}，即

$$\varepsilon_{jx} = \frac{\sigma_b}{E}$$

故有：

$$\varepsilon_1 = \frac{\sigma_b}{E} \tag{a}$$

由广义虎克定律有：

$$\varepsilon_1 = \frac{1}{E}[\sigma_1 - \mu(\sigma_2 + \sigma_3)]$$

将上式代入式(a)得：

$$\sigma_1 - \mu(\sigma_2 + \sigma_3) = \sigma_b \tag{10-17}$$

将极限应力 σ_b 除以安全系数得许用应力$[\sigma]$,故强度条件为:

$$\sigma_1-\mu(\sigma_2+\sigma_3)\leqslant[\sigma] \tag{10-18}$$

该理论是由圣维南(B. de Saint Venant)于19世纪中叶提出的,可以解释石料或混凝土等脆性材料受轴向压缩时的破坏现象。第二强度理论考虑了 σ_2 和 σ_3 对破坏的影响,似乎比第一强度理论合理,但尚未得到较多材料的试验证实。

3. 最大剪应力理论(第三强度理论)

该理论认为最大剪应力是引起屈服破坏的主要因素。当构件危险点处的最大剪切应力 $\tau_{\max}$ 达到与材料性质有关的某一极限值 τ_{jx},材料就发生屈服破坏。于是破坏准则为:

$$\tau_{\max}=\tau_{jx}$$

在塑性材料的拉伸试验中,当材料发生屈服现象时,可以测得材料的屈服极限,此时相应的最大剪应力就是剪应力的极限值,其值为:

$$\tau_{jx}=\sigma_s/2$$

而在任意应力状态下:

$$\tau_{\max}=\frac{\sigma_1-\sigma_3}{2}$$

于是:

$$\frac{\sigma_1-\sigma_3}{2}=\frac{\sigma_s}{2}$$

即

$$\sigma_1-\sigma_3=\sigma_s$$

考虑安全系数后,得强度条件:

$$\sigma_1-\sigma_3\leqslant[\sigma] \tag{10-19}$$

该理论于1773年由库仑(C. A. Coulomb)针对剪切破坏的情况提出,后来屈雷斯卡(H. Tresca)将它引用到材料屈服的情况,所以该理论又称为屈雷斯卡屈服条件。最大剪应力理论较为满意地解释了塑性材料的屈服现象,在大多数情况下能与塑性材料的试验结果相符合。但该理论没考虑主应力 σ_2 对材料屈服的影响。

4. 形状改变比能理论(第四强度理论)

该理论认为形状改变比能是引起材料屈服破坏的主要因素。只要构件危险点处的形状改变比能 u_d 达到与材料性质有关的某一极限值$(u_d)_{jx}$,材料就发生屈服破坏。于是破坏条件为:

$$u_d=(u_d)_{jx}$$

在塑性材料的拉伸试验中,材料发生屈服时对应的形状改变比能就是$(u_d)_{jx}$,此时可测得材料屈服极限 σ_s,且 $\sigma_1=\sigma_s$,$\sigma_2=\sigma_3=0$。

由式(10-15)有:

$$(u_d)_{jx}=\frac{1+\mu}{6E}\cdot 2\sigma_s^2=\frac{1+\mu}{3E}\sigma_s^2$$

在复杂应力状态下,危险点处的形状改变比能为:

$$u_d=\frac{1+\mu}{6E}[(\sigma_1-\sigma_2)^2+(\sigma_2-\sigma_3)^2+(\sigma_3-\sigma_1)^2]$$

所以有:

$$\sqrt{\frac{1}{2}[(\sigma_1-\sigma_2)^2+(\sigma_2-\sigma_3)^2+(\sigma_3-\sigma_1)^2]}=\sigma_s$$

考虑安全系数后，有强度条件：

$$\sqrt{\frac{1}{2}[(\sigma_1-\sigma_2)^2+(\sigma_2-\sigma_3)^2+(\sigma_3-\sigma_1)^2]}\leqslant[\sigma] \tag{10-20}$$

该强度理论又称为密塞斯屈服条件。由于该理论考虑了三个主应力对材料破坏的影响，试验证明，这一理论的结果较最大剪应力理论更符合试验结果。因此，目前对于钢、铝、铜等塑性材料的强度条件推荐采用形状改变比能理论。

以上四个强度条件，可写成统一的表达式：

$$\sigma_r\leqslant[\sigma] \tag{10-21}$$

式中，σ_r 称为相当应力。按照从第一到第四强度理论的顺序，相当应力分别为：

$$\left.\begin{aligned}&\sigma_{r1}=\sigma_1\\&\sigma_{r2}=\sigma_1-\mu(\sigma_2+\sigma_3)\\&\sigma_{r3}=\sigma_1-\sigma_3\\&\sigma_{r4}=\sqrt{\frac{1}{2}[(\sigma_1-\sigma_2)^2+(\sigma_2-\sigma_3)^2+(\sigma_3-\sigma_1)^2]}\end{aligned}\right\} \tag{10-22}$$

以上介绍了四种常用的强度理论。铸铁、石料、混凝土、玻璃等脆性材料，通常以断裂形式破坏，宜采用第一和第二强度理论；碳钢、钢、铝等塑性材料，通常以屈服形式破坏，宜采用第三和第四强度理论。

应该指出，不同材料可以发生不同形式的失效，但同一材料在不同应力状态下也可能有不同的破坏形式。如碳钢在单向拉伸以屈服的形式破坏，但碳钢制成的螺钉受拉时，螺纹根部因应力集中引起三向拉伸，就会出现断裂。这是因为当三向拉伸的三个主应力数值接近时，由屈服准则(10-19)或(10-20)看出，屈服将很难出现。又如铸铁在单向受拉时以断裂的形式破坏，但如以淬火钢球压在铸铁板上，接触点附近的材料处于三向受压状态，随着压力的增大，铸铁板会出现明显的凹坑，这表明出现屈服现象。以上例子说明材料的破坏形式与应力状态有关。无论是塑性材料或是脆性材料；在三向拉应力相近的情况下，都将以断裂的形式破坏，宜采用最大拉应力理论；在三向压应力相近的情况下，都可引起塑性变形，宜采用第三或第四强度理论。

10.5.2　应用举例

【例 10-6】 工字钢简支梁如图 10-15(a)所示，已知 $P=120$ kN，$l=25$ mm，$I_z=1\ 130$ cm^4，翼板对 z 轴的静力矩为 66 cm^3，材料的许用应力$[\sigma]=160$ MPa。试分别按第三、第四强度理论校核如图 10-15(b)所示 K 点的强度。

解　(1) K 点应力分析

梁中央截面左(或右)侧的弯矩和剪力最大，即

$$M_{\max}=\frac{Pl}{2}=\frac{1}{2}\times120\times10^3\times250\times10^{-3}=15\ 000\ (\text{N}\cdot\text{m})$$

$$Q_{\max}=\frac{P}{2}=\frac{1}{2}\times120=60\ (\text{kN})$$

中央截面左侧的弯曲正应力和剪应力分别为：

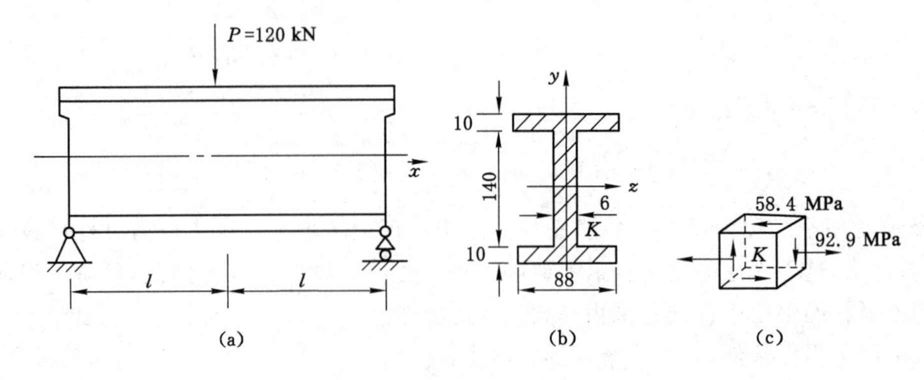

图 10-15

$$\sigma_k = \frac{My}{I_z} = \frac{15\ 000 \times 70 \times 10^{-3}}{1\ 130 \times 10^{-8}} = 92.9 \times 10^6 (\text{Pa}) = 92.9\ (\text{MPa})$$

$$\tau_k = \frac{QS_z}{bI_z} = \frac{60 \times 10^3 \times 66 \times 10^{-6}}{6 \times 10^{-3} \times 1\ 130 \times 10^{-8}} = 58.4 \times 10^6 (\text{Pa}) = 58.4\ (\text{MPa})$$

以横截面为基面,围绕 K 点取单元体如图 10-15(c)所示。

(2) 强度校核

由第三强度理论有:

$$\sigma_{r3} = \sqrt{\sigma^2 + 4\tau^2} = \sqrt{92.9^2 + 4 \times 58.4^2} = 149.2\ (\text{MPa}) < [\sigma]$$

由第四强度理论有:

$$\sigma_{r4} = \sqrt{\sigma^2 + 3\tau^2} = \sqrt{92.9^2 + 3 \times 58.4^2} = 137.3\ (\text{MPa}) < [\sigma]$$

故工字钢梁 K 点满足强度条件,处于安全状态。

【例 10-7】 试按强度理论建立纯剪切应力状态的强度条件,并寻求塑性材料许用剪应力$[\tau]$和许用拉应力$[\sigma]$之间的关系。

解 纯剪切为二向应力状态,且

$$\sigma_1 = \tau,\ \sigma_2 = 0,\ \sigma_3 = -\tau$$

(1) 按第三强度理论的强度条件有:

$$\sigma_{r3} = \sigma_1 - \sigma_3 = \tau - (-\tau) = 2\tau \leqslant [\sigma]$$

所以

$$\tau \leqslant \frac{1}{2}[\sigma]$$

另一方面,剪切强度条件是 $\tau \leqslant [\tau]$,比较上两式可得:

$$[\tau] = (0.5 \sim 1)[\sigma]$$

(2) 按第四强度理论的强度条件有:

$$\sigma_{r4} = \sqrt{\frac{1}{2}[(\sigma_1 - \sigma_2)^2 + (\sigma_2 - \sigma_3)^2 + (\sigma_3 - \sigma_1)^2]}$$

$$= \sqrt{\frac{1}{2}(\tau^2 + \tau^2 + 4\tau^2)} = \sqrt{3}\tau \leqslant [\sigma]$$

同样,剪切强度条件是 $\tau \leqslant [\tau]$,比较上两式可得:

$$[\tau] = (0.6 \sim 1)[\sigma]$$

【例 10-8】 已知锅炉的内径 $D=1$ m,锅炉内部的蒸汽压强 $p=3.6$ MPa,材料的许用应力$[\sigma]=160$ MPa，试设计锅炉的壁厚 δ。

解 将锅炉看成薄壁容器。在内压作用下，筒壁上一点的三个主应力为：

$$\sigma_1=\frac{pD}{2\delta},\ \sigma_2=\frac{pD}{4\delta},\ \sigma_3=0$$

(1) 按第三强度理论有：

$$\sigma_{r3}=\sigma_1-\sigma_3=\frac{pD}{2\delta}\leqslant[\sigma]$$

即

$$\delta=\frac{pD}{2[\sigma]}=\frac{3.6\times10^6\times1}{2\times160\times10^6}=11.25\times10^{-3}\,(\mathrm{m})=11.25\ (\mathrm{mm})$$

(2) 按第四强度理论有：

$$\sigma_{r4}=\sqrt{\frac{1}{2}[(\sigma_1-\sigma_2)^2+(\sigma_2-\sigma_3)^2+(\sigma_3-\sigma_1)^2]}$$

$$=\sqrt{\frac{1}{2}\left[\left(\frac{pD}{2\delta}-\frac{pD}{4\delta}\right)^2+\left(\frac{pD}{4\delta}\right)^2+\left(-\frac{pD}{2\delta}\right)^2\right]}=\frac{\sqrt{3}\,pD}{4\delta}\leqslant[\sigma]$$

$$\delta\geqslant\frac{\sqrt{3}\,pD}{4[\sigma]}=\frac{\sqrt{3}\times3.6\times10^6\times1}{4\times160\times10^6}=9.74\times10^{-3}\,(\mathrm{m})=9.74\ (\mathrm{mm})$$

【例 10-9】 有一钢制构件，已知危险点处单元体上的应力状态如图 10-16 所示。材料的屈服极限为 $\sigma_s=280$ MPa，试按第三和第四强度理论求构件的工作安全系数。

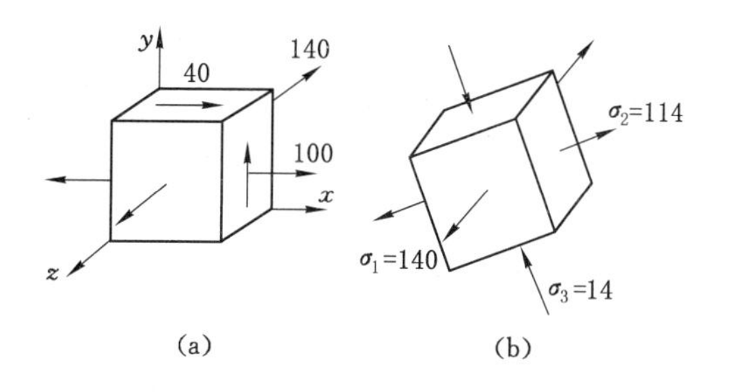

图 10-16

解 单元体处于三向应力状态。在与 z 轴垂直的平面上作用 140 MPa 的主应力，但与 x 和 y 轴垂直的平面上作用的不是主应力。首先求 xOy 平面内的主应力。

(1) 计算 xOy 平面内的主应力

$$\left.\begin{matrix}\sigma_{\max}\\ \sigma_{\min}\end{matrix}\right\}=\frac{\sigma_x+\sigma_y}{2}\pm\sqrt{\left(\frac{\sigma_x-\sigma_y}{2}\right)^2+\tau_{xy}^2}=\frac{100+0}{2}\pm\sqrt{\left(\frac{100-0}{2}\right)^2+(-40)^2}=\left.\begin{matrix}114\ (\mathrm{MPa})\\ -14\ (\mathrm{MPa})\end{matrix}\right\}$$

按主应力顺序排列：

$$\sigma_1=140\ \mathrm{MPa},\ \sigma_2=114\ \mathrm{MPa},\ \sigma_3=-14\ \mathrm{MPa}$$

(2) 计算相当应力

按第三强度理论计算的相当应力为：

$$\sigma_{r3}=\sigma_1-\sigma_3=140-(-14)=154\ (\mathrm{MPa})$$

按第四强度理论计算的相当应力为：

$$\sigma_{r4}=\frac{\sqrt{2}}{2}\sqrt{(140-114)^2+(114+14)^2+(-14-140)^2}=142.8\ (\mathrm{MPa})$$

(3) 计算工作安全系数

在单向应力状态下，构件的工作安全系数是材料能够承受的极限应力与构件实际承受的最大应力之比。在复杂应力状态下，构件的工作安全系数是能够承受的极限应力与构件危险点处的相当应力之比。据此，由第三强度理论计算得到工作安全系数：

$$n_3=\frac{\sigma_s}{\sigma_{r3}}=\frac{280}{154}=1.82$$

由第四强度理论计算的工作安全系数：

$$n_4=\frac{\sigma_s}{\sigma_{r4}}=\frac{280}{142.8}=1.96$$

思　考　题

10-1　什么是一点处的应力状态？为什么要研究一点处的应力状态？如何研究？

10-2　如何用解析法确定单元体任一截面的应力？应力和方位角的正负号如何规定？

10-3　应力圆如何绘制？单元体中的面与应力圆上的点存在怎样的对应关系？如何运用应力圆求某一斜截面上的应力？

10-4　什么是主平面？什么是主应力？如何确定主应力的大小和方向？

10-5　常用的四种强度理论的基本观点及相应的强度条件是什么？

10-6　在冬天，自来水管(铸铁材料)结冰时会被胀破，水管内的冰也受到相等的反作用力，为什么冰没被压碎而水管被冻裂。试根据应力状态及强度理论进行解释。

10-7　将沸水倒入厚玻璃杯中，玻璃杯内、外壁的受力情况如何？若发生破裂，是从内壁开始还是从外壁开始？为什么？

10-8　在什么情况下，平面应力状态下的应力圆符合以下特征：(1) 一个点圆；(2) 圆心在原点；(3) 与 τ 轴相切。

10-9　单元体各面上的应力分量如图所示，它们是否处于平面应力状态？

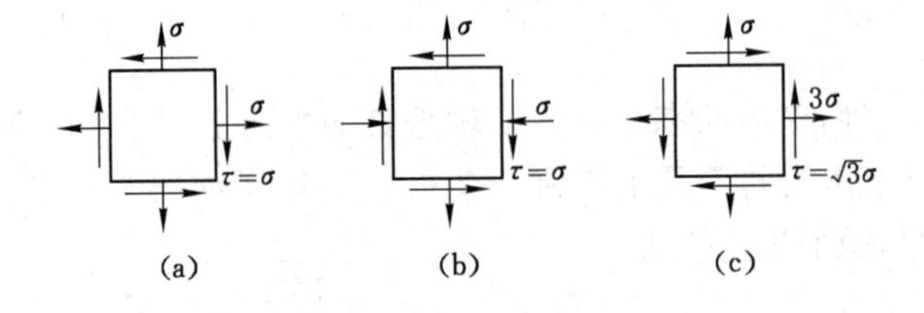

思考题 10-9 图

10-10　什么是强度理论，为什么要提出强度理论？

习　　题

10-1　已知应力状态如图所示，图中应力单位为 MPa，试用解析法与应力圆方法求：(1) 主应力大小及主平面位置；(2) 在单元体上绘出主平面位置及主应力方向；(3) 最大剪应力。(答案：(a) $\sigma_1=57$ MPa，$\sigma_2=0$，$\sigma_3=-7$ MPa，$\alpha_0=-19.3°$，$\tau_{max}=32$ MPa；(b) $\sigma_1=57$

MPa，$\sigma_2=0$，$\sigma_3=-7$ MPa，$\alpha_0=19.3°$，$\tau_{max}=32$ MPa；(c) $\sigma_1=25$ MPa，$\sigma_2=0$，$\sigma_3=-25$ MPa，$\alpha_0=-45°$，$\tau_{max}=25$ MPa；(d) $\sigma_1=11.2$ MPa，$\sigma_2=0$，$\sigma_3=-71.2$ MPa，$\alpha_0=-38°$，$\tau_{max}=41.2$ MPa；(e) $\sigma_1=4.7$ MPa，$\sigma_2=0$，$\sigma_3=-84.7$ MPa，$\alpha_0=-13.3°$，$\tau_{max}=44.7$ MPa；(f) $\sigma_1=37$ MPa，$\sigma_2=0$，$\sigma_3=-27$ MPa，$\alpha_0=19.3°$，$\tau_{max}=32$ MPa)

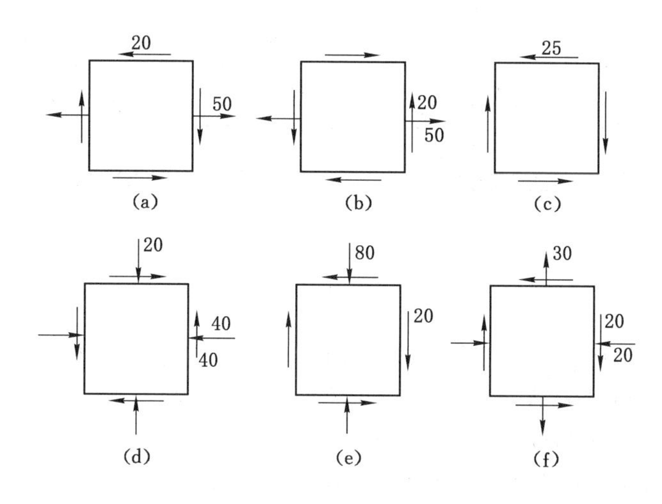

习题 10-1 图

10-2　在图示应力状态中，试用解析法和应力圆方法求出指定斜截面上的应力(单位：MPa)。(答案：(a) $\sigma_\alpha=-27.3$ MPa，$\tau_\alpha=-27.3$ MPa；(b) $\sigma_\alpha=52.3$ MPa，$\tau_\alpha=-18.7$ MPa；(c) $\sigma_\alpha=-10$ MPa，$\tau_\alpha=-30$ MPa)

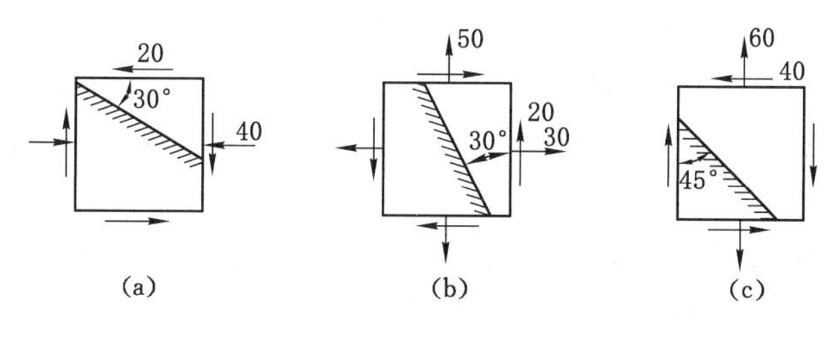

习题 10-2 图

10-3　图示为薄壁圆筒扭转—拉伸试验的示意图。若 $F=20$ kN，$M_e=600$ N·m，且 $d=50$ mm，$\delta=2$ mm，试求：

(1) A 点在指定斜截面上的应力；(答案：$\sigma_\alpha=-45.8$ MPa，$\tau_\alpha=8.8$ MPa)

(2) A 点的主应力的大小及方向(用单元体表示)。(答案：$\sigma_1=108$ MPa，$\sigma_2=0$，$\sigma_3=-46.3$ MPa，$\alpha_0=33.3°$)

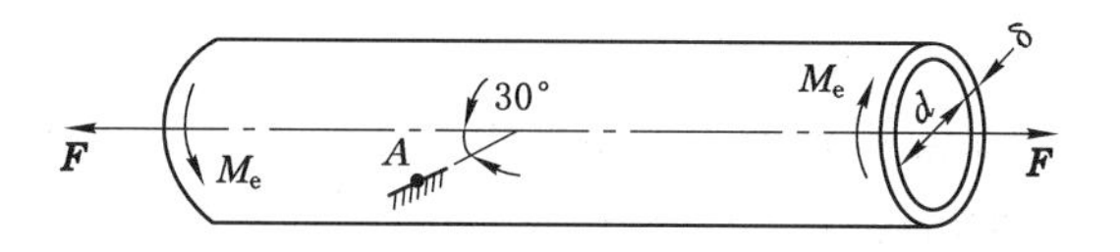

习题 10-3 图

10-4　求图示单元体的主应力及最大剪应力。(答案:(a) $\sigma_1=20$ MPa,$\sigma_2=0$,$\sigma_3=-20$ MPa,$\tau_{\max}=20$ MPa;(b) $\sigma_1=50$ MPa,$\sigma_2=40$ MPa,$\sigma_3=-40$ MPa,$\tau_{\max}=45$ MPa;(c) $\sigma_1=51.1$ MPa,$\sigma_2=0$,$\sigma_3=-41.1$ MPa,$\tau_{\max}=46.1$ MPa;(d) $\sigma_1=50$ MPa,$\sigma_2=21.6$ MPa,$\sigma_3=-41.6$ MPa,$\tau_{\max}=45.8$ MPa)

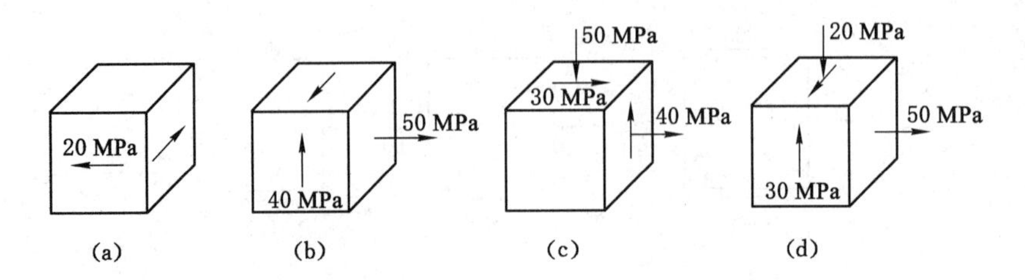

习题 10-4 图

10-5　已知一点处于二向应力状态,其两平面上的应力如图所示,求 σ_α 及主应力和最大剪应力。(答案:$\sigma_\alpha=20$ MPa,$\sigma_1=33.5$ MPa,$\sigma_2=0$,$\sigma_3=-82.7$ MPa,$\alpha_0=10.1°$,$\tau_{\max}=58.1$ MPa)

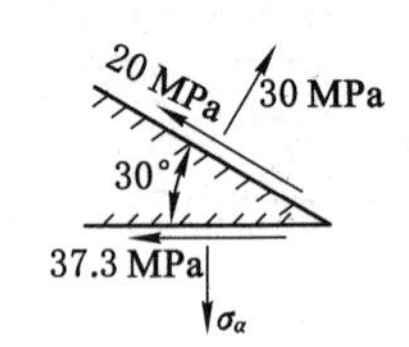

习题 10-5 图

10-6　在二向应力状态下,已知最大的剪应变为 0.000 5,两个相互垂直方向的正应力之和为 27.5 MPa,材料的弹性模量 $E=200$ MPa,泊松比为 0.25。试计算主应力的大小。(答案:$\sigma_1=53.8$ MPa,$\sigma_2=0$,$\sigma_3=-26.2$ MPa)

10-7　车轮与钢轨接触点处的主应力为 −800 MPa、−900 MPa、−1 100 MPa。若材料的许用应力 $[\sigma]=300$ MPa,试对接触点作强度校核。(答案:利用第三和第四强度理论进行校核,相当应力等于或小于许用应力,故安全)

10-8　如图所示为从一构件内取出的棱柱形单元体,在 AB 平面、ABC 平面上都无应力作用,用解析法求 AC 和 BC 面上的剪应力,以及这个单元体的主应力的大小和主平面的位置。(答案:$\tau=15$ MPa,$\sigma_1=0$,$\sigma_2=0$,$\sigma_3=-30$ MPa)

10-9　按最大剪应力理论和形状改变比能理论计算图示单元体的相当应力。(答案:(a) $\sigma_{r3}=50$ MPa,$\sigma_{r4}=50$ MPa;(b) $\sigma_{r3}=80$ MPa,$\sigma_{r4}=75.5$ MPa)

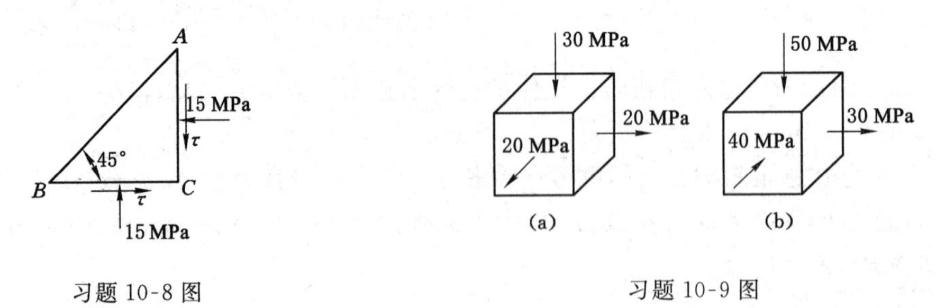

习题 10-8 图　　习题 10-9 图

10-10　从受力构件中某点附近截出的棱柱单元体如图所示,试用解析法确定 σ_y、τ_y 和 τ_α 的大小。(答案:$\sigma_y=69.3$ MPa,$\tau_y=20$ MPa,$\tau_\alpha=2.70$ MPa)

10-11　图示简支梁 D 点处的最大剪应力为 10 MPa,试求载荷 P 的大小。(答案:$P=50.31$ kN)

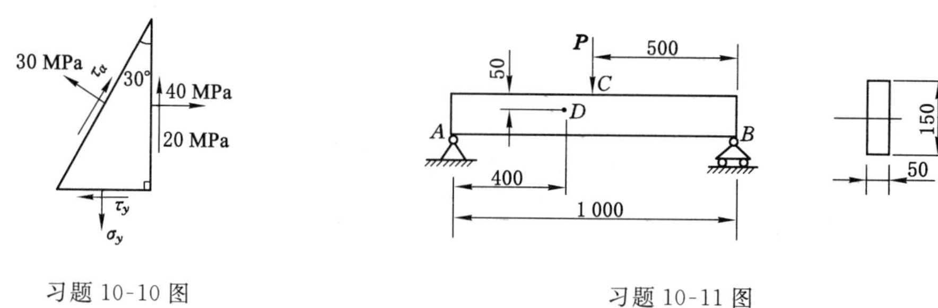

习题 10-10 图　　　　　　　　　　习题 10-11 图

10-12　试选定图示外伸梁工字形截面的型号，并按第三强度理论作主应力校核。已知材料的$[\sigma]$=160 MPa。(答案：选 12.6 号工字钢，σ_{r3}=117.7 MPa≤$[\sigma]$=160 MPa)

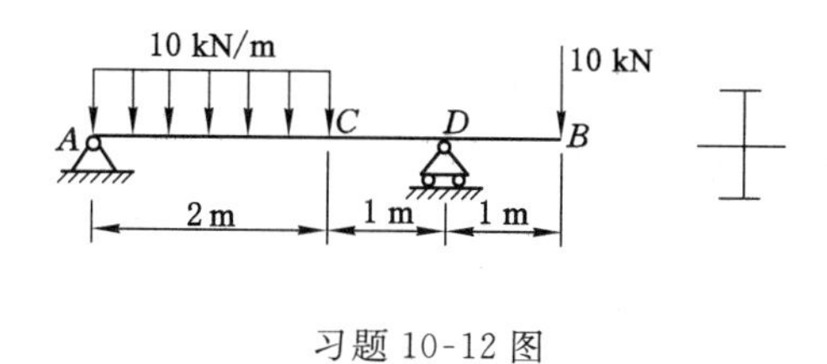

习题 10-12 图

11 组合变形

11.1 组合变形的概念

杆件的四种基本变形形式(轴向拉伸和压缩、剪切、扭转、弯曲)都是在特定的载荷条件下发生的。工程实际中杆件所受的一般载荷,常常不满足产生基本变形的载荷条件。这些一般载荷所引起的变形可视为两种或两种以上基本变形的组合,我们称之为组合变形。例如图 11-1(a)所示的矩形截面梁,在荷载 $\boldsymbol{P}$ 的作用下发生斜弯曲变形(属于两个方向平面弯曲变形的组合);图 11-1(b)所示柱子(偏心受压杆),在偏心载荷 $\boldsymbol{F}$ 作用下产生压缩与纯弯曲的组合变形;图 11-1(c)所示的桥墩,受到上部结构传递给桥墩的压力 $\boldsymbol{F}_0$,桥墩墩帽及墩身的自重 $\boldsymbol{F}_1$,基础自重 $\boldsymbol{F}_2$,经桥面传来的车辆的水平制动力 $\boldsymbol{F}_T$,在这些力的作用下,桥墩发生压缩与弯曲的组合变形。本章主要讨论斜弯曲变形和拉伸(压缩)与弯曲的组合变形。在线弹性范围内,小变形条件下,求这两种组合变形的应力,并进行强度计算。

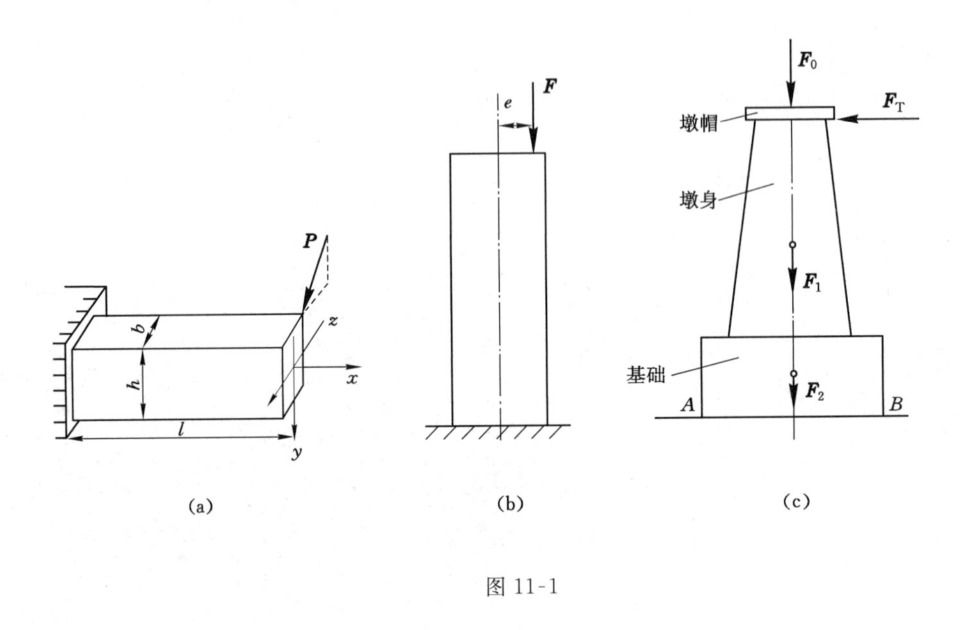

图 11-1

11.2 斜 弯 曲

前述章节中介绍的弯曲变形,例如图 11-2(a)所示的矩形截面悬臂梁,当外力 $\boldsymbol{F}$ 作用在梁的对称平面内[如图 11-2(b)所示]时,梁弯曲后,其挠曲线位于梁的纵向对称平面内,这类弯曲为平面弯曲。若如图 11-2(c)所示的同样的矩形截面梁,但外力的作用线通过截面的形心却不与截面的对称轴重合，这时该梁弯曲后的挠曲线不再位于梁的纵向对称平面内，这类弯曲称为斜弯曲。斜弯曲是两个平面弯曲的组合变形，下面将讨论斜弯曲下的正应力和强度条件。

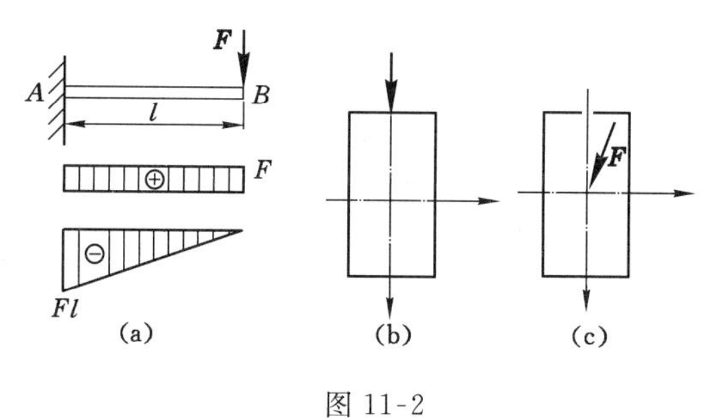

图 11-2

11.2.1　正应力计算

以矩形截面悬臂梁自由端作用集中力为例(图 11-3)来说明斜弯曲时的应力和变形计算。梁自由端作用的力 $\boldsymbol{P}$ 与 y 轴成一夹角 φ，将力 $\boldsymbol{P}$ 沿坐标轴分解为 $\boldsymbol{P}_y$、$\boldsymbol{P}_z$ 两个分力。其中 $P_y = P\cos\varphi$，$P_z = P\sin\varphi$。

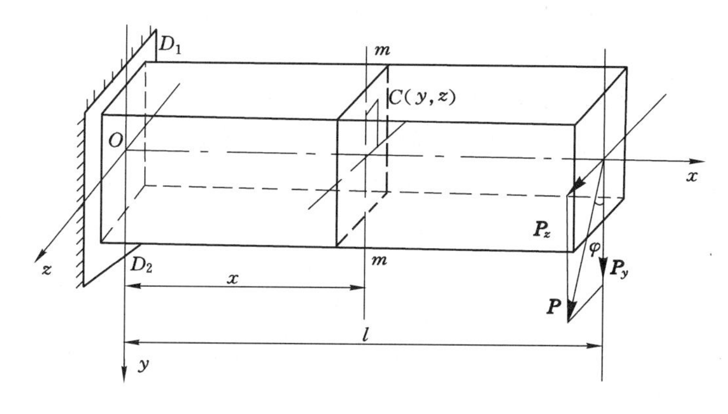

图 11-3

$\boldsymbol{P}_y$ 与 $\boldsymbol{P}_z$ 使梁分别在纵向对称平面和水平对称平面内产生平面弯曲变形，梁任意横截面 m—m 上的弯矩分别为：

$$M_z = P_y(l-x) = P\cos\varphi(l-x) = M\cos\varphi$$

$$M_y = P_z(l-x) = P\sin\varphi(l-x) = M\sin\varphi$$

式中，$M = P(l-x)$ 是力 $\boldsymbol{P}$ 对 m—m 截面的弯矩。则截面上 C 点的正应力可通过分别计算由 M_z 和 M_y 所引起的 C 点的正应力，然后代数相加即可。

由 M_z 引起的正应力用 σ' 表示，σ' 在截面上的分布如图 11-4(a)所示，其大小为：

$$\sigma' = \frac{M_z y}{I_z} = \frac{M\cos\varphi}{I_z}y$$

由 M_y 引起的正应力用 σ'' 表示，σ'' 在截面上的分布如图 11-4(b)所示，其大小为：

$$\sigma'' = \frac{M_y z}{I_y} = \frac{M\sin\varphi}{I_y}z$$

$\boldsymbol{P}_y$、$\boldsymbol{P}_z$ 共同作用下 C 点的正应力为：

$$\sigma=\sigma'+\sigma''=\frac{M\cos\varphi}{I_z}y+\frac{M\sin\varphi}{I_y}z=M\left(\frac{\cos\varphi}{I_z}y+\frac{\sin\varphi}{I_y}z\right) \tag{11-1}$$

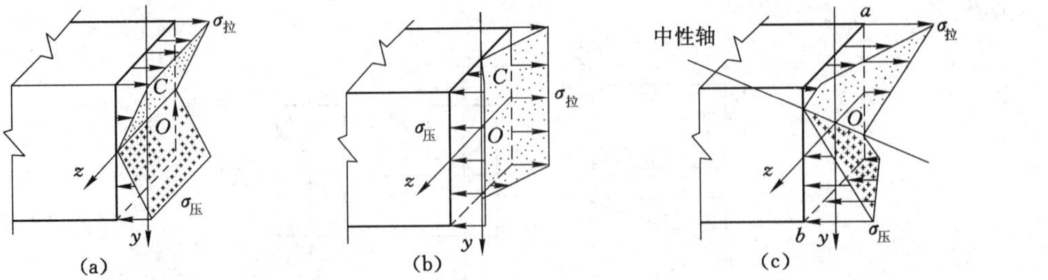

图 11-4

从图 11-4(c)可看出，m—m 截面上的最大拉应力、最大压应力分别发生在 a、b 点上：

$$\begin{matrix}\sigma_{\max}\\ \sigma_{\min}\end{matrix}=\pm\left(\frac{M\cos\varphi}{I_z}y_m+\frac{M\sin\varphi}{I_y}z_m\right)=\pm M\left(\frac{\cos\varphi}{I_z}y_m+\frac{\sin\varphi}{I_y}z_m\right)$$

在斜弯曲中，计算正应力时可以先不考虑弯矩和坐标的正、负号，均用绝对值计算，而应力的正、负可根据变形来确定，例如在上述悬臂梁中，在 P_y 和 P_z 作用下使 m—m 截面的 C 点均受拉，所以 σ 是拉应力，为正值。

11.2.2 斜弯曲时的强度条件

梁在荷载作用下，最大弯矩所发生的截面称为危险截面。因此梁的弯曲强度条件是：在荷载作用下梁危险截面上的最大正应力不能超过材料的许用应力 $[\sigma]$。即

$$\sigma_{\max}\leqslant[\sigma] \tag{11-2}$$

由式(11-2)进行梁的强度计算时，首先必须确定危险截面上的危险点。在图 11-3 中，梁的危险截面是固定端截面，而危险点是固定端截面上的 D_1 或 D_2 点，D_1 为最大拉应力作用点，D_2 为最大压应力作用点，两点的应力数值相等，然后将 $\sigma_{\max}$ 代入式(11-2)，如果材料的许用拉应力和许用压应力相等，则有：

$$\sigma_{\max}=M_{\max}\left(\frac{\cos\varphi}{I_z}y_{\max}+\frac{\sin\varphi}{I_y}z_{\max}\right)\leqslant[\sigma]$$

或

$$\sigma_{\max}=\frac{M_{z\max}}{W_z}+\frac{M_{y\max}}{W_y}\leqslant[\sigma]$$

在这里因为矩形截面有凸角点，所以危险点在凸角点上。对于无凸角的截面，则必须先确定中性轴的位置，然后才能定出危险点的位置。在图 11-5(b)中，中性轴是通过截面形心的斜直线，将截面分成受拉区和受压区两部分，距中性轴最远的点 D_1 和 D_2 就是危险点，这两点上应力最大。

由式(11-2)可进行三方面的计算，即校核强度、选择截面和确定许可荷载。

11.2.3 斜弯曲的变形

梁发生斜弯曲变形时，变形可按叠加法计算。上述悬臂梁，在 xOy 平面内梁的自由端由 P_y 引起的挠度为：

$$w_y=\frac{P_y l^3}{3EI_z}=\frac{P\cos\varphi l^3}{3EI_z}$$

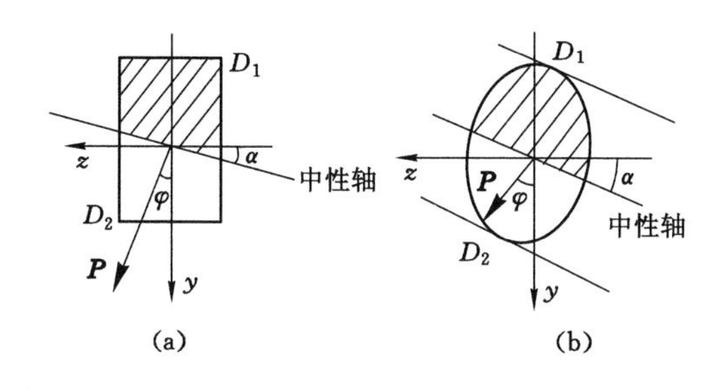

图 11-5

中性轴
z
F_z
β
φ
θ
F
F_y
y

图 11-6

在 xOz 平面内梁的自由端由 P_z 引起的挠度为：

$$w_z = \frac{P_z l^3}{3EI_y} = \frac{P\sin\varphi l^3}{3EI_y}$$

梁自由端的挠度 w 是 w_y 和 w_z 的矢量和，即

$$w_{\max} = \sqrt{w_z^2 + w_y^2}$$

梁的刚度条件为：

$$w_{\max}/l \leqslant [w/l]$$

挠度方向与 y 轴的夹角 β 为 $\tan\beta = \dfrac{w_z}{w_y} = \dfrac{I_z}{I_y}\tan\varphi$，如图 11-6 所示。

由上式可知，当 $I_y = I_z$ 时，$\beta = \varphi$，荷载在弯曲平面内，这时发生的是平面弯曲，例如正方形、圆形等截面，只发生平面弯曲，不会发生斜弯曲。

【例 11-1】 矩形截面木檩条如图 11-7，跨长 l=3 m，受集度为 q=800 N/m 的均布力作用，$[\sigma]$=12 MPa，容许挠度为 $l/200$，E=9 GPa，试选择截面尺寸并校核刚度。

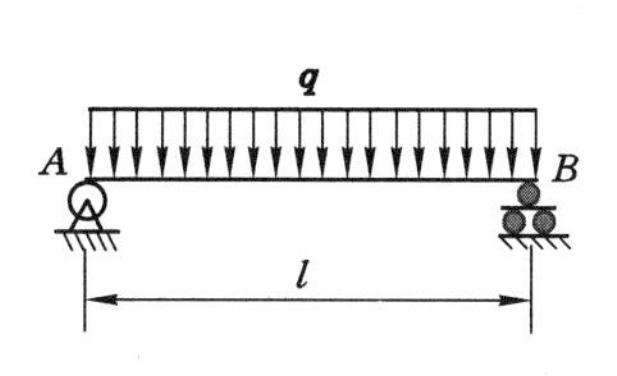

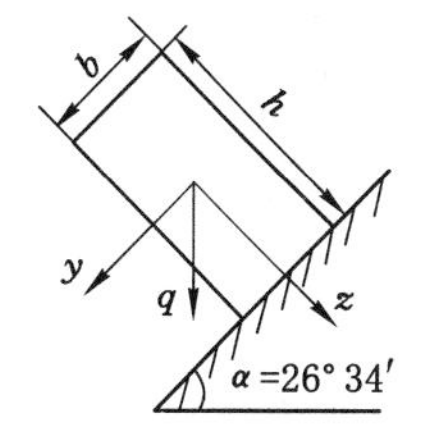

图 11-7

解 (1) 外力分析——分解 q

$$q_y = q\sin\alpha = 800 \times 0.447 = 358\ (\text{N/m})$$

$$q_z = q\cos\alpha = 800 \times 0.894 = 715\ (\text{N/m})$$

$$M_{z\max} = \frac{q_y l^2}{8} = \frac{358 \times 3^2}{8} = 403\ (\text{N} \cdot \text{m})$$

$$M_{y\max} = \frac{q_z l^2}{8} = \frac{715 \times 3^2}{8} = 804\ (\text{N} \cdot \text{m})$$

假设截面高度与宽度之比为 $h/b = 1.5$，则：

$$\sigma_{\max} = \frac{M_{z\max}}{W_z} + \frac{M_{y\max}}{W_y} = \frac{403}{hb^2/6} + \frac{804}{bh^2/6}$$

$$= \frac{6 \times 403}{1.5b \times b^2} + \frac{6 \times 804}{b \times (1.5b)^2} \leqslant [\sigma] = 12 \times 10^6$$

解得：　　$b = 6.79 \times 10^{-2}(\text{m}) = 67.9\ (\text{mm})$，$h = 1.5 \times 67.9 = 102\ (\text{mm})$

取 70 mm × 110 mm 的矩形截面桁条。

(2) 校核梁的刚度

$$I_y = \frac{bh^3}{12} = \frac{70 \times 110^3}{12} = 776 \times 10^4(\text{mm}^4) = 776 \times 10^{-8}(\text{m}^4)$$

$$I_z = \frac{b^3 h}{12} = \frac{70^3 \times 110}{12} = 314 \times 10^4(\text{mm}^4) = 314 \times 10^{-8}(\text{m}^4)$$

$$w_z = \frac{5q_z l^4}{384EI_y} = \frac{5 \times 715 \times 3^4}{384 \times 9 \times 10^9 \times 776 \times 10^{-8}} = 1.080 \times 10^{-2}(\text{m}) = 10.80\ (\text{mm})$$

$$w_y = \frac{5q_y l^4}{384EI_z} = \frac{5 \times 358 \times 3^4}{384 \times 9 \times 10^9 \times 314 \times 10^{-8}} = 1.336 \times 10^{-2}(\text{m}) = 13.36\ (\text{mm})$$

梁中点的总挠度为：

$$w = \sqrt{w_z^2 + w_y^2} = \sqrt{10.80^2 + 13.36^2} = 17.2\ (\text{mm})$$

$$\frac{w}{l} = \frac{17.2}{3\,000} = \frac{1}{174} > \left[\frac{w}{l}\right] = \frac{1}{200}$$

可知刚度不满足，须增大截面尺寸，然后再次校核刚度，直至满足要求。

11.3　拉伸(压缩)与弯曲组合变形　截面核心

11.3.1　拉伸(压缩)与弯曲组合变形

杆件同时受横向力和轴向力作用时产生的变形即为拉伸(压缩)与弯曲的组合变形。对于抗弯刚度较大的杆，由横向力引起的变形较小，可忽略轴向力引起的附加弯矩。此时仍可用叠加原理计算杆在轴向拉伸(压缩)和弯曲变形下的应力，再代数相加，从而求得横截面上的正应力。以图 11-8 所示的悬臂梁为例介绍该变形下的正应力及强度计算。

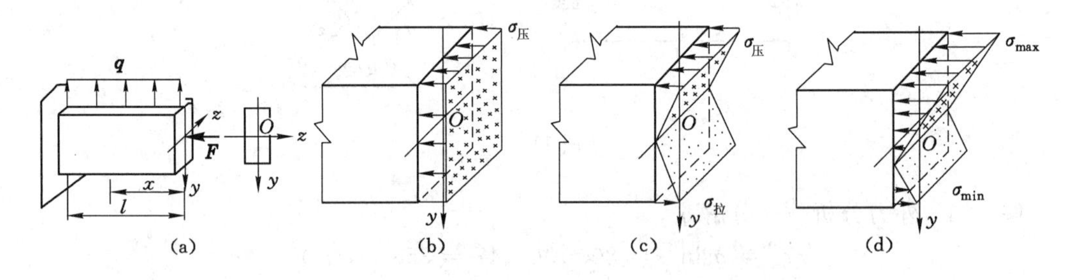

图 11-8

轴向力 $\boldsymbol{F}$ 作用时，横截面上的正应力均匀分布，如图 11-8(b)所示。其大小为：

$$\sigma' = \pm \frac{F_N}{A} = \pm \frac{F}{A}$$

横向力 $\boldsymbol{q}$ 作用下，梁发生平面弯曲，正应力沿截面高度线性分布，如图 11-8(c)所示。横截面 x 上的正应力为：

$$\sigma'' = \pm \frac{M(x)}{I_z} y$$

在 $\boldsymbol{F}$、$\boldsymbol{q}$ 共同作用下，横截面 x 上应力分布如图 11-8(d)所示。其上任一点的正应力为：

$$\sigma = \sigma' + \sigma'' = \pm \frac{F}{A} \pm \frac{M(x)}{I_z} y \tag{11-3}$$

式(11-3)即为杆件在拉(压)、弯曲组合变形时横截面上任一点的正应力计算公式，应用时需注意两个正应力 σ' 及 σ'' 的正负号。

固定端截面为危险截面，其上弯矩为 $M_{\max}$，最大应力发生在截面的上下边缘处。该组合变形下的强度条件为：

$$\left.\begin{matrix}\sigma_{\max}\\ \sigma_{\min}\end{matrix}\right\} = \pm \frac{F_N}{A} \pm \frac{M_{\max}}{W_z} \leqslant [\sigma] \tag{11-4}$$

【例 11-2】 材料为灰铸铁的小型压力机框架如图 11-9 所示。已知材料的许用拉应力为 $[\sigma_t] = 30$ MPa，许用压应力为 $[\sigma_c] = 80$ MPa，$P = 12$ kN，试校核该框架立柱的强度。

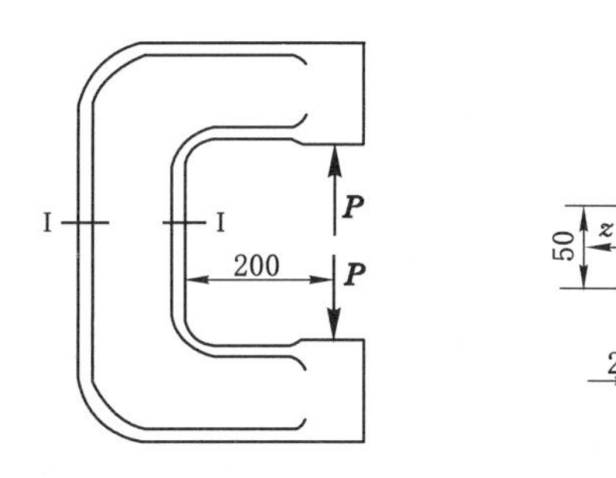

图 11-9

解 工字形框架横截面面积：$A = 100 \times 20 + 50 \times 20 + 60 \times 20 = 4\ 200\ (\text{mm}^2)$

中性轴位置：$z_1 = \dfrac{20 \times 100 \times 10 + 60 \times 20 \times 50 + 20 \times 50 \times 90}{4\ 200} = 40.5\ (\text{mm})$

$$z_2 = 100 - 40.5 = 59.5\ (\text{mm})$$

Ⅰ—Ⅰ 截面上的内力：$N = P = 12\ (\text{kN})$

$$M = 12 \times 10^3 \times (200 + 40.5) \times 10^{-3} = 2.89 \times 10^3 (\text{N} \cdot \text{m})$$

截面对中性轴的惯性矩：

$$I = \left(\frac{100 \times 20^3}{12} + 20 \times 100 \times 30.5^2\right) + \left(\frac{20 \times 60^3}{12} + 20 \times 60 \times 9.5^2\right) +$$

$$\left(\frac{50 \times 20^3}{12} + 20 \times 50 \times 49.5^2\right) = 4.88 \times 10^{-6} (\text{m}^4)$$

Ⅰ—Ⅰ 截面上的最大应力：

$$\sigma_{\max}^{+} = \frac{M}{I} z_1 + \frac{N}{A} = 26.8\ \text{MPa} < [\sigma_t]$$

$$\sigma_{\max}^{-} = -\frac{M}{I} z_2 + \frac{N}{A} = 32.3\ \text{MPa} < [\sigma_c]$$

因此，满足强度要求

11.3.2 偏心压缩

当短柱上的压力与轴线平行但并不重合时,则称为偏心拉伸(压缩)。偏心拉伸(压缩)可分解为轴向拉伸(压缩)和弯曲两种基本变形,也是一种组合变形。图 11-10 即为偏心压缩,横截面上的 y 轴、z 轴为形心主惯性轴,压力 $\boldsymbol{P}$ 的作用点为 z_P、y_P。将偏心压力向轴线简化,得到与轴线重合的压力 $\boldsymbol{P}$ 和弯矩 $M_z = Py_P$ 、$M_y = Pz_P$ 。

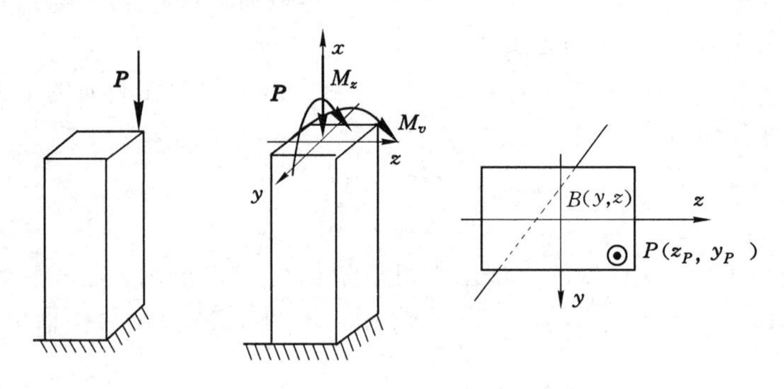

图 11-10

其中与轴线重合的力 $\boldsymbol{P}$ 引起压缩变形,M_y 、M_z 两个弯矩引起弯曲变形,所以偏心压缩也是压缩和弯曲的组合,且任意横截面上的内力和应力都是相同的。

在任意横截面上的 $B(x,y)$ 点处,与三种变形对应的应力分别为:

$$\sigma' = \frac{P}{A},\ \sigma'' = \frac{M_z y}{I_z},\ \sigma''' = \frac{M_y z}{I_y}$$

将以上三种应力叠加得到横截面上任一点 B 处的应力为:

$$\sigma = \frac{P}{A} + \frac{M_z y}{I_z} + \frac{M_y z}{I_y}$$

又因为 $I_z = Ai_z^2$,$I_y = Ai_y^2$,故:

$$\sigma = \frac{P}{A}(1 + \frac{y_P y}{i_z^2} + \frac{z_P z}{i_y^2})$$

横截面上离中性轴最远的点应力最大,为此,先确定中性轴的位置。若中性轴上各点的坐标为 y_0, z_0,则有:

$$\sigma = \frac{P}{A}(1 + \frac{y_P y_0}{i_z^2} + \frac{z_P z_0}{i_y^2}) = 0$$

即

$$1 + \frac{y_P y_0}{i_z^2} + \frac{z_P z_0}{i_y^2} = 0 \tag{11-5}$$

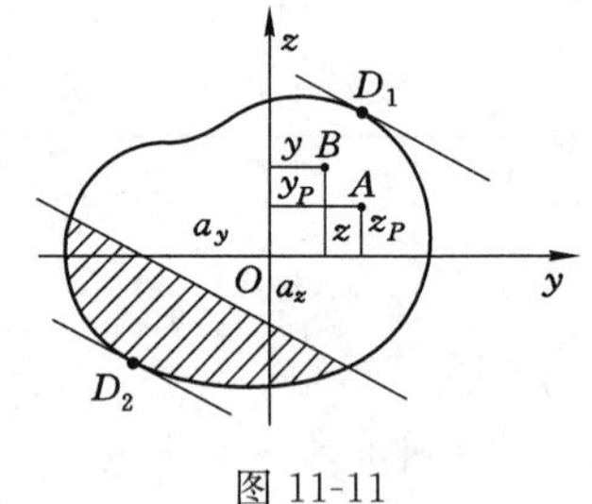

图 11-11

这是一个关于 y_0、z_0 的直线方程,即中性轴方程。若中性轴方程在 y 轴和 z 轴上的截距分别为 a_y 和 a_z,如图 11-11 所示,则在式(11-5)中分别令 $y_0 = a_y$、$z_0 = 0$ 及 $y_0 = 0$、$z_0 = a_z$,得:

$$a_y = -\frac{i_z^2}{y_P},\ a_z = -\frac{i_y^2}{z_P} \tag{11-6}$$

上式表明,a_y、a_z 分别和 y_P、z_P 符号相反,所以中性轴

与偏心压力 $\boldsymbol{P}$ 的作用点分别位于坐标原点(截面形心)的两侧。中性轴把截面分成两部分,一部分受拉,另一部分受压,在截面周边上,D_1 和 D_2 是距中性轴最远的点,这两点就是危险点,两点的应力为:

$$\sigma_{\text{tmax}}=-\frac{P}{A}+\frac{M_z}{W_z}+\frac{M_y}{W_y}$$

$$\sigma_{\text{cmax}}=-\frac{P}{A}-\frac{M_z}{W_z}-\frac{M_y}{W_y}$$

在确定了最大应力后,可根据材料的许用应力 $[\sigma]$ 来建立强度条件。

【例 11-3】 在图 11-12 所示不等截面与等截面杆上分别作用着 $P=350$ kN 的力,试分别求两柱内的绝对值最大正应力。

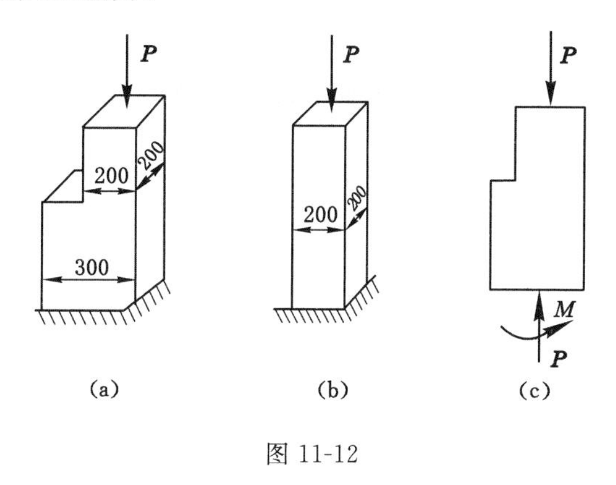

图 11-12

解 图 11-12(a)为偏心压缩,有:

$$\sigma_{1\max}=\frac{P}{A_1}+\frac{M}{W_{z1}}=\frac{350\times10^3}{0.2\times0.3}+\frac{350\times10^3\times0.05\times6}{0.2\times0.3^2}=11.7\ (\text{MPa})$$

图 11-12(b)为轴心压缩,显然有:

$$\sigma_{2\max}=\frac{P}{A}=\frac{350\times10^3}{0.2\times0.2}=8.75\ (\text{MPa})$$

11.3.3 截面核心

由式(11-6)可知,若偏心压力 $\boldsymbol{P}$ 逐渐向截面形心靠近,即 y_P、z_P 逐渐减小,则 a_y、a_z 逐渐增大,说明中性轴逐渐远离形心,如图 11-11 所示。当中性轴与边缘相切时,截面上只有压应力。脆性材料的抗拉强度低,抗压强度相对高,所以砖、混凝土短柱等脆性材料构件适于承压,使用时要求其横截面上只有压应力而无拉应力。

当偏心力的作用点位于形心附近某一区域范围内时,若横截面上只出现一种应力,则该区域范围就是截面核心。

截面核心是截面的一种几何特征,只与截面的形状和尺寸有关,而与外力的大小无关。

下面举例说明截面核心的确定方法。

【例 11-4】 求图 11-13 所示直径为 d 的圆截面的截面核心。

解 圆形截面的任意直径都是形心主惯性轴。设中性轴切于圆周上的任意点 A,A 点坐标为(a_{y1},a_{z1})。

对于圆截面有:

$$i_y^2 = i_z^2 = \frac{I_y}{A} = \frac{\pi d^4/64}{\pi d^2/4} = \frac{d^2}{16}$$

若中性轴与过 A 的直线①重合，则有：

$$a_{y_1} = \frac{d}{2},\ a_{z_1} = \infty$$

由式(11-6)有压力作用点的坐标为：

$$y_P = \frac{d}{8},\ z_P = 0$$

即压力作用点在过 A 点的直径上，且距圆心的距离为 $\frac{d}{8}$。由对称性可知截面核心是一个半径为 $\frac{d}{8}$ 的圆。

【例 11-5】 确定图 11-14 所示矩形截面($h \times b$)的截面核心。

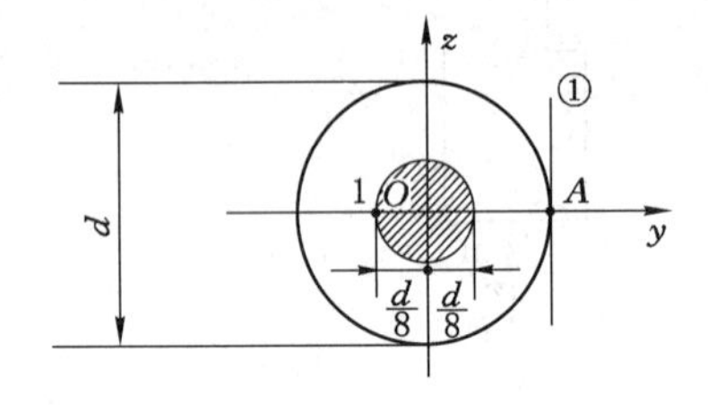

图 11-13

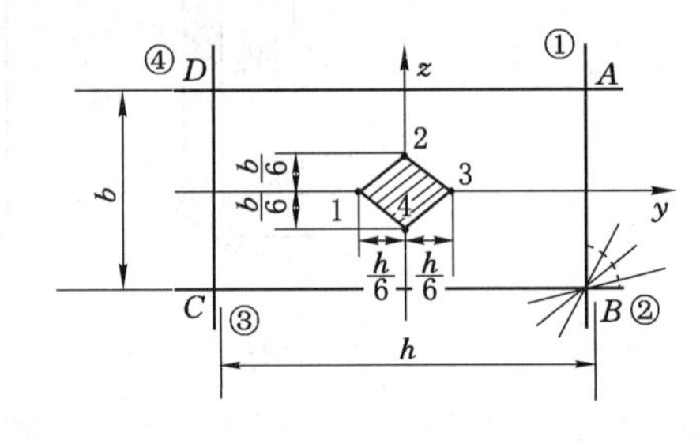

图 11-14

解 矩形截面的对称轴就是形心主惯性轴，即

$$i_y^2 = \frac{b^2}{12},\ i_z^2 = \frac{h^2}{12}$$

若中性轴与 CD 边重合，则中性轴在坐标轴上的截距分别为：

$$a_y = -\frac{h}{2},\ a_z = \infty$$

代入式(11-6)，得压力 $\boldsymbol{P}$ 作用点 3 的坐标为：

$$y_P = \frac{h}{6},\ z_P = 0$$

同理，当中性轴与 BC 边重合时，压力 $\boldsymbol{P}$ 作用点 2 的坐标为：

$$y_P = 0,\ z_P = \frac{b}{6}$$

压力沿 2、3 点连线由 3 点移动到 2 点，中性轴由 CD 旋转到 BC。用同样的方法可以确定 1、4 两点，最后得到截面核心为一菱形区域。

11.4 扭转与弯曲的组合变形

扭转与弯曲的组合变形是工程中常见的情况。以图 11-15(a)所示的传动轴为例，说明杆件在弯扭组合变形下的强度计算。传动轴左端的轮子由电机带动，传入的扭转力偶矩为

M_e。作用在直齿圆柱齿轮上的啮合力可分解为径向力 $\boldsymbol{F}_1$ 和周向力 $\boldsymbol{F}_2$，周向力向轴线简化后，由平衡方程 $\sum M_x = 0$ 可知：

$$\frac{F_2 D}{2} = M_e$$

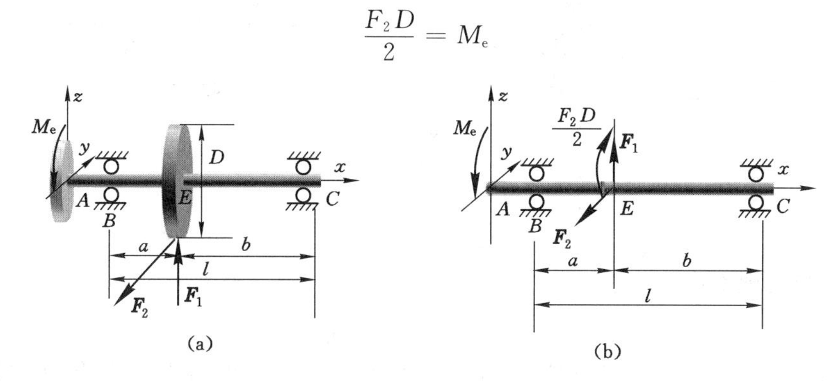

图 11-15

传动轴的计算简图如图 11-15(b)所示，力偶矩 M_e 和 $\frac{F_2 D}{2}$ 引起传动轴的扭转变形，横向力 $\boldsymbol{F}_1$ 和 $\boldsymbol{F}_2$ 引起轴在水平面和垂直面内的弯曲变形。

由计算简图，分别作出轴的扭矩图 T、垂直平面内的弯矩 M_y 图和水平面内的弯矩 M_z 图，如图 11-16 所示。

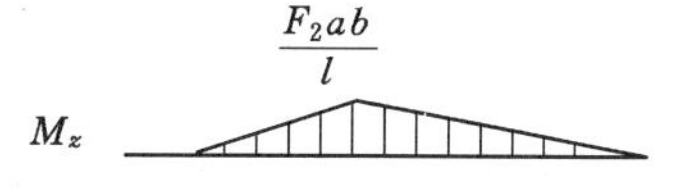

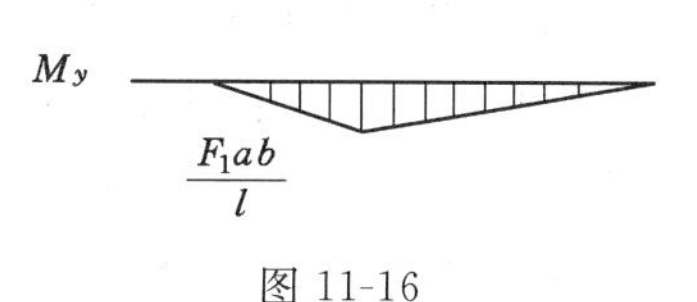

图 11-16

扭矩为：

$$T = F_2 D/2 = M_e$$

xz 平面内的最大弯矩为：

$$M_{ymax} = \frac{F_1 ab}{l}$$

xy 平面内的最大弯矩为：

$$M_{zmax} = \frac{F_2 ab}{l}$$

对截面为圆形的轴(图 11-17)，包含轴线的任意纵向面都是纵向对称面，所以，M_{ymax} 和 M_{zmax} 合成后的弯矩 M 的作用平面仍是纵向对称面，可按对称弯曲的公式计算，这样，用矢量合成的方法求得弯矩 M 为：

$$M = \sqrt{M_{ymax}^2 + M_{zmax}^2} = \frac{ab}{l}\sqrt{F_1^2 + F_2^2}$$

在危险截面上，与扭矩对应的剪应力在截面边缘为最大值，其值为：

$$\tau = \frac{T}{W_t} \tag{a}$$

与合成弯矩对应的弯曲正应力，在 D_1、D_2 点上达到最大值，其值为：

$$\sigma = \frac{M}{W_z} \tag{b}$$

沿截面的直径 $D_1 D_2$，剪应力和正应力的分布如图 11-17(a)所示。D_2、D_1 上的扭转剪应力与边缘上其他各点都相同，而弯曲正应力为极值，故这两点是危险点。D_1 点处的应力状态如图 11-17(b)所示。

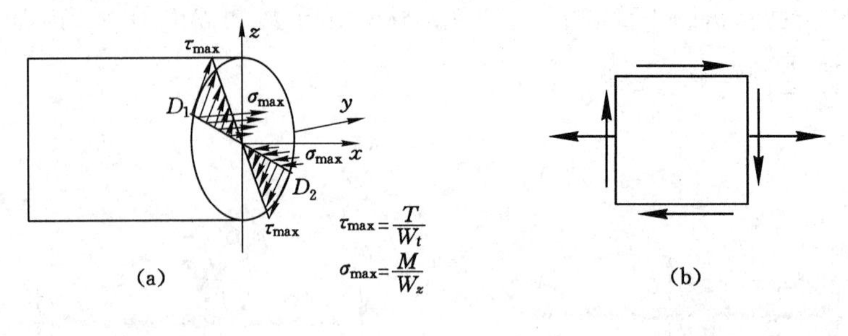

图 11-17

按第三强度理论：

$$\sigma = \sqrt{\sigma^2 + 4\tau^2} \leqslant [\sigma] \tag{11-7}$$

将式(a)、(b)中的 τ 和 σ 代入式(11-7)，并注意到 $W_t = 2W_z$，于是，圆轴在扭转与弯曲组合变形下的强度条件为：

$$\frac{1}{W_z}\sqrt{M^2 + T^2} \leqslant [\sigma] \tag{11-8}$$

按第四强度理论：

$$\sqrt{\sigma^2 + 3\tau^2} \leqslant [\sigma] \tag{11-9}$$

再将式(a)、(b)中的 τ 和 σ 代入式(11-9)，得：

$$\frac{1}{W_z}\sqrt{M^2 + 0.75T^2} \leqslant [\sigma] \tag{11-10}$$

注意，式(11-8)、(11-10)仅适用于圆形截面杆件的强度计算，对于非圆形截面杆件，在计算扭转与弯曲组合变形时，计算方法会略有不同。

【例 11-6】 图 11-18 所示为钢制圆形截面悬臂杆。已知 $P=3\ \text{kN}$，$M_e=4\ \text{kN}\cdot\text{m}$，$l=1.2\ \text{m}$，$d=8\ \text{cm}$，材料的许用应力$[\sigma]=160\ \text{MPa}$，试校核该杆的强度。

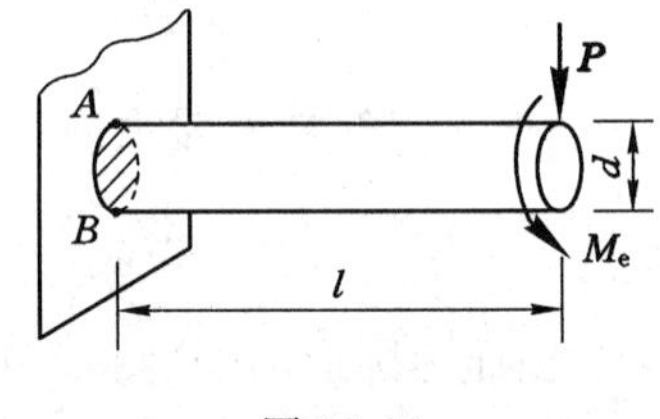

图 11-18

解 在 $\boldsymbol{P}$ 和 M_e 的作用下，杆件产生弯扭组合变形。杆件的固定端截面为危险截面，该截面上的弯矩 $M_{max}=Pl$，扭矩 $T=M_e$ 固定端截面上的 $A(B)$点为危险点，A 点的正应力、剪应力分别为：

$$\sigma = \frac{M_{max}}{W_z} = \frac{Pl}{\pi d^3/32} = \frac{3\times10^3\times1.2}{3.14\times0.08^3/32} = 71.7\ (\text{MPa})$$

$$\tau = \frac{T}{W_t} = \frac{M_e}{\pi d^3/16} = \frac{4\times10^3}{3.14\times0.08^3/16} = 39.8\ (\text{MPa})$$

按第三强度理论：

$$\sqrt{\sigma^2 + 4\tau^2} = \sqrt{71.7^2 + 4\times39.8^2} = 107.1\ (\text{MPa}) \leqslant [\sigma]$$

按第四强度理论：

$$\sqrt{\sigma^2 + 3\tau^2} = \sqrt{71.7^2 + 3\times39.8^2} = 99.5\ (\text{MPa}) \leqslant [\sigma]$$

所以杆件强度满足要求。

思考题

11-1 何谓组合变形？如何计算组合变形杆件横截面上任一点的应力？

11-2 平面弯曲、斜弯曲之间的区别是什么？

11-3 将偏心拉伸(压缩)分解为基本变形，如何判断各基本变形下正应力的正负号？

11-4 什么是截面核心？举例说明截面核心概念在工程上的应用。

11-5 叠加原理的适用条件是什么？叠加是代数和还是几何和？

11-6 正方形和圆形截面的弯矩为 M_y、M_z，它们的最大正应力是否都可用 $\sigma_{\max}=\dfrac{M_y}{W_y}+\dfrac{M_z}{W_z}$ 计算？为什么？

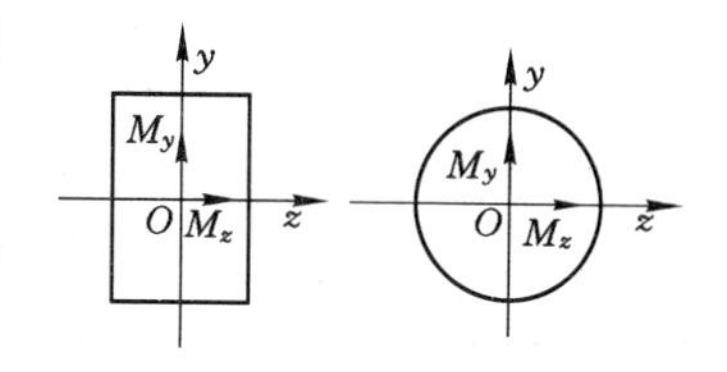

思考题 11-6 图

11-7 同一个强度理论，其强度条件往往写成不同的形式。以第三强度理论为例，常用的有三种形式：① $\sigma_1-\sigma_3\leqslant[\sigma]$；② $\sqrt{\sigma^2+4\tau^2}\leqslant[\sigma]$；③ $\dfrac{1}{W}\sqrt{M^2+T^2}\leqslant[\sigma]$。请问，它们的适用范围是否相同？为什么？

习题

11-1 矩形截面悬臂梁如图所示，若 $F=300$ kN，$h/b=1.5$，$[\sigma]=10$ MPa，试确定截面尺寸。(答案：$b\geqslant65.6$ mm，$h\geqslant98.5$ mm)

11-2 偏心链节受力如图所示，试确定所需的宽度 b。已知材料的许用应力 $[\sigma]=73$ MPa，链节截面的厚度是 40 mm。(答案：$b\geqslant80$ mm)

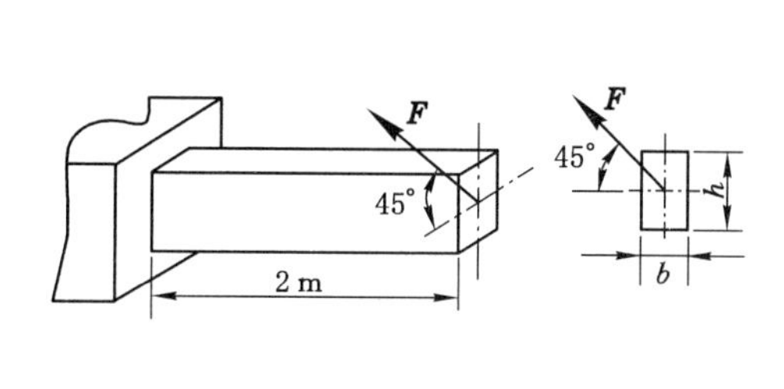

习题 11-1 图

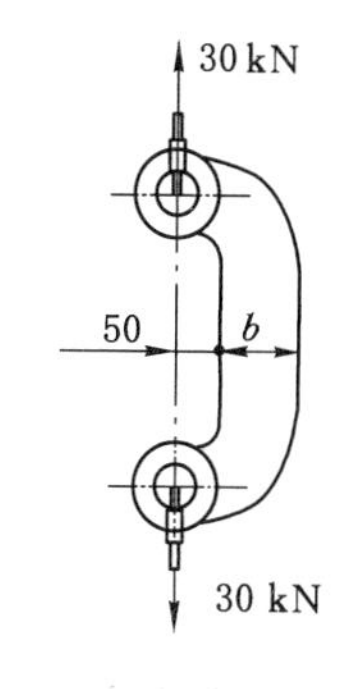

习题 11-2 图

11-3 图示矩形板，铅垂载荷 $\boldsymbol{F}$ 沿着厚度为 10 mm 的中线作用在板的下端。试求板在 a—a 截面右侧无压应力的最大距离 d。(答案：$d\geqslant133$ mm)

11-4 图示传动轴，传递的功率为 10 kW。A 轮上的皮带是水平的，B 轮上的皮带是铅垂的。若两轮的直径为 500 mm，$F_1>F_2$，$F_2=2$ kN，$[\sigma]=80$ MPa。试用第三强度理论设计轴的直径 d。(答案：$d\geqslant67.2$ mm)

11-5 铁道路标的圆信号板安装在外径 $D=60$ mm 的空心圆柱上，若信号圆板上所受的最大风压 $p=3$ kPa，材料的$[\sigma]=60$ MPa，试按第三强度理论选择空心柱的壁厚。(答案：

$\delta=4.3$ mm)

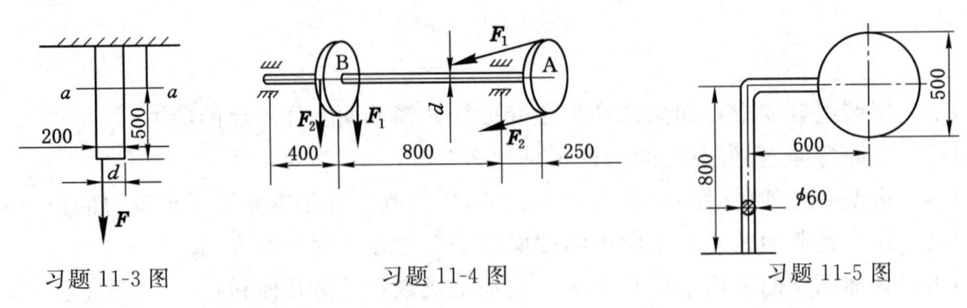

习题 11-3 图　　习题 11-4 图　　习题 11-5 图

11-6　14 号工字钢悬臂梁受力情况如图所示。已知 $l=0.8$ m，$F_1=2.5$ kN，$F_2=1.0$ kN，试求危险截面上的最大正应力。（答案：$\sigma_{max}=79.1$ MPa）

11-7　受集度为 $\boldsymbol{q}$ 的均布荷载作用的矩形截面简支梁，其荷载作用面与梁的纵向对称面间的夹角为 $\alpha=30°$，如图所示。已知该梁材料的弹性模量 $E=10$ GPa；梁的尺寸为 $l=4$ m，$h=160$ mm，$b=120$ mm；许用应力$[\sigma]=12$ MPa；许用挠度$[w]=l/150$。试校核梁的强度和刚度。（答案：$\sigma_{max}=11.974$ MPa$<[\sigma]$，所以强度符合要求。$w_{max}=0.0202$ m$<[w]=4/150=0.0267$ m，所以刚度符合要求）

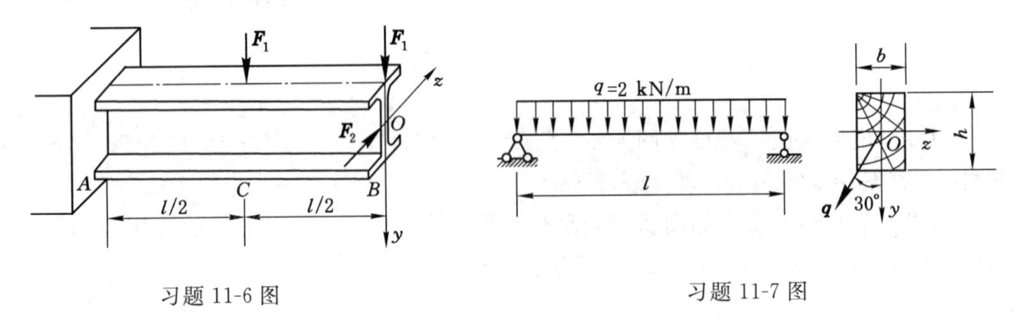

习题 11-6 图　　习题 11-7 图

11-8　短柱的截面形状如图所示，试确定截面核心。（答案：略）

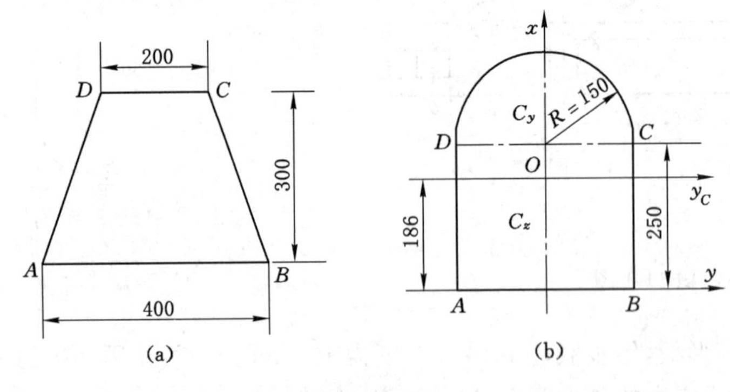

习题 11-8 图

12 压杆稳定

12.1 压杆稳定性的概念

工程中把承受轴向压力的直杆称为压杆。此前，在直杆的轴向压缩（拉伸）问题中曾研究了其强度问题，认为只要杆件横截面上的压应力不超过材料的许用应力，杆件就可以正常工作，这种观点对于始终可保持其原有直线形状的短粗压杆来说是正确的。但是，对于在轴向力作用下的细长压杆，往往在其截面上的应力还没达到材料破坏的极限应力之前，就发生了不再保持其原有直线状态下的平衡而屈曲破坏。例如，横截面尺寸为 20 mm×1 mm，轴向尺寸为 300 mm 的钢板尺，若钢材的许用应力是 196 MPa，按拉压强度条件算得钢尺可承受 3 900 N 的轴向力。若在钢尺两端缓慢加轴向压力到 40 N 时，钢尺就发生弯曲变形而丧失承载能力。实例告诉我们，细长压杆的承载能力并不取决于轴向压缩时的强度，而是和杆件在受压时不能保持其原有的直线形状而发生弯曲变形有关。现以图 12-1 所示一端固定、另一端自由的等截面细长压杆为例来说明压杆稳定的基本概念。杆件在压力 $\boldsymbol{P}$ 及支反力 $\boldsymbol{P}'$ 作用下保持直线形状平衡，当压力 $\boldsymbol{P}$ 逐渐增大到某一极限值之前，压杆保持其直线形状的平衡。即使在微小的横向扰动瞬间作用下发生微小的弯曲变形，杆件也能在扰动撤除后迅速恢复其原来的直线形状的平衡［图 12-1(a)］，这种保持在直线形状下的平衡称为稳定平衡。当压力 $\boldsymbol{P}$ 增大至某一极限值时，压杆受扰动而离开直线形状平衡位置，在撤除扰动后，不能恢复其原来的直线状态而构成曲线形状的平衡［图 12-1(b)］，这种平衡称为不稳定平衡。这种现象称为稳定失效，简称为失稳或屈曲。若继续增大压力 $\boldsymbol{P}$，压杆将继续弯曲，直至破坏［图 12-1(c)］。

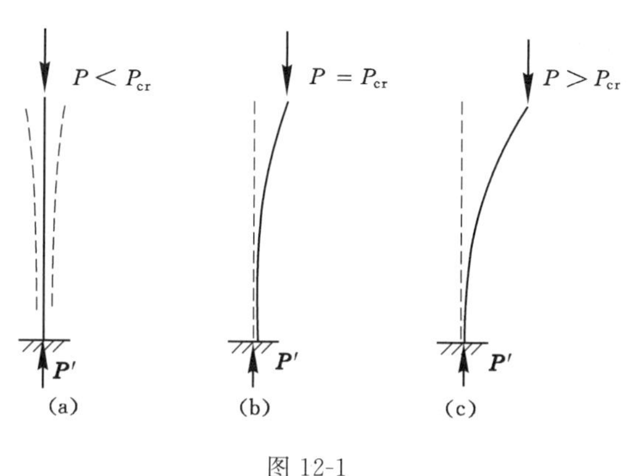

图 12-1

从以上分析可知，细长压杆在压力 $\boldsymbol{P}$ 的作用下处于何种状态，完全取决于压力 $\boldsymbol{P}$ 的大小。当 $\boldsymbol{P}$ 小于某一极限值时为稳定平衡，当 $\boldsymbol{P}$ 等于或大于该极限值时，则是不稳定平衡。

这一极限值称为临界载荷或临界力,用 $\boldsymbol{P}_{cr}$ 表示。与临界载荷 $\boldsymbol{P}_{cr}$ 对应的平衡状态称为临界状态,它是压杆从稳定平衡向不稳定平衡转化的极限状态。因此在压杆的稳定性计算时,临界载荷 $\boldsymbol{P}_{cr}$ 是判别压杆是否会失稳的唯一指标。对一个具体的压杆,临界载荷 $\boldsymbol{P}_{cr}$ 是一个确定的值,当 $P < P_{cr}$ 时,该压杆是稳定的,反之是不稳定的。

以上所述为理想压杆的情况,即轴线为直线,压力与轴线重合,材料是均匀的。实际上,杆件可能存在初曲率,作用在压杆上的载荷有偏心存在,另外材料也是不均匀的,所以,实际压杆承受的最大压力要小于理想压杆的临界力 $\boldsymbol{P}_{cr}$。

12.2 细长压杆临界力的欧拉公式

12.2.1 两端铰支细长压杆的临界力

图 12-2 所示为两端铰支的等截面细长中心压杆,假定压力已达到临界值,杆已经处于微弯状态。设距离左端铰支座为 x 的任意横截面的位移为 y,该横截面上的弯矩为:

$$M(x) = Pw \tag{a}$$

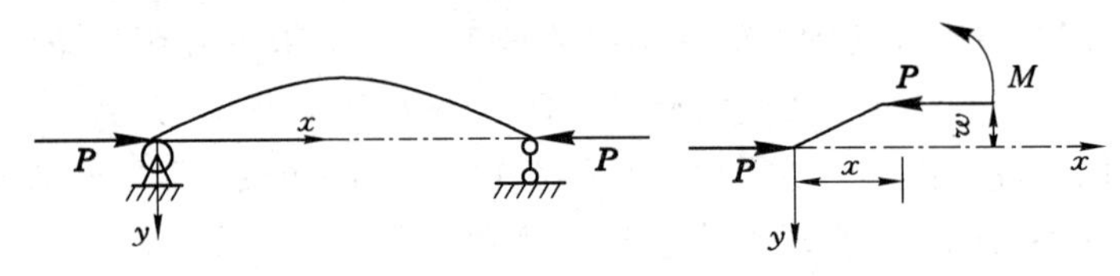

图 12-2

将式(a) 代入式(9-3)有挠曲线近似微分方程:

$$w'' = -\frac{M}{EI} = -\frac{P}{EI}w$$

即

$$w'' + \frac{P}{EI}w = 0 \tag{b}$$

令 $k^2 = \dfrac{P}{EI}$,则式(b)可写成二阶常系数线性齐次方程:

$$w'' + k^2 w = 0 \tag{c}$$

其通解为:

$$w = A\sin x + B\cos x$$

式中待定常数 A、B 可利用挠曲线的边界条件来确定。

当 $x = 0, w(0) = 0; x = l, w(l) = 0$,即:

$$\left.\begin{aligned} A \times 0 + B \times 1 = 0 \\ A\sin kl + B\cos kl = 0 \end{aligned}\right\}$$

$$\begin{vmatrix} 0 & 1 \\ \sin kl & \cos kl \end{vmatrix} = 0$$

因此

$$\sin kl = 0$$

$$k = \frac{n\pi}{l} = \sqrt{\frac{P}{EI}} \quad (n = 0,1,2,\cdots)$$

$$P = \frac{n^2\pi^2 EI}{l^2} \tag{d}$$

式(d)表明,使杆件保持曲线平衡的压力,理论上是多值的。在这些压力中,使杆件保持微小弯曲的最小压力才是临界力 $\boldsymbol{P}_{cr}$ 。考虑到 $n=0$ 无意义,故取 $n=1$,且 $EI = EI_{min}$,因此有:

$$P_{cr} = \frac{\pi^2 EI_{min}}{l^2} \tag{12-1}$$

式(12-1)为两端铰支的细长压杆的临界力欧拉公式。从该式可以看出,P_{cr} 与 EI_{min} 成正比,与 l 成反比。所以杆件越细长,临界力越小,越容易失稳。

12.2.2 其他支座条件下细长压杆的临界力

对于其他支座条件下细长压杆,求临界力有两种方法:① 从挠曲线微分方程入手;② 比较变形曲线。下面以②来说明其他支座条件下细长压杆临界力的获取。

例如,一端固定、一端自由的细长压杆,失稳后挠曲线如图 12-3 所示,与两端铰支细长压杆的挠曲线相比,可看成是长为 $2l$ 的两端铰支细长压杆受相同的压力,所以一端固定、一端自由的细长压杆的临界力为:

$$P_{cr} = \frac{\pi^2 EI}{(2l)^2}$$

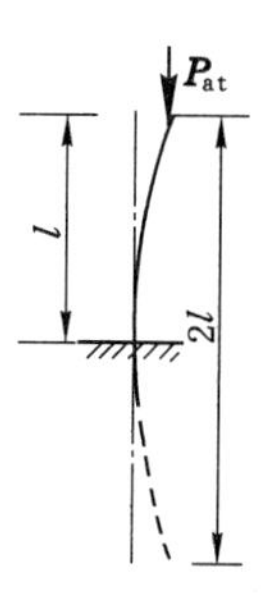

图 12-3

采用同样的方法可得到其他支座条件下细长压杆的欧拉公式为:

$$P_{cr} = \frac{\pi^2 EI}{(\mu l)^2} \tag{12-2}$$

式中,μ 称为长度系数,μl 称为相当长度——把压杆折算成两端铰支的压杆长度。各种支座细长压杆的长度系数如表 12-1 所示。

表 12-1　　细长压杆的长度系数

杆端支撑情况	两端铰支	一端固定 一端自由	一端固定 一端铰支	两端固定
压杆图形				
长度系数	1	2	0.7	0.5

【例 12-1】 已知一支承混凝土模板的圆截面木柱的长度 $l=4$ m,其横截面平均直径 d

=120 mm，木材 E=10 GPa。若材料处于弹性阶段，试求此受压木柱的临界力。

解 (1) 计算惯性矩

$$I=\frac{\pi d^4}{64}=\frac{\pi\times 120^4}{64}=10.18\times 10^6(\text{mm}^4)$$

(2) 确定长度系数

由于模板的支柱是可随时装拆的临时构件，而且柱的两端可以产生微小的转动，于是两端可看做是铰支，故长度系数 $\mu=1$。

(3) 计算临界载荷

由式(12-2)得：

$$P_{cr}=\frac{\pi^2 EI}{(\mu l)^2}=\frac{\pi^2\times 10\times 10^3\times 10.18\times 10^6}{(4\times 10^3)^2}=62.8\times 10^3(\text{N})$$

12.3 压杆的临界应力 临界应力总图

12.3.1 临界应力

将临界力除以压杆的横截面面积 A，即可求得压杆的临界应力：

$$\sigma_{cr}=\frac{P_{cr}}{A}=\frac{\pi^2 EI}{(\mu l)^2 A}$$

把与截面形状、尺寸有关的截面惯性半径 $i=\sqrt{\frac{I}{A}}$ 引入上式，得：

$$\sigma_{cr}=\frac{\pi^2 E}{(\mu l/i)^2}$$

令 $\lambda=\frac{\mu l}{i}$，则细长压杆的临界应力为：

$$\sigma_{cr}=\frac{\pi^2 E}{\lambda^2} \tag{12-3}$$

式中，λ 称为长细比或柔度，它综合反映了压杆的长度、截面形状与尺寸以及与杆端约束有关的长度系数对临界应力的影响。

式(12-3)表明，压杆的临界应力与柔度的平方成反比，柔度愈大，即压杆愈细长，其临界应力愈低，也就是说，压杆越细长，越容易失稳。

12.3.2 欧拉公式的应用范围

在临界力公式推导中，应用了挠曲线近似微分方程，所以式(12-2)、(12-3)只适用于材料处于线弹性范围内，且 $\sigma_{cr}\leqslant\sigma_p$ 的情况。

临界应力公式的适用范围可用 λ 来表示。

当 $\sigma_{cr}=\frac{\pi^2 E}{\lambda^2}\leqslant\sigma_p$，即 $\lambda\geqslant\sqrt{\frac{\pi^2 E}{\sigma_p}}$，令 $\lambda_p=\sqrt{\frac{\pi^2 E}{\sigma_p}}$，当 $\lambda\geqslant\lambda_p$ 时，压杆称为大柔度压杆或细长杆，此时才能用欧拉公式计算临界应力。

对于常用的碳钢，若取 E=200 GPa，σ_p=200 MPa，则：

$$\lambda_p=\pi\sqrt{\frac{E}{\sigma_p}}=\pi\sqrt{\frac{200\times 10^3}{200}}\approx 100$$

当 $\lambda < \lambda_p$ 时，工程上采用建立在试验基础上的经验公式来计算临界应力，常用的有直线形经验公式和抛物线形经验公式。

(1) 直线形经验公式

该经验公式的应力和柔度之间的关系为：

$$\sigma_{cr} = a - b\lambda \tag{12-4}$$

式中，a,b 为与材料性质有关的常数，单位为 MPa。表 12-2 列出了几种常见材料的 a,b 值。

表 12-2　　几种材料的 a,b,λ_p 和 λ_s 值

材　料	a/MPa	b/MPa	λ_p	λ_s
Q235 钢(σ_s=235 MPa)	304	1.12	100	61.6
优质碳钢(σ_s=306 MPa)	461	2.568	95	60
硅钢	577	3.74	100	60
铬钼钢	980	5.29	55	40
硬铝	372	2.14	50	
灰口铸铁	331.9	1.453	80	
松木	39.2	0.199	50	

从式(12-3)可以看出，柔度 λ 越小，临界应力 σ_{cr} 就越大，柔度很小的压杆当应力达到屈服极限 σ_s(塑性材料)时，已属于强度问题。所以，直线形经验公式也有一个适用范围，即按式(12-4)算出的应力不能大于 σ_s 。

对于塑性材料，其屈服极限所对应的柔度值为：

$$\lambda_s = \frac{a - \sigma_s}{b}$$

对于常用碳钢，σ_s=235 MPa，a=304 MPa，b=1.12 MPa，由上式可得：

$$\lambda_s = \frac{304 - 235}{1.12} \approx 61.6$$

$\lambda_s \leqslant \lambda < \lambda_p$ 的压杆称为中柔度压杆。

(2) 抛物线形经验公式

该经验公式的应力和柔度之间的关系为：

$$\sigma_{cr} = a_1 - b_1\lambda^2 \tag{12-5}$$

式中，a_1,b_1 是与材料性质有关的常数，可从有关手册上查得。

对于由结构钢和低合金结构钢等材料制作的非细长压杆，可采用抛物线形经验公式计算临界应力，该经验公式为我国建筑业常用。

当 $\lambda < \lambda_s$ 时，压杆称为小柔度压杆(短粗杆)，其破坏原因是因材料的抗压强度不足而造成的，故其临界应力就是屈服强度或极限强度，即 $\sigma_{cr} = \sigma_s$(或 $\sigma_{cr} = \sigma_b$)。对这类杆件，按强度理论计算。

12.3.3 临界应力总图

综上所述，压杆按其柔度不同可分为三类，各自临界应力的计算方法也不同：大柔度杆按欧拉公式来计算；中柔度杆按经验公式来计算；小柔度杆的临界应力就是杆件受压时的极限应力。将以上三种情况的临界应力按其柔度的不同而变化的规律用一个简图来表示(图12-4),这个图形称为临界应力总图。

【例 12-2】 图 12-5 所示为 3 根圆截面压杆,其直径均为 $d=16$ cm,材料均为 Q235 钢,$E=200$ MPa,$\sigma_s=240$ MPa。已知杆的两端均为铰支,长度分别为 l_1、l_2、l_3,且 $l_1=2l_2=4l_3=5$ m,试求各杆的临界载荷。

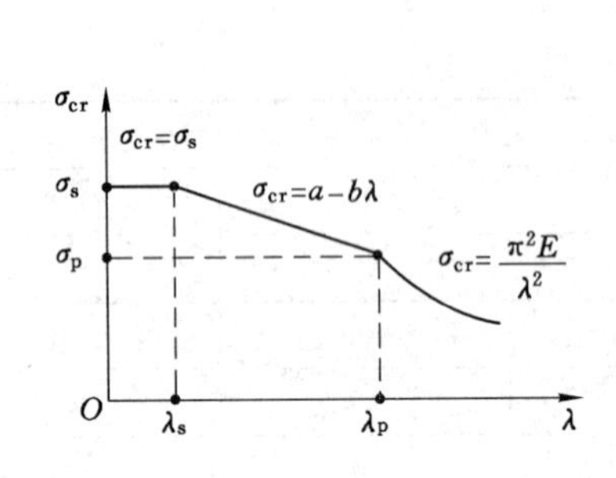

图 12-4

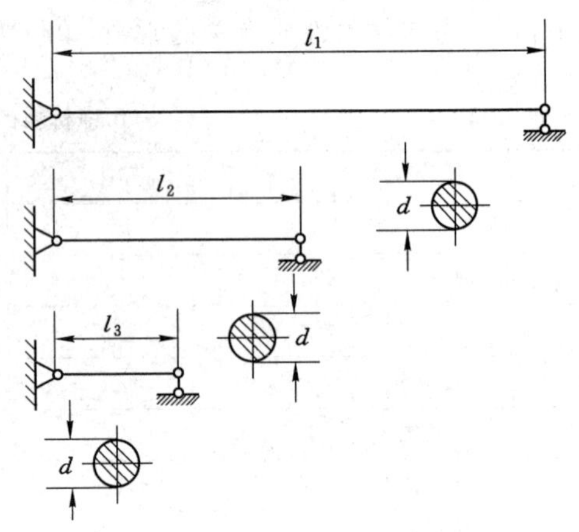

图 12-5

解 查表得 Q235 钢的 $\lambda_p=100$,$\lambda_s=61.6$。

(1) 计算惯性矩及惯性半径

杆件横截面积:$A=\dfrac{\pi d^2}{4}=\dfrac{\pi\times 16^2}{4}=201(\text{cm}^2)$

横截面惯性矩:$I=\dfrac{\pi d^4}{64}=\dfrac{\pi\times 16^4}{64}=3\ 217(\text{cm}^4)$

横截面惯性半径:$i=\dfrac{d}{4}=\dfrac{16}{4}=4\ (\text{cm})$

(2) 计算各杆的柔度 λ

l_1 杆:$\lambda_1=\dfrac{\mu l_1}{i}=\dfrac{1\times 500}{4}=125$,则 $\lambda_1>\lambda_p=100$,属大柔度杆;

l_2 杆:$\lambda_2=\dfrac{\mu l_2}{i}=\dfrac{1\times 250}{4}=62.5$,则 $61.6=\lambda_s<\lambda_2<\lambda_p=100$,属中柔度杆;

l_3 杆:$\lambda_3=\dfrac{\mu l_1}{i}=\dfrac{1\times 125}{4}=31.25$,则 $0<\lambda_3<\lambda_s=61.6$,属小柔度杆。

(3) 计算各杆临界力

① l_1 杆。

由式(12-2)得:

$$P_{cr}=\frac{\pi^2 EI}{(\mu l)^2}=\frac{\pi^2\times 200\times 10^3\times 3\ 217\times 10^4}{(1\times 5\ 000)^2}=2.54\times 10^6(\text{N})=2\ 540\ (\text{kN})$$

② l_2 杆。

用直线形经验公式计算临界力,由表 12-2 查得,$a=304$ MPa,$b=1.12$ MPa,由式(12-4)有:

$$\sigma_{cr} = a - b\lambda = 304 - 1.12 \times 62.5 = 234\ (\text{MPa})$$

$$P_{cr} = \sigma_{cr} \cdot A = 234 \times \frac{\pi \times 160^2}{4} = 4.7 \times 10^6 (\text{N}) = 4\ 700\ (\text{kN})$$

③ l_3 杆。

按压(拉)强度条件计算,且 $\sigma_{cr} = \sigma_s = 240$ MPa,故其临界力为:

$$P_{cr} = \sigma_{cr} \cdot A = 240 \times \frac{\pi \times 160^2}{4} = 4.825 \times 10^6 (\text{N}) = 4\ 825\ (\text{kN})$$

12.4 压杆的稳定性计算

12.4.1 压杆的稳定性计算

对各种柔度的压杆,总可以用欧拉公式或其他相应的经验公式求出临界应力,再乘以杆的横截面面积 A 得到临界压力 P_{cr} 。P_{cr} 与实际工作压力 P 之比即为压杆的工作安全系数 n。为了保证压杆有足够的稳定性,应使其工作压力小于临界力,或使其工作应力小于临界应力,故工作安全系数 n 应大于规定的稳定安全系数 n_{st} ,因此压杆稳定性条件为:

$$n = \frac{P_{cr}}{P} \geqslant n_{st} \tag{12-6a}$$

或

$$n = \frac{\sigma_{cr}}{\sigma} \geqslant n_{st} \tag{12-6b}$$

由于存在一些难以避免的因素,如杆件可能存在初曲率、压力偏心、材料不均匀等,这些都严重地影响压杆的稳定,降低了临界压力。而这些因素,对杆件强度的影响没那么严重,因此一般稳定安全系数要高于强度安全系数。

【例 12-3】 图 12-6 所示托架 D 处承受载荷 $F=10$ kN。AB 杆外径 $D=50$ mm,内径 $d=40$ mm,材料为 Q235 钢,$E=200$ GPa, $\lambda_1=100$,$[n_{st}]=3$。校核 AB 杆的稳定性。

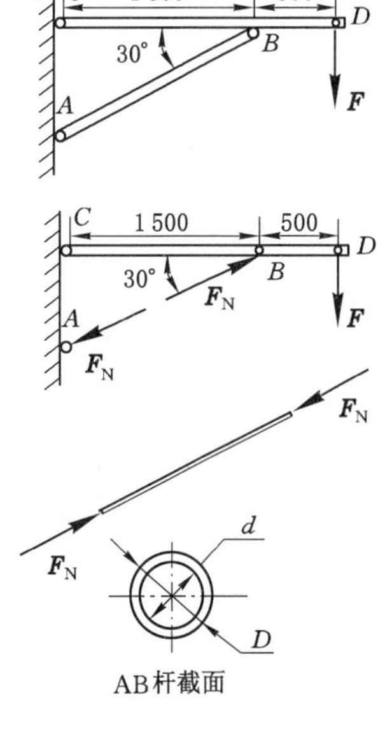

图 12-6

解 以 CD 梁为研究对象,则:

$$\sum M_C = 0 \quad F \cdot 2\ 000 - F_N \cdot \sin 30° \cdot 1\ 500 = 0$$

解得: $$F_N = 26.7(\text{kN})$$

研究 AB 杆,杆长 $l = \dfrac{1.5}{\cos 30°} = 1.732\ (\text{m})$。

AB 杆两端铰接,$\mu = 1$。

$$\lambda = \frac{1 \times 1.732 \times 10^3}{16} = 108 > \lambda_1$$

因此 AB 杆为大柔度杆,其临界力为:

$$P_{cr} = \frac{\pi^2 EI}{(\mu l)^2} = 118\ (\text{kN})$$

$$n = \frac{P_{cr}}{P} = \frac{118}{26.6} = 4.43 > [n_{st}] = 3$$

因此 AB 杆满足稳定性要求。

【例 12-4】 千斤顶如图 12-7(a)所示，丝杠长度 $l=37.5$ cm，内径 $d=4$ cm，材料为 45 钢。最大起重量 $F=80$ kN，$[n_{st}]=4$。试校核丝杠的稳定性。

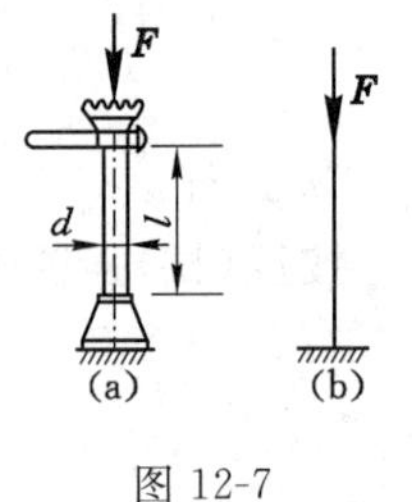

图 12-7

解 千斤顶可简化为一端固定、一端自由的压杆，如图 12-7(b)所示。

(1) 计算柔度

$$i=\sqrt{\frac{I}{A}}=\sqrt{\frac{\pi d^4\cdot 4}{64\cdot \pi d^2}}=\frac{d}{4}=\frac{4}{4}=1\ (\text{cm})$$

$$\lambda=\frac{\mu l}{i}=\frac{2\times 37.5}{1}=75$$

查得 45 钢的 $\lambda_s=60$，$\lambda_p=100$，$\lambda_s<\lambda<\lambda_p$，属于中柔度杆。

(2) 计算临界力，校核稳定

查表得：$a=589$ MPa，$b=3.82$ MPa，则丝杠临界应力为：

$$\sigma_{cr}=a-b\lambda=589-3.82\times 75=302.5\ (\text{MPa})$$

临界力为：

$$F_{cr}=\sigma_{cr}A=302.5\times 10^6\times\frac{\pi\times 0.04^2}{4}=381\ 000\ (\text{N})=381\ (\text{kN})$$

该丝杠的工作稳定安全系数为：

$$n=\frac{F_{cr}}{F}=\frac{381}{80}=4.76>4=[n_{st}]$$

由校核结果可知，此千斤顶丝杠是稳定的。

12.4.2 提高压杆稳定性的措施

从式(12-6)可以看出，要提高压杆的稳定性，就要提高其临界力 P_{cr}。为此须综合考虑杆长、支撑、截面合理性及材料性能等因素的影响。

(1) 改善杆端约束、减小压杆杆长

对于细长压杆，其临界力与相当长度的平方成反比。因此，减小杆长及长度系数可显著地提高其承载能力。在条件允许的情况下，可增强支撑的刚度降低长度系数，在压杆的中间增加支撑，把一根杆变成两根杆甚至几根杆。

(2) 合理选择截面形状

在压杆横截面面积 A 一定的情况下，合理选择截面形状，可增大横截面的惯性矩 I，提高压杆的承载能力。这方面的措施与提高梁的强度、刚度的方法相同。

(3) 合理选用材料

选择弹性模量大的材料，可提高细长压杆的承载能力。如在相同的支撑、几何条件下，钢杆的承载力大于铜、铸铁或铝制压杆的承载力。但对于钢材而言，其弹性模量的数值相差不大，所以对细长压杆选用高强度钢对提高其承载力并不明显。对于中小柔度杆，其临界应力与材料的比例极限或屈服极限有关，采用高强度钢材，可提高它们的承载力。

思 考 题

12-1 受压杆件的强度问题和稳定性问题有何区别和联系？

12-2 判断以下两种说法是否正确？

(1) 临界力是使压杆丧失稳定的最小载荷。

(2) 临界力是压杆维持直线平衡状态的最大载荷。

12-3　压杆的压力一旦达到临界压力值,试问压杆是否就丧失了承载能力?

12-4　柔度 λ 的物理意义是什么?它与哪些量有关?各个量如何确定?

12-5　两根材料、长度、截面面积和约束条件都相同的压杆,其临界压力也相同?

12-6　图示各中心受压杆的材料、长度及抗弯刚度均相同,其中临界力最大的为(　　),临界力最小的为(　　)。

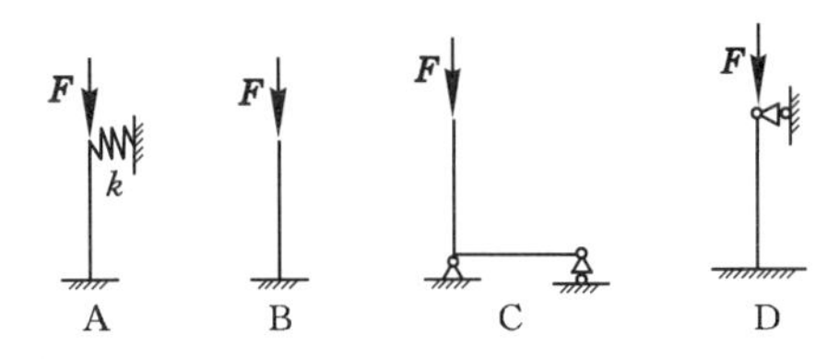

思考题 12-6 图

12-7　细长压杆在形心主惯性轴 yz 方向的约束相同,其截面形状如图所示。各截面的面积相等,其中最合理的是(　　),最不合理的是(　　)。

12-8　压杆失稳将发生在(　　)的纵向平面内。

A. 截面惯性半径最小　B. 长度系数 μ 最大　C. 柔度 λ 最大　D. 柔度 λ 最小

12-9　如图所示的中心受压杆中,实心圆杆与空心圆杆的横截面面积相同。从稳定性角度考虑,这两种布置方案中较为合理的是(　　)。

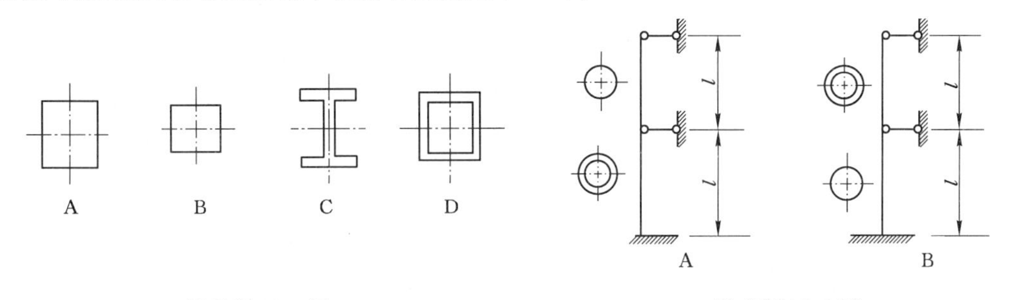

思考题 12-7 图　　　　思考题 12-9 图

习　题

12-1　图示压杆在主视图(a)所在平面内,两端为铰支;在俯视图(b)所在平面内,两端为固定端,材料的弹性模量 $E=210$ GPa。试求此压杆的临界力。(答案:$F_{cr}=259$ kN)

12-2　两端固定的矩形截面细长压杆,其横截面尺寸为 $h=60$ mm,$b=30$ mm,材料的比例极限 $\sigma_p=200$ MPa,弹性模量 $E=210$ GPa。试求此压杆的临界力适用于欧拉公式时的最小长度。(答案:$l=1.76$ m)

12-3　图示托架,AB 杆的直径 $d=4$ cm,长度 $l=80$ cm,两端铰支,材料为 Q235 钢。

(1) 试根据 AB 杆的稳定条件确定托架的临界力 P_{cr}。(答案:$F_{cr}=\dfrac{\sqrt{7}}{6}F_{Ncr}=118.8$ kN)

(2) 若已知实际载荷 $F = 70$ kN，AB 杆的稳定安全系数 $n_{st} = 2$，试问此托架是否安全？（答案：$n = \dfrac{F_{Ncr}}{F_N} = \dfrac{269.4}{158.7} = 1.7 < n_{st} = 2$，因此托架不安全）

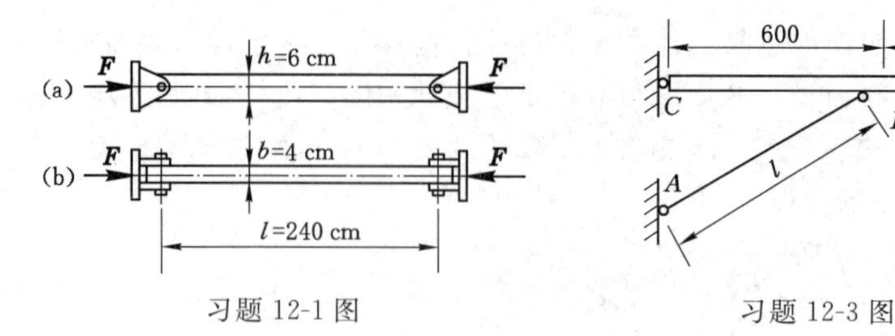

习题 12-1 图　　　　习题 12-3 图

12-4　某型柴油机的挺杆长度 l=25.7 cm，圆形截面的直径为 d=8 mm，钢材的弹性模量 E=210 GPa，σ_p=240 MPa。挺杆所受最大压力 F=1.76 kN。规定的稳定安全系数 n_{st}=2.5。试校核挺杆的稳定性。（答案：$n = 3.57 > n_{st}$，安全）

12-5　图示蒸汽机的活塞杆 AB，所受的压力 F=120 kN，l=180 cm，横截面是圆截面，直径 d=7.5 cm，材料为 Q255 钢，E=210 GPa，σ_p=240 MPa，规定的稳定安全系数 n_{st}=8，试校核活塞杆的稳定性。（答案：$n = 8.25 > n_{st}$，安全）

12-6　某型飞机起落架中承受轴向压力的斜撑杆，杆为空心圆管，外径 D=52 mm，内径 d=44 mm，长度 l=950 mm，。材料为 30CrMnSiNi2A，σ_b=1 600 MPa，σ_p=1 200 MPa，E=210 GPa。试确定斜撑杆的临界压力和临界应力。（答案：F_{cr}=400 kN，σ_{cr}=665 MPa）

12-7　某钢材的比例极限 $\sigma_p = 230$ MPa，屈服应力 $\sigma_s = 274$ MPa，弹性模量 $E = 200$ GPa，$\sigma_{cr} = 331 - 1.09\lambda$。试求 λ_p 和 λ_s，并绘出临界应力总图。（答案：λ_s=52.5，λ_p=92.6）

12-8　图示铰接杆系 ABC 由两根截面和材料均相同的细长杆组成。若由于杆件在 ABC 平面内失稳而引起毁坏，试确定载荷 $\boldsymbol{F}$ 为最大时的 θ 角（假设 $0 < \theta < \pi/2$）。（答案：$\theta = \arctan(\cot^2\beta)$）

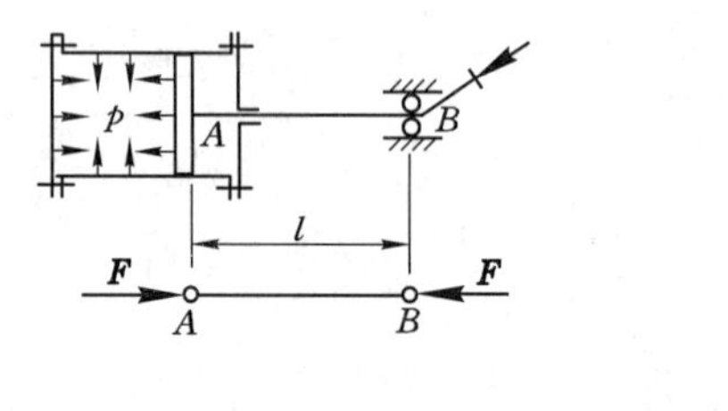

习题 12-5 图

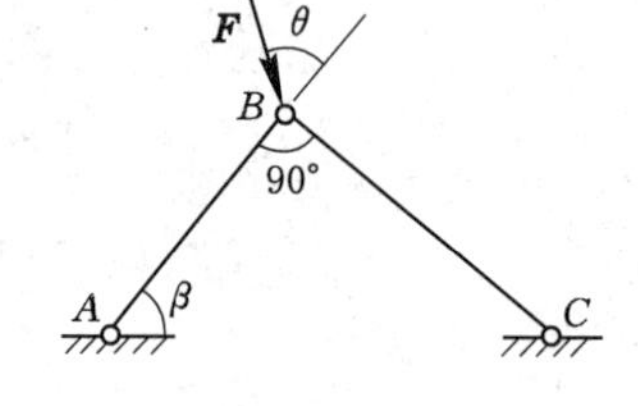

习题 12-8 图

12-9　一木柱两端铰支，其横截面为 120 mm×120 mm 的矩形，长度 4 m，木材的 E=10 GPa，σ_p=20 MPa，试求木柱的临界应力。计算临界应力的公式有：① 欧拉公式；② 直线公式 $\sigma_{cr} = 28.7 - 0.19\lambda$。（答案：$\sigma_{cr} = 7.41$ MPa）

12-10　蒸汽机连杆的横截面为工字型，材料为 Q235 钢，所受的最大轴向压力为 465 kN。连杆在摆动平面（xy 平面）内发生弯曲时，两端可认为是铰支；在与摆动平面垂直的 xz 平面内发生弯曲时，两端可认为是固支。试确定其工作安全系数。（答案：$n = 3.27$）

结构力学

结构力学以杆系结构为研究对象，主要研究其组成规律、合理形式，以及结构在荷载、温度变化等因素作用下的内力和变形的计算。

实际结构是很复杂的，如果完全地按照结构的实际情况进行力学分析和计算，会使问题非常复杂甚至无法求解。因此，有必要进行科学抽象，选用一个能反映结构主要工作特性的简化模型来代替真实的结构，这样的简化模型称为结构的计算简图。

在结构设计时应谨慎选取结构的计算简图，如果计算简图不能准确地反映结构的实际受力情况，或选取错误，就会使计算结果产生大的偏差，甚至造成工程事故。结构计算简图的确定主要包括以下几个方面：

(1) 结构体系的简化：由于建筑物如教学楼、单层厂房等，其在空间布置中有一定的规律，因此可将空间问题转化成平面问题。

(2) 杆件的简化：由于杆件结构的特点，杆件在计算简图中均用其轴线来代替。

(3) 支座的简化：将工程结构中真实的支座简化为固定铰支座、滚动支座、固定支座、定向支撑等理想的支座。

(4) 结点的简化：在杆件结构中，几根杆件相互联结处称为结点。根据结构的受力特点和结点的构造情况，常常将其简化为三种类型：

① 铰结点：特点是它所联结的各杆件都可以绕结点自由转动。包括木工的榫接、机械中的螺栓、铆接、销钉等，如图 03-1(a)所示。

② 刚结点：特点是它所联结的各杆变形前后在结点处各杆端切线的夹角保持不变，各杆端转动的角度相等。如钢筋混凝土浇筑的梁柱结点，如图 03-1(b)所示。

③ 组合结点：特点是结点上的一些杆件用铰链连接，另一些杆件刚性连接，如图 03-1(c)所示。

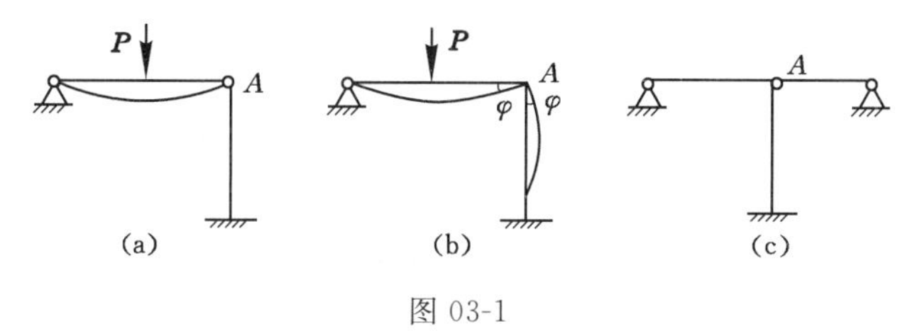

图 03-1

铰结点上的铰链 A[图 03-1(a)]称为全铰，组合结点上的铰链 A[图 03-1(c)]称为半铰。

(5) 荷载的简化：将荷载简化作用在杆件的轴线上。

图 03-2(a)所示的单层厂房结构是一个空间结构，厂房的横向是由柱子和屋架所组成的若干横向单元；沿厂房的纵向，由屋面板、起重机梁等构件将各横向单元联系起来。由于各横向单元沿厂房纵向有规律地排列，且风、雪等荷载沿纵向均匀分布，因此可以通过纵向柱距的中线，取出图 03-2(a)中阴影部分作为一个计算单元[图 03-2(b)]，将空间结构简化为

平面结构来计算。

根据屋架和柱顶端结点的连接情况，进行结点简化；根据柱下端基础的构造情况，进行支座简化，便可以得到单层厂房的结构计算简图，如图 03-2(c)所示。

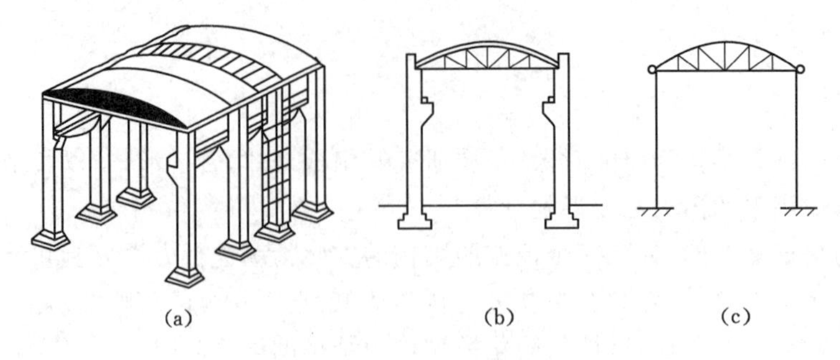

图 03-2

结构力学所研究的平面杆件结构，按照不同的构造特征和受力特点，可分为以下几类：

(1) 梁。梁是一种受弯构件，其轴线一般为直线，可以是单跨梁，如图 03-3(a)、(c)所示，也可以是多跨梁，如图 03-3(b)、(d)所示。

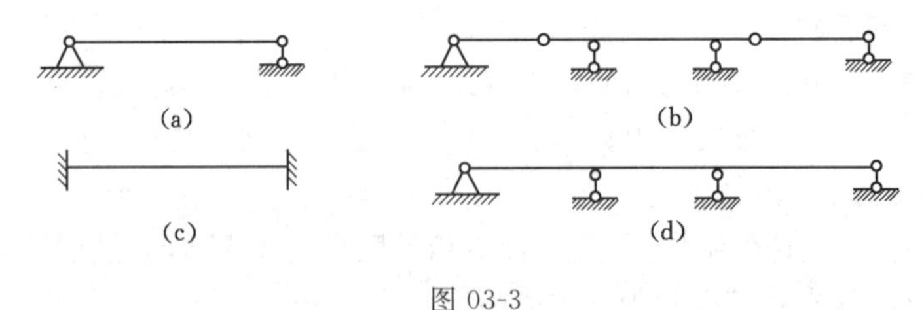

图 03-3

(2) 拱。拱是轴线为曲线形，且在竖向荷载作用下支座将产生水平反力的杆件结构，如图 03-4(a)、(b)所示分别是三铰拱和无铰拱。

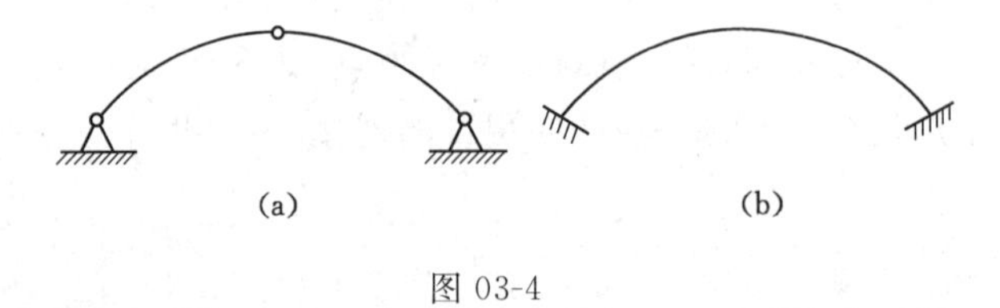

图 03-4

(3) 刚架。刚架是由梁和柱组成的结构，各个杆件主要受弯，其主要结点为刚结点，也有部分铰结点和组合结点，如图 03-5(a)、(b)所示为单层刚架，图 03-5(c)所示为多层刚架，图 03-5(d)所示为排架，也称为铰结刚架或铰结排架。

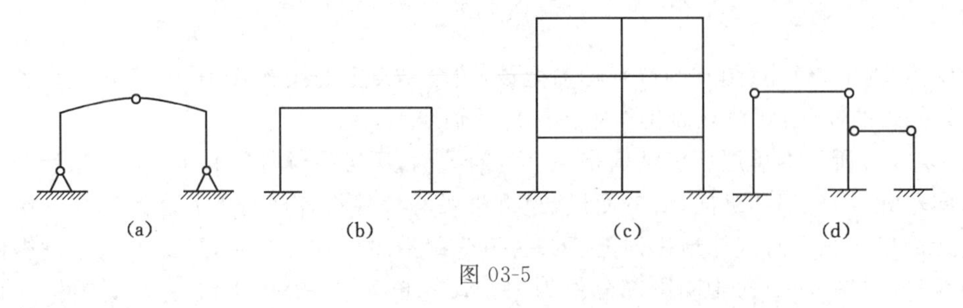

图 03-5

（4）桁架。桁架是由若干杆件在每杆两端用铰链连接而成的结构。桁架各杆的轴线都是直线，当只受到作用于结点的荷载时，各杆只产生轴力，如图 03-6 所示。

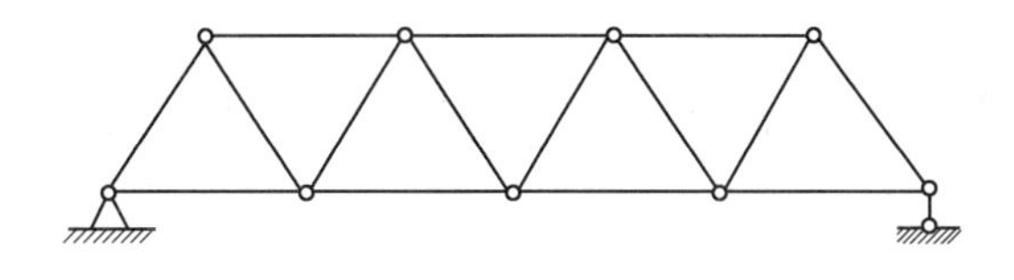

图 03-6

（5）组合结构。组合结构是由桁架和梁或刚架组合而成的结构，其中含有组合结点，如图 03-7 所示。

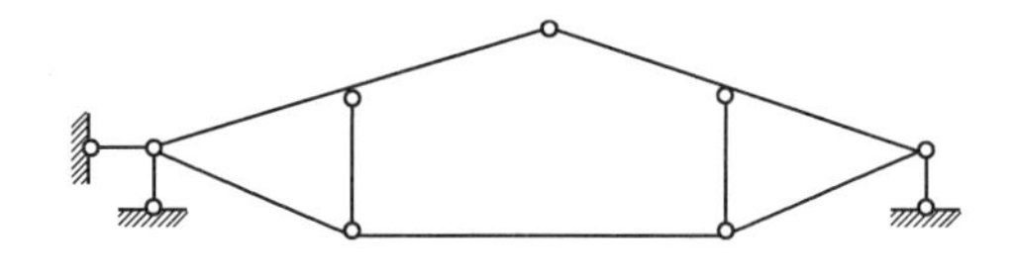

图 03-7

13 平面体系的几何组成分析

13.1 几何组成分析的目的

杆件结构是由若干杆件相互连接组成的体系，并与地基组成一个整体，用来承受荷载的作用。因此，杆件结构的几何构造应当合理，当不考虑各杆件本身的变形时，它应能够保持其原有几何形状和位置的不变，这样才能够承受荷载并传递荷载。

体系受到任意荷载作用后，在不考虑材料应变的前提下，若能保持其几何形状和位置的不变，称为几何不变体系，图 13-1(a)所示体系为几何不变体系。图 13-1(b)所示体系，即使不考虑材料的应变，在很小的荷载作用下也会引起体系几何形状和位置的改变，这样的体系称为几何可变体系。显然，工程结构所采用的体系必须是几何不变的。

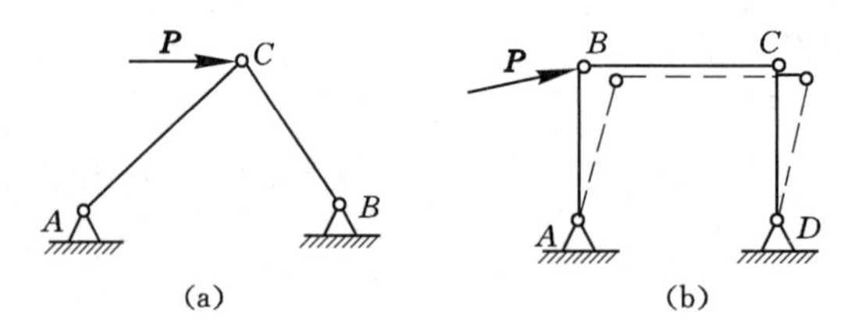

图 13-1

研究几何不变体系的几何组成规律，称为几何组成分析。几何组成分析是进行结构设计的基础。本章只讨论平面杆件体系的几何组成分析。

几何组成分析的目的是：

(1) 保证结构具有可靠的几何组成，避免工程中出现可变体系，造成事故。

(2) 了解结构各部分之间的构造关系，从而选择结构受力分析的顺序。

(3) 由几何组成情况，判定结构是静定结构还是超静定结构。

13.2 几何不变体系组成的简单规则

13.2.1 平面体系几何组成分析的相关概念

1. 刚片

研究平面体系时，将刚体称为刚片。由于不考虑杆件本身的变形，一个几何不变的体系可以视为一个刚片。因此，我们可以把一根梁、一根链杆或在体系中已经确定为几何不变的某个部分看做是一个刚片。如图 13-1(a)所示的三角形 ABC 可视为一个刚片，也可以将三角形 ABC 视为由三个刚片 AB、BC、CA 所组成的。

2. 平面体系的自由度

平面体系的自由度可用 x,y 坐标确定,所以其自由度为 2,如图 13-2(a)所示;平面内运动的刚片,其位置可用 x,y,φ 坐标确定,所以平面内一个刚片的自由度等于 3,如图 13-2(b)所示。

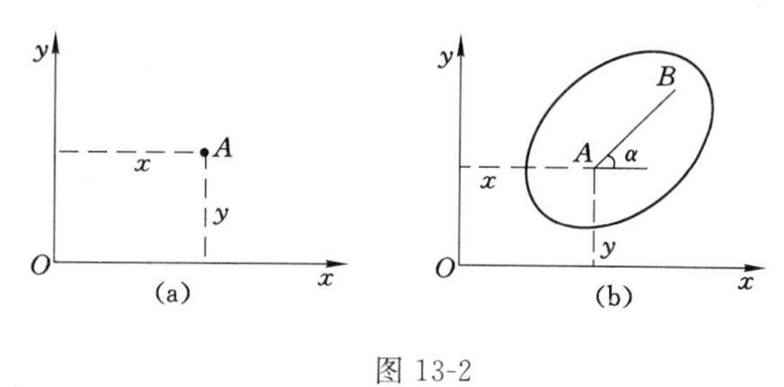

图 13-2

3. 联系(约束)、多余约束

物体的自由度将会因加入限制运动的装置而减少,凡是能减少自由度的装置称为约束或联系;不能减少自由度的装置称为多余约束。刚片之间的各种连接装置都是约束装置,不同的装置对自由度的影响是不同的。工程上常见的约束有以下几种:

(1) 链杆

链杆是指两端用铰与别的物体相连的刚性杆。用一链杆将刚片与地面相联,则刚片将不能沿链杆方向移动,如图 13-3 所示,这样就减少了一个自由度。所以,一个链杆相当于一个约束。

(2) 固定铰支座

用一固定铰支座将刚片与地面相联,则刚片只能绕 A 点转动而不能作平移运动,如图 13-4 所示,这样就减少了两个自由度。也可以认为固定铰支座是由两根链杆组成的约束,所以,一个固定铰支座相当于两个约束。

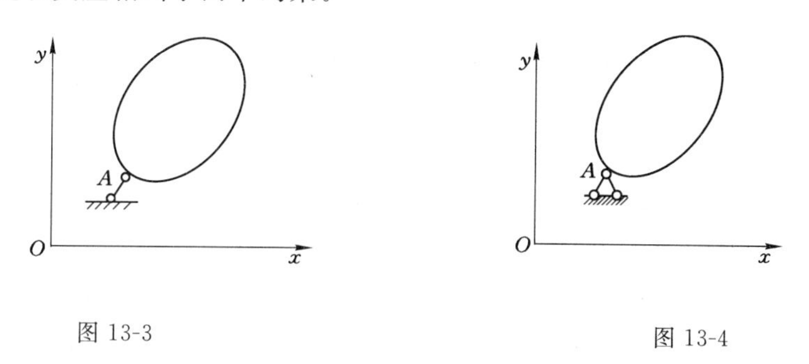

图 13-3　　　　图 13-4

(3) 固定端支座

用一固定端支座将刚片与地面相联,则刚片不能作任何可能的平面运动,这样就减少了三个自由度。所以,一个固定端支座相当于三个约束。

(4) 铰结点

连接两个刚片的铰称为单铰,如图 13-5(a)所示。原刚片Ⅰ、Ⅱ共有六个自由度,用铰 A 连接以后,如果用三个坐标(x、y 和 α)确定了刚片Ⅰ的位置,则刚片Ⅱ便只能绕铰点转动,因此只需要一个坐标就可以确定刚片Ⅱ与刚片Ⅰ的相对位置。于是,刚片Ⅰ、Ⅱ的自由度由六个变为四个,减少了两个。所以,一个单铰相当于两个约束。

连接三个或三个以上刚片的铰称为复铰。如图 13-5(b)所示连接三个刚片的铰 A,原刚片Ⅰ、Ⅱ、Ⅲ共有九个自由度,用铰 A 连接以后,如果用三个坐标(x、y 和 α)确定了刚片Ⅰ的位置,则刚片Ⅱ、Ⅲ便只能绕铰点转动,因此只需要两个坐标就可以确定刚片Ⅱ、Ⅲ与刚片Ⅰ的相对位置。于是,三刚片的自由度由九个变为五个,减少了四个。所以,铰 A 可看成两个单铰。当 n 个刚片用一个铰连接在一起时,从减少自由度的观点来看,该铰可看做是 $n-1$ 个单铰。

4. 虚铰

虚铰是指两个链杆相当于一个单铰的作用效果。图 13-6(a)所示刚片用铰 A 与地面相连,铰 A 的作用是使刚片只能绕 A 点转动,而不能移动。如果用两个链杆 1、2 将一个刚片与地面相连,如图 13-6(b)所示,两个链杆 1、2 延长线的交点 O 相当于瞬时转动中心,刚片只能绕 O 点转动,而不能移动。因此,链杆 1、2 相当于在其交点 O 的一个单铰的作用效果,只是这个铰实际不存在,所以称为虚铰。当体系运动时,链杆 1、2 交点的位置也将随之改变,因此又称为瞬铰。

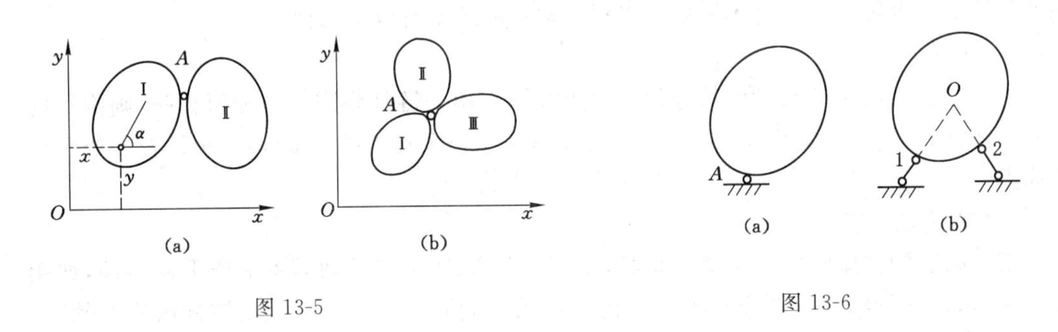

图 13-5　　图 13-6

13.2.2　几何不变体系组成的简单规则

无多余约束的几何不变体系的组成规律可归纳为三个基本规则,这些规则都是建立在基本三角形几何不变(铰接三角形规则)的条件下推导出来的。

1. 三刚片组成规则

三刚片用三个铰两两相连接,只要三个铰不在同一直线上,所组成的体系是无多余约束的几何不变体系。

图 13-7(a)所示铰接三角形 ABC 用不在同一直线上的三个铰 A、B、C 两两相连接。由三角形的几何不变性可知,它的几何形状是不变的。从运动上来看,如假设刚片Ⅱ不动,则刚片Ⅰ只能绕 B 点转动,即刚片Ⅰ上的 A 点在以 BA 为半径的圆弧上运动;而刚片Ⅲ只能绕 C 点转动,即刚片Ⅲ上的 A 点在以 CA 为半径的圆弧上运动。但由于刚片Ⅰ、Ⅲ在 A 点用铰相连,A 点不可能同时在两个不同的圆弧上运动,从而刚片之间不可能发生相对运动,故这样组成的体系是几何不变的。

图 13-7(b)所示的体系由三个刚片组成,每个刚片之间都用两根链杆相连,而且每两根链杆都交于一点,构成一个虚铰。这三个刚片由三个不在同一直线上的虚铰两两相连,所构成的体系也是几何不变的。

如果三个铰在同一直线上,如图 13-8 所示,此时铰 C 位于分别以 A、B 为圆心,以 AC、

BC 为半径的两个圆弧的公切线上，在该位置上，C 点可沿此公切线作微小的移动。发生移动后，由于三个铰不再共线，因而就不能继续运动，所以该体系是一个瞬变体系。瞬变体系属于几何可变体系。

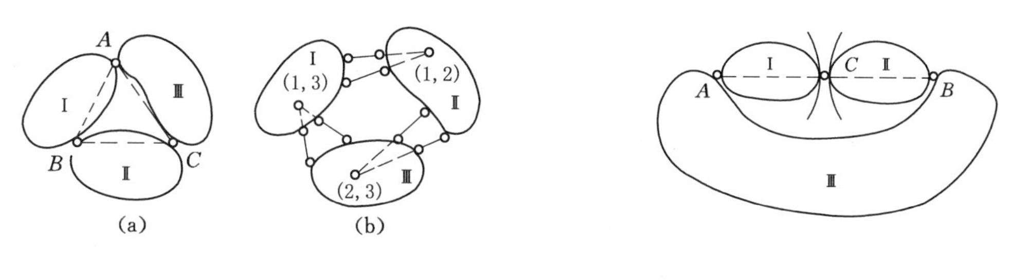

图 13-7　　　　图 13-8

2. 两刚片组成规则

将图 13-7(a)中的刚片Ⅲ用一根链杆替代，便得到图 13-9(a)所示的体系，刚片Ⅰ、Ⅱ用铰 B 和不通过该铰的链杆 AC 相连接，组成几何不变体系。图 13-9(b)中的刚片Ⅰ、Ⅱ由链杆 1、2 组成的虚铰 O 及不通过 O 的链杆 3 相连，也可组成几何不变体系。由此可见，两个刚片用一个铰和一根不通过此铰的链杆相连，所组成的体系是无多余约束的几何不变体系。由于一个铰约束相当于两个链杆约束，所以说，两刚片用既不完全平行也不交于一点的三根链杆相连接，所组成的体系是无多余约束的几何不变体系。图 13-9(c)所示为两刚片用三根不平行的链杆相连形成一几何不变体系。若三杆轴线相交于一点，则形成几何瞬变体系，如图 13-9(d)所示。

两刚片用三根互相平行的链杆连接，若三杆不等长，两刚片作微小的相对移动后，三杆不再平行，这样的体系为瞬变体系，如图 13-9(e)所示。若三杆等长，两刚片作微小的相对移动后，三杆仍平行，这样的体系为几何可变体系，如图 13-9(f)所示。

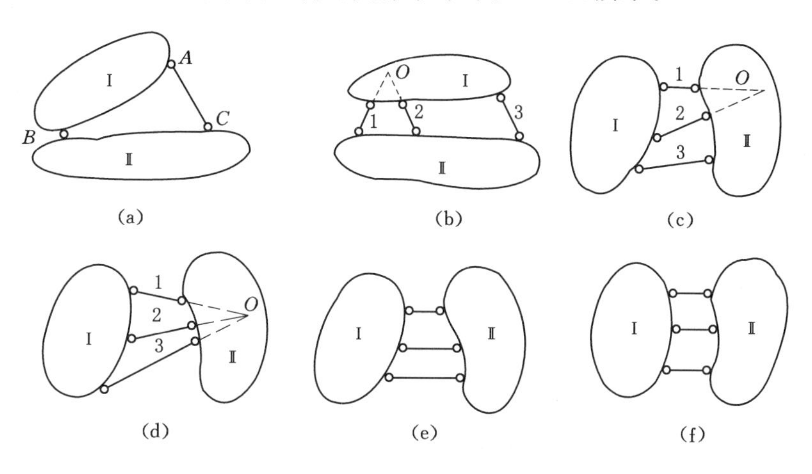

图 13-9

3. 二元体规则

在一刚片上用两根链杆连接一个新的结点 A，如图 13-10 所示，我们将这种由两根不在同一直线上的链杆连接一个新结点的构造称为二元体，也称为二杆结点。可以看出，原刚片通过加上二元体后形成的体系仍是几何不变的。

二元体规则是指在一个体系上增加或减少二元体，不会改变原体系的几何构造性质。

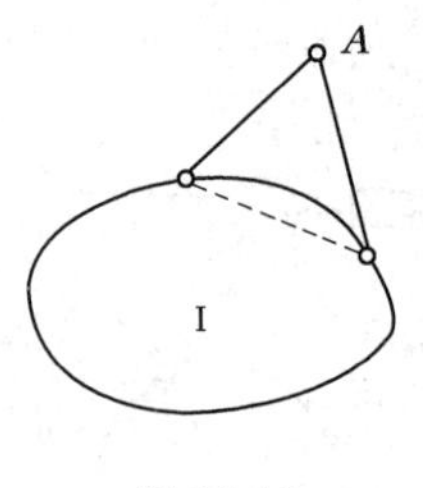

图 13-10

根据上面的简单规则在进行结构的几何组成分析时，若结构是几何不变的且无多余约束，这样的结构是静定的；若结构是几何不变的，但有多余约束，则结构为超静定的。前者的反力和内力可由静力平衡条件求得；后者由于有多余约束的存在，不能由静力平衡条件完全求得其反力和内力。

13.3 体系几何组成分析步骤和示例

几何组成分析的依据是上节所述的三个组成规则，具体分析时必须能正确和灵活地运用它们。为使分析过程简化，应注意以下三点：① 可将体系中的几何不变体系当做一个刚片来处理；② 逐步拆去两杆结点，这样做并不影响体系进行几何组成分析；③ 注意虚铰的应用。下面对工程中常见的几种结构分别举例说明其分析方法。

【例 13-1】 分析图 13-11 所示体系的几何组成。

解 观察其中 ABC 部分，是由不交于同一点的三根链杆 1、2、3 和基础连接而成的几何不变体系，所以，将 ABC 梁段和基础一起看成是一个扩大的刚片Ⅰ。在刚片Ⅰ上依次用铰 C 和链杆 4 固定梁 CDE，用铰 E 和链杆 5 固定梁 EF，且铰 C 和链杆 4、铰 E 和链杆 5 均不共线，由此组成的多跨梁属几何不变体系，且无多余约束。另外，也可将梁 CE 与杆 4、梁 EF 与杆 5 分别看成二元体来分析。

【例 13-2】 分析图 13-12 所示体系的几何组成。

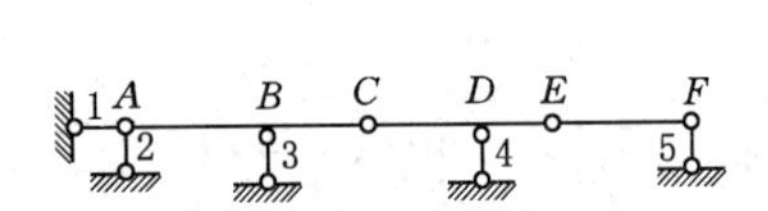

图 13-11

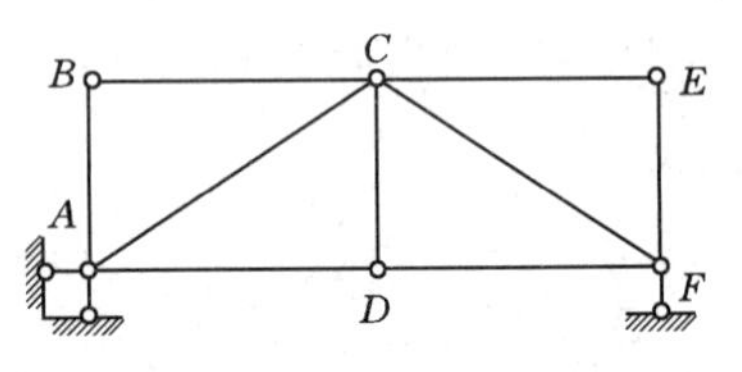

图 13-12

解 将杆件 AB、BC、AC 分别视为刚片，由三刚片组成规则可得 ABC 为几何不变体系。结点 D 为加在刚片 ABC 上的二元体，由二元体规则可得 $ABCD$ 为几何不变体系；同理，在刚片 $ABCD$ 上的二元体 F，在刚片 $ABCDF$ 上的二元体 E，因此 $ABCDEF$ 为几何不变体系。

将地面视为一刚片，按照两刚片组成规则，刚片 $ABCDEF$ 与地面为几何不变体系。所以，该体系为无多余约束的几何不变体系。

【例 13-3】 分析图 13-13 所示体系的几何组成。

解 结点 1 是二元体，拆去后结点 2 成为二元体；依次去掉二元体 1、2、3，就得到 $AB4$。它是几何不变的，因而原体系为几何不变体系。也可以把结

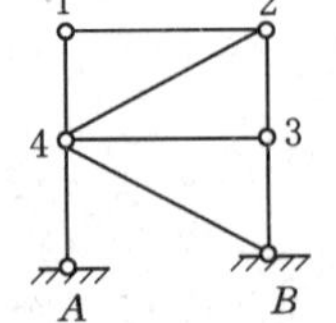

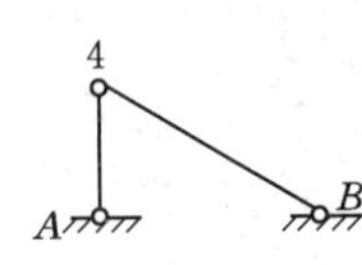

图 13-13

点4拆去，这样一来就剩下大地了，说明原体系对于大地是不动的，即几何不变体系。

【例13-4】 分析图13-14所示体系的几何组成。

解 首先在基础上依次增加ACB和CDB两个二元体，将$ABCD$视为一刚片，再将EF部分视为另一刚片，该两刚片通过链杆ED和F处两根水平链杆相连，而这三根链杆既不全交于一点又不全平行，故该体系为无多余约束的几何不变体系。

若将ED也视为刚片，将F处两根水平链杆视为铰心在无穷远处的单铰，也可以采用三刚片组成规则进行分析。

图13-14 图13-15

【例13-5】 分析图13-15所示体系的几何组成。

解 杆AB与基础通过既不全交于一点又不全平行的三根链杆相连，成为一个几何不变部分；在此基础上再增加ACE和BDF两个二元体，还是几何不变的；此外，又增添一根链杆CD，故该体系为有一个多余约束的几何不变体系。

思 考 题

13-1 几何不变体系的三个组成规则之间有何联系？为什么说它们实质上是同一规则？

13-2 分析图13-14所示体系的几何组成时，若将ED也视为刚片，采用三刚片组成规则如何分析？

13-3 何谓瞬变体系？为什么瞬变体系不能用于工程结构？

13-4 静定结构和超静定结构的实质是什么？其静力学特点有何差异？

13-5 二元体的实质是什么？二元体规则的含义是什么？

习 题

13-1 试对图示体系进行几何组成分析。（答案：(a) 无多余约束的几何不变体系；(b) 无多余约束的几何不变体系；(c) 无多余约束的几何不变体系；(d) 无多余约束的几何不变体系；(e) 无多余约束的几何不变体系；(f) 瞬变体系；(g) 几何可变体系；(h) 无多余约束的几何不变体系；(i) 无多余约束的几何不变体系；(j) 有一个多余约束的几何不变体系；(k) 有一个多余约束的几何不变体系；(l) 瞬变体系）

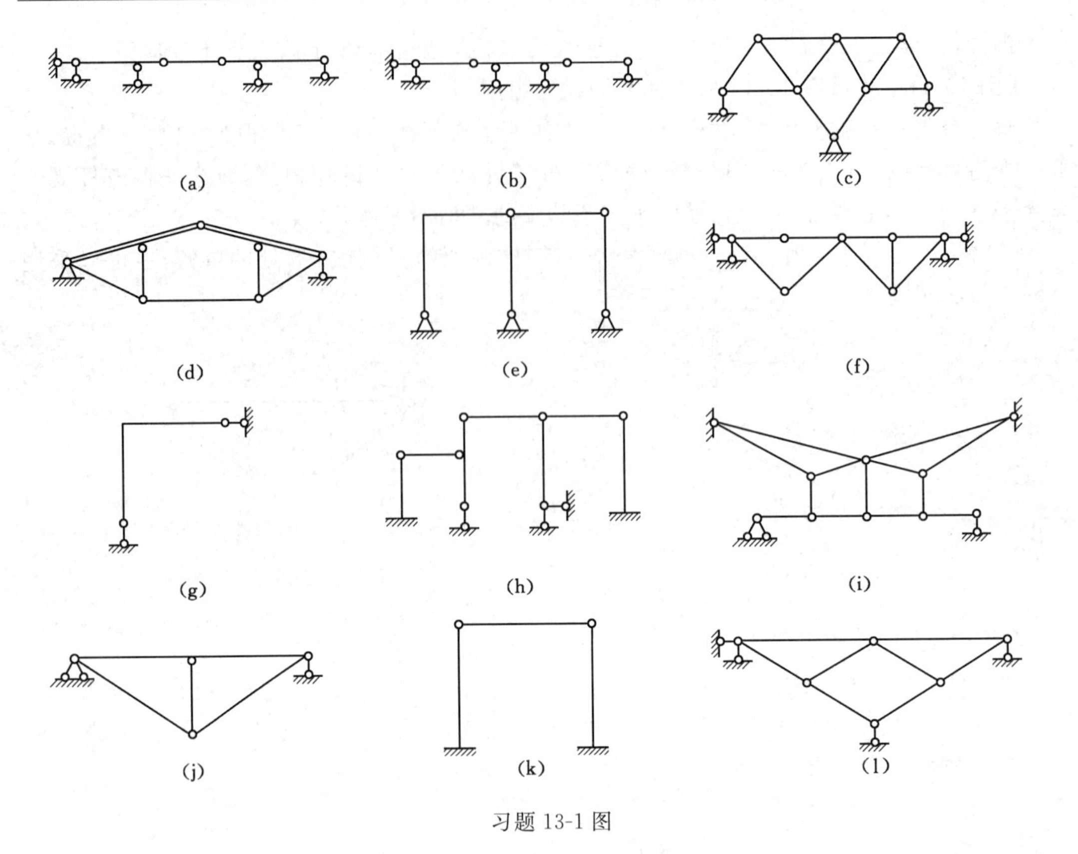

习题 13-1 图

14 静定结构的内力分析

14.1 多跨静定梁

多跨静定梁是工程实际中比较常见的结构，它的基本组成形式有图 14-1 所示的两种情况。图 14-1(a)所示的是在伸臂梁 AC 上依次加上 CE、EF 两根梁。图 14-1(b)所示的是在 AC 和 DF 两根伸臂梁上再加上一小悬跨 CD。通过几何组成分析可知，它们都是无多余约束的几何不变结构，所以均为静定结构。

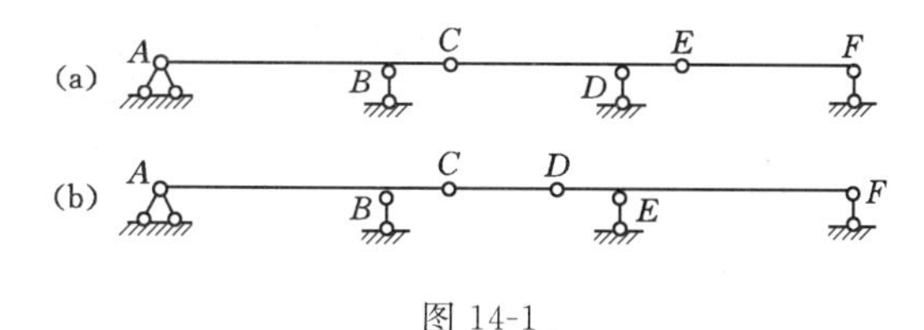

图 14-1

根据多跨静定梁的几何组成规律，可以将它的各部分区分为基本部分和附属部分。基本部分是不依赖于其他部分而独立地与基础形成几何不变体系；附属部分则需要依赖于基本部分才能保持其几何不变性。例如，图 14-1(a)所示的梁中，AC 梁是通过三根既不全平行也不全交于一点的三根链杆与基础连接，所以它是几何不变的；CE 梁是通过铰 C 和支座链杆 D 连接在 AC 梁和基础上。由此可知，AC 梁直接与基础组成几何不变部分，它的几何不变性不受 CE 和 EF 梁影响，故称 AC 梁为该多跨静定梁的基本部分。而 CE 梁要依靠 AC 梁才能保持其几何不变性，故称 CE 梁为 AC 梁的附属部分。同理，EF 梁相对于 AC 和 CE 梁组成的部分来说，也是附属部分，而 AC 和 CE 梁组成的部分，相对于 EF 梁来说，则是基本部分。

上述组成顺序可用图 14-2(a)来表示，这种图形称为层次图(层叠图)。通过层次图可以看出荷载的传递过程。例如作用在最上面的附属部分 EF 上的荷载 $\boldsymbol{P}_3$ 不仅会使 EF 梁受力，而且还通过 E 支座将力传给 CE 梁，再通过 C 支座传给 AC 梁。同样，荷载 $\boldsymbol{P}_2$ 能使 CE 梁和 AC 梁受力，但它不会传给 EF 梁。因此，$\boldsymbol{P}_2$ 的作用对 EF 梁的内力无影响。同理，作用在基本部分 AC 梁上的荷载 $\boldsymbol{P}_1$，只在 AC 梁上引起内力和反力，而对附属部分 CE 和 EF 都不会产生影响。所以，荷载是从最上层附属部分向基本部分传递，作用在附属部分上的荷载将使支承它的基本部分产生反力和内力，而作用在基本部分上的荷载则对附属部分没有影响。因此，计算多跨静定梁时，应该按照与组成过程相反的顺序进行，即从最上层附属部分开始计算，依次向基本部分进行，即把多跨静定梁拆成为单跨梁，将各单跨静定梁的内力图连在一起，就是多跨静定梁的内力图。例如对图 14-2(a)所示的多跨静定梁，应先取 EF 梁计算，再依次考虑 CE 梁和 AC 梁。求出各约束力和支座反力后，便可分别绘出各梁的内力图。将各梁的内力图置于同一基线上,则得出该多跨静定梁的内力图。对图 14-1(b)所示的多跨静定梁,如果仅承受竖向荷载作用,则不但 AC 梁能独立承受荷载维持平衡,DF 梁也能独立承受荷载维持平衡。这时,AC 梁和 DF 梁都可分别视为基本部分,其层次图如图 14-2(b)所示,对该梁的计算应从附属部分 CD 梁开始,然后再计算 AC 梁和 DF 梁。

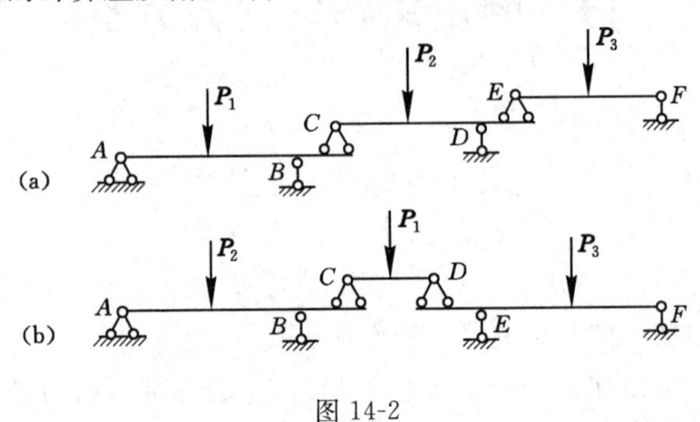

图 14-2

【例 14-1】 试作图 14-3(a)所示多跨静定梁的内力图。

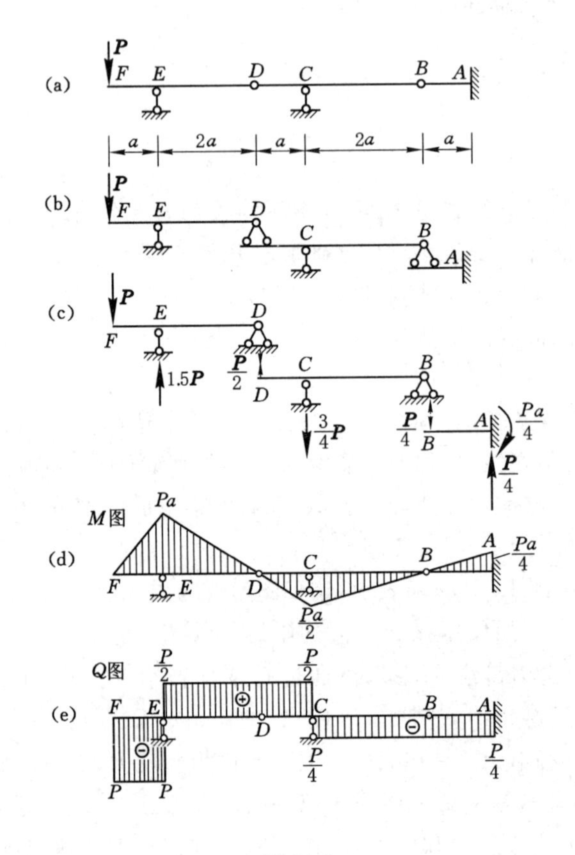

图 14-3

解 此梁的组成顺序为先固定梁 AB,再固定梁 BD,最后固定梁 DF。基本部分与附属部分之间的支承关系如图 14-3(b)层次图所示。

计算时按照与组成相反的顺序拆成单跨梁,如图 14-3(c)所示。先计算附属部分 FD。

D 点反力求出后，反其指向就是梁 DB 的荷载。梁 DB 在 B 点的反力求出后，反其指向就是梁 BA 的荷载。然后计算梁 BA，求出 A 端的支座反力。最后即可作 M 图和 Q 图，如图 14-3(d)、(e)所示。

上述先附属部分后基本部分的计算原则，也适用于由基本部分和附属部分组成的其他类型的结构。

【例 14-2】 试作图 14-4(a)所示多跨静定梁的内力图。

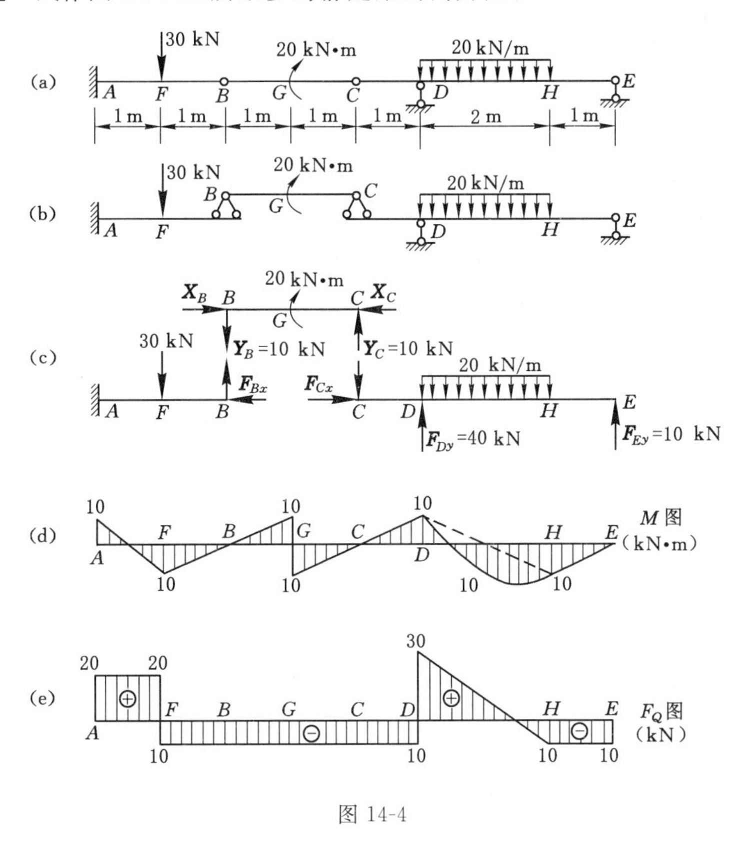

图 14-4

解　图 14-4(a)所示的多跨静定梁由于仅受竖向荷载作用，故梁 AB 和 CE 均为基本部分，其层次图如图 14-4(b)所示。

计算时按照与组成相反的顺序拆成单跨梁，如图 14-4(c)所示。先计算附属部分 BC。铰 C 处的水平约束力 $\boldsymbol{X}_C$ 由梁 CE 的平衡条件可求出其值为零，并由此得知 $\boldsymbol{X}_B$ 也等于零。求出各约束力和支座反力后，便可分别绘出各梁的内力图，并得出该多跨静定梁的内力图，如图 14-4(d)、(e)所示。

14.2　静定平面刚架

平面刚架是由梁和柱所组成的平面结构，如图 14-5 所示，其特点是在梁和柱的连接处为刚结点，当刚架受力而产生变形时，刚结点处各杆端之间的夹角始终保持不变。由于刚结点能约束杆端的相对转动，故能承受弯矩。与梁相比，刚架具有减小弯矩极值的优点，节省材料,并能有较大的空间,在建筑工程中常采用刚架作为承重结构。

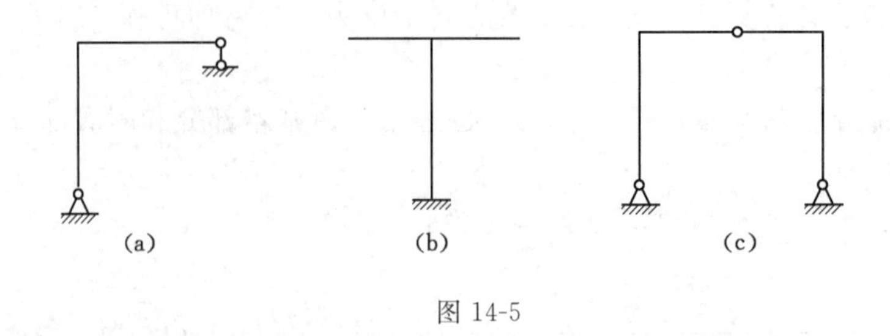

图 14-5

平面刚架分为静定刚架和超静定刚架。本节研究静定平面刚架的内力计算。

14.2.1 静定刚架支座反力的计算

在静定刚架的内力分析中,通常是先求支座反力,再求控制截面的内力,最后作内力图。

计算刚架的支座反力可按照刚架在外力作用下处于的平衡状态,用平衡方程来确定。若刚架由一个构件组成,可列三个平衡方程求出其支座反力;若刚架由两个构件或多个构件组成,可按物体系的平衡问题来处理。

14.2.2 绘制内力图

求刚架杆端内力的基本方法仍是截面法。现结合刚架的特点来说明以下几个问题。

1. 刚架的内力

刚架的内力是指各杆件中垂直于杆轴的横截面上的弯矩 M、剪力 Q 和轴力 N。刚架的内力符号规定如下:

轴力:杆件受拉为正,受压为负(与梁相同)。

剪力:使分离体有顺时针方向转动趋势时为正,反之为负(与梁相同)。

弯矩:不作正负规定,但总是标出杆件受拉的一侧。

2. 刚架内力的双脚标表示

如图 14-6 所示的刚架中,在结点 D 处有三个不同的截面 D_1、D_2、D_3,如果笼统地说截面 D,则是无意义的。为了使内力表达得更清晰,在内力符号的右下方添上两个下标以标明内力所属杆件(或杆段),前一个下标表示该内力所属杆端,后一个下标表示杆件的另一端。例如图 14-6 所示的刚架中这三个截面 D_1、D_2、D_3 的弯矩通常分别用 M_{DA}、M_{DB}、M_{DC} 来表示,对于剪力和轴力也采用同样的方法。

3. 绘制内力图

作刚架内力图时,先将刚架拆成杆件,由各杆件的平衡条件,求出各杆的杆端内力,然后利用杆端内力分别作出各杆件的内力图。将各杆的内力图合在一起就是刚架的内力图。

绘制刚架内力图的规定如下:

弯矩图:总是把弯矩图画在杆件受拉的一侧。

剪力图:正号的剪力对于水平杆件一般绘在杆轴的上侧,并注明正号。对于竖杆和斜杆,正、负剪力可分别绘于杆件两侧,并注明符号。

轴力图:正号的轴力对于水平杆件一般绘在杆轴的上侧,并注明正号。对于竖杆和斜杆,正、负剪力可分别绘于杆件两侧,并注明符号。

下面举例说明刚架内力图的作法。

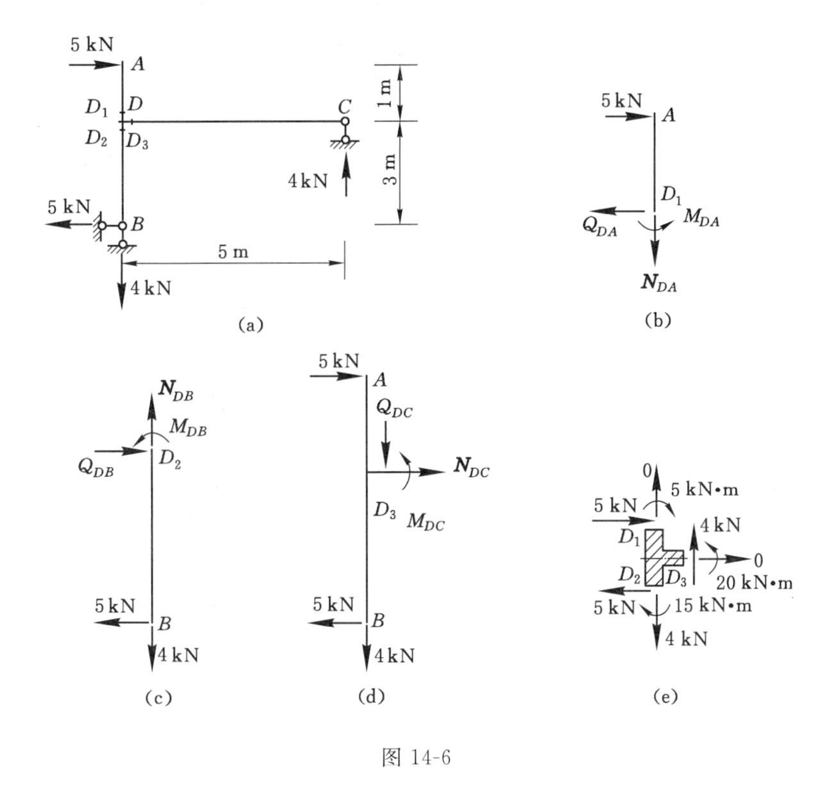

图 14-6

【例 14-3】 试作图 14-7(a)所示刚架的内力图。

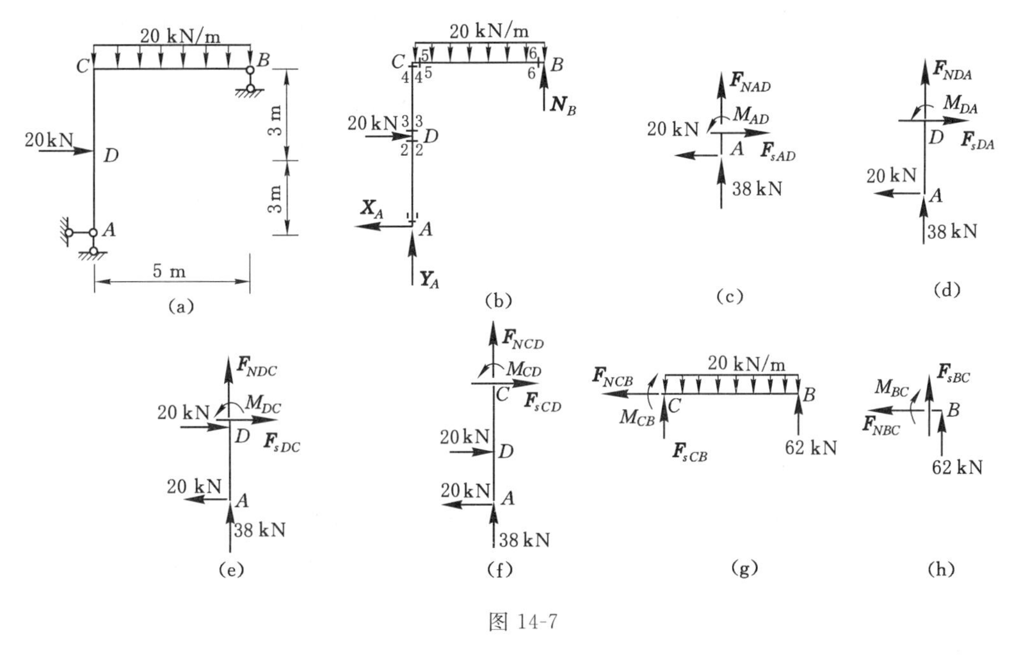

图 14-7

解 (1) 求支座反力

对于图 14-7(a)所示刚架，可通过考虑整体平衡，求出各支座反力，刚架受力如图 14-7(b)所示。

由 $$\sum X = 0 \quad -X_A + 20 = 0$$

得： $$X_A = 20 \text{ kN}$$

由 $$\sum M_A = 0 \quad -20 \times 3 - \frac{1}{2} \times 20 \times 5^2 + N_B \times 5 = 0$$

得： $$N_B = 62 \text{ kN}$$

由 $$\sum Y = 0 \quad -Y_A - N_B + 20 \times 5 = 0$$

得： $$Y_A = 38 \text{ kN}$$

(2) 求刚架中各杆的杆端内力

按照截面法，取刚架中的 A、B、C、D 截面为控制截面，得到隔离体如图 14-7(c)～(h)所示，各控制截面上的内力为：

由图 14-7(c)所示隔离体可得：$F_{NAD} = -38$ kN；$F_{sAD} = 20$ kN；$M_{AD} = 0$ kN·m。

由图 14-7(d)所示隔离体可得：$F_{NDA} = -38$ kN；$F_{sDA} = 20$ kN；$M_{DA} = 60$ kN·m(右侧受拉)。

由图 14-7(e)所示隔离体可得：$F_{NDC} = -38$ kN；$F_{sDC} = 0$ kN；$M_{DC} = 60$ kN·m(右侧受拉)。

由图 14-7(f)所示隔离体可得：$F_{NCD} = -38$ kN；$F_{sCD} = 0$ kN；$M_{CD} = 60$ kN·m(右侧受拉)。

由图 14-7(g)所示隔离体可得：$F_{NCB} = 0$ kN；$F_{sCB} = 38$ kN；$M_{CB} = 60$ kN·m(下部受拉)。

由图 14-7(h)所示隔离体可得：$F_{NBC} = 0$ kN；$F_{sBC} = -62$ kN；$M_{BC} = 0$ kN·m。

(3) 作刚架的内力图

刚架的轴力图、剪力图、弯矩图如图 14-8(a)、(b)、(c)所示。

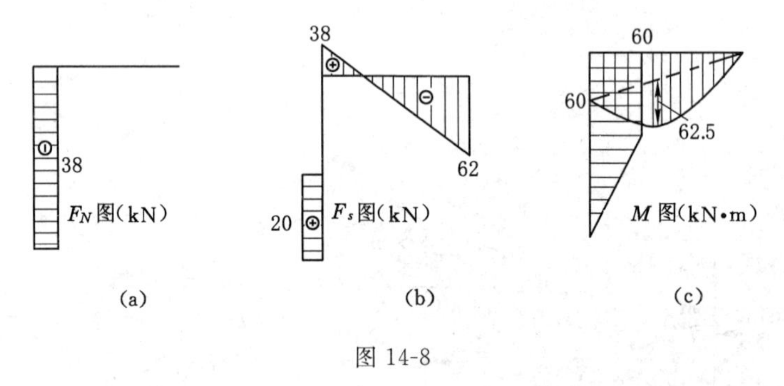

图 14-8

内力图作出后应进行校核。弯矩图的校核，可取各刚结点来检验其是否满足力矩平衡条件。例如，取结点 C 为隔离体，如图 14-9(a)所示，并写出其力矩平衡方程如下：

$$\sum M_C = 0 \quad 30 - 30 = 0$$

可见计算无误。

剪力图和轴力图的校核，可选用任一截面截取出刚架的某一部分，检验其平衡条件 $\sum X = 0$ 和 $\sum Y = 0$ 是否得到满足。例如，可截取如图 14-9(b)所示隔离体，$\sum Y = 0$ 满足。截取如图 14-9(c)所示隔离体，由于 $\sum X = 0$，$\sum Y = 0$ 均满足，可知所得剪力图和轴力图无误。

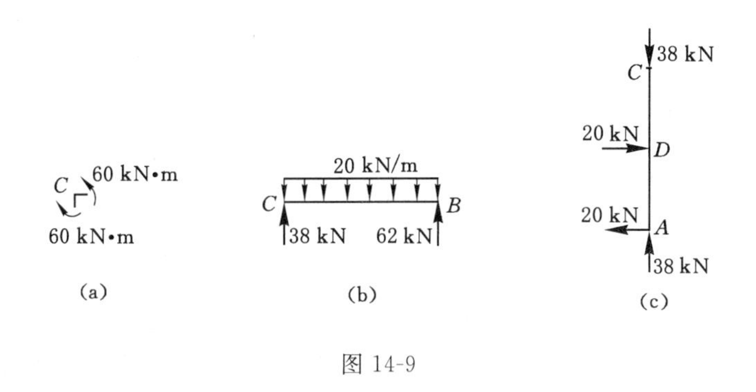

图 14-9

【例 14-4】 试作图 14-10(a)所示三铰刚架的内力图。

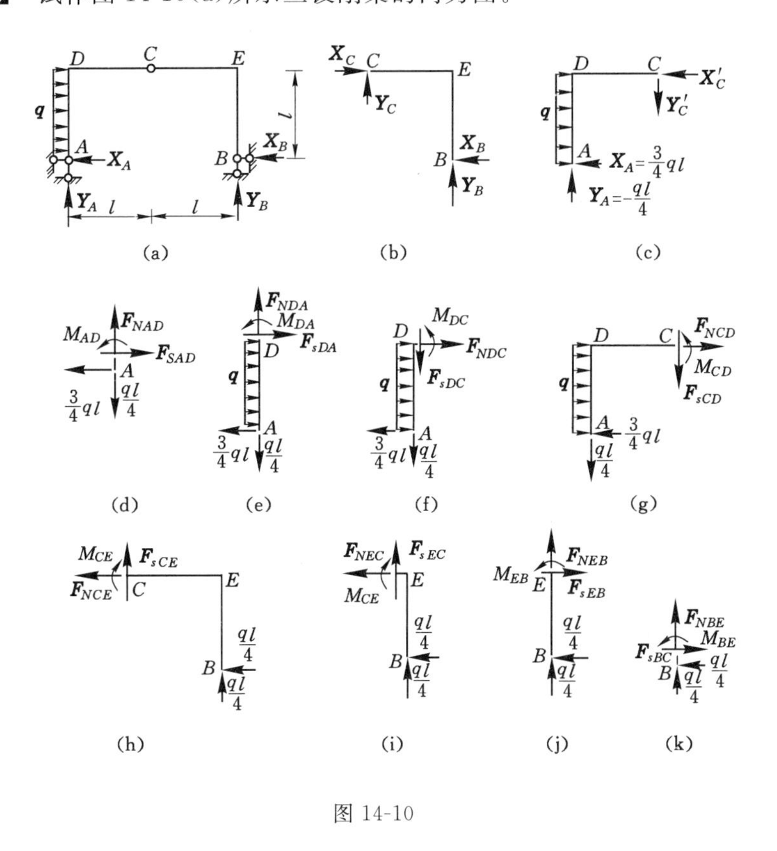

图 14-10

解 (1) 计算支座反力

以整体为研究对象，由

$$\sum M_A = 0 \quad -\frac{1}{2}ql^2 + Y_B \cdot 2l = 0$$

得：

$$Y_B = \frac{1}{4}ql$$

由

$$\sum Y = 0 \quad Y_A + Y_B = 0$$

得：
$$Y_A = -\frac{1}{4}ql$$

由
$$\sum X = 0 \quad X_A + X_B = ql$$

取 CB 部分为隔离体，如图 14-10(b)所示，由
$$\sum M_C = 0 \quad -X_B \cdot l + Y_B \cdot l = 0$$

得：
$$X_B = Y_B = \frac{1}{4}ql$$

因此
$$X_A = \frac{3}{4}ql$$

为了校核支座反力计算的正确性，取 AC 部分为隔离体，如图 14-10(c)所示，根据 $\sum M_C = 0$ 检验如下：
$$-\frac{3}{4}ql \cdot l + \frac{1}{4}ql \cdot l + \frac{1}{2}ql^2 = 0$$

故知支座反力计算无误。

(2) 求刚架中各杆的杆端内力

根据荷载情况，可以分为 AD、DC、CE 和 EB 四段，得到隔离体如图 14-10(d)～(k)所示，分别计算各段控制截面的内力。

由图 14-10(d)所示隔离体可得：$F_{NAD} = \frac{1}{4}ql$；$F_{sAD} = \frac{3}{4}ql$；$M_{AD} = 0$。

由图 14-10(e)所示隔离体可得：$F_{NDA} = \frac{1}{4}ql$；$F_{sDA} = -\frac{1}{4}ql$；$M_{DA} = \frac{1}{4}ql^2$(右侧受拉)。

由图 14-10(f)所示隔离体可得：$F_{NDC} = -\frac{1}{4}ql$；$F_{sDC} = -\frac{1}{4}ql$；$M_{DC} = \frac{1}{4}ql^2$(下部受拉)。

由图 14-10(g)所示隔离体可得：$F_{NCD} = -\frac{1}{4}ql$；$F_{sCD} = -\frac{1}{4}ql$；$M_{CD} = 0$。

由图 14-10(h)所示隔离体可得：$F_{NCE} = -\frac{1}{4}ql$；$F_{sCE} = -\frac{1}{4}ql$；$M_{CE} = 0$。

由图 14-10(i)所示隔离体可得：$F_{NEC} = -\frac{1}{4}ql$； $F_{sEC} = -\frac{1}{4}ql$；$M_{EC} = -\frac{1}{4}ql^2$(上部受拉)。

由图 14-10(j)所示隔离体可得：$F_{NEB} = -\frac{1}{4}ql$；$F_{sEB} = \frac{1}{4}ql$；$M_{EB} = \frac{1}{4}ql^2$(右侧受拉)。

由图 14-10(k)所示隔离体可得：$F_{NBE} = -\frac{1}{4}ql$；$F_{sBE} = \frac{1}{4}ql$；$M_{BE} = 0$ 。

(3) 绘制内力图

刚架的轴力图、剪力图、弯矩图如图 14-11(a)、(b)、(c)所示。

(4) 内力图校核

可取各刚结点来检验其是否满足平衡条件。例如，取结点 D 为隔离体，按照 DA、DC 杆的杆端内力绘出隔离体图，如图 14-12(a)所示。

应满足的平衡方程如下：
$$\sum M_D = 0 \quad \frac{1}{4}ql^2 - \frac{1}{4}ql^2 = 0$$

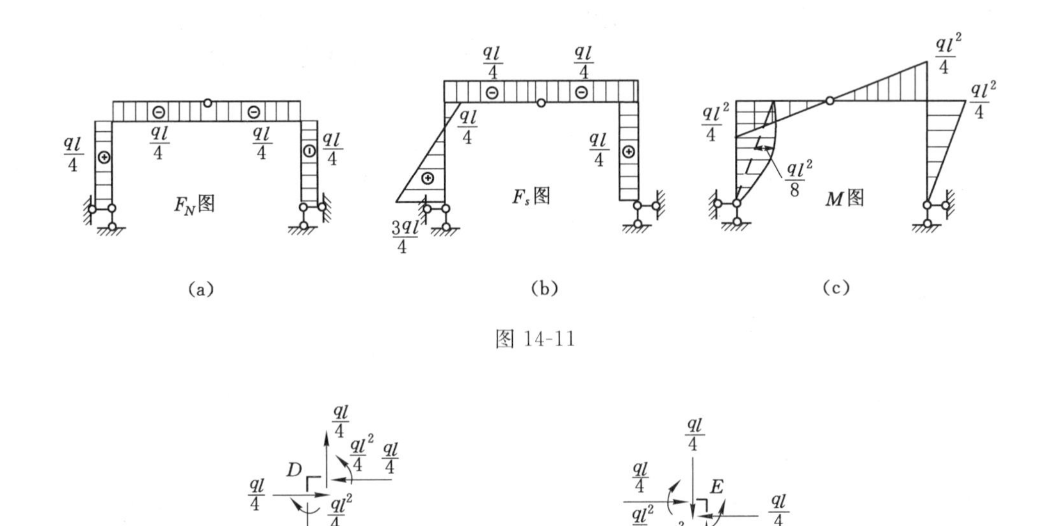

图 14-11

(a)

(b)

图 14-12

$$\sum X = 0 \quad \frac{1}{4}ql - \frac{1}{4}ql = 0$$

$$\sum Y = 0 \quad -\frac{1}{4}ql + \frac{1}{4}ql = 0$$

同理，取结点 E 为隔离体，按照 EC、EB 杆的杆端内力绘出隔离体图，如图 14-12(b)所示。平衡方程 $\sum M_D = 0$，$\sum X = 0$，$\sum Y = 0$ 均满足。因此，所得轴力图、剪力图和弯矩图无误。

由上面的例子，可以将绘制刚架内力图的要点归纳如下：

(1) 作轴力图时，先求每根杆的杆端轴力，杆端轴力通常可根据截面一侧的荷载及支座反力直接算出。轴力图的正负号必须注明。

(2) 作剪力图时，先求每根杆的杆端剪力，杆端剪力通常可根据截面一侧的荷载及支座反力直接算出。若情况复杂，可以取杆为隔离体利用平衡方程求出。杆的剪力图可以利用梁的剪力图规律画出。剪力图的正负号必须注明。

(3) 作弯矩图时，先求每根杆的杆端弯矩，将杆端弯矩画在受拉一侧，连以直线，再叠加上由于横向荷载产生的简支梁的弯矩图。弯矩图不注正负号。

(4) 内力图的校核是必要的。通常截取结点或结构的一部分，验算其是否满足平衡条件。

14.3　三　铰　拱

拱结构在工程中有着广泛的应用。在房屋建筑中，屋面承重结构也常用到拱结构，如图 14-13 所示。

拱结构的计算简图通常有三种，如图 14-14 所示。图 14-14(a)、(b)所示无铰拱和两铰拱是超静定结构，图 14-14(c)所示的三铰拱是静定结构。本节只讨论三铰拱的计算。

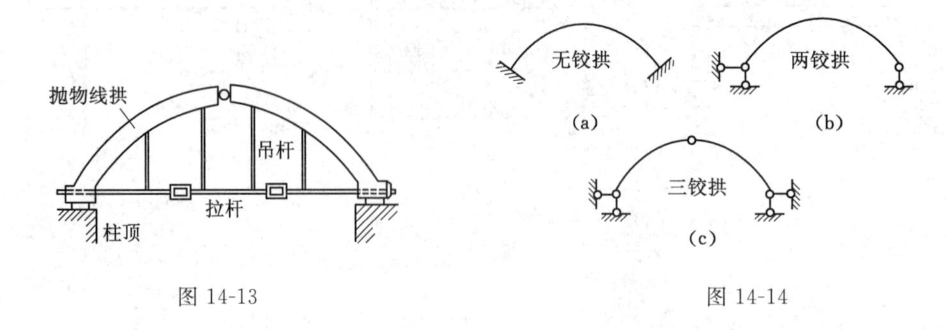

图 14-13　　图 14-14

拱的特点是：杆轴为曲线，而且在竖向荷载作用下支座将产生水平反力。这种水平反力又称为水平推力，这也是拱结构区别于梁的主要特征。例如，图 14-15 所示的两个结构，虽然它们的杆轴都是曲线，但图 14-15(a)所示结构在竖向荷载作用下不产生水平推力，其弯矩与相应的简支梁(同跨度、同荷载的梁)的弯矩相同，所以这种结构不是拱结构，而是一根曲梁。但图 14-15(b)所示结构，由于其两端都有水平支座链杆，在竖向荷载作用下支座将产生水平推力，所以属于拱结构。由于水平推力的存在，拱结构中各截面的弯矩将比相应的曲梁或简支梁的弯矩要小，使得拱结构主要承受轴向压力的作用，因而可利用抗压性能好而抗拉性能差的材料(砖、石、混凝土等)建造。

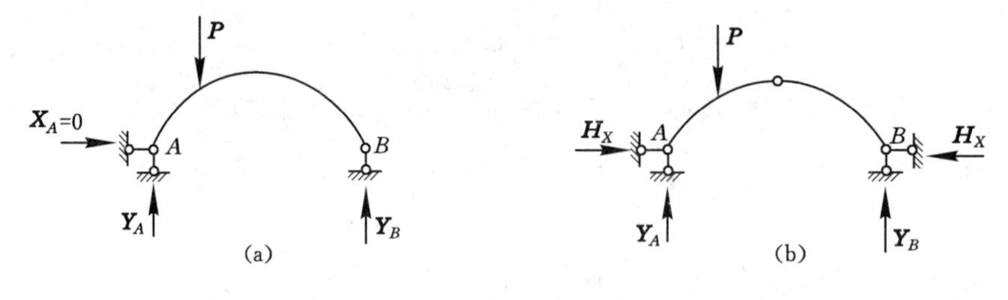

图 14-15

由于有水平推力的存在，要求有坚固的基础，给施工带来了困难。为了克服这一缺点，常采用带拉杆的三铰拱，如图 14-16 所示，水平推力由拉杆承受。如房屋的屋盖采用图 14-13 所示的带拉杆的拱结构，在竖向荷载的作用下，只产生竖向支座反力，对墙体不产生水平推力。

拱结构最高的点称为拱顶，如图 14-17 所示。三铰拱的中间铰通常布置在拱顶处。拱的两端与支座连接处称为拱趾，或称为拱脚。两拱趾在同一水平线上的拱称为平拱，否则称为斜拱。两个拱趾间的水平距离 l 称为跨度。拱顶到两拱趾连线的竖向距离 f 称为拱高，或者称为拱失。拱高与跨度之比 f/l 称为高跨比或矢跨比。工程实际中，高跨比是拱的基本参数，高跨比由 1 至 1/10，变化的范围很大。

图 14-16　　图 14-17

14.3.1 三铰拱的计算

三铰拱是静定结构。下面我们讨论图 14-18(a)所示三铰拱在竖向荷载作用下的支座反力和内力的计算方法,并将其与梁加以比较,说明拱的受力特征。

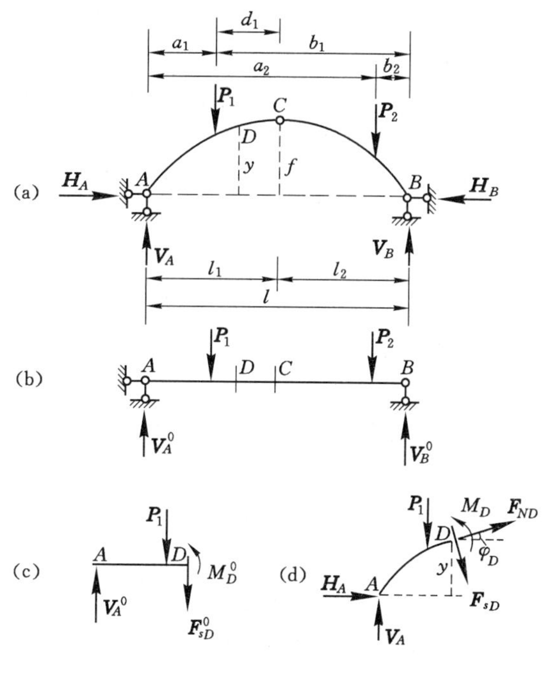

图 14-18

1. 支座反力计算

图 14-18(a)所示的三铰拱有四个支座反力,即 $\boldsymbol{V}_A$,$\boldsymbol{H}_A$,$\boldsymbol{V}_B$,$\boldsymbol{H}_B$,求解支座反力时需要四个方程。取三铰拱整体为隔离体,有三个平衡方程:

$$\sum M_A = 0 \quad V_A = \frac{1}{l}(P_1 b_1 + P_2 b_2)$$

$$\sum M_B = 0 \quad V_B = \frac{1}{l}(P_1 a_1 + P_2 a_2)$$

$$\sum X = 0 \quad H_A = H_B = H$$

再取左半部分拱为隔离体,由 $\sum M_C = 0$,得:

$$H_A = \frac{V_A l_1 - P_1 d_1}{f}$$

为了便于比较,我们在图 14-18(b)中画出一个简支梁,其跨度和荷载均与三铰拱相同。因为荷载是竖向的,梁没有水平推力,只有竖向支座反力 $V_A{}^0$ 和 $V_B{}^0$。由梁的平衡条件可解得:

$$V_A = V_A{}^0 \tag{14-1}$$

$$V_B = V_B{}^0 \tag{14-2}$$

这就是说,在竖向荷载作用下,三铰拱的竖向支座反力与相应简支梁的竖向支座反力相同。

分析三铰拱的水平反力 H_A 的表达式可知，$V_A l_1 - P_1 d_1$ 恰好是相应简支梁 C 处的弯矩，以 $M_C{}^0$ 表示，则：

$$H_A = H_B = H = \frac{M_C{}^0}{f} \tag{14-3}$$

由此可知，三铰拱的水平反力等于相应简支梁截面 C 处的弯矩除以拱高 f。因为在竖向荷载作用下梁的弯矩 $M_C{}^0$ 是正的，所以水平反力 H 为正值，这说明三铰拱对支座的水平作用力是水平向外的推力，故 H 又被称为水平推力。当跨度不变时，水平推力与拱轴的曲线形式无关，而与拱高 f 成反比，拱愈低，水平推力愈大。如果 $f \to 0$，水平推力趋于无限大，这时 A、B、C 三个铰在一条直线上，成为几何可变体系。

2. 内力计算

在竖向荷载作用下，三铰拱任一截面的内力有弯矩、剪力和轴力，其中弯矩以使拱内侧受拉为正，剪力以使隔离体顺时针转动为正，轴力以使隔离体受拉为正。下面求指定截面 D 的内力。

图 14-18(d)所示为三铰拱截面 D 左边的隔离体，研究图 14-18(c)、(d)两个隔离体，由平衡条件可得：

$$M_D = M_D^0 - Hy \tag{14-4}$$

$$F_{sD} = F_{sD}^0 \cos\varphi_D - H\sin\varphi_D \tag{14-5}$$

$$F_{ND} = -F_{sD}^0 \sin\varphi_D - H\cos\varphi_D \tag{14-6}$$

式中，M_D^0，F_{sD}^0 分别为相应简支梁截面 D 的弯矩和剪力，如图 14-18(c)所示。

应用式(14-5)和式(14-6)时，在三铰拱的左半部分，φ 取正号；在右半部分，φ 取负号。

3. 拱和梁的受力特点比较

由上述分析可知：

(1) 在竖向荷载作用下，梁没有水平反力，而拱则有水平推力。

(2) 由式(14-4)可知，由于水平推力的存在，三铰拱横截面上的弯矩比简支梁的弯矩小。弯矩的降低，使拱能更充分地发挥材料的作用。因此，拱适用于较大的跨度和较重的荷载。

(3) 在竖向荷载作用下，梁的截面内没有轴力，而拱的截面内轴力较大，且一般为压力。因此，便于利用抗压性能好而抗拉性能差的材料，如砖、石、混凝土等。

但是，三铰拱由于水平推力的存在，拱给基础施加向外的推力，所以三铰拱的基础比梁的基础要大。因此，用拱做屋顶时，都使用有拉杆的三铰拱，以减少对墙(或柱)的推力。

【例 14-5】 试绘制图 14-19(a)所示三铰拱的内力图。拱的轴线为 $y = \dfrac{4f}{l^2}x(l-x)$。

解 (1) 支座反力计算

由式(14-1)得： $V_A = V_A^0 = \dfrac{4 \times 4 + 2 \times 8 \times 12}{16} = 13\ (\text{kN})$

由式(14-2)得： $V_B = V_B^0 = \dfrac{2 \times 8 \times 4 + 4 \times 12}{16} = 7\ (\text{kN})$

由式(14-3)得： $H = \dfrac{M_C^0}{f} = \dfrac{13 \times 8 - 2 \times 8 \times 4}{4} = 10\ (\text{kN})$

(2) 内力计算

在绘制内力图时，将拱沿跨度方向分成八等份，算出每个截面的弯矩、剪力和轴力的数值后，绘制出相应的内力图，如图 14-19(b)、(c)、(d)所示。图 14-19(e)为相应简支梁的弯矩图。

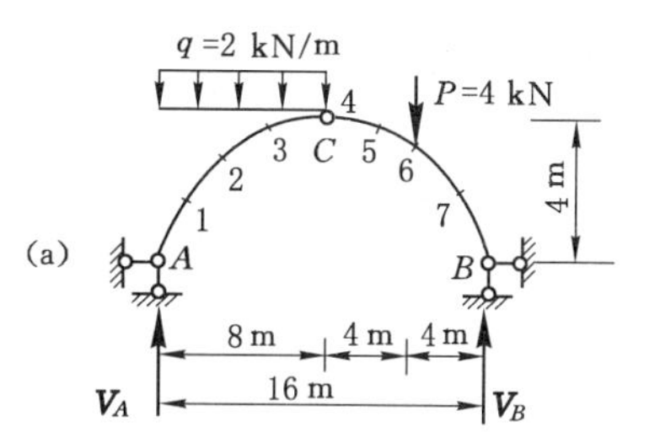

现取距左支座为 4 m 处的截面为例，来说明计算步骤。

根据拱轴线的方程，当 $x=4$ m 时：

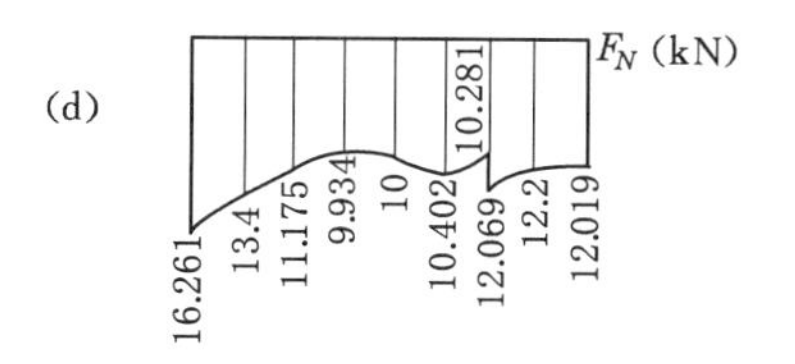

$$y=\frac{4f}{l^2}x(l-x)=\frac{4\times4}{16^2}\times4\times(16-4)=3\ (\text{m})$$

$$\tan\varphi=\frac{\mathrm{d}y}{\mathrm{d}x}=\frac{4f}{l^2}(l-2x)$$

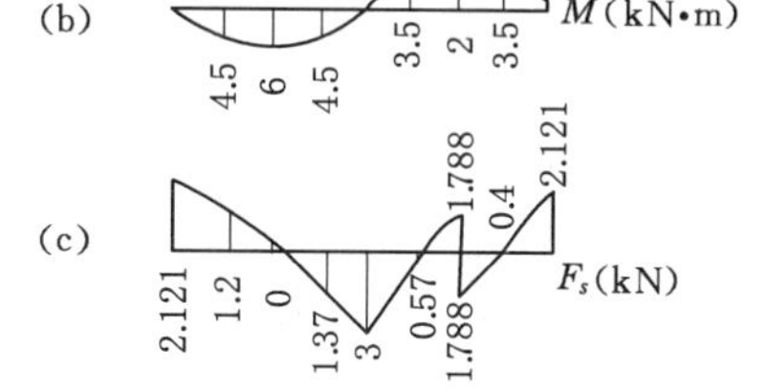

$$\tan\varphi_2=\frac{4\times4}{16^2}(16-2\times4)=0.5$$

$$\varphi_2=14°2',\ \sin\varphi_2=0.447,\ \cos\varphi_2=0.894$$

由式(14-4)～(14-6)得：

$$M_2=M_2^0-Hy_2$$
$$=(13\times4-2\times4\times2)-10\times3$$
$$=6\ (\text{kN}\cdot\text{m})$$

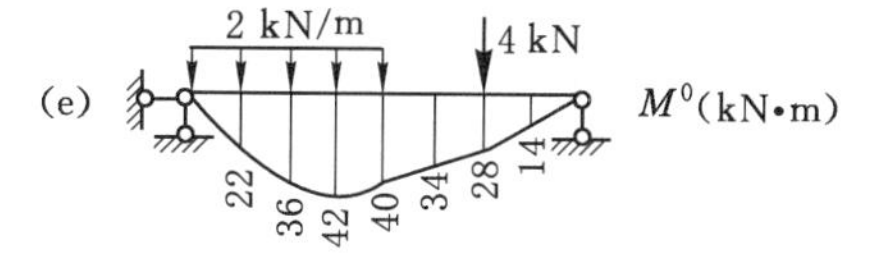

$$F_{s2}=F_{s2}^0\cos\varphi_2-H\sin\varphi_2$$
$$=(13-2\times4)\times0.894-10\times0.447$$
$$=0\ (\text{kN})$$

$$F_{N2}=-F_{s2}^0\sin\varphi_2-H\cos\varphi_2$$
$$=-(13-2\times4)\times0.447-10\times0.894$$
$$=-11.2\ (\text{kN})$$

(e) 2 kN/m　4 kN　M^0(kN·m)　22　36　42　40　34　28　14

图 14-19

其他截面的计算方法同上。表 14-1 列出了各截面的全部计算结果。值得注意的是，在集中力 $\boldsymbol{P}$ 作用处，剪力图和轴力图有突变，所以要分别计算出截面左、右两边的剪力和轴力。

14.3.2　三铰拱的合理轴线

一般情况下，三铰拱的任一截面上作用有弯矩、剪力和轴力。若能适当地选择拱的轴线形状，使得在给定的荷载作用下，拱上各截面只承受轴力，而弯矩为零。这时，任一截面上正应力分布将是均匀的，因而拱体的材料能够得到充分地利用，这样的拱轴线称为拱的合理轴线。

为求拱的合理轴线，由式(14-4)有：

$$M(x)=M^0(x)-Hy(x)=0$$

即

$$y(x)=\frac{M^0(x)}{H}\tag{14-7}$$

式中，x，y 为三铰拱上任一截面形心坐标，$M(x)$ 为该截面弯矩值，$M^0(x)$ 为相应简支梁上对应截面的弯矩值。

式(14-7)即为拱的合理轴线方程。可见，在竖向荷载作用下，合理轴线 y 与相应简支梁的弯矩成正比，与支座水平推力 H 成反比。已知拱上所受荷载，只需求出相应简支梁的弯

表 14-1　　三铰拱的内力计算　　单位：M(kN·m)；F_s、F_N(kN)

拱轴分点	截面几何参数					F_s^0	弯矩计算			剪力计算			轴力计算		
	y/m	$\tan\varphi$	φ	$\sin\varphi$	$\cos\varphi$		M^0	$-Hy$	M	$F_s^0\cos\varphi$	$-H\sin\varphi$	F_s	$-F_s^0\sin\varphi$	$-H\cos\varphi$	F_N
A	0	1	45°	0.707	0.707	13	0	0	0	9.191	−7.07	2.121	−9.191	−7.07	−16.261
1	1.75	0.75	36°52′	0.600	0.800	9	22	−17.5	4.5	7.20	−6.00	1.20	−5.400	−8.00	−13.400
2	3.00	0.50	26°34′	0.447	0.894	5	36	−30	6	4.47	−4.47	0	−2.235	−8.94	−11.175
3	3.75	0.25	14°2′	0.234	0.970	1	42	−37.5	4.5	0.97	−2.34	−1.37	−0.234	−9.70	−9.934
4	4.00	0	0	0	1.000	−3	40	−40	0	−3.00	0	−3.00	0	−10.00	−10.000
5	3.75	−0.25	−14°2′	−0.234	0.970	−3	34	−37.5	−3.5	−2.91	2.34	−0.57	−0.702	−9.70	−10.402
6L	3.00	−0.50	−26°34′	−0.447	0.894	−3	28	−30	−2	−2.682	4.47	1.788	−1.341	−8.94	−10.281
6R	3.00	−0.50	−26°34′	−0.447	0.894	−7	28	−30	−2	−6.258	4.47	−1.788	−3.129	−8.94	−12.069
7	1.75	−0.75	−36°52′	−0.600	0.800	−7	14	−17.5	−3.5	−5.60	6.00	0.40	−4.200	−8.00	−12.200
B	0	−1.00	−45°	−0.707	0.707	−7	0	0	0	−4.949	7.07	2.121	−4.949	−7.07	−12.019

矩方程，然后除以水平推力 H，便可得到拱的合理轴线方程。

【例 14-6】 试求图 14-20(a)所示对称三铰拱在均布荷载 $\boldsymbol{q}$ 作用下的合理轴线。

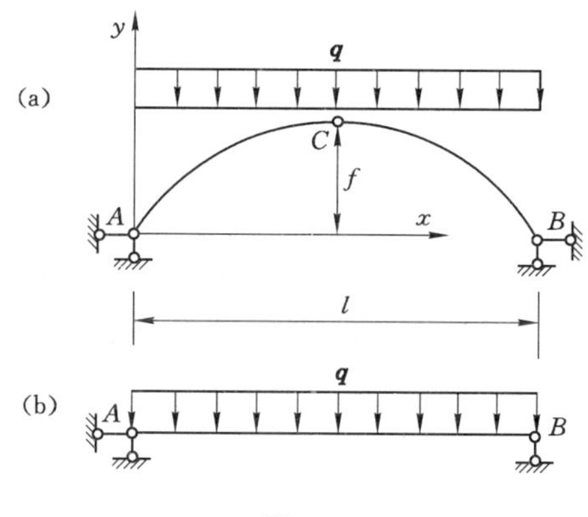

图 14-20

解 作出相应简支梁如图 14-20(b)所示，其弯矩方程为：

$$M^0(x)=\frac{1}{2}qlx-\frac{1}{2}qx^2=\frac{1}{2}qx(l-x)$$

由式(14-3)求得：

$$H=\frac{M_C^0}{f}=\frac{\frac{1}{8}ql^2}{f}=\frac{ql^2}{8f}$$

即可由式(14-7)求得拱的合理轴线方程为：

$$y=\frac{\frac{1}{2}qx(l-x)}{\frac{ql^2}{8f}}=\frac{4f}{l^2}x(l-x)$$

由此可见，在满跨作用均布荷载下，对称三铰拱的合理轴线是一抛物线，因此房屋建筑中拱的轴线常采用抛物线。

14.4 静定平面桁架和组合结构

14.4.1 静定平面桁架的特点和组成

桁架是由杆件组成的格构体系，该结构在工程中应用很广泛，特别是在大跨度结构中，桁架更是一种重要的结构形式。图 14-21(a)、(b)所示钢筋混凝土屋架和钢木屋架就属于桁架。

实际桁架的受力情况、杆件之间的连接方式等因素比较复杂，在分析中必须抓主要矛盾，对实际桁架作必要的简化。通常在桁架的内力计算中，采用下列假设：

(1) 桁架的结点都是光滑的铰结点。

(2) 各杆的轴线都是直线，且在同一平面内，并通过铰的中心。

(3) 荷载和支座反力都作用在结点上，且与各杆轴线在同一平面内。

符合上述条件的桁架称为理想桁架。

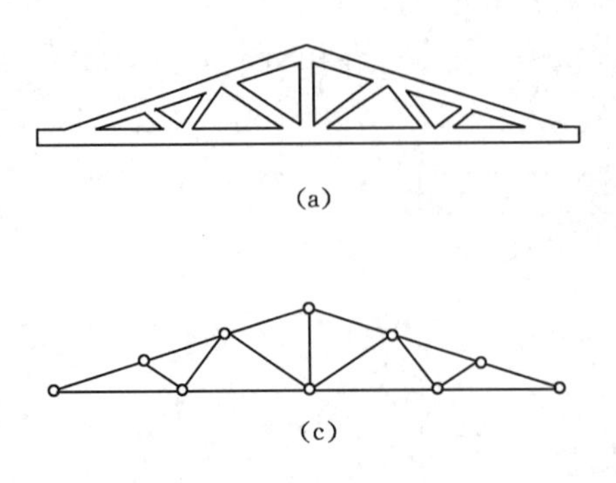

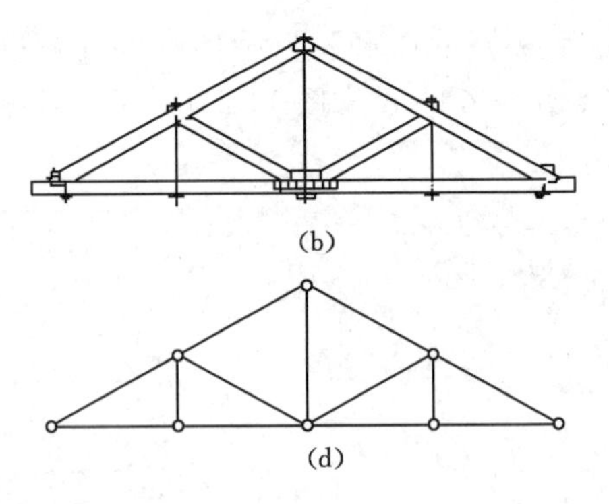

(a)　(b)　(c)　(d)

图 14-21

图 14-21(c)、(d)是根据上述假设画出的计算简图。在上述理想情况下，各杆均用轴线表示，结点的小圆圈代表铰。这样，桁架中各杆均为两端铰结的二力杆。在轴向受拉或受压的杆件中，由于轴力沿杆长不变，横截面上的应力均匀分布且同时达到极限值，故可充分发挥材料的作用。

实际桁架与上述假设是有差别的。除木桁架的榫接结点比较接近于铰结点外，钢桁架和钢筋混凝土桁架的结点都有很大的刚性，有些杆件在结点处是连续不断的。各杆的轴线也不一定全是直线和在同一平面内，结点上各杆的轴线也不一定完全交于一点。但科学实验和工程实践证明，结点刚性等因素的影响一般来说对桁架是次要的，按以上假设计算得到的平面桁架的内力称为主内力。由于工程实际与上述假设不相符而引起的内力称为次内力。一般次内力较小，其影响可忽略不计，这里只研究主内力的计算。

桁架的杆件依其所在的位置不同，可分为弦杆和腹杆两类。弦杆是指桁架上、下外围的杆件，上边的杆件称为上弦杆，下边的杆件称为下弦杆。桁架上弦杆和下弦杆之间的杆件称为腹杆，腹杆又分为竖杆和斜杆。弦杆上相邻两结点之间的区间称为节间，其距离 d 称为节间长度，如图 14-22 所示。

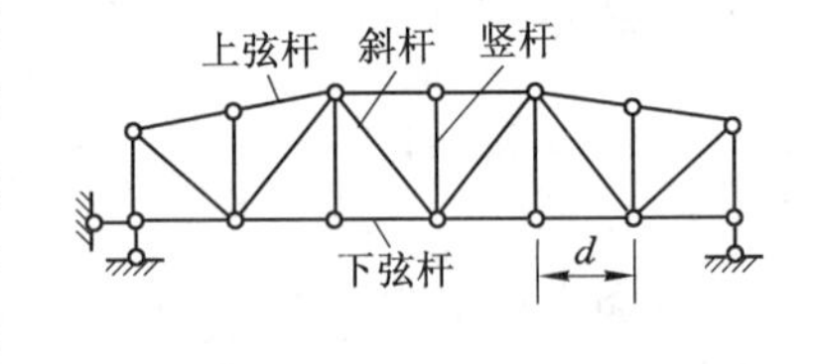

图 14-22

桁架的种类很多，从不同的观点出发，可有不同的分类方法。

(1) 按照桁架外形的特点区分，平面桁架可分为以下三类：

① 平行弦桁架：桁架的上弦杆和下弦杆相互平行，如图 14-23(a)所示。

② 抛物线或折线形弦桁架：桁架的上弦杆为抛物线或折线形，如图 14-23(b)所示。

③ 三角弦桁架：桁架的上弦杆和下弦杆组成三角形，如图 14-23(c)所示。

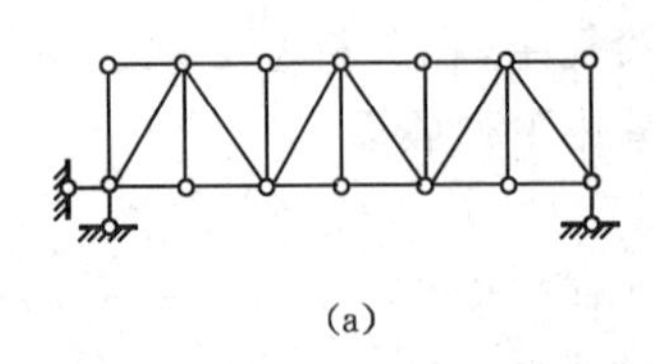

(a)

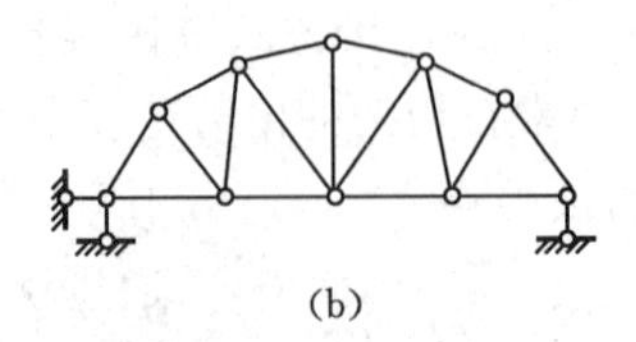

(b)

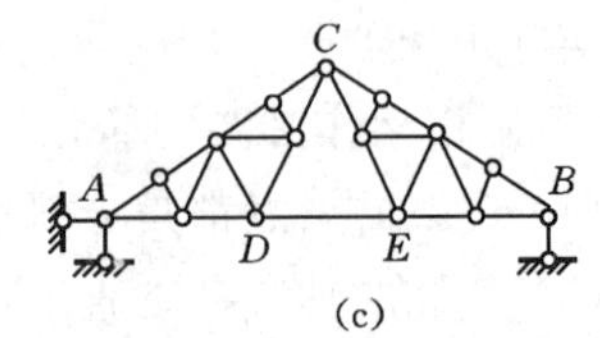

(c)

图 14-23

(2) 按照桁架的几何组成特点，平面桁架可分为以下三类：

① 简单桁架：由基础或由一个基本铰接三角形开始，依次增加二元体组成的桁架，称为简单桁架。如图 14-23(a)、(b)所示桁架均为简单桁架。

② 联合桁架：由两个或两个以上的简单桁架按照几何不变体系的组成规则连成一个桁架，称为联合桁架。如图 14-23(c)所示桁架，就是由 ACD 和 BCE 两个简单桁架组成的联合桁架。

③ 复杂桁架：凡几何组成不属于以上两类的所有静定桁架，统称为复杂桁架。图14-24所示为一复杂桁架。

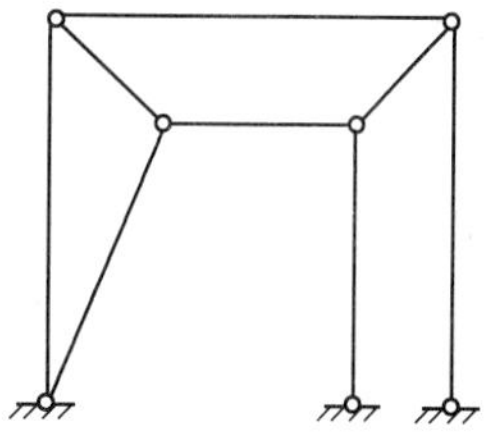

图 14-24

14.4.2 平面桁架的内力计算

1. 结点法

按一定的顺序截取桁架的结点为隔离体，利用结点静力平衡条件求杆件内力的方法，称为结点法。

由于桁架各杆只承受轴向力，作用于每一结点隔离体上的荷载和轴力组成一平面汇交力系，可列两个平衡方程求解两个未知数。在具体计算时，一般将杆件的轴力设为拉力，若求得的结果为正，表示杆件受拉，反之受压。

简单桁架是由基础或一个基本铰接三角形开始，由每增加两根杆件(两个未知力)和新增添一个结点(两个平衡方程)的二元体规则逐次扩展形成的，其最后一个结点包含两根杆件。为便于计算，在应用结点法计算简单桁架的内力时，应力求作用于该结点的未知力数不超过两个。要实现这一点，应从最后形成的一个结点开始，循着各结点形成顺序的相反程序，依次考虑各结点的平衡，即可求出各杆的内力。

【例 14-7】 图 14-25(a)所示为一简单桁架，试用结点法求各杆内力。

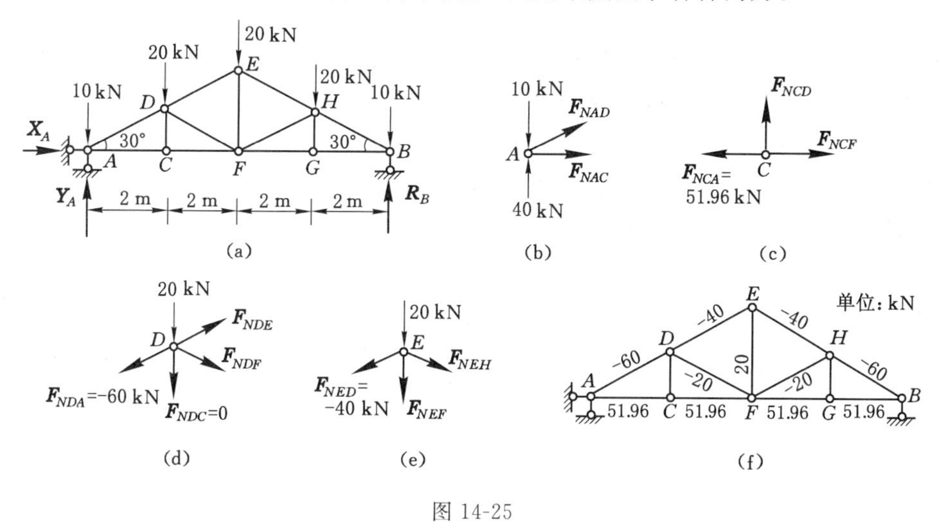

图 14-25

解 (1) 支座反力的计算。

以桁架整体为隔离体，求得：

$$X_A = 0\ (\text{kN}),\ Y_A = 40\ (\text{kN}),\ R_B = 40\ (\text{kN})$$

(2) 按照与桁架组成相反的顺序，从其最后形成的一个结点开始，应用结点法求出各杆内力。画结点受力图时，一律假设杆件受拉，如所得结果为负，则为压力。

① 取结点 A 为隔离体，如图 14-25(b)所示。

由
$$\sum Y=0 \quad 40-10+F_{NAD}\sin 30^\circ=0$$
得：
$$F_{NAD}=-60\ (\text{kN})$$
由
$$\sum X=0 \quad F_{NAD}\cos 30^\circ+F_{NAC}=0$$
得：
$$F_{NAC}=51.96\ (\text{kN})$$

② 取结点 C 为隔离体，如图 14-25(c)所示。

由
$$\sum Y=0$$
得：
$$F_{NCD}=0\ (\text{kN})$$
由
$$\sum X=0$$
得：
$$F_{NCF}=F_{NCA}=51.96\ (\text{kN})$$

③ 取结点 D 为隔离体，如图 14-25(d)所示。

由
$$\sum X=0 \quad F_{NDE}\cos 30^\circ+F_{NDF}\cos 30^\circ+60\cos 30^\circ=0$$
$$\sum Y=0 \quad F_{NDE}\sin 30^\circ-F_{NDF}\sin 30^\circ+60\sin 30^\circ-20=0$$
得：
$$F_{NDE}=-40\ (\text{kN}),\quad F_{NDF}=-20\ (\text{kN})$$

④ 取结点 E 为隔离体，如图 14-25(e)所示。

由
$$\sum X=0$$
得：
$$F_{NED}=F_{NEH}=-40\ (\text{kN})$$
由
$$\sum Y=0 \quad -F_{NEF}-20+40\sin 30^\circ\times 2=0$$
得：
$$F_{NEF}=20\ (\text{kN})$$

因为结构和荷载均是对称的，故只需计算一半桁架，处于对称位置的杆件具有相同的轴力。为清晰起见，将此桁架各杆的内力注在图 14-25(f)中。

应用结点法计算桁架内力时，若利用结点平衡的特殊情况可使计算简化。

(1) 当结点上无荷载作用，且相交两杆不在一直线上，则此两杆的内力为零。内力为零的杆称为零杆。如图 14-26(a)所示。

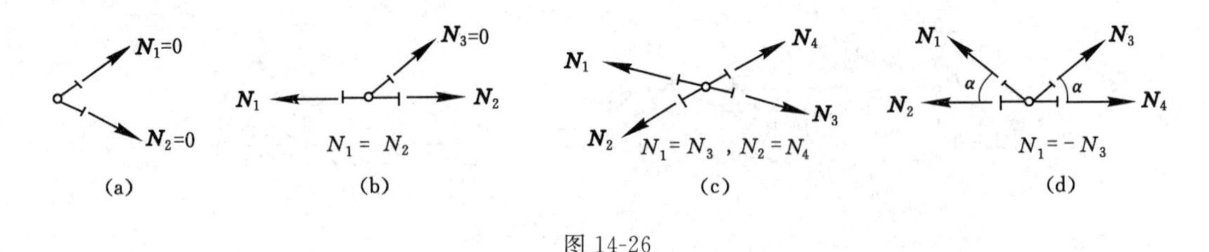

图 14-26

(2) 三杆交于一点，其中两杆共线，且结点上无荷载作用时，则第三杆为零杆。如图 14-26(b)所示。

(3) 结点上有四根杆，四杆两两分组，它们分别在不同的两根直线上，结点上若无荷载，则在同一直线上的两杆内力相等。如图 14-26(c)所示。

(4) 结点上有四根杆，其中两杆在同一直线上，另两杆处在同一侧边，且倾斜角度相等，若结点上无荷载，则处在同一侧边的两杆内力等值而反向。如图 14-26(d)所示。

2. 截面法

用一假想截面将桁架从适当的位置截开，取其中的一部分为隔离体，考虑其平衡的方法称为截面法。

用截面法求平面桁架的内力时，隔离体包含了两个或两个以上的结点，作用在其上的结点荷载、杆件轴力形成一平面力系。利用平面力系的三个平衡方程，可求出三个杆件的轴力。

截面法最适用于求简单桁架中指定杆件的轴力和联合桁架的计算。对于联合桁架，应先用截面法将联系杆件的内力求出，然后再对组成联合桁架的各简单桁架进行分析。例如图 14-27(a)所示联合桁架，可先求出 DE 杆、铰 C 的内力，然后再对简单桁架 ADC、CEB 进行内力分析。对于复杂的桁架，可将截面法、结点法联合应用求桁架的内力。如图 14-27(b)所示复杂桁架，可用截面法先求出 AF 杆的内力，其余各杆轴力即可用结点法依次求出。

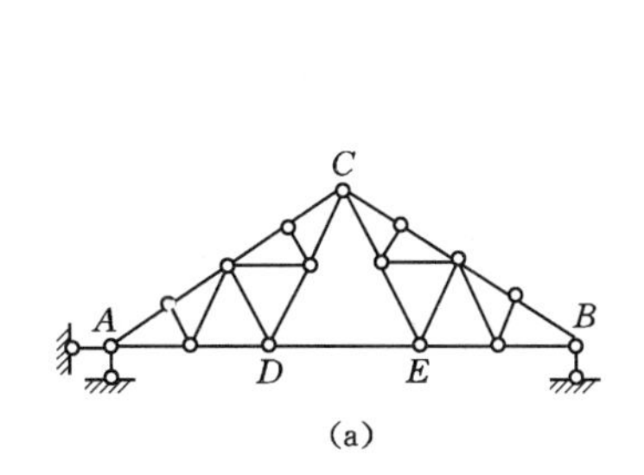

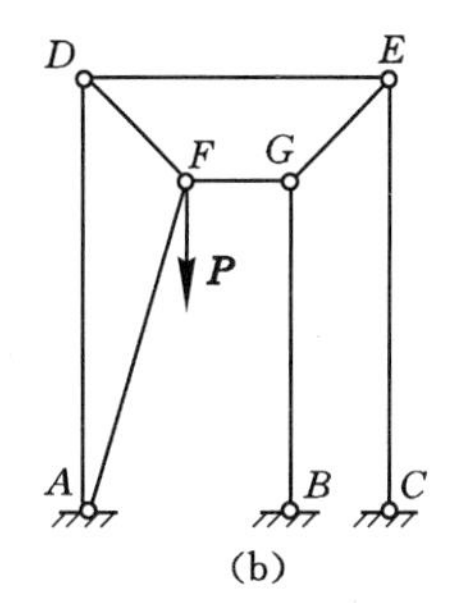

图 14-27

【例 14-8】 求图 14-28(a)所示桁架中指定杆件 a、b 的内力。

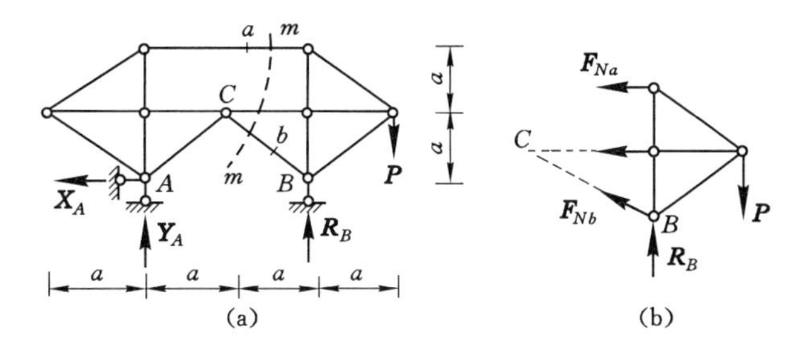

图 14-28

解　(1) 支座反力的计算。

以桁架整体为隔离体，求得：

$$X_A = 0,\ Y_A = -\frac{1}{2}P,\ R_B = \frac{3}{2}P$$

(2) 用 m—m 截面将桁架截开，截取桁架右半部分为隔离体，如图 14-28(b)所示。

由
$$\sum Y = 0 \quad F_{Nb}\cos 45^\circ + \frac{3}{2}P - P = 0$$

得：
$$F_{Nb} = -0.707P$$

由 $$\sum M_C = 0 \quad F_{Na} \cdot a + \frac{3}{2}P \cdot a - P \cdot 2a = 0$$

得： $$F_{Na} = 0.5\ P$$

14.4.3 组合结构

组合结构是由只承受轴力的二力杆和承受弯矩、剪力、轴力的梁式杆件所组成的，常用于房屋建筑中的屋架、吊车梁以及桥梁的承重结构。图 14-29(a)所示为一下撑式五角形屋架，其上弦是由钢筋混凝土制成的，主要承受弯矩和剪力；下弦和腹杆为型钢，主要承受轴力。该组合结构的计算简图如图 14-29(b)所示。

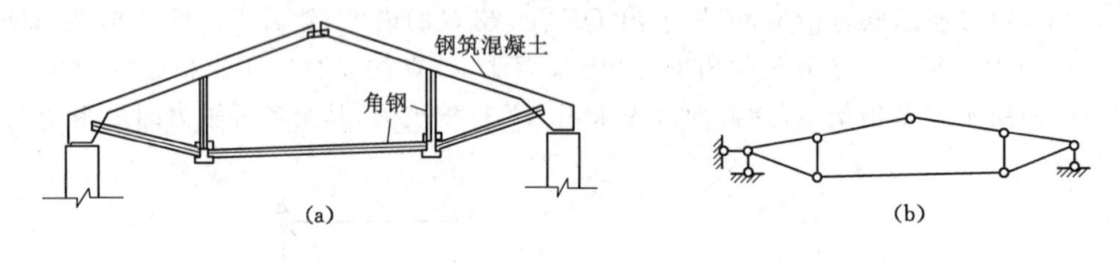

图 14-29

计算组合结构时，应先求出支座反力和二力杆的轴力，然后再计算梁式杆的内力，最后作出其内力图。如采用截面法计算组合结构，必须注意区分被截断的杆件是二力杆还是梁式杆。对于二力杆，只作用有轴力；对于梁式杆，截面上一般作用有弯矩、剪力和轴力三个力。

【例 14-9】 试计算图 14-30(a)所示组合结构中各杆的内力，并绘出其内力图。

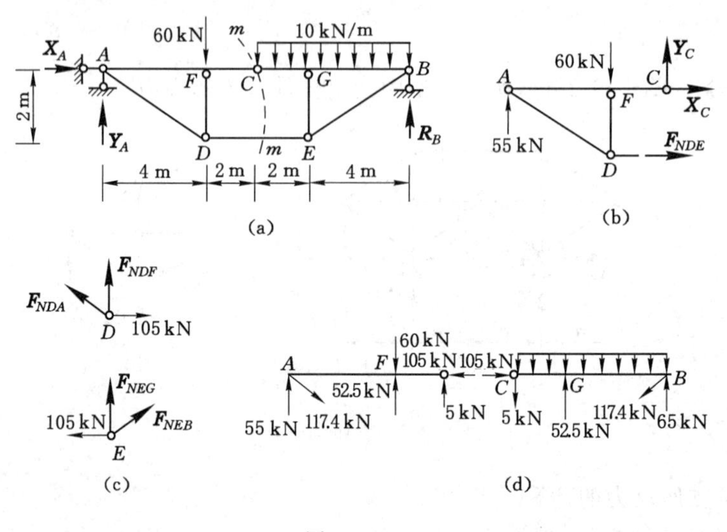

图 14-30

解 (1) 支座反力的计算。

以桁架整体为隔离体，求得：

$$X_A = 0\ (\mathrm{kN}),\ Y_A = 55\ (\mathrm{kN}),\ R_B = 65\ (\mathrm{kN})$$

(2) 用 m—m 截面将桁架截开，截取桁架左半部分为隔离体，如图 14-30(b)所示。

由 $$\sum M_C = 0 \quad F_{NDE} \times 2 + 60 \times 2 - 55 \times 6 = 0$$

得：
$$F_{NDE}=105\ (\text{kN})\ (\text{拉力})$$
由
$$\sum Y=0\quad Y_C+55-60=0$$
得：
$$Y_C=5\ (\text{kN})$$
由
$$\sum X=0\quad X_C+F_{NDE}=0$$
得：
$$X_C=-105\ (\text{kN})$$
(3) 分别以结点 D 和 E 为隔离体，如图 14-30(c)所示。

由
$$\sum X=0\quad -F_{NDA}\frac{2}{\sqrt{5}}+105=0$$
得：
$$F_{NDA}=F_{NEB}=117.4\ (\text{kN})$$
由
$$\sum Y=0\quad F_{NDA}\frac{1}{\sqrt{5}}+F_{NDF}=0$$
得：
$$F_{NDF}=F_{NEG}=-52.5\ (\text{kN})$$
(4) 分别以梁式杆 AC 和 CB 杆为隔离体，如图 14-30(d)所示，其控制截面的内力为：

$F_{NAF}=-105\ (\text{kN})$，$F_{sAF}=2.5\ (\text{kN})$，$M_{AF}=0\ (\text{kN}\cdot\text{m})$

$F_{NFA}=-105\ (\text{kN})$，$F_{sFA}=2.5\ (\text{kN})$，$F_{sFC}=-5\ (\text{kN})$，$M_{AF}=10\ (\text{kN}\cdot\text{m})$

$F_{NCF}=-105\ (\text{kN})$，$F_{sCF}=-5\ (\text{kN})$，$M_{AF}=0\ (\text{kN}\cdot\text{m})$

$F_{NCG}=-105\ (\text{kN})$，$F_{sCG}=-5\ (\text{kN})$，$M_{AF}=0\ (\text{kN}\cdot\text{m})$

$F_{NGC}=-105\ (\text{kN})$，$F_{sGC}=-25\ (\text{kN})$，$F_{sGB}=27.5\ (\text{kN})$，$M_{GC}=-30\ (\text{kN}\cdot\text{m})$

$F_{NBG}=-105\ (\text{kN})$，$F_{sBG}=-12.5\ (\text{kN})$，$M_{BG}=0\ (\text{kN}\cdot\text{m})$

(5) 绘出内力图。

根据以上计算结果，可作内力图如图 14-31 所示。

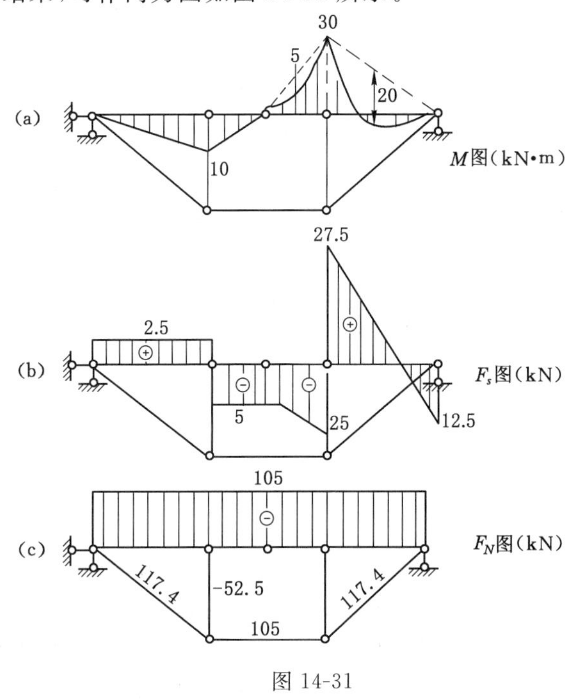

图 14-31

14.5 静定结构的基本性质

14.5.1 静定结构的基本特征

1. 几何组成方面

在几何组成方面，静定结构属于无多余约束的几何不变体系，因此，其全部内力和反力均由静力平衡条件求得，且其解答是唯一的。

2. 反力和内力方面

由于只用静力平衡条件即可确定静定结构的反力和内力，因此，其反力和内力只与荷载以及结构的几何形状和尺寸有关，而与构件所用材料及其截面形状和尺寸无关。

3. 支座移动、温度变化及制造误差方面

由于静定结构不存在多余约束，因而可能发生的支座移动、温度变化及制造误差会导致结构产生位移，但不会产生反力和内力。如图 14-32(a)所示，简支梁下部温度升高了 t ℃，因为简支梁可以自由地产生弯曲变形(图中虚线所示)，所以梁内不会产生内力。如图14-32(b)所示，简支梁由于 B 支座下沉只会引起梁的刚体位移(图中虚线所示)，所以梁内不会产生内力。如图 14-32(c)所示，桁架中杆 CD 因施工误差稍有缩短，拼装后结构形状略有改变(图中虚线所示)，但桁架内不会产生内力。

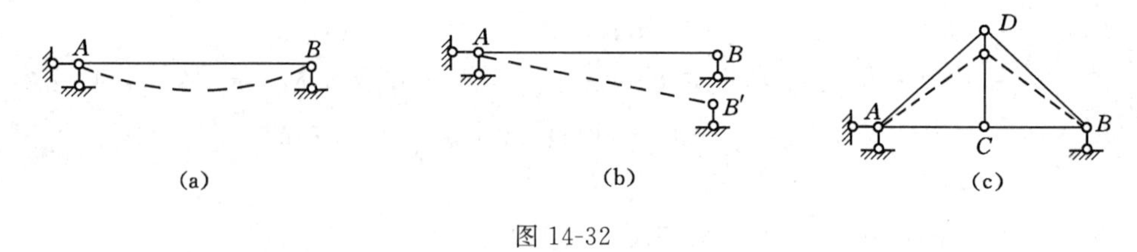

图 14-32

4. 平衡力系作用方面

静定结构在平衡力系作用下，其影响的范围只限于该力系作用的最小几何不变部分，而不致影响到此范围以外。如图 14-33(a)所示的静定多跨梁，基本部分 AB 承受荷载时，它自身可与荷载维持平衡，附属部分 BC 没有内力。而图 14-33(b)所示静定桁架，当杆 AB 承受任意平衡力系时，除杆 AB 产生内力外，其余各杆都是零杆。

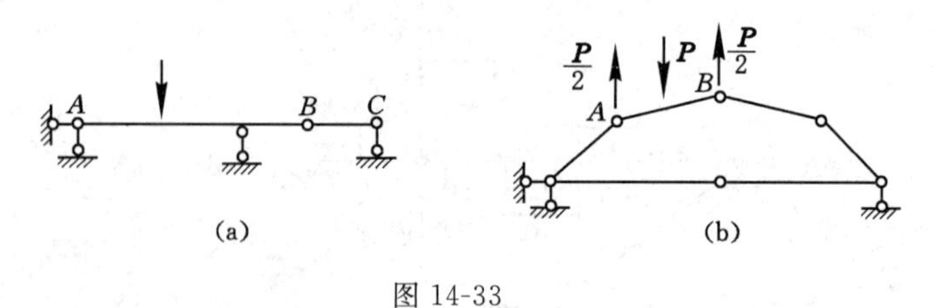

图 14-33

5. 等效力系作用方面

静力等效力系是指两个力系向同一点简化，合力相等，合力矩也相等。静力等效的两个力系分别作用在静定结构上，只会使两力系共同作用的几何不变部分产生不同的内力，而结构中其他部分的受力情况则相同。如图 14-34(a)、(b)所示静定桁架在两个等效力系作用下，它们对梁的影响仅限于在 ik 段内，ik 段以外的内力和反力是相等的。

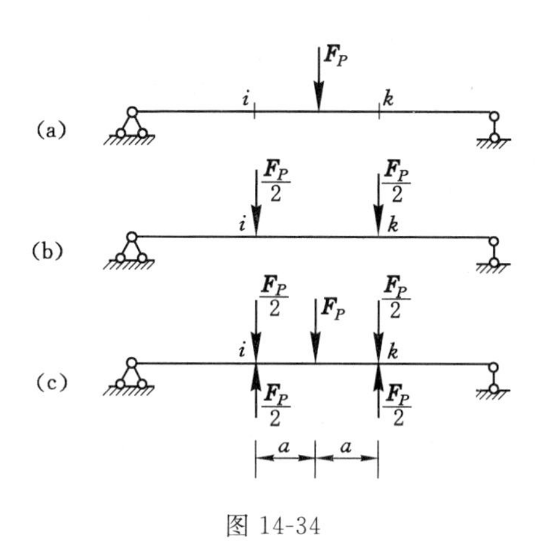

图 14-34

14.5.2　常用静定结构的受力特点

1. 梁(简支梁、悬臂梁、伸臂梁、多跨静定梁)

梁均由受弯构件组成,截面上的应力分布不均匀,材料强度得不到充分利用,故当跨度较大时,不宜采用梁做承重构件。

2. 桁架

桁架中的杆件都是二力杆,各杆只产生轴力,截面上的正应力均匀分布,能充分利用材料的强度。因此,桁架比梁能跨越更大空间。

3. 三铰拱和三铰刚架

三铰拱和三铰刚架均属于有推力结构,由于推力存在,使杆件截面的弯矩值减小。三铰拱在给定荷载作用下,若恰当选用拱轴线,可使整个拱主要受压力,便于用抗压强度较高的脆性材料建造。三铰刚架的各杆为受弯构件,它比三铰拱具有更大的空间。

4. 组合结构

组合结构包括受力性质完全不同的两类杆件——受弯的梁式杆和二力杆。在组合结构中,二力杆从加劲的角度出发,改善了梁式杆的受力特点。如图 14-35 所示为一加劲梁。

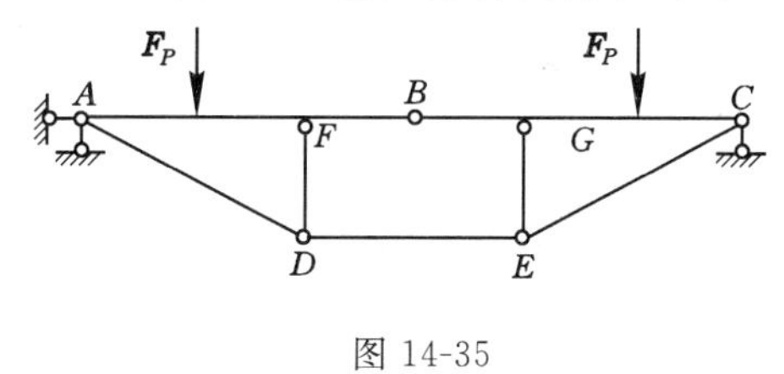

图 14-35

思　考　题

14-1　结构的基本部分和附属部分是如何划分的?荷载分别作用在基本部分和附属部分上时,对其他部分的影响是什么?

14-2　不通过计算,能直接求出图示梁支座 B 截面的弯矩吗?

14-3　不通过计算,分析图示结构中 BD 杆的内力有什么特点。

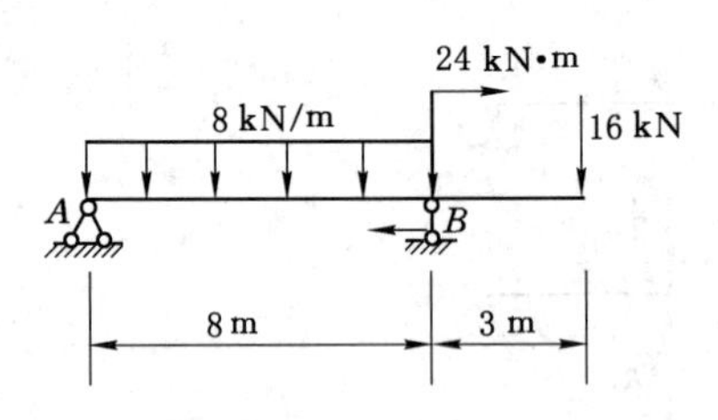

思考题 14-2 图

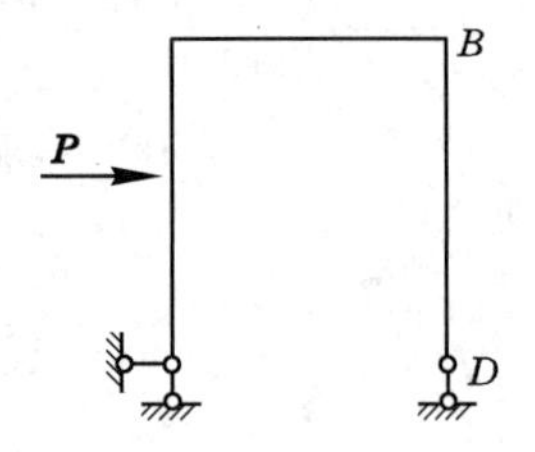

思考题 14-3 图

14-4　图示两结构截面 D 的弯矩分别记为 M_{D1} 和 M_{D2}，则二者的关系是(　　)。

A. $M_{D1}<M_{D2}$　　　B. $M_{D1}=M_{D2}$

C. $M_{D1}>M_{D2}$　　　D. 不确定，与 f_1，f_2 的比值有关

14-5　图示桁架，杆 1 的轴力等于________。

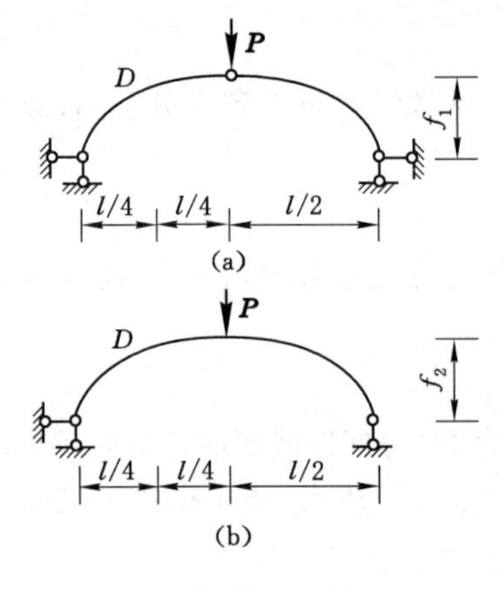

思考题 14-4 图

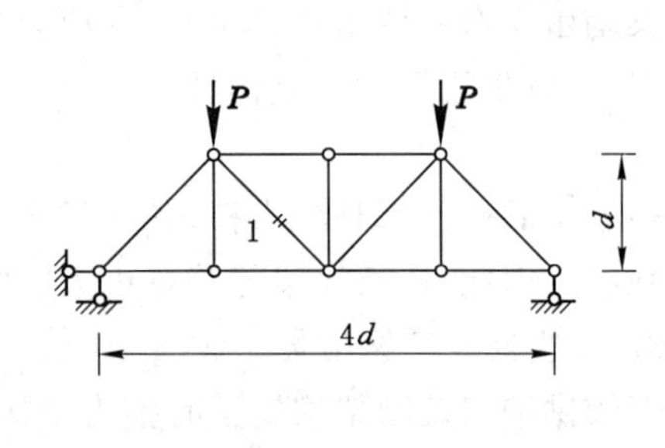

思考题 14-5 图

14-6　试判断图所示桁架有多少根零杆。

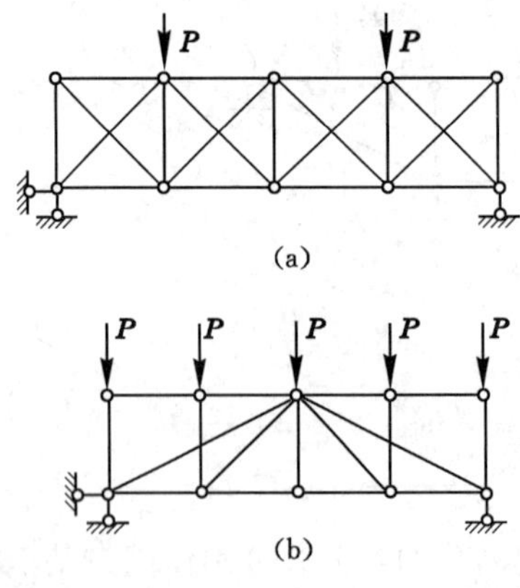

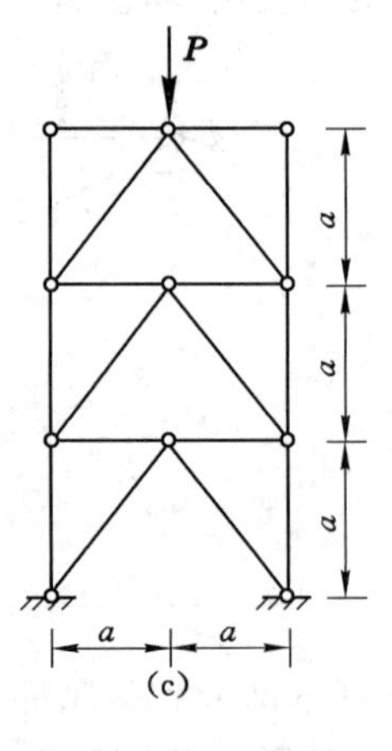

思考题 14-6 图

14-7　绘制三铰拱内力图的方法与绘制静定梁和静定刚架的内力图时所采用的方法有何不同？为什么会有这些差别？

14-8　组合结构计算中，截断梁式杆和二力杆有何区别？为什么？

14-9　静定结构的受力分析原则是什么？

习　　题

14-1　试作图示静定多跨梁的内力图。（答案：略）

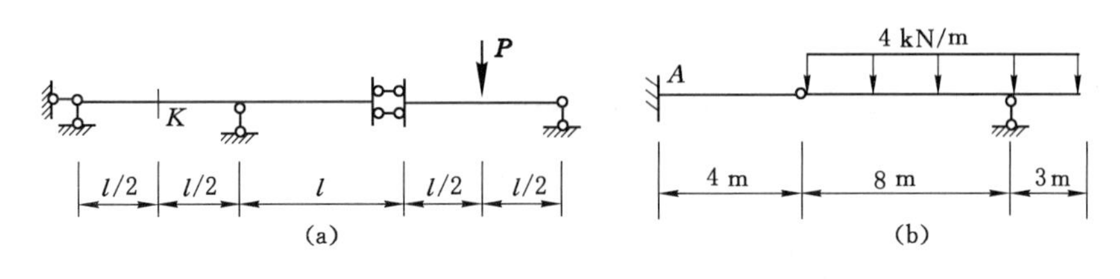

习题 14-1 图

14-2　试作刚架的内力图。（答案：略）

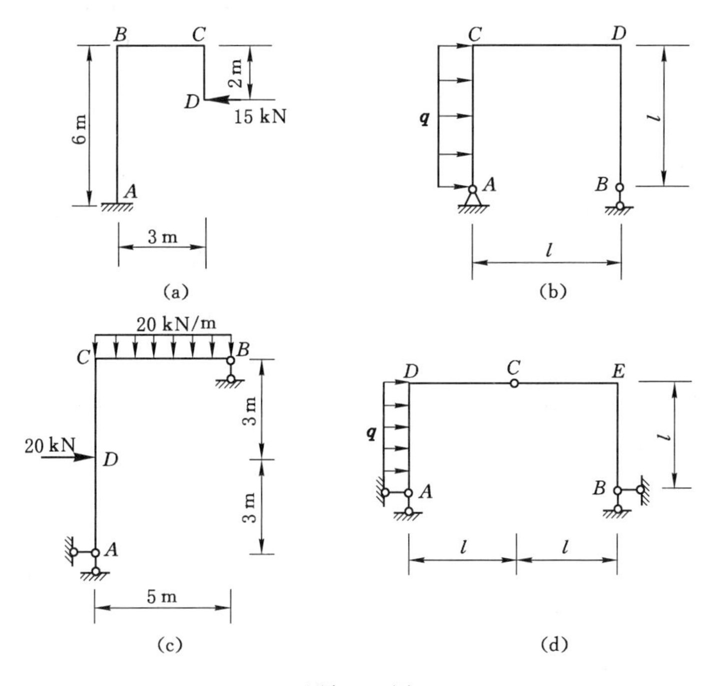

习题 14-2 图

14-3　试作刚架的弯矩图。（答案：略）

14-4　试画出图示三铰刚架的弯矩图。（答案：略）

14-5　图示三铰拱，拱轴线方程为 $y=\frac{4f}{l^2}x(l-x)$，在均布荷载 q 作用下，试求截面 D 的内力。（答案：$M_D=M_D^0-Hy$；$F_{sD}=F_{sD}^0\cos\varphi_D-H\sin\varphi_D$；$F_{ND}=-F_{sD}^0\sin\varphi_D-H\cos\varphi_D$）

14-6　试画出图示三铰拱的内力图。（答案：略）

14-7　试用结点法求图示桁架各杆的内力。（答案：(a) $F_{14}=0.5F_P$，$F_{51}=F_{54}=$

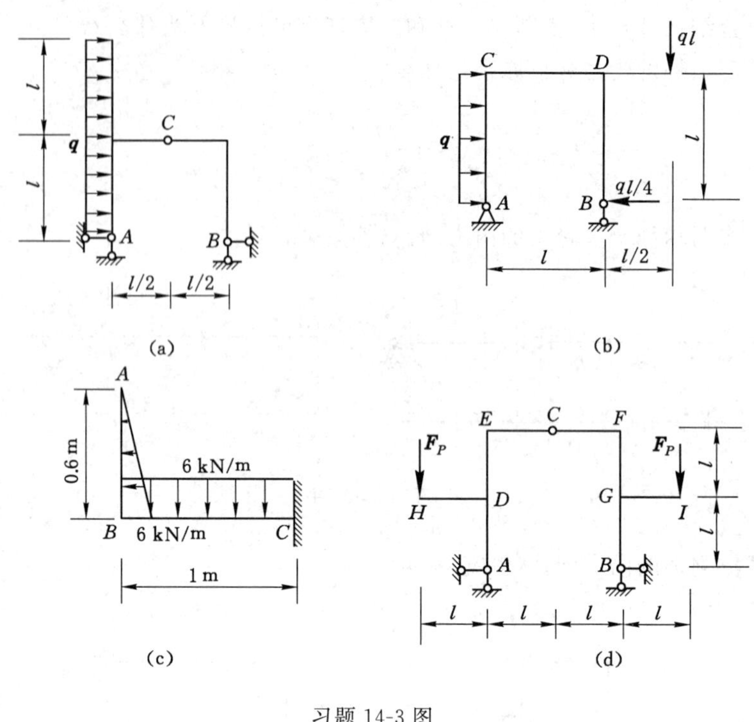

习题 14-3 图

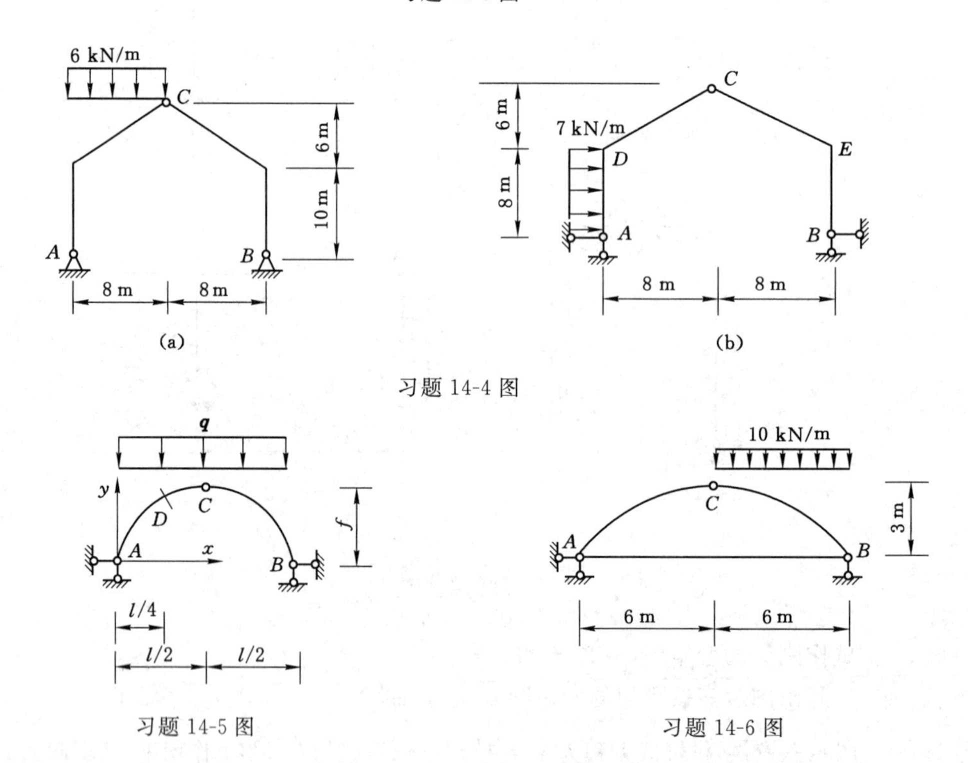

习题 14-4 图

习题 14-5 图

习题 14-6 图

0.717F_P；(b) $F_{12}=F_{23}=F_{34}=-F_P$，$F_{56}=F_{78}=F_{67}=-F_P$；(c) $F_{23}=-11.25$ kN，$F_{62}=12.5$ kN，$F_{67}=3.75$ kN）

14-8 试用截面法求图示桁架中指定各杆的内力。（答案：(a) $F_1=75$ kN，$F_2=$

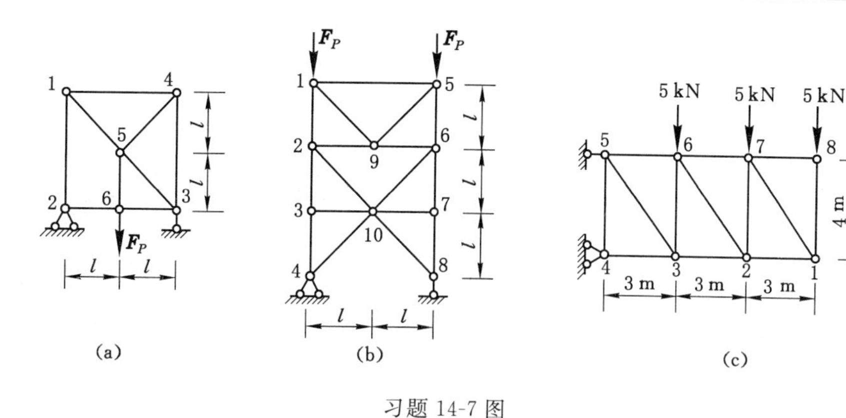

(a)
(b)
(c)

习题 14-7 图

$-2.5\sqrt{13}$ kN；(b) $F_a=P, F_b=-\dfrac{\sqrt{2}}{2}P$；(c) $F_1=\dfrac{\sqrt{13}}{3}P, F_2=0$；(d) $F_1=-P, F_2=\dfrac{\sqrt{2}}{2}P$；(e) $F_1=\dfrac{5}{4}F, -F_2=F_3=\dfrac{1}{2}F$；(f) $F_1=50$ kN, $F_2=40$ kN, $F_3=20$ kN, $F_4=-105$ kN)

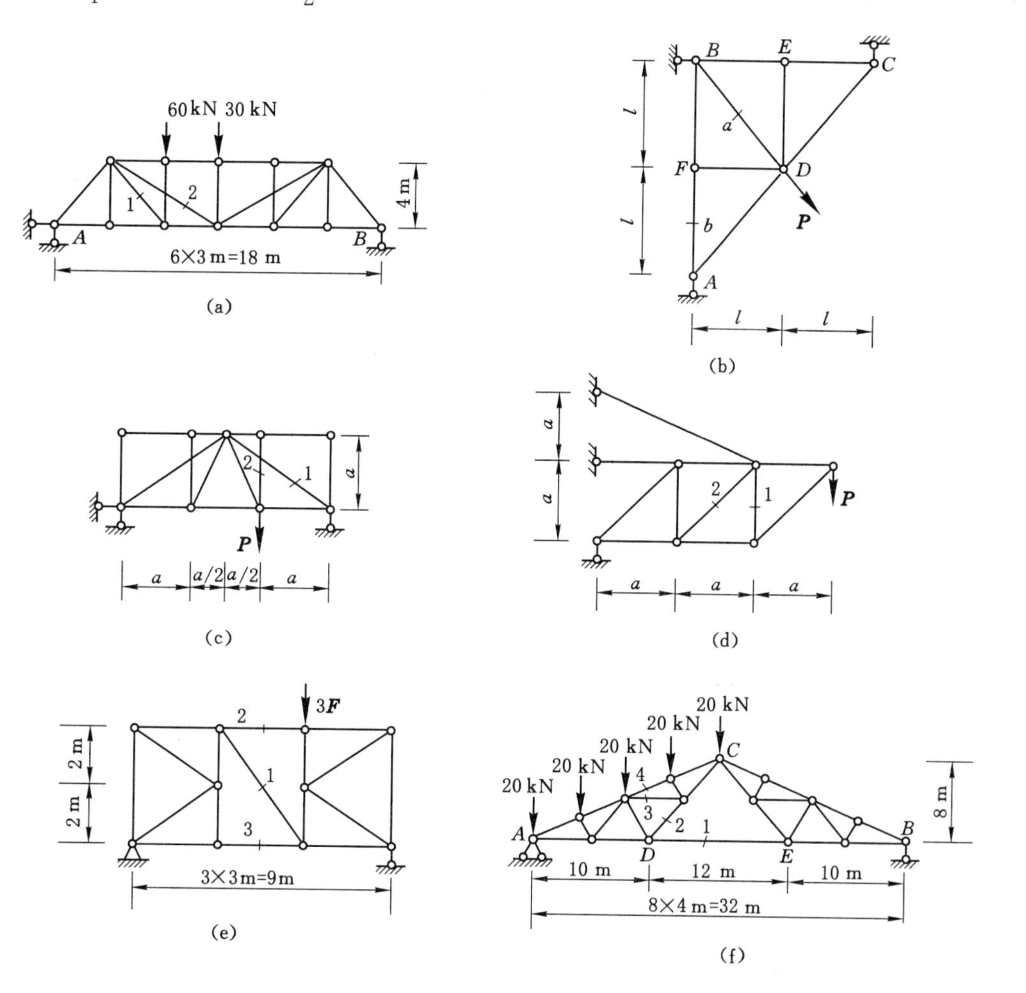

(a)
(b)
(c)
(d)
(e)
(f)

习题 14-8 图

14-9 试求图示组合结构各二力杆的轴力,并绘出各梁式杆的弯矩图。(答案:(a) $F_{AB}=P$;(b) $F_{FG}=358$ kN, $F_{AF}=367$ kN, $F_{FD}=-81.9$ kN)

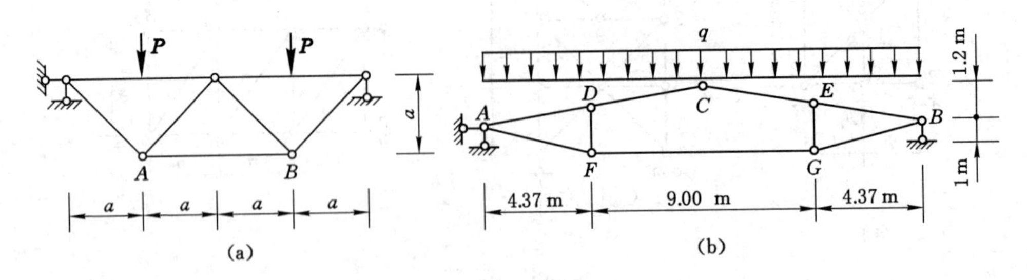

习题 14-9 图

15　静定结构的位移计算

15.1　静定结构的位移

15.1.1　结构的位移

结构在荷载作用下会产生内力，同时使其材料产生应变，以致结构产生变形。由于结构的变形，结构上各点的位置将会产生位移。结构的位移通常可分为线位移和角位移两种，线位移是指结构上各点产生的位置移动，角位移则是指杆件横截面所产生的位置转动。如图15-1所示刚架，在荷载作用下可能产生如图中虚线所示的变形，其中C点的位置由C移到了C'，线段$\overline{CC'}$即称为C点的线位移Δ_C，它也可以用其水平位移分量Δ_{CH}和竖向位移分量Δ_{CV}（又称为挠度）来表示，截面C还转动了一个角度φ_C，这些位移通常称为绝对位移。

结构的位移除上述绝对位移外，还有相对位移。所谓相对位移，是指两点或两截面相互间的位置改变量，通常分为相对线位移和相对角位移。如图15-2所示刚架，在荷载作用下可能产生如图中虚线所示的变形，其中C点产生向右的水平位移Δ_{CH}，D点产生向左的水平位移Δ_{DH}。其和$\Delta_{CD}=\Delta_{CH}+\Delta_{DH}$即称为$C$、$D$两点的相对水平位移。同理，截面A产生顺时针方向的转角φ_A，截面B产生逆时针方向的转角φ_B，其和$\varphi_{AB}=\varphi_A+\varphi_B$即称为$A$、$B$两截面的相对角位移。

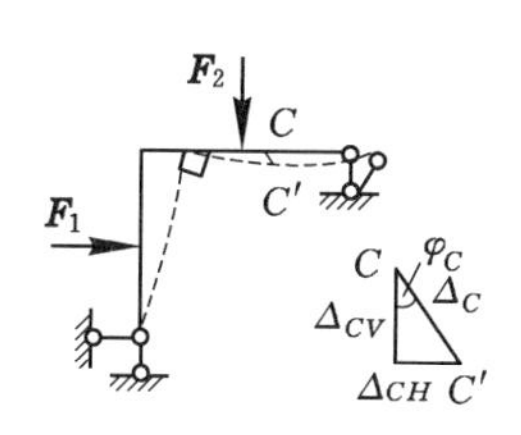

图15-1

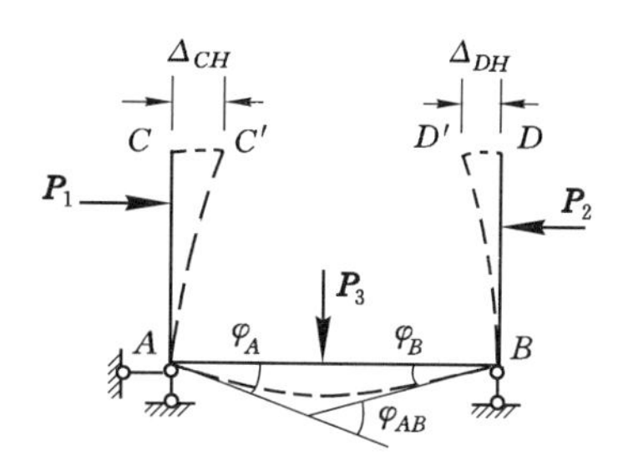

图15-2

使结构产生位移的因素，主要有以下三方面：

1. 荷载

图15-1、图15-2均是结构在荷载作用下，致使结构产生变形。

2. 温度变化

材料具有热胀冷缩的物理性能，故当结构周围的温度发生变化时，有可能使结构产生位移。

3. 支座位移

若地基发生沉降，则结构的支座将会发生移动和转动，则有可能使结构产生位移。

除上述因素外，其他如材料的干缩和结构构件的尺寸制作误差等，也都有可能使结构产生位移。

15.1.2 结构位移计算的目的

结构的位移计算主要有以下三个目的：

1. 结构的刚度校核

在结构设计中，结构除了要满足强度要求外，还应当满足一定的刚度要求。因为结构的刚度是以其变形或位移来度量的，所以在验算结构的刚度时，需要计算结构的位移。

2. 为超静定结构的计算打基础

由于超静定结构存在多余约束，所以计算超静定结构的内力和反力时，除了应用静力平衡条件外，还必须考虑结构的变形协调条件。而建立超静定结构的变形协调方程，就必须计算结构的位移。

3. 为建筑起拱和结构架设提供位移数据

在较大跨度的建筑中，由于结构变形常会产生明显的下垂现象，不仅影响美观，而且容易引起人们的不安全感。为了避免这些现象，在结构的制作、架设等过程中，常需要预先知道结构位移后的位置，采取把结构做成具有一定向上弯曲的初始弯曲形式，用以抵消由挠度产生的下垂现象。这种做法，在工程上称为建筑起拱。建筑起拱的高度，通常是由挠度来确定的，为此就必须计算结构的位移。

15.2 刚体体系的虚功原理

力学中功的概念可定义为：一个不变的集中力值与其作用点沿力作用线方向所发生的位移的乘积。这里先引入广义力和广义位移的概念。

15.2.1 广义力和广义位移

在图 15-3 所示的悬臂梁中，悬臂端 A 处作用一个集中力 $\boldsymbol{F}$，虚线所示为梁的变形，力 $\boldsymbol{F}$ 的作用点由 A 移到 A'。在移动过程中，如果力 $\boldsymbol{F}$ 的大小和方向均保持不变，则力 $\boldsymbol{F}$ 所做的功为：

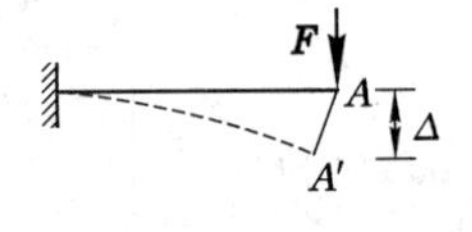

图 15-3

$$W = F\Delta$$

式中，Δ 是 A 点线位移 $\overline{AA'}$ 在力作用线方向上与力 $\boldsymbol{F}$ 相应的分位移。

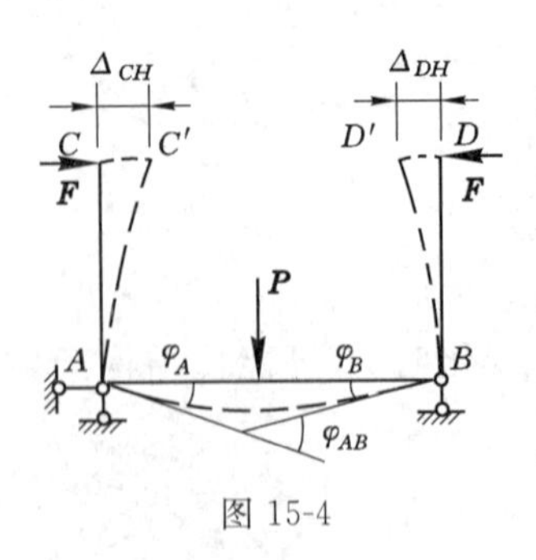

图 15-4

对于其他形式的力或力系所做的功，也常用两个因子的乘积来表示，其中与力相应的因子称为广义力，而与位移相应的因子称为广义位移。广义力与广义位移的乘积就是功。如图 15-4 所示结构，在 C、D 两点受一对大小相等、方向相反并沿 CD 连线作用的力 $\boldsymbol{F}$，其变形图如虚线所示，其中 C 点产生向右的水平位移 Δ_{CH}，D 点产生向左的水平位移 Δ_{DH}。其和 $\Delta = \Delta_{CH} + \Delta_{DH}$ 即称为 C、D 两点的相对水平位移。在移动过程中，如果力 $\boldsymbol{F}$ 的大小和方向均保持不变，则力 $\boldsymbol{F}$ 所做的功为：

$$W = F\Delta_{CH} + F\Delta_{DH} = F(\Delta_{CH} + \Delta_{DH}) = F\Delta$$

由上式可见，广义力是作用在C、D两点的一对大小相等、方向相反并沿CD连线作用的力$\boldsymbol{F}$，而C、D两点沿力方向的相对位移Δ则为广义位移。

15.2.2 外力虚功和刚体体系虚功原理

当做功的两个因素中的力与其相应的位移彼此独立无关时，就把这种功称为虚功。作用在结构上的外力(包括荷载和支座反力)所做的虚功，称为外力虚功，以W表示。

在虚功中力和位移是彼此独立无关的两个因素，可将构成虚功的两个因素分别看成属于同一结构的两种彼此无关的状态，其中力系因素所属的状态称为力状态，位移因素所属的状态称为位移状态。

刚体体系的虚功原理可表述为：在具有理想约束的刚体体系上，如果力状态中的力系能够满足平衡条件，而位移状态中的刚体位移能与几何约束相容，则外力虚功之和等于零。即：

$$W = 0 \tag{15-1}$$

上式称为刚体体系的虚功方程。

由于虚功原理中力状态和位移状态是彼此独立无关的，因此在应用时可根据不同的需要，将其中的一个状态看做是虚设的，而另一个状态则是问题的实际状态。按照虚设状态的不同，虚功原理有以下两种应用。

1. 虚设位移状态，求未知力——虚位移原理

虚位移原理是在给定力系和虚设位移之间应用虚功原理，虚设位移状态的特点是必须沿未知力方向虚设单位位移，因此这种方法也叫虚单位位移法。如图15-5(a)所示简支梁AB在C处作用集中力$\boldsymbol{F}$，要求支座B处的支座反力$\boldsymbol{Y}$。这时将实际荷载作用下的状态作为力状态，虚设的位移状态是令刚体沿未知力$\boldsymbol{Y}$方向虚设单位位移，如图15-5(b)所示，建立虚功方程：

$$Y\delta_x - F\delta_P = 0$$

得：

$$Y = \frac{\delta_P}{\delta_x}F = \frac{a}{l}F$$

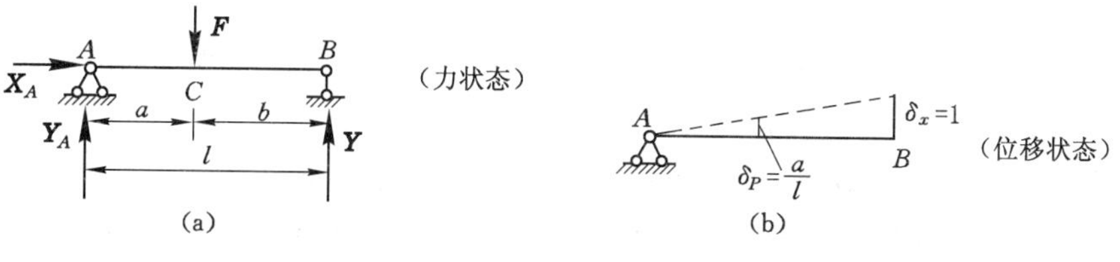

(力状态)

(a)

(位移状态)

(b)

图 15-5

由此可见，根据虚位移原理建立的虚功方程实质上是静力平衡方程，其特点是将一个静力平衡问题转化为几何问题，即利用虚位移之间的几何关系来计算给定力系中的未知力。

2. 虚设力状态，求未知位移——虚力原理

虚力原理是在给定位移和虚设力系之间应用虚功原理，虚设力系状态的特点是必须沿未知位移方向虚设单位荷载，因此这种方法也叫虚单位荷载法。如图15-6(a)所示简支梁，

它的支座 B 向下移动已知距离 c，现欲求点 C 的竖向位移 Δ_{CV} 。这时将实际位移状态作为位移状态，虚设的力系状态是沿所求的位移方向虚设单位荷载 $P=1$，如图 15-6(b)所示，建立虚功方程：

$$1\times\Delta_{CV}-R_B\times c=0$$

得：

$$\Delta_{CV}=\frac{a}{l}c$$

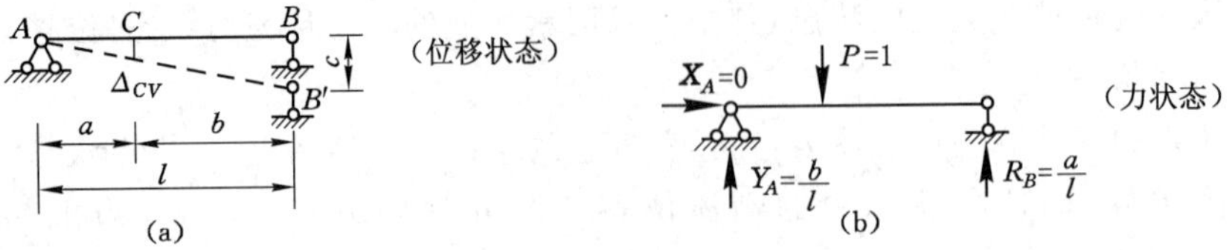

图 15-6

由此可见，根据虚力原理建立的虚功方程，实质上是未知位移 Δ_{CV} 与已知支座位移 c 之间的几何方程，其特点是将一个寻求未知位移的几何问题转化为静力平衡问题，即利用虚设力系中 $\overline{F}_B$ 与 $F_P=1$ 之间的静力平衡关系来计算实际位移状态中的未知位移 Δ_{CV} 。

15.3 荷载作用下结构位移计算

在推导结构位移计算公式时，需要应用变形体体系的虚功原理。但是，不同于刚体体系的虚功原理，在变形体上不仅外力做虚功，而且还有考虑因变形而产生的虚应变能。本章所研究的变形体体系仅限于线性变形体系。所谓线性变形体系，是指位移与荷载成比例的结构体系，荷载对这种体系的影响可以叠加，而且当荷载全部撤除时，由荷载引起的位移也完全消失。这种体系的变形应当是微小的，且应力与应变的关系符合胡克定理。由于变形是微小的，因此在计算结构的反力和内力时，可认为结构的几何形状和尺寸、荷载的位置和方向均保持不变。

15.3.1 变形直杆的虚应变能

当力状态的外力因结构位移状态的位移做虚功时，力状态的内力也因位移状态的相对变形而做虚功，这种虚功称为虚应变能，以 U 表示。

对于图 15-7 所示简支梁 AB，有两个彼此独立无关的状态。图 15-7(a)所示状态 1 是简支梁 AB 在 1 截面作用有竖向力 $\boldsymbol{F}_1$，图 15-7(b)所示状态 2 是在 2 截面作用有竖向力 $\boldsymbol{F}_2$，它们的变形如图中虚线所示，各点产生的位移用双脚标表示。位移双脚标表示法中，第一个脚标表示产生位移的截面位置，第二个脚标表示产生位移的原因。图 15-7(b)中 Δ_{12} 表示简支梁 AB 在 2 截面作用有竖向力 $\boldsymbol{F}_2$ 时 1 截面沿 $\boldsymbol{F}_1$ 方向产生的位移。可将状态 1 视为力状态，状态 2 视为位移状态。设力状态中梁任意微段 dx 的内力为 $\boldsymbol{F}_{N1}$，$\boldsymbol{F}_{s1}$，M_1，如图 15-7(c)所示，而位移状态中梁同一微段的相对变形为正应变 ε_2、切应变 γ_2 和曲率 κ_2，如图 15-7(d)、(e)、(f)所示。在略去高阶微量后，微段上的虚应变能可表示为：

$$dU=F_{N1}\varepsilon_2\,dx+F_{s1}\gamma_2\,dx+M_1\kappa_2\,dx$$

$$= F_{N1}\mathrm{d}u_2 + F_{s1}\mathrm{d}v_2 + M_1\mathrm{d}\varphi_2$$

将上式表示的微段上的虚应变能沿杆长进行积分，然后对结构所有杆件求和，即得杆件结构的虚应变能为：

$$U = \sum\int_l (F_{N1}\varepsilon_2\mathrm{d}x + F_{s1}\gamma_2\mathrm{d}x + M_1\kappa_2\mathrm{d}x)$$

$$= \sum\int_l F_{N1}\mathrm{d}u_2 + \sum\int_l F_{s1}\mathrm{d}v_2 + \sum\int_l M_1\mathrm{d}\varphi_2$$

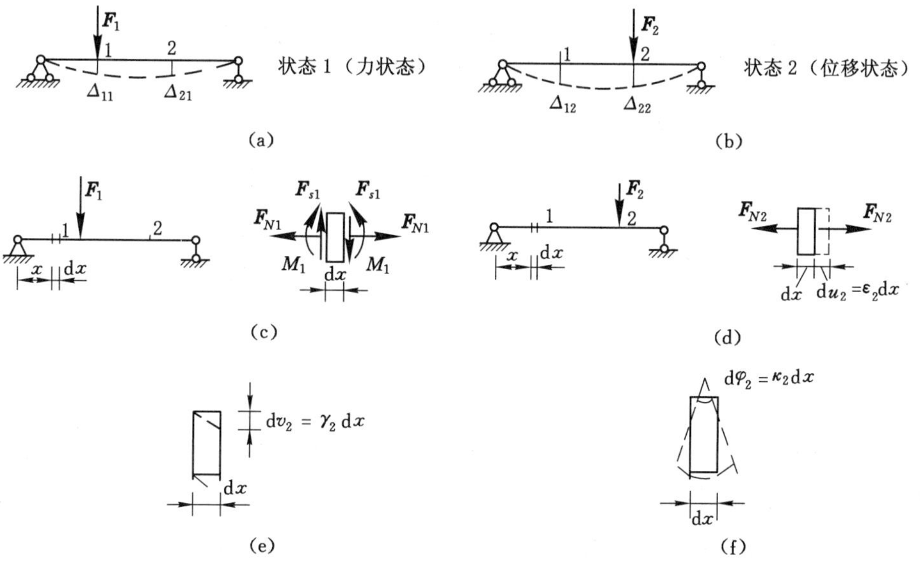

图 15-7

15.3.2 变形体体系虚功原理

变形体体系的虚功原理可表述为：设变形体体系在力系作用下处于平衡状态（力状态），又设该变形体体系由于其他原因产生符合约束条件的微小连续位移（位移状态），则力状态的外力在位移状态的位移上所做的虚功，恒等于力状态的内力在位移状态的相应变形上所做的虚功，即虚应变能。可表示为：

外力虚功 W＝虚应变能 U

对于杆件结构，虚功原理可表示为：

$$W = \sum\int_l (F_{N1}\varepsilon_2\mathrm{d}x + F_{s1}\gamma_2\mathrm{d}x + M_1\kappa_2\mathrm{d}x)$$

$$= \sum\int_l F_{N1}\mathrm{d}u_2 + \sum\int_l F_{s1}\mathrm{d}v_2 + \sum\int_l M_1\mathrm{d}\varphi_2 \tag{15-2}$$

式(15-2)称为杆件结构的虚功方程。

15.3.3 利用虚功原理计算结构位移

图 15-8(a)所示为某一结构，由于荷载 $\boldsymbol{F}_1$、$\boldsymbol{F}_2$ 及支座 A 的位移 c_1、c_2 等各种因素的作用而发生如图虚线所示的变形，这一状态称为结构的实际位移状态，现要求实际位移状态中 D 点的水平位移 Δ。

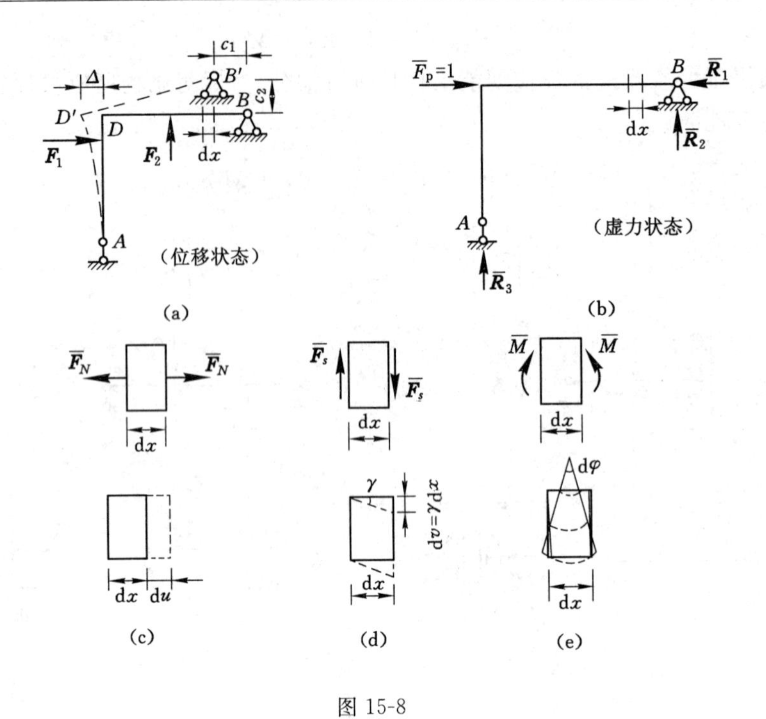

图 15-8

虚功原理的虚力原理是在给定位移和虚设力系之间应用虚功原理，虚设的力系状态是沿所求的位移方向虚设单位荷载 $F_P=1$，如图 15-8(b)所示。这时虚力状态中 A 处的支座反力为 $\overline{\boldsymbol{R}}_3$，B 处的支座反力为 $\overline{\boldsymbol{R}}_1$、$\overline{\boldsymbol{R}}_2$ 其内力用 $\overline{\boldsymbol{F}}_N$、$\overline{\boldsymbol{F}}_s$、$\overline{M}$ 来表示。这样，虚设力系的外力（包括支座反力）对实际位移状态对应位移所做的总虚功为：

$$\mathrm{W}=1\cdot\Delta+\overline{R}_1c_1+\overline{R}_2c_2=\Delta+\sum\overline{R}c$$

式中，$\overline{R}$ 表示虚力状态中的广义支座反力；c 表示实际位移状态中的广义支座位移；$\sum\overline{R}c$ 表示支座反力所做的虚功之和。

以 $\mathrm{d}u$、$\mathrm{d}v$、$\mathrm{d}\varphi$ 表示实际位移状态中微段产生的变形，则总虚应变能为：

$$U=\sum\int_l\overline{F}_N\mathrm{d}u+\sum\int_l\overline{F}_s\mathrm{d}v+\sum\int_l\overline{M}\mathrm{d}\varphi$$

建立虚功方程：

$$\Delta+\sum\overline{R}c=\sum\int_l\overline{F}_N\mathrm{d}u+\sum\int_l\overline{F}_s\mathrm{d}v+\sum\int_l\overline{M}\mathrm{d}\varphi$$

即得结构位移计算的一般公式为：

$$\Delta=\sum\int_l\overline{F}_N\mathrm{d}u+\sum\int_l\overline{F}_s\mathrm{d}v+\sum\int_l\overline{M}\mathrm{d}\varphi-\sum\overline{R}c \tag{15-3}$$

15.3.4 荷载作用下的结构位移计算

如果结构只受到荷载作用的影响，以 F_{NP}、F_{sP}、M_P 表示实际荷载作用下产生的内力，因此，在实际位移状态下微段的变形为：

$$\mathrm{d}u=\varepsilon\mathrm{d}x=\frac{F_{NP}}{EA}\mathrm{d}x$$

$$dv = \gamma dx = \frac{kF_{sP}}{GA}dx$$

$$d\varphi = \frac{M_P}{EI}dx$$

式中，EI、EA 和 GA 分别为杆件的抗弯刚度、抗拉刚度和抗剪刚度；k 为截面的剪应力分布不均匀系数，它只与截面的形状有关，当截面为矩形时，$k = 1.2$ 。

将结构在实际位移状态下微段的变形代入式(15-3)，得：

$$\Delta = \sum\int_l \frac{\overline{M}M_P}{EI}dx + \sum\int_l \frac{\overline{F}_N F_{NP}}{EA}dx + \sum\int_l k\frac{\overline{F}_s F_{sP}}{GA}dx \tag{15-4}$$

式中，$\overline{F}_N$、$\overline{F}_s$、$\overline{M}$ 代表虚设力系状态中由于单位荷载所产生的内力。

对于梁和刚架结构，轴向变形和剪切变形的影响非常小，可以略去，其位移的计算只考虑弯曲变形一项就足够精确了。因此，梁和刚架的位移计算公式可简化为：

$$\Delta = \sum\int_l \frac{\overline{M}M_P}{EI}dx \tag{15-5}$$

在桁架中只有轴力，且每根杆的内力及截面都沿杆长不变，所以其位移计算公式为：

$$\Delta = \sum \frac{\overline{F}_N F_{NP} l}{EA} \tag{15-6}$$

在一般的实体拱结构中，其位移计算只考虑弯曲变形一项的影响也足够精确，但是，对于扁平拱的位移计算，除考虑弯矩的影响外，尚需考虑轴向变形对位移的影响。

【例 15-1】 试求图 15-9(a)所示简支梁跨中 C 点的挠度 Δ_{CV}。已知 $EI =$ 常数 。

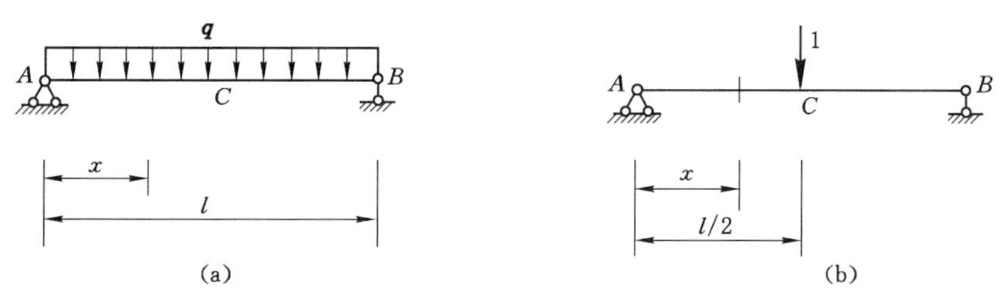

图 15-9

解 (1) 图 15-9(a)所示均布荷载 q 作用下的简支梁所处的状态属于实际荷载作用下的位移状态，以 A 点为坐标原点，AB 为 x 轴，求出实际荷载作用下梁的弯矩方程为：

$$M_P = \frac{q}{2}(lx - x^2)$$

(2) 沿所求的位移方向虚设单位荷载 $F = 1$ ，如图 15-9(b)所示。以 A 点为坐标原点，AB 为 x 轴，在虚设力系状态下梁的弯矩方程为：

$$\left.\begin{aligned} \overline{M} &= \frac{1}{2}x & \left(0 \leqslant x \leqslant \frac{l}{2}\right) \\ \overline{M} &= \frac{1}{2}(l - x) & \left(\frac{l}{2} \leqslant x \leqslant l\right) \end{aligned}\right\}$$

(3) 由式(15-5)得简支梁跨中 C 点的挠度 Δ_{CV} 为：

$$\Delta_{CV} = \sum\int_l \frac{\overline{M}M_P}{EI}dx$$

$$=\int_0^{\frac{l}{2}}\frac{1}{EI}\frac{x}{2}\frac{q}{2}(lx-x^2)\mathrm{d}x+\int_{\frac{l}{2}}^{l}\frac{1}{EI}\frac{1}{2}(l-x)\frac{q}{2}(lx-x^2)\mathrm{d}x=\frac{5ql^4}{384EI}$$

计算结果为正，说明 C 点的挠度与虚设单位荷载的方向相同，即为向下。

【例 15-2】 试求图 15-10(a)所示刚架 C 端的水平位移 Δ_{CH} 和角位移 φ_C。其中，AB、DC 段抗弯刚度为 EI，DB 段抗弯刚度为 $2EI$。

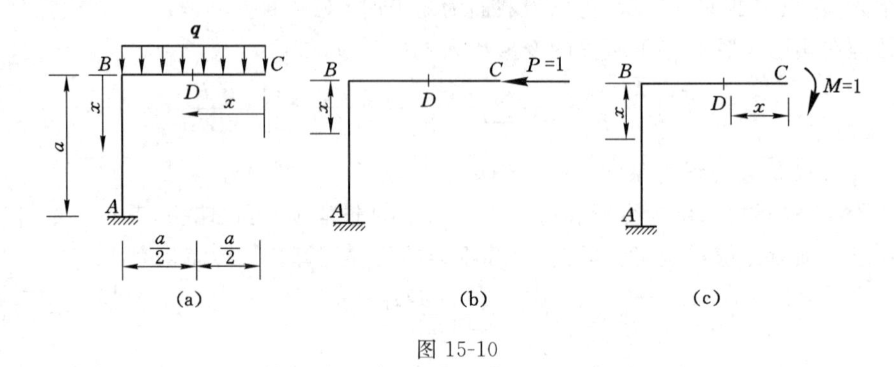

图 15-10

解 在 C 端分别加一单位力 $P=1$[图 15-10(b)]、单位力偶 $M=1$[图 15-10(c)]，则分别有：

BC 段：$M_P=-\frac{q}{2}x^2$，$\overline{M}=0$；AB 段：$M_P=-\frac{q}{2}a^2$，$\overline{M}=x$

BC 段：$M_P=-\frac{q}{2}x^2$，$\overline{M}=-1$；AB 段：$M_P=-\frac{q}{2}a^2$，$\overline{M}=-1$

则：$\Delta_{CH}=\sum\int_l\frac{\overline{M}M_P}{EI}\mathrm{d}x=\frac{1}{EI}[0+\int_0^a(-\frac{1}{2}qa^2)x\mathrm{d}x]=-\frac{qa^2}{4EI}(\rightarrow)$

$$\varphi_C=\frac{1}{EI}[\int_0^{\frac{a}{2}}(-1)(-\frac{1}{2}qx^2)\mathrm{d}x]+\frac{1}{2EI}[\int_{\frac{a}{2}}^{a}(-1)(-\frac{1}{2}qx^2)\mathrm{d}x]+$$
$$\frac{1}{EI}[\int_0^a(-1)(-\frac{1}{2}qa^2)\mathrm{d}x]=\frac{21qa^3}{32EI}(\curvearrowright)$$

【例 15-3】 试求图 15-11(a)所示简单桁架下弦中间结点 F 的挠度。设各杆的横截面面积均为 1 440 cm^2，弹性模量 E 为 8 500 MPa。

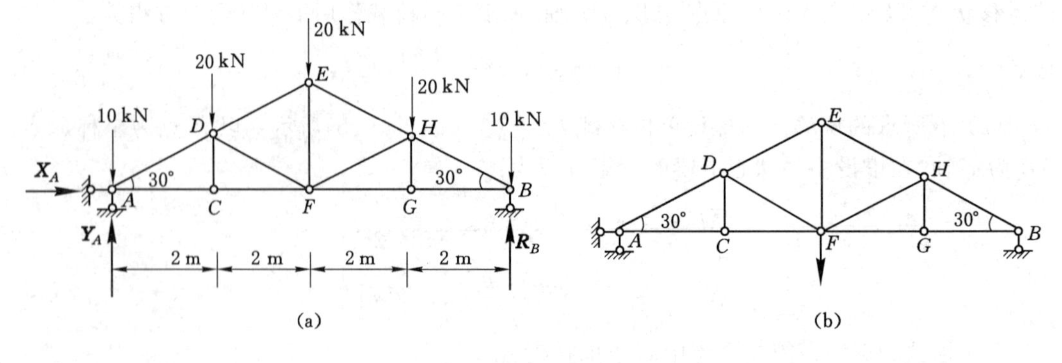

图 15-11

解 (1) 图 15-11(a)所示荷载作用下桁架所处的状态属于实际荷载作用下的位移状态，此时各杆的轴力为 $\boldsymbol{F}_{NP}$，列于表 15-1 中。

(2) 沿所求的位移方向虚设单位荷载 $F=1$，如图 15-11(b)所示，此时各杆的轴力为 $\overline{\boldsymbol{F}}_N$，列于表 15-1 中。

表 15-1　桁架下弦中间结点 F 的挠度计算

杆 件		l/m	$\overline{F}_N$	F_{NP}/kN	$\overline{F}_N F_{NP} l$
上弦杆	AD	2.31	−1	−60	138.6
	DE	2.31	−1	−40	92.4
	EH	2.31	−1	−40	92.4
	HB	2.31	−1	−60	138.6
下弦杆	AC	2	0.866	51.96	89.99
	CF	2	0.866	51.96	89.99
	FG	2	0.866	51.96	89.99
	GB	2	0.866	51.96	89.99
腹杆	CD	1.155	0	0	0
	DF	2.31	0	−20	0
	EF	2.31	1	20	46.2
	FH	2.31	0	−20	0
	HG	1.155	0	0	0
					$\sum=868.16$

(3) 根据式(15-6)以及表 15-1 的相关数据，求出桁架下弦中间结点 F 的挠度为：

$$\Delta=\sum\frac{\overline{F}_N F_{NP} l}{EA}=\frac{868.16\times10^3}{8\,500\times10^6\times1\,440\times10^{-4}}=0.000\,7\ (\mathrm{m})$$

15.4 用图乘法计算结构的位移

在求梁和刚架结构的位移时，常遇到式(15-5)所示的积分。如果结构各杆段均满足下列三个条件：① 杆段的 EI 为常数；② 杆段的轴线为直线；③ 各杆段的 $\overline{M}$ 图和 M_P 图中至少有一个为直线图形，则在计算上述积分时，就可以逐段通过 $\overline{M}$ 和 M_P 两个弯矩图间相乘的方法来求得解答。

现假设某杆段的两个弯矩图中 $\overline{M}$ 图为直线图形，M_P 图为任何形状，如图 15-12 所示。

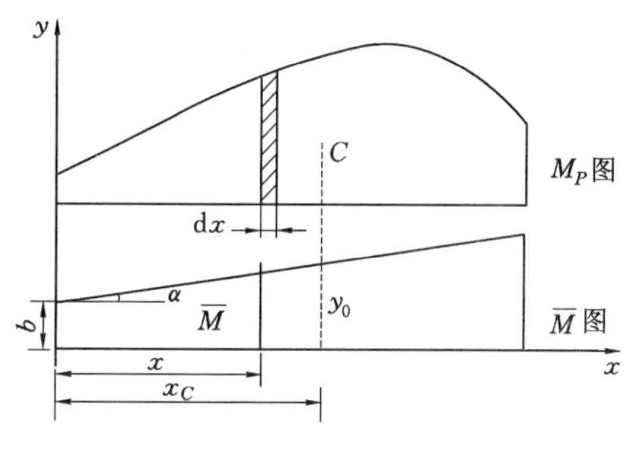

图 15-12

将 $\overline{M}=x\cdot\tan\alpha+b$ 代入积分式，得：

$$\int_l\frac{\overline{M}M_P}{EI}\mathrm{d}x=\frac{1}{EI}\int_l\overline{M}M_P\,\mathrm{d}x$$

$$= \frac{1}{EI}\int_l (x \cdot \tan\alpha + b) M_P \mathrm{d}x$$

$$= \frac{1}{EI}\left(\int_l x \cdot \tan\alpha M_P \mathrm{d}x + \int_l b M_P \mathrm{d}x\right)$$

$$= \frac{1}{EI}\left(\tan\alpha \int_l x \cdot M_P \mathrm{d}x + b\int_l M_P \mathrm{d}x\right)$$

在上式中，$M_P\mathrm{d}x$ 是 M_P 图中的微分面积，即 M_P 图中阴影部分的面积；$x \cdot M_P\mathrm{d}x$ 是这个微分面积对 y 轴的面积矩，因而，$\int_l x \cdot M_P \mathrm{d}x$ 就是 M_P 图的面积对 y 轴的面积矩。以 x_C 表示 M_P 图的形心到 y 轴的距离，ω_P 表示 M_P 图的面积，则上式可表示为：

$$\int_l \frac{\overline{M}M_P}{EI}\mathrm{d}x = \frac{1}{EI}(\tan\alpha \cdot \omega_P x_C + b\omega_P) = \frac{1}{EI}\omega_P(\tan\alpha \cdot x_C + b) = \frac{1}{EI}\omega_P y_0 \qquad (15\text{-}7)$$

式中，y_0 是与 M_P 图的形心 C 对应的 $\overline{M}$ 图标距。

式(15-7)就是图乘法所应用的公式，它将上述类型的积分问题转化为求弯矩图形的面积、形心和标距的问题，这种求结构位移的方法称为图形相乘法，简称图乘法。

应用图乘法计算时要注意以下两点：

(1) 应用条件。杆件应是等截面直杆，两个图形中应有一个是直线，标距 y_0 应取自直线图中。

(2) 正负号规则。面积 ω_P 与标距 y_0 在杆的同一边时，乘积 $\omega_P y_0$ 取正号；面积 ω_P 与标距 y_0 在杆的不同边时，乘积 $\omega_P y_0$ 取负号。

图 15-13 给出了位移计算中几种常见图形的面积和形心的位置。

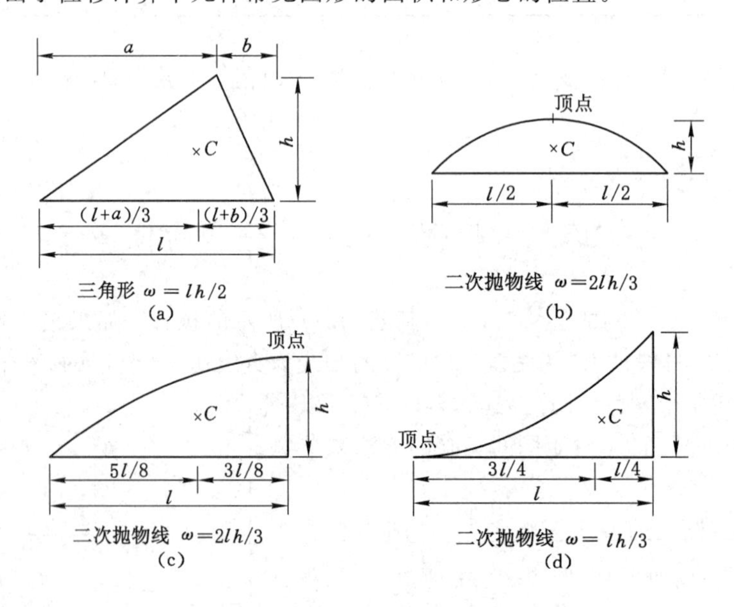

图 15-13

下面指出应用图乘法时的几个具体问题：

(1) 如果两个图形都是直线，则标距 y_0 可取自任一个直线图形。

(2) 如果一个图形是曲线，另一个图形是由几段直线组成的折线，则应分段考虑，如图15-14所示，则有：

$$\int_l \overline{M} M_P \mathrm{d}x = \omega_1 y_1 + \omega_2 y_2 + \omega_3 y_3$$

(3) 应用抛物线图形的公式时，必须注意在抛物线顶点处的切线应与基线平行，否则，必须应用弯矩图的叠加原理进行弯矩图的分解。如图15-15(a)所示的AB杆的M_P图，其是在均布荷载$\boldsymbol{q}$作用下产生的，此M_P图是由两端弯矩M_A、M_B组成的直线图[图15-15(b)的M'图]和简支梁在均布荷载$\boldsymbol{q}$作用下产生的弯矩图[图15-15(c)的M^0图]叠加而成的。因此，可将图15-15(a)中的M_P图分解成图15-15(b)和图15-15(c)的两个简单图形M'图和M^0图，然后分别应用图乘法。

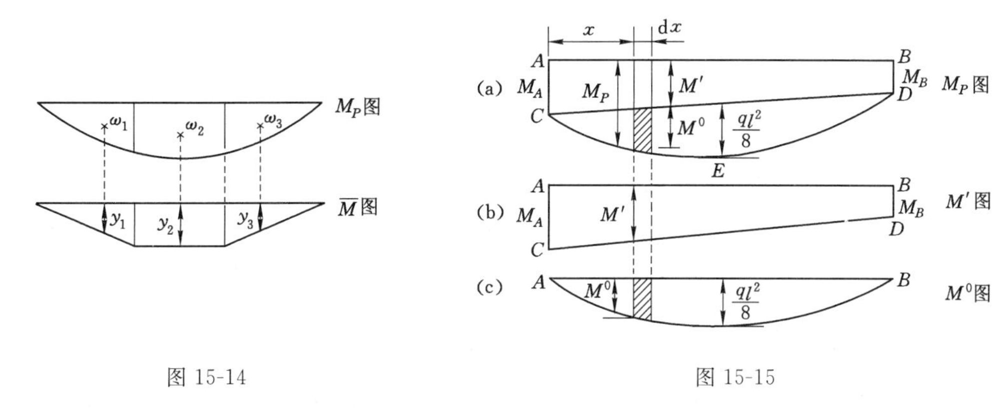

图15-14　　　　图15-15

(4) 如果两个图形都是梯形，如图15-16所示，可以不求梯形面积的形心，而把一个梯形分成两个三角形或一个矩形和一个三角形，分别应用图乘法。即

$$\int_l \overline{M} M_P \mathrm{d}x = \omega_1 y_1 + \omega_2 y_2 \tag{a}$$

式中，标距y_1、y_2可用下式计算：

$$\left.\begin{aligned} y_1 &= \frac{2}{3}c + \frac{1}{3}d \\ y_2 &= \frac{1}{3}c + \frac{2}{3}d \end{aligned}\right\} \tag{b}$$

对于图15-17所示的两个图形都呈直线变化，但均含有正号和负号部分，图乘时将其中一个图形(M_P图)看做是两个三角形的组合，一个三角形ACB在基线上边，高度为a，另一个三角形CBD在基线下边，高度为b。应用式(a)、(b)，只需把b和c取为负值即可。

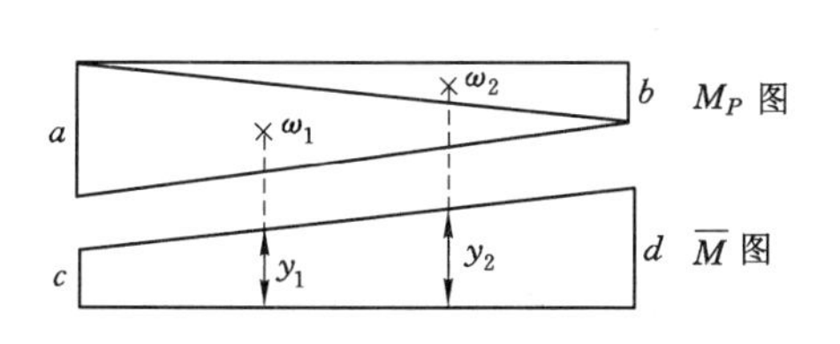

图15-16

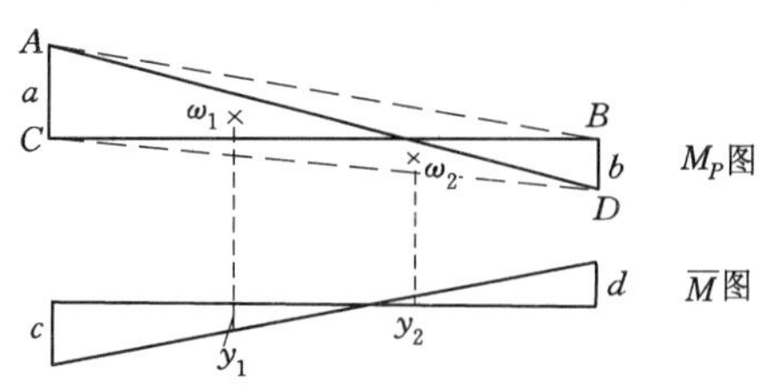

图15-17

【例 15-4】 用图乘法计算图 15-18(a)所示简支梁跨中点的挠度 Δ_{CV} 和 B 端的转角 φ_B。已知 EI = 常数。

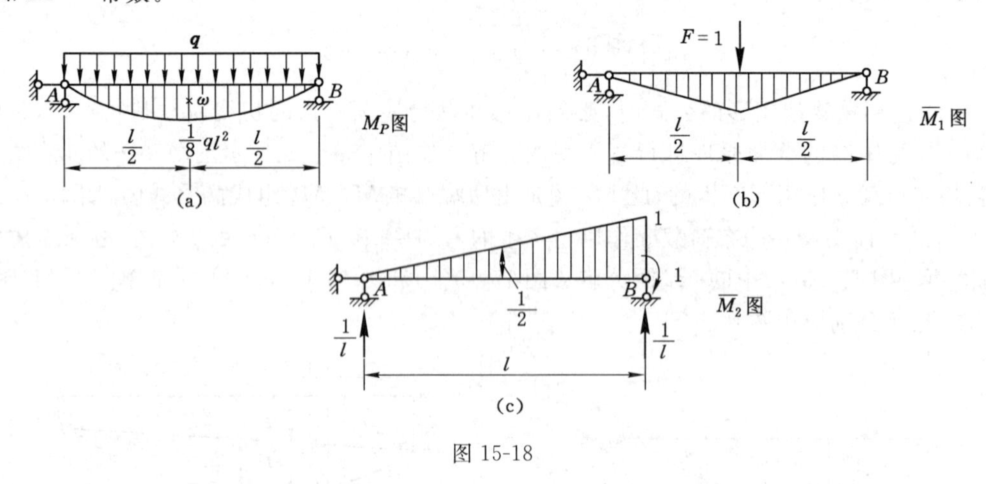

图 15-18

解 简支梁在均布荷载 $\boldsymbol{q}$ 作用下产生的 M_P 图如图 15-18(a)所示，单位力作用下产生的弯矩图 $\overline{M}_1$ 图如图 15-18(b)所示。由图 15-18(a)、(b)所示的 M_P、$\overline{M}_1$ 图图乘可得：

$$\Delta=\int_l \frac{\overline{M}_1 M_P}{EI}\mathrm{d}x=\frac{1}{EI}\omega_P y_0=\frac{2}{EI}\left(\frac{2}{3}\times\frac{ql^2}{8}\times\frac{l}{2}\right)\left(\frac{5}{8}\times\frac{l}{4}\right)=\frac{5ql^4}{384EI}(\downarrow)$$

在简支梁右端 B 支座处作用顺时针单位力偶 $\overline{m}=1$，所产生的弯矩图 $\overline{M}_2$ 图如图 15-18(c)所示。由图 15-18(a)、(c)所示的 M_P、$\overline{M}_2$ 图图乘可得：

$$\Delta=\int_l \frac{\overline{M}_2 M_P}{EI}\mathrm{d}x=\frac{1}{EI}\omega_P y_0=\frac{-1}{EI}\left(\frac{2}{3}\cdot\frac{ql^2}{8}\cdot l\right)\left(\frac{1}{2}\cdot l\right)=-\frac{ql^4}{24EI}(\curvearrowleft)$$

【例 15-5】 试用图乘法计算图 15-19(a)所示伸臂梁 A 端的角位移 φ_A 及 C 点的竖向位移 Δ_{CV}。已知 $EI=5\times10^7\ \mathrm{N\cdot m^2}$。

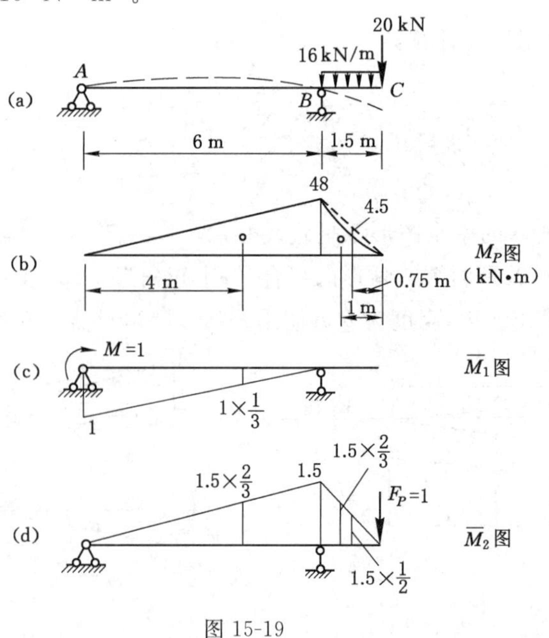

图 15-19

解　(1) 伸臂梁在外荷载作用下产生的 M_P 图如图 15-19(b)所示。

(2) 在伸臂梁 A 端作用顺时针单位力偶 $m=1$，其弯矩图 $\overline{M}_1$ 图如图 15-19(c)所示。由图 15-19(b)、(c)图乘可得：

$$\varphi_A=\int_l \frac{\overline{M}_1 M_P}{EI}\mathrm{d}x=\frac{1}{EI}\omega_P y_0$$

$$=-\frac{1}{EI}\left(\frac{1}{2}\times 48\times 10^3\times 6\times\frac{1}{3}\times 1\right)=-9.6\times 10^{-4}(\text{弧度})(\curvearrowleft)$$

(3) 在伸臂梁 C 点作用竖向单位力，其弯矩图 $\overline{M}_2$ 图如图 15-19(d)所示。由图 15-19(b)、(d)图乘可得：

$$\Delta_{CV}=\int_l \frac{\overline{M_1} M_P}{EI}\mathrm{d}x=\frac{1}{EI}\omega_P y_0$$

$$=\frac{1}{EI}\left(\frac{1}{2}\times 48\times 10^3\times 6\times\frac{2}{3}\times 1.5+\frac{1}{2}\times 48\times 10^3\times 1.5\times\frac{2}{3}\times 1.5-\frac{2}{3}\times 4.5\times 10^3\times 1.5\times\frac{1.5}{2}\right)$$

$$=3.5\times 10^{-3}(\mathrm{m})=3.5\ (\mathrm{mm})(\downarrow)$$

【例 15-6】　求图 15-20(a)所示刚架结点 B 的水平位移 Δ。设各杆为矩形截面，截面尺寸为 $b\times h$，惯性矩 $I=\frac{bh^3}{12}$，只考虑弯曲变形的影响。

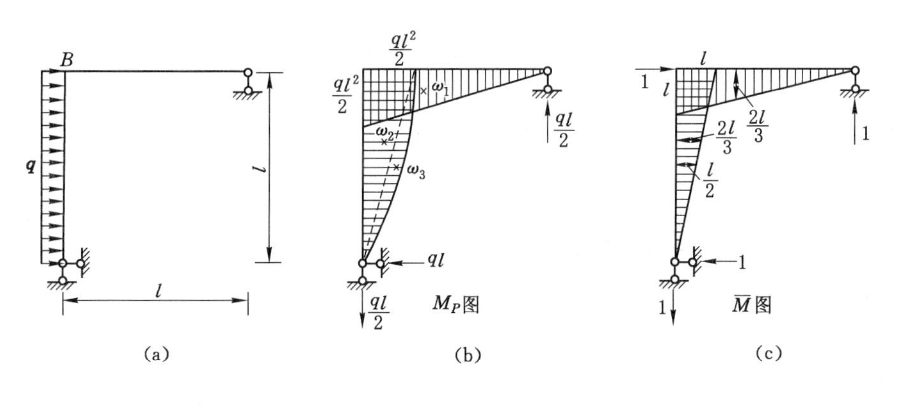

图 15-20

解　(1) 在给定荷载作用下，作 M_P 图，如图 15-20(b)所示。

(2) 在刚架的结点 B 处作用单位水平荷载，其弯矩图 $\overline{M}_1$ 图如图 15-20(c)所示。

(3) 由图 15-20(b)、(c)图乘可得：

$$\Delta=\int_l \frac{\overline{M}_1 M_P}{EI}\mathrm{d}x=\frac{1}{EI}\omega_P y_0$$

$$=\frac{1}{EI}\left(\frac{1}{2}\cdot l\cdot\frac{ql^2}{2}\cdot\frac{2l}{3}\cdot 2+\frac{2}{3}\cdot l\cdot\frac{ql^2}{8}\cdot\frac{l}{2}\right)=\frac{3ql^4}{8EI}$$

15.5 支座移动、温度改变引起的位移

15.5.1 支座移动引起的位移

在静定结构中，支座移动和转动并不使结构产生应力和应变，而使结构产生刚体运动。因此，位移的计算公式(15-3)简化成如下形式：

$$\Delta = -\sum \overline{R}c \tag{15-8}$$

式中，$\sum \overline{R}c$ 为虚拟状态的反力在实际状态的支座位移上所做的虚功之和。

【例 15-7】 图 15-21(a)所示三铰刚架，支座 B 发生水平向右的位移 a，试求 C 铰左、右两截面的相对转角 φ。

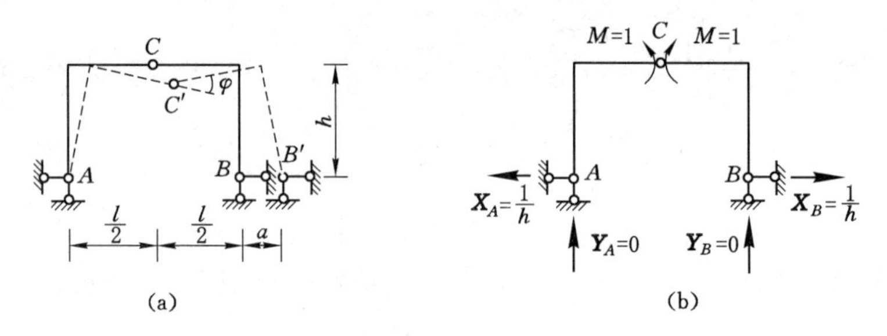

图 15-21

解 在三铰刚架的铰 C 点左、右两截面虚设一对方向相反的单位力偶，如图 15-21(b)所示。图中标出了其所引起的虚拟支座反力。

利用公式(15-8)求得 C 铰左、右两截面的相对转角 φ 为：

$$\varphi = -\sum \overline{R}c = -\left(\frac{1}{h}\cdot a\right) = -\frac{a}{h}$$

式中负号表明 C 铰左、右两截面的相对转角的实际方向与所设虚单位力偶的方向相反。

15.5.2 温度改变引起的位移

对于静定结构，温度改变并不引起内力，变形和位移是材料热胀冷缩的结果。

设杆件的上边缘温度上升 t_1 ℃，下边缘上升 t_2 ℃，假定温度沿截面的高度 h 按直线规律变化，在变形之后，截面仍将保持为平面，如图 15-22(a)、(b)所示。

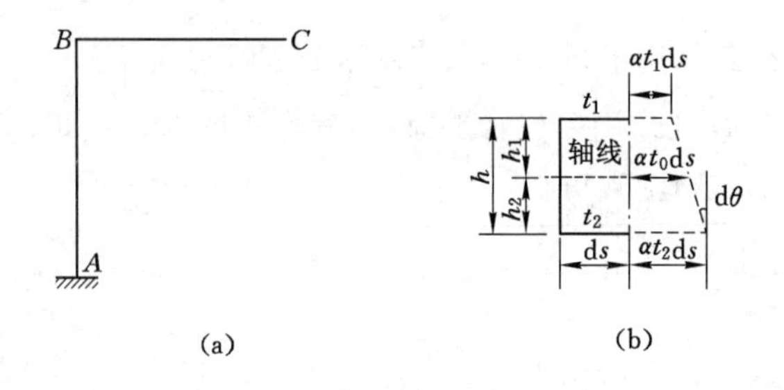

图 15-22

此时，杆件的轴线温度 t_0 与上、下边缘的温差 Δt 分别为：

$$t_0 = \frac{h_1 t_2 + h_2 t_1}{h}$$

$$\Delta t = t_2 - t_1$$

式中，h 是杆件截面厚度，h_1、h_2 分别是由杆轴至上、下边缘的距离。若以 α 表示材料的线膨胀系数，在温度变化时，杆件不引起剪应变，引起的轴向伸长应变 ε 和曲率 κ 分别为：

$$\mathrm{d}u = \varepsilon \mathrm{d}x = \alpha t_0 \cdot \mathrm{d}x$$

$$\mathrm{d}\varphi = \kappa \mathrm{d}x = \frac{\mathrm{d}\theta}{\mathrm{d}s}\mathrm{d}x = \frac{\alpha(t_2 - t_1)\cdot \mathrm{d}s}{h \cdot \mathrm{d}s}\mathrm{d}x = \frac{\alpha \cdot \Delta t}{h}\mathrm{d}x$$

将上列两式代入式(15-3)，得：

$$\Delta = \sum(\pm)\alpha\int \overline{M}\,\frac{\Delta t}{h}\mathrm{d}x + \sum(\pm)\alpha\int \overline{F}_N \cdot t_0 \mathrm{d}x \tag{15-9}$$

式(15-9)是求温度改变所引起位移的计算公式，积分号包括杆的全长，总和号包括刚架各杆。轴力 $\overline{N}$ 以拉伸为正，t_0 以升高为正。弯矩 $\overline{M}$ 和温差 Δt 引起的弯曲为同一方向时(即当 $\overline{M}$ 和 Δt 使杆件的同一边产生拉伸变形时)，其乘积取正值，反之取负值。

【例 15-8】 求图 15-23(a)所示悬臂刚架 C 点的竖向位移 Δ_C。已知各杆为等截面的矩形，截面高度为 h，材料的线膨胀系数为 α，悬臂刚架内侧温度升高 10 ℃，外侧温度无变化。

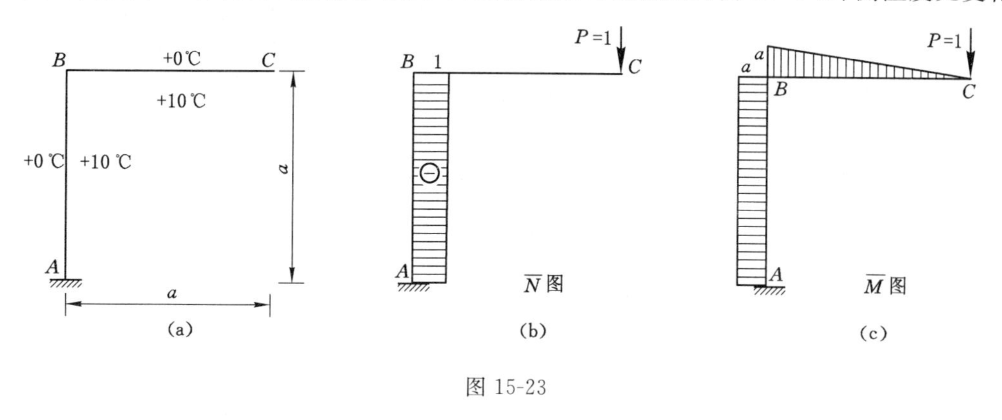

图 15-23

解　在 C 点作用单位竖向荷载，相应的 $\overline{N}$ 图和 $\overline{M}$ 图，如图 15-23(b)、(c)所示。

杆轴线处的温度改变为：

$$t_0 = \frac{10+0}{2} = 5\ (℃)$$

刚架内、外侧边缘的温差为：

$$\Delta t = 10 - 0 = 10\ ℃$$

代入式(15-9)得：

$$\Delta_C = \sum(\pm)\alpha\,\frac{\Delta t}{h}\int \overline{M}\mathrm{d}x + \sum(\pm)\alpha t_0\int \overline{F}_N \mathrm{d}x$$

$$= \frac{-10\alpha}{h}\cdot\frac{3}{2}a^2 + 5\alpha(-a) = -5\alpha a\left(1 + \frac{3a}{h}\right)$$

上式中，因 Δt 与 $\overline{M}$ 所产生的弯曲方向相反，故第一项取负号；温度改变将使竖柱伸长，而虚拟状态则使其压缩，故第二项也取负值。

15.6 互等定理

互等定理适用于线性变形体系，即：① 材料处于弹性阶段，应力与应变成正比；② 结构变形很小，不影响力的作用。线弹性体系的互等定理包括功的互等定理、位移互等定理和反力互等定理，其中功的互等定理是最基本的互等定理，后两个互等定理都是在特定的条件下由它导出的，这些互等定理将在超静定结构的内力计算中得到应用。

15.6.1 功的互等定理

图 15-24(a)、(b)所示为简支梁 AB 的两个彼此独立无关的状态。

在状态 1 中，力系用 F_1、F_{N1}、F_{s1}、M_1 表示，位移和应变用 Δ_{11}、Δ_{21}、ε_1 和 γ_1 表示；

在状态 2 中，力系用 F_2、F_{N2}、F_{s2}、M_2 表示，位移和应变用 Δ_{12}、Δ_{22}、ε_2 和 γ_2 表示。

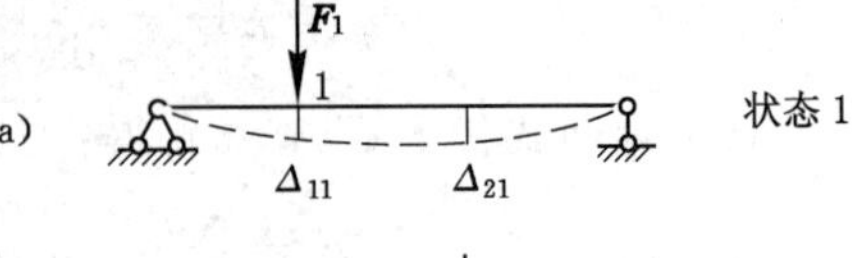

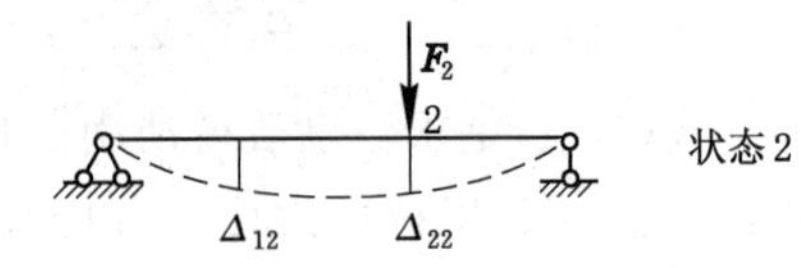

图 15-24

令状态 1 的力系在状态 2 的位移上做虚功，其虚功方程为：

$$W_{12} = F_1 \cdot \Delta_{12} = \sum\int_l \frac{M_1 M_2}{EI}\mathrm{d}x + \sum\int_l \frac{F_{N1} F_{N2}}{EA}\mathrm{d}x + \sum\int_l k\frac{F_{s1} F_{s2}}{GA}\mathrm{d}x$$

注意，虚功 W 下面有两个下标：第一个下标表示受力状态，第二个下标表示相应的变形状态。

同理，令状态 2 的力系在状态 1 的位移上做虚功，其虚功方程为：

$$W_{21} = F_2 \cdot \Delta_{21} = \sum\int_l \frac{M_2 M_1}{EI}\mathrm{d}x + \sum\int_l \frac{F_{N2} F_{N1}}{EA}\mathrm{d}x + \sum\int_l k\frac{F_{s2} F_{s1}}{GA}\mathrm{d}x$$

以上两式的右边项彼此相等，得出：

$$F_1 \cdot \Delta_{12} = F_2 \cdot \Delta_{21}$$

即

$$W_{12} = W_{21} \tag{15-10}$$

这就是功的互等定理，即在任一线性变形体系中，第一状态外力在第二状态位移上所做的功 W_{12} 等于第二状态外力在第一状态位移上所做的功 W_{21}。

15.6.2 位移互等定理

若在结构的两种状态中都只作用单位荷载即 $F_1 = F_2 = 1$，相应地产生的位移称为位移系数，分别用 δ_{12}、δ_{21} 表示。由功的互等定理有：

$$1 \times \delta_{12} = 1 \times \delta_{21}$$

即

$$\delta_{12} = \delta_{21} \tag{15-11}$$

这就是位移互等定理，即在任一线性变形体系中，由单位荷载 $F_1=1$ 所引起的与荷载 F_2 相应的位移，在数值上等于由单位荷载 $F_2=1$ 所引起的与荷载 F_1 相应的位移。

应当指出，这里的荷载可以是广义力，因而位移是相应的广义位移。

15.6.3 反力互等定理

该定理也是功的互等定理的一种应用。它反映在超静定结构中，若两个支座分别产生单位位移时，两种状态中相应支座反力的互等关系。

对图 15-25(a)所示的超静定梁，考查以下两种情况。

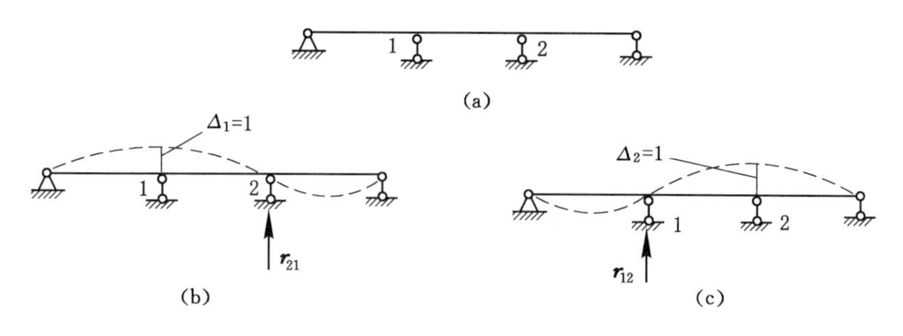

图 15-25

情况 1：支座 1 产生单位变形 $\Delta_1=1$，此时梁的变形如图 15-25(b)中虚线所示。这一变形状态下，支座 2 的反力记为 $\boldsymbol{r}_{21}$（由于支座 1 发生单位位移所引起的支座 2 的反力）。

情况 2：支座 2 产生单位变形 $\Delta_2=1$，此时梁的变形如图 15-25(c)中虚线所示。这一变形状态下，支座 1 的反力记为 $\boldsymbol{r}_{12}$（由于支座 2 发生单位位移所引起的支座 1 的反力）。

对于以上两种情况应用功的互等定理，故有：

$$r_{12}\Delta_1=r_{21}\Delta_2$$

由于

$$\Delta_1=\Delta_2=1$$

所以

$$r_{12}=r_{21}$$

这就是反力互等定理，即因支座 2 产生单位位移所引起的支座 1 的反力 r_{12} 等于因支座 1 产生单位位移所引起的支座 2 的反力 r_{21}。

同样，由于位移是广义位移，所以反力也是广义反力。也就是说，线位移与集中力、角位移与集中力偶相对应。在反力互等定理中，有可能 $\boldsymbol{r}_{12}$ 与 $\boldsymbol{r}_{21}$ 一个是反力偶，一个是反力，但二者的数值相等，图 15-26 就是这种情况。

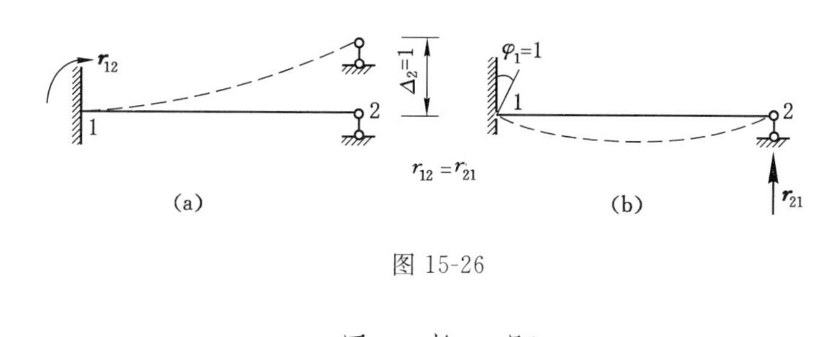

图 15-26

思　考　题

15-1　试说明虚功原理中力状态和位移状态的关系。

15-2　计算图示悬臂梁 C 点的挠度时，下列算式是否正确？为什么？

$$y_C=\frac{1}{EI}\cdot\left[\frac{1}{2}\cdot l\cdot Pl\cdot\left(\frac{1}{3}\cdot\frac{l}{2}\right)\right]=\frac{Pl^3}{12EI}$$

15-3　图乘法的适用条件是什么？

15-4　位移互等定理和反力互等定理的实质是什么？

15-5　图示结构，求 A、B 两截面的相对转角时，如何虚设相应的单位荷载？

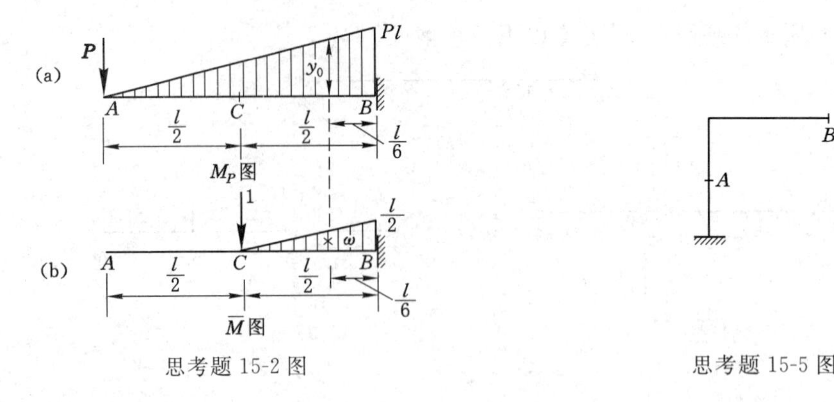

思考题 15-2 图　　　　思考题 15-5 图

习　　题

15-1　图示结构，求截面 C 的竖向位移。EI＝常数。（答案：(a) $\Delta_{CV}=\frac{qa^4}{4EI}(\downarrow)$；(b) $\Delta_{CV}=\frac{ql^4}{24EI}(\downarrow)$）

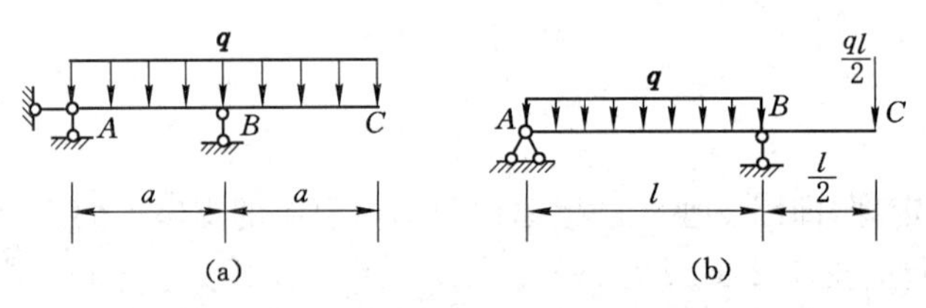

习题 15-1 图

15-2　计算图示结构 C 点的竖向位移及 B 截面转角。EI＝常数。（答案：$\Delta_{CV}=\frac{11ql^4}{384EI}(\downarrow)$；$\varphi_B=\frac{ql^3}{48EI}$(↷)）

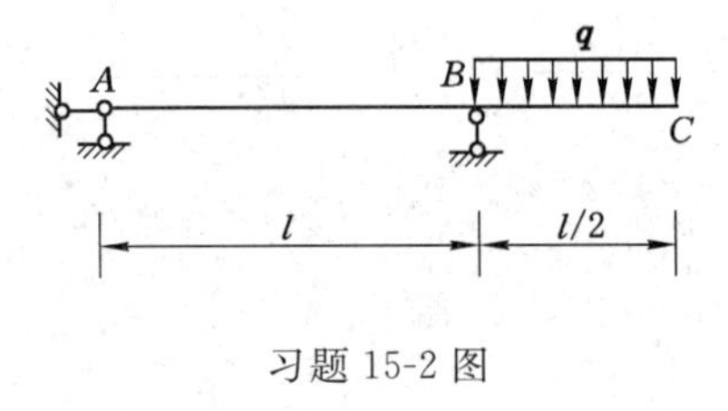

习题 15-2 图

15-3　试求图示桁架结点 B 的竖向位移，已知桁架各杆的 $EA=21\times10^4$ kN。（答案：$\Delta_{BV}=0.768$ cm(↓)）

15-4　求图示桁架结点 D 的水平位移。各杆 EA 相同。（答案：$\Delta_{DH}=\frac{Pa}{EA}(\rightarrow)$）

15-5　求图示刚架结点 A 的水平位移。各杆 EI＝常数。（答案：$\Delta_{AH}=\frac{11Pa^3}{24EI}(\downarrow)$）

15-6　求图示刚架结点 A 的竖向位移。（答案：$\Delta_{AV}=\frac{112q}{EI}(\downarrow)$）

15-7　试绘制图示静定结构的弯矩图，并求 B 点转角。已知三杆长均为 3 m。各杆 EI

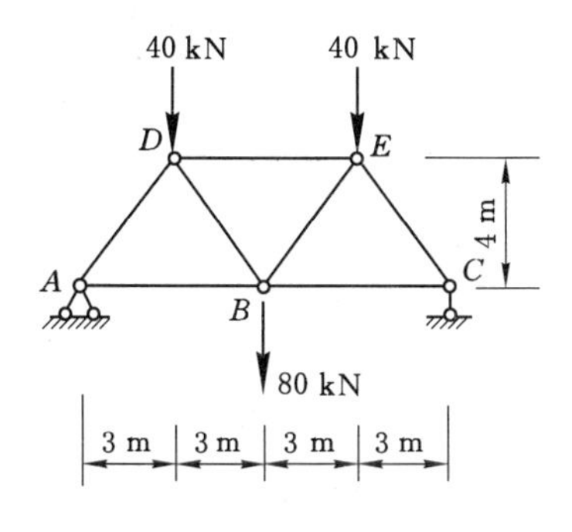

习题 15-3 图

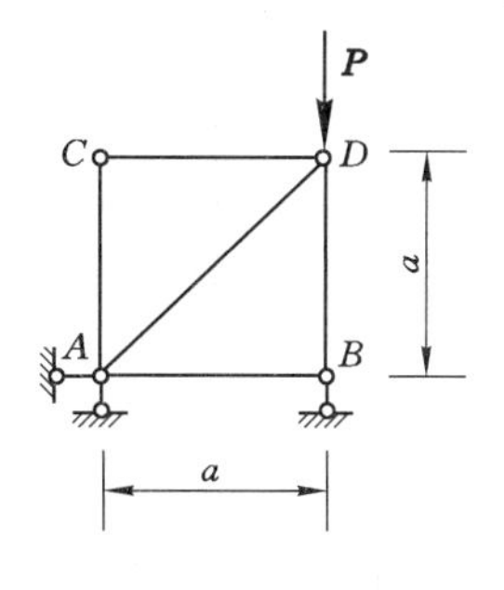

习题 15-4 图

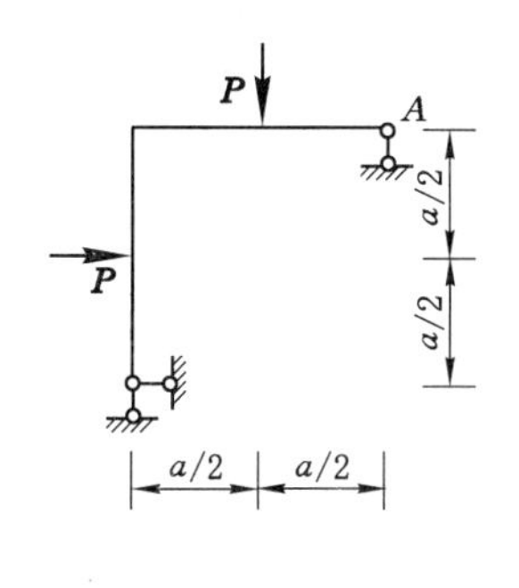

习题 15-5 图

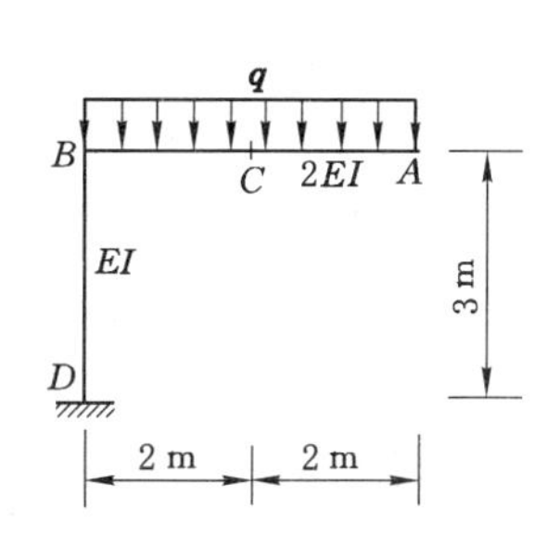

习题 15-6 图

均为 1 000 kN·m^2。(答案：$\varphi_B = 4.5$ rad(↦))

15-8　求图示结构截面 A 的转角 φ_A，各杆 EI=常数。(答案：$\varphi_A = \dfrac{ql^3}{24EI}$(↦))

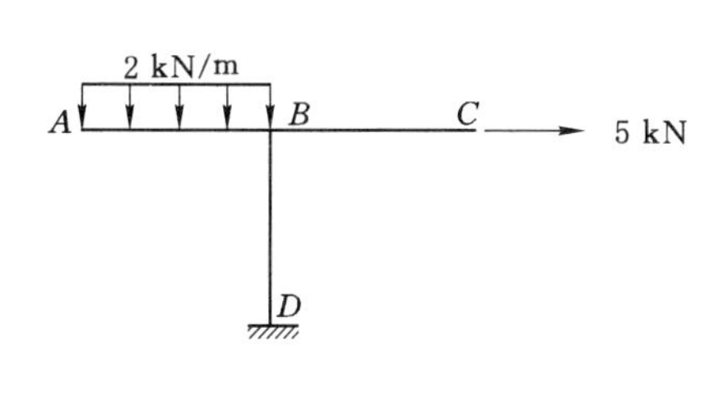

习题 15-7 图

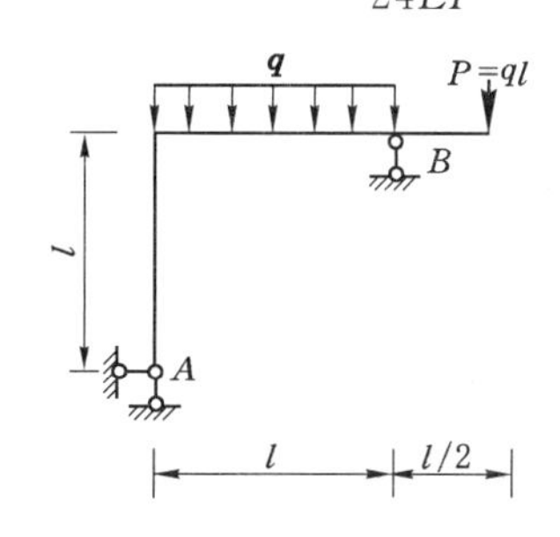

习题 15-8 图

15-9　已知图示结构三杆长均为 l，EI 为常数。求 D、B 两点的相对角位移。(答案：$\varphi_{BD} = 0$)

15-10　计算图示刚架结点 B 的转角 φ_B。(答案：$\varphi_B = \dfrac{ql^3}{24EI}$(↦))

15-11　计算图示刚架 A、C 两截面的相对转角 φ_{AC}。(答案：$\varphi_{AC} = \dfrac{11qa^3}{24EI}$ (↷↶))

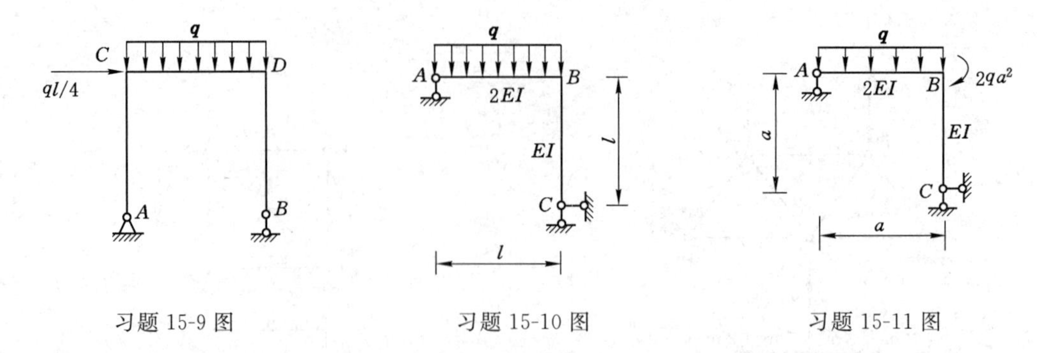

习题 15-9 图　　习题 15-10 图　　习题 15-11 图

15-12　图示结构三杆长均为 l。已知支座 D 发生向下为 d 并顺时针转动 β 的位移。求 A 点的垂直位移。(答案：$\Delta_{AV} = d - l\beta$(↓))

15-13　图示简支刚架内侧温度升高 25 ℃,外侧温度升高 5 ℃,各截面为矩形,h=0.5 m,线膨胀系数 α=1.03×10^{-5},试求梁中点的竖向位移 Δ_{DV}。(答案：Δ_{DV} = 0.014 935 mm(↓))

15-14　三铰刚架,支座 B 发生如图所示的位移:a=5 cm,b=3 cm,l=6 m,h=5 m。试求由此引起的铰 C 左、右两截面的相对转角及点 C 的竖向位移。(答案：$\Delta\varphi_C = \frac{a}{h}$(⌒⌒);$\Delta_{CV} = \frac{al}{4h} + \frac{b}{2}$(↓))

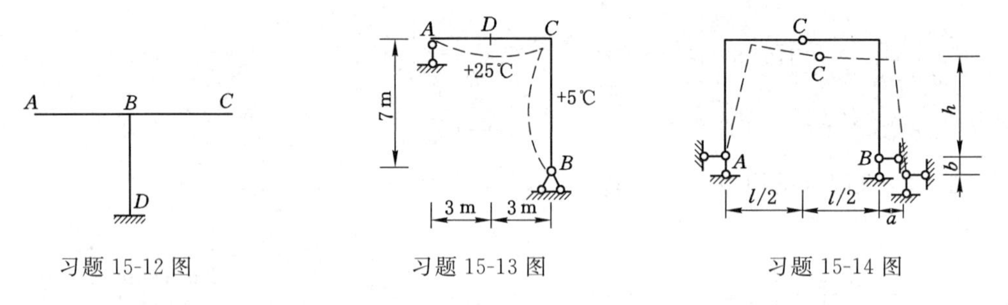

习题 15-12 图　　习题 15-13 图　　习题 15-14 图

16 超静定结构的计算

16.1 超静定结构概述

16.1.1 超静定结构的概念

前面各章节已经介绍了静定结构的内力及变形的计算方法。从受力分析角度看，静定结构的支座反力及内力可根据静力平衡条件全部确定；从几何组成分析角度看，静定结构为几何不变体系且无多余约束。超静定结构从受力分析角度看，其支座反力及内力通过平衡条件无法完全确定；从几何组成分析角度看，结构为几何不变体系，且体系内有多余约束。图 16-1(a)、(b)所示结构分别为静定结构和超静定结构。

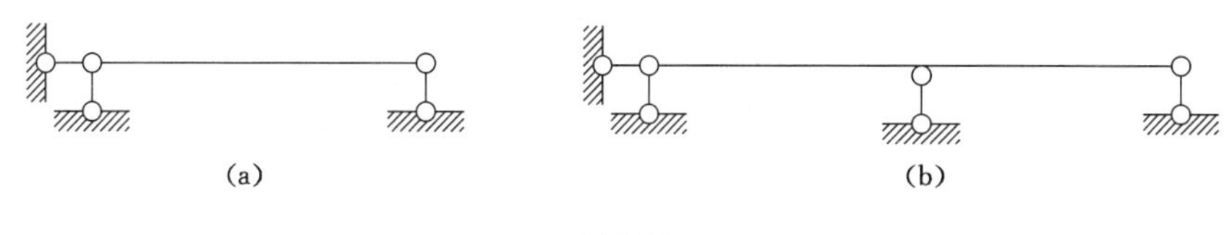

图 16-1

内力是超静定的且结构内有多余约束是超静定结构区别于静定结构的基本特征。这里所谓多余约束不是说这些约束对结构的组成不重要，而是相对于静定结构而言这些约束是多余的。

超静定结构的类型很多，其应用也很广泛。主要类型有以下几种：

1. 超静定梁

超静定梁分为超静定单跨梁和超静定多跨连续梁，如图 16-2 所示。

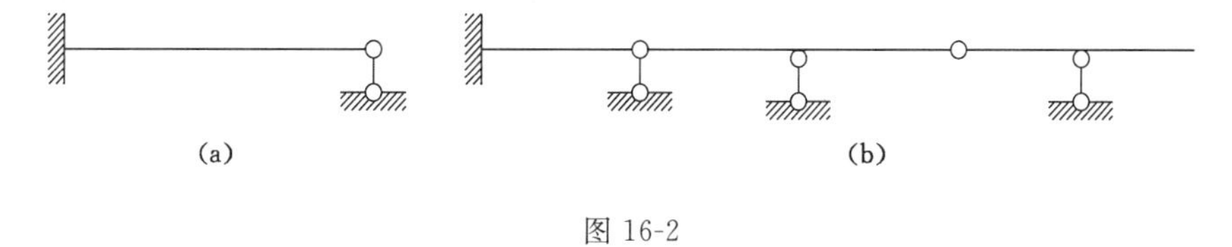

图 16-2

2. 超静定刚架

超静定刚架包括单跨单层、多跨单层、单跨多层、多跨多层等多种类型，如图 16-3 所示。

3. 超静定拱

超静定拱包括双铰拱、拉杆拱、无铰拱等类型，如图 16-4 所示。

4. 超静定桁架

超静定桁架如图 16-5 所示。

5. 超静定组合结构

如图 16-6(a)所示为梁和桁架的组合，图 16-6(b)所示为梁和拱的组合。

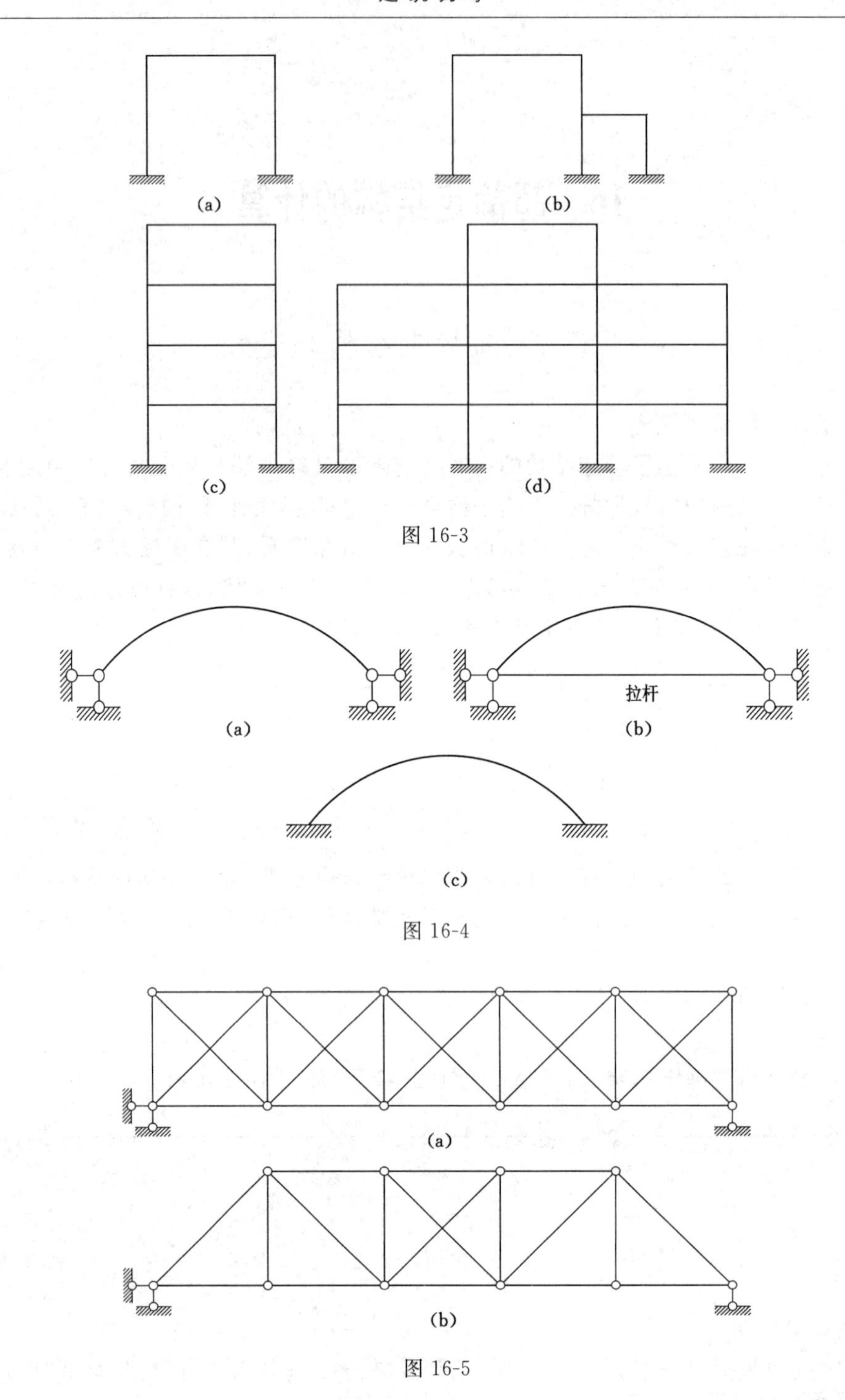

图 16-3

图 16-4

图 16-5

超静定结构的计算方法很多,但归纳起来基本上分为两类:一类是以多余未知力为未知数的力法;另一类是以结点位移为未知数的位移法。力矩分配法是在位移法的基础上演变而来的。

16.1.2 超静定次数

超静定结构中多余约束的个数,称为超静定次数。确定超静定次数最直接的方法为:去

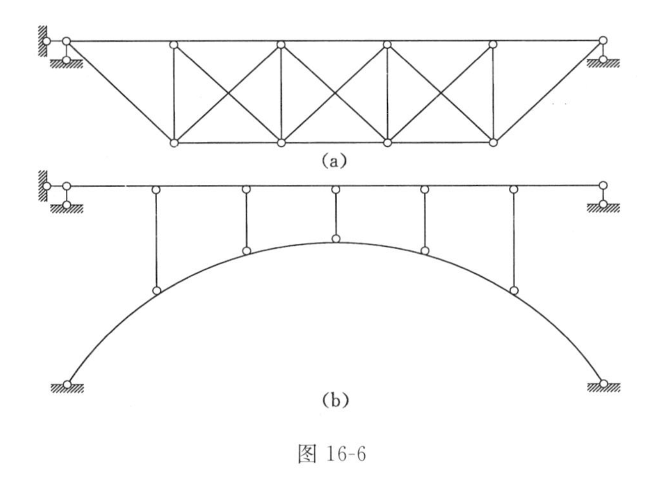

图 16-6

除多余约束法。去除结构中的多余约束使原超静定结构变成一个几何不变且无多余约束的体系，此时，去除的多余约束的个数即为原结构的超静定次数，即

超静定次数＝多余约束的个数＝把原结构变成静定结构时所需拆除的约束个数

从静力分析的角度看，超静定次数等于根据平衡方程计算未知力时所缺少的方程个数，即

超静定次数＝多余未知力的个数＝未知力个数－平衡方程个数

如图 16-7 所示，分别为图 16-2(a)、16-3(a)、16-4(c)、16-5(a)、16-6(a)的超静定结构在拆去或切断多余约束后所形成的静定结构，其超静定次数分别为 1、3、3、5、3。

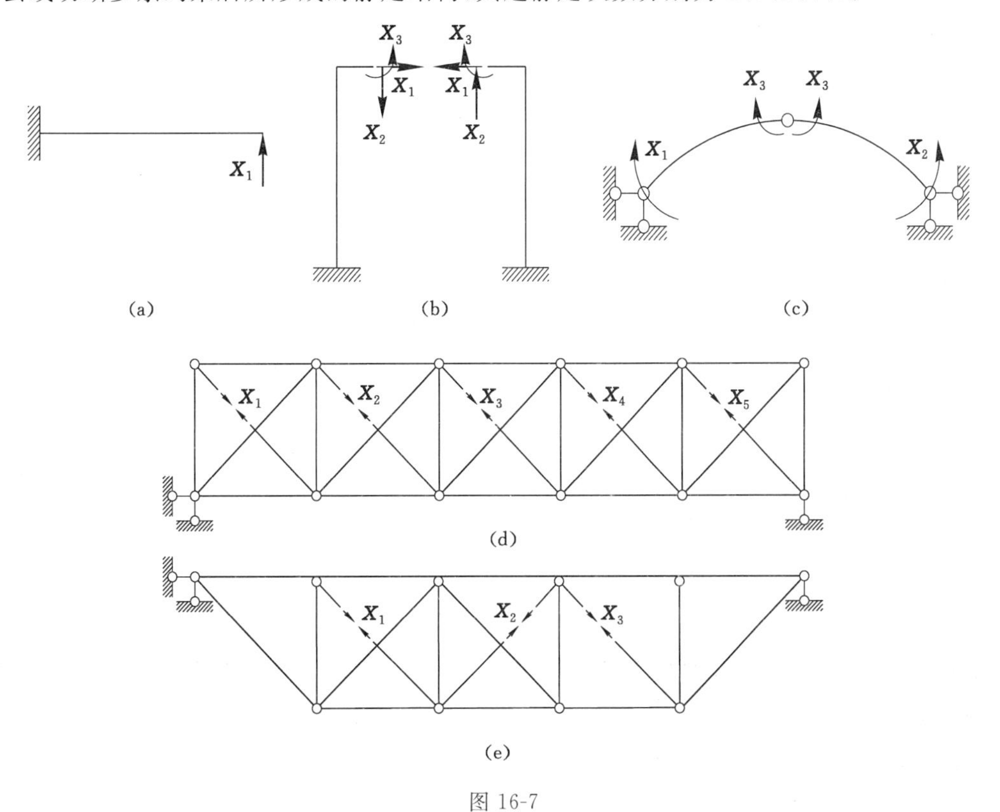

图 16-7

去除多余约束的方法以几何组成分析的基本规则为基础,大致有下列几种方法:

(1) 去除或切断一根链杆,相当于去除一个约束。

(2) 去除一个固定铰支座或去除一个单铰,相当于去除两个约束。

(3) 去除一个固定支座或切断一根梁式杆,相当于去除 3 个约束。

(4) 将刚性联结变为单铰联结,相当于去除一个约束。

需要指出的是,对同一超静定结构,去除多余约束的方式是多种多样的,相应得到的静定结构的形式也不相同。但不论何种方法,所得到的超静定次数是相同的,如图 16-8 所示。

去除多余约束时,应特别注意以下两点:

(1) 所去除的约束必须是多余的,去除约束后所得到的结构不能为几何可变体系。如图 16-8 所示的结构,如错误去掉该结构左端的水平约束链杆,则结构变为几何可变体系。

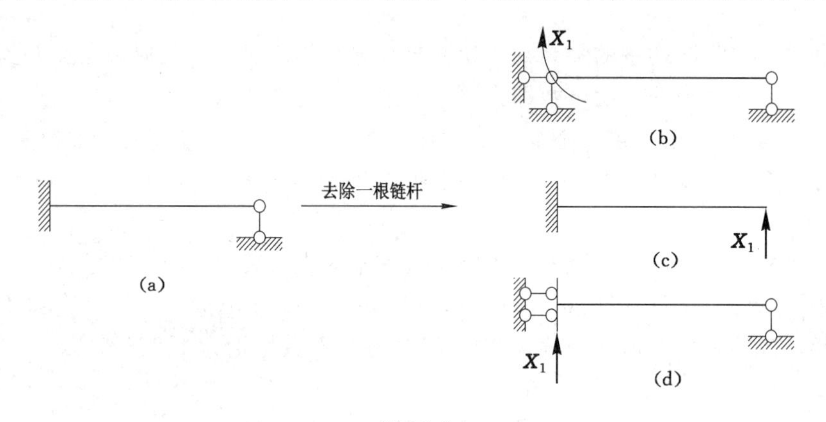

图 16-8

(2) 必须去除结构内所有的多余约束。在图 16-9(a)中,如果只去除一根链杆,如图 16-9(b)所示,其闭合框结构中仍含有 3 个多余约束。因此,必须断开闭合框的刚性连接,如图 16-9(c)所示,才能去除全部的多余约束。

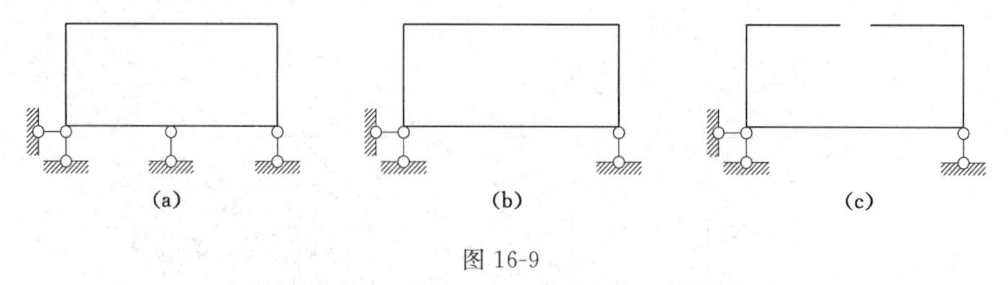

图 16-9

16.2 力　　法

16.2.1 力法的基本概念与典型方程

1. 基本思路

力法是计算超静定结构的最基本的方法。

在采用力法解超静定问题时,我们不是孤立地研究超静定问题,而是利用静定结构与超静定结构之间的联系，加以对比，从中找到由解静定问题过渡到解超静定问题的途径。

下面以一次超静定梁为例，说明力法中的三个基本概念。

(1) 力法的基本未知量

将图 16-10(a)所示的超静定结构与图 16-10(b)所示的静定结构对比，可知：图 16-10(b)中有三个未知力 $\boldsymbol{X}_A$、$\boldsymbol{Y}_A$、M_A，可用三个平衡方程全部求出。在图 16-10(a)中，在支座 B 处有一个未知力 $\boldsymbol{X}_1$，此多余未知力无法由平衡方程求出。因此，只要能求出多余未知力 $\boldsymbol{X}_1$，超静定问题就转化为静定问题。未知力 $\boldsymbol{X}_1$ 称为基本未知量。

力法求解超静定问题的关键是求解多余未知力——力法的基本未知量。

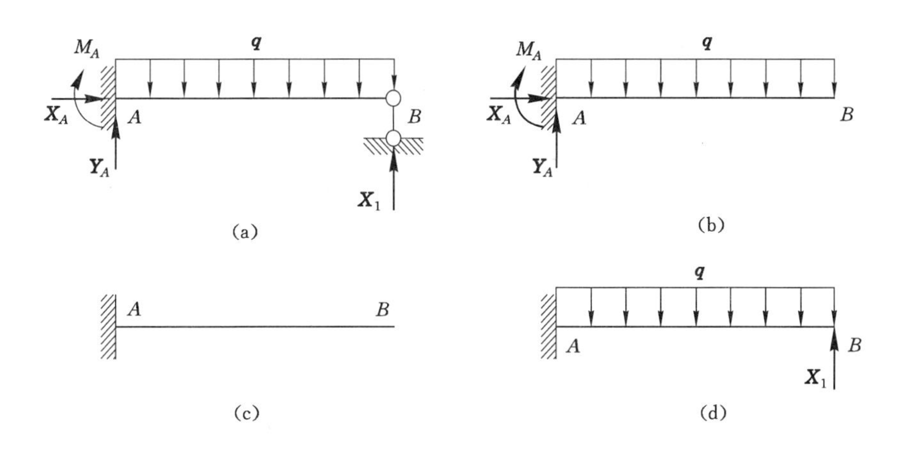

图 16-10

(2) 力法的基本体系

把原超静定结构中去掉多余约束后得到的静定结构称为力法的基本结构，如图 16-10(c)所示为图 16-10(a)的基本结构(注意基本结构的取法并不唯一，见图 16-8)；把基本结构在荷载和多余未知力共同作用下的体系称为力法的基本体系，见图 16-10(d)。原结构与基本体系的区别在于 $\boldsymbol{X}_1$ 在原结构中是以被动力的形式出现，而在基本体系中是以多余未知力的形式出现的。基本体系本身是静定结构，可以通过调节 $\boldsymbol{X}_1$ 的大小，使它的受力和变形状态与原结构完全相同。基本体系本身既为静定结构，又可代表原超静定结构的受力特点，它是从静定结构过渡到超静定结构的桥梁。

(3) 力法的基本方程

力法基本未知量 $\boldsymbol{X}_1$ 的求解，显然已不能利用平衡方程，因此，必须增加补充条件——变形协调条件。

考虑原结构与基本体系在变形上的异同点：在原结构中 $\boldsymbol{X}_1$ 为被动力，是固定值，与 $\boldsymbol{X}_1$ 相应的位移也是唯一确定的，在本例中为零。在基本体系中，$\boldsymbol{X}_1$ 为主动力，大小是可变的，相应的变形也是不确定的。亦即，当 $\boldsymbol{X}_1$ 值过大时，B 点上翘；如果过小，B 点下垂。只有当 B 点的变形与原结构的变形相同时，基本体系中的主动力 $\boldsymbol{X}_1$ 大小才与原结构中的被动力 $\boldsymbol{X}_1$ 相等，这时基本体系才能真正转化为原来的超静定结构。

因此，基本体系转化为原超静定结构的条件是：基本体系沿多余约束力 $\boldsymbol{X}_1$ 方向的位移 Δ_1 应与原超静定结构相应的位移相同，即：

$$\Delta_1 = 0 \tag{16-1}$$

这就是计算力法基本未知量时的变形协调方程。

在线性体系条件下，基本体系在基本未知量 $\boldsymbol{X}_1$ 方向的位移可利用叠加原理展开为在荷载 $\boldsymbol{q}$ 和 $\boldsymbol{X}_1$ 单独作用下的两种受力状态，如图 16-11 所示。因此，变形条件可表示为：

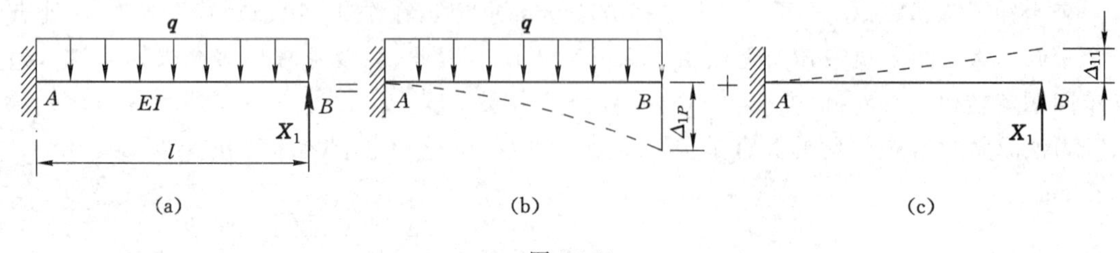

图 16-11

$$\Delta_1 = \Delta_{1P} + \Delta_{11} = 0 \tag{16-2}$$

式中 Δ_1——基本结构在荷载和基本未知力 $\boldsymbol{X}_1$ 共同作用下沿 $\boldsymbol{X}_1$ 方向的总位移[图 16-11(a)中 B 点的竖向位移]；

Δ_{1P}——基本结构在荷载单独作用下沿 $\boldsymbol{X}_1$ 方向产生的位移[图 16-11(b)]；

Δ_{11}——基本体系在基本未知量 $\boldsymbol{X}_1$ 单独作用下沿 $\boldsymbol{X}_1$ 方向产生的位移[图 16-11(c)]。

根据叠加原理，位移 Δ_{11} 与力 $\boldsymbol{X}_1$ 的大小成正比，若比例系数为 δ_{11}，则有：

$$\Delta_{11} = \delta_{11} X_1 \tag{16-3}$$

此处，系数 δ_{11} 在数值上等于基本结构在单位力 $X_1 = 1$ 单独作用下沿 $\boldsymbol{X}_1$ 方向产生的位移[图 16-12(b)]。将式(16-3)代入式(16-2)，即得：

$$\delta_{11} X_1 + \Delta_{1P} = 0 \tag{16-4}$$

上式即为一次超静定结构的力法基本方程。方程中的系数 δ_{11} 和自由项 Δ_{1P} 均为基本结构的位移，可以采用前面学习过的单位荷载法进行求解。

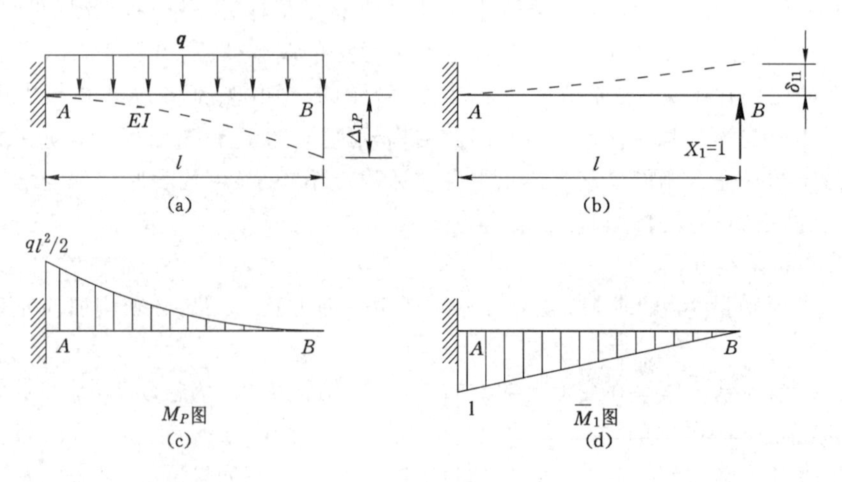

图 16-12

作基本结构在荷载作用下的弯矩图 M_P 和单位力 $X_1 = 1$ 作用下的弯矩图 $\overline{M}_1$，如图 16-12(c)、(d)所示。应用图乘法，可得：

$$\Delta_{1P} = \int \frac{\overline{M}_1 M_P}{EI} \mathrm{d}x = -\frac{1}{EI}\left(\frac{1}{3} \cdot \frac{ql^2}{2} \cdot l\right) \cdot \frac{3l}{4} = -\frac{ql^4}{8EI}$$

$$\delta_{11} = \int \frac{\overline{M}_1 \cdot \overline{M}_1}{EI} \mathrm{d}x = \frac{1}{EI}\left(\frac{l \cdot l}{2} \cdot \frac{2l}{3}\right) = \frac{l^3}{3EI}$$

代入力法方程式(16-4)得：

$$X_1 = -\frac{\Delta_{1P}}{\delta_{11}} = -\frac{-ql^4/(8EI)}{l^3/(3EI)} = \frac{3ql}{8}$$

所得 X_1 为正值时，表示基本未知量的方向与假设方向相同；如为负值，则方向相反。

基本未知量确定后，基本体系的内力状态即可利用平衡方程求解，作出内力图，如图16-13所示。由于已经作出 M_P 和$\overline{M}_1$ 图，所以也可利用叠加原理绘制原超静定结构的内力图。即

$$M = \overline{M}_1 X_1 + M_P$$

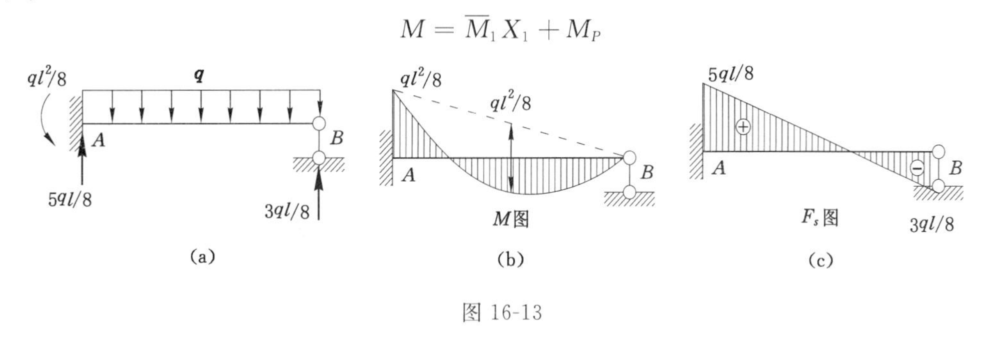

图 16-13

式中　$\overline{M}_1$ ——单位力 $X_1 = 1$ 在基本结构任一截面所产生的弯矩；

M_P ——荷载在基本结构中同一截面所产生的弯矩。

同理，可得剪力图为：

$$F_s = \overline{F}_{s1} X_1 + F_{sP}$$

2. 力法的典型方程

上面以一次超静定问题为例介绍了力法的基本原理。在力法解超静定问题中，力法的基本未知量——多余约束力的求解是解决超静定问题的关键。对于多次超静定问题，力法的基本原理也完全相同。

如图16-14(a)所示3次超静定结构，杆长均为 l，各段 EI 为常数。

选取支座 B 点处的3个多余约束力作为基本未知量 $\boldsymbol{X}_1$、$\boldsymbol{X}_2$ 及 $\boldsymbol{X}_3$，则力法的基本体系如图16-14(b)所示。

此时，变形协调条件为基本体系在点 B 处，沿 $\boldsymbol{X}_1$、$\boldsymbol{X}_2$ 及 $\boldsymbol{X}_3$ 方向的位移与原结构相同，均为零。因此，可写成：

$$\left.\begin{aligned} \Delta_1 &= 0 \\ \Delta_2 &= 0 \\ \Delta_3 &= 0 \end{aligned}\right\} \qquad (16\text{-}5)$$

式中，$\Delta_i (i=1,2,3)$ 为基本体系沿 X_i 方向的位移。

应用叠加原理，将式(16-5)写成展开形式(图16-15)。为了计算基本体系(即基本结构

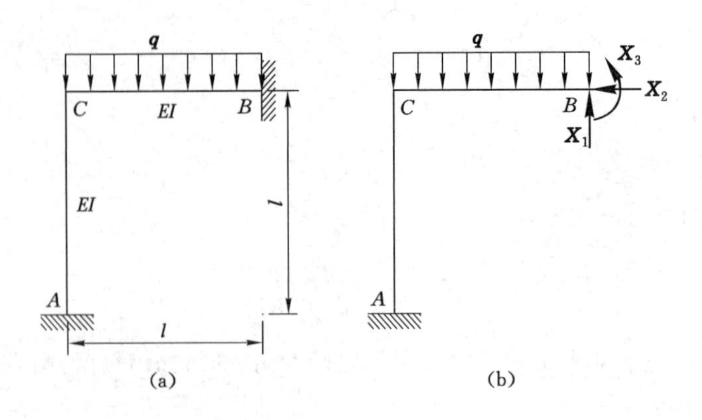

图 16-14

在荷载和未知力 $\boldsymbol{X}_1$、$\boldsymbol{X}_2$ 及 $\boldsymbol{X}_3$ 共同作用下)的位移 Δ_1、Δ_2 和 Δ_3，先计算基本结构在每种力单独作用下的位移如下：

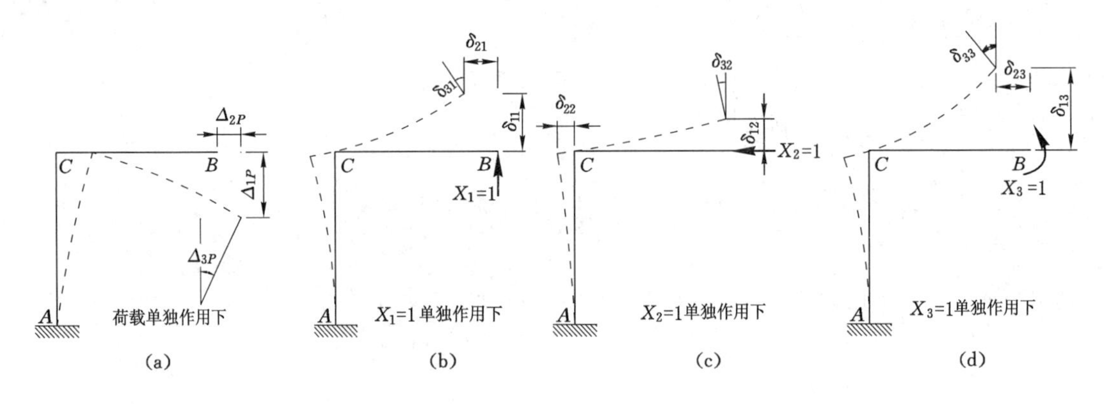

图 16-15

(1) 荷载单独作用时，基本结构的相应位移为 Δ_{1P}、Δ_{2P} 和 Δ_{3P} [图 16-15(a)]。

(2) 单位力 $X_1=1$ 单独作用时，基本结构的相应位移为 δ_{11}、δ_{21} 和 δ_{31} [图 16-15(b)]；未知力 X_1 单独作用时，相应位移为 $\delta_{11}X_1$、$\delta_{21}X_1$ 和 $\delta_{31}X_1$。

(3) 单位力 $X_2=1$ 单独作用时，基本结构的相应位移为 δ_{12}、δ_{22} 和 δ_{32} [图 16-15(c)]；未知力 X_2 单独作用时，相应位移为 $\delta_{12}X_2$、$\delta_{22}X_2$ 和 $\delta_{32}X_2$。

(4) 单位力 $X_3=1$ 单独作用时，基本结构的相应位移为 δ_{13}、δ_{23} 和 δ_{33} [图 16-15(d)]；未知力 X_3 单独作用时，相应位移为 $\delta_{13}X_3$、$\delta_{23}X_3$ 和 $\delta_{33}X_3$。由叠加原理得：

$$\left.\begin{aligned}\Delta_1&=\delta_{11}X_1+\delta_{12}X_2+\delta_{13}X_3+\Delta_{1P}\\\Delta_2&=\delta_{21}X_1+\delta_{22}X_2+\delta_{23}X_3+\Delta_{2P}\\\Delta_3&=\delta_{31}X_1+\delta_{32}X_2+\delta_{33}X_3+\Delta_{3P}\end{aligned}\right\}$$

因此，式(16-5)可展开为：

$$\left.\begin{aligned}\delta_{11}X_1+\delta_{12}X_2+\delta_{13}X_3+\Delta_{1P}&=0\\\delta_{21}X_1+\delta_{22}X_2+\delta_{23}X_3+\Delta_{2P}&=0\\\delta_{31}X_1+\delta_{32}X_2+\delta_{33}X_3+\Delta_{3P}&=0\end{aligned}\right\}\tag{16-6}$$

这就是3次超静定结构的力法基本方程。式中，δ_{ii}、δ_{ij} 也分别称为主、副系数。主系数恒为正，副系数可正、可负，也可为零。由位移互等原理有：$\delta_{ij}=\delta_{ji}$。

解上述方程，求出基本未知量后，即可求解原结构的内力状态，作出内力图。

利用叠加原理，原结构弯矩图可由下式计算：

$$\left.\begin{aligned} M &= \overline{M}_1 X_1 + \overline{M}_2 X_2 + \overline{M}_3 X_3 + M_P \\ F_s &= \overline{F}_{s1} X_1 + \overline{F}_{s2} X_2 + \overline{F}_{s3} X_3 + F_{sP} \\ F_N &= \overline{F}_{N1} X_1 + \overline{F}_{N2} X_2 + \overline{F}_{N3} X_3 + F_{NP} \end{aligned}\right\} \tag{16-7}$$

在超静定结构的力法计算中，同一结构可按不同方式选取基本体系和基本未知量。此时，力法的基本方程虽然形式相同，但由于基本未知量不同，因而，所提供的变形条件也不同。相应地，建立的力法基本方程的物理意义也有所区别。在选取基本体系时，应尽量使系数 δ_{ij} 及自由项 Δ_{iP} 的计算简化。

同理，对于 n 次超静定结构，此时的力法基本未知量为 n 个多余约束力 X_i（$i=1,2,\cdots,n$）；力法的基本结构是从原结构中去掉相应的多余约束力后得到的静定结构；力法的基本方程为在 n 个多余约束处的变形条件：基本体系沿多余约束力方向的位移与原结构相同，即 $\Delta_i=0(i=1,2,\cdots,n)$。

在线性结构中，利用叠加原理有：

$$\left.\begin{aligned} &\delta_{11}X_1+\delta_{12}X_2+\cdots+\delta_{1n}X_n+\Delta_{1P}=0 \\ &\delta_{21}X_1+\delta_{22}X_2+\cdots+\delta_{2n}X_n+\Delta_{2P}=0 \\ &\cdots\cdots \\ &\delta_{n1}X_1+\delta_{n2}X_2+\cdots+\delta_{nn}X_n+\Delta_{nP}=0 \end{aligned}\right\} \tag{16-8}$$

式(16-8)称为 n 次超静定结构的力法典型方程。

16.2.2 力法计算超静定结构示例

16.2.2.1 荷载作用下的超静定结构计算

应用力法计算超静定结构的一般步骤为：① 选择力法的基本体系。② 建立力法典型方程。③ 计算系数及自由项。④ 求解多余未知力。⑤ 作内力图。

1. 超静定梁

计算静定梁位移时，只考虑弯矩的影响，因而系数及自由项按下列公式计算：

$$\delta_{ii}=\sum\int\frac{\overline{M}_i^2}{EI}\mathrm{d}x,\quad \delta_{ij}=\sum\int\frac{\overline{M}_i\,\overline{M}_j}{EI}\mathrm{d}x,\quad \Delta_{iP}=\sum\int\frac{\overline{M}_iM_P}{EI}\mathrm{d}x \tag{16-9}$$

【例 16-1】 试作图16-16(a)所示单跨超静定梁的弯矩图，EI=常数。

解 (1) 选取基本体系

该结构为一次超静定，取 B 点的支座反力为多余约束力。撤去 B 点竖向链杆后，得到图16-16(b)、(c)所示的基本结构和基本体系。

(2) 建立力法典型方程

力法典型方程为：

$$\delta_{11}X_1+\Delta_{1P}=0$$

(3) 求系数和自由项

作出 $\overline{M}_1$ 及 M_P 图，如图16-16(d)、(e)所示，用图乘法计算 δ_{11} 和 Δ_{1P} 为：

$$\delta_{11} = \frac{1}{EI}(\frac{l \cdot l}{2} \cdot \frac{2l}{3}) = \frac{l^3}{3EI}$$

$$\Delta_{1P} = -\frac{1}{EI} \cdot \left[(\frac{1}{2} \cdot \frac{Fl}{2} \cdot \frac{l}{2}) \cdot (\frac{l}{2} + \frac{l}{2} \cdot \frac{2}{3})\right] = -\frac{5Fl^3}{48EI}$$

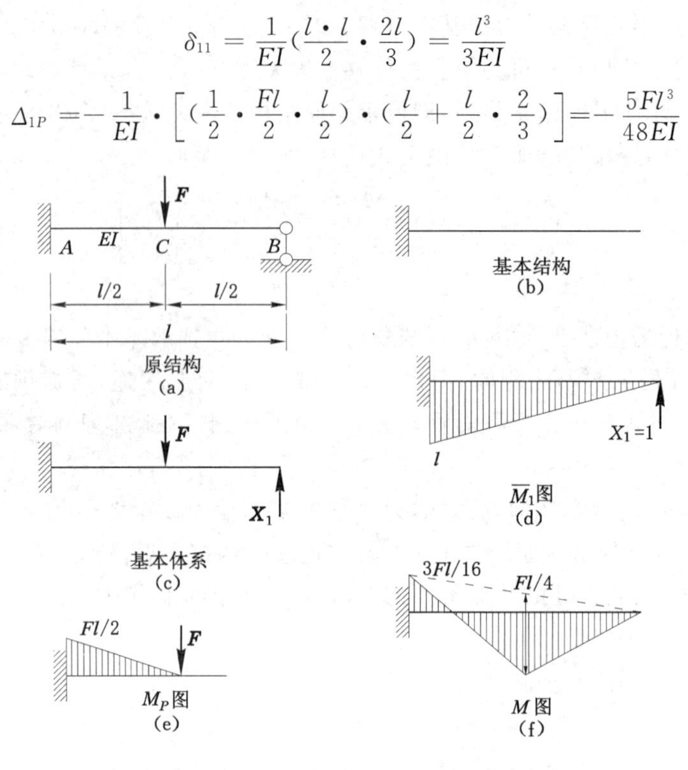

图 16-16

(4) 求多余未知力

$$X_1 = -\frac{\Delta_{1P}}{\delta_{11}} = -\frac{-5Fl^3/(48EI)}{l^3/(3EI)} = \frac{5F}{16}$$

(5) 作内力图

把求得的 $\boldsymbol{X}_1$ 作用在基本体系上，按求静定梁内力的方法作出弯矩图。或者利用叠加原理，即

$$M = \overline{M}_1 X_1 + M_P$$

作出弯矩图，如图 16-16(f)所示。

【例 16-2】 试作图 16-17(a)所示两跨超静定梁的内力图，EI=常数。

解 (1) 选取基本体系

该结构为一次超静定，取 C 点的支座反力为多余约束力。撤去 C 点竖向链杆后，得到图 16-17(b)所示的基本体系。

(2) 建立力法典型方程

力法典型方程为：

$$\delta_{11} X_1 + \Delta_{1P} = 0$$

(3) 求系数和自由项

作出 $\overline{M}_1$ 及 M_P 图，如图 16-17(c)、(d)所示，用图乘法计算 δ_{11} 和 Δ_{1P} 为：

$$\delta_{11} = \frac{1}{EI}\left[\frac{1}{2} \cdot l \cdot \frac{l}{3} \cdot (\frac{2}{3} \cdot \frac{l}{3}) + \frac{1}{2} \cdot \frac{l}{3} \cdot \frac{l}{3} \cdot (\frac{2}{3} \cdot \frac{l}{3})\right] = \frac{4l^3}{81EI}$$

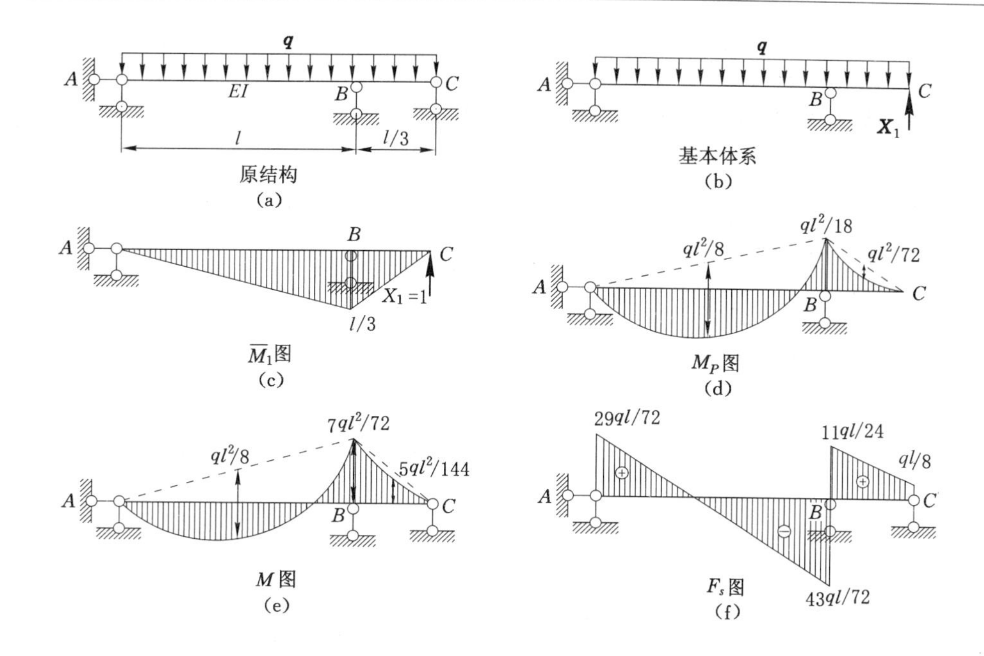

图 16-17

$$\Delta_{1P}=-\frac{1}{EI}\cdot\left[-\left(\frac{2}{3}\cdot\frac{l}{3}\cdot\frac{ql^2}{72}\right)\cdot\left(\frac{1}{2}\cdot\frac{l}{3}\right)+\left(\frac{1}{2}\cdot\frac{l}{3}\cdot\frac{ql^2}{18}\right)\left(\frac{2}{3}\cdot\frac{l}{3}\right)-\left(\frac{2}{3}\cdot l\cdot\frac{ql^2}{8}\right)\cdot\left(\frac{1}{2}\cdot\frac{l}{3}\right)+\left(\frac{1}{2}\cdot l\cdot\frac{ql^2}{18}\right)\cdot\left(\frac{2}{3}\cdot\frac{l}{3}\right)\right]$$

$$=\frac{ql^4}{162EI}$$

(4) 求多余未知力

$$X_1=-\frac{\Delta_{1P}}{\delta_{11}}=-\frac{ql^4/(162EI)}{4l^3/(81EI)}=-\frac{ql}{8}$$

(5) 作内力图

把求得的 X_1 作用在基本体系上，按求静定梁内力的方法[可看做在基本力系上作用外力 $X_1=-\frac{ql}{8}$，根据平衡方程，求得 $F_{Ay}=\frac{29}{72}ql(\uparrow)$，$F_{By}=\frac{19}{18}ql(\uparrow)$]作出内力图，或者利用叠加原理，即：

$$\left.\begin{aligned}M&=\overline{M}_1X_1+M_P\\F_s&=\overline{F}_{s1}X_1+F_{sP}\end{aligned}\right\}$$

作出内力图，如图 16-17(e)、(f)所示。

注：本题若取 B 点的支座反力为多余约束力，同样可作出内力图，但计算量将大大增加。

2. 超静定刚架

对于刚架结构，其内力有弯矩、剪力、轴力，但在计算刚架位移时，通常只考虑对位移产生主要影响的弯矩。在某些特殊情况下，当轴力及剪力的影响较大时，应予以考虑。因而系数及自由项可按下式计算：

$$\delta_{ii}=\sum\int\frac{\overline{M}_i^2}{EI}\mathrm{d}s,\quad \delta_{ij}=\sum\int\frac{\overline{M}_i\,\overline{M}_j}{EI}\mathrm{d}s,\quad \Delta_{iP}=\sum\int\frac{\overline{M}_iM_P}{EI}\mathrm{d}s$$

【例 16-3】 试作图 16-18(a)所示超静定刚架的内力图。

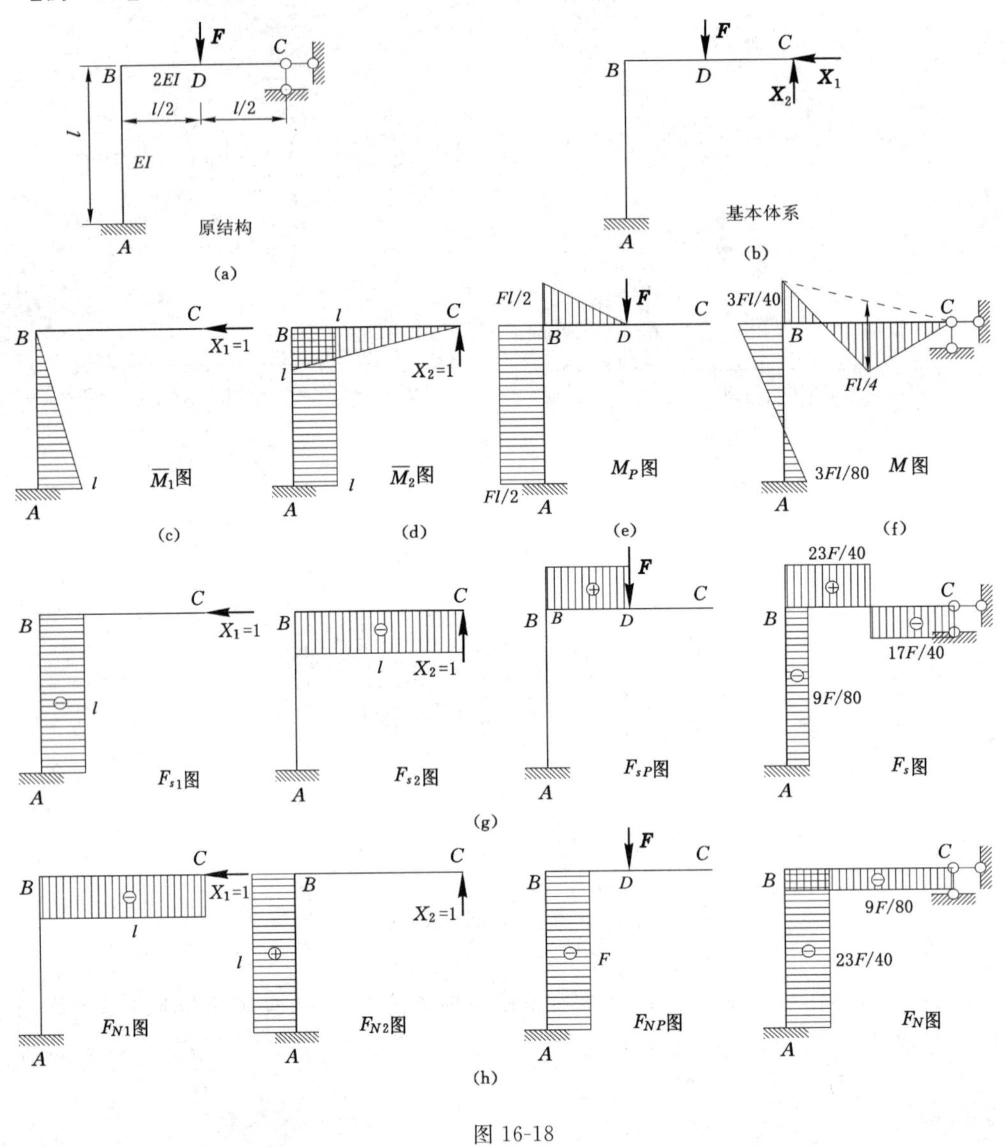

图 16-18

解 (1) 选取基本体系

该结构是二次超静定，取 C 点的水平和竖向支座反力为多余约束力。撤去 C 点竖向和水平链杆后，得到图 16-18(b)所示的基本体系。

(2) 建立力法典型方程

力法典型方程为：

$$\left.\begin{aligned}\delta_{11}X_1+\delta_{12}X_2+\Delta_{1P}=0\\ \delta_{21}X_1+\delta_{22}X_2+\Delta_{2P}=0\end{aligned}\right\}$$

(3) 求系数和自由项

作出 $\overline{M}_1$、$\overline{M}_2$ 及 M_P 图，如图 16-18(c)、(d)、(e)所示，用图乘法计算得：

$$\delta_{11}=\frac{1}{EI}\cdot\frac{1}{2}\cdot l\cdot l\cdot l\cdot\frac{2}{3}=\frac{l^3}{3EI}$$

$$\delta_{12}=\delta_{21}=\frac{1}{EI}\cdot\frac{1}{2}\cdot l\cdot l\cdot l=\frac{l^3}{2EI}$$

$$\delta_{22}=\frac{1}{EI}\cdot l\cdot l\cdot l+\frac{1}{2EI}\cdot\frac{1}{2}\cdot l\cdot l\cdot l\cdot\frac{2}{3}=\frac{7l^3}{6EI}$$

$$\Delta_{1P}=-\frac{1}{EI}\cdot\frac{1}{2}\cdot l\cdot l\cdot\frac{Fl}{2}=-\frac{Fl^3}{4EI}$$

$$\Delta_{2P}=-\frac{1}{EI}\cdot l\cdot l\cdot\frac{Fl}{2}-\frac{1}{2EI}\cdot\frac{1}{2}\cdot\frac{l}{2}\cdot\frac{Fl}{2}\cdot\left(\frac{l}{2}+\frac{2}{3}\cdot\frac{l}{2}\right)=-\frac{53Fl^3}{96EI}$$

(4) 求多余未知力

代入力法典型方程，得：

$$\left.\begin{aligned}\frac{l^3}{3EI}X_1+\frac{l^3}{2EI}X_2-\frac{Fl^3}{4EI}=0\\ \frac{l^3}{2EI}X_1+\frac{7l^3}{6EI}X_2-\frac{53Fl^3}{96EI}=0\end{aligned}\right\}$$

化简得：

$$\left.\begin{aligned}2X_1+3X_2-\frac{3F}{2}=0\\ 3X_1+7X_2-\frac{53F}{16}=0\end{aligned}\right\}$$

解得：

$$\left.\begin{aligned}X_1=\frac{9F}{80}\\ X_2=\frac{17F}{40}\end{aligned}\right\}$$

(5) 作内力图

用叠加原理

$$\left.\begin{aligned}M&=\overline{M}_1X_1+\overline{M}_2X_2+M_P\\ F_s&=\overline{F}_{s1}X_1+\overline{F}_{s2}X_2+F_{sP}\\ F_N&=\overline{F}_{N1}X_1+\overline{F}_{N2}X_2+F_{NP}\end{aligned}\right\}$$

作出内力图，如图 16-18(f)、(g)、(h)所示。

3. 超静定桁架

桁架是链杆体系，计算桁架位移时，只考虑轴力影响。因此，在计算系数和自由项时只需考虑轴力的影响，故：

$$\delta_{ii}=\sum\frac{\overline{F}_{Ni}^2}{EA},\ \delta_{ij}=\sum\frac{\overline{F}_{Ni}\cdot\overline{F}_{Nj}}{EA},\ \Delta_{iP}=\sum\frac{F_{Ni}F_{NP}l}{EA}\tag{16-10}$$

桁架杆件的轴力图，同样可由叠加原理求得：

$$F_N=\overline{F}_{N1}X_1+\overline{F}_{N2}X_2+\cdots+\overline{F}_{Nn}X_n+F_{NP}$$

【例 16-4】 求解图 16-19(a)所示超静定桁架结构的内力，各杆 EA=常数。

解 (1) 选取基本体系

该桁架结构是一次超静定，选取的基本体系如图 16-19(b)所示。

(2) 建立力法典型方程

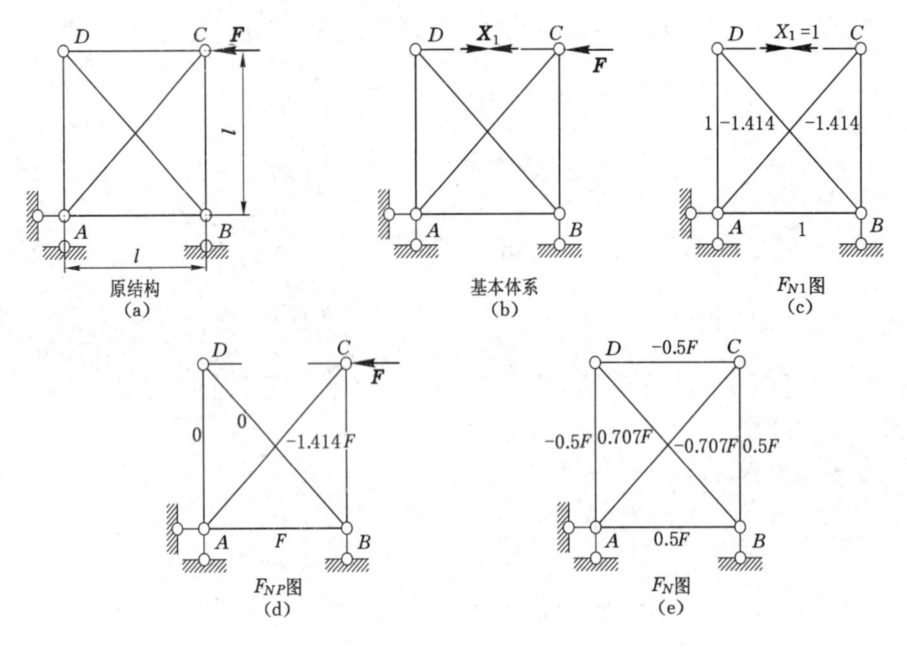

图 16-19

力法典型方程为：

$$\delta_{11}X_1+\Delta_{1P}=0$$

(3) 求系数和自由项

作出 $\overline{F}_{N1}$ 及 F_{NP} 图，如图 16-19(c)、(d)所示。为便于计算及检验，用表格形式计算各系数及自由项，求出 $\overline{F}_{N1}$、F_{NP} 后填入表 16-1 中。

表 16-1

杆件	L	$\overline{F}_{N1}$	F_{NP}	$\overline{F}_{N1}\cdot F_{NP}\cdot L$	$\overline{F}_{N1}^2L$	$F_N=\overline{F}_{N1}X_1+F_{NP}$
AB	l	1	F	Fl	l	$0.5F$
BC	l	1	F	Fl	l	$0.5F$
CD	l	1	0	0	l	$-0.5F$
DA	l	1	0	0	l	$-0.5F$
AC	$\sqrt{2}l$	$-\sqrt{2}$	$-\sqrt{2}F$	$2\sqrt{2}Fl$	$2\sqrt{2}l$	$-0.707F$
DB	$\sqrt{2}l$	$-\sqrt{2}$	0	0	$2\sqrt{2}l$	$0.707F$
$\sum$				$(2+2\sqrt{2})Fl$	$(4+4\sqrt{2})l$	

(4) 求多余未知力

$$X_1=-\frac{\Delta_{1P}}{\delta_{11}}=-\frac{(2+2\sqrt{2})Fl}{(4+4\sqrt{2})l}=-\frac{F}{2}$$

(5) 作内力图

用叠加原理

$$F_N=\overline{F}_{N1}X_1+F_{NP}$$

求出各杆件轴力，如图 16-19(e)所示。

4. 超静定组合结构

组合结构中一部分杆件主要承受弯曲变形，称为梁式杆；另一部分杆件主要承受拉压变形，称为桁架杆。计算系数及自由项时应根据杆件的类型，采用不同方式计算。

桁架杆只考虑轴力的影响，即

$$\delta_{ii}=\sum\frac{\overline{F}_{Ni}^{2}}{EA},\ \delta_{ij}=\sum\frac{\overline{F}_{Ni}\cdot\overline{F}_{Nj}}{EA},\ \Delta_{iP}=\sum\frac{F_{Ni}F_{NP}l}{EA}$$

梁式杆通常只考虑弯矩的影响，即

$$\delta_{ii}=\sum\int\frac{\overline{M}_{i}^{2}}{EI}\mathrm{d}s,\ \delta_{ij}=\sum\int\frac{\overline{M}_{i}\overline{M}_{j}}{EI}\mathrm{d}s,\ \Delta_{iP}=\sum\int\frac{\overline{M}_{i}M_{P}}{EI}\mathrm{d}s$$

【例 16-5】 求解图 16-20(a)所示超静定组合结构在荷载作用下的内力。各杆的刚度满足 $EA\cdot\mathrm{m}^{2}=100EI$ 。

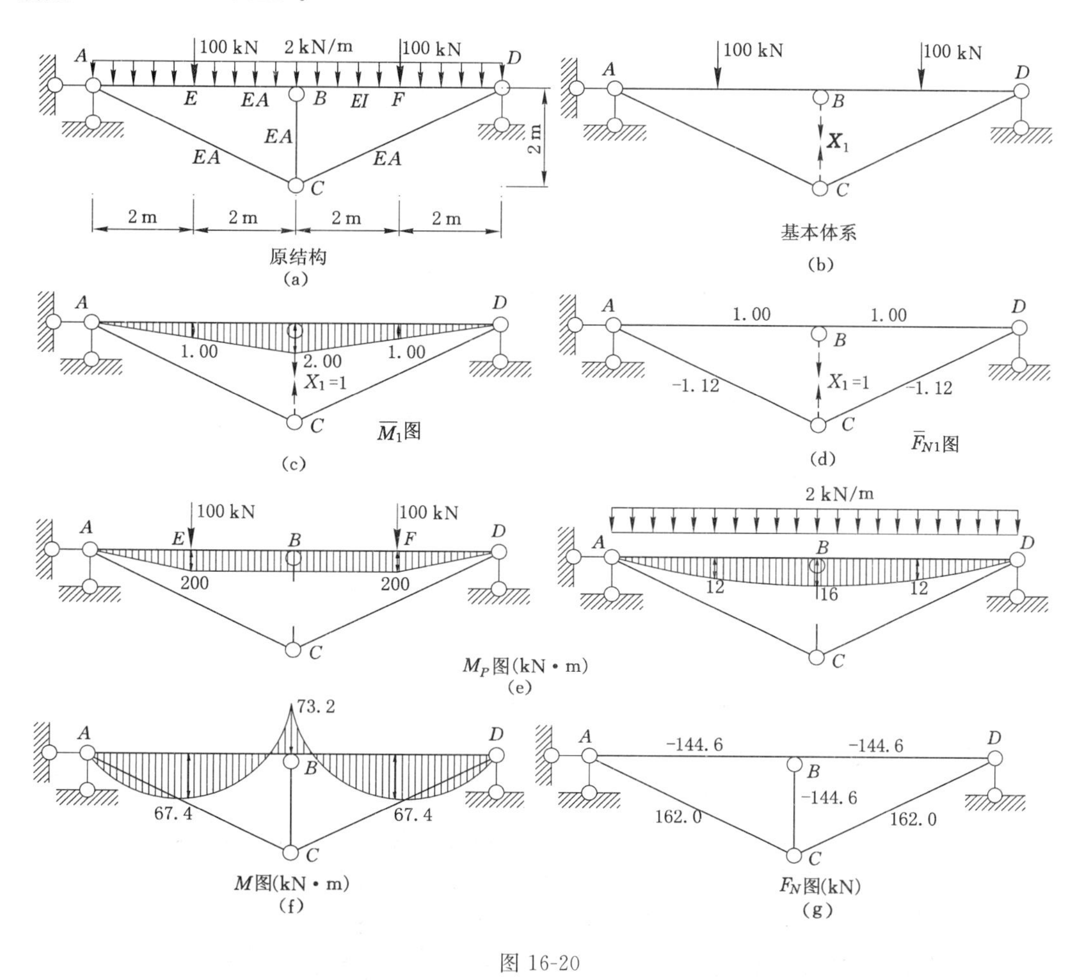

图 16-20

解 (1) 选取基本体系

该桁架结构是一次超静定，选取的基本体系如图 16-20(b)所示。

(2) 建立力法典型方程

力法典型方程为：

$$\delta_{11}X_1+\Delta_{1P}=0$$

(3) 求系数和自由项

作出 $\overline{M}_1$、$\overline{F}_{N1}$、M_P 图，如图 16-18(c)、(d)、(e)所示(基本体系在荷载作用下各杆轴力为零)。

$$\delta_{11}=\int\frac{\overline{M}_1^2}{EI}ds+\sum\frac{\overline{N}_1^2 l}{EA}$$

$$=\frac{1}{EI}\times\left[\frac{1}{2}\times4\times2.00\times(\frac{2}{3}\times2.00)\right]\times2+$$

$$\frac{1}{EA}\times[1.00^2\times8+(1.12^2\times4.47)\times2+1.00^2\times2]$$

$$=\frac{10.67}{EI}+\frac{21.2}{EA}$$

$$=\frac{10.88}{EI}$$

$$\Delta_{1P}=\int\frac{\overline{M}_1M_P}{EI}ds$$

$$=\frac{1}{EI}\times\left[\frac{2}{3}\times4\times16\times(\frac{5}{8}\times2.00)\times2+\frac{1}{2}\times2\times200\times\right.$$

$$\left.(\frac{2}{3}\times1.00)\times2+2\times200\times(\frac{1.00+2.00}{2})\times2\right]$$

$$=\frac{1\ 573.33}{EI}$$

(4) 求多余未知力

$$X_1=-\frac{\Delta_{1P}}{\delta_{11}}=-\frac{1\ 573.33/EI}{10.88/EI}=-144.6\ \text{kN}(\text{压力})$$

(5) 作内力图

用叠加原理

$$M=\overline{M}_1X_1+M_P$$

$$F_N=\overline{F}_{N1}X_1+F_{NP}$$

求出各杆件内力，如图 16-20(f)、(g)所示。

16.2.2.2 非荷载作用下超静定结构计算

超静定结构有一个重要特点，就是在非荷载因素(支座移动、温度改变、材料收缩、制造误差等)作用下，结构将发生变形，产生内力，通常称之为自内力。用力法计算自内力时，计算步骤与荷载作用的情形基本相同，但典型方程中自由项的计算有所区别。

下面以支座移动时的计算为例说明其计算特点。

【例 16-6】 如图 16-21(a)所示单跨超静定等截面梁，左端支座转动角度 θ_A，右端支座下沉距离 C_B，求梁中引起的自内力并作弯矩图。

解法 1 (1) 选取基本体系

该结构是一次超静定，选取的基本体系如图 16-21(b)所示。

(2) 建立力法典型方程

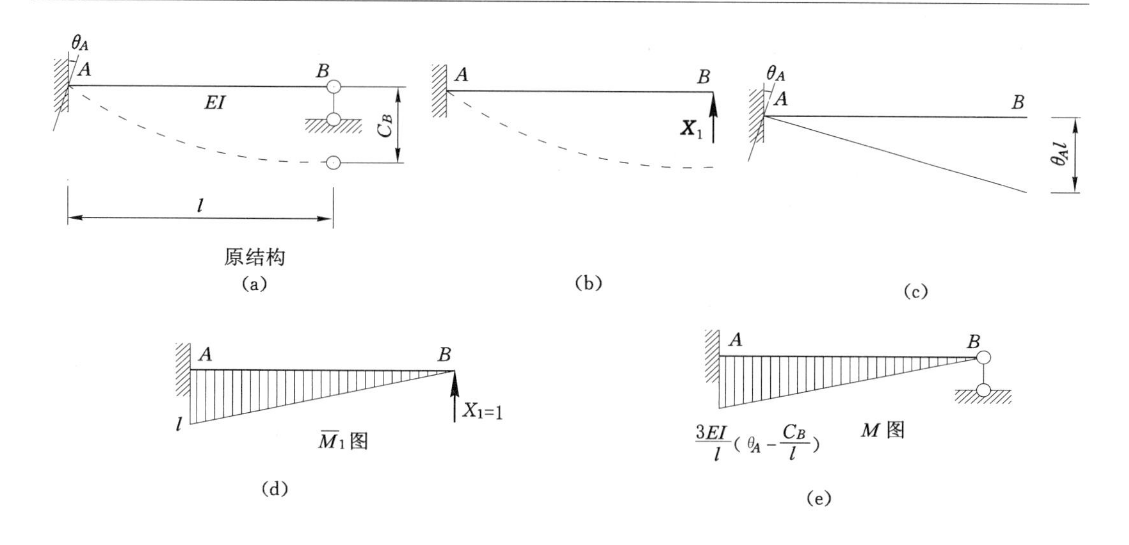

图 16-21

变形协调条件为基本体系在 B 点的竖向位移 Δ_1 应与原结构相同。由于原结构在 B 点的竖向位移为 C_B，方向与 X_1 相反，故变形协调条件为：

$$\Delta_1 = -C_B$$

基本体系的位移 Δ_1 是由未知力 X_1 和支座 A 的转角 θ_A 共同产生的，因此上式可写为：

$$\delta_{11}X_1 + \Delta_{1C} = -C_B$$

此即力法典型方程。其中，Δ_{1C} 是当支座 A 产生转角 θ_A 时在基本结构中产生的沿 X_1 方向的位移。

(3) 求系数及自由项

据图 16-21(c)可知：

$$\Delta_{1C} = -\theta_A l$$

系数 δ_{11} 可由图 16-21(d)的 $\overline{M}_1$ 图求得：

$$\delta_{11} = \frac{1}{EI}\cdot\frac{1}{2}\cdot l\cdot l\cdot(\frac{2}{3}\cdot l) = \frac{l^3}{3EI}$$

(4) 求多余未知力

将求得的 δ_{11}、Δ_{1C} 代入力法典型方程得到：

$$\frac{l^3}{3EI}X_1 - \theta_A l = -C_B$$

$$X_1 = \frac{3EI}{l^2}(\theta_A - \frac{C_B}{l})$$

(5) 作内力图

基本结构是静定结构，支座移动时在基本结构中不引起内力，因此内力全是由多余未知力引起的。利用叠加原理

$$M = \overline{M}_1 X_1$$

作弯矩图，如图 16-21(e)所示。

解法 2 (1) 选取基本体系

该结构为一次超静定，取简支梁为基本结构，支座 A 的反力偶矩为多余未知力 $\boldsymbol{X}_1$，如图 16-22(a)所示。

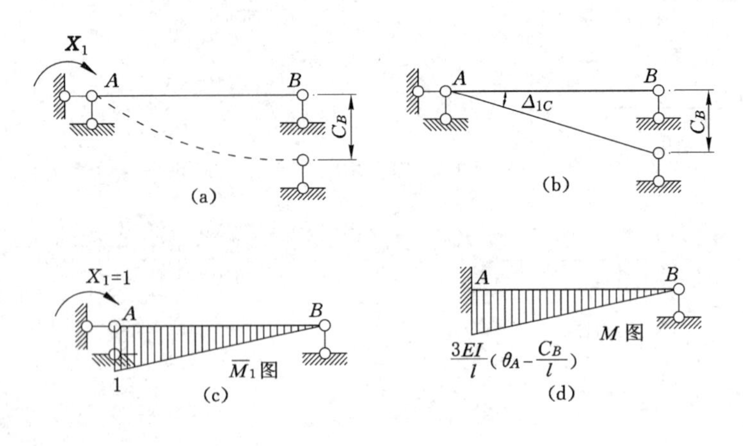

图 16-22

(2) 建立力法典型方程

变形协调条件为简支梁在 A 点的转角应等于给定值 θ_A。

力法典型方程为：

$$\delta_{11}X_1 + \Delta_{1C} = \theta_A$$

式中，自由项 Δ_{1C} 是简支梁由于支座 B 下沉 C_B 而在 A 点产生的转角。

(3) 求计算系数及自由项

据图 16-22(b)可知：

$$\Delta_{1C} = \frac{C_B}{l}$$

系数 δ_{11} 可由图 16-22(c)的 $\overline{M}_1$ 图求得：

$$\delta_{11} = \frac{1}{EI} \cdot \frac{1}{2} \cdot l \cdot 1 \cdot (\frac{2}{3} \cdot 1) = \frac{l}{3EI}$$

(4) 求多余未知力

将求得的 δ_{11}、Δ_{1C} 代入力法典型方程，得：

$$\frac{l}{3EI}X_1 + \frac{C_B}{l} = \theta_A$$

即

$$X_1 = \frac{3EI}{l}(\theta_A - \frac{C_B}{l})$$

(5) 作内力图

利用叠加原理

$$M = \overline{M}_1 X_1$$

作弯矩图，如图 16-22(d)所示。

16.2.3 对称性的利用

采用力法计算超静定结构时，典型方程的个数等于超静定次数，超静定次数越高，需计算的系数及自由项个数越多。

在实际的建筑结构工程中，很多结构是对称的，可以利用结构的对称性，适当地选取基本结构，使力法典型方程中尽可能多的副系数等于零，从而使计算得到简化。

当结构的几何形状、支座情况、杆件的截面以及材料特性等均关于某一几何轴线对称时，这类结构称为对称结构，该几何轴线称之为对称轴。如图 16-23(a)所示刚架，沿轴Ⅰ—Ⅰ对称。在选取力法基本体系时，沿对称轴处将杆件切开，并代之以相应的多余约束力，如图 16-23(b)所示。力法基本未知量为正对称的轴力 $\boldsymbol{X}_1$、弯矩 $\boldsymbol{X}_2$ 以及反对称的剪力 $\boldsymbol{X}_3$。基本未知量作用下的弯矩图如图 16-23(c)、(d)、(e)所示。显然，$\overline{M}_1$、$\overline{M}_2$ 图是对称图形；$\overline{M}_3$ 是反对称图形。

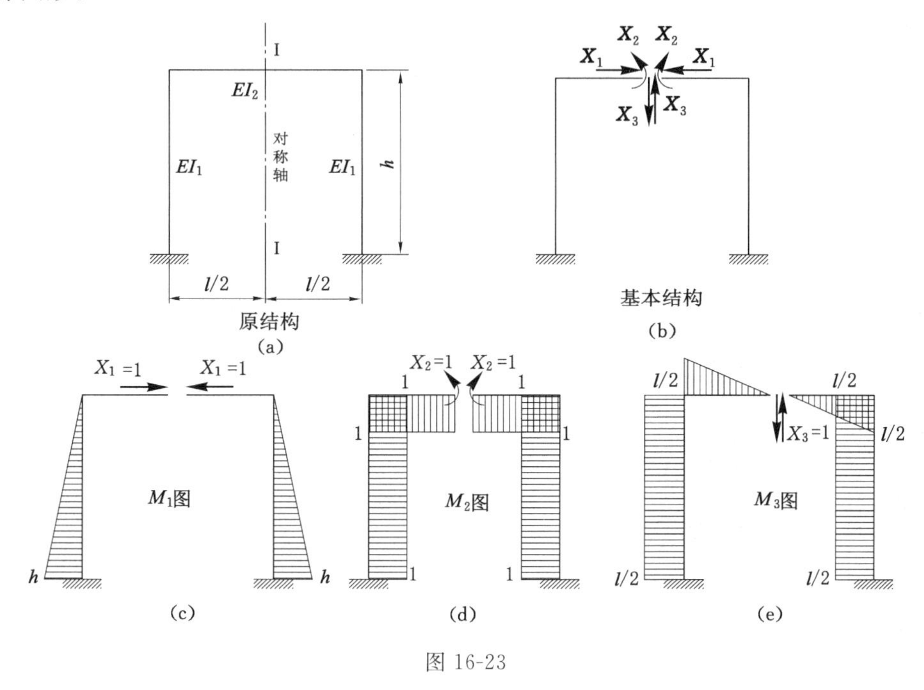

图 16-23

从图中可以看出，对称性基本未知量 $\boldsymbol{X}_1$、$\boldsymbol{X}_2$ 作用下的弯矩图为对称图形，而反对称性基本未知量 $\boldsymbol{X}_3$ 作用下弯矩图为反对称的。由图形相乘可知，副系数为：

$$\delta_{13}=\delta_{31}=\sum\int\frac{\overline{M}_1\,\overline{M}_3}{EI}\mathrm{d}s=0$$

$$\delta_{23}=\delta_{32}=\sum\int\frac{\overline{M}_2\,\overline{M}_3}{EI}\mathrm{d}s=0$$

故力法典型方程简化为：

$$\left.\begin{aligned}\delta_{11}X_1+\delta_{12}X_2+\Delta_{1P}&=0\\\delta_{21}X_1+\delta_{22}X_2+\Delta_{2P}&=0\\\delta_{33}X_3+\Delta_{3P}&=0\end{aligned}\right\}$$

该方程组由两部分组成：一个二元一次方程组（其只包含对称的未知力 $\boldsymbol{X}_1$、$\boldsymbol{X}_2$）和一个一元一次方程（其只包含反对称的未知力 $\boldsymbol{X}_3$）。因此，解方程组的工作得到简化。

再来考虑结构所承受的荷载特性。

(1) 当结构承受对称荷载时[见图 16-24(a)]，荷载作用下基本结构的弯矩图为对称图形，如图 16-24(b)所示。则自由项：

$$\Delta_{3P}=\sum\int\frac{\overline{M}_3M_P}{EI}ds=0$$

从而 $X_3=0$，即反对称未知力为零。因此，只有对称未知力 X_1、X_2。最后内力图可由叠加原理得到：

$$\left.\begin{aligned}M&=\overline{M}_1X_1+\overline{M}_2X_2+M_P\\F_N&=\overline{F}_{N1}X_1+\overline{F}_{N2}X_2+F_{NP}\\F_s&=\overline{F}_{s1}X_1+\overline{F}_{s2}X_2+F_{sP}\end{aligned}\right\}$$

弯矩图和轴力图为对称图形，剪力图为反对称图形。

(2) 当结构承受反对称荷载时[见图 16-25(a)]，荷载作用下基本结构的弯矩图为反对称图形，如图 16-25(b)所示。则自由项：

$$\Delta_{1P}=\sum\int\frac{\overline{M}_1M_P}{EI}ds=0$$

$$\Delta_{2P}=\sum\int\frac{\overline{M}_2M_P}{EI}ds=0$$

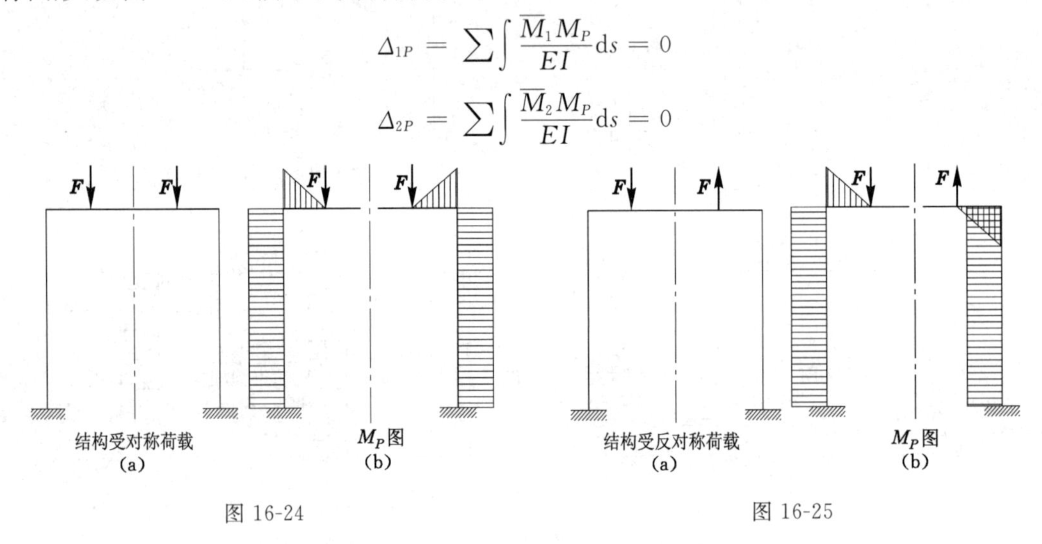

图 16-24　　图 16-25

从而 $X_1=0$、$X_2=0$，即对称未知力为零。因此，只有反对称未知力 X_3。最后内力图可由叠加原理得到：

$$\left.\begin{aligned}M&=\overline{M}_3X_3+M_P\\F_N&=\overline{F}_{N3}X_3+F_{NP}\\F_s&=\overline{F}_{s3}X_3+F_{sP}\end{aligned}\right\}$$

弯矩图和轴力图为反对称图形，剪力图为对称图形。

【例 16-7】 利用对称性，作图 16-26(a)所示刚架的弯矩图。

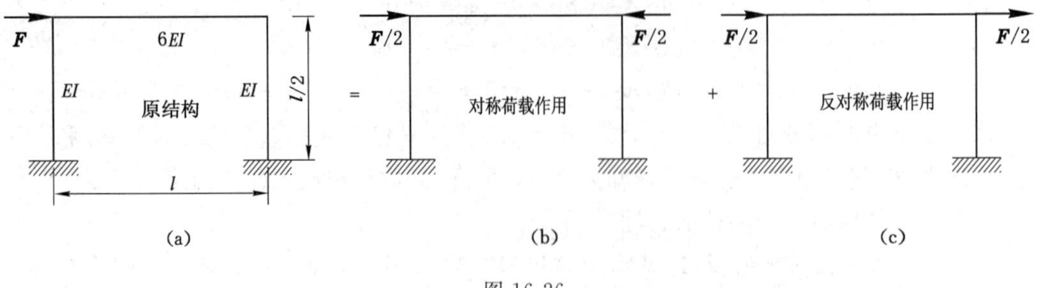

图 16-26

解　荷载 $\boldsymbol{F}$ 可分解为对称荷载[见图 16-26(b)]和反对称荷载[见图 16-26(c)]。

在对称荷载作用下，如果忽略轴力对变形的影响，则横梁只承受压力 $\boldsymbol{F}/2$，而其他杆无内力。因此，为了作图 16-26(a)所示刚架弯矩图，只需求作图 16-26(c)中刚架在反对称荷载作用下的弯矩图即可。

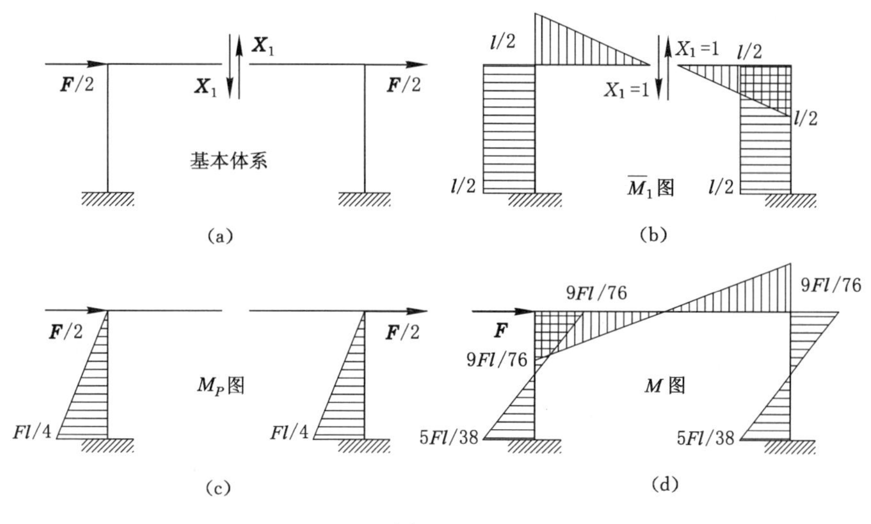

图 16-27

在反对称荷载作用下，选取基本体系如图 16-27(a)所示。切口截面的弯矩、轴力是对称未知力，应为零；只有反对称未知力 $\boldsymbol{X}_1$ 存在。基本结构在单位力 $X_1=1$ 和荷载作用下的弯矩图如图 16-27(b)、(c)所示。图乘可得：

$$\delta_{11}=\frac{1}{EI}\cdot(\frac{l}{2}\cdot\frac{l}{2}\cdot\frac{l}{2})\cdot 2+\frac{1}{6EI}\cdot\left[(\frac{1}{2}\cdot\frac{l}{2}\cdot\frac{l}{2})\cdot(\frac{2}{3}\cdot\frac{l}{2})\right]\cdot 2=\frac{19l^3}{72EI}$$

$$\Delta_{1P}=\frac{1}{EI}\cdot\frac{1}{2}\cdot\frac{l}{2}\cdot\frac{Fl}{4}\cdot l=\frac{Fl^3}{16EI}$$

代入力法典型方程

$$\delta_{11}X_1+\Delta_{1P}=0$$

得：

$$X_1=-\frac{\Delta_{1P}}{\delta_{11}}=-\frac{9F}{38}$$

按叠加原理

$$M=\overline{M}_1X_1+M_P$$

作刚架的弯矩图，如图 16-27(d)所示。

从以上分析及例题可得如下结论：

(1) 对称结构在对称荷载作用下，对称轴截面上的反对称性内力为零；弯矩图、轴力图及位移图是对称图形，剪力图为反对称图形。

(2) 对称结构在反对称荷载作用下，对称轴截面上的对称性内力为零；剪力图为对称图形，弯矩图、轴力图及位移图为反对称图形。

当结构承受一般荷载作用时，可利用叠加原理将荷载分解为对称荷载和反对称荷载，利用对称性进行计算。

16.2.4 超静定结构内力图的校核

与静定结构的计算相同，超静定结构同样需进行最后内力图的校核。由超静定结构内力计算过程可知，超静定结构的内力图由几个内力图叠加得到，或多余未知力求出后由平衡条件得出超静定结构的最后内力。其中任何一个环节有错误的话，都会导致最后内力图的错误。因此，计算完毕后，应进行校核工作。

在校核过程中，应特别注意以下几点：

(1) 基本体系的选择是否正确。

(2) 系数及自由项的计算是否正确。

(3) 力法基本未知量的计算是否正确。

(4) 最后内力图的校核。

最后内力图的校核要从平衡条件和变形条件两方面进行。这是由于采用力法计算过程中，力法典型方程的建立是以变形协调为基础的。某些情况下，如力法基本未知量计算错误，叠加后得到的内力图虽然可以满足平衡条件，但却是错误的，也就是说超静定结构的内力图满足平衡条件只是必要条件而非充分条件。因此超静定结构最后内力图是否正确，除了满足平衡条件外，还必须满足变形条件。

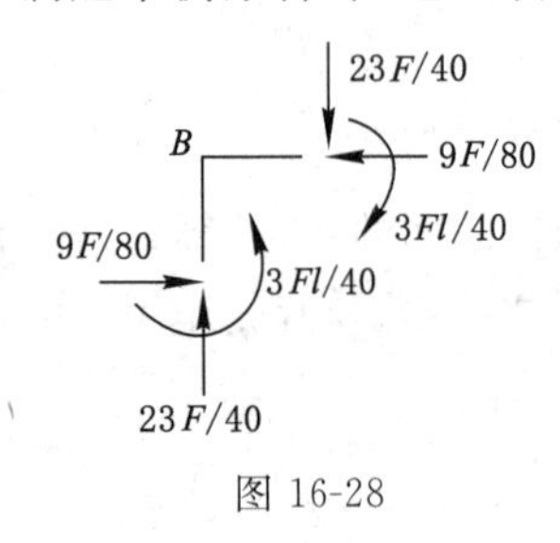

图 16-28

1. 平衡条件的校核

从结构内任意截取一部分，该部分的受力状态均必须满足平衡条件。通常在校核中是选取结点或某段杆件作为研究对象。

如例 16-4 中的结点 B 受力图如图 16-28 所示，经校验满足平衡条件。

2. 变形条件的校核

即利用已求得的最后内力图，计算超静定结构任意点处的位移，若该点位移与超静定结构的实际位移相同，则说明满足变形条件。

通常的做法是选择实际位移已知点进行计算。如求原结构沿多余约束力方向的位移，看其是否与实际位移相同。

一般来说，对于 n 次超静定结构在采用力法计算时采用了 n 个变形协调条件，校核时也应进行 n 个多余约束力处的变形条件的校核。但实际计算中，只需进行一、两个变形条件的校核即可。如例 16-4 中，沿多余约束力 $\boldsymbol{X}_1$ 方向的位移为：

$$\Delta_1 = \sum\int \frac{\overline{M}_1 M}{EI}\mathrm{d}s = \frac{1}{EI}\left[l\cdot\frac{3Fl}{80}\cdot\left(\frac{1}{2}\cdot l\right)-\frac{1}{2}\cdot l\cdot\left(\frac{3Fl}{80}+\frac{3Fl}{40}\right)\cdot\left(\frac{1}{3}\cdot l\right)\right]=0$$

实际结构在该点处受竖直链杆约束，沿竖直方向位移为零，因此，满足变形条件。

16.3 位 移 法

16.3.1 移法的基本概念

力法和位移法是计算超静定结构的两种基本方法。力法发展较早，19 世纪末已经用于分析各种超静定结构。位移法发展较晚，是在 20 世纪初为了计算复杂刚架而建立起来的。

为了说明位移法的基本概念，分析图 16-29 所示刚架。此刚架若用力法求解，将有五个未知数，因为它是五次超静定的，但若采用位移法求解，则只有一个未知数。因为当结构受到图示荷载作用后，将产生图中虚线所示的变形。由于结点 B 为一刚性结点，故汇交于该处的 BA、BC、BD 三杆杆端将产生相同的转角 θ_B。实际上结点 B 还具有微小的线位移，不过对于受弯直杆，通常均可略去轴向变形和剪切变形的影响，并认为弯曲变形是微小的，故可假定各杆两端之间的距离在变形过程中保持不变。在此刚架中，由于支座 A、C、D 都不能移动，而结点 B 和 A、C、D 之间的距离根据上述假定又都保持不变，于是认为结点 B 不能产生线位移。亦即在采用位移法分析该刚架时，各杆相交的结点 B 处转动了一个相同的角位移 θ_B，所以只有一个未知结点位移。

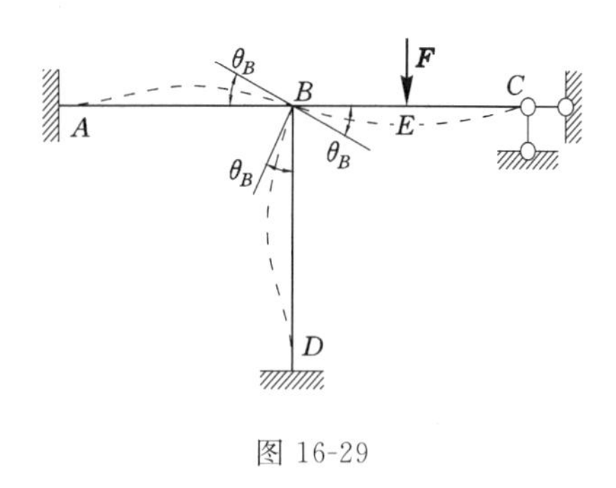

图 16-29

现在若假定各杆端在结点 B 有转角位移 Z_1，BA、BC、BD 三杆的线刚度分别为 $i_{BA}=\dfrac{EI_{BA}}{l_{BA}}$，$i_{BC}=\dfrac{EI_{BC}}{l_{BC}}$，$i_{BD}=\dfrac{EI_{BD}}{l_{BD}}$。下面讨论如何来确定各杆内力？把该刚架拆成图 16-30(a)所示三根杆件，其中 BA、BD 相当于两端固定，且均在 B 端有 Z_1 转角的梁，杆 BC 相当于 B 端固定、C 端铰支，在 B 端有一个转角 Z_1 且受到荷载 $\boldsymbol{F}$ 作用的梁。

图 16-30(a)所示的情况可看做是图 16-30(b)、(c)两种情况的叠加。图 16-30(b)中 BA、BC、BD 三杆在结点 B 均无转角，并且 BA、BD 杆又没有外荷载，将不发生变形，故没有弯矩；受外荷载 $\boldsymbol{F}$ 作用下的 BC 杆，其弯矩图可由力法求得。图 16-30(c)中，杆 BA、BC、BD 三杆相当于在支座 B 处发生转角 Z_1 的单跨超静定梁，只要转角 Z_1 已知，其弯矩图也可由力法求得。

从以上分析可知，如果能将结点 B 处的角位移 Z_1 求出，则原刚架 BA、BC、BD 三杆的弯矩图便可由图 16-30(b)、(c)所示的两种情况叠加得到。因此，解题过程的关键就在于如何确定结点的转角位移 Z_1 的大小和方向，这就是位移法的基本思路。

下面仍以图 16-29 所示刚架为例，通过具体计算，进一步说明位移法的基本步骤。为计算简单起见，令 $i_{BA}=i_{BC}=i_{BD}=i=\dfrac{EI}{l}$。先设法阻止结点 B 转动，然后再恢复转角 Z_1，经过两个步骤便可求出 Z_1，从而求出各杆的内力。

(1) 在结点 B 处，暂时附加一个能阻止结点转动的刚臂约束，于是原结构被隔离成如图 16-31(a)所示的三根彼此独立的单跨超静定梁，称为位移法的基本结构。在荷载 $\boldsymbol{F}$ 作用下，由于刚臂约束阻止了结点 B 的转动，故在刚臂中产生了一个反力矩，以 F_{1P} 表示，这时刚架的弯矩图以 M_P 表示，如图 16-31(b)所示。在作 M_P 图时可利用力法计算超静定单杆的结果，预先制成表，应用时直接查表即可，参见本节三。

(2) 为了使变形符合原来实际情况，必须转动附加刚臂以恢复转角 Z_1。因为转角 Z_1 是一个未知数，所以，假定结点 B 先转动一个单位角度即 $Z_1=1$，这时刚架的弯矩图以 $\overline{M}_1$ 表示，如图 16-31(c)所示。作 $\overline{M}_1$ 图时可用力法求解超静定单杆由于支座转动得到结果，参见本节三。由于转动单位角度 $Z_1=1$，在刚臂中产生的反力矩为 k_{11}，所以刚架结点 B 转动

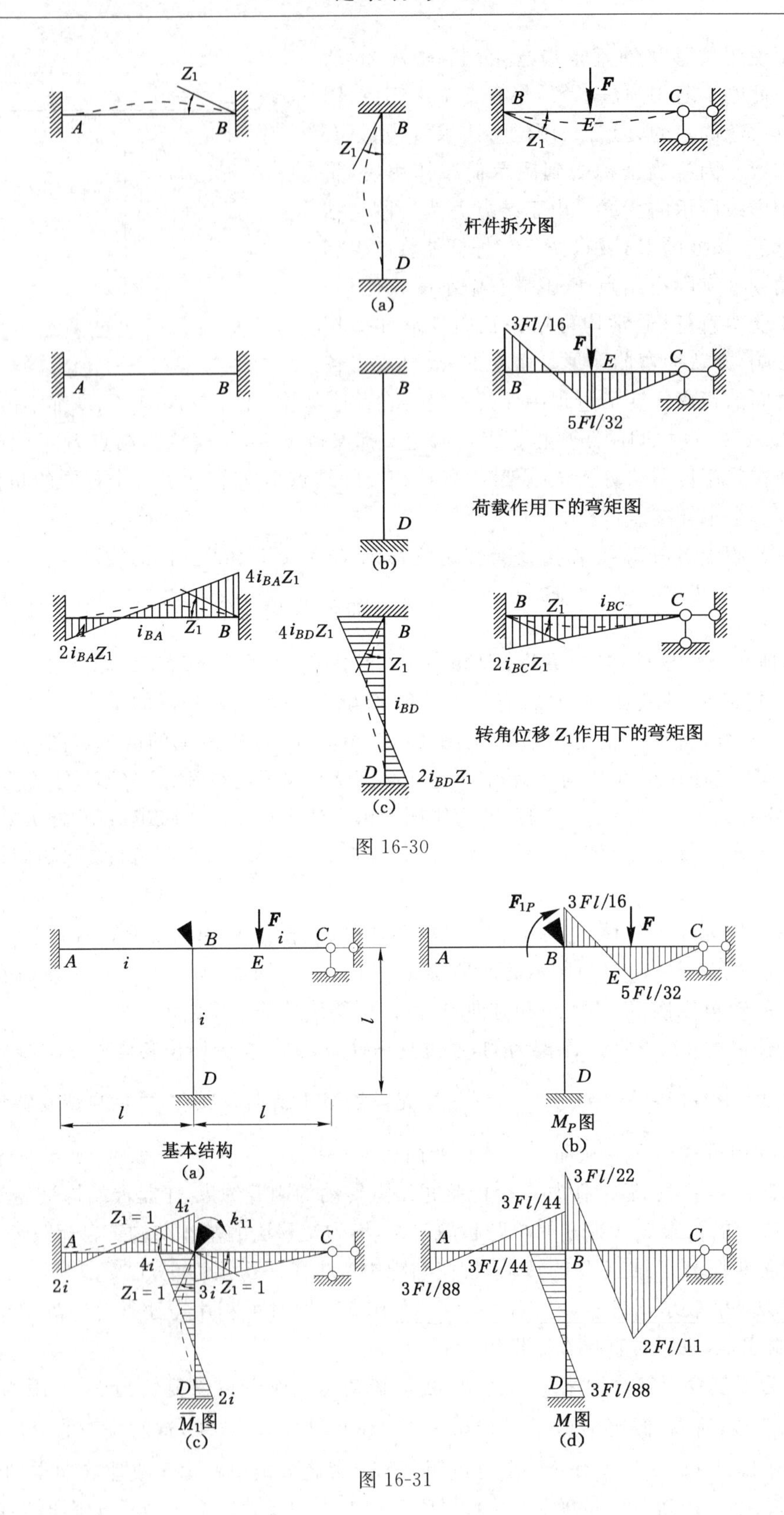

Z1
A
B
Z1
B
D
B
F
C
E
Z1
杆件拆分图
(a)
A
B
B
D
3Fl/16
F
E
C
B
5Fl/32
荷载作用下的弯矩图
(b)
4iBAZ1
A
iBA
Z1
B
2iBAZ1
4iBDZ1
B
Z1
iBD
D
2iBDZ1
B
Z1
iBC
C
2iBCZ1
转角位移Z1作用下的弯矩图
(c)
F
B
i
C
A
i
E
i
l
D
l
l
基本结构
(a)
F1P
3Fl/16
F
C
A
B
E
5Fl/32
D
MP图
(b)
Z1 = 1
4i
k11
A
C
4i
2i
Z1 = 1
3i
Z1 = 1
D
2i
M1图
(c)
3Fl/22
3Fl/44
A
C
3Fl/44
B
3Fl/88
2Fl/11
D
3Fl/88
M图
(d)

图 16-30

图 16-31

Z_1 角度，相应的弯矩图$\overline{M}_1$ 应乘以 Z_1，即刚臂中的反力矩应是 $k_{11}Z_1$。

经过(1)、(2)两步后，结构变形和受力将符合原来的实际情况，因而就获得了符合原来实际情况的内力，即刚臂约束中反力为零：

$$F_1 = k_{11}Z_1 + F_{1P} = 0 \tag{16-11}$$

式中　F_1 ——刚臂约束中的总反力矩；

k_{11} ——当结点 B 产生单位转角即 $Z_1 = 1$ 时，在刚臂中所产生的反力矩；

F_{1P} ——荷载作用时在刚臂中所产生的反力矩。

k_{11} 和 F_{1P} 的大小和方向分别由 $\overline{M}_1$ 和 M_P 根据平衡条件计算得到，具体如下：

由图 16-31(c)，取结点 B 为脱离体，如图 16-32(a)所示。根据 $\sum M_B = 0$ 得到：

$$k_{11} = 4i + 4i + 3i = 11i$$

再由图 16-31(b)，取结点 B 为脱离体，如图 16-32(b)所示。根据 $\sum M_B = 0$ 得到：

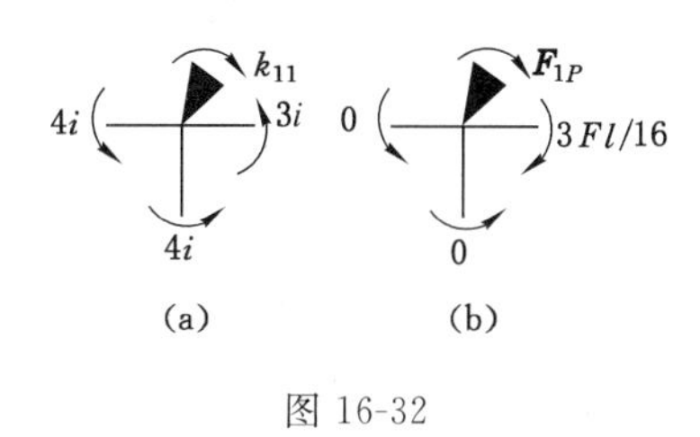

图 16-32

$$F_{1P} = -\frac{3Fl}{16}$$

将求得的 k_{11}、F_{1P} 代入式(16-11)得：

$$11iZ_1 - \frac{3Fl}{16} = 0$$

$$Z_1 = \frac{3Fl^2}{176}$$

求出转角 Z_1 后，原刚架最后弯矩图可根据叠加原理，由下式求得：

$$M = \overline{M}_1 Z_1 + M_P \tag{16-12}$$

原刚架的弯矩图如图 16-31(d)所示。

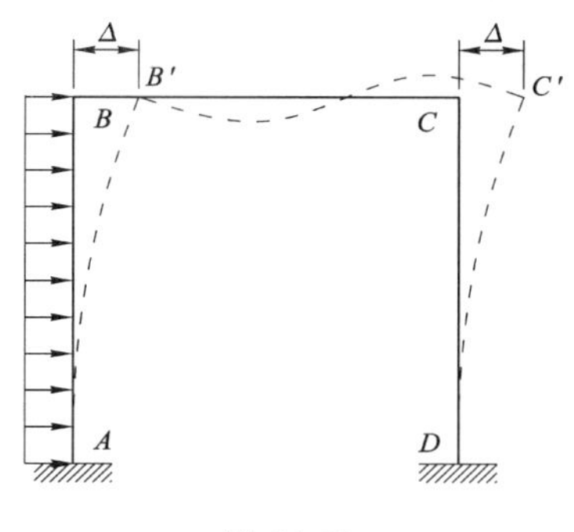

图 16-33

在实际工程结构中，由于杆件的弹性弯曲，除了结点发生转角位移外，还可能引起结点的线位移。如图16-33所示，在图示荷载作用下，各杆的弹性弯曲如图中虚线所示，结点 B 和 C 除了产生转角位移外，还产生水平线位移，结点 B 和 C 分别移动到 B' 和 C'。

由于变形很小，故可认为 $BB' \perp BA$，$CC' \perp CD$。在忽略杆件的轴向变形情况下，BC 杆在弯曲后两端间距离保持不变，则 $BB' = CC' = \Delta$，因此结构只有一个线位移。这种既有结点转角位移又有结点线位移的结构，用位移法求解时其分析方法和只有转角位移的情况相似，具体见本节四。

以上示例和分析表明，力法与位移法的主要区别在于所选用的基本未知量不同，前者以多余未知力为基本未知量，而后者则把结点位移选作待求量。两种方法求解问题的思路也各异，力法把超静定结构拆成静定结构，再由静定结构过渡到超静定结构，而位移法则把结构拆成杆件，再由杆件过渡到结构。力法以静定结构为出发点，位移法则以杆件为出发点。求出这些未知数后，即可利用静力平衡方程求出结构中各杆件的全部内力。

综上所述，位移法的基本思路是“先固定后复原”。“先固定”是指在原结构产生位移的结点上设置附加刚臂，使结点固定，从而得到基本结构，然后附加上原有的外荷载形成基本体系；“后复原”是指人为地迫使原先被“固定”的结点恢复到原有的位移。通过上述两个步骤，使基本体系与原体系的受力和变形完全相同，从而可以通过基本体系来计算原体系的内力和变形。

16.3.2 位移法的基本未知量和基本结构

1. 基本未知量

在力法计算中，基本未知量的数目等于超静定次数。而在位移法计算中，由上面的分析可知，位移法的基本未知量的数目等于刚性结点的角位移数和结点线位移数的总和，即

$$n = n_\alpha + n_l \tag{16-13}$$

式中 n_α ——刚性结点的角位移数；

n_l ——结点的线位移数；

n ——基本未知量的数目。

(1) 角位移数的确定

角位移数 n_α 是比较容易确定的。角位移数等于刚性结点数。所谓刚性结点，是指由两根或两根以上的杆件刚性连接起来的结点。如图 16-34(a)所示刚架，结点 B、C、D 都是刚性结点，具有独立的角位移，即 $n_\alpha = 3$；图 16-34(b)所示连续梁有两个刚性结点 B、C，所以 $n_\alpha = 2$。需要注意的是，已知转角为零的结点，不应计算在内，如结构的固定端。

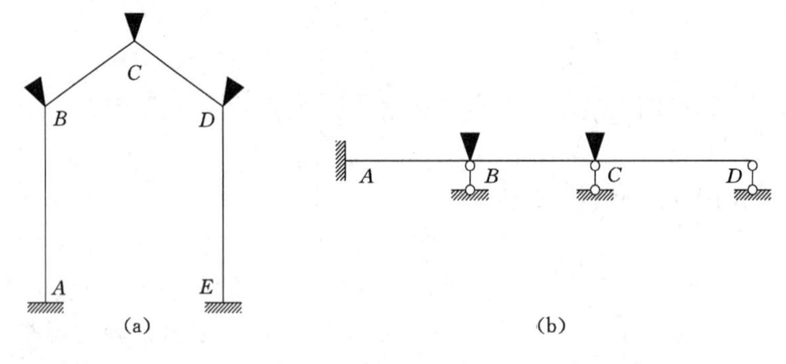

图 16-34

(2) 线位移数的确定

为了简化计算，在确定结点线位移数时，略去受弯直杆的轴向变形，并且假定弯曲变形是微小的，也即认为直杆在受弯前后投影长度保持不变。有了以上假定，在确定结点线位移数目时，除了在简单情况下可直接看出外，在实用上可采用铰化结点的办法，即在全部刚结点上加铰，使其变成铰结点，在所有固定端上加铰，使其变成铰支座，然后对这个铰结体系作机构分析。如果铰结体系是几何不变的，则原结构没有结点线位移；如果铰结体系是几何可变的，则原结构就有结点线位移。可用加链杆的办法使这个铰结体系变成几何不变体系，所需加的链杆数就等于独立的结点线位移数。

例如把图 16-34(a)所示结构变成图 16-35(a)所示机构，则图 16-34(a)在 B、D 各有 1 个结点线位移，需加 2 个链杆，即 $n_l = 2$，如图 16-35(b)所示。又例如，图 16-36(a)、(b)、(c)均为有侧移的超静定刚架(注意观察其区别)，为了确定其结点线位移数，首先在所有刚结点(包括支座)上加铰，使其变为铰结体系，如图 16-36(d)所示，显然这是个几何可变体系，为

使其成为几何不变体系，需在 C 结点加 1 个链杆，即 $n_l = 1$ ，如图 16-36(e)所示。再比如，图 16-37(a)所示框架，在所有刚结点（包括支座）上加铰后成为图 16-37(b)所示的铰结体系，若要其成为几何不变体系，可分别在 E、F、J 结点各加 1 个链杆（当然也可以在 B、C、D 结点各加 1 个链杆等），即 $n_l = 3$ ，如图 16-37(c)所示。

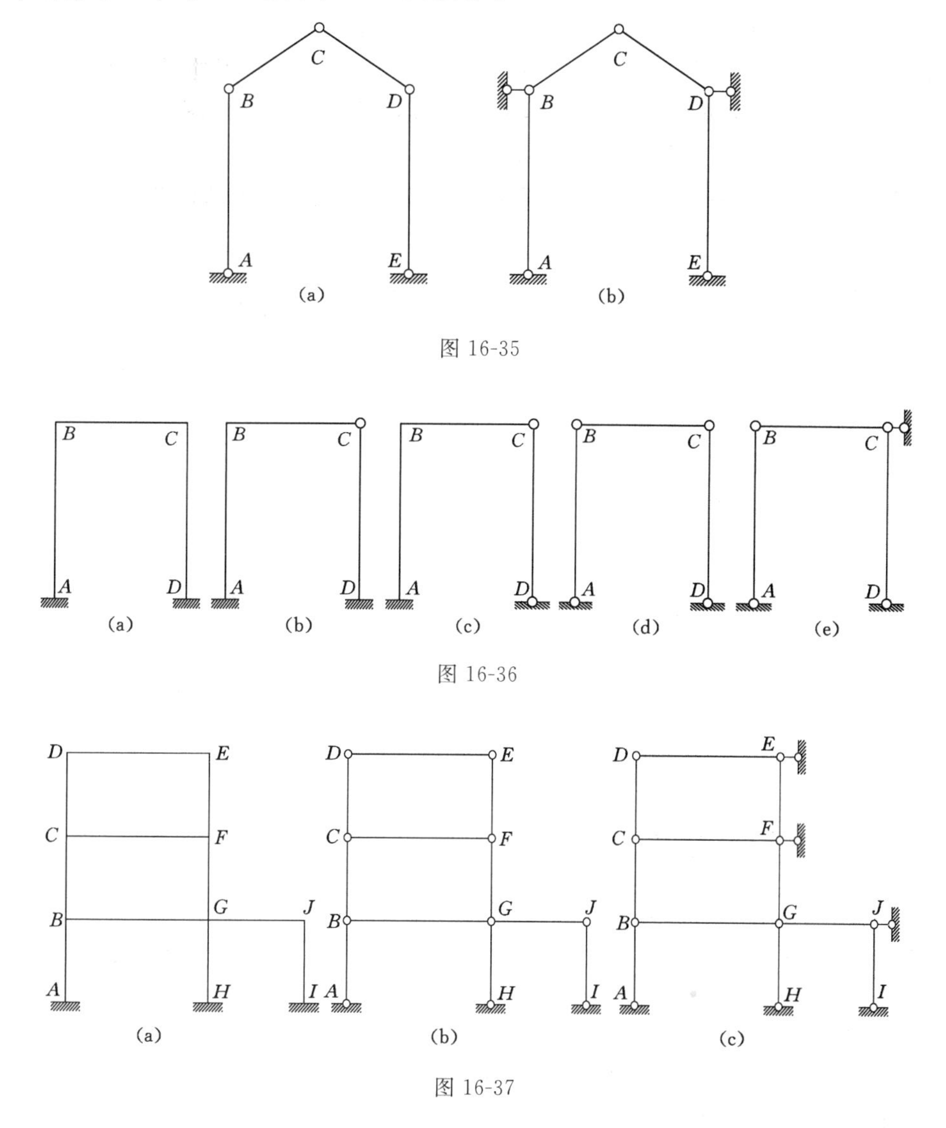

图 16-35

图 16-36

图 16-37

之所以能用铰结体系来判断原结构的位移个数，是因为两种体系结点间的几何约束是一样的，都认为杆件长度不变，亦即结点间距不变，而有几个独立线位移正是由这些结点间的约束条件确定的。当然若结构简单，线位移个数容易判断，则无需画出铰结体系。

2. 基本结构

分别确定了结构的角位移数和线位移数后，即可在此基础上计算出结构的基本未知量数目了，并据此确定位移法计算所选择的基本结构。在力法计算中，是将原结构的多余约束解除而得到其基本结构。而在位移法计算中，恰与之相反，是在原结构的刚性结点处暂时加上附加刚臂，以阻止全部刚性结点产生角位移，同时在结点有线位移处暂时加上链杆，以阻止全部结点产生线位移，这样便形成了位移法的基本结构。

图16-34(a)所示刚架，其刚性结点数 $n_\alpha=3$（结点 B、C、D），结点线位移数 $n_l=2$（B、D 结点处有线位移），故 $n=n_\alpha+n_l=5$，位移法计算时选取的基本结构如图16-38(a)所示。

图16-34(b)所示连续梁，其只有 B、C 2个刚性结点，即 $n=n_\alpha=2$，基本结构只需在 B、C 处加上刚臂约束即可。

图16-36所示刚架，对图(a) $n_\alpha=2$，$n_l=1$，$n=n_\alpha+n_l=3$，基本结构见图16-38(b)；对图(b)，$n_\alpha=1$，$n_l=1$，$n=n_\alpha+n_l=2$，基本结构见图16-38(c)；对图(c)，$n_\alpha=1$，$n_l=1$，$n=n_\alpha+n_l=2$，基本结构见图16-38(d)。

图16-37(a)所示框架，$n_\alpha=7$，$n_l=3$，$n=n_\alpha+n_l=10$，基本结构见图16-38(e)。

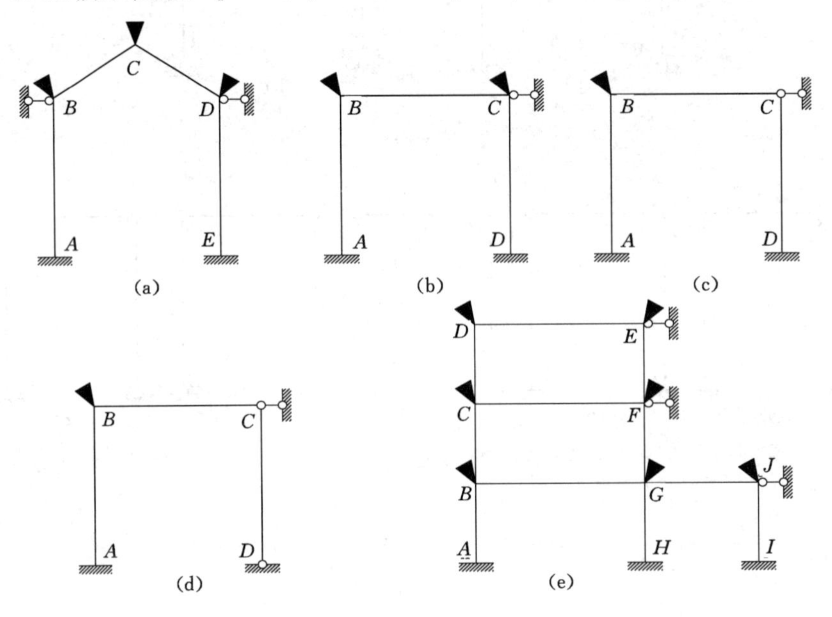

图16-38

值得注意的是，在位移法的基本结构中所加的刚臂约束只能起到阻止相应结点发生角位移的作用，而不能阻止相应结点发生线位移。同样，所加的链杆也只能起到阻止结点发生线位移，而不能阻止相应结点发生角位移，两者是完全独立的。

16.3.3 单跨超静定梁的形常数和载常数

由位移法的基本思路可知，利用位移法求解的基本结构是由一系列单跨超静定梁所组成的，现将各种单跨超静定梁介绍如下。

常用的单跨超静定梁的类型有：① 两端固定的梁，如图16-39(a)所示；② 一端固定、另一端铰支的梁，如图16-39(b)所示；③ 一端固定、另一端为定向支座的梁，如图16-39(c)所示。

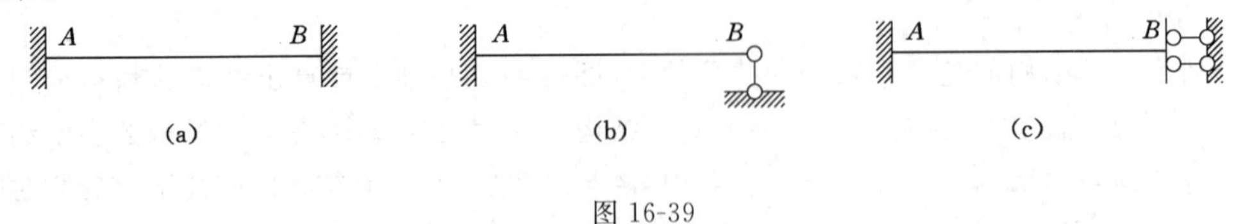

图16-39

上述三种单跨超静定梁，不论是荷载作用，还是支座移动所引起的内力，都可用力法求得其结果。为解题方便，现将计算结果列于表16-2中，此表中所列杆端弯矩和剪力数值，凡是由荷载作用产生的称为载常数；凡是由单位位移产生的称为形常数。

表16-2中的杆端弯矩、杆端剪力及单位位移的正负号的规定如下(见图16-40)：

表 16-2　　常用单跨超静定梁的形常数和载常数表

编号		梁的计算简图及弯矩图（梁跨度均为 l）	杆端弯矩值		杆端剪力值	
			M_{AB}	M_{BA}	F_{sAB}	F_{sBA}
两端固定	1	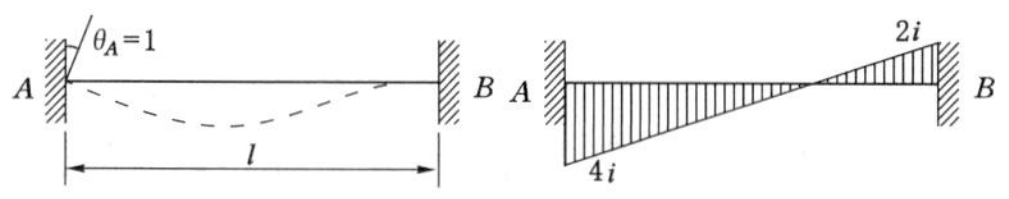 A $\theta_A=1$ B l；A B $2i$ $4i$	$4i$	$2i$	$-\frac{6i}{l}$	$-\frac{6i}{l}$
	2	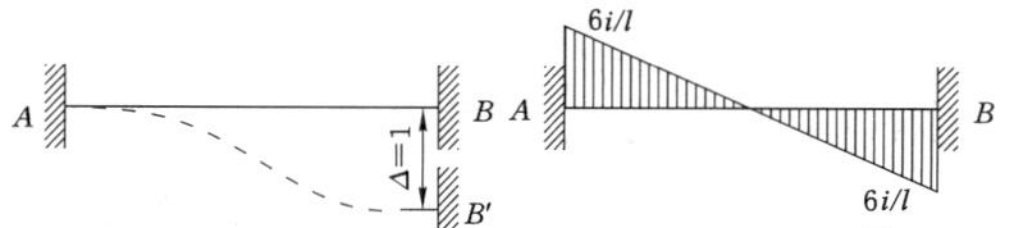 A B $\Delta=1$ B′；A B $6i/l$ $6i/l$	$-\frac{6i}{l}$	$-\frac{6i}{l}$	$\frac{12i}{l^2}$	$\frac{12i}{l^2}$
	3	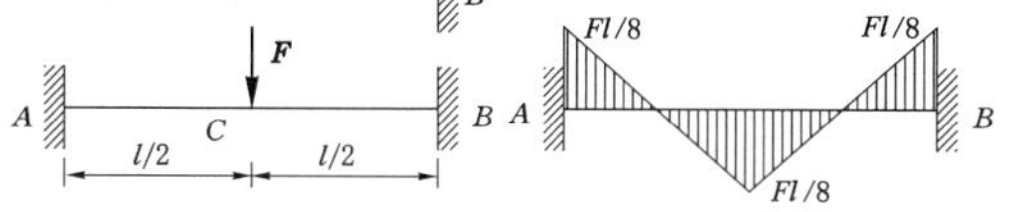 A C B F $l/2$ $l/2$；A B $Fl/8$ $Fl/8$ $Fl/8$	$-\frac{Fl}{8}$	$\frac{Fl}{8}$	$\frac{F}{2}$	$-\frac{F}{2}$
	4	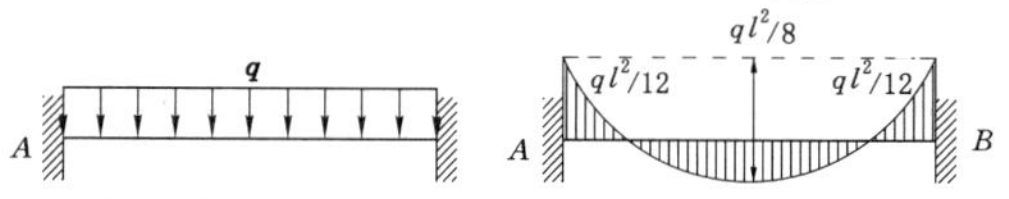 A q；A B $ql^2/8$ $ql^2/12$ $ql^2/12$	$-\frac{ql^2}{12}$	$\frac{ql^2}{12}$	$\frac{ql}{2}$	$-\frac{ql}{2}$
一端固定、另一端铰支	5	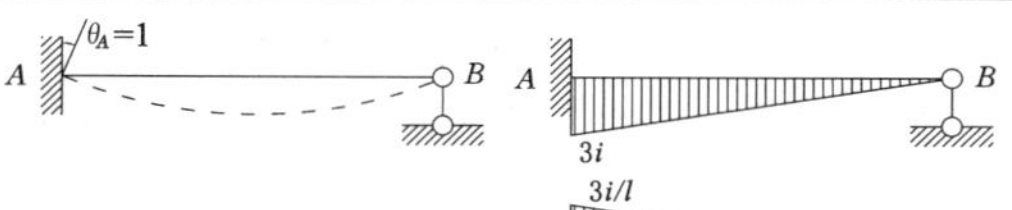 A $\theta_A=1$ B；A B $3i$	$3i$	0	$-\frac{3i}{l}$	$-\frac{3i}{l}$
	6	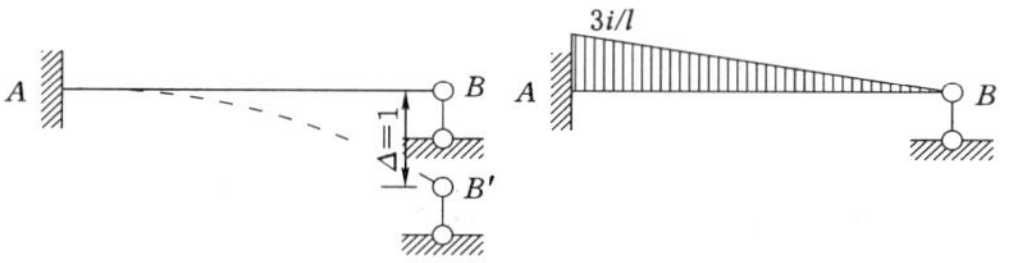 A B $\Delta=1$ B′；A B $3i/l$	$-\frac{3i}{l}$	0	$\frac{3i}{l^2}$	$\frac{3i}{l^2}$
	7	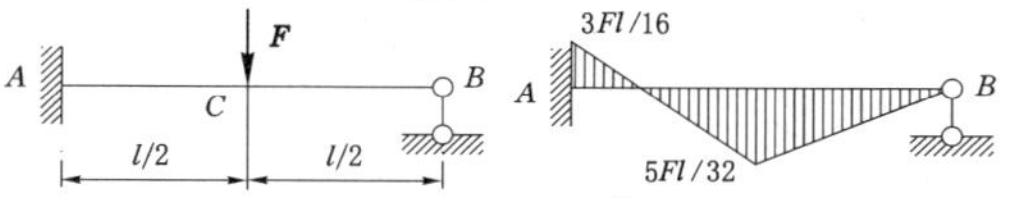 A C B F $l/2$ $l/2$；A B $3Fl/16$ $5Fl/32$	$-\frac{3Fl}{16}$	0	$\frac{11F}{16}$	$-\frac{5F}{16}$
	8	A B q；A B $ql^2/8$ $ql^2/8$	$\frac{ql^2}{8}$	0	$\frac{5ql}{8}$	$-\frac{3ql}{8}$
一端固定、另一端定向支座	9	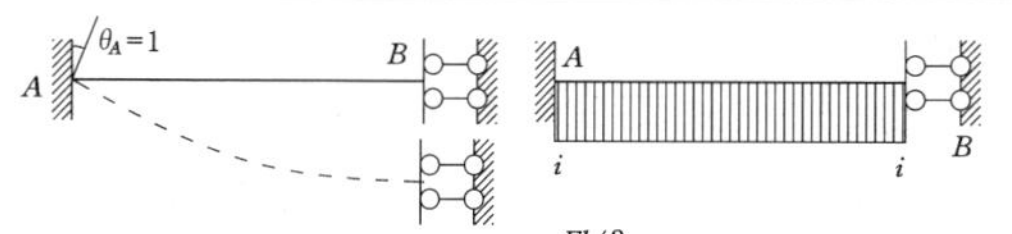 A $\theta_A=1$ B；A B i i	i	$-i$	0	0
	10	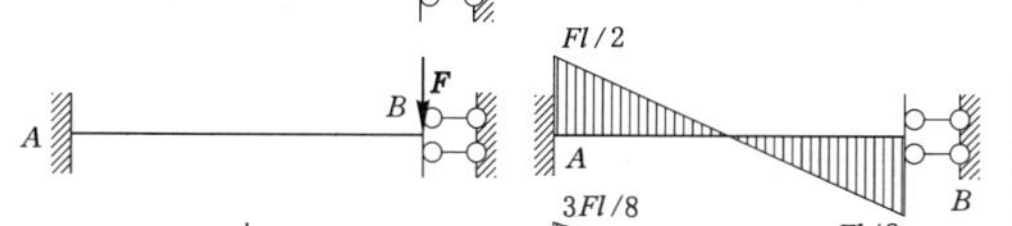 A B F；A B $Fl/2$	$-\frac{Fl}{2}$	$-\frac{Fl}{2}$	F	F
	11	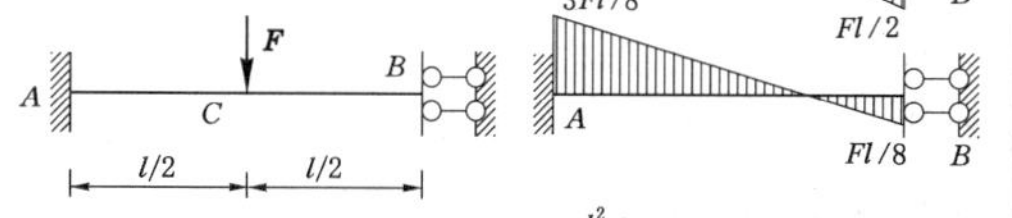 A C B F $l/2$ $l/2$；A B $3Fl/8$ $Fl/2$ $Fl/8$	$-\frac{3Fl}{8}$	$-\frac{Fl}{8}$	F	0
	12	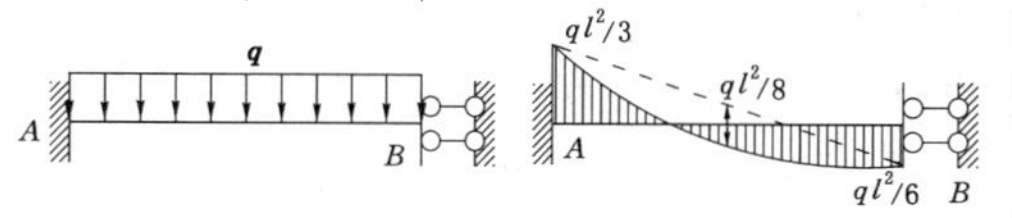 A B q；A B $ql^2/3$ $ql^2/8$ $ql^2/6$	$-\frac{ql^2}{3}$	$-\frac{ql^2}{6}$	ql	0

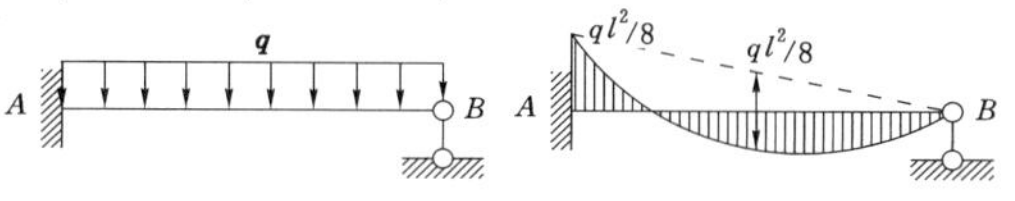

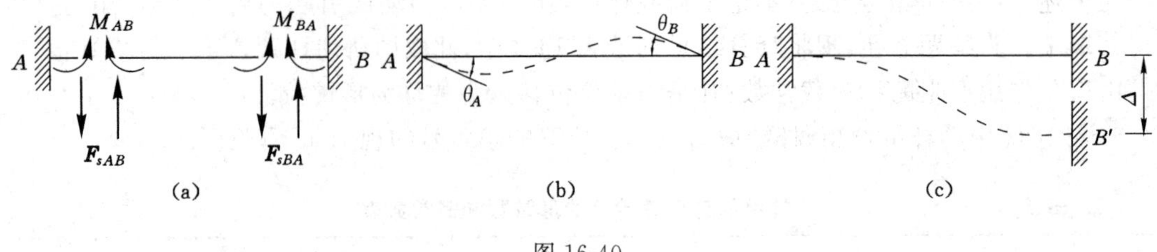

图 16-40

① M_{AB}、M_{BA}，对杆端而言，弯矩以顺时针为正，反之为负；对结点或支座而言，弯矩则以逆时针为正，反之为负。

② $\boldsymbol{F}_{sAB}$、$\boldsymbol{F}_{sBA}$，对杆端而言，剪力使杆件产生顺时针方向转动为正，反之为负；对结点或支座而言，剪力使杆件产生逆时针方向转动为正，反之为负。

③ θ_A、θ_B 表示固定端 A、B 的角位移，以顺时针为正，反之为负。

④ Δ 表示固定端或铰支座的线位移，以绕另一端顺时针为正，反之为负。

在形常数中 $i=\dfrac{EI}{l}$，称为杆件的线抗弯刚度。

应用表 16-2 时应注意以下两点：

① 表中所有的杆端弯矩和杆端剪力，在图上表示的方向与在数值前的正负号是互相对应的。

② 表中所给的形常数，都是根据正向角位移 $\theta=1$ 和单位正向线位移 $\Delta=1$ 计算得到的，如果单位角位移或单位线位移是负值，则表中所列形常数的正负号也应作相应的改变。

16.3.4　位移法的典型方程和计算示例

16.3.4.1　位移法的典型方程

前面通过一个简单的例子(有一个基本未知量的结构)说明了位移法的基本概念，下面讨论在位移法中，对于具有多个基本未知量的结构，其典型方程的建立。

图 16-41(a)所示刚架，在 B 节点有角位移 Z_1 和线位移 Z_2，Z_1 的方向假定是顺时针方向，Z_2 的方向假定是向右的，加上相应的刚臂和链杆约束后，得到图 16-41(b)所示的基本结构系。为使基本结构的变形和受力情况与原结构相同，除了将原荷载作用于基本结构外，还必须使附加约束处产生与原结构相同的位移，此时，基本结构的两个附加约束处的约束反力 $\boldsymbol{F}_1$、$\boldsymbol{F}_2$[图 16-41(c)]都应等于零。由这两个条件可建立求解 Z_1、Z_2 的方程。

设由 Z_1、Z_2 及荷载分别作用时，所引起附加约束 1 的反力矩分别为 F_{11}、F_{12} 和 F_{1P}；所引起附加约束 2 的反力分别为 F_{21}、F_{22} 和 F_{2P}(图 16-42)。根据叠加原理，$F_1=0$，$F_2=0$，两个方程可写成：

$$\left.\begin{aligned}F_1=k_{11}Z_1+k_{12}Z_2+F_{1P}=0\\F_2=k_{21}Z_1+k_{22}Z_2+F_{2P}=0\end{aligned}\right\}\tag{16-14}$$

式中　k_{11} ——当 $Z_1=1$ 时，在刚臂约束内产生的反力矩，如图 16-42(a)所示；

k_{12} ——当 $Z_2=1$ 时，在刚臂约束内产生的反力矩，如图 16-42(b)所示；

k_{21} ——当 $Z_1=1$ 时，在链杆约束内产生的反力，如图 16-42(a)所示；

k_{22} ——当 $Z_2=1$ 时，在链杆约束内产生的反力，如图 16-42(b)所示；

F_{1P} ——在基本结构的刚臂约束内由于外荷载所引起的反力矩，如图 16-42(c)所示；

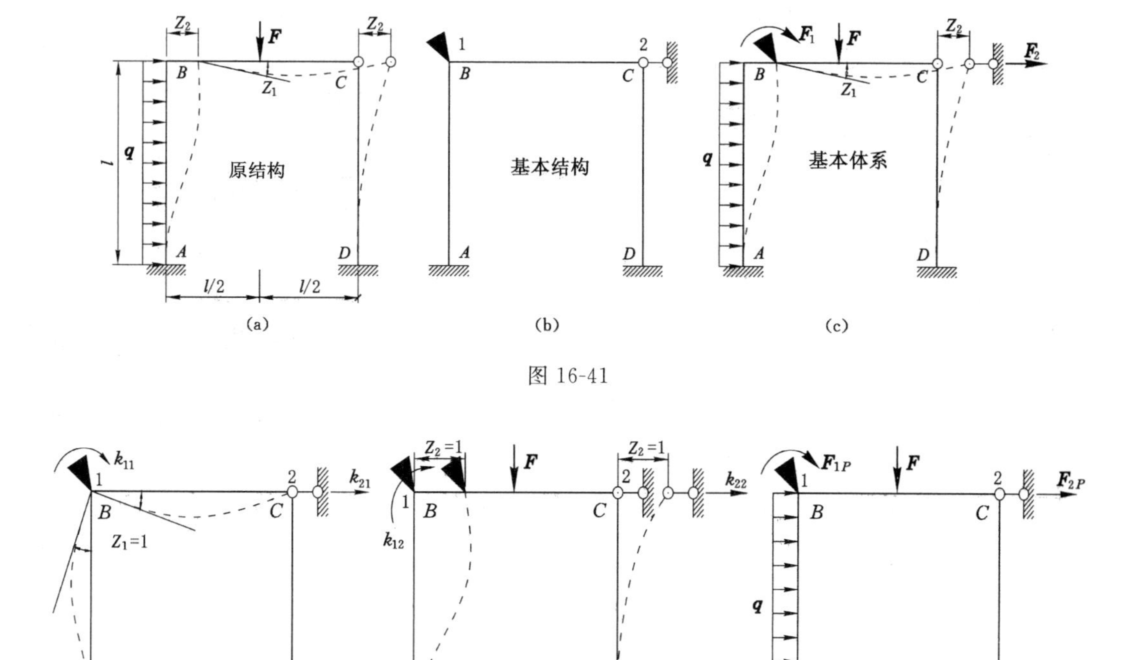

图 16-41

(a)　(b)　(c)

图 16-42

F_{2P} ——在基本结构的链杆约束内由于外荷载所引起的反力，如图 16-42(c)所示。

从上述方程组中即可求出两个位移未知数 Z_1、Z_2 。

式(16-14)为具有两个基本未知量的刚架位移法典型方程。同理，对于具有 n 个基本未知量的任一结构有：

$$\left.\begin{aligned}k_{11}Z_1+k_{12}Z_2+\cdots+k_{1n}Z_n+F_{1P}&=0\\k_{21}Z_1+k_{22}Z_2+\cdots+k_{2n}Z_n+F_{2P}&=0\\\cdots\cdots&\\k_{n1}Z_1+k_{n2}Z_2+\cdots+k_{nn}Z_n+F_{nP}&=0\end{aligned}\right\}\qquad(16\text{-}15)$$

同力法典型方程一样，上述方程组中的系数有两类：一类是位于主斜线(自左上方的 k_{11} 至右下方的 k_{nn}) 上的系数 k_{ii} 称为主系数，它们代表附加约束 i 发生单位位移 $Z_i=1$ 时在附加约束 i 上的反力或反力矩，其方向与所设 Z_i 方向一致，恒为正值；另一类是位于主斜线以外的系数 $k_{ij}(i\neq j)$，称为副系数，它们代表附加约束 j 发生单位位移 $Z_j=1$ 时在附加约束 i 上的反力或反力矩，其正负号需视其与所设 Z_i 的方向是否相同确定，相同时为正值，反之则为负值，亦可为零。由位移互等定理有主斜线两边处于对称位置的副系数 k_{ij} 和 k_{ji} 数值相等，即 $k_{ij}=k_{ji}$。F_{iP} 称为自由项或荷载项，它表示荷载单独作用时在附加约束 i 上产生的反力或反力矩，其正负号需视其与所设 Z_i 的方向是否相同确定，相同时为正值，反之则为负值，亦可为零。

式(16-15)是按一定规则写出，且具有副系数互等的关系，通常称为位移法的典型方程。

为了求得典型方程中的系数和自由项,需分别作出基本结构中由于单位位移引起的单位弯矩图 $\overline{M_i}$ 和由于外荷载引起的弯矩图 M_P。由于基本结构的各杆都是单跨超静定梁,其弯矩图可利用表 16-2 进行绘制。作出 $\overline{M_i}$ 和 M_P 图后,即可利用静力平衡方程求出各系数和自由项。它们又可分为以下两类:

(1) 代表附加刚臂上的反力矩。可取结点为脱离体,利用 $\sum M = 0$ 的条件求出。

(2) 代表附加链杆上的反力。可作一截面截取结构的某一部分为脱离体,再利用平衡方程 $\sum X = 0$ 或 $\sum Y = 0$ 进行求解。

系数和自由项确定后,代入典型方程就可求出各个基本未知量,然后再按叠加原理作原结构的最后弯矩图。

通常把只有结点角位移的刚架叫无侧移刚架,把有结点线位移,或既有结点角位移又有结点线位移的刚架叫有侧移刚架,下面通过例题分别讨论。

16.3.4.2 位移法计算超静定结构示例

1. 无侧移刚架

用位移法求解无侧移刚架时,其基本未知量只有结点转角位移。

【例 16-8】 用位移法作图 16-43(a)所示刚架的 M 图,各杆 EI、l 相同,$i = \frac{EI}{l}$。

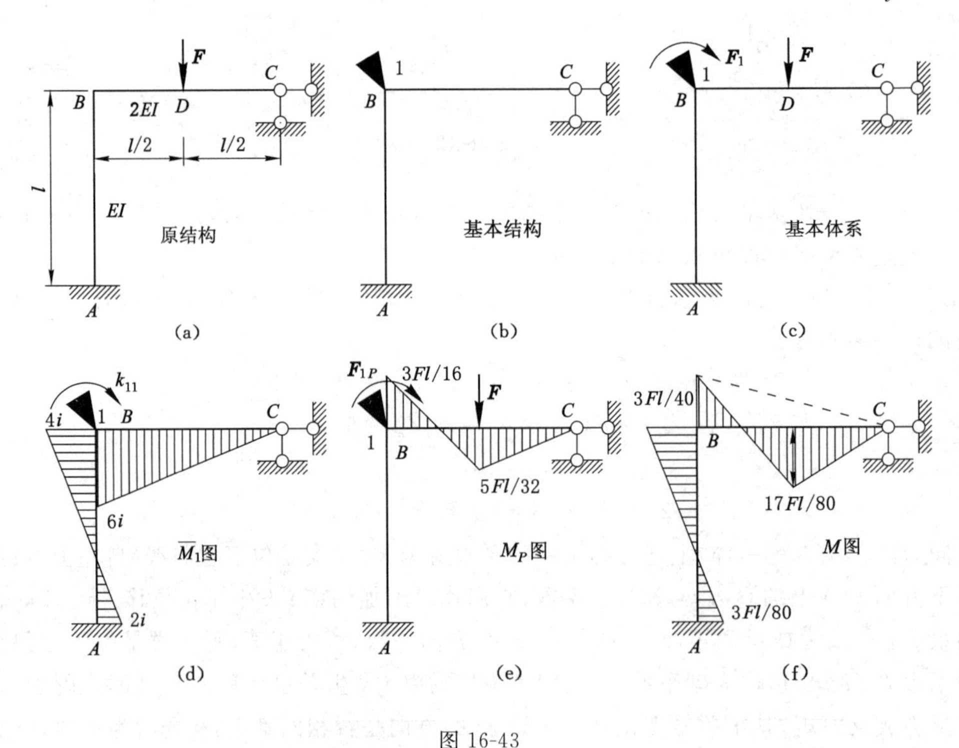

图 16-43

解 (1) 确定基本未知量,画出基本体系

该刚架只有 B 结点有角位移,用 Z_1 表示,无线位移,假定其是顺时针的。在 B 结点处附加刚臂,得位移法基本结构,如图 16-43(b)所示。基本结构加上外荷载后得位移法基本体系,如图 16-43(c)所示。

(2) 建立位移法典型方程

由于附加刚臂的反力矩等于零，因此位移法典型方程为：

$$k_{11}Z_1 + F_{1P} = 0$$

(3) 求系数和自由项

作出单位弯矩图 $\overline{M}_1$ 及荷载弯矩图 M_P，如图 16-43(d)、(e)所示。

取结点 B：

从 $\overline{M}_1$ 图中，由脱离体图 16-44(a)得：

$$\sum M_B = 0 \quad k_{11} - 6i - 4i = 0 \quad k_{11} = 10i$$

从 M_P 图中，由脱离体图 16-44(b)得：

$$\sum M_B = 0 \quad F_{1P} + \frac{3Fl}{16} - 0 = 0 \quad F_{1P} = -\frac{3Fl}{16}$$

(4) 求基本未知量

把计算得到的各系数和自由项代入典型方程得：

$$Z_1 = -\frac{F_{1P}}{k_{11}} = -\frac{-3Fl/16}{10i} = \frac{3Fl}{160i}$$

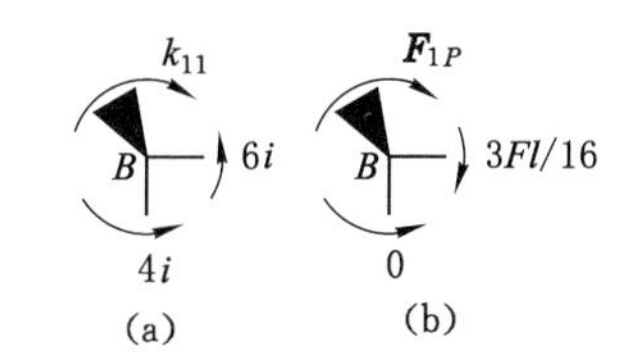

图 16-44

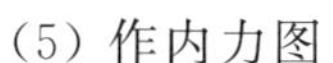

(5) 作内力图

利用叠加原理，即

$$M = \overline{M}_1 Z_1 + M_P$$

作出原结构的最后弯矩图，如图 16-43(f)所示。

请读者对比本例题和例题 16-4，看看分析计算上有何异同，也就能体会力法和位移法的主要区别了。

【例 16-9】 用位移法作如图 16-45(a)所示结构的 M 图，$i = \frac{EI}{l}$。

解 (1) 确定基本未知量，画出基本体系

该刚架在 B、C 结点有角位移，用 Z_1、Z_2 表示，无线位移，假定角位移是顺时针的。在 B、C 结点处分别加附加刚臂，得位移法基本结构，再加上外荷载后得位移法基本体系，如图16-45(b)所示。

(2) 建立位移法典型方程

由于附加刚臂的反力矩等于零，因此位移法典型方程为：

$$k_{11}Z_1 + k_{12}Z_2 + F_{1P} = 0$$

$$k_{21}Z_1 + k_{22}Z_2 + F_{2P} = 0$$

(3) 求系数和自由项

作出单位弯矩图 $\overline{M}_1$、$\overline{M}_2$ 及荷载弯矩图 M_P，如图 16-45(c)、(d)、(e)所示。各系数和自由项求解见图 16-45(c)、(d)、(e)下方。

(4) 求出基本未知量

把计算得到的各系数和自由项代入典型方程，有：

$$12iZ_1 + 4iZ_2 - \frac{ql^2}{24} = 0$$

$$4iZ_1 + 11iZ_2 + 0 = 0$$

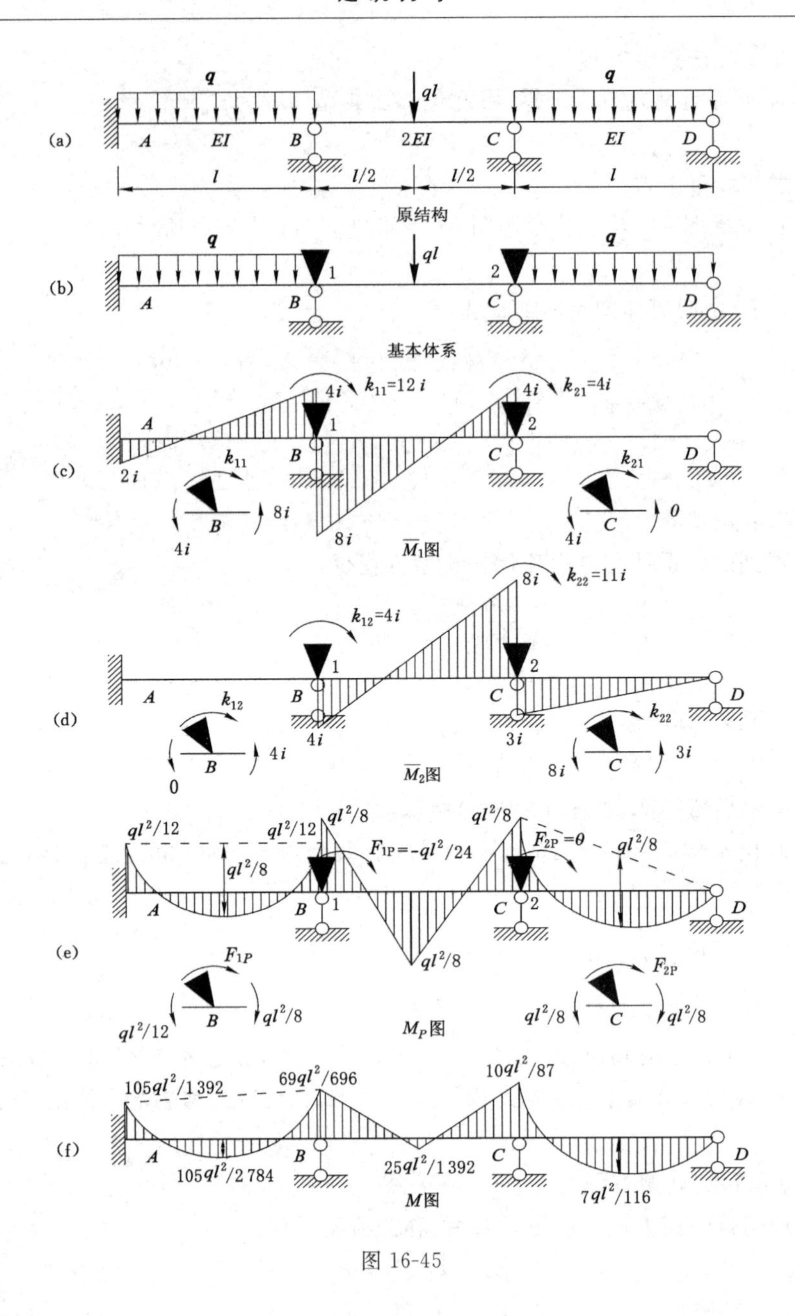

图 16-45

解方程组得：

$$Z_1=\frac{11ql^2}{2\,784i},\quad Z_2=-\frac{ql^2}{696i}$$

(5) 作内力图

利用叠加原理，即

$$M=\overline{M}_1Z_1+\overline{M}_2Z_2+M_P$$

作出原结构的最后弯矩图，如图 16-45(f)所示。

2. 有侧移刚架

用位移法求解有侧移刚架的基本未知量包括结点角位移和结点线位移。

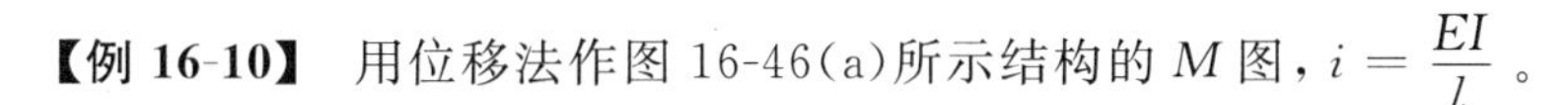

【例 16-10】 用位移法作图 16-46(a)所示结构的 M 图，$i=\dfrac{EI}{l}$。

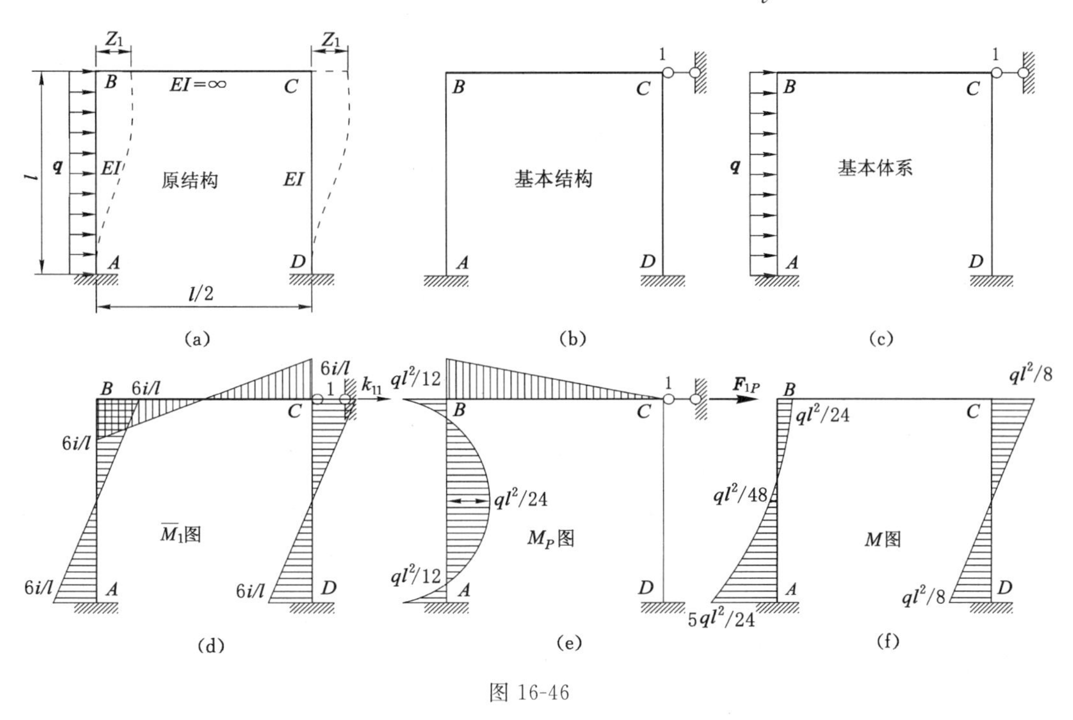

图 16-46

解　(1) 确定基本未知量，画出基本体系

当刚架受到荷载作用时，由于梁 BC 刚度无限大，故其不会产生弯曲变形，仅会发生刚体移动。整个刚架的变形曲线如图 16-46(a)所示。在形成基本体系时，因结点 B、C 不会转动，只需在 C 结点处加水平链杆就可以了。BC 刚度无限大梁对柱子的约束作用相当于在结点加了刚臂约束。因此，该刚架在进行位移法计算时只有 C 结点的线位移，没有角位移，基本结构见图 16-46(b)，基本体系见图 16-46(c)。

(2) 建立位移法典型方程

由于附加链杆的反力等于零，因此位移法典型方程为：

$$k_{11}Z_1+F_{1P}=0$$

(3) 求系数和自由项

作出单位弯矩图 $\overline{M}_1$ 及荷载弯矩图 M_P，如图 16-46(d)、(e)所示。

下面求系数 k_{11} 和 F_{1P}。沿 AB、DC 柱顶端切开，取上部为脱离体，如图 16-47(a)、(b)所示。

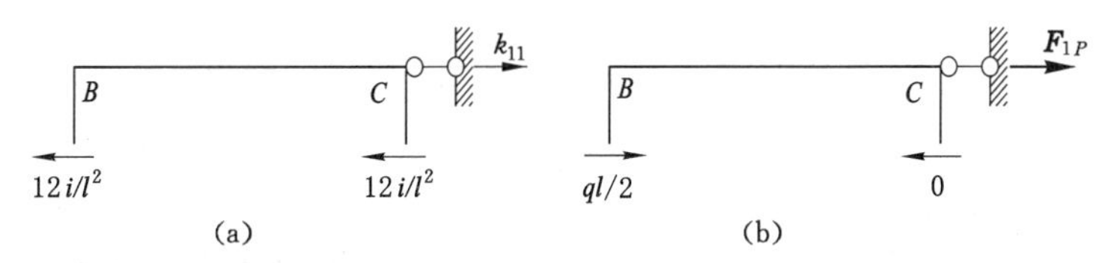

图 16-47

由 $\sum X = 0$ 得：

$$k_{11} = \frac{24i}{l^2},\quad F_{1P} = -\frac{ql}{2}$$

(4) 求基本未知量

把计算得到的各系数和自由项代入典型方程得：

$$Z_1 = -\frac{F_{1P}}{k_{11}} = -\frac{-ql/2}{24i/l^2} = \frac{ql^3}{48i}$$

(5) 作内力图

利用叠加原理，即

$$M = \overline{M}_1 Z_1 + M_P$$

作出原结构的最后弯矩图，如图 16-46(f)所示。

【例 16-11】 用位移法作图 16-48(a)所示结构的 M 图，$i = \dfrac{EI}{l}$ 。

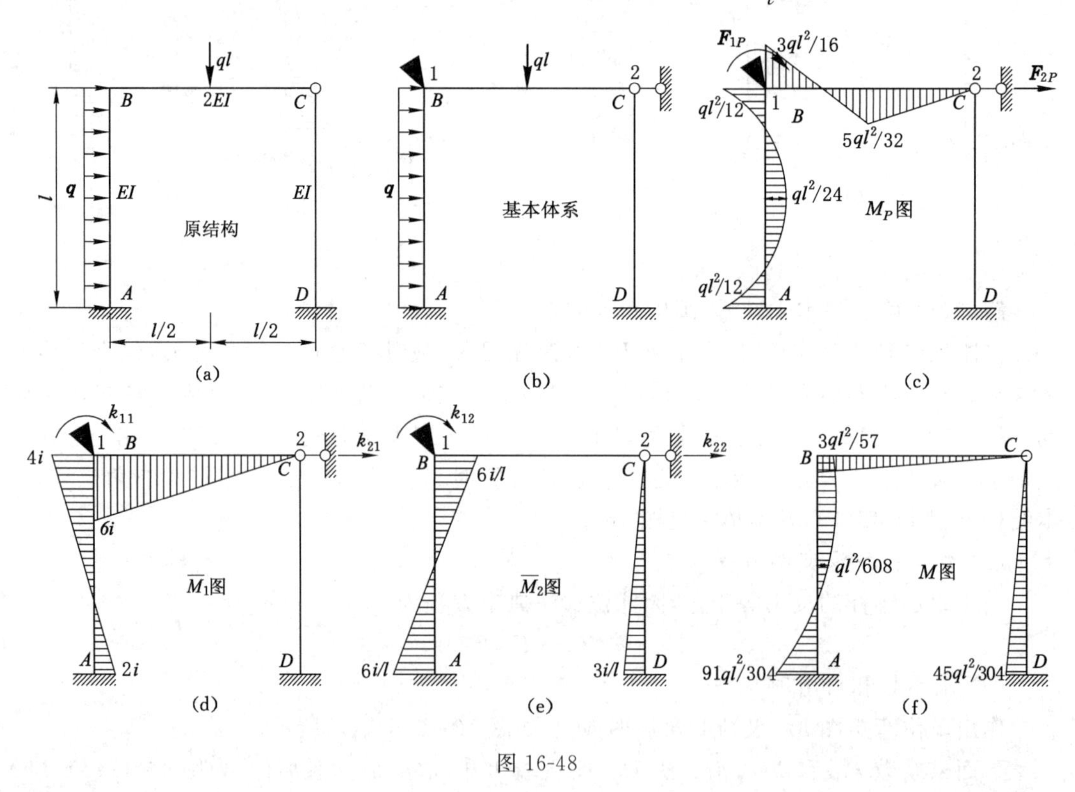

图 16-48

解 (1) 确定基本未知量，画出基本体系

该刚架有两个基本未知量，即结点 B 的角位移 Z_1 和线位移 Z_2 。相应地加一个刚臂约束和一个链杆约束，得原结构的基本结构，加上外荷载后的基本体系如图 16-48(b)所示。

(2) 建立位移法典型方程

由于附加刚臂的反力矩和附加链杆的反力均等于零，因此位移法典型方程为：

$$k_{11}Z_1 + k_{12}Z_2 + F_{1P} = 0$$

$$k_{21}Z_1 + k_{22}Z_2 + F_{2P} = 0$$

(3) 求系数和自由项

作出荷载弯矩图 M_P 和单位弯矩图 $\overline{M}_1$、$\overline{M}_2$，如图 16-48(c)、(d)、(e)所示。下面求各系数和自由项。

取结点 B，$\sum M_B = 0$，则：

$\overline{M}_1$ 图中，由图 16-49(a)得：　$k_{11} - 6i - 4i = 0 \quad k_{11} = 10i$

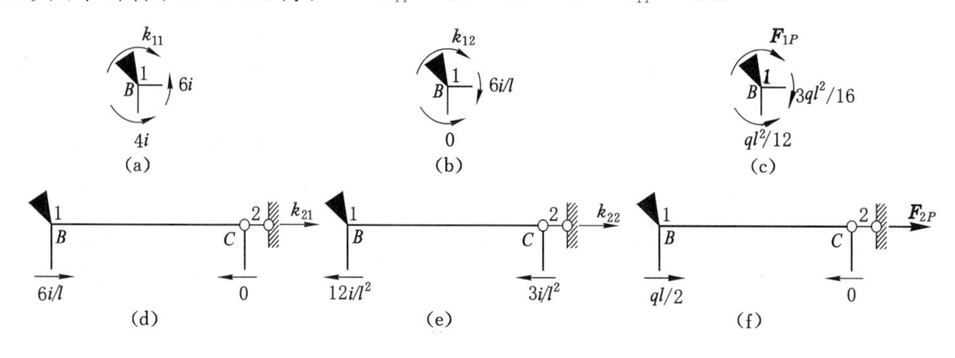

图 16-49

$\overline{M}_2$图中，由图 16-49(b)得：　$k_{12} + \dfrac{6i}{l} - 0 = 0 \quad k_{12} = -\dfrac{6i}{l}$

M_P 图中，由图 16-49(c)得：　$F_{1P} + \dfrac{3ql^2}{16} - \dfrac{ql^2}{12} = 0 \quad F_{1P} = -\dfrac{5ql^2}{48}$

沿 AB、DC 柱顶端切开，取上部为脱离体，$\sum X = 0$，则：

$\overline{M}_1$ 图中，由脱离体图 16-49(d)得：　$k_{21} + \dfrac{6i}{l} - 0 = 0 \quad k_{21} = -\dfrac{6i}{l}$

$\overline{M}_2$ 图中，由脱离体图 16-49(e)得：　$k_{22} - \dfrac{12i}{l^2} - \dfrac{3i}{l^2} = 0 \quad k_{22} = \dfrac{15i}{l^2}$

M_P 图中，由脱离体图 16-49(f)得：　$F_{2P} + \dfrac{ql}{2} - 0 = 0 \quad F_{2P} = -\dfrac{ql}{2}$

(4) 求出基本未知量

把计算得到的各系数和自由项代入典型方程得：

$$10iZ_1 - \frac{6i}{l}Z_2 - \frac{5ql^2}{48} = 0$$

$$-\frac{6i}{l}Z_1 + \frac{15i}{l^2}Z_2 - \frac{ql}{2} = 0$$

解方程组得：

$$Z_1 = \frac{73ql^2}{1\,824i}, \quad Z_2 = \frac{15ql^3}{304i}$$

(5) 作内力图

利用叠加原理，即

$$M = \overline{M}_1 Z_1 + \overline{M}_2 Z_2 + M_P$$

作出原结构的最后弯矩图，如图 16-48(f)所示。

16.4 力矩分配法

16.4.1 力矩分配法的基本概念

力法和位移法是计算超静定结构的最基本的方法，这两种方法往往都需要解联立方程组，当基本未知量较多时，工作量较为繁重。以位移法为基础演变而来的力矩分配法，主要适用于连续梁和无侧移刚架等只有角位移作为基本未知量的结构计算，其特点是不需要建立和解算联立方程组，可以在计算简图上或者列表进行计算，并能直接求出各杆端弯矩。此方法是用力矩增量调整修正的办法，使所有刚结点逐步达到平衡。力矩分配法的原理、基本假定、基本结构和正负号规定等都与位移法相同，所不同的只是某些计算技巧的改进。

下面通过一个简单例子，来说明力矩分配法的基本概念。对于图 16-50(a)所示的框架结构，当用位移法计算时，只有一个基本未知量即 B 点角位移 Z_1，其位移法典型方程为：

$$k_{11}Z_1 + F_{1P} = 0$$

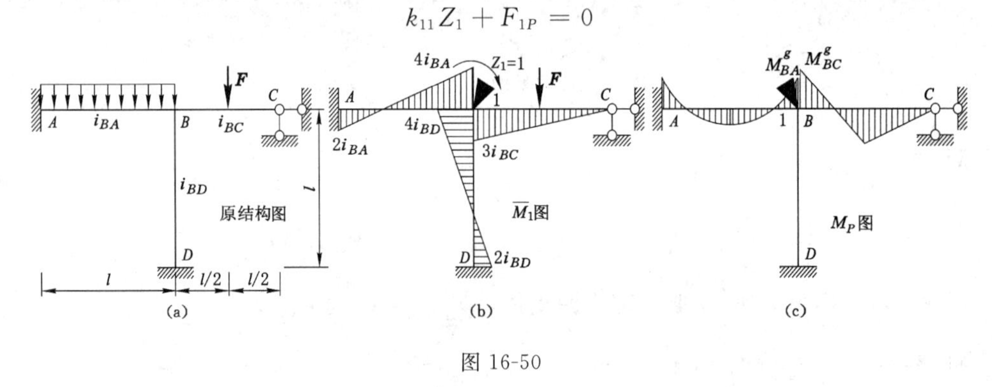

图 16-50

式中，系数和自由项可分别由单位弯矩图[图 16-50(b)]和荷载弯矩图[图 16-50(c)]求得。其值为：

$$k_{11} = 4i_{BA} + 4i_{BD} + 3i_{BC}$$

$$F_{1P} = M^g_{BA} + M^g_{BD} + M^g_{BC} = \sum M^g_{Bj}$$

式中，$\sum M^g_{Bj}$ 表示汇交于结点 B 各杆的固端弯矩的代数和。Bj 杆 B 端的固端弯矩以 M^g_{Bj} 表示（M^g_{Bj} 可正可负），它就是表 16-2 中各种情况下相应的载常数。

把系数和自由项代入位移法典型方程，得：

$$Z_1 = -\frac{F_{1P}}{k_{11}} = \frac{-\sum M^g_{Bj}}{4i_{BA} + 4i_{BD} + 3i_{BC}}$$

式中，F_{1P} 为结点 1 处附加刚臂中的反力矩，它等于汇交于结点 1 处各杆的杆端弯矩的代数和 $\sum M^g_{Bj}$，亦即各固端弯矩所不能平衡的差额，故又称为结点上的不平衡力矩。

求得 Z_1 后，即可求出基本结构上由于使附加刚臂发生角位移 Z_1 时所引起的弯矩。在结点 1 由于角位移 Z_1 所引起的转动端（近端）的杆端弯矩为：

$$M'_{BA} = 4i_{BA}Z_1 = \frac{4i_{BA}}{k_{11}}\left(-\sum M^g_{Bj}\right)$$

$$M'_{BC} = 3i_{BC}Z_1 = \frac{3i_{BC}}{k_{11}}\left(-\sum M^g_{Bj}\right)$$

$$M'_{BD}=4i_{BD}Z_1=\frac{4i_{BD}}{k_{11}}(-\sum M^g_{Bj})$$

为了简化杆端弯矩的表达式，特引进杆端转动刚度。转动刚度是指在任一杆件 AB 中，使杆端 A 产生单位转角时所需的 A 端弯矩的绝对值，称为 A 端的抗弯刚度，用 S_{AB} 表示。各种单跨超静定梁的抗弯刚度如下（图16-51）：

(1) B 端为固定端时［图 16-51(a)］，A 端抗弯刚度为：$S_{AB}=4i_{AB}$ 。

(2) B 端为铰支端时［图 16-51(b)］，A 端抗弯刚度为：$S_{AB}=3i_{AB}$ 。

(3) B 端为定向支座端时［图 16-51(c)］，A 端抗弯刚度为：$S_{AB}=i_{AB}$ 。

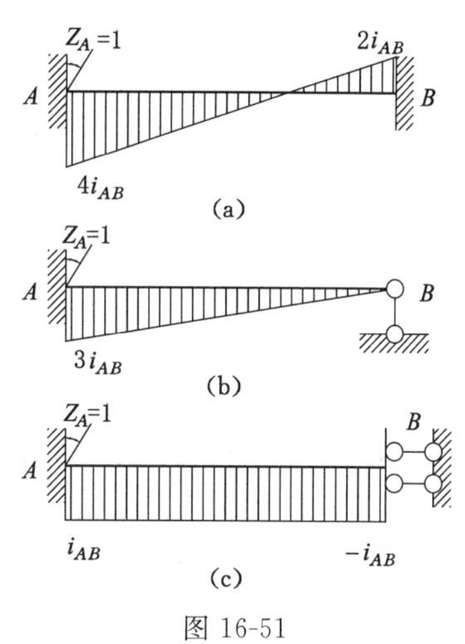

图 16-51

由此，在图 16-50 所示结点 B 由于角位移 Z_1 所引起转动端的杆端弯矩的表达式为：

$$M'_{BA}=\frac{S_{BA}}{S_{BA}+S_{BC}+S_{BD}}(-\sum M^g_{Bj})=\frac{S_{BA}}{\sum S_B}(-\sum M^g_{Bj})$$

$$M'_{BC}=\frac{S_{BC}}{S_{BA}+S_{BC}+S_{BD}}(-\sum M^g_{Bj})=\frac{S_{BC}}{\sum S_B}(-\sum M^g_{Bj})$$

$$M'_{BD}=\frac{S_{BD}}{S_{BA}+S_{BC}+S_{BD}}(-\sum M^g_{Bj})=\frac{S_{BD}}{\sum S_B}(-\sum M^g_{Bj})$$

式中，$\sum S_B$ 表示相交于结点 B 的各杆杆端弯矩转动刚度的总和。

将上述杆端弯矩的表达式写成一般形式，则有：

$$M'_{ij}=\frac{S_{ij}}{\sum S_j}(-\sum M^g_{ij})=\mu_{ij}(-\sum M^g_{ij})$$

式中，$\mu_{ij}=\dfrac{S_{ij}}{\sum S_j}$ 称为弯矩分配系数。

然后按叠加原理 $M=\overline{M}_1Z_1+M_P$ 计算各杆端的最后弯矩，各近端弯矩为：

$$M_{BA}=\mu_{BA}(-\sum M^g_{Bj})+M^g_{BA}$$

$$M_{BC}=\mu_{BC}(-\sum M^g_{Bj})+M^g_{BC}$$

$$M_{BD}=\mu_{BD}(-\sum M^g_{Bj})+M^g_{BD}$$

即

$$M_{ij}=\mu_{ij}(-\sum M^g_{ij})+M^g_{ij}$$

结点 B 转动角位移 Z_1 时，杆件另一端（远端）所产生的杆端弯矩为：

$$M'_{AB}=C_{BA}M'_{BA}$$
$$M'_{CB}=C_{BC}M'_{BC}$$
$$M'_{DB}=C_{BD}M'_{BD}$$

即

$$M'_{ji}=C_{ij}(-\sum M^g_{ij})+M^g_{ji}$$

得出上述规律之后，可不必作出 $\overline{M}_1$ 和 M_P 图，也不必列出和计算典型方程，而直接按以上结论计算各杆端弯矩。其步骤可归纳如下：

(1) 固定结点

即加上刚臂。先算出各杆的固端弯矩、汇交于结点各杆的分配系数和传递系数，并求出结点的不平衡力矩。

(2) 放松结点

即取消刚臂，让结点转动。将不平衡力矩反其符号后，乘以各杆的分配系数，便得到相应各杆端的分配弯矩。再将分配弯矩乘上传递系数，便得到各杆远端的传递弯矩。

(3) 叠加

最后将各杆杆端的固端弯矩、分配弯矩、传递弯矩三者的代数和叠加，即得到各杆的最后弯矩。

16.4.2 用力矩分配法计算连续梁和结点无线位移的刚架

【例 16-12】 试用力矩分配法作图 16-52(a)所示刚架的 M 图。

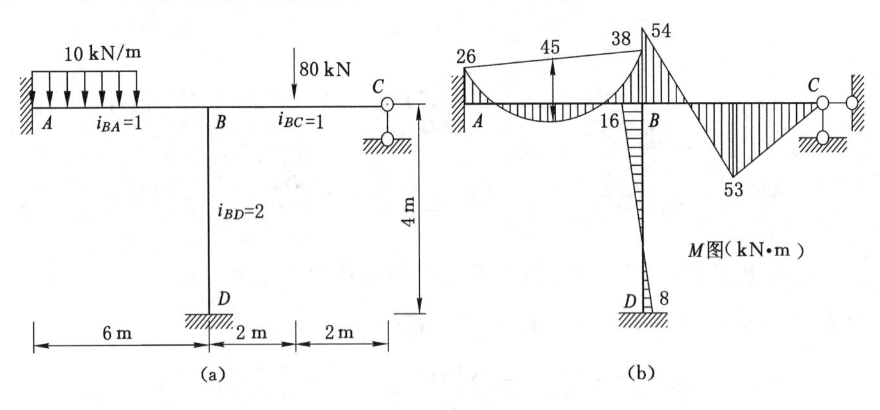

图 16-52

解 (1) 计算各杆的固端弯矩、抗弯刚度、分配系数和传递系数。查表 16-2 得

固端弯矩

$$M^g_{AB}=-\frac{10\times6^2}{12}=-30\ (\text{kN}\cdot\text{m})$$

$$M^g_{BA}=\frac{10\times6^2}{12}=30\ (\text{kN}\cdot\text{m})$$

$$M^g_{BC}=-\frac{3\times80\times4}{16}=-60\ (\text{kN}\cdot\text{m})$$

$$M^g_{CB}=M^g_{BD}=M^g_{DB}=0$$

抗弯刚度

$$S_{BA}=4i_{BA},\ S_{BC}=3i_{BC},\ S_{BD}=4i_{BD}$$

分配系数

$$\mu_{BA}=\frac{4i_{BA}}{4i_{BA}+3i_{BC}+4i_{BD}}=\frac{4\times1}{4\times1+3\times1+4\times2}=\frac{4}{15}$$

$$\mu_{BC}=\frac{3i_{BC}}{4i_{BA}+3i_{BC}+4i_{BD}}=\frac{3\times1}{4\times1+3\times1+4\times2}=\frac{1}{5}$$

$$\mu_{BD}=\frac{4i_{BD}}{4i_{BA}+3i_{BC}+4i_{BD}}=\frac{4\times2}{4\times1+3\times1+4\times2}=\frac{8}{15}$$

传递系数

$$C_{BA}=\frac{1}{2},\ C_{BD}=\frac{1}{2},\ C_{BC}=0$$

(2) 力矩分配法的具体计算过程见表16-3。

表16-3　　**杆端弯矩的计算**

结点	A		B				C	D
杆端名称	AB		BA	BC	BD		DB	CB
分配系数 μ	—		4/15	1/5	8/15		—	—
M^g /(kN·m)	−30		+30	−60	0		0	0
分配、传递	+4	←	+8	+6	+16	→	+8	0
$\sum M$ /(kN·m)	−26		+38	−54	+16		+8	0

(3) 作弯矩图,如图16-52(b)所示。

【例16-13】 试用力矩分配法作图16-53(a)所示两跨连续梁的M图。

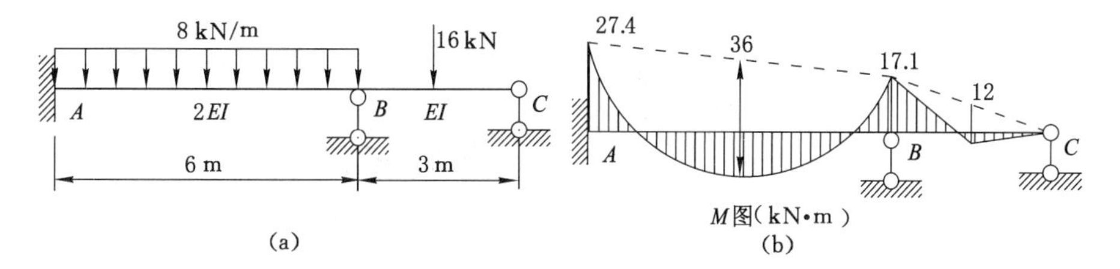

图16-53

解　梁AB、BC段的线刚度分别为:

$$i_{AB}=\frac{2EI}{l_{AB}}=\frac{2EI}{6}=\frac{EI}{3},\ i_{BC}=\frac{2EI}{l_{BC}}=\frac{EI}{3}$$

令

$$i_{AB}=i_{BC}=i$$

(1) 计算各杆的固端弯矩、抗弯刚度、分配系数和传递系数。查表16-2得:

固端弯矩

$$M_{AB}^g=-\frac{8\times6^2}{12}=-24\ (\text{kN}\cdot\text{m}),\ M_{BA}^g=\frac{8\times6^2}{12}=24\ (\text{kN}\cdot\text{m})$$

$$M_{BC}^g=-\frac{3\times16\times4}{16}=-12\ (\text{kN}\cdot\text{m}),\ M_{CB}^g=0$$

抗弯刚度

$$S_{BA}=4i_{BA},\ S_{BC}=3i_{BC}$$

分配系数

$$\mu_{BA}=\frac{4i_{BA}}{4i_{BA}+3i_{BC}}=\frac{4i}{4i+3i}=\frac{4}{7}=0.571$$

$$\mu_{BC}=\frac{3i_{BC}}{4i_{BA}+3i_{BC}}=\frac{3i}{4i+3i}=\frac{3}{7}=0.429$$

传递系数 $$C_{BA}=\frac{1}{2},\ C_{BC}=0$$

(2) 力矩分配法的具体计算过程见表 16-4。

表 16-4 **杆端弯矩的计算**

结点	A		B			D
杆端名称	AB		BA	BC		DB
分配系数 μ	—		0.571	0.429		—
M^g /(kN·m)	−24		+24	−12		0
分配、传递	−3.4	←	−6.9	−5.1	→	0
$\sum M$ /(kN·m)	−27.4		+17.1	−17.1		0

(3) 作弯矩图,如图 16-53(b)所示。

以上两个例题都是基本结构中只有一个附加刚臂的简单情况,下面的例题是有多个结点的无线位移刚架的内力计算,以期读者进一步理解力矩分配法逐次进行固定、放开最后叠加的基本思路。

【例 16-14】 试用力矩分配法作图 16-54(a)所示刚架的内力图。

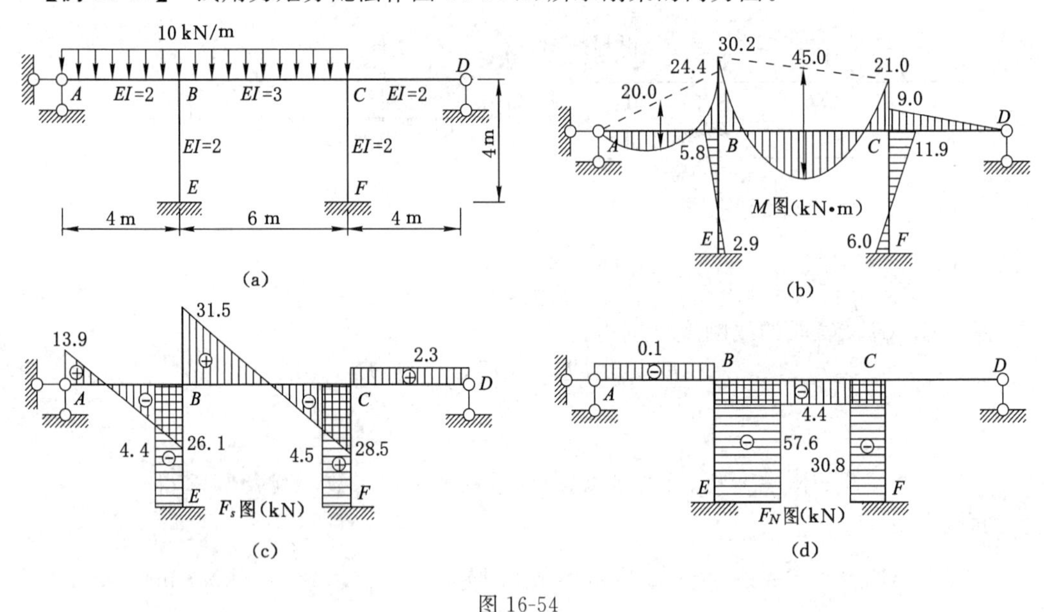

图 16-54

解 (1) 计算各杆的固端弯矩、抗弯刚度、分配系数和传递系数。查表 16-2 得:

固端弯矩

$$M_{BA}^g=\frac{10\times 4^2}{8}=20\ (\text{kN}\cdot\text{m}),\ M_{BC}^g=-\frac{10\times 6^2}{12}=-30\ (\text{kN}\cdot\text{m})$$

$$M_{CB}^g=\frac{10\times 6^2}{12}=30\ (\text{kN}\cdot\text{m})$$

$$M_{AB}^{g} = M_{BE}^{g} = M_{EB}^{g} = M_{CD}^{g} = M_{DC}^{g} = M_{CF}^{g} = M_{FC}^{g} = 0$$

抗弯刚度

$$i_{BC} = \frac{3}{6} = 0.5,\ i_{BA} = i_{BE} = i_{CF} = i_{CD} = \frac{2}{4} = 0.5$$

$$S_{BA} = 3i_{BA} = 3 \times 0.5 = 1.5,\ S_{BC} = S_{CB} = 4i_{BC} = 4 \times 0.5 = 2$$

$$S_{BE} = 4i_{BE} = 4 \times 0.5 = 2,\ S_{CD} = 3i_{CD} = 3 \times 0.5 = 1.5$$

$$S_{CF} = 4i_{CF} = 4 \times 0.5 = 2$$

分配系数

结点 B： $$\sum S_B = S_{BA} + S_{BC} + S_{BE} = 1.5 + 2 + 2 = 5.5$$

$$\mu_{BA} = \frac{S_{BA}}{\sum S_B} = \frac{1.5}{5.5} = 0.273,\ \mu_{BC} = \frac{S_{BC}}{\sum S_B} = \frac{2}{5.5} = 0.364$$

$$\mu_{BE} = \frac{S_{BE}}{\sum S_B} = \frac{2}{5.5} = 0.364$$

结点 C： $$\sum S_C = S_{CB} + S_{CD} + S_{CF} = 2 + 1.5 + 2 = 5.5$$

$$\mu_{CB} = \frac{S_{CB}}{\sum S_C} = \frac{2}{5.5} = 0.364,\ \mu_{CD} = \frac{S_{CD}}{\sum S_C} = \frac{1.5}{5.5} = 0.273$$

$$\mu_{CF} = \frac{S_{CF}}{\sum S_C} = \frac{2}{5.5} = 0.364$$

(2) 力矩分配。按 C、B 顺序分配两轮，具体计算过程见表 16-5。

表 16-5 **杆端弯矩的计算**

结点	A	B				C			E	F	D
杆端	AB	BA	BE	BC		CB	CF	CD	EB	FC	DC
μ	—	0.273	0.364	0.364		0.364	0.273	0.364	—	—	—
M^g/(kN·m)	0	20	0	−30		30	0	0	0	0	0
分配及传递				−5.5	←	−10.9	−10.9	−8.2		−5.5	
		4.2	5.6	5.6	→	2.8			2.8		
				−0.5	←	−1.0	−1.0	−0.8		−0.5	
		0.1	0.2	0.2	→	0.1			0.1		
$\sum M$/(kN·m)	0	24.4	5.8	−30.2		21.0	−11.9	−9.0	2.9	−6.0	0.0

(3) 作弯矩图，如图 16-54(b)所示。

(4) 作剪力图。取各杆为脱离体，用平衡方程求杆端剪力。利用杆端剪力作各杆的剪力图，如图 16-54(c)所示。

(5) 作轴力图。取结点为脱离体，已知各杆对结点的剪力，根据平衡条件可求出各杆对结点的轴力。轴力图如图 16-54(d)所示。

注：放松结点的次序可以任意选取，并不影响最后的结果。但为了缩短计算过程，最好先放松不平衡力矩较大的结点。在本例中，先放松结点 C 较好。

16.5 超静定结构的基本性质

与静定结构相比,超静定结构具有如下特性:

(1) 超静定结构内有多余约束存在,这是与静定结构的根本区别。超静定结构在多余约束破坏后,结构仍然可以保持其几何不变的特性,而静定结构任一约束破坏后,便立即变成几何可变体系而失去承载能力。因此,与静定结构相比,超静定结构具有更好的抵抗破坏能力。

(2) 静定结构在非荷载因素(支座移动、温度改变、材料收缩、制造误差等)的作用下,结构只产生变形,而不引起内力。而超静定结构在承受非荷载因素作用时,由于多余约束的存在使结构的变形不能自由发生,在结构内部会产生自内力。这一特性在一定条件下给超静定结构带来不利影响,例如,连续梁当地基基础发生不均匀沉降时,会使结构产生过大内力。因此在实际工程中,应特别注意由于支座移动、温度改变引起的超静定结构的内力。

(3) 静定结构的内力计算只需通过平衡条件即可确定,其内力大小与结构的材料性质及截面尺寸无关。而超静定结构的内力计算除需考虑平衡条件外,还必须同时考虑变形协调条件,超静定结构的内力与材料的性质以及截面尺寸等有关。

(4) 由于多余约束的存在,超静定结构的刚度一般比相应的静定结构的刚度大,内力和变形也较为均匀。图 16-55(a)所示为两跨静定梁,各跨中位移为 $\frac{5ql^4}{384EI}$,跨中弯矩为 $\frac{ql^2}{8}$,如图 16-55(b)所示。图 16-56(a)所示为两等跨连续梁,是一次超静定结构,各跨中位移为 $\frac{2ql^4}{384EI}$,跨中弯矩为 $\frac{ql^2}{16}$,如图 16-56(b)所示。二者对比可知,在荷载和跨度相同的条件下,超静定梁所产生的变形小,内力分布也较均匀。

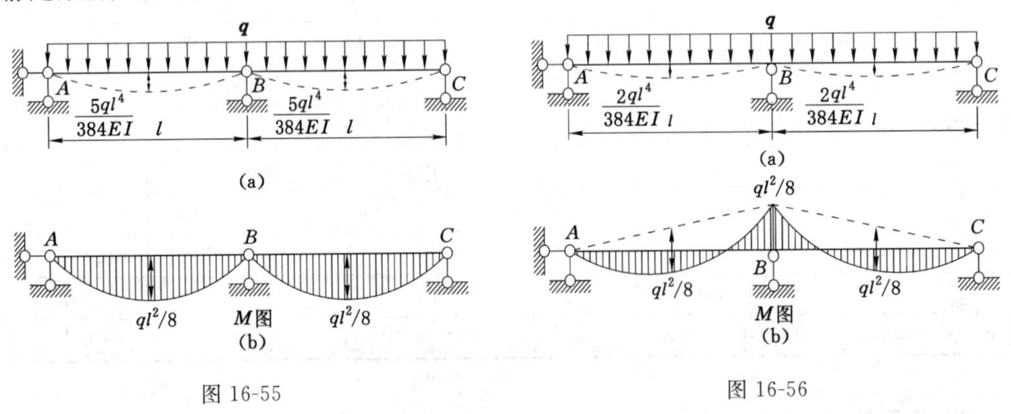

图 16-55　　图 16-56

思　考　题

16-1　力法、位移法求解超静定结构的思路是什么,各以什么方式满足平衡条件和变形协调条件?什么是它们的基本体系和基本未知量?它们的基本体系与原结构有何异同?

16-2　位移法与力矩分配法在求解思路上有何区别和联系?

16-3　力法、位移法典型方程的物理意义是什么？

16-4　求解超静定结构内力时，怎样利用结构的对称性简化计算？

16-5　试分别讨论静定结构和超静定结构的荷载、内力和变形之间的关系。

习　　题

16-1　判断图示结构的超静定次数，并选取力法计算的基本未知量及对应的基本结构。

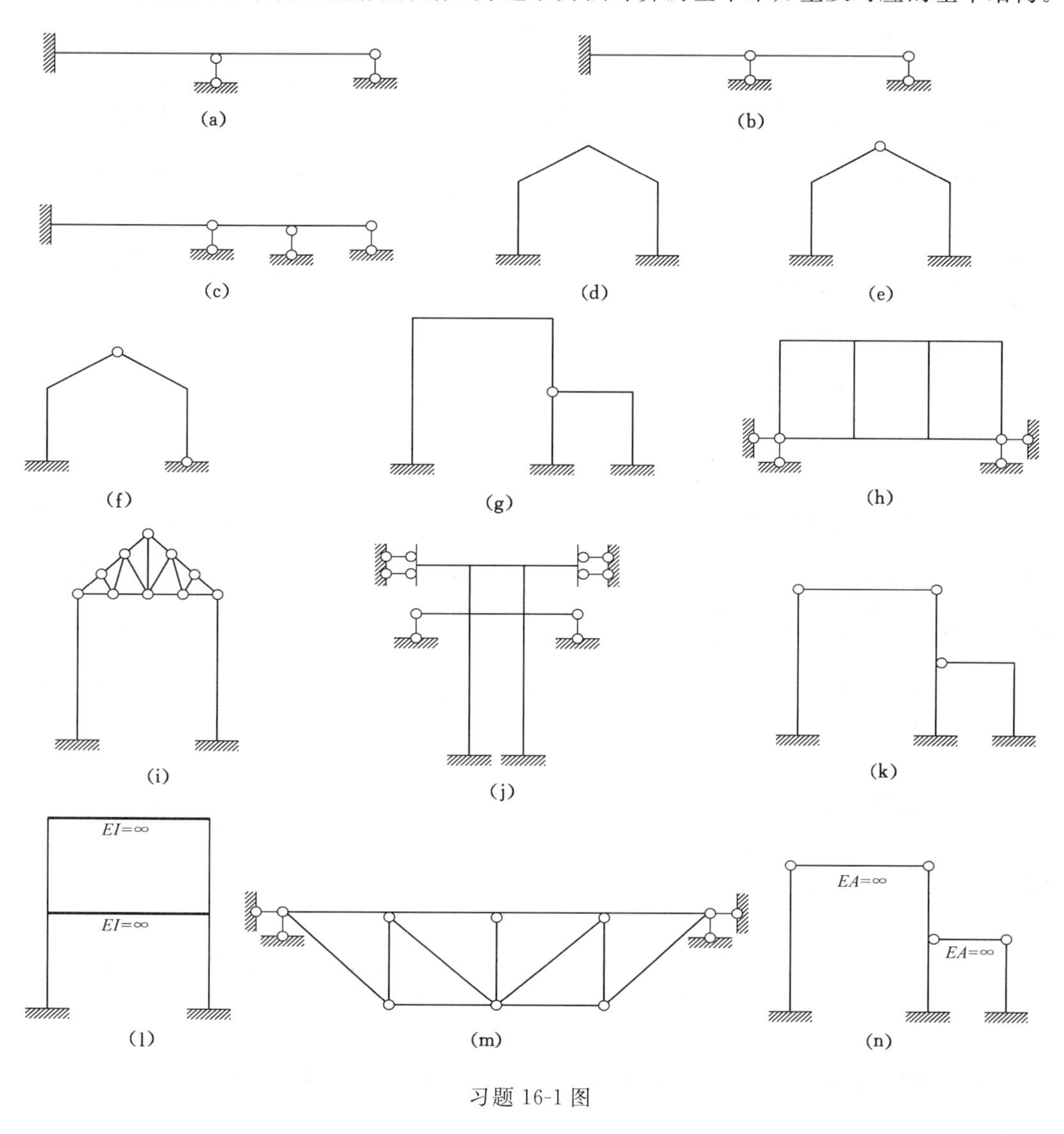

习题 16-1 图

16-2　用力法作图示结构的内力图，EI 为常数。（答案：(a) $M_{AB}=\frac{3Fl}{16}$（上拉），$F_{sAB}=\frac{11F}{16}$；(b) $M_{AB}=\frac{ql^2}{8}$（上拉），$F_{sAB}=\frac{5ql}{8}$；(c) $M_{AB}=\frac{Fl}{8}$（上拉），$F_{sAB}=\frac{F}{2}$；(d) $M_{AB}=\frac{Fl}{2}$（上拉），

$F_{sAB}=F$；(e) $M_{AB}=\frac{3Fl}{8}$(上拉)，$F_{sAB}=F$；(f) $M_{AB}=\frac{ql^2}{3}$(上拉)，$F_{sAB}=ql$；(g) $M_{AB}=\frac{ql^2}{16}$(上拉)，$F_{sAB}=\frac{7ql}{16}$；(h) $M_{AB}=\frac{ql^2}{12}$(上拉)，$F_{sAB}=\frac{ql}{2}$)

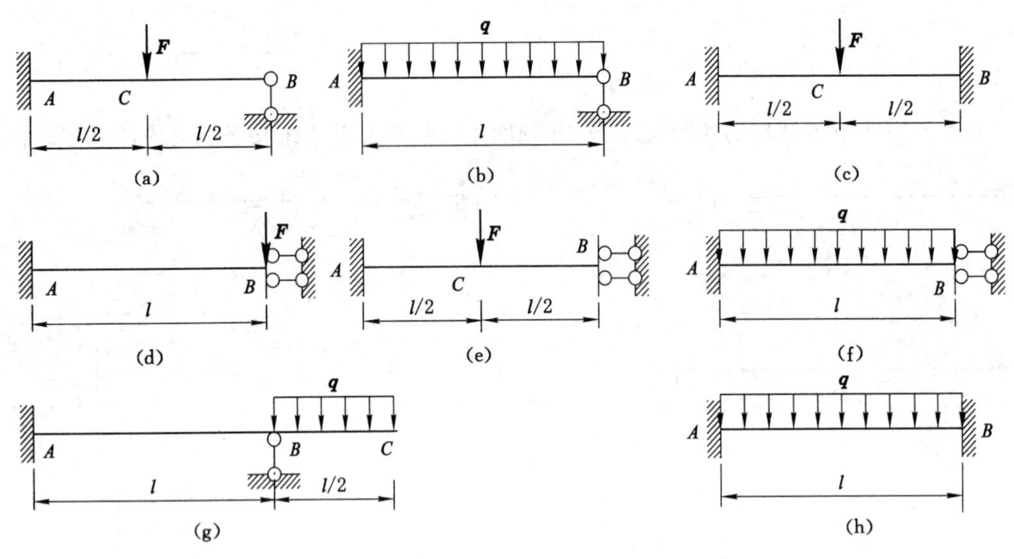

习题 16-2 图

16-3　用力法作图示结构的 M 图。(答案：(a) $M_{BC}=\frac{ql^2}{12}$(上拉)；(b) $F_{By}=12.34$ kN(↑)；(c) $F_{By}=17.14$ kN(←)；(d) $M_{DA}=72$ kN·m(上拉)；(e) $M_{AD}=34.94$ kN·m(右拉)；(f) $F_{By}=\frac{F}{3}$(←)，$F_{Bx}=\frac{F}{3}$(↑))

16-4　利用对称性作图 16-3(e)及图 16-4 所示结构的 M 图。(答案：(a) $M_{AB}=60$ kN·m(右拉)；(b) $M_{AC}=16.68$ kN·m(左拉)；(c) $M_{AB}=\frac{ql^2}{24}$(下拉)；(d) $M_{AC}=225$ kN·m(左拉))

16-5　求图示桁架各杆的轴力，各杆的 EA 均相同。(答案：$N_{AB}=0.415F$)

16-6　计算图示组合结构，作受弯杆件的弯矩图，并求二力杆的轴力。已知：受弯构件 $EI=10^4$ kN·m^2，二力杆的 $EA=15\times10^4$ kN。(答案：$M_{CD}=25.8$ kN·m(下拉)；$N_{EF}=126$ kN)

16-7　图示刚架支座 A 竖直下沉 Δ，设各杆的 EI 为常数，作其 M 图。(答案：$M_{CB}=\frac{3EI\Delta}{2l^2}$(上拉))

16-8　图示 AB 梁的支座 B 竖向移动 Δ，EI 为常数。作 M、F_s 图(答案：(a) $M_{AB}=\frac{3EI\Delta}{l^2}$(上拉)；(b) $M_{AB}=\frac{6EI\Delta}{l^2}$(上拉))

16-9　指出题 16-1 图(a)、(d)、(e)、(f)、(g)、(h)、(j)、(k)、(l)、(n)所示结构用位移法计算时的基本未知量，并选取对应的基本结构，与习题 16-1 作对比。

16-10　用位移法计算图示结构，作 M 图。(答案：(a) $M_{BA}=M_{BC}=27$ kN·m(上拉)；(b) $M_{BA}=M_{BC}=20$ kN·m(上拉))

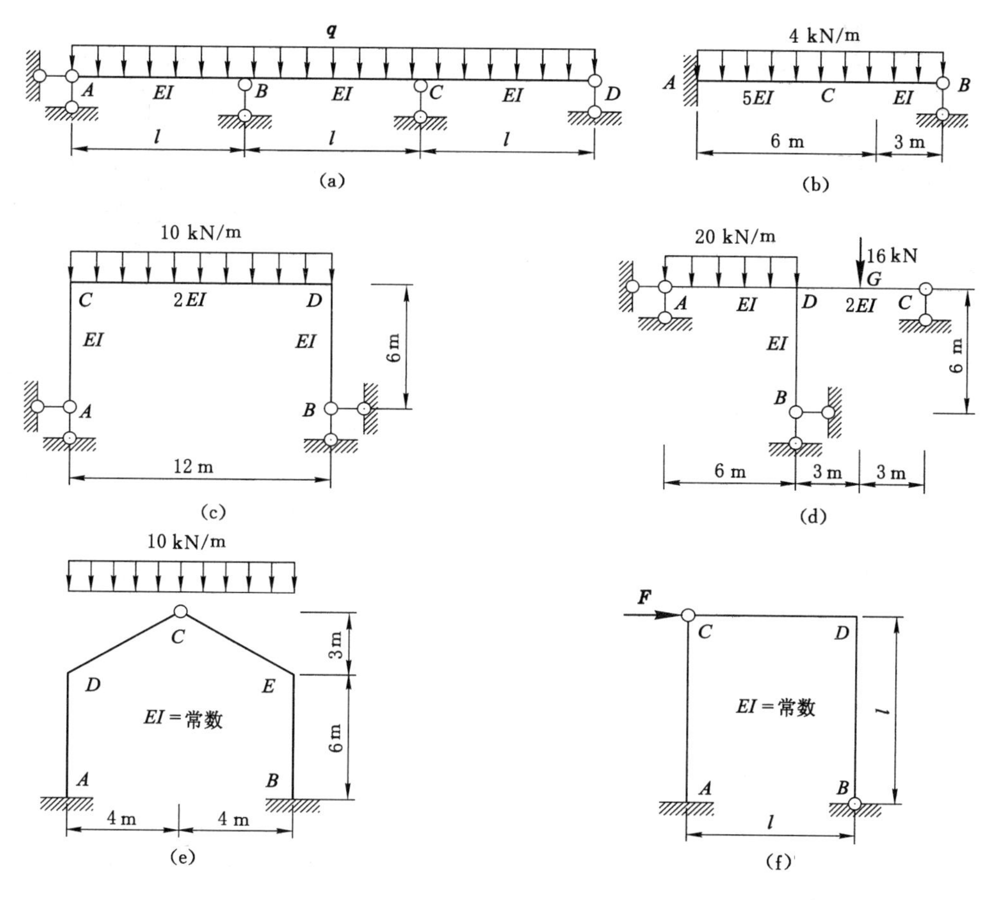

习题 16-3 图

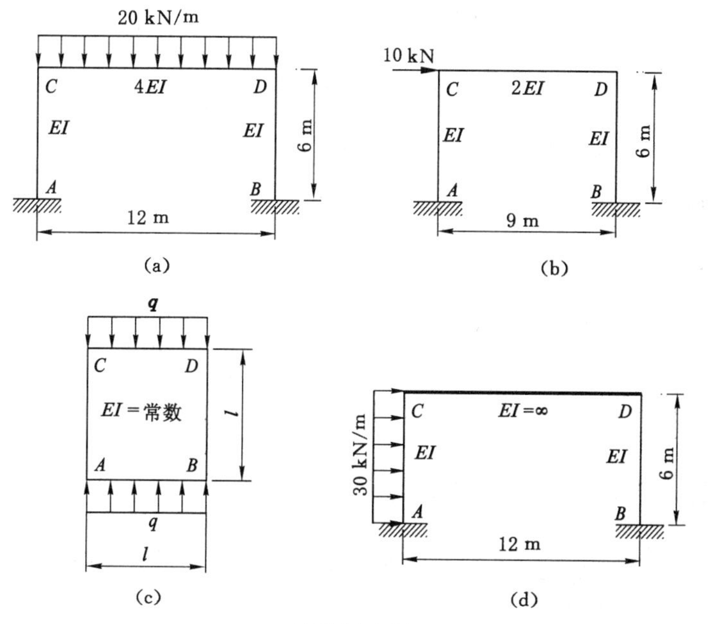

习题 16-4 图

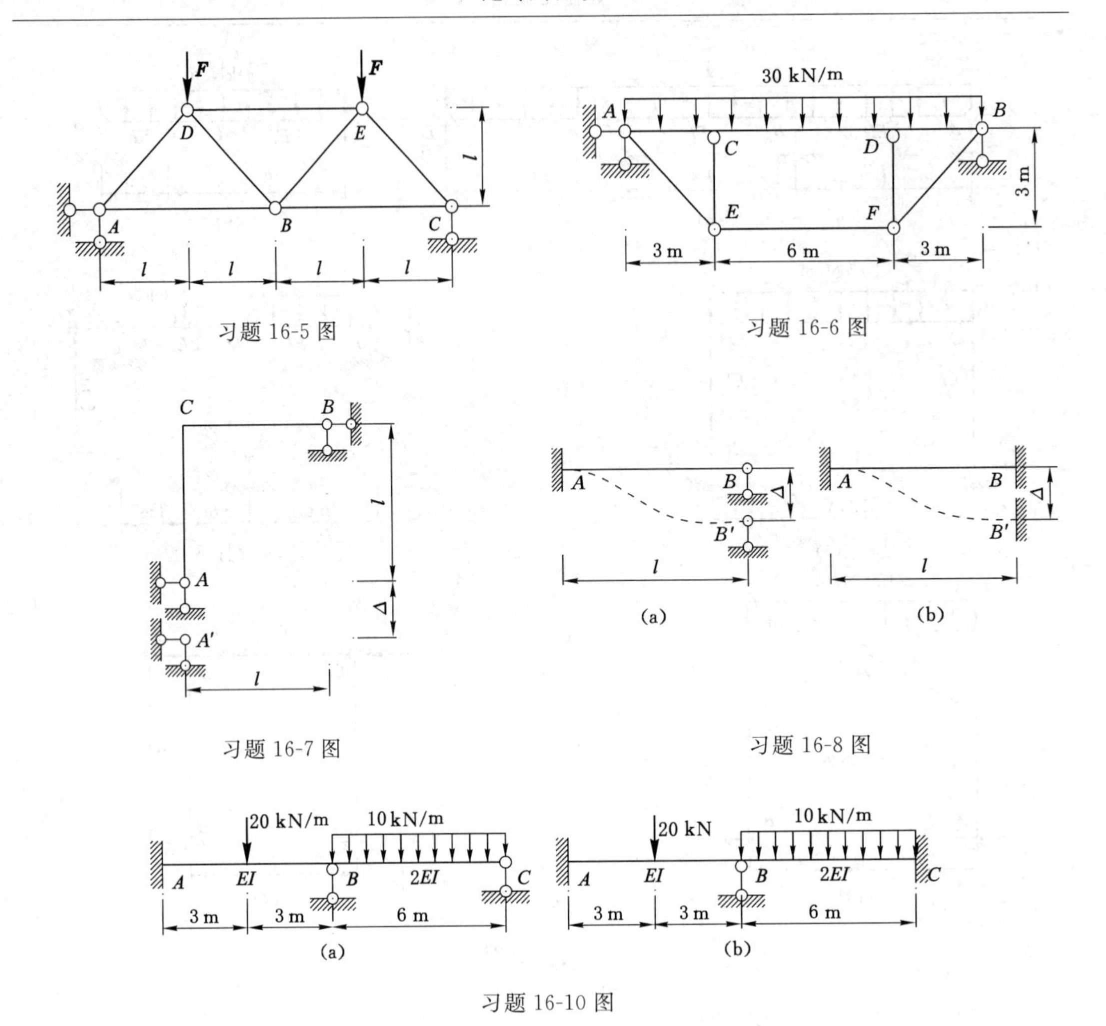

习题 16-5 图

习题 16-6 图

习题 16-7 图

习题 16-8 图

习题 16-10 图

16-11　用位移法计算图示结构，作 M、F_s、F_N 图。（答案：(a) $M_{CB}=\dfrac{10}{3}$ kN·m(上拉)；(b) $M_{DA}=60$ kN·m(上拉)，$M_{DB}=30$ kN·m(右拉)，$M_{DC}=30$ kN·m(上拉)；(c) $M_{DA}=\dfrac{2\ 025}{28}$ kN·m(上拉)，$M_{DB}=\dfrac{495}{28}$ kN·m(右拉)，$M_{DC}=\dfrac{765}{14}$ kN·m(上拉)；(d) $M_{DA}=\dfrac{20}{7}$ kN·m(右拉)，$M_{DE}=\dfrac{20}{7}$ kN·m(下拉)，$M_{ED}=\dfrac{100}{7}$ kN·m(上拉)，$M_{EB}=\dfrac{60}{7}$ kN·m(左拉)，$M_{EC}=\dfrac{160}{7}$ kN·m(上拉)；(e) $M_{DA}=\dfrac{36}{5}$ kN·m(右拉)，$M_{DE}=\dfrac{36}{5}$ kN·m(下拉)，$M_{ED}=36$ kN·m(上拉)，$M_{EB}=\dfrac{108}{5}$ kN·m(左拉)，$M_{EC}=\dfrac{288}{5}$ kN·m(上拉)）

16-12　用力矩分配法计算图示结构，作 M 图。（答案：(a) $M_{BA}=M_{BC}=\dfrac{270}{7}$ kN·m(上拉)；(b) $M_{AB}=\dfrac{270}{29}$ kN·m(下拉)，$M_{BA}=M_{BC}=\dfrac{540}{29}$ kN·m(上拉)，$M_{CB}=M_{CD}=\dfrac{1\ 125}{29}$ kN·m(上拉)；(c) $M_{DA}=\dfrac{267}{7}$ kN·m(上拉)，$M_{DB}=\dfrac{72}{7}$ kN·m(左拉)，$M_{DC}=\dfrac{339}{7}$

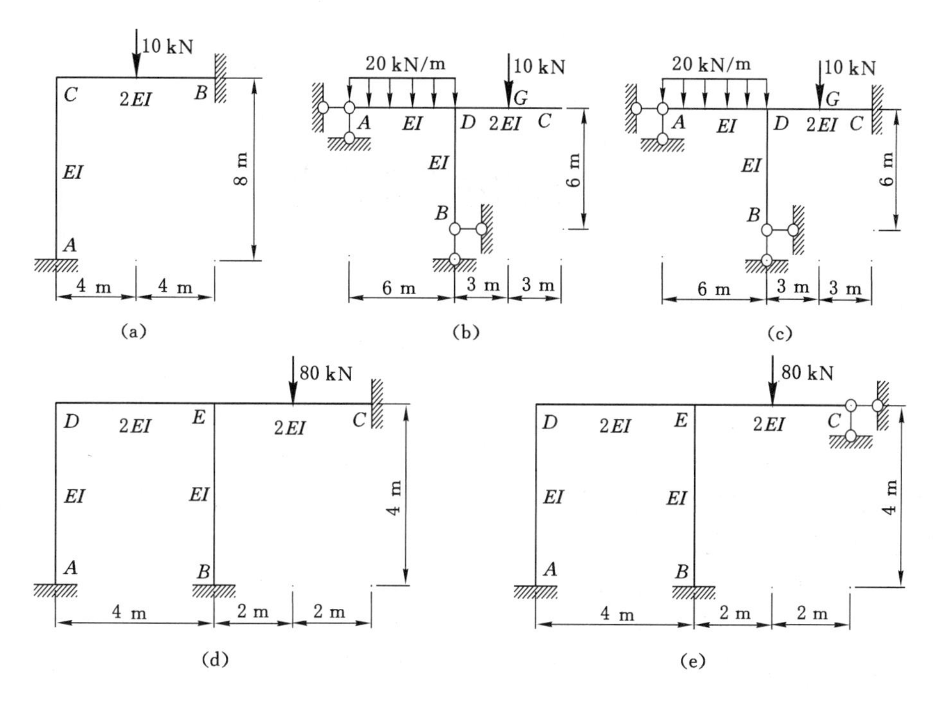

习题 16-11 图

kN·m(上拉)；(d) $M_{BA}=\dfrac{35}{13}$ kN·m(上拉)，$M_{BE}=\dfrac{140}{39}$ kN·m(左拉)，$M_{BC}=\dfrac{245}{39}$ kN·m(上拉)，$M_{CB}=\dfrac{1\ 055}{39}$ kN·m(上拉)，$M_{CF}=\dfrac{400}{39}$ kN·m(左拉)，$M_{CD}=\dfrac{485}{13}$ kN·m(上拉))

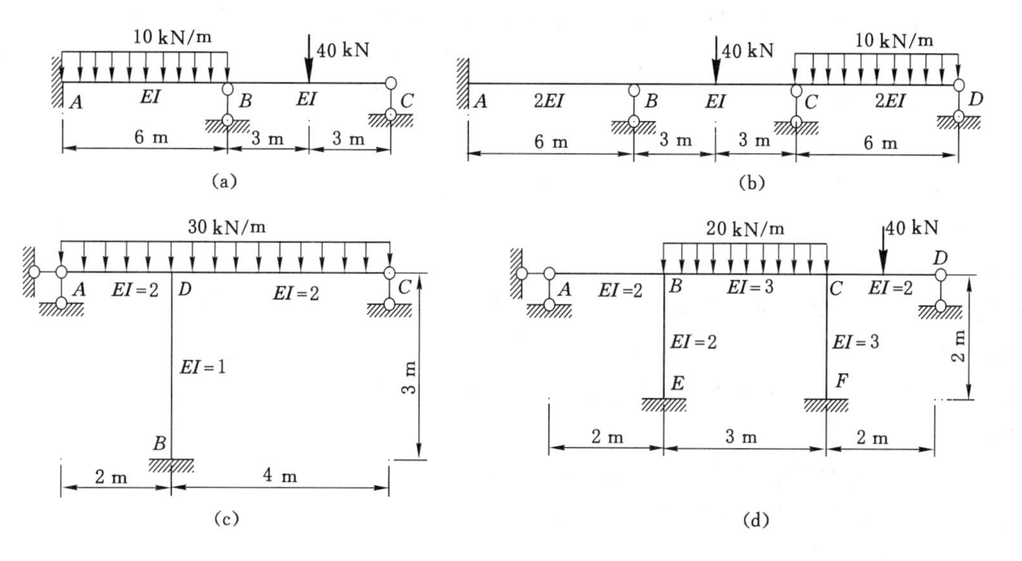

习题 16-12 图

17 影响线及其应用

17.1 影响线的基本概念

前面各章讨论了结构在恒载作用下的计算方法。这类荷载的大小、方向以及作用点在结构上的位置是固定不变的，因此，结构的反力和各处的内力及位移也是不变的。但在实际工程中，除了承受上述恒定荷载外，常常还会遇到作用位置可以移动的荷载，称为移动荷载。例如工业厂房吊车梁承受吊车荷载；桥梁承受车辆荷载；房屋楼面上的人群、货物或非固定的设备等可以任意布置的分布荷载，都属于活载的范围。随着荷载作用点位置的变化，将引起结构的反力、内力和位移等量值的变化。在设计结构时，需要知道在移动荷载的作用下结构产生的某些量值的最大值，该值称为最大量值。出现最大量值的荷载位置，称为最不利荷载位置。

本章的主要内容是研究结构的反力、内力和位移随荷载移动而变化的规律。在这里不考虑荷载移动对结构产生的动力作用，因此仍属于静力计算问题。

结构在移动荷载作用下的状态将随荷载作用位置的不同而变化，这样，就需要解决以下新问题：

(1) 结构的某一量值(内力、反力或位移)随荷载作用位置变动时的变化规律。

(2) 确定上述量值达到最大时移动荷载的作用位置，即该量值的最不利荷载位置，并求出相应的最不利值。

(3) 确定结构各截面上内力变化的范围，以及内力变化的上限和下限值。

以上(1)是基础，(2)、(3)是进一步的运用，可为设计提供相应的依据。

在工程实际中，用影响线来解决这些问题既方便、简单，又具有普遍意义。那么，什么是影响线呢？在解决实际工程问题时，常遇到的移动荷载往往是一系列保持不变间距的平行荷载，或者连续分布的竖向荷载。为了简单方便起见，可先研究一个方向不变而沿着结构移动的单位集中荷载(即 $F=1$)对结构上某一量值的影响，然后根据叠加原理，进一步来研究同一方向的一系列移动荷载对该量值的共同影响。下面通过一个具体例子来说明影响线的概念。

如图 17-1(a)所示为一简支梁，设其上有一单位荷载 $F=1$ 在移动。取左端支座 A 为坐标原点，x 表示从 A 点到单位荷载 $F=1$ 作用线的距离。现研究梁支座 A 的反力 $\mathbf{Y}_A$ 的变化。由平衡条件 $\sum M_B=0$，得：

$$Y_A=\frac{F(l-x)}{l}=\frac{l-x}{l} \tag{17-1}$$

由公式(17-1)可知，当 $F=1$ 在梁上从 A 点移动到 B 点时，Y_A 按直线规律变化。当 $x=0$ 时，$Y_A=1$；当 $x=l$ 时，$Y_A=0$。

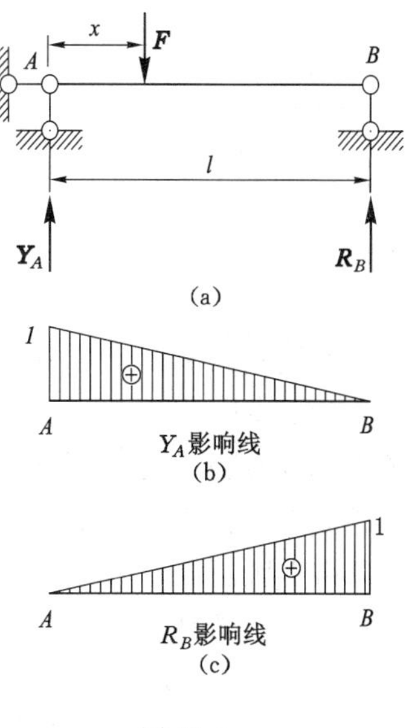

图 17-1

由此可作出 Y_A 的变化曲线，如图 17-1(b)所示。式(17-1)称为 Y_A 的影响线方程，与其相应的直线称为 Y_A 的影响线[图 17-1(b)]。

同理，由 $\sum M_A = 0$，可得支座 B 的反力 R_B 的影响线方程为：

$$R_B = \frac{x}{l} \tag{17-2}$$

当 $x = 0$ 时，$R_B = 0$；当 $x = l$ 时，$R_B = 1$。由此可作出 R_B 的影响线，如图 17-1(c)所示。

因此，影响线的定义为：单位移动荷载作用下表示结构某一量值变化规律的图形，就称为该量值的影响线。所谓单位荷载，是数值和量纲均为 1 的量，它可以在实际移动荷载可到达的范围内移动。在求得某一量值的影响线之后，就可以用叠加原理求得实际的移动荷载组所引起的该量值的变化规律。主要有反力影响线和内力影响线两类。

作影响线的方法是先将单位荷载布置在结构的任意位置上，并根据所选坐标系统，以 x 表示荷载作用点的横坐标，建立平衡方程，求出所研究的反力或内力的影响方程，从而作出该反力或内力的影响线。这种作影响线的基本方法，称为静力法。

17.2　静力法作简支梁的内力影响线

17.2.1　弯矩影响线

作弯矩的影响线时，应首先指定截面的位置，即明确要作哪一截面的影响线。现拟作图 17-2 所示简支梁 C 截面（它距两端的距离分别为 a 和 b）的弯矩影响线。

(1) 当 $F = 1$ 在截面 C 以左移动时，为计算简便，取 CB 段为脱离体，由力矩平衡方程 $\sum M_C = 0$，可得：

$$M_C = R_B \cdot b$$

将式(17-2)代入上式，得：

$$M_C = R_B \cdot b = \frac{b}{l}x \quad (0 \leqslant x \leqslant a) \tag{17-3}$$

上式表明 M_C 的影响线在截面 C 以左为一直线，当 $x = 0$ 时，$M_C = 0$；当 $x = a$ 时，$M_C = \frac{ab}{l}$。由此可作出 AC 段 M_C 的影响线，如图 17-2(b)所示。

(2) 当 $F = 1$ 在截面 C 以右移动时，为计算简便，取 AC 段为脱离体，由力矩平衡方程 $\sum M_C = 0$，可得：

$$M_C = Y_A \cdot a$$

将式(17-1) 代入上式，得：

$$M_C = Y_A \cdot a = \frac{l-x}{l}a \quad (a \leqslant x \leqslant l) \qquad (17\text{-}4)$$

上式表明 M_C 的影响线在截面C以右为一直线，当 $x=a$ 时，$M_C=\frac{ab}{l}$；当 $x=l$ 时，$M_C=0$。由此可作出 CB 段 M_C 的影响线，如图 17-2(b)所示。

分析式(17-3)、式(17-4)可知，M_C 影响线 AC 段为 R_B 影响线的纵坐标扩大 b 倍，而 CB 段为 Y_A 的影响线纵坐标扩大 a 倍。因此 M_C 的影响线可以利用 Y_A 和 R_B 的影响线作出，如图 17-2(b)所示。在画弯矩影响线时，规定正的纵坐标画在基线上面，负的纵坐标画在基线下面，并标明正负号。

由于所假定的单位荷载 $F=1$ 为无量纲量，故任一截面的弯矩影响线的量纲为长度量纲。

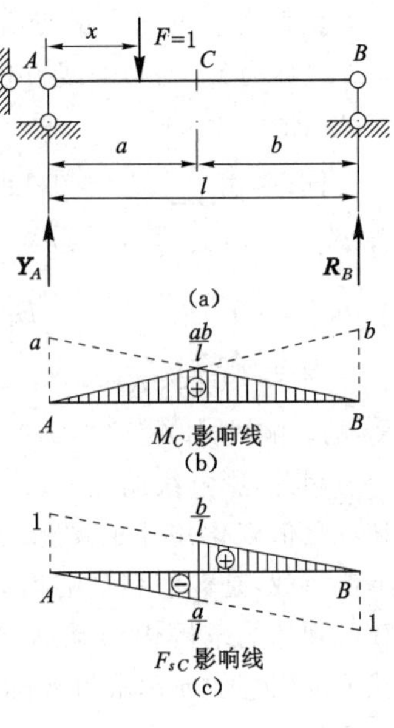

图 17-2

17.2.2 剪力影响线

作剪力影响线也需要指定截面的位置，并分别考虑荷载 $F=1$ 在截面以左和以右移动的情况。剪力的正负号规定为使脱离体有顺时针转动趋势的为正，反之为负。

现拟作图 17-2 所示简支梁截面 C 的剪力影响线。

(1) 当 $F=1$ 在截面 C 以左移动时，取 CB 段为脱离体，由力平衡方程 $\sum F_y=0$，可得：

$$F_{sC} = -R_B = -\frac{x}{l} \quad (0 \leqslant x \leqslant a) \qquad (17\text{-}5)$$

(2) 当 $F=1$ 在截面 C 以右移动时，取 AC 段为脱离体，由力平衡方程 $\sum F_y=0$，可得：

$$F_{sC} = Y_A = \frac{l-x}{l} \quad (a \leqslant x \leqslant l) \qquad (17\text{-}6)$$

由式(17-5)、式(17-6)可知，在截面 C 以左，F_{sC} 影响线与 R_B 影响线相同，但正负号相反，相当于把 R_B 影响线翻过来画在基线下面，接近截面 C 的纵坐标值为 $\frac{a}{l}$；而在截面 C 以右，F_{sC} 影响线与 Y_A 影响线完全相同，接近截面 C 的纵坐标值为 $\frac{b}{l}$，两直线互相平行。剪力影响线的纵坐标和反力影响线的纵坐标一样也是无量纲的量。F_{sC} 影响线如图 17-2(c)所示。

注意反力或内力影响线与内力图是截然不同的，应注意它们之间的区别。

【例 17-1】 伸臂梁如图 17-3(a)所示：(1) 作支座反力 Y_A、R_B 的影响线；(2) 作截面 C 的 M_C、F_{sC} 影响线；(3) 作截面 D 的 M_D、F_{sD} 影响线。

解 取 A 点为坐标原点，横坐标 x 以向右为正。

(1) 作支座反力 Y_A、R_B 的影响线

当荷载 $F=1$ 作用于梁上任一点 x 时，由平衡方程可得支座反力为：

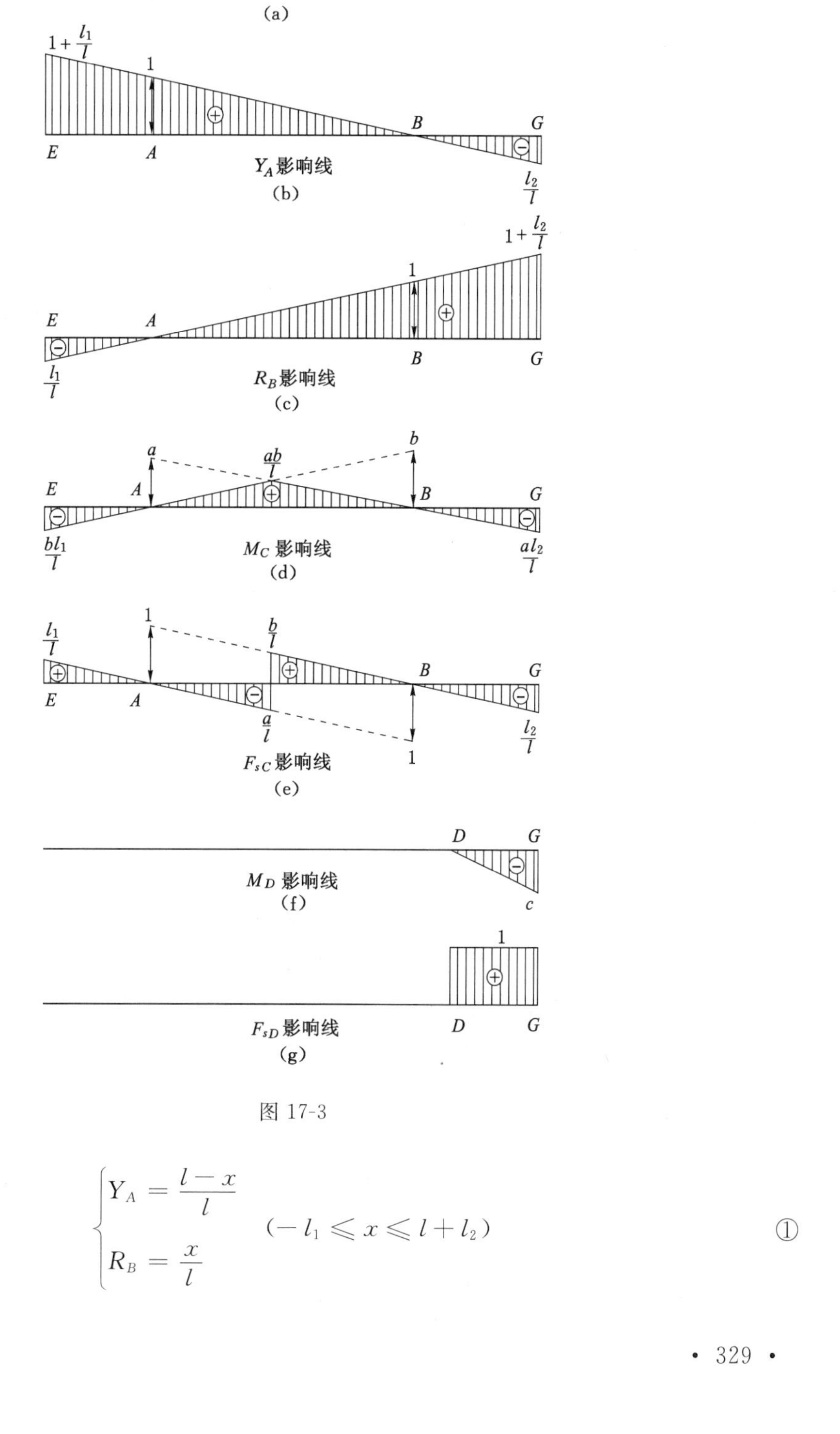

图 17-3

$$\begin{cases} Y_A = \dfrac{l-x}{l} \\ R_B = \dfrac{x}{l} \end{cases} \quad (-l_1 \leqslant x \leqslant l+l_2) \tag{①}$$

根据式①，绘出 Y_A、R_B 的影响线，如图 17-3(b)、(c)所示。

(2) 作截面 C 的 M_C、F_{sC} 影响线

当 $F=1$ 在截面 C 以左($-l_1 \leqslant x \leqslant a$)时，求得 M_C、F_{sC} 的影响线方程为：

$$\left.\begin{aligned} M_C &= R_B b = \frac{b}{l}x \\ F_{sC} &= -R_B = -\frac{x}{l} \end{aligned}\right\} \qquad ②$$

当 $F=1$ 在截面 C 以右($a \leqslant x \leqslant l+l_2$)时，求得 M_C、F_{sC} 的影响线方程为：

$$\left.\begin{aligned} M_C &= Y_A a = \frac{l-x}{l}a \\ F_{sC} &= Y_A = \frac{l-x}{l} \end{aligned}\right\} \qquad ③$$

根据式②、③，作 M_C、F_{sC} 影响线，如图 17-3(d)、(e)所示。

(3) 作截面 D 的 M_D、F_{sD} 影响线。

当 $F=1$ 在截面 D 以左($-l_1 \leqslant x \leqslant l+l_2-c$)时，取 D 的右边为脱离体，得到

$$\left.\begin{aligned} M_D &= 0 \\ F_{sD} &= 0 \end{aligned}\right\} \qquad ④$$

当 $F=1$ 在截面 D 以右($l+l_2-c \leqslant x \leqslant l+l_2$)时，为计算方便，取 D 点为坐标原点，以 x' 表示 $F=1$ 至原点的距离，如图 17-3(a)所示，则此时有 $0 \leqslant x' \leqslant c$，取 D 的右边为脱离体，得到：

$$\left.\begin{aligned} M_D &= -x' \\ F_{sD} &= 1 \end{aligned}\right\} \qquad ⑤$$

根据式④、⑤，作 M_D、F_{sD} 影响线，如图 17-3(f)、(g)所示。

17.3 影响线的应用

17.3.1 用影响线求反力和内力

影响线描述了单位移动荷载作用下某一量值的变化规律，当有移动荷载组或是由可任意间断布置的分布荷载作用时，上述量值可以利用影响线根据叠加原理求得。

若结构上有一组集中荷载 $\boldsymbol{F}_1,\boldsymbol{F}_2,\cdots,\boldsymbol{F}_n$ 作用，如图 17-4(a)所示，量值 S 的影响线如图 17-4(b)所示，其在荷载作用位置的纵坐标分别为 $y_1,y_2,\cdots,y_n$。此时，集中荷载组所产生的影响量 S 应等于各荷载产生影响量的代数和，即有：

$$S = \sum F_i y_i \qquad (17\text{-}7)$$

若有如图 17-5(a)所示的分布荷载作用，根据微分原理，影响量 S 可以表达为：

$$S = \int_A^B q(x)y\mathrm{d}x \qquad (17\text{-}8)$$

当为均布荷载即 $q(x)=q$ 时，则上式成为：

$$S = q\int_A^B y\mathrm{d}x = q\omega \qquad (17\text{-}9)$$

式中，ω 表示 S 影响线在均布荷载范围内面积的代数和。但应注意，在计算面积 ω 时，应考

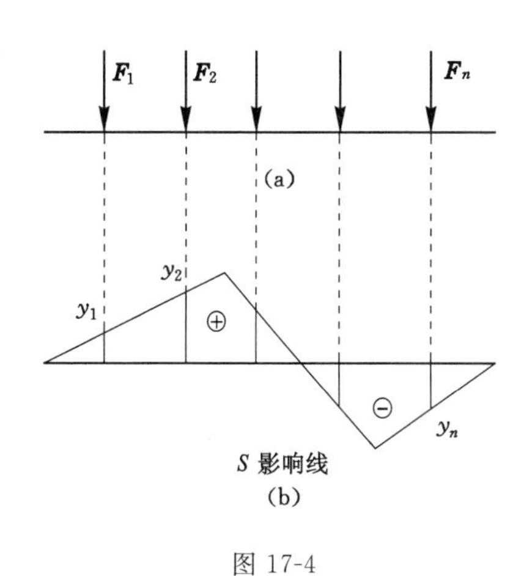

图 17-4

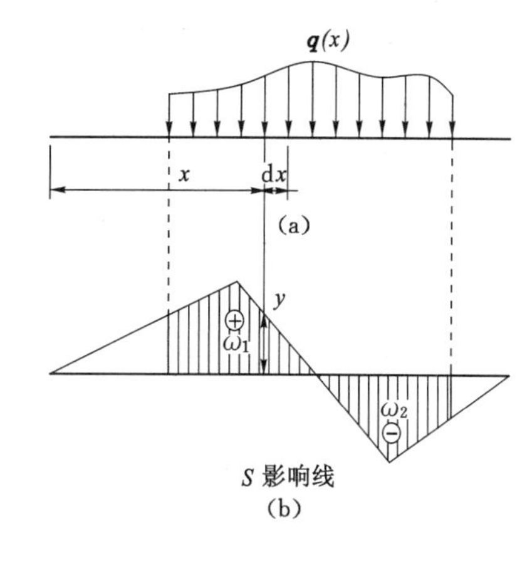

图 17-5

虑影响线数标的正负号，如图 17-5(b)所示，$\omega=\omega_1-\omega_2$。

【例 17-2】 利用影响线，试求如图 17-6(a)所示简支梁在图示荷载作用下的 M_C 和 F_{sC} 值。

解　(1) 作 M_C、F_{sC} 影响线，并算出各竖标值，如图17-6(b)、(c)所示。

(2) 根据叠加原理，可求得：

$$M_C=\sum F_i y_i+\sum q\omega$$

$$=30\times 1.6+10\times\left[\frac{1}{2}\times(1.2+2.4)\times 2+\frac{1}{2}\times(0.8+2.4)\times 4\right]$$

$$=148\ (\mathrm{kN\cdot m})$$

$$F_{sC}=\sum F_i y_i+\sum q\omega$$

$$=30\times 0.4+10\times\left[\frac{1}{2}\times(0.2+0.6)\times 4-\frac{1}{2}\times(0.2+0.4)\times 2\right]$$

$$=22\ (\mathrm{kN})$$

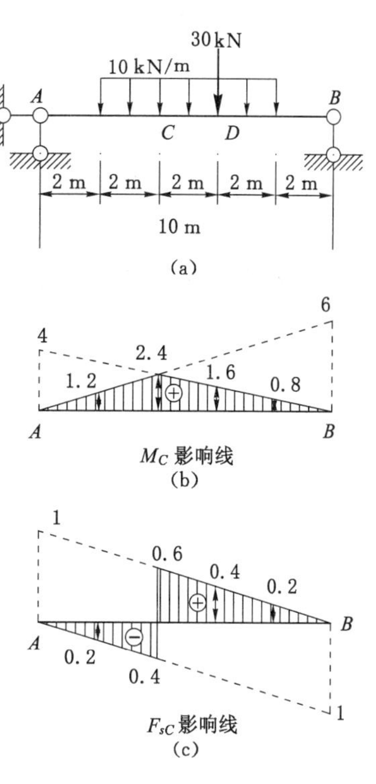

图 17-6

17.3.2　用影响线确定结构最不利荷载位置

当反力和内力影响线作出后，在荷载位置给定情况下，可以利用影响线求出反力和内力的数值。但在结构设计中，常常需要计算出在移动荷载作用下，结构某些量值的最大值或最小值(最大负值)，以及产生这些最大量值的最不利荷载位置。

当荷载情况较简单时，最不利荷载位置凭直观即可确定。例如，只有一个集中荷载 $\boldsymbol{F}$ 时，将 $\boldsymbol{F}$ 置于 S 影响线的最大竖标处，即产生 $S_{\max}$；而将 $\boldsymbol{F}$ 置于 S 影响线的最小竖标处，即产生 $S_{\min}$，如图 17-7 所示。

对于可任意断续布置的均布荷载(如人群等)，将荷载布满影响线所有正面积的部分，则

产生 S_{max}；反之，将荷载布满影响线所有负面积的部分，则产生 S_{min}，如图 17-8 所示。

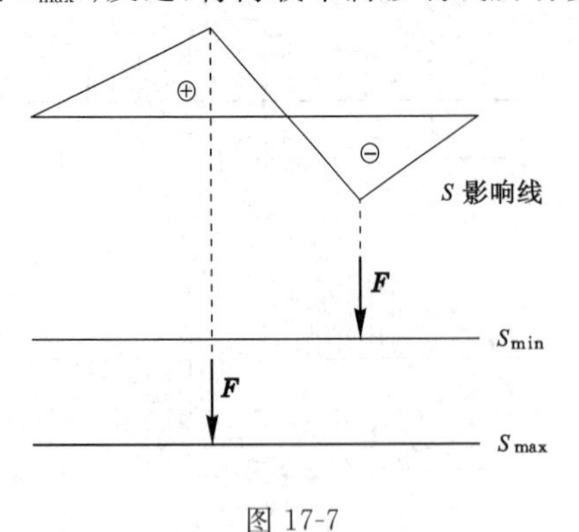

图 17-7

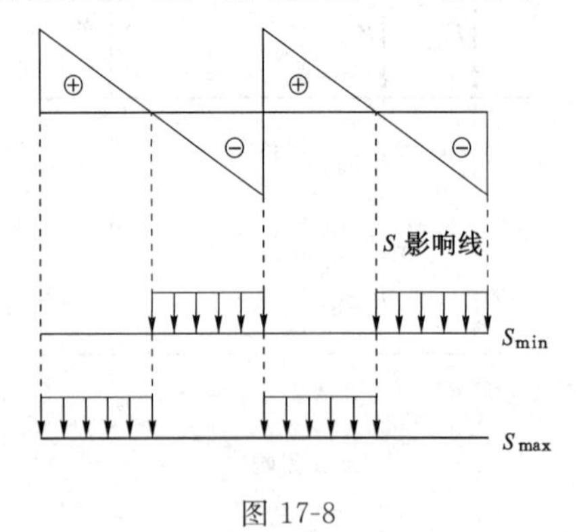

图 17-8

对于移动集中荷载，由式(17-7)可知，当 $\sum F_i y_i$ 为最大值时，则相应的荷载位置即为量值 S 的最不利荷载位置。由此推断，最不利荷载位置必然发生在荷载密集于影响线竖标最大处，并且可进一步论证必有一集中荷载位于影响线顶点。为了分析方便，通常将这一位于影响线顶点的集中荷载称为临界荷载。

【例 17-3】 利用影响线求如图 17-9(a)所示吊车梁在吊车荷载作用下截面 C 的最大弯矩 $M_{C\max}$，其中 $F_1 = F_2 = F_3 = F_4 = 152$ kN 。

解 作 M_C 的影响线如图 17-9(b)所示。

M_C 的最不利位置有图 17-9(c)、(d)、(e)三种可能情况。分别计算对应的 M_C 值，即可得出 M_C 的最大值。

对图 17-9(c)有：

$$\begin{aligned}M_C &= F_1 \times 1.920 + F_2 \times 1.040 + F_3 \times 0.788 \\ &= 152 \times (1.920 + 1.040 + 0.788) \\ &= 569.7\ (\text{kN})\end{aligned}$$

对图 17-9(d)有：

$$\begin{aligned}M_C &= F_2 \times 1.920 + F_3 \times 1.668 + F_4 \times 0.788 \\ &= 152 \times (1.920 + 1.668 + 0.788) \\ &= 665.2\ (\text{kN})\end{aligned}$$

对图 17-9(e)有：

$$\begin{aligned}M_C &= F_2 \times 0.912 + F_3 \times 1.920 + F_4 \times 1.040 \\ &= 152 \times (0.912 + 1.920 + 1.040) \\ &= 588.5\ (\text{kN})\end{aligned}$$

三者对比可知，图 17-9(d)所示为 M_C 的最不利荷载位置，即：

$$M_{C\max} = 665.2 \text{ kN}$$

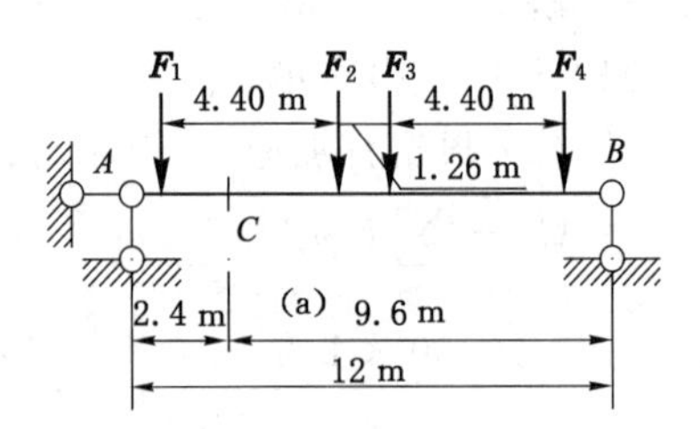

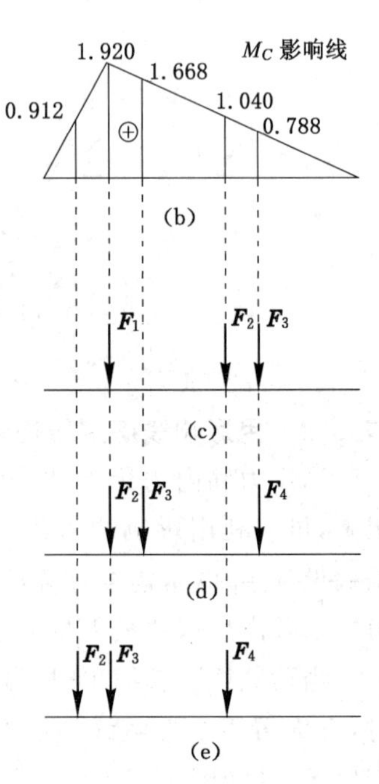

图 17-9

【例 17-4】 利用影响线求如图 17-10(a)所示移动荷载作用下 B 支座的最大压力值 $R_{B\max}$。其中 $F_1 = F_2 = 435$ kN,

$F_3 = F_4 = 295$ kN 。

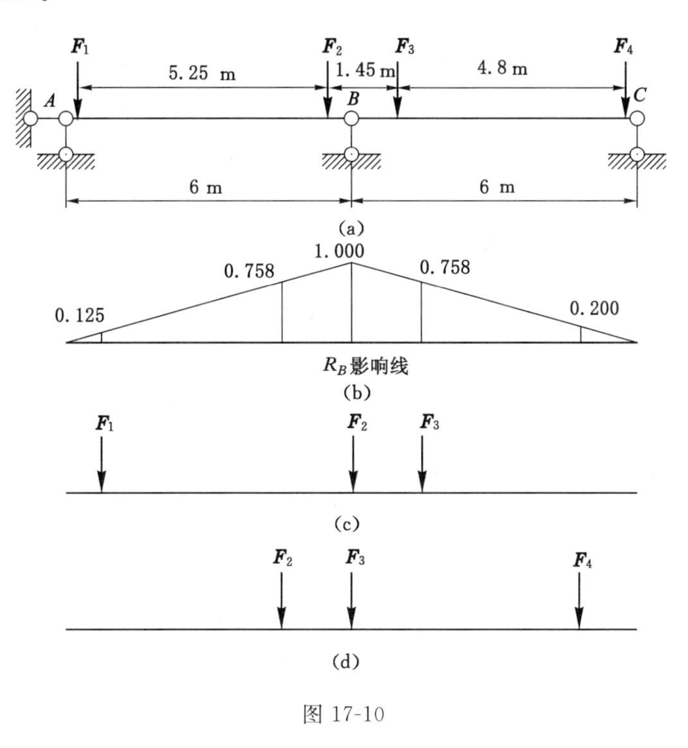

图 17-10

解 作 R_B 的影响线如图 17-10(b)所示。

R_B 的最不利位置有图 17-10(c)、(d)两种可能情况。分别计算对应的 R_B 值,即可得出 R_B 的最大值。

对图 17-10(c)有:

$$\begin{aligned} R_B &= F_1 \times 0.125 + F_2 \times 1.000 + F_3 \times 0.758 \\ &= 435 \times (0.125 + 1.000) + 295 \times 0.758 \\ &= 713.0 \text{ (kN)} \end{aligned}$$

对图 17-10(d)有:

$$\begin{aligned} R_B &= F_2 \times 0.758 + F_3 \times 1.000 + F_4 \times 0.200 \\ &= 435 \times 0.758 + 295 \times (1.000 + 0.200) \\ &= 683.7 \text{ (kN)} \end{aligned}$$

二者对比可知,图 17-9(c)所示为 R_B 的最不利荷载位置,即:

$$R_{B\max} = 713.0 \text{ (kN)}$$

17.4 简支梁的内力包络图

上一节介绍了确定梁的最不利荷载位置和求某量值最大值和最小值的方法,但在设计承受移动荷载的结构时,需要知道在恒载和移动荷载共同作用下,梁上各个截面内力的最大值和最小值,作为设计梁各个截面承载能力的依据,以便确定梁的受力钢筋的布置。为满足上述要求,可将梁沿其轴线方向分成若干等份。在恒载和移动荷载共同作用下分别求出其截面内力(弯矩和剪力)的最大值和最小值,以横坐标表示各截面的位置,纵坐标表示各截面相应内力的最大值或最小值,将各点连线,则此图形表示出梁各截面内力的变化范围,通常称为内力包络图。简支梁的内力包络图有弯矩包络图和剪力包络图。

如图 17-11(a)所示为一吊车梁,承受吊车作用,移动荷载为两台吊车,四个轮压均为 179.4 kN 。不计吊车梁自重,现绘制其弯矩包络图。首先将梁分成若干等分(通常为 10 等分),然后利用影响线计算每一分点截面的最大弯矩值,并在图上绘出纵坐标,最后将各纵坐标顶点连成一条曲线,就得到该梁的弯矩包络图,如图 17-11(b)所示。

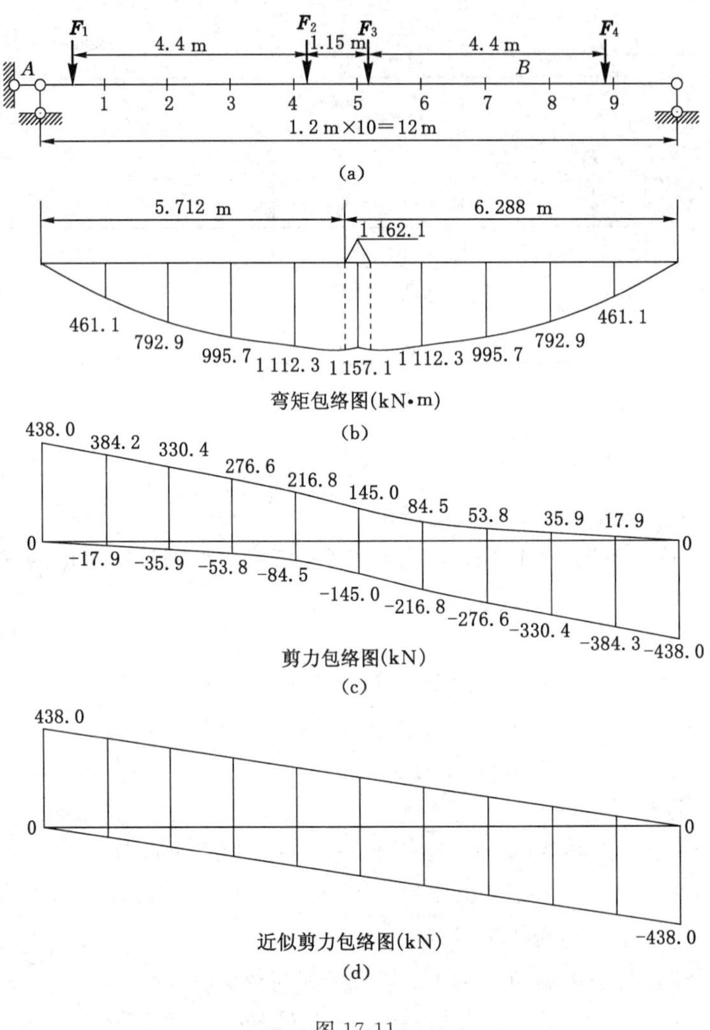

图 17-11

同理,可作出该梁的剪力包络图,如图 17-11(c)所示。由于每一截面的剪力可能发生最大正值剪力和最小负值剪力,故剪力包络图有两根曲线。但实际设计中,用到的主要是支座附近处截面的剪力值,故通常只将两端支座处截面上的最大剪力值和最小剪力值求出,用直线分别将两端的竖标相连,近似地作为所求的剪力包络图,如图 17-11(d)所示。

梁内所有截面的最大弯矩中的最大值称为绝对最大弯矩。它代表在确定的移动荷载作用下,全梁可能出现的弯矩最大值。

从简支梁的弯矩包络图可清楚地看到，当一组移动荷载作用在梁上时，其绝对最大弯矩并非出现在简支梁的中截面上，而是发生在中截面附近的截面上。下面来确定绝对最大弯矩值所发生的截面位置。

设简支梁上作用有移动荷载如图 17-12 所示。用 x 表示某一指定荷载 $\boldsymbol{F}_i$ 至 A 支座的距离；a 表示该指定荷载 $\boldsymbol{F}_i$ 至梁上荷载合力 $\boldsymbol{F}_R$ 的距离；M_i 表示 $\boldsymbol{F}_i$ 左边的荷载对 $\boldsymbol{F}_i$ 作用点的力矩，它是一个与 x 无关的常数。此时，F_i 截面的弯矩 M_x 可表示为：

$$M_x = Y_A x - M_i = \frac{F_R}{l}(l - x - a)x - M_i$$

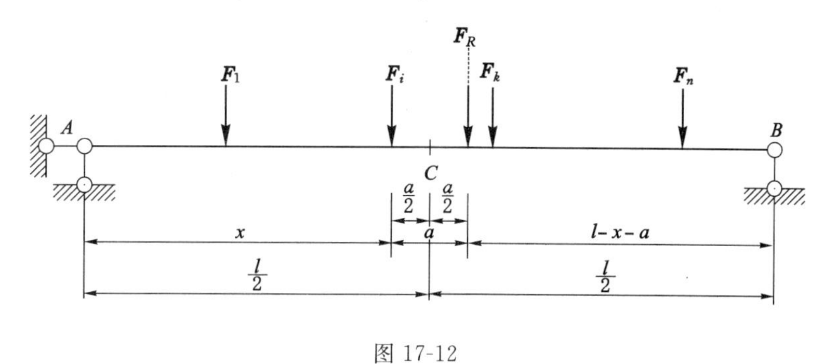

图 17-12

M_x 取得极值的条件是：

$$\frac{\mathrm{d}M_x}{\mathrm{d}x} = \frac{F_R}{l}(l - 2x - a) = 0$$

得：

$$x = \frac{l - a}{2} \tag{17-10}$$

式(17-10)表明：当 $\boldsymbol{F}_i$ 与合力 $\boldsymbol{F}_R$ 恰好位于梁的中点两侧的对称位置时，$\boldsymbol{F}_i$ 所在位置的截面上弯矩出现最大值，即：

$$M_{\max} = \frac{F_R}{l}\left(\frac{l}{2} - \frac{a}{2}\right)^2 - M_i \tag{17-11}$$

根据上述结论，就可以将需作试算的各个荷载之下的最大弯矩分别求出，将它们加以比较，便求得绝对最大弯矩。因为简支梁在吊车移动荷载作用下的绝对最大弯矩通常发生在梁的跨中附近，且与跨中最大弯矩相差较小，所以一般情况下使梁跨中发生最大弯矩的临界荷载，也就是发生绝对最大弯矩的临界荷载。

应当注意的是：$\boldsymbol{F}_R$ 是梁上实有荷载的合力，在移动 $\boldsymbol{F}_i$ 时梁上实有荷载的个数可能有增有减，这时就需要重新计算合力 $\boldsymbol{F}_R$ 的数值和位置。

【例 17-5】 试求图 17-11 所示吊车梁的绝对最大弯矩。其中，$F_1 = F_2 = F_3 = F_4 = 179.4$ kN。

解 合力 $F_R = 4 \times 179.4 = 717.6$ kN，合力作用线在 $\boldsymbol{F}_2$ 与 $\boldsymbol{F}_3$ 的中点。不难看出，绝对最大弯矩将发生在荷载 $\boldsymbol{F}_2$ 或 $\boldsymbol{F}_3$ 所在的截面上。

(1) 先求 $\boldsymbol{F}_2$ 下面的最大弯矩。求得 $a = 1.15 \times \frac{1}{2} = 0.575$ m［图 17-13(a)］，$\boldsymbol{F}_2$ 距跨中为 $\frac{a}{2} = \frac{0.575}{2} = 0.288$ m，此时 $x = 6 - \frac{a}{2} = 6 - \frac{0.575}{2} = 5.712$ m。由式(17-11)有：

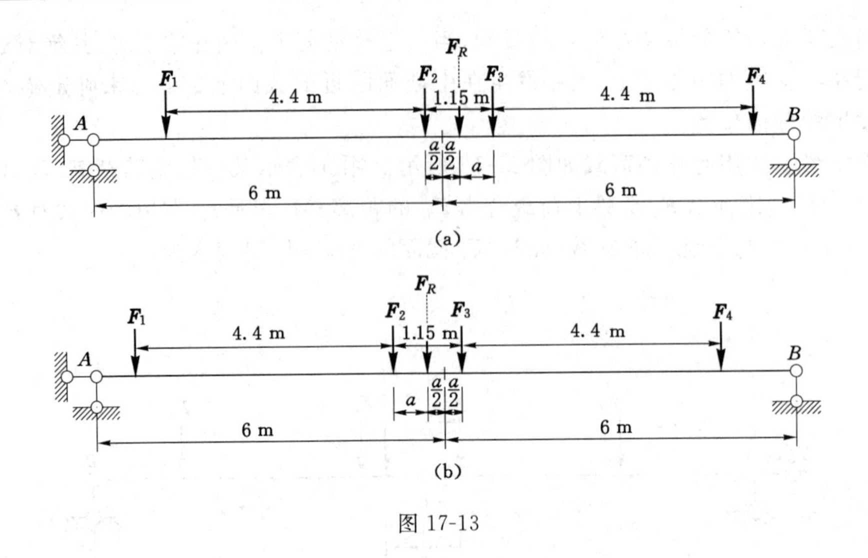

图 17-13

$$
\begin{aligned}
M_{\max} &= \frac{F_R}{l}\left(\frac{l}{2}-\frac{a}{2}\right)^2 - M_i \\
&= \frac{717.6}{12}\times\left(\frac{12}{2}-\frac{0.575}{2}\right)^2 - 179.4\times 4.4 \\
&= 1\ 162.1\ (\text{kN}\cdot\text{m})
\end{aligned}
$$

(2) 再求 $\boldsymbol{F}_3$ 下面的弯矩。此时 $a=-1.15\times\frac{1}{2}=-0.575$ m[图 17-13(b)]，$\boldsymbol{F}_3$ 距跨中为 0.288 m，$x=6-\frac{a}{2}=6+\frac{0.575}{2}=6.288$ m 。由式(17-11)有：

$$
\begin{aligned}
M_{\max} &= \frac{F_R}{l}\left(\frac{l}{2}-\frac{a}{2}\right)^2 - M_i \\
&= \frac{717.6}{12}\times\left(\frac{12}{2}+\frac{0.575}{2}\right)^2 - [179.4\times(4.4+1.15)+179.4\times 1.15] \\
&= 1\ 162.1\ (\text{kN}\cdot\text{m})
\end{aligned}
$$

由于对称，本题在 $\boldsymbol{F}_2$、$\boldsymbol{F}_3$ 下的最大弯矩相等，故绝对最大弯矩即为：

$$M_{\max} = 1\ 162.1\ \text{kN}\cdot\text{m}$$

17.5 连续梁的内力包络图

连续梁受到恒载和活载的共同作用，要保证结构在各种可能出现的荷载作用下都能安全使用，必须求出各截面可能产生的最大弯矩和最小弯矩，作为结构设计的依据。对结构的任一截面，在恒载作用下产生的弯矩是固定不变的，而活载作用下所引起的弯矩则随着活载分布不同而改变。因此，求截面最大弯矩和最小弯矩的主要问题在于确定活载的影响。在研究移动均布活载时，通常按每一跨单独布满活载的情况逐一作出其相应的弯矩图，然后对于任一截面，将这些弯矩图中对应的所有正弯矩值与恒载作用下的弯矩值相加便得到该截面的最大弯矩；同理，若将所对应的所有负弯矩值与恒载作用下相应的弯矩值相加，便得到该截面的最小负弯矩。将各截面的最大弯矩和最小弯矩在同一图中按一定的比例尺用竖标表示出来，并将竖标顶点分别连成两条曲线，所得图形称为连续梁的弯矩包络图。该图表明，连续梁在已知恒载和活载共同作用下，各个截面可能产生的弯矩的极限范围。

在结构设计中，有时还需要作出表明连续梁在恒载和活载共同作用下的最大剪力和最小剪力变化情形的剪力包络图，其绘制原则与弯矩包络图相同。实际设计中，主要用到各支座附近截面上的剪力值，因此，通常只要将各跨两端靠近支座截面上的最大剪力和最小剪力求出，作出相应的竖标后，在每跨中用直线相连，近似地作出所求的剪力包络图。

内力包络图在结构设计中是很有用的，它清楚地表明了连续梁各截面内力变化的极限情形，可以根据它合理地选择截面尺寸，在设计钢筋混凝土梁时，也是配置钢筋的重要依据。

下面以图 17-14(a)所示三跨等截面连续梁为例，具体说明弯矩包络图和剪力包络图的作法。假定梁上的恒载 $q=16$ kN/m，活载 $p=30$ kN/m。

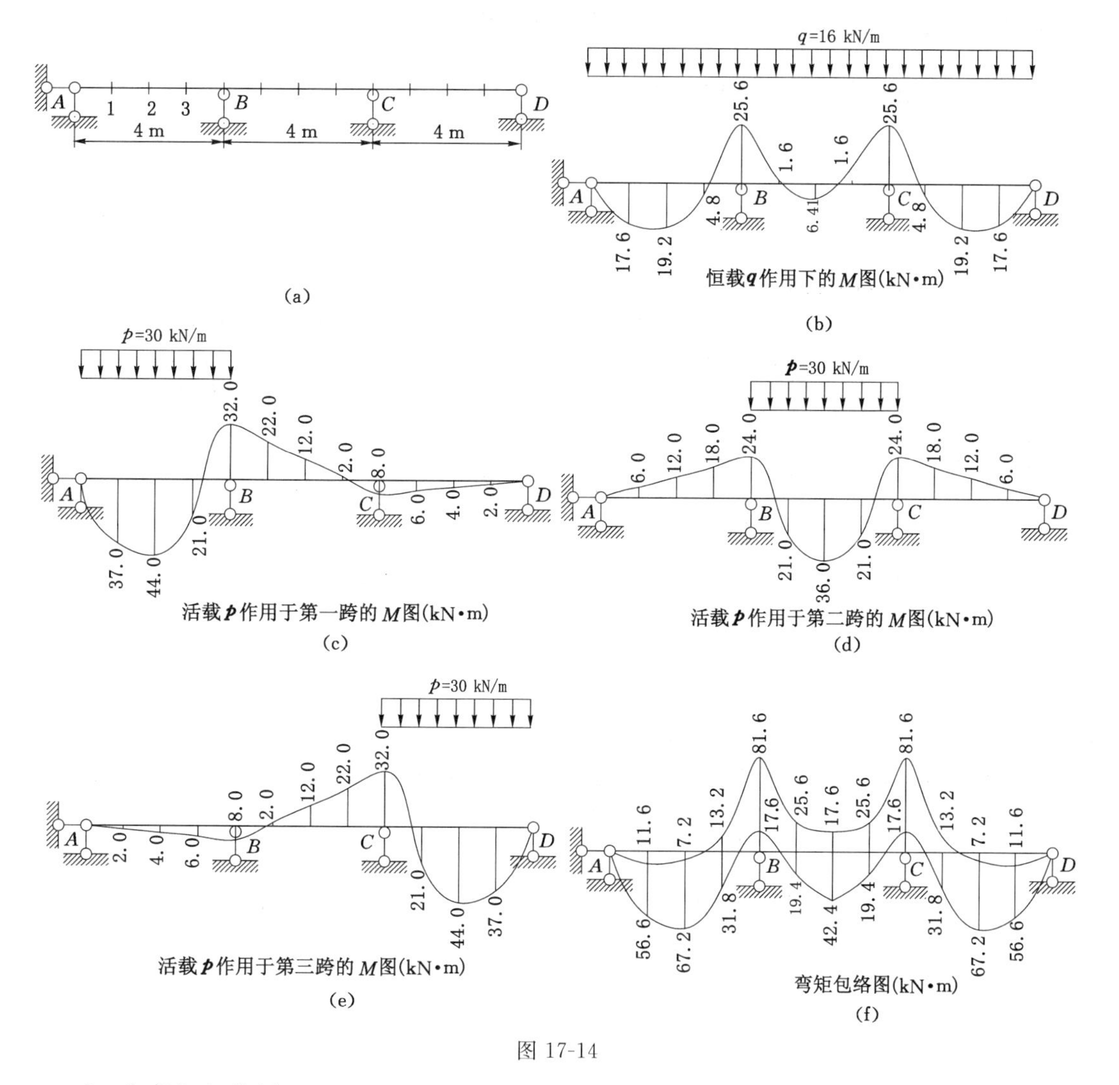

图 17-14

1. 作弯矩包络图

(1) 作出恒载作用下的弯矩图[图 17-14(b)]和各跨分别承受活载时的弯矩图[图 17-14(c)、(d)、(e)]。

(2) 将梁的各跨分为 3 等份，对每一等份点截面，将恒载弯矩图中该截面处的弯矩值与所有各种活载弯矩图中对应的正(负)竖标值相加，即得各截面的最大(小)弯矩值。

(3) 将各截面的最大弯矩值和最小弯矩值在同一图中按同一比例用竖标作出，并将坐标顶点分别以曲线相连，即得弯矩包络图，如图 17-14(f)所示。

2. 作剪力包络图

(1) 作出恒载作用下的剪力图[图 17-15(a)]和各跨分别承受活载时的剪力图[图 17-15(b)、(c)、(d)]。

(2) 将恒载剪力图中各支座左右两侧截面处的竖标值和所有各种活载剪力图中对应的正(负)竖标值相加，便得到相应截面的最大(小)剪力值。

(3) 把各跨两端截面(即支座侧边的截面)上的最大剪力值和最小剪力值分别用直线相连，即得剪力包络图[图 17-15(e)]，图 17-15(f)为近似剪力包络图。

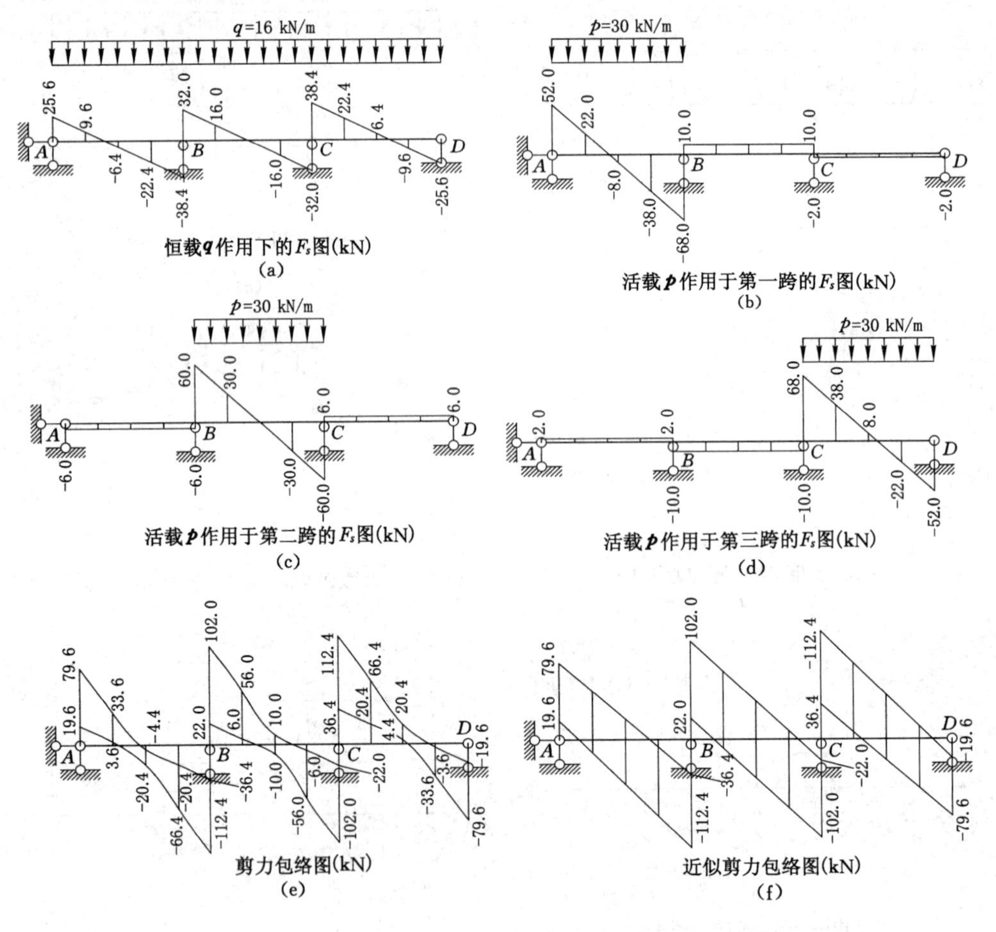

图 17-15

思 考 题

17-1 影响线的含义是什么？它的横坐标与纵坐标有什么物理意义？其量纲各是

什么?

17-2 对比某内力影响线与在固定荷载下求该内力有哪些区别和联系?

17-3 利用影响线求解结构内力的理论依据是什么?

17-4 内力包络图、内力图与影响线有何区别?三者各有何用途?

习　　题

17-1 用静力法绘制图示结构指定量值的影响线。

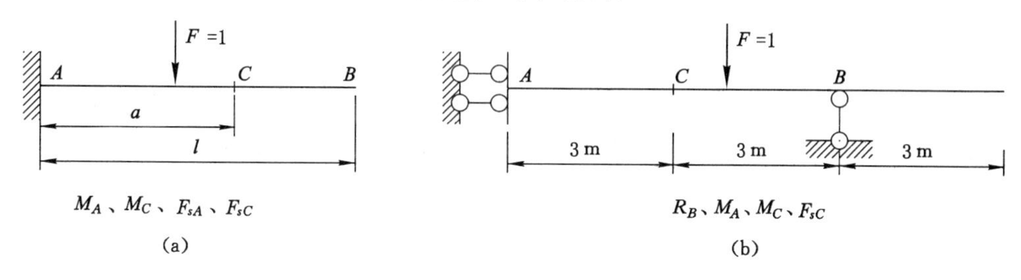

习题 17-1 图

17-2 利用影响线求图示结构的 Y_A、R_B、M_C、F_{sC}，并用静力平衡方程进行校核。(答案:$Y_A = \frac{205}{3}$ kN(↑),$R_B = \frac{125}{3}$ kN(↑),$M_C = \frac{100}{3}$ kN・m(下侧受拉),$F_{sC} = \frac{55}{3}$ kN)

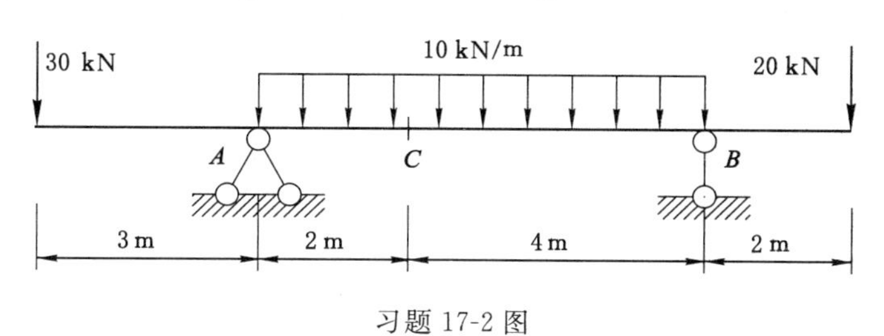

习题 17-2 图

17-3 简支梁在图示移动荷载作用下,$F = 152$ kN。求 Y_A、M_C、V_C 的最大值。(答案:$Y_A = 266$ kN(↑),$M_C = 342$ kN・m,$F_{sC} = 114$ kN)

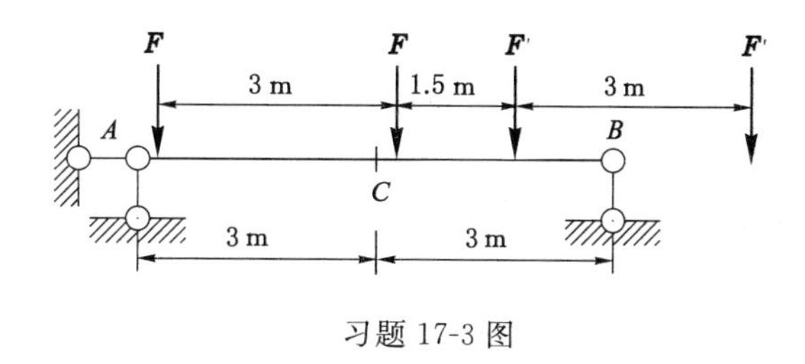

习题 17-3 图

17-4 若习题 17-3 中图示为两台吊车的移动荷载。求吊车梁 AB 的绝对最大弯矩值，并与跨中截面 C 的最大弯矩值作比较。(答案:$M_{max} = 349.1$ kN・m)

附录Ⅰ 平面图形的几何性质

Ⅰ.1 形心与静矩

Ⅰ.1.1 形心

在重力场中，均质物体的重心与其形心是重合的，可利用求重心的方法来求形心。对于图Ⅰ-1所示的单位厚度的均质薄板，在图示坐标系下，其形心的坐标为：

$$x_C = \frac{\int_A y\mathrm{d}A}{A}, \quad y_C = \frac{\int_A x\mathrm{d}A}{A} \tag{Ⅰ-1}$$

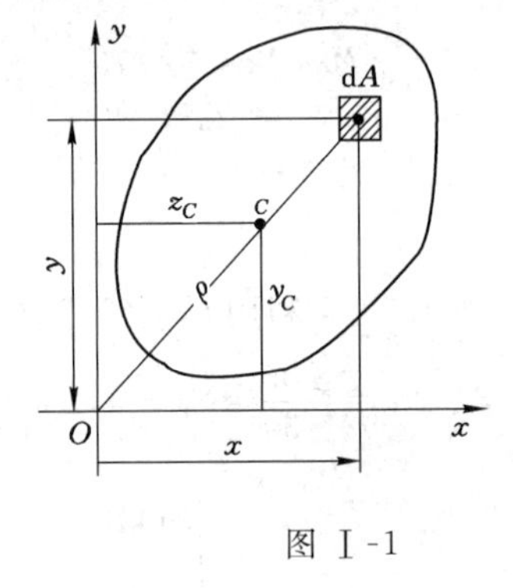

图Ⅰ-1

式中 $\mathrm{d}A$——图形中的微面积；

x,y——微面积 $\mathrm{d}A$ 的坐标；

A——图形的面积。

在此应注意，对于不同的坐标系，图形的形心坐标是不同的。在求图形的形心坐标时，一定是对某一坐标系而言的，否则无意义。

Ⅰ.1.2 静矩

静矩也称面积矩，图形上微面积 $\mathrm{d}A$ 对 x、y 轴的静矩分别为：$y\mathrm{d}A$、$x\mathrm{d}A$。对于整个图形则有：

$$S_x = \int_A y\mathrm{d}A, \quad S_y = \int_A x\mathrm{d}A \tag{Ⅰ-2}$$

式中 S_x,S_y—— 图形对 x、y 轴的静矩。

由式(Ⅰ-1)、(Ⅰ-2)有：

$$x_C = S_x/A, \quad y_C = S_y/A \tag{Ⅰ-3a}$$

或

$$S_x = x_C A, \quad S_y = y_C A \tag{Ⅰ-3b}$$

由式(Ⅰ-3)知，可由形心坐标 x_C、y_C 求静矩 S_x、S_y，反之亦然。

静矩具有以下性质：

① 由式(Ⅰ-2)知，静矩与图形的形状和面积大小有关，也与所选取的坐标系有关。同一截面图形对不同的坐标轴其静矩不同。

② 静矩值可正可负，也可为零。静矩的量纲为长度的三次方，其单位一般采用 cm^3 或 mm^3。

③ 截面图形对通过其形心的坐标轴的静矩恒为零，反之若截面图形对某坐标轴的静矩为零，则该坐标轴必通过截面图形的形心。

工程上有些构件的截面形状常由若干个简单图形(矩形、圆形或三角形等)组合而成。例如，工字形、T字形及槽形等截面形状是由几个矩形组合而成的。这种由简单图形组合而成的截面称为组合截面。

由静矩的定义可知，组合截面图形对某一轴的静矩等于该图形各组成部分对同一轴静矩的代数和，即

$$S_y = \sum_{i=1}^{n} A_i z_i, \quad S_z = \sum_{i=1}^{n} A_i y_i \tag{Ⅰ-4}$$

式中　A_i, y_i, z_i——分别代表第 i 个简单图形的面积和形心坐标；

　　n——简单图形的个数。

将式(Ⅰ-4)代入式(Ⅰ-3a)，可得组合图形的形心坐标计算公式为：

$$\bar{y} = \sum_{i=1}^{n} A_i y_i / \sum_{i=1}^{n} A_i, \quad \bar{z} = \sum_{i=1}^{n} A_i z_i / \sum_{i=1}^{n} A_i \tag{Ⅰ-5}$$

【例Ⅰ-1】　求图Ⅰ-2所示截面对形心坐标轴的静矩。

解　图示截面可由两个矩形截面叠加而成。在图示的坐标系中，矩形1 400×860的形心坐标为(0,700)，矩形(1 400−16−50)×(860−32)的形心坐标为(0,717)。

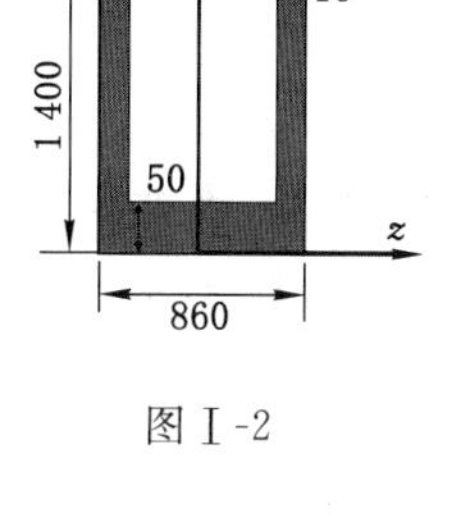

图Ⅰ-2

由静矩的定义有：

$$\begin{aligned} S_z &= S_1 - S_2 = A_1 y_{c1} - A_1 y_{c2} \\ &= 1\,400 \times 860 \times 700 - 1\,334 \times 828 \times 717 \\ &= 50.84 \times 10^6 (\text{mm}^3) \end{aligned}$$

由于 y 轴是对称轴，故：

$$S_y = 0$$

因此，截面图形的形心坐标为：

$$y_C = \frac{S_z}{A} = \frac{50.84 \times 10^6}{1\,400 \times 860 - 1\,334 \times 828} = 511.2\ (\text{mm})$$

$$z_C = \frac{S_y}{A} = 0$$

Ⅰ.2　惯性矩、惯性积

Ⅰ.2.1　惯性矩

在图Ⅰ-1中，微面积 dA 对 x、y 轴的惯性矩分别为：$y^2 dA$、$x^2 dA$。对于整个图形，则惯性矩为：

$$I_x = \int_A y^2 dA, \quad I_y = \int_A x^2 dA \tag{Ⅰ-6}$$

微面积 dA 对点 O 的极惯性矩为：$\rho^2 dA$。对于整个图形，则极惯性矩为：

$$I_\rho = \int_A \rho^2 dA \tag{Ⅰ-7}$$

将 $\rho^2 = x^2 + y^2$ 代入式(Ⅰ-7)，有：

$$I_\rho = \int_A \rho^2 dA = \int_A (x^2 + y^2) dA = \int_A x^2 dA + \int_A y^2 dA = I_x + I_y$$

即截面图形对其所在平面内任一点的极惯性矩，等于该图形对过此点的任意一对正交

轴的惯性矩之和。

惯性矩、惯性积具有以下性质：

① 由于 y^2、z^2、ρ^2 和 $\mathrm{d}A$ 为正值，所以 I_z、I_y 和 I_ρ 恒为正值。

② 惯性矩和极惯性矩的量纲为长度四次方，常用单位为 cm^4 或 mm^4。

③ 惯性矩和极惯性矩不仅与截面面积的大小有关，而且与截面相对于坐标系的分布状态有关。截面距坐标轴分布愈远则惯性矩愈大；相反，截面距坐标轴愈近，则惯性矩就越小。

④ 组合截面对其所在平面内任一点的极惯性矩或对某一轴的惯性矩，分别等于组成该图形的各简单图形对同一点的极惯性矩或对同一轴的惯性矩的代数和，即

$$I_\rho = \sum I_i,\ I_x = \sum I_{xi},\ I_y = \sum I_{yi} \tag{Ⅰ-8}$$

工程上，常把惯性矩写成截面面积 A 与某一长度平方的乘积，即

$$I_x = Ai_x^2,\ I_y = Ai_y^2$$

则

$$i_x = \sqrt{I_x/A},\ i_y = \sqrt{I_y/A} \tag{Ⅰ-9}$$

式中　i_x，i_y——截面图形对 x 轴和 y 轴的惯性半径，惯性半径具有长度的量纲。

Ⅰ.2.2　惯性积

在图Ⅰ-1 中，微面积 $\mathrm{d}A$ 对 x、y 轴的惯性积为 $xy\mathrm{d}A$。对于整个图形，则惯性积为：

$$I_{xy} = \int_A xy\mathrm{d}A \tag{Ⅰ-10}$$

惯性积具有以下性质：

① 由于 xy 可正可负，所以 I_{xy} 值亦可能为正为负或为零值。

② 惯性积的量纲为长度的四次方，单位取 cm^4 或 mm^4。

③ 若所取坐标系中，有一根轴为截面的对称轴，则图形对这对轴的惯性积必为零。

④ 组合截面对某一对坐标轴的惯性积，分别等于组成该图形的各简单图形对同一对坐标轴的惯性积的代数和，即：

$$I_{yx} = \sum I_{yxi} \tag{Ⅰ-11}$$

当截面对某一对正交坐标轴 x_0、y_0 的主惯性积 $I_{y_0x_0}=0$ 时，则坐标轴 x_0、y_0 称为主惯性轴。截面对主惯性轴的惯性矩为主惯性矩。过形心的主惯性轴称为形心主惯性轴。截面对形心主惯轴的惯性矩称为形心主惯矩，在建筑力学计算中，主要用的是形心主惯矩。

【例Ⅰ-2】 求图Ⅰ-3 所示矩形对图示坐标系的惯性矩、极惯性矩和惯性积。

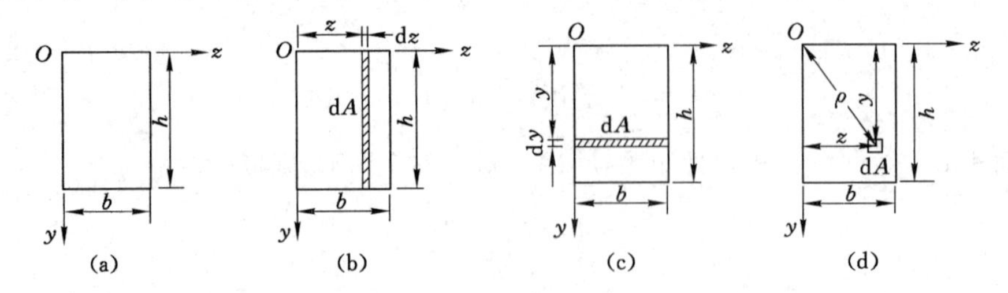

图Ⅰ-3

解　(1) 求矩形对 y、z 轴的惯性矩 I_y 和 I_z

如图Ⅰ-3(b)所示，取与 y 轴平行的微面积 $dA=hdz$，代入式(Ⅰ-6)得：

$$I_y=\int_A z^2 dA=\int_0^b z^2 h dz=\frac{hb^3}{3}$$

如图Ⅰ-3(c)所示，取与 z 轴平行的微面积 $dA=bdy$，代入式(Ⅰ-6)得：

$$I_z=\int_A y^2 dA=\int_0^b y^2 b dy=\frac{bh^3}{3}$$

(2) 求矩形的极惯性矩 I_ρ

取图Ⅰ-3(d)中所示的微面积 dA，代入式(Ⅰ-7)有：

$$I_\rho=\int_A \rho^2 dA=\int_A (y^2+z^2)dA=\int_A y^2 dA+\int_A z^2 dA$$

$$=I_z+I_y=\frac{1}{3}bh^3+\frac{1}{3}hb^3=\frac{1}{3}bh(b^2+h^2)$$

(3) 求矩形对 y、z 轴的惯性积 I_{yz}

由式(Ⅰ-10)得：

$$I_{yz}=\int_A yz dA=\int_0^h\left[\int_0^b z dz\right]y dy=\frac{1}{4}b^2h^2$$

【例Ⅰ-3】 求图Ⅰ-4所示直径为 D 的圆截面的极惯性矩。

解　取图Ⅰ-4中所示的环形面积 $dA=2\pi\rho d\rho$，代入式(Ⅰ-7)有：

$$I_\rho=\int_A \rho^2 dA=\int_0^{D/2}\rho^2 2\pi\rho d\rho=2\pi\int_0^{D/2}\rho^3 d\rho=\frac{\pi D^4}{32}$$

因 $I_\rho=I_y+I_z$，且 $I_y=I_z$，故圆截面对 y、z 轴的惯性矩为：

$$I_y=I_z=\frac{1}{2}I_\rho=\frac{1}{64}\pi D^4$$

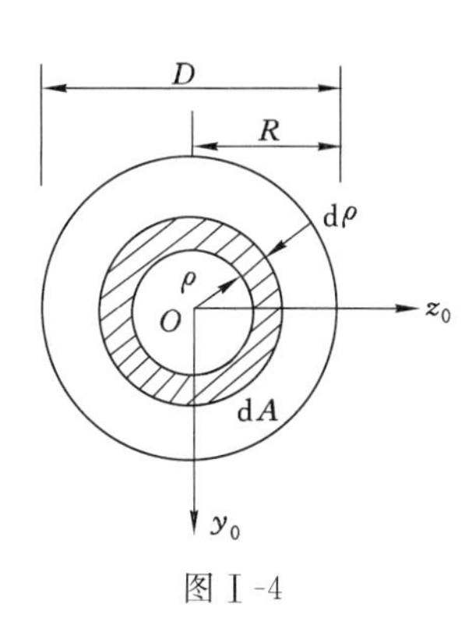

图Ⅰ-4

因 y、z 轴为对称正交坐标轴，显然有 $I_{yz}=0$。

Ⅰ.3　惯性矩、惯性积的平行移轴公式

同一平面图形对互相平行的坐标轴的惯性矩、惯性积不同，当其中一对坐标轴是形心轴时，它们之间有着比较简单的关系。

如图Ⅰ-5所示，C 为图形的形心，y_C、z_C 是平面图形的形心轴，y、z 轴是分别与 y_C、z_C 轴平行的坐标轴，且 y 与 y_C 轴之间的距离为 a，z 与 z_C 轴之间的距离为 b，微面积 dA 在两坐标系中的位置分别是(y,z)、(y_C,z_C)，坐标间的关系为：$y=y_C+b$，$z=z_C+a$。

由式(Ⅰ-6)有：

$$I_z=\int_A y^2 dA=\int_A (y_C+b)^2 dA=\int_A y_C^2 dA+2b\int_A y_C dA+b^2\int_A dA$$

$$I_y=\int_A z^2 dA=\int_A (z_C+a)^2 dA=\int_A z_C^2 dA+2a\int_A z_C dA+a^2\int_A dA$$

$$I_{yz}=\int_A yz dA=\int_A (y_C+b)(z_C+a)dA=\int_A y_C z_C dA+a\int_A y_C dA+b\int_A z_C dA+ab\int_A dA$$

其中：

$$I_{y_C}=\int_A z_C^2\mathrm{d}A,\quad I_{z_C}=\int_A y_C^2\mathrm{d}A,\quad I_{yz_C}=\int_A y_C z_C\mathrm{d}A,\quad A=\int_A \mathrm{d}A$$

由于 y_C、z_C 为形心轴，由静矩性质可知：

$$S_{z_C}=\int_A y_C\mathrm{d}A=0,\quad S_{y_C}=\int_A z_C\mathrm{d}A=0$$

所以：

$$\left.\begin{aligned}I_z&=I_{z_C}+b^2A\\I_y&=I_{y_C}+a^2A\\I_{yz}&=I_{yz_C}+abA\end{aligned}\right\}\tag{Ⅰ-12}$$

式(Ⅰ-12)称为平行移轴公式。由此可知：

① 截面图形对形心轴的惯性矩最小。

② a 和 b 是形心 C 在 Oyz 坐标系中的坐标，所以它们有正负之分。

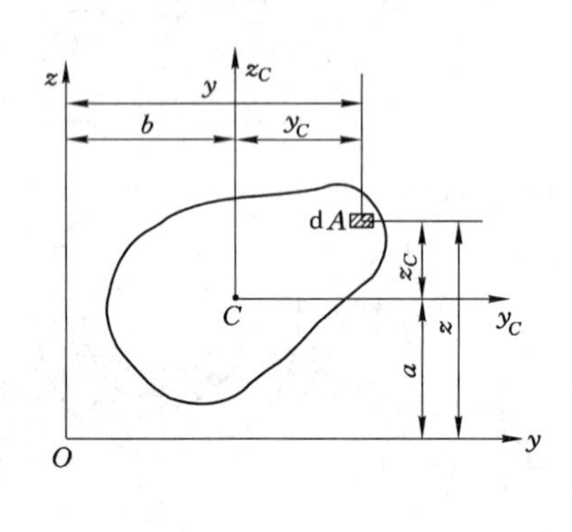

图Ⅰ-5

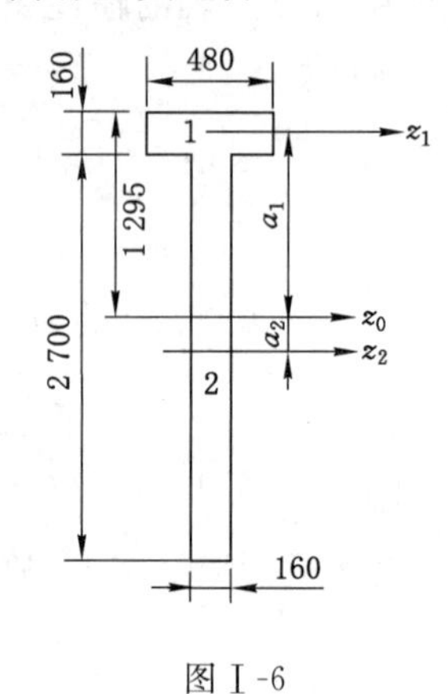

图Ⅰ-6

【例Ⅰ-4】 试求图Ⅰ-6所示T形截面对其形心 z_C 轴的惯性矩。

解 该T形截面可看成是由1、2两个矩形所组成，它们与 z_C 轴平行的形心轴分别为 z_1 和 z_2。

① 求矩形1、2对 z_C 轴的惯性矩。

由平行移轴公式，有：

$$I'_{z_C}=I_{z_1}+a_1^2A_1=\frac{480\times160^3}{12}+1\,215^2\times480\times160=113.5\times10^9(\mathrm{mm}^4)$$

$$I''_{z_C}=I_{z_2}+a_2^2A_2=\frac{160\times2\,700^3}{12}+215^2\times2\,700\times160=282.4\times10^9(\mathrm{mm}^4)$$

② 求T形截面对 z_C 轴的惯性矩。

$$I_{z_C}=I'_{z_C}+I''_{z_C}=113.5\times10^9+282.4\times10^9=395.9\times10^9(\mathrm{mm}^4)$$

【例Ⅰ-5】 求图Ⅰ-7所示工字形截面对其形心 z 轴的惯性矩。

解 ① 工字形截面可看成是由矩形Ⅰ、Ⅱ与矩形40×80的叠加，其中矩形Ⅰ、Ⅱ的面积为负，如图Ⅰ-7(a)所示，则：

$$I_z=\frac{1}{12}\times40\times80^3-2\times\frac{1}{12}\times15\times60^3=1.17\times10^6(\mathrm{mm}^4)$$

② 工字形截面也可看成是由腹板矩形与翼缘矩形的组合，如图Ⅰ-7(b)所示，则：

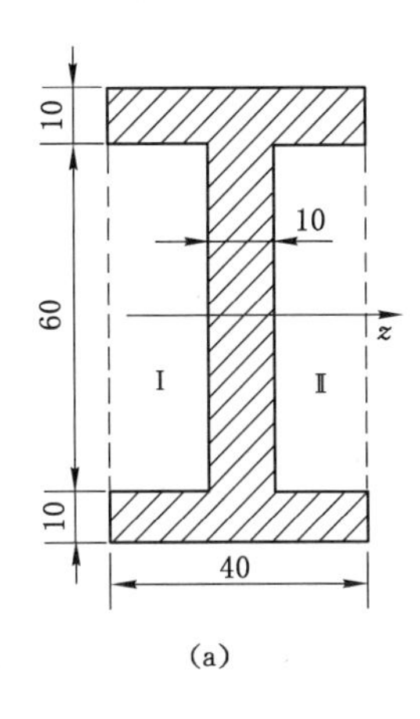

(a)

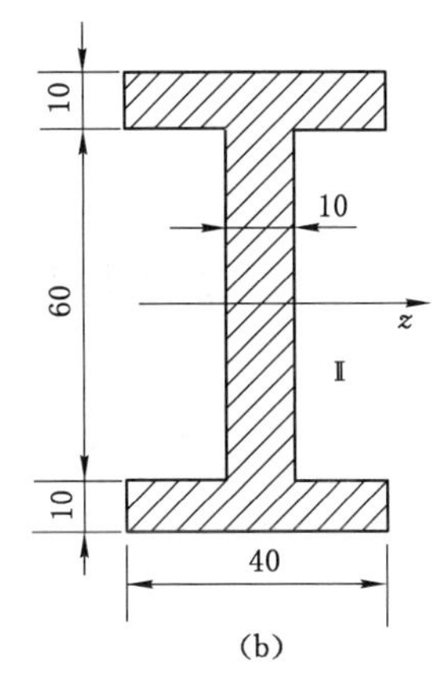

(b)

图Ⅰ-7

$$I_z=\frac{1}{12}\times 10\times 60^3+(\frac{1}{12}\times 40\times 10^3+10\times 40\times 35^2)\times 2=1.17\times 10^6(\text{mm}^4)$$

附录Ⅱ　型　钢　表

表Ⅱ-1　　　　热轧等边角钢(GB/T 706—2008)

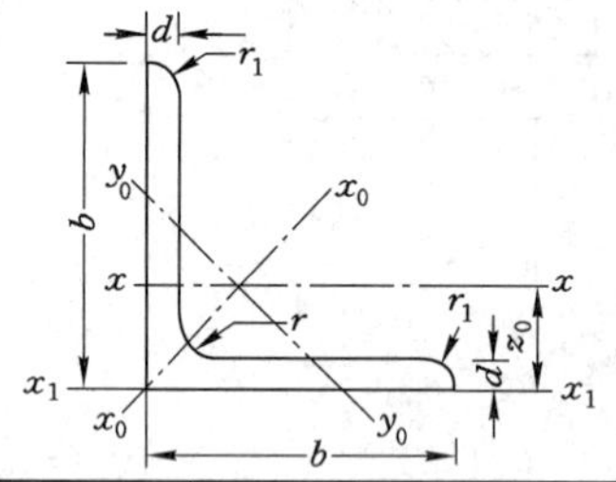

符号意义：
b——边宽度　　d——边厚度
r——内圆弧半径　　r_1——边端圆弧半径
z_0——重心距离

型号	截面尺寸/mm			截面面积/cm^2	理论质量/(kg/m)	外表面积/(m^2/m)	惯性矩/cm^4				惯性半径/cm			截面模数/cm^3			重心距离/cm
	b	d	r				I_x	I_{x1}	I_{x0}	I_{y0}	i_x	i_{x0}	i_{y0}	W_x	W_{x0}	W_{y0}	z_0
2	20	3	3.5	1.132	0.889	0.078	0.40	0.81	0.63	0.17	0.59	0.75	0.39	0.29	0.45	0.20	0.60
		4		1.459	1.145	0.077	0.50	1.09	0.78	0.22	0.58	0.73	0.38	0.36	0.55	0.24	0.64
2.5	25	3		1.432	1.124	0.098	0.82	1.57	1.29	0.34	0.76	0.95	0.49	0.46	0.73	0.33	0.73
		4		1.859	1.459	0.097	1.03	2.11	1.62	0.43	0.74	0.93	0.48	0.59	0.92	0.40	0.76
3.0	30	3	4.5	1.749	1.373	0.117	1.46	2.71	2.31	0.61	0.91	1.15	0.59	0.68	1.09	0.51	0.85
		4		2.276	1.786	0.117	1.84	3.63	2.92	0.77	0.90	1.13	0.58	0.87	1.37	0.62	0.89
3.6	36	3		2.109	1.656	0.141	2.58	4.68	4.09	1.07	1.11	1.39	0.71	0.99	1.61	0.76	1.00
		4		2.756	2.163	0.141	3.29	6.25	5.22	1.37	1.09	1.38	0.70	1.28	2.05	0.93	1.04
		5		3.382	2.654	0.141	3.95	7.84	6.24	1.65	1.08	1.36	0.70	1.56	2.45	1.00	1.07
4.0	40	3	5	2.359	1.852	0.157	3.59	6.41	5.69	1.49	1.23	1.55	0.79	1.23	2.01	0.96	1.09
		4		3.086	2.422	0.157	4.60	8.56	7.29	1.91	1.22	1.54	0.79	1.60	2.58	1.19	1.13
		5		3.791	2.976	0.156	5.53	10.74	8.76	2.30	1.21	1.52	0.78	1.96	3.10	1.39	1.17
4.5	45	3		2.659	2.088	0.177	5.17	9.12	8.20	2.14	1.40	1.76	0.89	1.58	2.58	1.24	1.22
		4		3.486	2.736	0.177	6.65	12.18	10.56	2.75	1.38	1.74	0.89	2.05	3.32	1.54	1.26
		5		4.292	3.369	0.176	8.04	15.20	12.74	3.33	1.37	1.72	0.88	2.51	4.00	1.81	1.30
		6		5.076	3.985	0.176	9.33	18.36	14.76	3.89	1.36	1.70	0.80	2.95	4.64	2.06	1.33
5	50	3	5.5	2.971	2.332	0.197	7.18	12.50	11.37	2.98	1.55	1.96	1.00	1.96	3.22	1.57	1.34
		4		3.897	3.059	0.197	9.26	16.69	14.70	3.82	1.54	1.94	0.99	2.56	4.16	1.96	1.38
		5		4.803	3.770	0.196	11.21	20.90	17.79	4.64	1.53	1.92	0.98	3.13	5.03	2.31	1.42
		6		5.688	4.465	0.196	13.05	25.14	20.68	5.42	1.52	1.91	0.98	3.68	5.85	2.63	1.46
5.6	56	3	6	3.343	2.624	0.221	10.19	17.56	16.14	4.24	1.75	2.20	1.13	2.48	4.08	2.02	1.48
		4		4.390	3.446	0.220	13.18	23.43	20.92	5.46	1.73	2.18	1.11	3.24	5.28	2.52	1.53
		5		5.415	4.251	0.220	16.02	29.33	25.42	6.61	1.72	2.17	1.10	3.97	6.42	2.98	1.57
		6		6.420	5.040	0.220	18.69	35.26	29.66	7.73	1.71	2.15	1.10	4.68	7.49	3.40	1.61
		7		7.404	5.812	0.219	21.23	41.23	33.63	8.82	1.69	2.13	1.09	5.36	8.49	3.80	1.64
		8		8.367	6.568	0.219	23.63	47.24	37.37	9.89	1.68	2.11	1.09	6.03	9.44	4.16	1.68

续表Ⅱ-1

型号	截面尺寸/mm			截面面积/cm^2	理论质量/(kg/m)	外表面积/(m^2/m)	惯性矩/cm^4				惯性半径/cm			截面模数/cm^3			重心距离/cm
	b	d	r				I_x	I_{x1}	I_{x0}	I_{y0}	i_x	i_{x0}	i_{y0}	W_x	W_{x0}	W_{y0}	z_0
6	60	5	6.5	5.829	4.576	0.236	19.86	36.05	31.57	8.21	1.85	2.33	1.19	4.59	7.44	3.48	1.67
		6		6.914	5.427	0.235	23.25	43.33	36.89	9.60	1.83	2.31	1.18	5.41	8.70	3.98	1.70
		7		7.977	6.262	0.235	26.44	50.65	41.92	10.96	1.82	2.29	1.17	6.21	9.88	4.45	1.74
		8		9.020	7.081	0.235	29.47	58.02	46.66	12.28	1.81	2.27	1.17	6.98	11.00	4.88	1.78
6.3	63	4	7	4.978	3.907	0.248	19.03	33.35	30.17	7.89	1.96	2.46	1.26	4.13	6.78	3.29	1.70
		5		6.143	4.822	0.248	23.17	41.73	36.77	9.57	1.94	2.45	1.25	5.08	8.25	3.90	1.74
		6		7.288	5.721	0.247	27.12	50.14	43.03	11.20	1.93	2.43	1.24	6.00	9.66	4.46	1.78
		7		8.412	6.603	0.247	30.87	58.60	48.96	12.79	1.92	2.41	1.23	6.88	10.99	4.98	1.82
		8		9.515	7.469	0.247	34.46	67.11	54.56	14.33	1.90	2.40	1.23	7.75	12.25	5.47	1.85
		10		11.657	9.151	0.246	41.09	84.31	64.85	17.33	1.88	2.36	1.22	9.39	14.56	6.36	1.93
7	70	4	8	5.570	4.372	0.275	26.39	45.74	41.80	10.99	2.18	2.74	1.40	5.14	8.44	4.17	1.86
		5		6.875	5.397	0.275	32.21	57.21	51.08	13.31	2.16	2.73	1.39	6.32	10.32	4.95	1.91
		6		8.160	6.406	0.275	37.77	68.73	59.93	15.61	2.15	2.71	1.38	7.48	12.11	5.67	1.95
		7		9.424	7.398	0.275	43.09	80.29	68.35	17.82	2.14	2.69	1.38	8.59	13.81	6.34	1.99
		8		10.667	8.373	0.274	48.17	91.12	76.37	19.98	2.12	2.68	1.37	9.68	15.43	6.98	2.03
7.5	75	5	9	7.367	5.818	0.295	39.97	70.56	63.30	16.63	2.33	2.92	1.5	7.32	11.94	5.77	2.04
		6		8.797	6.905	0.294	46.95	84.55	74.38	19.51	2.31	2.90	1.49	8.64	14.02	6.67	2.07
		7		10.160	7.976	0.294	53.57	98.71	84.96	22.18	2.30	2.89	1.48	9.93	16.02	7.44	2.11
		8		11.503	9.030	0.294	59.96	112.97	95.07	24.86	2.28	2.88	1.47	11.20	17.93	8.19	2.15
		9		12.825	10.068	0.294	66.10	127.30	104.71	27.48	2.27	2.86	1.46	12.43	19.75	8.89	2.18
		10		14.126	11.089	0.293	71.98	141.71	113.92	30.05	2.26	2.84	1.46	13.64	21.48	9.56	2.22
8	80	5		7.912	6.211	0.315	48.79	85.36	77.33	20.25	2.48	3.13	1.60	8.34	13.67	6.66	2.15
		6		9.3997	7.376	0.314	57.35	102.5	90.98	23.72	2.47	3.11	1.59	9.87	16.08	7.65	2.19
		7		10.860	8.525	0.314	65.58	119.70	104.07	27.09	2.46	3.10	1.58	11.37	18.40	8.58	2.23
		8		12.303	9.658	0.314	73.49	136.97	116.60	30.39	2.44	3.08	1.57	12.83	20.61	9.46	2.27
		9		13.725	10.774	0.314	81.11	154.31	128.60	33.61	2.43	3.06	1.56	14.25	22.73	10.29	2.31
		10		15.126	11.874	0.313	88.43	171.74	140.09	36.77	2.42	3.04	1.56	15.64	24.76	11.08	2.35
9	90	6	10	10.637	8.350	0.354	82.77	145.87	131.26	34.28	2.79	3.51	1.80	12.61	20.63	9.95	2.44
		7		12.301	9.656	0.354	94.83	170.30	150.47	39.18	2.78	3.50	1.78	14.54	23.64	11.19	2.48
		8		13.944	10.946	0.353	106.47	194.80	168.97	43.97	2.76	3.48	1.78	16.42	26.55	12.35	2.52
		9		15.566	12.219	0.353	117.72	219.39	186.77	48.66	2.75	3.46	1.77	18.27	29.35	13.46	2.56
		10		17.167	13.476	0.353	128.58	244.07	203.90	53.26	2.74	3.45	1.76	20.07	32.04	14.52	2.59
		12		20.306	15.940	0.352	149.22	293.76	236.21	62.22	2.71	3.41	1.75	23.57	37.12	16.49	2.67

续表Ⅱ-1

型号	截面尺寸/mm			截面面积/cm^2	理论质量/(kg/m)	外表面积/(m^2/m)	惯性矩/cm^4				惯性半径/cm			截面模数/cm^3			重心距离/cm
	b	d	r				I_x	I_{x1}	I_{x0}	I_{y0}	i_x	i_{x0}	i_{y0}	W_x	W_{x0}	W_{y0}	z_0
10	100	6	12	11.932	9.366	0.393	114.95	200.07	181.98	47.92	3.10	3.90	2.00	15.68	25.74	12.69	2.67
		7		13.796	10.830	0.393	131.86	233.54	208.97	54.74	3.09	3.89	1.99	18.10	29.55	14.26	2.71
		8		15.638	12.276	0.393	148.24	267.09	235.07	61.41	3.08	3.88	1.98	20.47	33.24	15.75	2.76
		9		17.462	13.708	0.392	164.12	300.73	260.30	67.95	3.07	3.86	1.97	22.79	36.81	17.18	2.80
		10		19.261	15.120	0.392	179.51	334.48	284.68	74.35	3.05	3.84	1.96	25.06	40.26	18.54	2.84
		12		22.800	17.898	0.391	208.90	402.34	330.95	86.84	3.03	3.81	1.95	29.48	46.80	21.08	2.91
		14		26.256	20.611	0.391	236.53	470.75	374.06	99.00	3.00	3.77	1.94	33.73	52.90	23.44	2.99
		16		29.627	23.257	0.390	262.53	539.80	414.16	110.89	2.98	3.74	1.94	37.82	58.57	25.63	3.06
11	110	7		15.196	11.928	0.433	117.16	310.64	280.94	73.38	3.41	4.30	2.20	22.05	36.12	17.51	2.96
		8		17.238	13.535	0.433	199.46	355.20	316.49	82.42	3.40	4.28	2.19	24.95	40.69	19.39	3.01
		10		21.261	16.690	0.432	242.19	444.65	384.39	99.98	3.38	4.25	2.17	30.60	49.42	22.91	3.09
		12		25.200	19.782	0.431	282.55	534.60	448.17	116.93	3.35	4.22	2.15	36.05	57.62	26.15	3.16
		14		29.056	22.809	0.431	320.71	625.16	508.01	133.40	3.32	4.18	2.14	41.31	65.31	29.14	3.24
12.5	125	8	14	19.750	15.504	0.492	297.03	521.01	470.89	123.16	3.88	4.88	2.50	32.52	53.28	25.86	3.37
		10		24.373	19.133	0.491	361.67	651.93	573.89	149.46	3.85	4.85	2.48	39.97	64.93	30.62	3.45
		12		28.912	22.696	0.491	423.16	783.42	671.44	174.88	3.83	4.82	2.46	41.17	75.96	35.03	3.53
		14		33.367	26.193	0.490	481.65	915.61	763.73	199.57	3.80	4.78	2.45	54.16	86.41	39.13	3.61
14	140	10		27.373	21.488	0.551	514.65	915.11	817.27	212.04	4.34	5.46	2.78	50.58	82.56	39.20	3.82
		12		32.512	25.522	0.551	603.68	1099.28	958.79	248.57	4.31	5.43	2.76	59.80	96.85	45.02	3.90
		14		37.567	29.490	0.550	688.81	1284.22	1093.56	284.06	4.28	5.40	2.75	68.75	110.47	50.45	3.98
		16		42.539	33.393	0.549	770.24	1470.07	1221.81	318.67	4.26	5.36	2.74	77.46	123.42	55.55	4.06
15	150	8		23.750	18.644	0.592	521.37	899.55	827.49	215.25	4.69	5.90	3.01	47.36	78.02	38.14	3.99
		10		29.373	23.058	0.591	637.50	1125.09	1012.79	262.21	4.66	5.87	2.99	58.35	95.49	45.51	4.08
		12		34.912	27.406	0.591	748.85	1351.26	1189.97	307.73	4.63	5.84	2.97	69.04	112.19	52.38	4.15
		14		40.367	31.688	0.590	855.64	1578.25	1359.30	351.98	4.60	5.80	2.95	79.45	128.16	58.83	4.23
		15		43.063	33.804	0.590	907.39	1692.10	1441.09	373.69	4.59	5.78	2.95	84.56	135.87	61.90	4.27
		16		45.739	35.905	0.589	958.08	1806.21	1521.02	395.14	4.58	5.77	2.94	89.59	143.40	64.89	4.31
16	160	10	16	31.502	24.729	0.630	779.53	1365.33	1237.30	321.76	4.98	6.27	3.20	66.70	109.36	52.76	4.31
		12		37.441	29.391	0.630	916.58	1639.57	1455.68	377.49	4.95	6.24	3.18	78.98	128.67	60.74	4.39
		14		43.296	33.987	0.629	1048.36	1914.68	1665.02	431.70	4.92	6.20	3.16	90.95	147.17	68.24	4.47
		16		49.067	38.518	0.629	1175.08	2190.82	1865.57	484.59	4.89	6.17	3.14	102.63	164.89	75.31	4.55
18	180	12		42.241	33.159	0.710	1321.35	2332.80	2100.10	542.61	5.59	7.05	3.58	100.82	165.00	78.41	4.89
		14		48.896	38.383	0.709	1514.48	2723.48	2407.42	621.53	5.56	7.02	3.56	116.25	189.14	88.38	4.97
		16		55.467	43.542	0.709	1700.99	3115.29	2703.37	698.60	5.54	6.98	3.55	131.13	212.40	97.83	5.05
		18		61.055	48.634	0.708	1875.12	3502.43	2988.24	762.01	5.50	6.94	3.51	145.64	234.78	105.14	5.13

续表Ⅱ-1

型号	截面尺寸/mm			截面面积/cm^2	理论质量/(kg/m)	外表面积/(m^2/m)	惯性矩/cm^4				惯性半径/cm			截面模数/cm^3			重心距离/cm
	b	d	r				I_x	I_{x1}	I_{x0}	I_{y0}	i_x	i_{x0}	i_{y0}	W_x	W_{x0}	W_{y0}	z_0
20	200	14	18	54.642	42.894	0.788	2103.55	3734.10	3343.26	863.83	6.20	7.82	3.98	144.70	236.40	111.82	5.46
		16		62.013	48.680	0.788	2366.15	4270.39	3760.89	971.41	6.18	7.79	3.96	163.65	265.93	123.96	5.54
		18		69.301	54.401	0.787	2620.64	4808.13	4164.54	1076.74	6.15	7.75	3.94	182.22	294.48	135.52	5.62
		20		76.505	60.056	0.787	2867.30	5347.51	4554.55	1180.04	6.12	7.72	3.93	200.42	322.06	146.55	5.69
		24		90.661	71.168	0.785	3338.25	6457.16	5294.97	1381.53	6.07	7.64	3.90	236.17	374.41	166.65	5.87
22	220	16	21	68.664	53.901	0.866	3187.36	5681.62	5063.73	1310.99	6.81	8.59	4.37	199.55	325.51	153.81	6.03
		18		76.752	60.250	0.866	3534.30	6395.93	5615.32	1453.27	6.79	8.55	4.35	222.37	360.97	168.29	6.11
		20		84.756	66.533	0.865	3871.49	7112.04	6150.08	1592.90	6.76	8.52	4.34	244.77	395.34	182.16	6.18
		22		92.676	72.751	0.865	4199.23	7830.19	6668.37	1730.10	6.73	8.48	4.32	266.78	428.66	195.45	6.26
		24		100.512	78.902	0.864	4517.83	8550.57	7170.55	1865.11	6.70	8.45	4.31	288.39	460.94	208.21	6.33
		26		108.264	84.987	0.864	4827.58	9273.39	7656.98	1998.17	6.68	8.41	4.30	309.62	492.21	220.49	6.41
25	250	18	24	87.842	68.956	0.985	5268.22	9379.11	8369.04	2167.41	7.74	9.76	4.97	290.12	473.42	224.03	6.84
		20		97.045	76.180	0.984	5779.34	10426.97	9181.94	2376.74	7.72	9.73	4.95	319.66	519.41	242.85	6.92
		24		115.201	90.433	0.983	6763.93	12529.74	10742.67	2785.19	7.66	9.66	4.92	377.34	607.70	278.38	7.07
		26		124.154	97.461	0.982	7238.08	13585.18	11491.33	2984.84	7.63	9.62	4.90	405.50	650.05	295.19	7.15
		28		133.022	104.422	0.982	7700.60	14643.62	12219.39	3181.81	7.61	9.58	4.89	433.22	691.23	311.42	7.22
		30		141.807	111.318	0.981	8151.80	15705.30	12927.26	3376.34	7.58	9.55	4.88	460.51	731.28	327.12	7.30
		32		150.508	118.149	0.981	8592.01	16770.41	13615.32	3568.71	7.56	9.51	4.87	487.39	770.20	342.33	7.37
		35		163.402	128.271	0.980	9232.44	18374.95	14611.16	3853.72	7.52	9.46	4.86	526.97	826.53	364.30	7.48

注：截面图中的 $r_1 = 1/3d$ 及表中 r 的数据用于孔型设计，不做交货条件。

表Ⅱ-2 热轧不等边角钢(GB/T 706—2008)

符号意义：

B——长边宽度　　b——短边宽度

d——边厚　　r——内圆弧半径

r_1——边端圆弧半径　　x_0——重心距离

y_0——重心距离

型号	截面尺寸/mm				截面面积/cm²	理论质量/(kg/m)	外表面积/(m²/m)	惯性矩/cm⁴					惯性半径/cm			截面模数/cm³			tan α	重心距离/cm	
	B	b	d	r				I_x	I_{x1}	I_y	I_{y1}	I_u	i_x	i_y	i_u	W_x	W_y	W_u		x_0	y_0
2.5/1.6	25	16	3	3.5	1.162	0.912	0.080	0.70	1.56	0.22	0.43	0.14	0.78	0.44	0.34	0.43	0.19	0.16	0.392	0.42	0.86
			4		1.499	1.176	0.079	0.88	2.09	0.27	0.59	0.17	0.77	0.43	0.34	0.55	0.24	0.20	0.381	0.46	1.86
3.2/2	32	20	3		1.492	1.171	0.102	1.53	3.27	0.46	0.82	0.28	1.01	0.55	0.43	0.72	0.30	0.25	0.382	0.49	0.90
			4		1.939	1.522	0.101	1.93	4.37	0.57	1.12	0.35	1.00	0.54	0.42	0.93	0.39	0.32	0.374	0.53	1.08
4/2.5	40	25	3	4	1.890	1.484	0.127	3.08	5.39	0.93	1.59	0.56	1.28	0.70	0.54	1.15	0.49	0.40	0.385	0.59	1.12
			4		2.467	1.936	0.127	3.93	8.53	1.18	2.14	0.71	1.36	0.69	0.54	1.49	0.63	0.52	0.381	0.63	1.32
4.5/2.8	45	28	3	5	2.149	1.687	0.143	4.45	9.10	1.34	2.23	0.80	1.44	0.79	0.61	1.47	0.62	0.51	0.383	0.64	1.37
			4		2.806	2.203	0.143	5.69	12.13	1.70	3.00	1.02	1.42	0.78	0.60	1.91	0.80	0.66	0.380	0.68	1.47
5/3.2	50	32	3	5.5	2.431	1.908	0.161	6.24	12.49	2.02	3.31	1.20	1.60	0.91	0.70	1.84	0.82	0.68	0.404	0.73	1.51
			4		3.177	2.494	0.160	8.02	16.65	2.58	4.45	1.53	1.59	0.90	0.69	2.39	1.06	0.87	0.402	0.77	1.60
5.6/3.6	56	36	3	6	2.743	2.153	0.181	8.88	17.54	2.92	4.70	1.73	1.80	1.03	0.79	2.32	1.05	0.87	0.408	0.80	1.65
			4		3.590	2.818	0.180	11.45	23.39	3.76	6.33	2.23	1.79	1.02	0.79	3.03	1.37	1.13	0.408	0.85	1.78
			5		4.415	3.466	0.180	13.86	29.25	4.49	7.94	2.67	1.77	1.01	0.78	3.71	1.65	1.36	0.404	0.88	1.82

续表Ⅱ-2

型号	截面尺寸/mm				截面面积	理论质量	外表面积	惯性矩/cm^4					惯性半径/cm			截面模数/cm^3			tan α	重心距离/cm	
	B	b	d	r	/cm^2	/(kg/m)	/(m^2/m)	I_x	I_{x1}	I_y	I_{y1}	I_u	i_x	i_y	i_u	W_x	W_y	W_u		x_0	y_0
6.3/4	63	40	4	7	4.058	3.185	0.202	16.49	33.30	5.23	8.63	3.12	2.02	1.14	0.88	3.87	1.70	1.40	0.398	0.92	1.87
			5		4.993	3.920	0.202	20.02	41.63	6.31	10.86	3.76	2.00	1.12	0.87	4.74	2.71	1.71	0.396	0.95	2.04
			6		5.908	4.638	0.201	23.36	49.98	7.29	13.12	4.34	1.96	1.11	0.86	5.59	2.43	1.99	0.393	0.99	2.08
			7		6.802	5.339	0.201	26.53	58.07	8.24	15.47	4.97	1.98	1.10	0.86	6.40	2.78	2.29	0.389	1.03	2.12
7/4.5	70	45	4	7.5	4.547	3.570	0.226	23.17	45.92	7.55	12.26	4.40	2.26	1.29	0.98	4.86	2.17	1.77	0.410	1.02	2.15
			5		5.609	4.403	0.225	27.95	57.1	9.13	15.39	5.40	2.23	1.28	0.98	5.92	2.65	2.19	0.407	1.06	2.24
			6		6.647	5.218	0.225	32.54	68.35	10.62	18.58	6.35	2.21	1.26	0.98	6.95	3.12	2.59	0.404	1.09	2.28
			7		7.657	6.011	0.225	37.22	79.99	12.01	21.84	7.16	2.20	1.25	0.97	8.03	3.57	2.94	0.402	1.13	2.32
7.5/5	75	50	5	8	6.125	4.808	0.245	34.86	70.00	12.61	21.04	7.41	2.39	1.44	1.10	6.83	3.30	2.74	0.435	1.17	2.36
			6		7.260	5.699	0.245	41.12	84.30	14.70	25.37	8.54	2.38	1.42	1.08	8.12	3.88	3.19	0.435	1.21	2.40
			8		9.467	7.431	0.244	52.39	112.5	18.53	34.23	10.87	2.35	1.40	1.07	10.52	4.99	4.10	0.429	1.29	2.44
			10		11.590	9.098	0.244	62.71	140.8	21.96	43.43	13.1	2.33	1.38	1.06	12.79	6.04	4.99	0.423	1.36	2.52
8/5	80	50	5	8	6.375	5.005	0.255	41.95	85.21	12.82	21.06	7.66	2.56	1.42	1.10	7.78	3.32	2.74	0.388	1.14	2.60
			6		7.560	5.935	0.255	49.49	102.53	14.95	25.41	8.85	2.56	1.41	1.08	9.25	3.91	3.20	0.387	1.18	2.65
			7		8.724	6.848	0.255	56.16	119.33	16.96	29.82	10.18	2.54	1.39	1.08	10.58	4.48	3.70	0.384	1.21	2.69
			8		9.867	7.745	0.254	62.83	136.41	18.85	34.42	11.38	2.52	1.38	1.07	11.92	5.03	4.16	0.381	1.25	2.73
9/5.6	90	56	5	9	7.212	5.661	0.287	60.45	121.32	18.32	29.53	10.98	2.90	1.59	1.23	9.92	4.21	3.49	0.385	1.25	2.91
			6		8.557	6.717	0.286	71.03	145.59	21.42	35.58	12.90	2.88	1.58	1.23	11.74	4.96	4.13	0.384	1.29	2.95
			7		9.880	7.756	0.286	81.01	169.60	24.36	41.71	14.67	2.86	1.57	1.22	13.49	5.70	4.72	0.382	1.33	3.00
			8		11.183	8.779	0.286	91.03	194.17	27.15	47.93	16.34	2.85	1.56	1.21	15.27	6.41	5.29	0.380	1.36	3.04

续表Ⅱ-2

型号	截面尺寸/mm				截面面积/cm^2	理论质量/(kg/m)	外表面积/(m^2/m)	惯性矩/cm^4					惯性半径/cm			截面模数/cm^3			tan α	重心距离/cm	
	B	b	d	r				I_x	I_{x1}	I_y	I_{y1}	I_u	i_x	i_y	i_u	W_x	W_y	W_u		x_0	y_0
10/6.3	100	63	6	10	9.617	7.550	0.320	99.06	199.71	30.94	50.50	18.42	3.21	1.79	1.38	14.64	6.35	5.25	0.394	1.43	3.24
			7		11.111	8.722	0.320	113.45	233.00	35.26	59.14	21.00	3.20	1.78	1.38	16.88	7.29	6.02	0.394	1.47	3.28
			8		12.534	9.878	0.319	127.37	266.32	39.39	67.88	23.50	3.18	1.77	1.37	19.08	8.21	6.78	0.391	1.50	3.32
			10		15.467	12.142	0.319	153.81	333.06	47.12	85.73	28.33	3.15	1.74	1.35	23.32	9.98	8.24	0.387	1.58	3.40
10/8	100	80	6	10	10.637	8.350	0.354	107.04	199.83	61.24	102.68	31.65	3.17	2.40	1.72	15.19	10.16	8.37	0.627	1.97	2.95
			7		12.301	9.656	0.354	122.73	233.20	70.08	119.98	36.17	3.16	2.39	1.72	17.52	11.71	9.60	0.626	2.01	3.00
			8		13.944	10.946	0.353	137.92	266.61	78.58	137.37	40.58	3.14	2.37	1.71	19.81	13.21	10.8	0.625	2.05	3.04
			10		17.167	13.476	0.353	166.87	333.63	94.65	172.48	49.10	3.12	2.35	1.69	24.24	16.12	13.12	0.622	2.13	3.12
11/7	110	70	6		10.637	8.350	0.354	133.37	265.78	42.92	69.08	25.36	3.54	2.01	1.54	17.85	7.90	6.53	0.403	1.57	3.53
			7		12.301	9.656	0.354	153.00	310.07	49.01	80.82	28.95	3.53	2.00	1.53	20.60	9.09	7.50	0.402	1.61	3.57
			8		13.944	10.946	0.353	172.04	354.39	54.87	92.70	32.45	3.51	1.98	1.53	23.30	10.25	8.45	0.401	1.65	3.62
			10		17.167	13.476	0.353	208.39	443.13	65.88	116.83	39.20	3.48	1.96	1.51	28.54	12.48	10.29	0.397	1.72	3.70
12.5/8	125	80	7	11	14.096	11.066	0.403	227.98	454.99	74.42	120.32	43.81	4.02	2.30	1.76	26.86	12.01	9.92	0.408	1.80	4.01
			8		15.989	12.551	0.403	256.77	519.99	83.49	137.85	49.15	4.01	2.28	1.75	30.41	13.56	11.18	0.407	1.84	4.06
			10		19.712	15.474	0.402	312.04	650.09	100.67	173.40	59.45	3.98	2.26	1.74	37.33	16.56	13.64	0.404	1.92	4.14
			12		23.351	18.330	0.402	364.41	780.39	116.67	209.67	69.35	3.95	2.24	1.72	44.01	19.43	16.01	0.400	2.00	4.22
14/9	140	90	8	12	18.038	14.16	0.453	365.64	730.53	120.69	195.79	70.83	4.50	2.59	1.98	38.48	17.34	14.31	0.411	2.04	4.50
			10		22.261	17.475	0.452	445.50	913.2	140.03	245.92	85.82	4.47	2.56	1.96	47.31	21.22	17.48	0.409	2.12	4.58
			12		26.400	20.724	0.451	521.59	1096.09	169.79	296.89	100.21	4.44	2.54	1.95	55.87	24.95	20.54	0.406	2.19	4.66
			14		30.456	23.908	0.451	594.10	1279.26	192.10	348.82	114.13	4.42	2.51	1.94	64.18	28.54	23.52	0.403	2.27	4.74

续表Ⅱ-2

型号	截面尺寸/mm				截面面积/cm^2	理论质量/(kg/m)	外表面积/(m^2/m)	惯性矩/cm^4					惯性半径/cm			截面模数/cm^3			tan α	重心距离/cm	
	B	b	d	r				I_x	I_{x1}	I_y	I_{y1}	I_u	i_x	i_y	i_u	W_x	W_y	W_u		x_0	y_0
15/9	150	90	8	12	18.839	14.788	0.473	442.05	898.35	122.80	195.96	74.14	4.84	2.55	1.98	43.86	17.47	14.48	0.364	1.97	4.92
			10		23.261	18.260	0.472	539.24	1122.85	148.62	246.26	89.86	4.81	2.53	1.97	53.97	21.38	17.69	0.362	2.05	5.01
			12		27.600	21.666	0.471	632.08	1347.50	172.85	297.46	104.95	4.79	2.50	1.95	63.79	25.14	20.80	0.359	2.12	5.09
			14		31.856	25.007	0.471	720.77	1572.38	195.62	349.74	119.53	4.76	2.48	1.94	73.33	28.77	23.84	0.356	2.20	5.17
			15		33.952	26.652	0.471	763.62	1684.93	206.50	376.33	126.67	4.74	2.47	1.93	77.99	30.53	25.33	0.354	2.24	5.21
			16		36.027	28.281	0.470	805.51	1797.55	217.07	403.24	133.72	4.73	2.45	1.93	82.60	32.27	26.82	0.352	2.27	5.25
16/10	160	100	10	13	25.315	19.872	0.512	668.69	1362.89	205.03	336.59	121.74	5.14	2.85	2.19	62.13	26.56	21.92	0.390	2.28	5.24
			12		30.054	23.592	0.511	784.91	1635.56	239.06	405.94	142.33	5.11	2.82	2.17	73.49	31.28	25.79	0.388	2.36	5.32
			14		34.709	27.247	0.510	896.30	1908.50	271.20	476.42	162.23	5.08	2.80	2.16	84.56	35.83	29.56	0.385	2.43	5.40
			16		29.281	30.835	0.510	1003.04	2181.79	301.6	548.22	182.57	5.05	2.77	2.16	95.33	40.24	33.44	0.382	2.51	5.48
18/11	180	110	10	14	28.373	22.273	0.571	956.25	1940.40	278.11	447.22	166.5	5.80	3.13	2.42	78.96	32.49	26.88	0.376	2.44	5.89
			12		33.712	26.440	0.571	1124.72	2328.38	325.03	538.94	194.87	5.78	3.10	2.40	95.53	38.32	31.66	0.374	2.52	5.98
			14		38.967	30.589	0.570	1286.91	2716.6	369.55	631.95	222.30	5.75	3.08	2.39	107.76	43.97	36.32	0.372	2.59	6.06
			16		44.139	34.649	0.569	1443.06	3105.15	411.85	726.46	248.94	5.72	3.06	2.38	121.64	49.44	40.87	0.3S9	2.67	6.14
20/12.5	200	125	12		37.912	29.761	0.641	1570.9	3193.85	483.16	787.74	285.79	6.44	3.57	2.74	116.73	49.99	41.23	0.392	2.83	6.54
			14		43.867	34.436	0.640	1800.97	3726.17	550.83	922.47	326.58	6.41	3.54	2.73	134.65	57.44	47.34	0.390	2.91	6.62
			16		49.739	39.045	0.639	2023.35	4258.88	615.44	1058.86	366.21	6.38	3.52	2.71	152.18	64.89	53.32	0.388	2.99	6.70
			18		55.526	43.588	0.639	2238.30	4792.00	677.19	1197.13	404.83	6.35	3.49	2.70	169.33	71.74	59.18	0.385	3.06	6.78

注：截面图中的 $r_1=1/3d$ 及表中 r 的数据用于孔型设计，不做交货条件。

表Ⅱ-3 **热轧工字钢(GB/T 706—2008)**

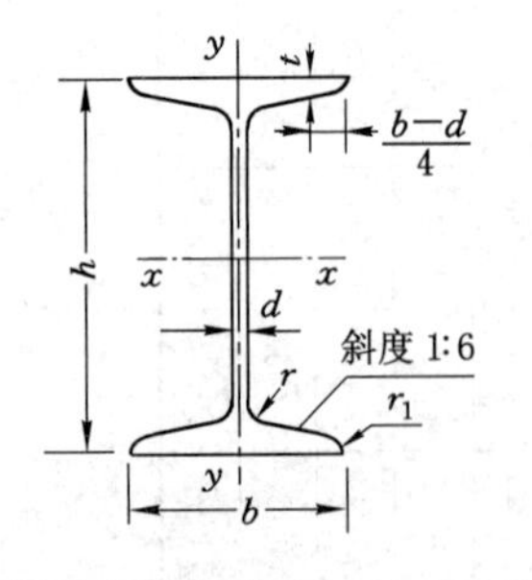

符号意义：

h——高度　　　　r_1——腿端圆弧半径

b——腿宽度　　　　d——腰厚度

t——平均腿厚度　　r——内圆弧半径

型号	截面尺寸/mm						截面面积/cm²	理论质量/(kg/m)	惯性矩/cm⁴		惯性半径/cm		截面模数/cm³	
	h	b	d	t	r	r_1			I_x	I_y	i_x	i_y	W_x	W_y
10	100	68	4.5	7.6	6.5	3.3	14.345	11.261	245	33.0	4.14	1.52	49.0	9.72
12	120	74	5.0	8.4	7.0	3.5	17.818	13.987	436	46.9	4.95	1.62	72.7	12.7
12.6	126	74	5.0	8.4	7.0	3.5	18.118	14.223	488	46.9	5.20	1.61	77.5	12.7
14	140	80	5.5	9.1	7.5	3.8	21.516	16.890	712	64.4	5.76	1.73	102	16.1
16	160	88	6.0	9.9	8.0	4.0	26.131	20.513	1130	93.1	6.58	1.89	141	21.2
18	180	94	6.5	10.7	8.5	4.3	30.756	24.143	1660	122	7.36	2.00	185	26.0
20a	200	100	7.0	11.4	9.0	4.5	35.578	27.929	2370	158	8.15	2.12	237	31.5
20b		102	9.0				39.578	31.069	2500	169	7.96	2.06	250	33.1
22a	220	110	7.5	12.3	9.5	4.8	42.128	33.070	3400	225	8.99	2.31	309	40.9
22b		112	9.5				46.528	36.524	3570	239	8.78	2.27	325	42.7
24a	240	116	8.0	13.0	10.0	5.0	47.741	37.477	4570	280	9.77	2.42	381	48.4
24b		118	10.0				52.541	41.245	4800	297	9.57	2.38	400	50.4
25a	250	116	8.0				48.541	38.105	5020	280	10.2	2.40	402	48.3
25b		118	10.0				53.541	42.030	5280	309	9.94	2.40	423	52.4
27a	270	122	8.5	13.7	10.5	5.3	54.554	42.825	6550	345	10.9	2.51	485	56.6
27b		124	10.5				59.954	47.064	6870	366	10.7	2.47	509	58.9
28a	280	122	8.5				55.404	43.492	7110	345	11.3	2.50	508	56.6
28b		124	10.5				61.004	47.888	7480	379	11.1	2.49	534	61.2
30a	300	126	9.0	14.4	11.0	5.5	61.254	48.084	8950	400	12.1	2.55	597	63.5
30b		128	11.0				67.254	52.794	9400	422	11.8	2.50	627	65.9
30c		130	13.0				73.254	57.504	9850	445	11.6	2.46	657	68.5
32a	320	130	9.5	15.0	11.5	5.8	67.156	52.717	11100	460	12.8	2.62	692	70.8
32b		132	11.5				73.556	57.741	11600	502	12.6	2.61	726	76.0
32c		134	13.5				79.956	62.765	12200	544	12.3	2.61	760	81.2
36a	360	136	10.0	15.8	12.0	6.0	76.480	60.037	15800	552	14.4	2.69	875	81.2
36b		138	12.0				83.680	65.689	16500	582	14.1	2.64	919	84.3
36c		140	14.0				90.880	71.341	17300	612	13.8	2.60	962	87.4

续表Ⅱ-3

型号	截面尺寸/mm						截面面积/cm^2	理论质量/(kg/m)	惯性矩/cm^4		惯性半径/cm		截面模数/cm^3	
	h	b	d	t	r	r_1			I_x	I_y	i_x	i_y	W_x	W_y
40a	400	142	10.5	16.5	12.5	6.3	86.112	67.598	21700	660	15.9	2.77	1090	93.2
40b		144	12.5				94.112	73.878	22800	692	15.6	2.71	1140	96.2
40c		146	14.5				102.112	80.158	23900	727	15.2	2.65	1190	99.6
45a	450	150	11.5	18.0	13.5	6.8	102.446	80.420	32200	855	17.7	2.89	1430	114
45b		152	13.5				111.446	87.485	33800	894	17.4	2.84	1500	118
45c		154	15.5				120.446	94.550	35300	938	17.1	2.79	1570	122
50a	500	158	12.0	20.0	14.0	7.0	119.304	93.654	46500	1120	19.7	3.07	1860	142
50b		160	14.0				129.304	101.504	48600	1170	19.4	3.01	1940	146
50c		162	16.0				139.304	109.354	50600	1220	19.0	2.96	2080	151
55a	550	166	12.5	21.0	14.5	7.3	134.185	105.335	62900	1370	21.6	3.19	2290	164
55b		168	14.5				145.185	113.970	65600	1420	21.2	3.14	2390	170
55c		170	16.5				156.185	122.605	68400	1480	20.9	3.08	2490	175
56a	560	166	12.5				135.435	106.316	65600	1370	22.0	3.18	2340	165
56b		168	14.5				146.635	115.108	68500	1490	21.6	3.16	2450	174
56c		170	16.5				157.835	123.900	71400	1560	21.3	3.16	2550	183
63a	630	176	13.0	22.0	15.0	7.5	154.658	121.407	93900	1700	24.5	3.31	2980	193
63b		178	15.0				167.258	131.298	98100	1810	24.2	3.29	3160	204
63c		180	17.0				179.858	141.189	102000	1920	23.8	3.27	3300	214

注:表中 r、r_1 的数据用于孔型设计,不做交货条件。

表Ⅱ-4 **热轧槽钢(GB/T 706—2008)**

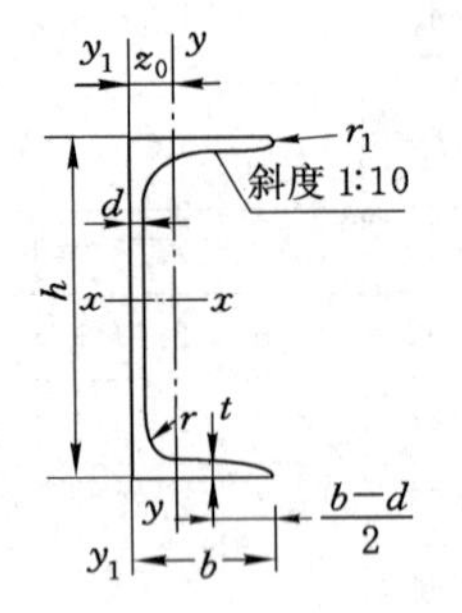

h——高度　　r_1——腿端圆弧半径

b——腿宽度　　d——腿厚度

t——平均腿厚度　　r——内圆弧半径

z_0——yy 轴与 y_1y_1 轴间距

型号	截面尺寸/mm						截面面积/cm²	理论质量/(kg/m)	惯性矩/cm⁴			惯性半径/cm		截面模数/cm³		重心距离/cm
	h	b	d	t	r	r_1			I_x	I_y	I_{y1}	i_x	i_y	W_x	W_y	z_0
5	50	37	4.5	7.0	7.0	3.5	6.928	5.438	26.0	8.30	20.9	1.94	1.10	10.4	3.55	1.35
6.3	63	40	4.8	7.5	7.5	3.8	8.451	6.634	50.8	11.9	28.4	2.45	1.19	16.1	4.50	1.36
6.5	65	40	4.3	7.5	7.5	3.8	8.547	6.709	55.2	12.0	28.3	2.54	1.19	17.0	4.59	1.38
8	80	43	5.0	8.0	8.0	4.0	10.248	8.045	101	16.6	37.4	3.15	1.27	25.3	5.79	1.43
10	100	48	5.3	8.5	8.5	4.2	12.748	10.007	198	25.6	54.9	3.95	1.41	39.7	7.80	1.52
12	120	53	5.5	9.0	9.0	4.5	15.362	12.059	346	37.4	77.7	4.75	1.56	57.7	10.2	1.62
12.6	126	53	5.5	9.0	9.0	4.5	15.692	12.318	391	38.0	77.1	4.95	1.57	62.1	10.2	1.59
14a	140	58	6.0	9.5	9.5	4.8	18.516	14.535	564	53.2	107	5.52	1.70	80.5	13.0	1.71
14b		60	8.0				21.316	16.733	609	61.1	121	5.35	1.69	87.1	14.1	1.67
16a	160	63	6.5	10.0	10.0	5.0	21.962	17.24	866	73.3	144	6.28	1.83	108	16.3	1.80
16b		65	8.5				25.162	19.752	935	83.4	161	6.10	1.82	117	17.6	1.75
18a	180	68	7.0	10.5	10.5	5.2	25.699	20.174	1270	98.6	190	7.04	1.96	141	20.0	1.88
18b		70	9.0				29.299	23.000	1370	111	210	6.84	1.95	152	21.5	1.84
20a	200	73	7.0	11.0	11.0	5.5	28.837	22.637	1780	128	244	7.86	2.11	178	24.2	2.01
20b		75	9.0				32.837	25.777	1910	144	268	7.64	2.09	191	25.9	1.95
22a	220	77	7.0	11.5	11.5	5.8	31.846	24.999	2390	158	298	8.67	2.23	218	28.2	2.10
22b		79	9.0				36.246	28.453	2570	176	326	8.42	2.21	234	30.1	2.03
24a	240	78	7.0	12.0	12.0	6.0	34.217	26.860	3050	174	325	9.45	2.25	254	30.5	2.10
24b		80	9.0				39.017	30.628	3280	194	355	9.17	2.23	274	32.5	2.03
24c		82	11.0				43.817	34.396	3510	213	388	8.96	2.21	293	34.4	2.00
25a	250	78	7.0				34.917	27.410	3370	176	322	9.82	2.24	270	30.6	2.07
25b		80	9.0				39.917	31.335	3530	196	353	9.41	2.22	282	32.7	1.98
25c		82	11.0				44.917	35.260	3690	218	384	9.07	2.21	295	35.9	1.92

续表Ⅱ-4

型号	截面尺寸/mm						截面面积/cm^2	理论质量/(kg/m)	惯性矩/cm^4			惯性半径/cm		截面模数/cm^3		重心距离/cm
	h	b	d	t	r	r_1			I_x	I_y	I_{y1}	i_x	i_y	W_x	W_y	z_0
27a	270	82	7.5	12.5	12.5	6.2	39.284	30.838	4360	216	393	10.5	2.34	323	35.5	2.13
27b		84	9.5				44.684	35.077	4690	239	428	10.3	2.31	347	37.7	2.06
27c		86	11.5				50.084	39.316	5020	261	467	10.1	2.28	372	39.8	2.03
28a	280	82	7.5				40.034	31.427	4760	218	388	10.9	233	340	35.7	2.10
28b		84	9.5				45.634	35.823	5130	242	428	10.6	2.30	366	37.9	2.02
28c		86	11.5				51.234	40.219	5500	268	463	10.4	2.29	393	40.3	1.95
30a	300	85	7.5	13.5	13.5	6.8	43.902	34.463	6050	260	467	11.7	2.43	403	41.1	2.17
30b		87	9.5				49.902	39.173	6500	289	515	11.4	2.41	433	44.0	2.13
30c		89	11.5				55.902	43.883	6950	316	560	11.2	2.38	463	46.4	2.09
32a	320	88	8.0	14.0	14.0	7.0	48.513	38.083	7600	305	552	12.5	2.50	475	46.5	2.24
32b		90	10.0				54.913	43.107	8140	336	593	12.2	2.47	509	49.2	2.16
32c		92	12.0				61.313	48.131	8690	374	643	11.9	2.47	543	52.6	2.09
36a	360	96	9.0	16.0	16.0	8.0	60.910	47.814	11900	455	818	14.0	2.73	660	63.5	2.44
36b		98	11.0				68.110	53.466	12700	497	880	13.6	2.70	703	66.9	2.37
36c		100	13.0				75.310	59.118	13400	536	948	13.4	2.67	746	70.0	2.34
40a	400	100	10.5	18.0	18.0	9.0	75.068	58.928	17600	592	1070	15.3	2.81	879	78.8	2.49
40b		102	12.5				83.068	65.208	18600	640	114	15.0	2.78	932	82.5	2.44
40c		104	14.5				91.068	71.488	19700	688	1220	14.7	2.75	986	86.2	2.42

注：表中 r、r_1 的数据用于孔型设计，不做交货条件。

参考文献

[1] 范钦珊.工程力学[M].北京:高等教育出版社,2007.
[2] 冯立富,陈平,岳成章,等.工程力学[M].西安:西安交通大学出版社,2008.
[3] 苟文选,金宝森,卫丰.材料力学[M].西安:西北工业大学出版社,2000.
[4] 哈尔滨工业大学理论力学教研室.理论力学[M].6版.北京:高等教育出版社,2002.
[5] 韩江水,屈钧利.工程力学[M].徐州:中国矿业大学出版社,2009.
[6] 郝桐生.理论力学[M].3版.北京:高等教育出版社,2003.
[7] 洪范文.结构力学[M].5版.北京:高等教育出版社,2008.
[8] 华东水利学院工程力学教研室《理论力学》编写组.理论力学[M].2版.北京:高等教育出版社,1985.
[9] 李家宝.结构力学[M].北京:高等教育出版社,1999.
[10] 李廉锟.结构力学[M].4版.北京:高等教育出版社,2004.
[11] 刘宏等.建筑力学[M].北京:北京理工大学出版社,2009.
[12] 刘鸿文.材料力学[M].4版.北京:高等教育出版社,2004.
[13] 龙驭球,包世华.结构力学[M].2版.北京:高等教育出版社,2000.
[14] 任德斌.材料力学[M].大连:大连理工大学出版社,2009.
[15] 沈建康,王培兴.建筑力学[M].北京:航空工业出版社,2004.
[16] 孙训芳,方孝淑,关来泰.材料力学[M].4版.北京:高等教育出版社,2003.
[17] 王焕定.结构力学[M].北京:清华大学出版社,2004.
[18] 王永岩.理论力学[M].北京:煤炭工业出版社,1997.
[19] 王渊辉,汪清.建筑力学[M].大连:大连理工大学出版社,2009.
[20] 西安交通大学材料力学教研室.材料力学[M].北京:人民教育出版社,1980.
[21] 西南交通大学应用力学与工程系.工程力学[M].北京:高等教育出版社,2009.
[22] 萧龙翔,贾启芬,邓惠和.理论力学[M].天津:天津大学出版社,1995.
[23] 徐道远,黄孟生,朱为玄,等.材料力学[M].南京:河海大学出版社,2004.
[24] 杨天祥.结构力学[M].北京:高等教育出版社,1983.
[25] 殷有泉,邓成光.材料力学[M].北京:北京大学出版社,1992.
[26] 张系斌.结构力学简明教程[M].北京:北京大学出版社,2006.
[27] 钟朋.结构力学解题指导及习题集[M].2版.北京:高等教育出版社,1987.
[28] 周国瑾,施美丽,张景良.建筑力学[M].3版.上海:同济大学出版社,2006.